INTRODUÇÃO ÀS CIÊNCIAS TÉRMICAS

Termodinâmica, Mecânica dos Fluidos
e Transferência de Calor

Blucher

FRANK W. SCHMIDT
ROBERT E. HENDERSON
CARL H. WOLGEMUTH
Pennsylvania State University

INTRODUÇÃO
ÀS CIÊNCIAS TÉRMICAS

TERMODINÂMICA, MECÂNICA DOS FLUIDOS
E TRANSFERÊNCIA DE CALOR

Tradução da 2ª edição americana

Coordenação da tradução e revisão técnica:
José Roberto Simões Moreira

Equipe de tradução:
Arlindo Tribess
Flávio Augusto Sanzogo Fiorelli
José Roberto Simões Moreira
Júlio Romano Meneghini
Jurandir Itizo Yanagihara
Miriam Rocchi Tavares

Professores da Área de Energia e Fluidos de Departamento de Engenharia
Mecânica da Escola Politécnica da Universidade de São Paulo

Introduction to thermal sciences: thermodynamics, fluid dynamics, heat transfer

A edição em lingua inglesa foi publicada pela JOHN WILEY & SONS, INC.

© 1993 by John Wiley & Sons, Inc.

Introdução às ciências térmicas: termodinâmica, mecânica dos fluidos e transferência de calor

© 1996 Editora Edgard Blücher Ltda.

7ª reimpressão – 2018

Blucher

Rua Pedroso Alvarenga, 1245, 4º andar
04531-934 – São Paulo – SP – Brasil
Tel.: 55 11 3078-5366
contato@blucher.com.br
www.blucher.com.br

É proibida a reprodução total ou parcial por quaisquer meios sem autorização escrita da editora.

Todos os direitos reservados pela Editora Edgard Blücher Ltda.

Dados Internacionais de Catalogação na Publicação (CIP)
(Câmara Brasileira do Livro, SP, Brasil)

Schmidt, Frank W.

Introdução às ciências térmicas: termodinâmica, mecânica dos fluidos e transferência de calor / Frank W. Schmidt, Robert E. Henderson, Carl H. Wolgemuth; coordenação da tradução e revisão técnica Jose Roberto Simões Moreira; equipe de tradução Arlindo Tribess ... [et al.]. – São Paulo: Blucher, 1996

Título original: Introduction to thermal sciences: thermodynamics, fluid dynamics, heat transfer.

Tradução da 2ª edição americana

Bibliografia.
ISBN 978-85-212-0082-6

1. Calor – Transmissão 2. Engenharia térmica 3. Mecânica dos fluidos 4. Termodinâmica I. Henderson, Robert E. II. Wolgemuth, Carl H. III. Moreira, José Roberto Simões IV. Título.

04-0027	CDD-621.4

Índices para catálogo sistemático:

1. Ciências térmicas: Engenharia   621.4

Apresentação

As ciências térmicas são formadas por conjunto de três disciplinas básicas, termodinâmica, mecânica dos fluidos e transferência de calor. Essas disciplinas são normalmente fornecidas aos engenheirandos das diversas modalidades de forma separada e, muitas vezes, sem a preocupação de se mostrar a conexão e continuidade do assunto entre sí. Assim, por exemplo, o aluno do curso de engenharia recebe uma formação introdutória de termodinâmica e não lhe é informado que as leis de conservação que regem esse campo são também as mesmas que regem a área de mecânica dos fluidos e transferência de calor, excluída a ênfase de cada disciplina. Às vezes, ainda se acrescem às dificuldades, a diversidade de terminologia e as diferenças de peculiaridades de notação. Para preencher essas dificuldades, o presente livro procura apresentar as três disciplinas de forma integrada e com senso de continuidade e interrelacionamento.

O livro é dirigido primordialmente aos alunos das diversas modalidades de engenharia, exceto engenharia mecânica. Os assuntos tratados são apresentados de forma concisa, porém não superficial. Os tradutores acreditam que esse livro será de grande valia para os alunos, professores e outros profissionais que atuam na área de engenharia.

José R. Simões Moreira

PREFÁCIO

Esse livro foi escrito para apresentar aos alunos de graduação das diversas modalidades de engenharia, exceto mecânica, as ciências térmicas: termodinâmica, mecânica dos fluidos e transferência de calor. A opinião dos autores é que a ênfase crescente que se tem dado à energia em nossa sociedade requer que todos os estudantes de engenharia tenham um conhecimento básico dos princípios associados com o estudo da energia: seu uso, sua transferência e sua conversão de uma forma em outra. Nesse livro, procurou-se destacar os aspectos físicos dos fenômenos, ao mesmo tempo em que se fornece uma descrição matemática suficiente para permitir a solução de problemas elementares de ciências térmicas.

O livro foi concebido para, em princípio, ser usado em um curso de um semestre de três créditos a nível de graduação. Os pré-requisitos devem incluir cursos de física, química e matemática até os tópicos de equações diferenciais e cálculo vetorial introdutório.

O Capítulo 1 serve para identificar as ciências térmicas e para informar o estudante da importância de estudar o assunto. O capítulo também enfoca alguns conceitos físicos que serão discutidos em capítulos subseqüentes.

Os Capítulos 2 e 3 se preocupam com a definição de conceitos e propriedades que surgem em termodinâmica. Isso inclui uma discussão de calor, trabalho, equilíbrio e processos reversíveis. As primeira e segunda leis de termodinâmica são apresentadas no Capítulo 4 e sua aplicação na análise de sistemas termodinâmicos é discutida. Isso inclui sua aplicação na análise de ciclos termodinâmicos, a definição de entropia e reversibilidade e o uso de diagramas temperatura-entropia (T-s).

Os princípios associados com a análise de um sistema, uma quantidade fixa de massa, apresenta no Capítulo 4 são estendidos no Capítulo 5 para a análise de volume de controle que permite que fluxos mássicos ocorram através da sua fronteira. Uma relação geral, o teorema de transporte de Reynolds, é desenvolvida, a qual relaciona as características de um sistema com as de um volume de controle. As relações que descrevem as leis de conservação de massa, quantidade de movimento e energia para um volume de controle são apresentadas na forma unidimensional.

Os Capítulos 6 e 7 lidam com os efeitos da viscosidade do fluido em movimento e a transferência de calor por convecção. Os conceitos de camadas limites hidrodinâmica e térmica são apresentados. A camada limite hidrodinâmica é estudada e relações são desenvolvidas para que os coeficientes de atrito e de pressão de um objeto ou superfície sejam estimados. A camada limite térmica é investigada para convecção forçada e natural, ocorrendo em separado e em conjunto. Escoamentos laminar e turbulento são considerados. O Capítulo 7 apresenta um tratamento semelhante para escoamento interno e examina o escoamento e a transferência de calor em sistemas de tubulações e trocadores de calor.

O Capítulo 8 discute a transferência de calor por condução ou difusão. Isso inclui as equações que descrevem a condução de calor em problemas uni e bidimensionais. A analogia entre a transferência de calor e o fluxo de uma corrente elétrica é discutida. Finalmente, estuda-se transferência de calor em regime transitório para diversas formas geométricas, quais sejam, esfera, cilindro infinito e parede infinita.

Os princípios de radiação térmica e procedimentos para o cálculo da transferência de calor por radiação estão apresentados no Capítulo 9. Isso inclui uma discussão de radiação de corpos negro, cinzento e real. Os efeitos das características de radiação e orientação geométrica das superfícies sobre a taxa de transferência de calor são discutidos.

Os exemplos e problemas propostos nessa segunda edição aparecem em unidades tanto do Sistema Internacional (SI), quanto do Sistema Inglês de Engenharia. Esses problemas estão apresentados numa forma que enfatiza a aplicação prática dos diversos princípios discutidos no texto. O número de problemas propostos foi dobrado nessa segunda edição. O manual de soluções de problemas propostos selecionados da primeira edição realizado por C. B. Birnie Jr. foi reformulado e aumentado para essa segunda edição por M. C. Schmidt.

Frank W. Schmidt
Robert E. Henderson
Carl H. Wolgemuth

Conteúdo

1 INTRODUÇÃO	**1**
1.1 Introdução	1
1.2 Ciências térmicas	1
1.3 Princípios básicos	2
Termodinâmica	2
Mecânica dos fluidos	4
Tipos de escoamento	5
Classificação da mecânica dos fluidos	8
Transferência de calor	9
Condução	9
Convecção	10
Radiação	11
1.4 Unidades	12
2 DEFINIÇÕES E CONCEITOS TERMODINÂMICOS	**15**
2.1 Termodinâmica clássica	15
2.2 Sistema termodinâmico	15
2.3 Propriedades termodinâmicas	16
2.4 As propriedades termodinâmicas pressão, volume e temperatura	17
2.5 Mudança de estado	18
2.6 Equilíbrio termodinâmico	19
2.7 Processos reversíveis	19
2.8 Calor	20
2.9 Trabalho	22
Trabalho mecânico	23
Outros tipos de trabalho	26
Trabalho irreversível	27
3 PROPRIEDADES DAS SUBSTÂNCIAS PURAS	**36**
3.1 Definições	36
3.2 Equilíbrio de fase	37
Diagrama temperatura-volume	38
Título de uma mistura líquido-vapor	39
Diagrama pressão-temperatura	40
Diagrama pressão-volume específico	42
Superfícies de pressão-volume específico-temperatura	42
3.3 Tabela de propriedades	43
3.4 Equação de estado de um gás ideal	48
3.5 Outras equações de estado	49
3.6 Outras propriedades termodinâmicas de uma substância simples compressível	50
3.7 Relações entre propriedades para um gás ideal	52
O caso especial de um processo adiabático para um sistema estacionário	54

x

4 ANÁLISE DE SISTEMAS - 1ª E 2ª LEIS DA TERMODINÂMICA — 63

4.1 A primeira lei da termodinâmica	63
4.2 A segunda lei da termodinâmica	68
Os enunciados clássicos da segunda lei	69
Máquinas térmicas e bombas de calor	70
Ciclos externamente reversíveis; o ciclo de Carnot	73
Eficiência de Carnot	74
Entropia	76
O efeito da irreversibilidade na entropia	79
O princípio do aumento da entropia	81
4.3 As equações $T\text{-}ds$ para uma substância compressível simples	83
4.4 Diagramas de temperatura-entropia	86
Eficiência do processo	87

5 ANÁLISE ATRAVÉS DE VOLUME DE CONTROLE — 96

5.1 Introdução	96
Conservação de massa de um sistema	97
Conservação de quantidade de movimento de um sistema	97
Conservação de energia de um sistema	98
Segunda lei da termodinâmica	99
5.2 Teorema do transporte de Reynolds (TTR) para condições uniformes (médias) no escoamento em regime permanente (rp)	99
5.3 Conservação de massa para um volume de controle	101
5.4 Conservação de quantidade de movimento para um volume de controle	105
Equação da quantidade de movimento	105
Forças atuantes em um volume de controle	106
Contribuição da pressão para as forças no volume de controle	107
Força resultante no volume de controle	108
5.5 Conservação da energia (primeira lei da termodinâmica) para um volume de controle	115
Equação da energia para propriedades uniformes em regime permanente	115
Aplicação da equação da energia para regime permanente e propriedades uniformes	118
Caso especial da equação da energia em regime permanente - a equação de Bernoulli	121
Caso especial da equação da energia em regime permanente - fluido em repouso	126
5.6 Seleção de um volume de controle	134
5.7 A segunda lei da termodinâmica para um volume de controle	143
5.8 Conversão de energia	147
Conversão de energia através de processos	148
Bocais	148
Turbinas e motores a pistão	149
Turbinas a gás	151
Conversão de energia através de ciclos - transformação de calor em trabalho	153
O ciclo de Rankine	154
Análise do ciclo de Rankine ideal	155
Regeneração	158
Reaquecimento	159

Ciclos de potência reais	160
Ciclos que aborvem potência	161

6 ESCOAMENTO EXTERNO - EFEITOS VISCOSOS E TÉRMICOS — 175

6.1 Introdução	175
6.2 Camadas limites externas	177
6.3 Características de escoamento de uma camada limite	180
6.4 Resistência ao movimento. Arrasto sobre superfícies	181
Análise da quantidade de movimento na camada limite	183
Arrasto viscoso	185
6.5 A influência dos gradientes de pressão	191
Separação do escoamento	191
Arrasto de pressão	195
6.6 Coeficiente de transferência de calor por convecão	205
6.7 Transferência de calor por convecção forçada	210
Placa plana	211
Temperatura uniforme na superfície	211
Temperatura da superfície não-uniforme	214
Fluxo de calor uniforme	217
Outros objetos de formas diversas	217
6.8 Transferência de calor por convecção natural	220
Placa plana vertical - isotérmica	220
Placa plana horizontal - isotérmica	223
Placa plana vertical - fluxo de calor uniforme	224
Outros objetos de formas diversas - isotérmicas	225
6.9 Convecção combinada natural e forçada	227
6.10 Resumo das correlações	228

7 ESCOAMENTO INTERNO - EFEITOS VISCOSOS E TÉRMICOS — 236

7.1 Introdução	236
7.2 Efeitos viscosos na região de entrada de um duto	238
7.3 Perdas de energia em escoamentos internos	239
Perdas distribuídas	239
Perdas localizadas	244
7.4 Transferência de calor em dutos	249
Coeficiente de transferência de calor	249
Balanço de energia para um fluido escoando em um duto	250
Fluxo de calor uniforme	251
Temperatura de parede uniforme	252
Efeitos de região de entrada	254
7.5 Coeficientes de transferência de calor para o regime laminar	255
Dutos circulares	256
Escoamento laminar - propriedades termofísicas variáveis	259
Dutos não-circulares	260
7.6 Transferência de calor em escoamento turbulento	262
Propriedades termofísicas variáveis	262
7.7 Trocadores de calor	264
Classificação dos trocadores de calor	265

Classificação baseada na aplicação	265
Classificação baseada na configuração do escoamento	268
Coeficiente global de transferência de calor	269
Projeto e previsão de desempenho de trocadores de calor	272
Análise da primeira lei para trocadores de calor	272
Método da efetividade - NUT	273

8 TRANSFERÊNCIA DE CALOR POR CONDUÇÃO — **289**

8.1 Introdução	289
8.2 Equação da condução de calor e condições de contorno	293
8.3 Condução de calor em regime permanente	296
Unidimensional	296
Placa infinita	296
Cilindro oco	303
Aletas	305
Bidimensional	310
Fator de forma de condução	311
Métodos numéricos	317
8.4 Condução de calor transitória	317
Análise concentrada	318
Unidimensional	322
Sólido semi-infinito	323
Placa infinita	327
Cilindro infinito	333
Esfera	334
Configurações multidimensionais	334

9 TRANSFERÊNCIA DE CALOR POR RADIAÇÃO TÉRMICA — **349**

9.1 Introdução	349
9.2 Radiação térmica	349
9.3 Propriedades básicas da radiação	354
Corpo negro	354
Irradiação	354
Absortividade, refletividade e transmissividade	355
Emissividade	356
Corpo cinzento	357
Corpo real	357
Radiosidade	360
Radiação solar	362
9.4 Transferência de calor por radiação entre duas superfícies paralelas infinitas	364
9.5 Fatores de forma de radiação	369
9.6 Transferência de calor por radiação entre duas superfícies cinzentas	374
9.7 Coeficiente de transferência de calor por radiação	377
9.8 Transferência de calor em um invólucro fechado	378

APÊNDICE A - PROPRIEDADES NO SISTEMA INTERNACIONAL — **390**

APÊNDICE B - PROPRIEDADES NO SISTEMA INGLÊS — **431**

APÊNDICE C - TEOREMA DE TRANSPORTE DE REYNOLDS 451

RESPOSTA AOS PROBLEMAS SELECIONADOS 455

ÍNDICE REMISSIVO 461

Símbolos

	DESIGNAÇÃO	UNIDADES SI	(INGLÊS)
A	Área	m^2	(ft^2)
A_r	Área da seção transversal	m^2	(ft^2)
$\mathbf{a}$	Aceleração	m/s^2	(ft/s^2)
b	Largura	m	(ft)
C	Capacidade térmica da corrente de fluido	$W/°C$	$(Btu/h °F)$
C_D	Coeficiente de arrasto total		
C_P	Coeficiente de pressão		
$\overline{C}_f$	Coeficiente médio de arrasto de atrito		
C_{fx}	Coeficiente de arrasto local		
c_p	Calor específico a pressão constante	$J/kg °C$	$(Btu/lb_m °F)$
c_v	Calor específico a volume constante	$J/kg °C$	$(Btu/lb_m °F)$
D_F	Arrasto de atrito	N	(lb_f)
d_h	Diâmetro hidráulico	m	(ft)
D_P	Arrasto de pressão	N	(lb_f)
D_T	Arrasto total	N	(lb_f)
d	diâmetro	m	(ft)
E, e	Energia, energia específica	$J, J/kg$	$(Btu, Btu/lb_m)$
EC	Energia cinética	J	(Btu)
EP	Energia Potencial	J	(Btu)
E_n	Poder emissivo do corpo negro	W/m^2	$(Btu/h ft^2)$
E_λ	Poder emissivo monocromático	$W/m^2 . \mu m$	$(Btu/h ft^2 . \mu m)$
$E_{\lambda,n}$	Poder emissivo monocromático do corpo negro	$W/m^2 . \mu m$	$(Btu/h ft^2 . \mu m)$
$\mathbf{F, f}$	Força, força por unidade de volume	$N, N/m^3$	$(lb_f, lb_f/ft^3)$
$F_{i,j}$	Fator de forma da radiação		
$F_{[0-\lambda]}$	Fração da radiação do corpo negro no intervalo de comprimento de onda		
f	Fator de atrito	W/m^2	$(Btu/h ft^2)$
G	Irradiação	W/m^2	$(Btu/h ft^2)$
$\mathbf{g}$	Aceleração da gravidade	m/s^2	(ft/s^2)
H,h	Entalpia, entalpia específica	$J, J/kg$	$(Btu, Btu/lb_m)$
H_T	Carga manométrica total	m	(ft)
$\overline{h}$	Coeficiente médio de transferência de calor por convecção	$W/m^2 °C$	$(Btu/h ft^2 . °F)$
h_f	Perdas distribuídas	m	(ft)
h_L	Perda de carga total	m	(ft)
h_m	Perdas localizadas	m	(ft)
h_r	Altura média da rugosidade	mm	$(in.)$
h_x	Coeficiente local de transferência de calor por convecção	$W/m^2 . °C$	$(Btu/h ft^2 . °F)$
I	Irreversibilidade	J/K	(Btu/R)

	DESIGNAÇÃO	UNIDADES	
		SI	(INGLÊS)
$\dot{I}$	Taxa de irreversibilidade	W/K	(Btu/h R)
i, j, k	Vetores unitários nas direções x, y e w		
J	Radiosidade	W/m²	(Btu/h ft²)
K	Coeficiente de perda de carga localizada		
k	Condutibilidade térmica	W/m °C	(Btu/h ft °F)
L	Comprimento	m	(ft)
L_c	Comprimento característico	m	(ft)
M	Massa	kg	(lb$_m$)
$\dot{m}$	vazão mássica	kg/s	(lb$_m$/s)
P	Pressão	N/m², Pa	(lb$_f$/ft²)
P_{CR}	Pressão crítica	N/m², Pa	(lb$_f$/ft²)
P_T	Pressão total	N/m², Pa	(lb$_f$/ft²)
Q,q	Transferência de calor, transferência de calor por unidade de massa	J, J/kg	(Btu, Btu/lb$_m$)
$\dot{Q},\dot{q}$	Taxa de transferência de calor , taxa de transferência de calor por unidade de massa	W, W/kg	(Btu/h, Btu/h lb$_m$)
$\dot{Q}''',\dot{q}'''$	Energia interna específica gerada por unidade de volume	W, W/m³	(Btu/h, Btu/h ft³)
$\dot{q}''$	Fluxo de calor por unidade de área	J/m²	(Btu/h ft²)
$\dot{q}_p''$	Fluxo de calor uniforme por unidade de área junto à parede	J/m²	(Btu/h ft²)
$\dot{q}_x''$	Fluxo de calor local	J/m²	(Btu/h ft²)
R,r	Raio	m	(ft)
R	Força resultante	N	(lb$_f$)
R	Resistência de radiação equivalente	m⁻²	(ft⁻²)
R	Raio adimensional		
R_0	Constante universal dos gases	J/mol °K	(Btu/mol R)
R_t	Resistência térmica	°C/W	(°F h/Btu)
S	Fator de forma		
S, s	Entropia, entropia específica	J/K, J/kg K	(Btu/R, Btu/ lb$_m$ R)
T	Temperatura	°C, K	(°F, R)
T_m	Temperatura da mistura ou de copo	°C	(°F)
T_{CR}	Temperatura crítica	K	(R)
t	Tempo	s	(s)
U,u	Energia interna, energia interna específica	J, J/kg	(Btu, Btu/lb$_m$)
U	Velocidade da corrente livre	m/s	(ft/s)
u,v,w	Componentes da velocidade nas direções x,y e z	m/s	(ft/s)
V, v	Volume, volume específico	m³, m³/kg	(ft³, ft³/kg)
$\dot{V}$	Vazão volumétrica	m³/s	(ft³/s)
V	Velocidade	m/s	(ft/s)
V	Velocidade média ou uniforme	m/s	(ft/s)
W,w	Trabalho, trabalho por unidade de massa	J, J/kg	(Btu, Btu/lb$_m$)

xvi

	DESIGNAÇÃO	UNIDADES	
		SI	(INGLÊS)
$\dot{W}, \dot{w}$	Taxa de transferência de energia na forma de trabalho, Taxa de transferência de energia na forma de trabalho por unidade de massa	W, W/kg	(Btu/h, Btu/h lb_m)
W_s	Trabalho de eixo	J	(Btu)
x	Título		
x,y,z	Coordenadas espaciais	m	(ft)
Z	Fator de compressibilidade		
z	Elevação	m	(ft)

SÍMBOLOS GREGOS

		UNIDADES	
		SI	(INGLÊS)
α	Absortividade		
α	Difusividade térmica	m^2/s	(ft^2/s)
β	Coeficiente de expansão volumétrica	K^{-1}	(R^{-1})
β_R	Coeficiente de desempenho - refrigerador		
β_{BC}	Coeficiente de desempenho - Bomba de calor		
γ	Razão entre os calores específicos		
δ	Espessura da camada limite hidrodinâmica	m	(ft)
δ_T	Espessura da camada limite térmica	m	(ft)
ε	Efetividade do trocador de calor, emissividade		
η	Eficiência, coordenada		
η_t	Eficiência térmica		
θ	Coordenada angular	rad	(rad)
κ	Compressibilidade isotérmica	m^2/N	(ft^2/lb_f)
λ	Comprimento de onda	μm	(μm)
μ	Viscosidade dinâmica	N s/m², kg/m s	$(lb_f \cdot s/ft^2,\ lb_m/ft\ s)$
ν	Viscosidade cinemática	m^2/s	(ft^2/s)
ρ	Densidade	kg/m^3	(lb_m/ft^3)
ρ	Refletividade		
σ	Tensão total	N/m^2	(lb_f/ft^2)
τ	Transmissividade		
τ	Tensão de cisalhamento	N/m^2	(lb_f/ft^2)
Φ, φ	Propriedade arbitrária do fluido, propriedade arbitrária específica do fluido		

	SUBSCRITOS		SUBSCRITOS
atm	Atmosférico	q	Quente
cr	Crítico	r	Real
e	Entrada	rad	Radiação
f	Frio, fluido frio, final	Rev	Reversível
grav	Gravitacional	s	Saída, descarga
H	Temperatura alta	sis	Sistema
Irr	Irreversível	sup	Superfície
l	Líquido saturado	SC	Superfície de controle
lam	laminar	tur	Turbulento
L	Temperatura baixa	vis	Viscoso
LC	Linha de centro	viz	Vizinhança
M	Manômetro	VC	Volume de controle
max	Máximo	x, y, z	Coordenadas espaciais
min	Mínimo	0	Inicial
n	Corpo negro, normal	λ	Comprimento de onda
p	Parede	v	Vapor saturado
pres	Pressão	∞	Meio infinito

	GRUPOS ADIMENSIONAIS			GRUPOS ADIMENSIONAIS	
	Nome	*Definição*		*Nome*	*Definição*
Bi	Biot	hL_c / k	Pr	Prandtl	$c_p \mu / k$
Fo	Fourier	$\alpha t / L_c^2$	Ra	Rayleigh	$\dfrac{g\rho^2 c_p \beta (T_p - T_\infty) L_c^3}{k\mu}$
Gr	Grashof	$g\beta(T_p - T_\infty)L_c^3 / v^2$	Ra*	Rayleigh modificado	$\dfrac{g\rho^2 c_p \beta \dot{q}_p' L_c^4}{\mu k^2}$
Nu	Nusselt	hL_c / k	Re	Reynolds	$L_c \rho U / \mu$
Pe	Peclet	$\dfrac{L_c \rho c_p}{k} U$, RePr	St	Stanton	$h / \rho c_p U$, Nu / RePr

1 INTRODUÇÃO

1.1 INTRODUÇÃO

Há muitas palavras em nossa língua que são universalmente empregadas e cujos significados nem sempre são bem entendidos. *Energia* é uma das tais palavras, e é muito comum que se faça referência ao seu custo, disponibilidade, tipo, emprego e conservação em nossas conversas pessoais e nos meios de comunicação. O termo energia é normalmente mal compreendido e, conseqüentemente, mal empregado. No entanto, as comunidades científicas e tecnológicas devem ser precisas no uso dessa palavra, inclusive devem-se estabelecer claramente as diversas formas de energia em suas discussões.

Nós não tentaremos definir energia neste momento. Entretanto, a incapacidade de se concordar em uma definição universalmente aceita de energia não deve impedir o estudante do seu estudo desta importante área. A discussão neste livro será baseada, e consistente, com todas as definições aceitas de energia. Os conceitos apresentados são universais e foram estabelecidos em fenômenos físicos bem conhecidos e documentados.

Desde que a energia se apresenta em diversas formas, o termo vem normalmente acompanhado de um adjetivo. Energia elétrica, energia nuclear, energia química, energia cinética e energia solar são exemplos de formas de energia bastante familiares. Há uma certa noção de que nós usamos energia para realizar trabalho, mas a relação direta entre trabalho e energia não é claramente analisada, particularmente pela comunidade não-técnica. Isso provoca certa confusão em discussões que envolvem energia.

Uma descrição das várias formas de energia e um estudo dos processos que convertem energia de uma forma a outra são apresentados neste livro. A atenção será dirigida para os limites que os processos de conversão devem atender. Processos de transporte de energia também serão discutidos. Eles envolvem um número de diferentes processos desde a energia transportada por um fluido em movimento até a transferência de energia térmica, devido a uma diferença de temperaturas. Após um elucidação dos fenômenos associados com esses processos, o engenheiro estará mais adequadamente preparado para desempenhar seu trabalho em uma sociedade consciente da importância da energia.

1.2 CIÊNCIAS TÉRMICAS

Este livro se restringirá às discussões dos princípios básicos das ciências térmicas, que são normalmente constituídas pela termodinâmica, mecânica dos fluidos e transferência de calor. Podemos definir essas três ciências mais especificamente como

Termodinâmica. A ciência que se preocupa com o estudo das transformações da energia e o relacionamento entre as várias grandezas físicas de uma substância afetadas por aquelas transformações energéticas.

Mecânica dos fluidos. A ciência que lida com o transporte de energia e a resistência ao movimento associada com o escoamento dos fluidos.

Transferência de calor. A ciência que descreve a transferência de uma determinada forma de energia como decorrência de uma diferença de temperaturas.

2 INTRODUÇÃO ÀS CIÊNCIAS TÉRMICAS

As três ciências térmicas estão intimamente relacionadas. A ciência térmica mais básica é a termodinâmica que, em associação com as leis da dinâmica, proporciona o conhecimento sobre o qual se desenvolvem as relações usadas no estudo da mecânica dos fluidos e da transferência de calor. A termodinâmica é mais conceitual que as duas outras ciências térmicas em muitos aspectos. Nà análise termodinâmica pouca atenção é dirigida para o mecanismo real usado para transportar o fluido de uma posição para outra ou, ainda, para o projeto do equipamento que vai transformar uma forma de energia em outra por um dado processo termodinâmico. Como exemplo, o desempenho do ciclo de refrigeração de um refrigerador doméstico não depende apenas das condições de operação estabelecidas através de uma análise termodinâmica do ciclo, mas depende também da habilidade de se projetar os componentes para que desempenhem as condições de operação desejadas. O projeto do condensador, evaporador, compressor e válvulas de controle é baseado em princípios de transferência de calor e mecânica dos fluidos.

O engenheiro que tem um conhecimento básico dos fundamentos da termodinâmica, mecânica dos fluidos e transferência de calor está, portanto, em uma posição privilegiada para analisar problemas relacionados com a energia. O engenheiro elétrico, industrial, civil, entre outros, é freqüentemente forçado a tomar decisões de projeto baseado em fatores associados com as ciências térmicas. Em muitas situações práticas, todos os aspectos das ciências térmicas estão envolvidos. Apenas em raras situações as decisões que envolvem os detalhes do projeto térmico de um equipamento são feitas baseadas em apenas uma das ciências térmicas. Por essa razão, as leis fundamentais da termodinâmica, mecânica dos fluidos e transferência de calor são apresentadas de uma forma unificada.

1.3 PRINCÍPIOS BÁSICOS

Antes que se faça um estudo mais aprofundado de cada uma das ciências térmicas, será apresentado um breve resumo dos princípios básicos associados com cada uma das ciências térmicas com o objetivo de fornecer ao leitor uma visão geral destas áreas.

Termodinâmica

A ciência da termodinâmica envolve o estudo da energia associada com uma certa quantidade de matéria ou com um volume bem definido do espaço. A quantidade fixa de matéria é chamada de sistema termodinâmico, enquanto que o volume bem definido do espaço é chamado de volume de controle. Inicialmente vamos dirigir nossa atenção apenas para o sistema termodinâmico.

O estudo da energia de um um sistema termodinâmico é realmente bastante elementar em princípio. Energia pode entrar ou deixar o sistema e ser transferida em apenas duas formas: calor ou trabalho. Se a transferência de energia for devido à diferença de temperaturas entre o sistema e a vizinhança, então a transferência de energia se dará como calor, caso contrário será transferida como trabalho. Transferência de calor será estudada na última parte deste livro. A palavra *transferência* é redundante e é usada apenas para enfatizar que calor é a energia que está sendo transferida. Nos primeiros capítulos vamos assumir de uma forma geral que taxa de transferência de calor é a informação conhecida. Uma exceção para isso seria o cálculo da taxa de transferência de calor requerida para produzir uma determinada mudança no sistema. Por exemplo, podemos estar interessados em saber a que taxa calor deve ser removido de um sistema para produzir uma certa taxa de diminuição de temperatura. Esse cálculo envolve apenas considerações energéticas e não poderíamos determinar precisamente como essa transferência se daria fisicamente.

CAPÍTULO 1 - INTRODUÇÃO **3**

Os capítulos dedicados ao estudo da transferência de calor vão analisar problemas desse tipo.

A transferência de energia na forma de trabalho será estudada com mais detalhes que a transferência de calor nos primeiros capítulos. Não há capítulos subseqüentes sobre "transferência de trabalho". Trabalho é a forma de energia transferida através da fronteira de um sistema devido a algum potencial diferente de temperatura, e se apresenta em muitas formas. Há trabalho mecânico no qual uma força atua através do deslocamento da fronteira do sistema, como acontece com o pistão de um motor de combustão interna. Há trabalho elétrico em que um potencial elétrico atua sobre uma carga elétrica na fronteira do sistema. Embora outras formas de trabalho existam, vamos nos preocupar neste livro apenas com essas duas formas mencionadas, com maior ênfase no trabalho mecânico. Muitos sistemas envolvem trabalho mecânico, já que ele está presente sempre que uma força atua sobre uma fronteira em movimento de um sistema.

A primeira lei da termodinâmica é um enunciado da conservação de energia. Intuitivamente você poderia esperar que a soma algébrica de todas as formas de energia que cruzam a fronteira do sistema fosse igual à variação líquida da energia armazenada internamente pelo sistema. Desde que calor e trabalho são apenas as duas formas de energia que cruzam a fronteira do sistema, a soma algébrica do calor com o trabalho deve ser igual à variação líquida da energia armazenada ou possuída pelo sistema. A energia possuída pelo sistema pode ser energia cinética, energia potencial e energia interna. De um estudo de física básica você deve lembrar que energia cinética é calculada por

$$EC = \frac{M\mathbf{V}^2}{2} \tag{1-1}$$

onde M é a massa do sistema e $\mathbf{V}$ é a velocidade do sistema. No campo gravitacional terrestre, a energia potencial é dada por

$$EP = M\mathbf{g}z \tag{1-2}$$

onde $\mathbf{g}$ é a aceleração devido à gravidade e z é a elevação do sistema acima de algum nível de referência. O valor padrão de $\mathbf{g}$ ao nível do mar é 9,807 m/s^2 ou 32,17 ft/s^2. A aceleração $\mathbf{g}$ é um vetor que tem a direção e sentido sempre direcionados para o centro do planeta. Contudo, estaremos freqüentemente mais interessados apenas em seu valor, uma vez que a orientação estará sempre subentendida, e o símbolo g será usado.

Para avaliar a energia armazenada pelo sistema, devemos conhecer alguma coisa sobre o comportamento do material ou substância e as relações entre certas propriedades da substância. Algumas vezes essas propriedades são apresentadas na forma de equações algébricas e algumas vezes na forma de tabelas. Em geral, o sistema vai sofrer mudanças com o tempo e, portanto, suas propriedades vão mudar também com o tempo. A mudança das propriedades em um período de tempo especificado deve ser determinada de forma que a variação da energia armazenada no sistema possa ser calculada. As propriedades de uma substância pura são descritas no Capítulo 3, bem como os métodos necessários para que se possa avaliar as variações da energia do sistema.

Algumas das mudanças das propriedades de uma substância evoluem em apenas uma direção. Essa direção natural é dada pela segunda lei da termodinâmica. Se um bloco escorrega com uma velocidade uniforme em um plano inclinado num campo gravitacional, a energia potencial é dissipada na forma de atrito entre o bloco e o plano. Mesmo que assumamos que a energia decorrente do atrito possa de alguma forma ser armazenada no bloco ou no plano, não há nenhuma maneira pela qual possamos utilizá-la para restituir o bloco para a sua posição inicial. Portanto, há

4 INTRODUÇÃO ÀS CIÊNCIAS TÉRMICAS

uma direção natural para esse processo de dissipação e a segunda lei nos informa que a direção oposta é impossível. Talvez ainda mais significante é o fato de que a segunda lei nos diz que trabalho pode ser completa e continuamente convertido em calor, mas o processo inverso de conversão completa é impossível. Sempre que ocorre a conversão contínua de calor em trabalho num dado sistema, apenas parte do calor fornecido vai poder ser convertido em trabalho e o excedente deve ser rejeitado. Veremos que há um limite teórico para a fração de calor fornecida que pode ser convertida em trabalho num processo contínuo. Esse limite é independente das propriedades da substância ou do tipo de processo ou do equipamento em uso. Dispositivos de estado sólido, máquinas alternativas, máquinas rotativas e qualquer outro equipamento de conversão tem o mesmo limite teórico.

A segunda lei é também útil, porque fornece um meio de se medir o desvio de um processo real para o caso ideal, isto é, um processo que é reversível. Essa medida nos permite comparar os processos reais, e é útil ao prestar auxílio para selecionar o processo mais eficiente.

Os conceitos desenvolvidos para o sistema termodinâmico são estendidos para um volume de controle no Capítulo 5. A metodologia de volume de controle amplia a aplicabilidade das leis de termodinâmica para problemas adicionais de interesse. A ciência de mecânica dos fluidos é apresentada, e poderemos, então, considerar o transporte de matéria através de um volume ou região no espaço. Quando um equipamento ou dispositivo opera continuamente em um dado periodo de tempo, o analisamos usando um volume de controle em que as condições não variam com o tempo. Tal processo é chamado de regime permanente e exige que

(a) As propriedades da massa em qualquer ponto no volume de controle não variem com o tempo.
(b) As propriedades e a vazões mássicas que entram e deixam o volume de controle não variem com o tempo.

Através do estudo da termodinâmica esses conceitos e definições desempenham um papel importante para a compreensão e aplicação dos princípios básicos. O estudante é aconselhado a dominar esses conceitos e definições logo de início, a fim de se minimizar confusão nas partes subseqüentes do curso.

Mecânica dos Fluidos

Uma vez que a fonte de energia foi identificada, o emprego útil desta energia normalmente necessita que ela seja transportada de uma posição espacial para outra. Por exemplo, um sistema de aquecimento de água ou ar produz uma fonte de energia térmica pela combustão de óleo ou gás num certo local de um edifício, por exemplo. Para fornecer calor para o resto do edifício, a energia deve ser transportada daquela localização para diversas partes do edifício. Isso é realizado pela transferência da energia para um fluido de trabalho, água ou ar, e, então movimentando-o ou bombeando-o através dos pontos de distribuição, onde a energia é removida do fluido. O estudo do movimento do fluido é chamado de mecânica dos fluidos.

Um fluido é definido como uma substância que se deforma continuamente quando submetido a uma tensão de cisalhamento, isto é, ele escoa. Por outro lado, um sólido resiste uma tensão de cisalhamento sofrendo uma deformação inicial, mas não se deforma continuamente. A diferença entre o sólido e o fluido pode ser observada passando a mão sobre a superfície de uma mesa e a superfície da água, por exemplo. Fluidos existem como líquido (água, gasolina, petróleo), como gás (ar, hidrogênio, gás natural) ou como uma combinação de líquido e gás (vapor úmido).

CAPÍTULO 1 - INTRODUÇÃO **5**

Enquanto um fluido fornece um meio para o transporte de energia, este mesmo processo de transporte por conjunto moto-bomba requer um gasto de energia. Por exemplo, energia elétrica é necessária para superar as forças que agem no fluido e se opõem ao seu movimento. É muito importante que o engenheiro compreenda a origem dessas forças que se opõem ao movimento do fluido e como estimar seus valores e direções para (1) o projeto das superfícies por onde o fluido vai escoar, e (2) minimizar a quantidade de energia requerida para transportar o fluido entre duas localizações.

Este livro vai enfatizar esses dois pontos nos capítulos que abordam a ciência da mecânica dos fluidos. Para alcançar esse objetivo, será utilizado o conceito de volume de controle, com uma superfície claramente definida no espaço através da qual o fluido cruza, ao invés do conceito de um sistema com uma quantidade fixa de matéria. Relações que descrevem o escoamento de um fluido através de um volume de controle serão apresentadas no Capítulo 5 e permitem a determinação de

- Força de arrasto (resistência ao movimento) de um carro, navio, avião ou trem.
- Força exercida pelo vento sobre um edifício.
- A potência requerida para bombear fluidos entre diferentes localizações.
- A força em um bocal de mangueira de bombeiro.
- O efeito das cavidades existentes na bola de golfe quando em sua trajetória.

O desenvolvimeto dessas relações será baseado no uso de modelos matemáticos da mecânica dos fluidos. Nos casos em que esses modelos são por demais complexos ou ainda não foram desenvolvidos, serão apresentadas descrições empíricas baseadas em experimentos bem estabelecidos. Deve se notar que o estudo da mecânica dos fluidos depende fortemente de experimentos.

O caso especial quando a velocidade do fluido é nula, também é relevante. Tais casos são objetos de estudo da estática dos fluidos.

Tipos de Escoamento

Desde que a ciência da mecânica dos fluidos se preocupa com o movimento espacial dos fluidos, as propriedades de um fluido são, em geral, uma função das três dimensões espaciais, além do tempo. Essa dependência funcional de quatro variáveis independentes torna o estudo geral da mecânica dos fluidos bastante complexo. Escoamentos em configurações menos complexas devem então ser consideradas, para ilustrar os princípios básicos envolvidos.

Os diferentes tipos de escoamento considerados são classificados pelas características do modo do escoamento e das propriedades do fluido. Para definir estas propriedades, o fluido será assumido como contínuo, significando que todas as propriedades do fluido terão um valor definido num dado ponto no espaço e tempo, e são identificadas usando uma abordagem macroscópica e não microscópica. Portanto, variações a nível molecular não serão consideradas, o que é justificado pelo fato de que, em geral, o espaçamento molecular é muito menor que as dimensões envolvidas no escoamento do fluido. Essas propriedades serão discutidas em separado abaixo.

Propriedades de Campo do Escoamento. O campo do escoamento é uma representação do movimento no espaço em diferentes instantes. A propriedade que descreve o campo do escoamento é a velocidade, $V(x,y,z,t)$. Note que a velocidade é uma quantidade vetorial e tem componentes nas direções x, y e z, e pode variar no tempo.

A representação visual de um campo de escoamento é obtida pela introdução de um material de rastreamento no escoamento e pela sua fotografia. Exemplos de tais materiais de rastreamento são tintas coloridas em água e fumaça em ar. Tais fotografias, Fig. 1-1, fornecem as *linhas de corrente*, definidas como uma linha contínua que é tangente aos vetores velocidade ao longo do escoamento num dado instante. Como conseqüência dessa definição, não há escoamento cruzando uma linha de corrente. Portanto, uma superfície sólida ou parede que delimita o escoamento também é uma linha de corrente.

Quando se observa o caminho de uma dada partícula fluida em função do tempo, tem-se a *trajetória* da partícula. Em escoamento em regime, as linhas de corrente e as trajetórias são coincidentes. Se o escoamento for uma função do tempo, transitório, as linhas de corrente e as trajetórias serão diferentes.

Se as velocidades ortogonais de um escoamento forem conhecidas, $\mathbf{V} = \mathbf{i}u + \mathbf{j}v + \mathbf{k}w$, a aceleração das partículas do fluido, **a**, poderá ser determinada como sendo a variação total da velocidade com relação ao tempo.

$$\mathbf{a} = \frac{D\mathbf{V}}{Dt} = \frac{\partial \mathbf{V}}{\partial t} + \frac{\partial \mathbf{V}}{\partial x}\frac{dx}{dt} + \frac{\partial \mathbf{V}}{\partial y}\frac{dy}{dt} + \frac{\partial \mathbf{V}}{\partial z}\frac{dz}{dt}$$

$$= \underbrace{\frac{\partial \mathbf{V}}{\partial t}}_{\text{aceleração local}} + \underbrace{u\frac{\partial \mathbf{V}}{\partial x} + v\frac{\partial \mathbf{V}}{\partial y} + w\frac{\partial \mathbf{V}}{\partial z}}_{\text{aceleração convectiva}} \qquad (1\text{-}3)$$

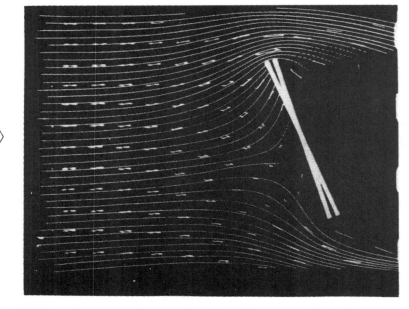

Figura 1-1 Linhas de corrente sobre uma placa plana vibrante (extraído de *Illustrated Experiments in Fluid Mechanics*, National Committee for Fluid Mechanics Films, Educational Development Center, Inc.). Usado com permissão.

CAPÍTULO 1 - INTRODUÇÃO **7**

A aceleração total envolve tanto a mudança da velocidade com o tempo, a aceleração local, como a mudança em velocidade devido ao movimento espacial do fluido, isto é, a aceleração convectiva. Se regime permanente for considerado, a aceleração do fluido será apenas devido à aceleração convectiva. Um exemplo de regime permanente é o escoamento de um fluido em um tubo cuja seção transversal diminui. Embora o escoamento seja independente do tempo, ele vai ser acelerado devido à diminuição da área do tubo.

Propriedades de Transporte. Embora todos os fluidos se deformem continuamente quando solicitados por tensão de cisalhamento, a taxa de deformação é diferente para diferentes fluidos. A propriedade termofísica que relaciona a tensão de cisalhamento com a taxa de deformação associada com o movimento do fluido é a viscosidade, μ. A tensão de cisalhamento no fluido vai determinar a velocidade local do fluido, a qual está diretamente conectada com o momento do fluido. A viscosidade dinâmica pode então estar diretamente associada com o transporte de momento e, conseqüentemente, é classificada como uma propriedade de transporte. Outras propriedades de transporte são a condutibilidade térmica, k, a qual está associada com o transporte de energia térmica e a difusividade, D, que está associada com o transporte de massa. Enquanto a viscosidade dinâmica afeta diretamente o escoamento, as outras duas têm um efeito indireto.

Um fluido newtoniano (ar, água, gasolina) é definido como aquele que exibe uma relação linear entre a tensão de cisalhamento aplicada τ e a taxa de deformação resultante. No Capítulo 6 será mostrado que a taxa de deformação do fluido é proporcional à variação da velocidade do fluido na direção normal ao escoamento. A viscosidade dinâmica μ de um fluido newtoniano é a constante de proporcionalidade nessa relação linear. Fluidos que não exibem tal relação linear são chamados de fluidos não-newtonianos (obviamente).

Se um fluido newtoniano se movimenta com velocidade u na direção x, a tensão de cisalhamento no fluido na direção x em qualquer posição do fluido é (note que τ é um vetor)

$$\tau_x = \mu \frac{\partial u}{\partial y} \tag{1-4}$$

O fluido adjacente a uma superfície sólida ou parede sofre o que é chamado de tensão de cisalhamento na parede τ_p. O movimento de um fluido em torno de uma superfície sólida impõe uma condição especial na superfície. Na superfície sólida, a velocidade relativa entre o fluido e a superfície deve ser nula, é o chamado princípio da aderência ou do não escorregamento. Na medida que se afasta da parede, a velocidade do fluido relativa à parede vai aumentar de zero até um valor finito, Fig. 1-2. Isso causa um gradiente na velocidade $\partial u / \partial y$ na eq. 1-4. A tensão de cisalhamento τ_x atua no sentido de resistir ao movimento do fluido, e é máximo junto à superfície onde não existe movimento relativo. Por outro lado, se a superfície se movimenta através do fluido, como o movimento de um carro, trem, submarino ou avião, surge uma força de arrasto na superfície para se opor ao movimento. A viscosidade de um fluido está, então, associada com a forma de energia que não é recuperada quando o fluido é transportado, ou com a energia necessária para movimentar um objeto num meio fluido.

Os coeficientes de viscosidade dinâmica de alguns fluidos newtonianos são apresentados na Fig. A-12. Fluidos não-newtonianos, que não satisfazem eq. 1-4, não serão discutidos neste livro.

Propriedades dos Fluidos. Há várias propriedades ou características que podem ser usadas para distinguir um fluido dos demais e que são independentes do movimento do fluido. Entre elas:

8 INTRODUÇÃO ÀS CIÊNCIAS TÉRMICAS

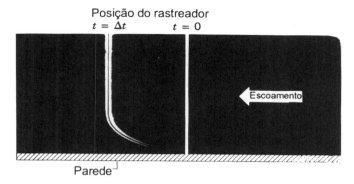

Figura 1-2 Deslocamento de um rastreador vertical mostrando o desenvolvimento de uma camada limite e o princípio da aderência (extraído de *Illustrated Experiments in Fluid Mechanics*, National Committee for Fluid Mechanics Films, Educational Development Center, Inc.). Usado com permissão.

densidade – a massa do fluido por unidade de volume;

pressão de vapor – a pressão na qual um líquido evapora e está em equilíbrio com o seu próprio vapor;

tensão superficial – a atração molecular em um líquido próximo de uma superfície ou outro fluido;

velocidade do som – a velocidade na qual a onda acústica se movimenta no fluido.

Do ponto de vista dos assuntos abordados neste livro, a propriedade acima mais importante é a densidade. O volume específico v é o recíproco da densidade ρ e também será usado.

Se a densidade for constante em um campo de escoamento, o escoamento é chamado de incompressível. Para determinar se um escoamento é *incompressível* (ρ = const.) ou *compressível* ($\rho \neq$ const.), a razão entre a velocidade, V, e a velocidade do som, c, no fluido deve ser analisada. Se essa razão, chamada de número de Mach, M, for inferior a 0,3, o escoamento é considerado incompressível. Quando M = 1,0, um regime de escoamento crítico é observado e é referido como "a barreira do som" no voô de aeronaves. Se M > 1,0, o escoamento é supersônico. Normalmente, o escoamento de um líquido será incompressível, uma vez que as velocidades de som dos líquidos são grandes, por exemplo a velocidade do som na água é cerca de 1.500 m/s.

Classificação da Mecânica dos Fluidos

Uma classificação da ciência da mecânica dos fluidos pode ser feita como uma função da dependência do escoamento com o tempo, com sua velocidade, com a viscosidade do fluido e com a densidade. Tal classificação é realizada para simplificar a análise dos problemas de mecânica dos fluidos, desde que seja possível estudar os escoamentos separadamente como, por exemplo, escoamento compressível e incompressível.

Neste livro apenas escoamentos em regime permanente, que são aqueles que independem do tempo, serão considerados. Isso significa que estaremos considerando apenas propriedades e características do escoamento médias em relação ao tempo. Em muitas situações vamos considerar apenas escoamentos uni ou bidimensional. Tais simplificações permitirão obter soluções bastante boas para muitos problemas complexos de escoamento. Elas também vão permitir obter uma compreensão dos fenômenos físicos envolvidos. Parte considerável deste livro é devotada à

CAPÍTULO 1 - INTRODUÇÃO **9**

considerações dos efeitos de viscosidade. Escoamento de fluidos viscosos é classificado como sendo laminar ou turbulento, dependendo do valor da razão entre a força de inércia sobre o fluido e a força viscosa. Essa razão recebe o nome de número de Reynolds e será discutida nos Capítulos 6 e 7. Veremos que a maioria dos escoamentos são turbulentos. Finalmente, apenas escoamentos incompressíveis serão considerados.

Transferência de Calor

Faz parte da nossa experiência cotidiana que quando duas substâncias à temperaturas diferentes são colocadas em contato, a temperatura da substância mais quente vai diminuir e a temperatura da substância mais fria vai aumentar (*n. t. - isto se não houver mudança de fase*). Como uma ilustração desse fenômeno, considere o fato corriqueiro de uma lata de refrigerante que é retirada de um refrigerador e colocada sobre uma mesa. A temperatura do refrigerante vai começar a aumentar, porque ocorrerá um fluxo de energia para o mesmo do ar ambiente que está mais aquecido. Após um certo tempo, energia suficiente terá sido transferida para o refrigerante, de forma que poderemos sentir o acréscimo de temperatura simplesmente pelo toque na lata. Não poderemos sentir uma diminuição da temperatura do ar devido à quantidade enorme de ar ambiente que envolve a lata, muito embora a intuição nos diga que energia foi transferida do ar para o refrigerante. Se continuarmos a monitorar o refrigerante, também vamos notar que a sua temperatura vai continuar a aumentar até que esta se iguale à temperatura do ar. Portanto, podemos concluir que se uma diferença de temperaturas está presente, então existe um fluxo de energia. Os fenômenos físicos e os parâmetros, além da diferença de temperaturas, que governam a taxa e a quantidade de transferência de energia não são óbvios. Quando a transferência de energia é o resultado de apenas uma diferença de temperaturas, sem a presença de trabalho, então esta transferência de energia recebe o nome de transferência de calor.

A ciência da transferência de calor identifica os fatores que influenciam a taxa de transferência de energia entre sólidos e fluidos ou em suas combinações. Essa informação é, então, usada para prever a distribuição de temperatura e a taxa de transferência de calor em sistemas termodinâmicos e equipamentos.

Há três categorias gerais usadas para classificar o modo pelo qual calor é transmitido. Eles são a condução, convecção e radiação.

Condução

Transferência de calor por condução é a transferência de energia através de uma substância, um sólido ou fluido, como o resultado da presença de um gradiente de temperatura dentro da substância. Esse processo também recebe o nome de difusão de calor ou de energia. Embora o processo de transferência real ocorra a nível molecular, o engenheiro usa uma abordagem macroscópica para conduzir seus cálculos de engenharia.

A relação básica usada para calcular a condução ou difusão de calor em uma substância é a lei de Fourier. A taxa de transferência de calor por unidade de área é chamada de fluxo de calor e é uma quantidade vetorial, $\dot{q}''$ A lei de Fourier estabelece que o fluxo de calor é diretamente proporcional ao valor da componente do gradiente de temperatura na direção daquele fluxo. Num sistema de coordenadas cartesianas tridimensional, a temperatura de uma substância é função da posição e do tempo, $T(x, y, z, t)$. A expressão matemática para o vetor fluxo de calor é

10 INTRODUÇÃO ÀS CIÊNCIAS TÉRMICAS

$$\dot{\mathbf{q}}'' \equiv \mathbf{i}\dot{q}_x'' + \mathbf{j}\dot{q}_y'' + \mathbf{k}\dot{q}_z'' \tag{1-5}$$

onde

$$\dot{q}_x'' \propto \frac{\partial T}{\partial x}, \ \dot{q}_y'' \propto \frac{\partial T}{\partial y}, \text{ e } \dot{q}_z'' \propto \frac{\partial T}{\partial z}$$

Cada um dos componentes do fluxo de calor pode ser dependente do tempo. Estas expressões podem ser transformadas em igualdades pela introdução da condutibilidade térmica da substância, k. Para um material isotrópico, $k_x = k_y = k_z$, então, as expressões ficam

$$\dot{q}_x'' = -k\frac{\partial T}{\partial x}, \ \dot{q}_y'' = -k\frac{\partial T}{\partial y}, \text{ e } \dot{q}_z'' = -k\frac{\partial T}{\partial z} \tag{1-6}$$

A convenção de sinal usada para essas expressões assume que o fluxo de calor é positivo se ele ocorrer na direção do eixo coordenado. Uma vez que calor ou energia flui na direção da diminuição de temperatura, gradiente negativo de temperatura, um sinal negativo é requerido para ser consistente com a convenção de sinal.

A condutibilidade térmica é a propriedade termofísica da substância. Bons condutores de calor, como a maioria dos metais, possuem valores elevados de condutibilidade térmica, enquanto que materiais isolantes possuem baixos valores daquela grandeza. Valores de condutibilidade térmica para um número de diversos materiais são dados no apêndice.

Em muitas situações, a transferência de calor para um sólido vai resultar em que uma parte dele mude de fase. O material sólido pode sublimar, mudança direta de fase sólido para vapor, ou pode fundir, mudança para a fase líquida. A situação oposta também pode ocorrer quando um líquido ou vapor solidifica devido à remoção de calor. Em ambas as situações a taxa de transferência de calor é governada pela condução.

Convecção

Transferência de calor por convecção é a transferência de energia entre um fluido e uma superfície sólida. Dois fenômenos diferentes estão presentes. O primeiro fenômeno é a difusão ou condução de energia através do fluido devido à presença de um gradiente de temperatura dentro do fluido. O segundo fenômeno é a transferência de energia dentro do fluido devido ao movimento do fluido de um posição para outra. Como já observamos, condução é um transporte de energia a nível molecular e cuja taxa de transferência é controlada pelas propriedades termofísicas e pela distribuição de temperaturas. O segundo fenômeno está associado como as características macroscópicas do movimento ou escoamento do fluido, bem como as propriedades termofísicas do fluido e as características e condições térmicas da superfície sólida.

Em transferência de calor por convecção, a diferença de temperaturas que causa o fluxo de energia é aquela entre a temperatura da superfície e a do fluido. Se a superfície estiver imersa por uma quantidade muito grande de fluido, o efeito da transferência de energia sobre a temperatura desta massa de fluido será desprezível. Essa situação é classificada como *escoamento externo* e a diferença de temperaturas que causa a transferência de energia é a diferença entre a temperatura da corrente livre (ao longe da superfície) do fluido e a temperatura da superfície.

Se o fluido estiver se movimentando de forma confinada, como em um tubo, então o escoamento é dito *escoamento interno*. Nesse caso, a energia será transferida se uma diferença de temperaturas existir entre a parede do tubo e a temperatura média do fluido. A transferência de

CAPÍTULO 1 - INTRODUÇÃO **11**

energia para/ou do fluido vai causar com que a temperatura média do fluido varie conforme o fluido escoe no tubo. A diferença entre a temperatura média do fluido e a da parede do tubo deve ser usada para calcular a taxa de transferência de calor, medidas na mesma posição axial.

O valor da taxa de transferência de energia por convecção que ocorre na direção perpendicular à interface fluido-sólido, $\dot{Q}$, é obtida pela relação conhecida como lei de resfriamento de Newton.

$$\dot{Q} = hA\Delta T \tag{1-7}$$

onde A é a área superficial do corpo que está em contato com o fluido, ΔT é a diferença apropriada de temperaturas e h é o coeficiente de transferência de calor por convecção. O fluxo de calor está relacionado com a taxa de transferência de calor por $\dot{q}'' = \dot{Q}/A$.

Uma das tarefas mais importantes do engenheiro que lida com transferência de calor é predizer com precisão o valor do coeficiente de transferência de calor por convecção de calor. Muitos fatores devem ser levados em consideração para alcançar esse objetivo, já que fenômenos microscópicos e macroscópicos estão envolvidos. Uma discussão detalhada desses fatores será apresentada nos Capítulos 6 e 7. Alguns desses fatores são apresentados resumidamente abaixo.

Propriedades termofísicas do fluido. A densidade, condutibilidade térmica, viscosidade dinâmica e calor específico são as propriedades do fluido mais importantes usadas nas correlações para o cálculo do coeficiente de transferência de calor. Quando o fluido sofre uma mudança de fase durante um processo de transferência de energia, por exemplo evaporando ou condensando, o calor latente é também importante. De uma forma geral, os maiores coeficientes de transferência de calor são encontrados em escoamentos com mudança de fase. Em escoamentos sem mudança de fase, os gases são os que apresentam os menores coeficientes.

Método de movimentação do fluido. Há dois fenômenos que levam o fluido ao movimento. Um é chamado de convecção forçada e é causado quando uma bomba, ventilador ou outro equipamento semelhante é usado para movimentar o fluido. A velocidade do fluido pode ser controlada até certos valores pelo projeto do duto e pela seleção do equipamento que será utilizado para forçar o fluido a escoar pela superfície de interesse ou pelo duto. O segundo fenômeno é chamado de convecção livre ou natural. O movimento do fluido é governado completamente pelas forças de empuxo criadas no fluido, devido aos gradientes de densidade originados por um campo de temperaturas não uniforme. Os valores desses gradientes são determinados pela taxa de transferência de energia para o fluido. Um exemplo de tal escoamento é o movimento induzido do ar e a perda de calor em torno de um ferro elétrico. Quando o fluido está se movimentando a uma velocidade muito baixa, os dois tipos de convecção, forçada e natural, devem ser considerados. Os coeficientes de transferência de calor são maiores em convecção forçada.

Características do escoamento. Como discutido acima, o valor da razão entre as forças de inércia e as forças viscosas no fluido determinará se o escoamento é laminar ou turbulento. A ação de mistura que se apresenta na configuração turbulenta melhora a transferência macroscópica de energia e o coeficiente de transferência de calor é muito maior.

Radiação

A transferência de energia por ondas eletromagnéticas é chamada de transferência de calor por radiação. Qualquer meio material a uma temperatura superior ao zero absoluto vai irradiar energia. Energia pode ser transferida por radiação térmica entre um gás e uma superfície sólida ou entre duas ou mais superfícies. A transferência de calor de um forno para uma pessoa distante um metro

12 INTRODUÇÃO ÀS CIÊNCIAS TÉRMICAS

é um exemplo de transferência de calor de superfície para superfície. A transferência de calor pelas chamas do fogo de uma fogueira para alguma parede ilustra uma troca de calor por radiação do tipo gás para superfície.

Desde que transferência de calor por radiação é um fenômeno ondulatório, é possível que ele ocorra simultaneamente com condução, se o sólido for transparente para uma parte da radiação térmica, e com convecção. Se um corpo estiver transferindo calor por convecção natural, a troca de calor por radiação deverá ser considerada quando se calcular o calor total ganho ou cedido pela superfície, porque a radiação pode significar uma parcela significativa do calor total transferido. O coeficiente de transferência de calor em muitas aplicações de convecção forçada assume um valor tal que a parcela de contribuição da radiação será comparativamente pequena, a menos que as diferenças de temperaturas envolvidas sejam muito grandes.

O Capítulo 9 é dirigido a uma discussão da transferência de calor por radiação. Há vários fatores importantes que devem ser considerados, quando se calcula a taxa de transferência de calor por radiação. Como já mencionado, qualquer superfície vai irradiar energia se sua temperatura for superior ao zero absoluto. A taxa de energia emitida por uma superfície ideal, conhecida por corpo negro, é dada pela lei de Stefan-Boltzmann

$$E_n = \sigma T^4 \tag{1-9}$$

onde T é a temperatura absoluta e σ é a constante de Stefan-Boltzmann. A radiação térmica que deixa uma superfície real vai depender das características de radiação da superfície: polimento, oxidação e outros. A radiação térmica de superfícies reais sempre será menor que a radiação térmica de corpo negro a uma mesma temperatura.

A troca de calor por energia radiante entre duas ou mais superfícies ou um gás e várias superfícies é um processo muito complicado. Desde que ondas eletromagnéticas viajam em linhas retas, a orientação geométrica das superfícies que trocam calor por radiação deve ser considerada. As técnicas para considerar a orientação geométrica das superfícies e as suas características de radiação para o cálculo da taxa de transferência de calor para configurações elementares serão apresentadas no Capítulo 9.

1.4 UNIDADES

Este livro emprega fundamentalmente as unidades do Sistema Internacional de Unidades (SI). Haverá alguns exemplos e problemas nas unidades do Sistema Inglês de Engenharia. Vamos usar cinco dimensões ou bases de unidades. Eles são o comprimento, a massa, o tempo, a temperatura e a corrente elétrica. Todas as demais unidades serão derivadas desse conjunto. A Tabela 1-1 mostra cada quantidade fundamental, seu nome e símbolo. Vamos consistentemente usar essas unidades e símbolos. A única exceção será o uso freqüente das escalas de temperatura Celsius e Fahrenheit. A conversão entre Celsius e Kelvin é dado por

$$K = {}^{\circ}C + 273,15$$

O símbolo de grau é usado para a escala Celsius, mas não para a escala Kelvin. Note que uma variação de temperatura é a mesma em ambas as escalas. Portanto, $\Delta T = 1\ {}^{\circ}C = 1\ K$. A escala Kelvin corresponde à escala de temperatura termodinâmica, e é necessário uma discussão termodinâmica para estabelecê-la. A escala Celsius é usada apenas pela familiaridade e uso corrente da mesma.

CAPÍTULO 1 - INTRODUÇÃO **13**

A discussão relativa à relação entre as escalas Celsius e Kelvin se aplicam também às escalas Fahrenheit e Rankine nas unidades do Sistema Inglês de Engenharia. A escala Rankine é a escala de temperatura termodinâmica e é relacionada com a escala Fahrenheit por

$$R = {}^{\circ}F + 459{,}67$$

As quantidades derivadas que serão freqüentemente utilizadas neste livro estão listadas na Tabela 1-2, junto com suas unidades e os símbolos. Dessa tabela pode se ver que 1 newton é a força que acelera 1 kilograma de massa com uma aceleração de 1 metro por segundo ao quadrado.

Tabela 1-1 Escala SI (Inglesa) de unidades para quantidades fundamentais

Quantidade fundamental	Unidade no SI (Inglesa)	Símbolo no SI (Inglesa)
Comprimento	metro (ft)	m (ft)
Massa	kilograma (libra-massa)	kg (lb_m)
Tempo	segundo	s
Temperatura	kelvin (rankine)	K (R)
Corrente elétrica	ampère	A

Tabela 1-2 Unidade no SI (Inglesa) para quantidades derivadas

Quantidade derivada	Unidade SI (Inglesa)	Símbolo SI (Inglesa)	Relação com outras unidades SI (Inglesa)
Força	newton (libra-força)	N (lb_f)	$m.kg/s^2 \left(\dfrac{32,17\ lb_m.ft}{s^2} \right)$
Pressão ou tensão	pascal (lb_f/in^2)	Pa (psi)	N/m^2
Energia	joule (British Thermal Unit)	J (Btu)	$N.m$ (778,2 ft.lb_f)
Potência	watt (Cavalo-vapor)	W (hp)	J/s (0,707 Btu/s)
Carga elétrica	coulomb	C	A.s
Potencial elétrico	volt	V	W/A
Resistência elétrica	ohm	Ω	V/A

Tabela 1-3 Múltiplos e submúltiplos do sistema SI

Fator de multiplicação	Prefixo	Símbolo
10^{-12}	pico	p
10^{-9}	nano	n
10^{-6}	micro	μ
10^{-3}	mili	m
10^{3}	kilo	k
10^{6}	mega	M
10^{9}	giga	G
10^{12}	tera	T

14 INTRODUÇÃO ÀS CIÊNCIAS TÉRMICAS

Semelhantemente, 1 pascal é a pressão de 1 newton por metro ao quadrado, que é uma pressão bastante baixa. A pressão atmosférica normal ou padrão vale 101.325 pascais ou 14,69 psi. Freqüentemente, é conveniente utilizar múltiplos e submúltiplos do SI. A Tabela 1-3 indica os fatores de multiplicação, juntamente com o prefixo e o símbolo do prefixo correspondente.

Após definir a libra-massa (lb_m) como a unidade básica de massa, é conveniente usar libra-força (lb_f) como a unidade de força no Sistema Inglês de Engenharia. A unidade de força pode ser derivada escrevendo a segunda lei de Newton como

$$\mathbf{F} = \frac{M\mathbf{a}}{g_c}$$

onde a constante adimensional de proporcionalidade, g_c, é determinada como abaixo. Nesse sistema faz-se com que a massa de uma lb_m na superfície do planeta, onde a aceleração local da gravidade é igual ao valor padrão, exerça uma força (peso) de uma lb_f. Isto é

$$1\ lb_f = \frac{1\ lb_m\ 32,17\ ft/s^2}{g_c}$$

Portanto

$$g_c = \frac{32,17\ lb_m\ ft}{lb_f\ s^2}$$

A relação entre lb_f e lb_m é aquela dada na Tabela 1-2, que é

$$1 lb_f = 32,17\ lb_m\ ft/s^2$$

2 DEFINIÇÕES E CONCEITOS TERMODINÂMICOS

2.1 TERMODINÂMICA CLÁSSICA

Termodinâmica clássica utiliza a abordagem macroscópica para o estudo das transformações energéticas em oposição à termodinâmica estatística, que se utiliza de uma abordagem microscópica ou molecular. Como o próprio nome indica, a abordagem *macroscópica* emprega um número muito grande de moléculas para o estudo, de tal forma que valores médios das propriedades podem ser definidos para descrever o comportamento de uma substância. A abordagem *microscópica* utiliza uma pequena quantia de substância para o estudo e tenta descrever o comportamento de cada molécula. A análise microscópica é usada amplamente nos textos que lidam com teoria cinética e mecânica estatística. A abordagem a ser seguida neste texto é a macroscópica, muito embora alguns conceitos microscópicos possam ser apresentados ocasionalmente, para ajudar no entendimento de um dado fenômeno particular. Na abordagem macroscópica, os fluidos são tratados como um contínuo, ao invés de serem constituídos de um número individual de partículas. A abordagem macroscópica tem inúmeras aplicações e pode ser usada para responder muitas questões no estudo da termodinâmica. Entretanto, ela não é válida em situações onde um número diminuto de moléculas estão presentes ou onde se deseja estudar o comportamento molecular individual.

2.2 SISTEMA TERMODINÂMICO

Um *sistema* termodinâmico é definido como a quantidade de massa escolhida para a análise termodinâmica. O sistema é separado da vizinhança pela *fronteira*. Então, um sistema é uma quantidade fixa de massa, e toda matéria que existe no universo está dentro do sistema escolhido ou na sua vizinhança. Uma palavra importante na definição de um sistema é "escolhida". A pessoa que está fazendo a análise pode estabelecer a fronteira do sistema em qualquer lugar que desejar. A única restrição é que a fronteira englobe uma quantidade de massa suficiente para a análise macroscópica. Em muitos casos, é bastante óbvio onde a fronteira do sistema deve ser localizada, mas em outras situações a experiência pode ser útil para uma escolha conveniente. Freqüentemente, a análise pode ser simplificada pela localização adequada da fronteira do sistema. Nesse sentido, o sistema termodinâmico é como o diagrama de corpo livre em mecânica, onde a fronteira é escolhida para incluir (ou excluir) determinadas forças. Em termodinâmica o sistema é escolhido para incluir (ou excluir) determinadas formas de transferência de energia. Em mecânica, o objetivo principal da análise é determinar as forças que agem em um dado corpo e seu movimento. O objetivo em termodinâmica é determinar as transferências de energia e, portanto, as mudanças de estado do sistema. É importante perceber que apenas energia cruza a fronteira do sistema, e esta fronteira pode ser fixa ou se movimentar no espaço. Como será visto adiante, a energia que cruza a fronteira se apresenta nas seguintes formas: calor e trabalho. Um diagrama esquemático de um sistema está ilustrado na Fig. 2-1.

Freqüentemente é necessário analisar um dispositivo (ou equipamento) onde ocorre o escoamento de fluido, e o conceito de massa fixa do sistema termodinâmico pode apresentar algumas dificuldades em sua aplicação. Para analisar dispositivos (ou equipamentos) em que ocorre fluxo mássico, é mais adequado conduzir a análise termodinâmica em alguma região do espaço. Essa região, mostrada esquematicamente na Fig. 2-2, é chamada de *volume de controle*. O volume de controle é separado da vizinhança pela *superfície de controle*, a qual é análoga à fronteira do sistema. Entretanto, fluxo de massa pode ocorrer através do volume de controle. O volume de controle pode se movimentar no espaço e pode ter seu volume variando com o tempo. Em geral, não há nenhuma condição para que o volume de controle seja fixo, muito embora, em muitas situações, se utilize um volume de controle estacionário e de volume constante.

Em resumo, um sistema é uma quantidade fixa de matéria e não ocorre nenhum fluxo de massa através da fronteira, apenas energia pode fluir através da fronteira do sistema. Por outro lado, tanto massa como energia podem fluir através da superfície de controle de um volume de controle. Nos Capítulos 2, 3 e 4 vamos nos dedicar apenas aos sistemas termodinâmicos. A análise de volume de controle será apresentada no Capítulo 5, onde as leis da termodinâmica clássica serão estendidas para o volume de controle. Uma discussão da localização da superfície de controle também será discutida no Capítulo 5.

Às vezes a fronteira de um sistema pode ser escolhida de tal forma que não permite transferência de energia. Diz-se que essa fronteira engloba um sistema *isolado*, por que não há comunicação entre o sistema e a vizinhança.

Um *sistema homogêneo* é aquele no qual massa está uniformemente distribuída ao longo do volume do sistema. Se a massa não está uniformemente distribuída, o sistema é dito *heterogêneo*.

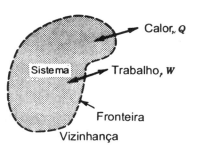

Figura 2-1 O sistema termodinâmico.

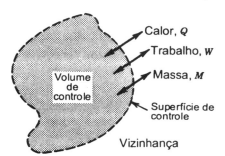

Figura 2-2 O volume de controle.

2.3 PROPRIEDADES TERMODINÂMICAS

Uma *propriedade* termodinâmica pode ser qualquer característica observável de uma substância. As propriedades são geralmente divididas em duas categorias. Propriedades extensivas são aquelas que dependem da quantidade de massa do sistema e propriedades intensivas são independentes da quantidade de massa do sistema. Pressão e temperatura são exemplos de propriedades intensivas, enquanto volume é um exemplo de uma propriedade extensiva. Se 5 g de hélio em um balão constitui o sistema A, e o sistema B é constituído de 1 mg de hélio tomado no centro do mesmo balão, fica claro que as pressões e temperaturas dos sistemas A e B são idênticas, enquanto que os volumes dos dois sistemas são diferentes.

O *estado* termodinâmico de um sistema é a sua condição como descrito pelas suas características físicas, isto é, suas propriedades. O estado pode ser determinado ou fixo quando as propriedades independentes para aquele sistema forem especificadas. Mais tarde, nós veremos o modo de determinar o número de propriedades independentes de um sistema. Nem todas as propriedades são

CAPÍTULO 2 - DEFINIÇÕES E CONCEITOS TERMODINÂMICOS **17**

independentes. Quando se especifica o comprimento de um lado de um cubo, implica-se em especificar todas as demais propriedades geométricas daquele cubo. Quando se especifica a pressão, temperatura e a massa de hélio no balão, também fixa-se o volume do balão.

2.4 AS PROPRIEDADES TERMODINÂMICAS PRESSÃO, VOLUME E TEMPERATURA

Qualquer sistema quando submetido a forças externas também exercerá uma força na fronteira. Em sistemas fluidos a força exercida por unidade de área normal à fronteira é denominada *pressão*, P, e é definida como sendo positiva se dirigida para fora da fronteira (em sistemas sólidos isto é normalmente chamado de tensão). A pressão em qualquer ponto de um sistema fluido em equilíbrio é a mesma em qualquer direção. A propriedade termodinâmica pressão é uma pressão absoluta. Entretanto, muitos dispositivos de medição de pressão indicam a diferença entre a pressão do sistema e a do ambiente. A pressão medida por tais instrumentos é chamada de pressão manométrica. A pressão manométrica deve ser adicionada à pressão ambiente para convertê-la à pressão absoluta. Então,

$$P = P_M + P_{ambiente} \tag{2-1}$$

Neste texto a palavra pressão vai sempre significar pressão absoluta e se a pressão manométrica for utilizada, está será sempre indicada. Quando um instrumento mede vácuo (pressão menor que a ambiente), a pressão manométrica é negativa.

O *volume* de um sistema, V, é uma propriedade termodinâmica extensiva. O volume por unidade de massa $V/M = v$, o volume específico, é uma propriedade termodinâmica intensiva muito útil. O inverso do volume específico é a densidade, designada pelo símbolo ρ.

$$\rho = \frac{1}{v} \tag{2-2}$$

O volume específico é a propriedade mais comumente utilizada em termodinâmica, enquanto que em mecânica dos fluidos e na área de transferência de calor a densidade é a mais usada.

Uma escala absoluta de temperatura termodinâmica pode ser estabelecida[2] com a ajuda da segunda lei da termodinâmica. Para o momento, nós precisamos de uma definição prática de temperatura. A medida da propriedade temperatura pode ser obtida através do uso de um instrumento chamado termômetro e pelo uso da lei zero da termodinâmica. A lei zero da termodinâmica estabelece: *quando quaisquer dois corpos estão em equilíbrio térmico com um terceiro, então eles estão também em equilíbrio térmico entre si*. Portanto, se você inserir um termômetro (corpo A) em um sistema (corpo B) e esperar até que alguma propriedade do corpo A torne-se constante como, por exemplo, o comprimento (a propriedade poderia também ser volume, pressão, resistência elétrica, etc), você então conclui que os corpos A e B estão em equilíbrio térmico. Se você inserir o mesmo termômetro (corpo A) em um outro sistema (corpo C) e medir o mesmo valor de comprimento para o corpo A, então você pode concluir que os corpos B e C também estão em equilíbrio térmico e, conseqüentemente, à mesma temperatura.

Enquanto a lei zero da termodinâmica pode ser vista como óbvia e não necessária, ela não pode ser derivada de outras leis e para certos outros tipos de equilíbrio (outros que não térmicos) não se aplica nenhuma relação semelhante. Por exemplo "quando um bastão de zinco e um bastão de cobre são submersos numa solução de sulfato de zinco, os dois bastões atinjem o equilíbrio elétrico com a *solução*. Entretanto, se os bastões forem conectados por um fio, verifica-se que não estão em equilíbrio elétrico *entre si,* como visto pela corrente elétrica que circula pelo fio."[1]

O termômetro usado nesta ilustração da lei zero pode ser dotado com qualquer escala conveniente de temperatura. As escalas Fahrenheit e Celsius são as escalas mais comumente utilizadas. A escala absoluta de temperatura termodinâmica no sistema internacional de unidades, ou SI, é a escala *Kelvin*, designado por K (sem o símbolo de grau). A escala prática de temperatura é a escala *Celsius*, (°C). Ambas escalas estão relacionadas por

$$K = °C + 273,15 ° \qquad (2\text{-}3)$$

Na escala Celsius, o ponto triplo (onde as fases sólido, líquido e vapor coexistem em equilíbrio) da água é 0,01 °C e o ponto normal de ebulição da água é 100 °C. Note que a magnitude do grau Celsius é a mesma que a da escala Kelvin, *portanto, uma variação (ou diferença) em temperatura é numericamente igual em ambas as escalas*. Para uma discussão mais detalhada da escala de temperatura Celsius veja um texto mais completo de termodinâmica como o *Fundamentos da Termodinâmica Clássica* de Gordon J. Van Wylen e Richard E. Sonntag.[2]

2.5 MUDANÇA DE ESTADO

Um *sistema* sofre (ou executa) um processo quando ele muda de um estado para outro. Os vários estados intermediários através dos quais o sistema passa durante seu percurso do estado inicial para o estado final constitui o *caminho* desse processo. Suponha que o ar de um pneu de bicicleta começa a vazar lentamente de uma pressão inicial de 0,4 MPa até 0,1 MPa, enquanto a sua temperatura permanece constante. Escolhendo a massa de ar interna ao pneu ao final do processo como o sistema (veja Fig. 2-3), podemos dizer que o sistema sofreu um processo de temperatura constante (ou isotérmico). O caminho do processo está ilustrado na Fig. 2-3 em diagrama pressão × volume específico.

Uma série de processos pode ser executada, de tal forma que o sistema retorna ao seu estado inicial. Essa série de processos é chamada de *ciclo termodinâmico*. Os ciclos serão estudados com mais detalhes adiante, por enquanto dois exemplos estão ilustrados na Fig. 2-4.

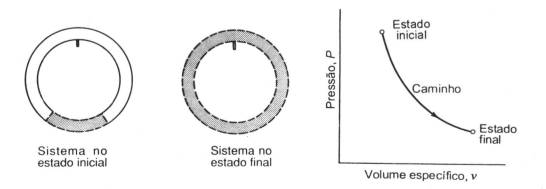

Figura 2-3 Ilustração do caminho.

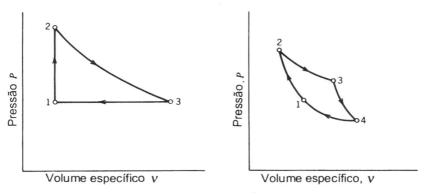

Figura 2-4 Ilustração de ciclos termodinâmicos.

2.6 EQUILÍBRIO TERMODINÂMICO

Um sistema encontra-se em *equilíbrio termodinâmico* quando é incapaz de uma troca espontânea de estado, mesmo quando submetido à pequena ou grande perturbação. Uma mistura estequiométrica de hidrogênio e oxigênio podem constituir um sistema, mas este sistema não está em equilíbrio termodinâmico, porque é capaz de uma mudança espontânea de estado quando submetido a uma pequena faísca.

Equilíbrio termodinâmico requer que o sistema esteja em equilíbrio térmico, mecânico, e químico. Equilíbrio térmico requer que a temperatura do sistema seja uniforme; equilíbrio mecânico requer que a pressão seja uniforme; equilíbrio químico requer que o sistema seja incapaz de mudança espontânea de composição.

Para que um sistema realize um processo pode ser necessário perturbá-lo para conduzí-lo na direção desejada. Nesse sentido, a temperatura pode não ser completamente uniforme se a forma de energia a ser transferida através da fronteira é calor. A pressão pode não ser completamente uniforme se a fronteira se movimenta para realizar um processo em que ocorre uma mudança de volume. Quando esses desvios do equilíbrio são muito pequenos, diz-se que o processo é *quase-estático* ou *quase-equilíbrio*, o que pressupõe que o sistema esteja em completo equilíbrio termodinâmico. Assim, o caminho do processo pode ser mostrado em qualquer diagrama formado por propriedades termodinâmicas, uma vez que o sistema é assumido estar em equilíbrio e, portanto, as suas propriedades estão definidas. Processos que ocorrem relativamente lentos podem ser concebidos como processos quase-estáticos, enquanto aqueles que ocorrem rapidamente podem se desviar consideravelmente do equilíbrio. Nesse último caso, o sistema pode estar em equilíbrio apenas nos estados inicial e final, mas o caminho exato do processo não pode ser mostrado em um diagrama formado por propriedades termodinâmicas porque suas propriedades podem não ser definidas para o sistema quando este não está em equilíbrio.

2.7 PROCESSOS REVERSÍVEIS

Se um processo puder ser revertido completamente em todos os detalhes, seguindo exatamente o mesmo caminho originalmente percorrido, então diz-se que o processo é *reversível*. Se um processo reversível ocorre e é seguido pelo processo reverso até seu estado original, nenhuma evidência no sistema, ou na sua vizinhança existirá, de que tal processo tenha ocorrido. Uma

20 INTRODUÇÃO ÀS CIÊNCIAS TÉRMICAS

condição necessária, mas não suficiente para que um processo seja reversível, é que ele seja um processo quase-estático. Se um processo ocorrer muito rapidamente, pode não passar pelos (ou ser removido infinitesimalmente dos) estados de equilíbrio ao longo do caminho; então o processo não será reversível. Um exemplo simples ilustrativo desse fato é o pistão sem atrito, que se movimenta em um cilindro que contém um gás. Se o pistão se movimenta para fora (expandindo o gás), a uma velocidade igual a velocidade média das moléculas do gás, a força exercida no pistão pelo gás será bastante diminuta, uma vez que muito poucas moléculas vão atingir o pistão e, mesmo assim, aquelas que o alcançarem terão velocidades relativas consideravelmente pequenas. Muito pouco trabalho estará envolvido nessa rápida expansão do que numa expansão mais lenta. Por outro lado, se o pistão se movimentar para dentro (comprimindo o gás) a uma velocidade igual a velocidade média das moléculas gasosas, muitas moléculas vão atingir o pistão e as velocidades relativas destas moléculas serão muito grandes, criando uma força muito maior no pistão e maior trabalho de compressão do que no caso em que o processo fosse mais lento. Fica claro que o trabalho de compressão é muito maior que o trabalho de expansão, então o processo não é reversível por causa das altas velocidades dos processos.

Um outro fator que preclude reversibilidade é o atrito. Qualquer forma de atrito vai conferir irreversibilidade ao processo. Para ser reversível, o processo deve ser quase-estático e sem atrito. Deve-se manter em mente que no mundo real não existe essa coisa chamada processo reversível, mas é um conceito útil em termodinâmica para apresentar um caso limite. Em alguns casos, os processos reais podem se aproximar bastante da reversibilidade e uma comparação direta entre o caso real e o ideal (reversível) indica uma medida da eficiência do dispositivo ou equipamento. Há outros processos que são inerentemente irreversíveis, isto é, não existe alguma concepção ideal em que o processo possa ser considerado reversível (por exemplo, a corrente elétrica que atravessa uma resistência, ou o escoamento que atravessa um meio poroso). Uma generalização desse conceito é que em qualquer processo onde ocorre fluxo através de uma diferença finita de potencial-motriz, e onde menos que o máximo trabalho teórico é produzido, é irreversível.

Há outros fatores além dos dois mencionados acima (expansão/compressão rápida e atrito) que causam a irreversibilidade de um processo, e mais discussão será apresentada sobre estes outros fatores quando se apresentar a segunda lei da termodinâmica.

2.8 CALOR

Calor é definido como a energia em trânsito devido à diferença de temperaturas e que não está associada com transferência de massa. Essa é uma definição bastante específica e precisa e pode ser de alguma forma diferente de alguma outra definição prévia onde o calor está associado com calorimetria. Os principais pontos dessa discussão serão apresentados.

O primeiro ponto nessa definição é que calor é energia em trânsito. É a energia que cruza a fronteira do sistema ou a superfície de controle do volume de controle. Um sistema ou volume de controle não possui calor, mas a energia é identificada como calor apenas quando esta cruza a fronteira ou superfície de controle. Calor não pode ser armazenado e deve ser convertido para alguma outra forma de energia depois de cruzar a fronteira do sistema ou a superfície de controle. Note que o termo *energia* não está definido. É uma quantidade derivada como acontece com a força e o significado do termo é melhor entendido quando suas várias formas e transformações são compreendidas, o que normalmente ocorre a partir do estudo de termodinâmica.

O segundo ponto na definição de calor é que ele não é acompanhado por transferência de massa. Se uma transferência de energia ocorrer através de um superfície de controle devido ao transporte de massa (note que massa fluindo para dentro ou para fora do volume de controle conduz energia

CAPÍTULO 2 - DEFINIÇÕES E CONCEITOS TERMODINÂMICOS **21**

consigo), então aquela forma de transferência de energia não é calor. No Capítulo 5, vamos levar em consideração o transporte de energia devido ao transporte de massa, mas por enquanto pretende-se apenas enfatizar que a energia transportada em associação com fluxos mássicos não é calor.

O terceiro ponto é que o potencial que induz à troca de calor deve ser a diferença de temperaturas. Se o fluxo de energia através da fronteira é causado por qualquer outro potencial que não seja a diferença de temperaturas entre o sistema e a vizinhança, então tal troca de energia não pode ser chamada de calor. Como a experiência cotidiana indica, calor flui de uma região de alta temperatura para uma região de baixa temperatura.

O requerimento que calor não é energia armazenada ou possuída por um sistema ou volume de controle significa que ele não é uma propriedade (relembre que uma propriedade foi definida como qualquer característica observável de um sistema). Então, não se diz calor em um sistema ou calor de um sistema; isto não faria nenhum sentido à luz da definição de calor. A troca de calor de/ou para um sistema necessariamente exige uma mudança do estado daquele sistema e a quantidade de calor trocada é uma função do caminho que o sistema segue durante o processo que causa a mudança de estado. Então, diz-se que calor é uma função de linha (em termos matemáticos isto significa que é uma diferencial inexata) e se utiliza o símbolo δQ para indicar uma quantidade infinitesimal de troca de calor. Isso ajuda a distinguí-lo de uma propriedade que é função de ponto (que é uma diferencial exata nos termos matemáticos), em que uma mudança infinitesimal é indicada por dY, onde Y é qualquer propriedade.

Quando a diferencial inexata é integrada para se obter o calor transferido de ou para um sistema que executa um processo do estado 1 ao estado 2, se escreve

$$\int_1^2 \delta Q = {}_1Q_2 \tag{2-4}$$

onde, o termo ${}_1Q_2$ representa a quantidade total de calor transferida quando o sistema muda do estado 1 para o estado 2. Note que nós *não* escrevemos o valor dessa integral como $Q_2 - Q_1$, uma vez que Q_2 e Q_1 não tem significado; o sistema não possui valores Q nos estados 2 e 1.

O conceito de uma função de linha não aparece apenas em termodinâmica. Um simples exemplo geométrico bidimensional pode servir para ilustrar esse fato. As coordenadas x e y na Fig. 2-5 são coordenadas espaciais. A distância percorrida para ir do ponto 1 ao ponto 2 na superfície é obviamente uma função do caminho escolhido, e o seu valor é diferente para os caminhos A, B e C da figura. A distância percorrida, S, é obtida integrando δS, isto é,

$$\int_1^2 \delta S = {}_1S_2 \tag{2-5}$$

$$\int_1^2 \delta S \neq S_2 - S_1 \tag{2-6}$$

Não se utiliza S_2 e S_1, desde que a distância percorrida no ponto 1 ou no ponto 2 não tem significado. Por outro lado, a variação da coordenada x entre os dois pontos é independente do caminho e

$$\int_1^2 dx = x_2 - x_1 \tag{2-7}$$

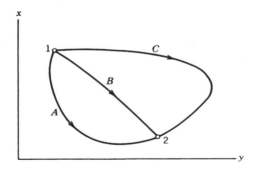

Figura 2-5 Exemplo mostrando que a distância percorrida entre os pontos 1 e 2 é função do caminho.

Portanto, verifica-se que algumas funções são funções de linha (diferenciais inexatas) e algumas funções são funções de ponto (diferenciais exatas).

A convenção de sinal para a troca de calor é positiva se calor é adicionado ao sistema, ou volume de controle, e negativo se calor é removido do sistema ou volume de controle. Então, $_1Q_2 = -100$ kJ indica que, na mudança do estado 1 para o estado 2, 100 kJ de energia foram removidos do sistema na forma de calor. Um processo no qual não existe troca de calor ($_1Q_2 = 0$) é chamado de processo *adiabático*.

Freqüentemente deseja-se calcular a taxa de troca de calor e esta taxa é representada por $\dot{Q}$. Então,

$$\dot{Q} = \frac{\delta Q}{dt} \tag{2-8}$$

A unidade para a taxa de troca de calor é joule por segundo ou watt. Também é comum calcular a taxa de troca de calor por unidade de massa, a qual é representada por

$$_1q_2 = \frac{_1Q_2}{M} \tag{2-9}$$

Os detalhes das variáveis que governam a taxa de troca de calor serão apresentados nos Capítulos 6 a 9. Nesse ponto, devemos simplesmente notar que a troca de calor se dá na forma de condução, convecção e radiação. A troca de calor por convecção envolve o escoamento de um fluido, mas o fluido que escoa não cruza a superfície de controle por onde a troca de calor está ocorrendo, mas sim escoa geralmente paralelo à superfície. Em qualquer caso, a troca de calor por convecção através de uma superfície de controle é independente de qualquer fluxo de massa através da superfície de controle.

2.9 TRABALHO

Trabalho é definido como a forma de energia em trânsito não associada com transferência de massa, e devido a uma diferença de um potencial que não seja temperatura. A similaridade entre esta definição e a do calor é obvia. Há apenas duas maneiras pelas quais um sistema pode trocar energia com a vizinhança: calor e trabalho. Se o potencial para a transferência de energia for temperatura, então a transferência de energia é chamada calor; se o potencial for de outra forma diferente de temperatura, então a transferência de energia é chamada de trabalho. O trabalho pode ser visto como o produto de uma força generalizada por um deslocamento generalizado.

CAPÍTULO 2 - DEFINIÇÕES E CONCEITOS TERMODINÂMICOS **23**

Os mesmos pontos principais que se aplicam ao calor também se aplicam ao trabalho. Trabalho é energia que cruza a fronteira; esta energia não pode ser armazenada como trabalho, mas deve ser armazenada como alguma outra forma de energia. Transferência de energia na forma de trabalho não está associada com fluxos mássicos. O fato de que trabalho não é algo armazenado ou possuído pelo sistema ou volume de controle, significa que ele não é uma propriedade. Então, trabalho é uma função do caminho que o sistema percorre quando muda de estado, e utilizaremos o símbolo δW para indicar uma quantidade infinitesimal de trabalho. Quando essa diferencial inexata é integrada para se obter o trabalho de um sistema que sofre um processo do estado 1 para o estado 2, obtemos

$$\int_1^2 \delta W = {}_1W_2 \tag{2-10}$$

onde a quantidade ${}_1W_2$ representa a quantidade de trabalho realizada sobre/ou pelo sistema quando ele evolui do estado 1 ao estado 2. Perceba uma vez mais que *não* escrevemos o valor desta integral como $W_2 - W_1$, desde que W_2 e W_1 isoladamente não têm significado. O sistema não possui um valor de W nos estados 1 ou 2.

A convenção de sinais para o trabalho é oposta a do calor. Trabalho é *positivo* quando produzido *pelo* sistema (energia que deixa o sistema) e *negativo* quando realizado *sobre* o sistema (energia acrescentada ao sistema). Essa forma pouco comum de convenção de sinal se originou muito tempo atrás, e se baseia na idéia de que um sistema que produz trabalho (energia que deixa o sistema) é algo desejável e útil e, portanto, deve receber um sinal positivo. As unidades de trabalho são unidades de energia e são as mesmas que as unidades para o calor.

A taxa de transferência de energia como trabalho é definida como potência, $\dot{W}$. Então

$$\dot{W} = \frac{\delta W}{dt} \tag{2-11}$$

A unidade de potência é o watt, que também é 1 joule por segundo. Note que as unidades de potência e a taxa de troca de calor são idênticas (watt, kilowatt, etc.) mas não é, em termos termodinâmicos, correto se referir à troca de calor como potência.

Trabalho Mecânico

Em disciplinas anteriores de física e matemática, o trabalho mecânico foi calculado como o produto da força pelo deslocamento daquela força computado na mesma direção de aplicação, ou como o produto escalar dos vetores $\mathbf{F}$ e $d\mathbf{S}$,

$$\delta W = \mathbf{F}.d\mathbf{S} \tag{2-12}$$

Se considerarmos um sistema fluido onde a força em qualquer parte da fronteira é o produto da pressão pela área daquela fronteira, então

$$\delta W = \mathbf{F}.d\mathbf{S} = P\mathbf{A}.d\mathbf{S} \tag{2-13}$$

Entretanto, o produto $\mathbf{A}.d\mathbf{S}$ representa a variação do volume do sistema, dV, de forma que

$$\delta W = P\,dV \tag{2-14}$$

Para calcular o trabalho realizado sobre a fronteira móvel durante um processo, a equação acima deve ser integrada. Antes de integrá-la, devemos notar que a pressão do sistema deve ser igual à pressão da fronteira: condições de equilíbrio devem prevalecer. Porém, podemos contornar o problema com a hipótese de processo quase-estático e concluir que, para um processo quase-estático, o trabalho realizado pela fronteira que se move em direção normal à força é

$$_1W_2 = \int_1^2 \delta W = \int_1^2 P\,dV \tag{2-15}$$

Se a pressão permanecer constante durante o processo 1-2, então a equação pode ser integrada de imediato. Entretanto, em geral, alguma forma de relação funcional entre P e V é necessária. Isto deve ficar mais patente quando se recorda que trabalho é função de linha.

Diagramas de propriedades são ferramentas úteis em termodinâmica. Quando se calcula o trabalho mecânico durante um processo reversível, um diagrama pressão-volume mostrando o caminho do processo é particularmente útil. A área sombreada sob o processo 1-2 na Fig. 2-6 é proporcional à magnitude do trabalho, $\int P\,dV$. Note que o trabalho é positivo para um processo em que o volume aumenta. Se um caminho diferente fosse utilizado entre os estados 1 e 2, a magnitude do trabalho poderia ser diferente e isto novamente ilustra que trabalho é uma função do caminho. Quando diferentes processos são comparados, diagramas como esse são úteis para indicar visualmente qual processo produz mais trabalho.

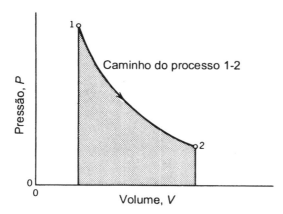

Figura 2-6 Um diagrama pressão - volume mostrando o trabalho do tipo $P\,dV$ para um processo quase estático entre os estados 1 e 2.

EXEMPLO 2-1

Gás nitrogênio está contido em um cilindro por um pistão que pode se movimentar como mostrado na Fig. E2-1. O volume inicial é 0,0001 m^3, a pressão inicial é 1,0 MPa, a temperatura inicial é 25 °C, e a constante particular do gás R é 0,297 kJ/kg.K. O gás obedece a equação dos gases ideais, $PV = MRT$. O gás expande até o volume 0,001 m^3 num processo quase-estático tal que o produto PV é constante (processo isotérmico).

(a) Qual é a massa de gás contida no cilindro?
(b) Calcule o trabalho realizado durante o processo de expansão do gás.

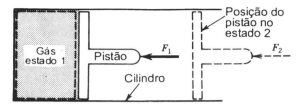

Figura E2-1 Expansão de um gás em um arranjo pistão-cilindro.

SOLUÇÃO

Escolha o gás no cilindro como o sistema. Os índices 1 e 2 representam os estados inicial e final, respectivamente. Relembrando que 1 Pa = 1 N/m^2, então o produto de P por V, com P em unidades de kPa e V em unidades de m^3, tem-se unidades de kN.m ou kJ.

(a) A equação dos gases ideais pode ser utilizada para determinar a massa do gás

$$M = \frac{P_1 V_1}{RT_1} = \frac{(1.000)(0,0001)}{(0,297)(298,15)} = 1,129 \times 10^{-3} \text{ kg}$$

(b) Desde que a fronteira adjacente ao pistão se movimenta, há uma força na direção do movimento agindo sobre esta fronteira; sabemos que, então, algum trabalho está envolvido neste processo. O trabalho pode ser calculado pela integração PdV porque esse é um processo quase-estático e a relação entre P e V é conhecida. Portanto,

$$_1W_2 = \int_1^2 P\,dV$$

e $PV = \text{const} = P_1V_1 = P_2V_2$. Então

$$P = \frac{P_1 V_1}{V}$$

$$_1W_2 = \int_1^2 \frac{P_1 V_1}{V} dV = P_1 V_1 \int_1^2 \frac{dV}{V} = P_1 V_1 (\ln V_2 - \ln V_1)$$

$$_1W_2 = P_1 V_1 \ln\left(\frac{V_2}{V_1}\right)$$

$$_1W_2 = (1.000)(0,0001)\ln\left(\frac{0,001}{0,0001}\right) = 0,2303 \text{ kJ}$$

COMENTÁRIO

O trabalho é positivo em sinal. Logo, trata-se de trabalho realizado pelo sistema (sobre a vizinhança) e representa energia transferida para fora do sistema.

26 INTRODUÇAO AS CIENCIAS TERMICAS

Outros Tipos de Trabalho

Há muitos outros tipos de trabalho que dependem da natureza do sistema em estudo. Esses termos de trabalho são todos da forma geral do produto escalar entre uma "força" e um "deslocamento", e são válidos para processos quase-estáticos. Alguns exemplos serão apresentados a seguir.

O trabalho $P\,dV$ pode ser considerado como devido ao movimento normal à força que atua na fronteira. Há também o trabalho realizado devido ao movimento tangencial. Esse trabalho pode ser computado como

$$_1W_2 = -\int_1^2 \mathbf{F}_t\,.d\mathbf{S} \tag{2-16}$$

onde $\mathbf{F}_t$ é a força de cisalhamento atuante na fronteira e $\mathbf{S}$ é o deslocamento da fronteira. O trabalho para esticar um fio ou elástico pode ser calculado como

$$_1W_2 = -\int_1^2 T_f\,.d\mathbf{L} \tag{2-17}$$

onde T_f é a tensão no fio e $\mathbf{L}$ é o comprimento do fio. O trabalho realizado na fronteira para esticar uma bolha ou filme de sabão é dado por

$$_1W_2 = -\int_1^2 \sigma\,.d\mathbf{A} \tag{2-18}$$

onde σ é tensão superficial (força/comprimento) e $\mathbf{A}$ é a área superficial. O trabalho realizado para torcionar um eixo é dado por

$$_1W_2 = -\int_1^2 \tau\,.d\theta \tag{2-19}$$

onde τ é o torque e θ é o deslocamento angular. Trabalho elétrico é dado por

$$_1W_2 = -\int_1^2 \mathbf{P}_E\,.d\mathbf{Z} \tag{2-20}$$

onde P_E é o potencial elétrico e $\mathbf{Z}$ é a carga elétrica. Trabalho magnético é dado por

$$_1W_2 = -\int_1^2 \mu_0 H_F\,.d(V\,M_D) \tag{2-21}$$

onde μ_0 é a permeabilidade do espaço, H_F é a intensidade do campo magnético, e M_D é o vetor de magnetização (momento do dipolo magnético por unidade de volume).

Para mais detalhes a respeito desses vários tipos de trabalho deve-se consultar um livro texto de termodinâmica mais completo [2,3,4,5] ou um livro de física básica. Por causa da definição de trabalho, apenas forças atuantes na fronteira onde o movimento ocorre podem produzir trabalho. Forças de campo que atuam no interior do sistema resultante da presença de algum campo não produzem trabalho, muito embora a energia potencial associada com estes campos de forças conservativas deve ser incluída na equação da primeira lei.

Para se determinar se qualquer tipo de trabalho mecânico está presente para um sistema ou volume de controle, a fronteira do sistema deve ser examinada. Se existir uma força atuante na fronteira e se essa fronteira tem uma componente de movimento na direção daquela força, então o trabalho mecânico está presente. Se nenhuma força estiver presente na fronteira, ou se há forças presentes mas não se verifica movimento na direção das forças, então não ocorre trabalho mecânico. Para se determinar se outras formas de trabalho estão presentes, a fronteira deve ser examinada para evidências do trabalho em questão, tais como condutores elétricos cruzando a fronteira.

Trabalho Irreversível

As equações neste capítulo para calcular a magnitude do trabalho são válidas para processos reversíveis. Por exemplo, o trabalho realizado sobre o processo de compressão de um gás em um dispositivo tipo pistão-cilindro deve ser calculado de acordo com integral de PdV se o processo for reversível, mas se o processo for irreversível o trabalho realizado será maior do que para o caso reversível e, muito provavelmente, não será facilmente calculado. Há algumas formas de trabalho mecânico que são inerentemente irreversíveis como, por exemplo, o trabalho devido às forças de atrito. Muito freqüentemente, a força de atrito pode ser calculada e o trabalho mecânico pode ser computado.

Uma outra forma de trabalho irreversível é o trabalho das "pás", ilustradas na Fig. 2-7a. Aqui o sistema consiste de um gás num tanque de volume constante. As pás não são parte do sistema. Trabalho é realizado pelas pás no gás, porque o gás (sistema) exerce uma força na fronteira (a superfície das pás) e aquela fronteira está se movimentando. O processo é irreversível. Suponha que se acrescente 100 kJ de energia na forma de trabalho ao gás pelo movimento rotativo das pás. É inconcebível que as pás pudessem então começar a girar, recebendo energia do gás, e restituissem os 100 kJ de energia na forma de trabalho.

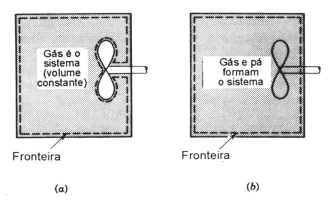

Figura 2-7 Trabalho devido ao movimento de pás.

A magnitude do trabalho realizado pelas pás no gás não pode ser calculada pela integral de PdV. Na realidade, o valor dessa integral é zero, indicando que nenhum trabalho reversível foi realizado e, portanto, todo o trabalho foi irreversível. Para calcular o valor do trabalho, a fronteira do sistema deve ser mudada, de forma que ela corte o eixo das pás, como mostrado na Fig. 2-7b.

Nesse ponto há uma força (torque, na verdade) atuando na fronteira móvel e se o torque e o deslocamento angular forem conhecidos, a magnitude do trabalho pode ser determinada. O sistema agora consiste do gás e das pás e, em condições de regime permanente, o trabalho realizado pelo eixo sobre as pás é igual ao trabalho realizado pelas pás sobre o gás. Discussões adicionais de processos irreversíveis serão vistas no Capítulo 4, após a apresentação da segunda lei da termodinâmica.

EXEMPLO 2-2

Um tanque rígido é dividido em dois volumes por um diagrama fino, como mostrado na Fig. E2-2. Nessa condição inicial, a seção à esquerda do diafragma contém um gás, enquanto que a seção à direita está completamente evacuada. Se o diafragma foi rompido de forma que no estado final o gás ocupa o volume total, pede-se quanto trabalho foi realizado no (ou pelo) gás para ir do estado inicial ao estado final.

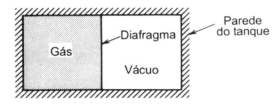

Figura E2-2 Tanque rígido no estado inicial.

SOLUÇÃO

Se assumirmos que nosso sistema é o volume total do tanque, poderíamos concluir que a única massa contida pela fronteira é a massa do gás. Nesse caso, a fronteira não se movimenta e poderíamos afirmar que nenhum trabalho foi realizado sobre/ou pelo sistema. Então $_1W_2 = 0$. Se, por outro lado, escolhermos a fronteira do sistema inicial para incluir apenas o volume do lado esquerdo (que contém o gás na condição inicial), vemos que a fronteira do sistema de fato se movimenta e podemos ser tentados a integrar PdV para calcular o trabalho. O uso de PdV não é válido neste caso, porque não se trata de um processo quase-estático. Teríamos dificuldade em definir a pressão sobre a fronteira móvel, já que ela se movimenta extremamente rápida. Na verdade, não existe qualquer tipo de força que se opõe à fronteira móvel, de forma que podemos concluir que nenhum trabalho foi realizado pelo gás. Então $_1W_2 = 0$.

EXEMPLO 2-3

Um aquecedor de água consiste de uma resistência elétrica e um tanque com paredes isoladas termicamente. Em um dia em que a temperatura ambiente é de 10 °C, a água é mantida a 60 °C enquanto uma corrente cc de 5 amperes percorre a resistência elétrica e uma queda de 20 volts é observada. A superfície externa da resistência está a 90 °C e a superfície externa do material de isolamento do tanque está a 16 °C.
(a) Considerando a resistência elétrica como sistema
1. Determine o trabalho realizado em 1 hora em unidades de kilowatt-hora e em Btu.

CAPÍTULO 2 - DEFINIÇÕES E CONCEITOS TERMODINÂMICOS **29**

2. O trabalho é reversível ou irreversível?

3. Verifique se ocorre transferência de calor nesse período de 1 hora?

(b) Considerando a água como sistema (excluindo as resistências e as paredes do tanque)

1. Verifique se ocorre transferência de calor para/ou do sistema?

2. Verifique se existe a realização de trabalho.

SOLUÇÃO

(a) A resistência elétrica é o sistema.

1. $W = \dot{W}\,\Delta t = V \,.\, A \,.\, \Delta t = 20$ volts $\times 5$ amperes $\times 1$ h $= 0,1$ kW . h

      1 kW . h $= 3412$ Btu $W = 341,2$ Btu

2. Para esse sistema não há nenhuma forma em que o trabalho possa ser convertido de volta para uma diferença de potencial de 20 V com 5 A de corrente. Portanto, o trabalho é irreversível.

3. Sim. A temperatura da superfície da resistência é maior que a temperatura da água. Como voce pode saber, e será visto no Capítulo 4, energia transferida na forma de calor é igual à energia recebida na forma de trabalho em condições de regime permanente.

(b) A água é o sistema.

1. Sim. Para o sistema (da resistência elétrica de temperatura mais elevada) e para fora do sistema (a temperatura do ambiente é menor que a da água - o isolamento térmico não é perfeito).

2. Não. Não existe nenhuma força generalizada causando um deslocamento generalizado.

BIBLIOGRAFIA

1. Lee, J. F., e Sears, F. W., *Thermodynamics*, Addison-Wesley, Cambridge, Mass., 1955.

2. Van Wylen, G. J. e Sonntag, R. E. *Fundamentals of Classical Thermodynamics*, 3ª. ed., Wiley, Nova Iorque, 1986.

3. Zemanski, M. W., *Heat and Thermodynamics*, 4ª. ed., McGraw-Hill, Nova Iorque, 1957.

4. Hatsopoulos, G. N., e Keenan, J. H., *Principles of General Thermodynamics*, Wiley, Nova Iorque, 1965.

(nota do tradutor - os livros das referências 1, 2 e 3 estão disponíveis em português)

PROBLEMAS

2-1 Um manômetro instalado em um cilindro de gás indica 1,05 MPa quando o barômetro mostra 95,3 kPa. Qual a pressão do gás?

2-2 Um bloco de gelo a -10 °C é colocado em água a 25 °C. Qual é a temperatura absoluta do gelo e da água? Qual a diferença de temperatura inicial entre o gelo e a água em graus Celsius e Kelvin?

2-3 As propriedades de um certo gás podem ser relacionadas pela equação de estado dos gases ideais, $PV=MRT$. A constante particular para esse gás R, tem o valor de 0,297 kJ/kg.K.

(a) Quantas propriedades independentes são necessárias para especificar o estado de uma quantia fixa de massa desse gás?

(b) Quais propriedades na equação de estado são intensivas e quais são extensivas?

(c) Reescreva a equação de estado em termos de propriedades intensivas.

(d) Esquematize o caminho de vários processos isotérmicos (temperatura constante) em um diagrama pressão (ordenada) versus volume específico (abscissa).

(e) Qual é a densidade do gás quando se encontra a 20 °C e a pressão manométrica é de 1,0 MPa, e a pressão ambiente é de 0,1 MPa?

2-4E Refaça a parte (e) do Problema 2-3 após converter a densidade, temperatura e pressão para unidades inglesas. A constante do gás é $R = 55,16$ ft-lb_f/lb_m R.

2-5 Um pistão que tem uma massa de 2,5 kg encerra um cilindro com diâmetro de 0,080 m. A aceleração local da gravidade é 9,80 m/s^2 e a pressão barométrica local é de 0,100 MPa. Um bloco de massa, M, é colocado sobre o cilindro como ilustrado na Fig. P2-5, e o manômetro indica 12,0 kPa. Calcule o valor da massa M e a pressão absoluta do gás.

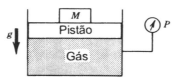

Figura P2-5 Arranjo pistão cilindro

2-6E Considere os arranjos pistão-cilindro mostrados na Fig. P2-6. A massa do pistão é de 30 lb_m e seu diâmetro é de 4 in. Qual a pressão manométrica para cada configuração? Quais são as pressões absolutas se a pressão atmosférica é 14,696 lb_f/in^2?

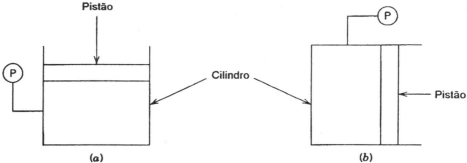

Figura P2-6 Arranjos pistão-cilindro.

2-7 Um método de medir pequenas diferenças de pressão emprega um dispositivo chamado manômetro. Na sua forma mais simples, ele é formado por um tubo em formato de U (veja Fig. P2-7) preenchido com um fluido adequado. Mercúrio, água, glicerina e óleos leves são alguns tipos de fluidos utilizados. Ignorando a densidade do ar atmosférico e do gás do tanque, uma análise hidrostática mostra que a diferença de pressão entre o fluido no tanque e a atmosfera é dado por $P = \rho g z$, onde ρ = a densidade do fluido manométrico, g = a aceleração local da gravidade e z = a diferença em altura das duas colunas do fluido manométrico. Determine a pressão manométrica no tanque (em kilopascal) se o fluido do manômetro é mercúrio, $z = 10$ cm e $g = 9,80$ m/s^2.

2-8E O barômetro de *Torricelli*, mostrado na Fig. P2-8, é um dispositivo que é utilizado para medir a pressão atmosférica. Ele consiste de um tubo vertical imerso em um reservatório de um certo líquido como o mercúrio. Forma-se vácuo na parte superior do tubo. A pressão atmosférica exercida na superfície do líquido é dada por $P_a = \rho g z/g_c$, como na equação do Problema 2-7. Dado que a pressão atmosférica vale 14,696 lb_f/in^2 e $g = 32,17$ ft/s^2.

(a) Se o líquido for mercúrio, qual a altura de coluna de líquido que será estabelecida? ($\rho_{Hg} = 847$ lb_m/ft^3)
(b) Que altura de coluna de líquido seria estabelecida se o diâmetro do tubo fosse dobrado?
(c) Se o líquido for água, qual a altura da coluna de líquido que será estabelecida? ($\rho_{água} = 62$ lb_m/ft^3)
(d) Para o barômetro de mercúrio, qual a altura da coluna de líquido se a pressão do vapor de mercúrio na parte superior do tubo for de 1 lb_f/in^2?

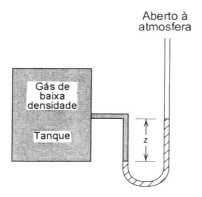
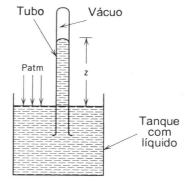

Figura P2-7 Esquema de um manômetro.   **Figura P2-8** Barômetro de Torricelli.

2-9 Para o arranjo manométrico mostrado na figura P 2-9, expresse a diferença nas pressões P_A e P_B em termos da altura z. Você pode determinar as pressões absolutas dos gases nos tanques A e B apenas com a leitura dos manômetros?

2-10 Uma válvula de alívio de vapor de uma panela de pressão é formada por um arranjo que inclui uma mola, como ilustrado na Fig. P2-10. Inicialmente, a mola está em contato com o pistão mas não exerce nenhuma força sobre ele.

(a) Qual é a pressão do vapor dentro da panela quando o estado de equilíbrio do pistão é perturbado e o pistão começa a se deslocar para cima? A pressão atmosférica é de $1,013 \times 10^5$ N/m^2, a massa do pistão é de 0,5 kg e o seu diâmetro é de 2 cm.

(b) Na medida que o pistão sobe ele comprime a mola, cuja constante é de 10 kN/m. Quando a mola está comprimida de 0,5 cm, o orifício de alívio é descoberto e o vapor escoa de dentro da panela, de forma a manter a pressão interna no valor desejado. Qual é a pressão para a qual a panela foi projetada para essas condições?

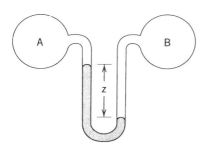
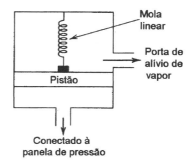

Figura P2-9 Manômetro   **Figura P2-10** Esquema de uma válvula de alívio

2-11E Um calibrador de pneu funciona de forma semelhante ao princípio da válvula de alívio (veja Fig. P2-11). A pressão interna do pneu é transmitida a um arranjo pistão-cilindro. A pressão causa o movimento do pistão que comprime uma mola. Para diferentes pressões, o pistão alcança equilíbrio mecânico com valores correspondentes ao deslocamento da mola. A posição do pistão é calibrada por intermédio de uma escala para se ler a pressão no cilindro. Nesse exemplo, o calibrador foi ajustado de forma que o deslocamento de 1 in. corresponde a uma pressão de 28 psi e 2,5 in., para uma pressão de 32 psi. Para uma mola linear, qual deve ser a constante de mola do dispositivo? O diâmetro do pistão é de 0,25 in.

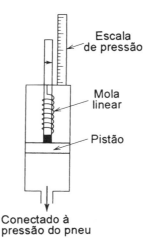

Figura P2-11 Esquema de um calibrador de pneu

2-12 A Figura P2-12 mostra um pistão instalado em um cilindro. A massa do pistão é 15 kg. A pressão absoluta em A e B são 100 kPa e 125 kPa, respectivamente. Determine o valor e a direção de F_R necessária para manter o pistão em equilíbrio estático. Assuma que a pressão atmosférica atua sobre a haste exposta.

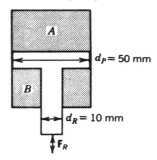

Figura P2-12 Arranjo pistão-cilindro.

2-13 Um aquecedor é instalado em um tanque isolado contendo água. Quando a corrente elétrica circula pelo aquecedor e a temperatura do aquecedor excede a da água, diga se existe alguma troca de calor para ou do sistema se o sistema é formado de:
(a) Apenas a água?
(b) O tanque (incluindo a água, o aquecedor e as paredes do tanque)?

2-14 Informe se o calor e trabalho é positivo, negativo ou nulo. O sistema está identificado em *itálico*.
(a) Uma *bateria* é descarregada através do filamento de uma lâmpada.
(b) A bateria aciona um *motor elétrico*, o qual movimenta um ventilador. O motor elétrico tem uma eficiência de 100% (trabalho mecânico = trabalho elétrico fornecido).
(c) A bateria aciona um *motor elétrico*, o qual movimenta um ventilador. O motor elétrico tem uma eficiência de 90%.

2-15 Os termos em *itálico* identificam o sistema para o processo indicado. Indique se o trabalho líquido é positivo, negativo ou nulo para cada processo. Os trabalhos são reversíveis?
(a) Um *balão*, inicialmente vazio, é lentamente inflado. Durante o processo, o material do balão é esticado.
(b) Um *balão*, inicialmente vazio, é lentamente inflado. Durante o processo, o material do balão não é esticado.

CAPÍTULO 2 - DEFINIÇÕES E CONCEITOS TERMODINÂMICOS **33**

(c) O balão é lentamente inflado com gás *hélio* de um tanque rígido contendo hélio comprimido. Assuma que o *hélio* no balão e no tanque constituem o sistema.

(d) *Hélio* num balão vaza gradualmente para a atmosfera e, portanto, esvazia o balão. A pressão do hélio no balão é maior do que a pressão atmosférica.

(e) Um balão de *hélio* com uma pressão levemente superior que a atmosférica é perfurado com um alfinete. A balão explode e o hélio escapa para a atmosfera.

2-16 Informe se o calor e trabalho é positivo, negativo ou nulo. O sistema está identificado em *itálico*.

(a) *Água na fase líquido e vapor* em um recipiente rígido e fechado é colocada em um fogão e calor é fornecido causando a evaporação do líquido.

(b) Mesmo que (a) exceto que as fases *líquido/vapor* estão contidas em um arranjo pistão-cilindro, em que o pistão pode se movimentar livremente.

(c) *Água na fase líquido e vapor* está contida em um agitador hermeticamente fechado. A água é agitada pelas pás do agitador, o que provoca a evaporação de líquido.

2-17 Rumford mostrou em seu famoso experimento que calor não é uma substância material, colocou um canhão em um tanque de água e usinou o canhão com uma broca cega. O atrito resultante produziu tanto calor que parte da água começou a vaporizar. Assumindo que o tanque de água estava isolado, quais os sinais do calor e trabalho se o sistema for

(a) O canhão e a broca?

(b) A água?

(c) O canhão, a broca e a água?

2-18 Considere o aquecimento de um copo de água em um aparelho comum de microondas. Se o sistema for a água, que tipo de transferência de energia vai ocorrer?

2-19 Uma massa de 20 kg é colocada em uma superfície horizontal sem atrito. A massa é acelerada a um valor constante de 5,0 m/s^2 por uma força horizontal. Tomando a massa como o sistema, determine o trabalho realizado em um intervalo de tempo de 3s.

2-20 Um fio de cobre, de 1 m de comprimento e 0,01 cm^2 de seção transversal, tem aplicada uma tensão de 0,1 kN. Calcule o trabalho para esse processo se a tensão for aumentada durante um processo isotérmico reversível para 0,2 kN,. Assuma que o módulo de Young para o cobre é 110×10^6 kPa.

2-21 Uma bateria alimenta um aquecedor elétrico tipo "rabo quente" de um motor diesel por 1 min, durante o qual a corrente média é 10 A e a tensão é 12 V.

(a) Qual o trabalho realizado sobre/ou pela bateria?

(b) Qual a potência produzida pela bateria?

(c) Qual o trabalho realizado sobre/ou pelo aquecedor?

(d) Há alguma troca de calor para/ou do aquecedor?

2-22 Um balão esférico grande está inicialmente vazio. Quando é enchido, ele alcança um diâmetro de 15 m. Quanto trabalho é requerido para lentamente encher o balão, quando a pressão atmosférica é 0,101 MPa? Assuma que o material do balão não se deforma.

2-23 A pressão de um gás em um arranjo pistão-cilindro permanece constante em um valor de 0,1 MPa, enquanto calor é fornecido e o volume aumenta reversivelmente de 0,1 a 0,2 m^3. Para o gás tido como o sistema, determine o valor e o sinal do trabalho.

2-24 Um arranjo pistão-cilindro contém 2,5 kg de ar, inicialmente a 150 kPa e 30 °C. O ar, assumido ideal ($PV = MRT$), é comprimido reversivelmente e isotermicamente. O trabalho realizado durante o processo de compressão é igual a 150 kJ. Determine:

(a) O volume final do cilindro.

(b) A pressão final do ar no cilindro.

2-25 Ar é comprimido reversivelmente seguindo um processo politrópico representado por $PV^n = C$.

(a) Deduza uma expresssão para o trabalho realizado durante o processo de compressão baseado nos estados inicial e final do sistema. Assuma que o ar é um gás ideal ($PV = MRT$).

(b) Se 2,5 kg de ar iniciamente a 150 kPa e 30 °C é comprimido num processo reversível $PV^{1,3} = C$ e se o trabalho de compressão for 150 kJ, determine o estado final do ar no cilindro.

2-26E Considere 0,02 lb_m de ar a uma pressão atmosférica (14,696 lb_f/in^2) e temperatura de 77 °F. O ar é comprimido em um arranjo pistão-cilindro de acordo com o processo politrópico $PV^{1,01} = C$ até que a pressão tenha alcançado quatro vezes o valor inicial. Assumindo que o ar é um gás ideal ($PV = MRT$).
(a) Quais são os volumes inicial e final do sistema?
(b) Qual a temperatura final?
(c) Qual o trabalho realizado durante o processo de compressão?
(d) Qual seria o trabalho se o processo fosse isotérmico ($PV = C$)?
(e) Você esperaria que o resultado do ítem (d) fosse próximo ao do ítem (c)?
(f) O que você pode dizer a respeito da transferência de calor nesse processo? É positiva ou negativa?

2-27 Ar contido em um arranjo pistão-cilindro tem um volume inicial de 0,10 m^3 e uma pressão inicial de 150 kPa. O ar, que pode ser assumido ideal, sofre um processo quase-estático tal que $PV^{-1} = $ const. Se o volume final é 0,25 m^3, determine:
(a) A pressão final do ar no cilindro.
(b) O trabalho realizado se ar é o sistema.

2-28 Um arranjo pistão-cilindro contém 1,0 kg de ar, o qual sofre um processo reversível onde $PV^{1,33} = $ const. A pressão e temperatura iniciais do ar são 400 kPa e 200 °C, e a temperatura final é de 100 °C.
(a) Determine o trabalho se o ar for o sistema.
(b) Esquematize o processo num diagrama P-V.

2-29 A Figura P2-29 mostra um arranjo pistão-cilindro contendo ar. A área do pistão é de 0,10 m^2 e o volume inicial do cilindro é de 0,01m^3. No estado inicial a pressão interna é de 150 kPa, a qual balança exatamente a pressão atmosférica externa ao cilindro mais o peso do pistão. Uma mola linear, que apresenta um constante de 200 kN/m, está apenas tocando o pistão sem exercer força sobre ele. Calor é então fornecido ao ar causando a sua expansão reversivelmente contra a mola, até que o volume interno seja de 0,03 m^3.
(a) Esquematize o processo no diagrama P-V.
(b) Qual é a pressão final do ar no cilindro?
(c) Calcule o trabalho realizado pelo ar.

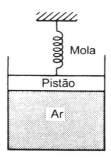

Figura P2-29 Arranjo pistão-cilindro com uma mola.

2-30 Gás propano é usado como combustível para um aquecedor a gás. Uma linha de gás a uma pressão de 20 atm e 300 K (v = 0,112 m^3/kg) é usada para encher um tanque de armazenamento inicialmente em vácuo (volume de 1 m^3). A válvula é fechada quando a pressão de propano dentro do tanque alcança 20 atm. Considerando o gás propano que está finalmente no tanque como o sistema, determine o trabalho realizado sobre/ou pelo sistema durante o processo de enchimento.

2-31E Considere o processo de aspiração de ar no cilindro de um motor de automóvel (Fig. P2-31). O pistão se movimenta para baixo aspirando 18 $in.^3$ de ar através da válvula de admissão. O volume deslocado pelo pistão durante o tempo de aspiração é 20 $in.^3$ Assumindo que a pressão do ar no cilindro durante o tempo de

aspiração é uniforme e vale 12 psi, enquanto a pressão atmosférica é 15 psi (a diferença é devido às perdas na válvula de admissão). Calcule
(a) O trabalho de deslocamento realizado pelo ar sobre a cabeça do pistão.
(b) O trabalho total de deslocamento realizado pelo ar que é aspirado pelo cilindro.

2-32E O trabalho de uma bomba de bicicleta manual pode ser descrito como segue (veja Fig. P2-32):
(i) Inicialmente, o pistão está na posição mais inferior e ambas as válvulas de admissão e descarga estão fechadas. Não há ar no cilindro nesse momento.
(ii) A válvula de admissão é aberta na medida que o pistão se desloca para cima. Ar atmosférico entra no cilindro através da válvula. A pressão na cabeça do pistão é 14,7 psi ao longo do processo de aspiração.
(iii) Quando o pistão alcança o ponto superior, a válvula de admissão é fechada. O volume do cilindro é de 20 in.^{3}.
(iv) O pistão é então empurrado para baixo. Com ambas as válvulas fechadas, o movimento descendente do pistão comprime o ar no cilindro de acordo com o processo reversível $PV^{1,2} = C$.
(v) Quando a pressão do ar no cilindro alcança 44 psi, a válvula de descarga se abre. O pistão continua no seu movimento descendente, enquanto o ar comprimido é descarregado através da válvula de descarga para o pneu da bicicleta. A pressão no cilindro pode ser assumida como constante durante o processo de descarga.
(vi) Quando o pistão alcança o ponto inferior, todo o ar foi expulso e a válvula de descarga é fechada. Nova sequência de eventos acontece até que o pneu da bicicleta esteja cheio.
(a) Esquematize os processos num diagrama PV.
(b) Calcule o trabalho realizado pelo ar na cabeça do pistão durante os processos de admissão, de compressão e de descarga à pressão constante. Assuma ar como sendo gás ideal, isto é, $PV = MRT$.
(c) Qual é o trabalho líquido realizado pelo ar na cabeça do pistão por ciclo?
(d) Se a pessoa operando a bomba realiza 50 ciclos/min, quanto cavalo-vapor (HP) a pessoa está produzindo?

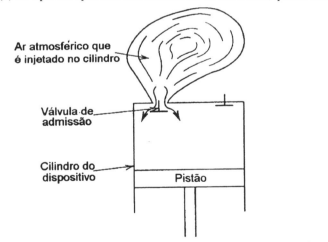

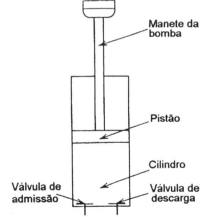

Figura P2-31 Processo de admissão

Figura P2-32 Esquema de uma bomba de pneu de bicicleta

3 PROPRIEDADES DAS SUBSTÂNCIAS PURAS

3.1 DEFINIÇÕES

Os sistemas que vamos considerar contêm substâncias para as quais certas relações de propriedades devem ser conhecidas. No caso de desejarmos descrever o estado ou mudança de estado de um sistema, devemos saber alguma coisa sobre as características da substância que faz parte do mesmo. O sistema mais simples concebível é aquele constituído por uma substância simples. Uma *substância pura* é aquela que é uniforme e invariante em composição química. Uma substância pura pode existir na fase sólida, líquida ou gasosa; a composição química de cada uma destas fases é idêntica. Elementos químicos e compostos estáveis são exemplos de substâncias puras, enquanto que misturas, como por exemplo ligas metálicas, soluções líquidas e misturas de gases não são substâncias puras. Neste texto uma mistura de gases será considerada uma substância pura, desde que não existam componentes da mesma que sofram uma mudança da sua fase gasosa. Como exemplo, o ar será considerado como uma substância pura se a temperatura for suficientemente alta para que não haja condensação de nenhum de seus elementos constituintes.

Neste estágio estamos interessados em descrever um sistema especificando um certo número mínimo necessário de propriedades. Obviamente existe um grande número de propriedades que podem mudar quando um sistema passa por uma mudança de estado, mas algumas delas podem não ser relevantes para descrever o comportamento que desejamos estudar. Como exemplo, podemos estar interessados em determinar a variação de pressão de um gás quando o seu volume é modificado. Propriedades do gás, como condutibilidade elétrica, condutibilidade térmica ou viscosidade não são relevantes para esse processo. Para ajudar a tornar o nosso objetivo mais específico, definimos uma *substância simples compressível* como qualquer substância na qual tensão superficial, efeitos magnéticos, elétricos, gravitacionais e cinéticos não são significativos. Dessa definição resulta que a única forma de trabalho reversível é aquela devido a uma variação de volume (trabalho *PdV*); não existe outra forma de trabalho reversível passível de ocorrer para uma substância compressível simples.

O princípio de estado é enunciado da seguinte maneira: *O número de propriedades independentes requerido para especificar um estado termodinâmico de um sistema é igual ao número possível de formas de trabalho reversível mais um.* O princípio de estado nos diz que especificando duas propriedades independentes, o estado de uma substância simples compressível fica determinado. Um ponto importante relativo a esse princípio é que as duas propriedades devem ser independentes, o que significa que não se pode determinar uma delas através do conhecimento da outra. Por exemplo, em certos processos de mudança de fase, pressão e temperatura não são independentes e, portanto, pressão e temperatura não são suficientes para especificar o estado. Considerando que um sistema é definido como uma quantidade fixa de massa, então, especificando a massa não significa especificar uma das duas propriedades independentes, já que ela não poderá ser alterada independentemente.

CAPÍTULO 3 - PROPRIEDADES DAS SUBSTÂNCIAS PURAS

3.1 EQUILÍBRIO DE FASE

Para ilustrar as mudanças de fase para uma substância simples compressível, vamos considerar um sólido contido em um cilindro vertical, como indicado na Fig. 3-1. O sólido, que é definido como sendo o sistema, tem um pistão colocado sobre ele, de forma que a pressão imposta seja constante. Calor é transferido ao sólido, fazendo com que o sistema passe por um processo de adição de calor a pressão constante.

Seguiremos o caminho desse processo no diagrama temperatura-volume, conforme mostrado na Fig. 3-2. À medida que calor é adicionado, o volume e a temperatura do sólido aumentam, como pode ser visto na Fig. 3-2, caminho 1-2. Esse caminho é muito curto, desde que estamos assumindo que a expansão é muito pequena, de forma que o volume pode ser considerado essencialmente constante. No estado 3, o sólido está na sua temperatura de fusão para a dada pressão, e o calor adicionado faz com que parte do sólido passe para a fase líquida, como pode ser visto na Fig. 3-1. Note que o líquido está flutuando sobre o sólido. Ele é menos denso que o sólido; então, esta é uma substância que expande quando se funde (se contrai quando se congela). Enquanto que a maioria das substâncias se comporta dessa maneira, a *água* se comporta de maneira inversa; ela se expande quando passa para a fase sólida. Podemos concluir que a substância pura considerada nesse exemplo não é água.

À medida que uma quantidade maior de calor é adicionada, o sólido restante passa a se fundir até que todo ele tenha passado para a fase líquida, no estado 4. Na região em que as fases sólida e líquida coexistem em equilíbrio, a pressão e a temperatura permanecem constantes. Nesse caso P e T não são propriedades independentes nessa região: conhecendo-se uma delas, a outra está determinada.

Fornecendo-se mais calor ao líquido, faz-se com que seu volume e temperatura aumentem, passando pelo estado 5 até que uma certa temperatura é alcançada, na qual a substância começa a mudar da fase líquido para vapor, estado 6. O líquido nesse estado é chamado de *líquido saturado* porque qualquer adição extra de calor converterá parte do líquido em vapor. A temperatura e pressão nas quais essa mudança de fase líquido-vapor ocorre (ebulição ou condensação) são chamadas de *temperatura de saturação* e *pressão de saturação*, respectivamente. No estado 7 líquido e vapor coexistem em equilíbrio, e ao longo desta linha (6-7-8), pressão e temperatura são novamente propriedades dependentes. Quando calor suficiente tiver sido adicionado para

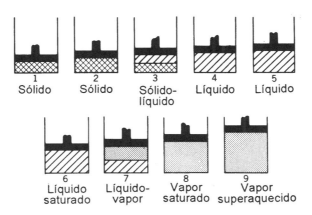

Figura 3-1 Calor adicionado ao sistema mantendo-se a pressão constante.

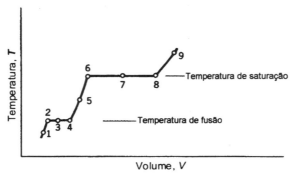

Figura 3-2 Diagrama temperatura-volume correspondente ao processo da Fig. 3-1.

vaporizar todo o líquido, mas com o sistema ainda na temperatura de saturação, o sistema estará no estado 8, no qual o vapor é chamado de *vapor saturado* (a remoção de uma pequena quantidade de calor do vapor causaria condensação, por esta razão o vapor está saturado).

Adicionando-se mais calor, a temperatura e o volume do vapor aumentam, como é mostrado no caminho 8-9 e o vapor é chamado de vapor superaquecido, porque está a uma temperatura maior que a temperatura de saturação para esta pressão.

Diagrama Temperatura-Volume

O diagrama temperatura-volume (Fig. 3-2), usado para ilustrar o caminho do processo de aquecimento descrito acima, é uma ferramenta valiosa para visualizar o processo e também nos auxilia na determinação do estado do sistema. Um diagrama mais completo pode ser ainda mais útil. Vamos concentrar nossa atenção nas regiões de fase líquida, líquida-vapor, e vapor, e repetir o processo de aquecimento descrito para diferentes pressões do sistema. Diferentes caminhos similares ao 5-6-7-8-9 seriam obtidos, como é mostrado na Fig. 3-3. Quando a pressão alcançar o valor P_{cr}, nenhuma mudança de fase entre o líquido e o vapor se verifica. O estado, indicado por c na Fig. 3-3, é o *ponto crítico* para esta substância, e a pressão e temperatura críticas são indicados por P_{cr} e T_{cr}, respectivamente. A linha espessa 6-10-13-c é o lugar geométrico dos estados de líquido saturado, e é chamada de *linha de líquido saturado*, e a linha espessa 8-12-14-c é a *linha de vapor saturado*. Essas duas linhas se encontram no ponto crítico. A região à direita da linha de vapor saturado é a região de vapor superaquecido, e a região à esquerda da linha de líquido saturado é chamada de região de líquido comprimido ou subresfriado. Essa região é chamada de *subresfriada* porque a temperatura está abaixo da temperatura de saturação para qualquer pressão dada, e ela é também chamada de *comprimida* porque a pressão está acima da pressão de saturação para qualquer temperatura dada.

Quando se tem temperaturas acima da temperatura crítica, o fluido pode passar de uma região em que suas propriedades são como aquelas de um líquido (ponto 15 na Fig. 3-3), para uma região onde suas propriedades são como aquelas de um vapor (ponto 16 na Fig. 3-3), sem ter que passar por uma mudança de fase distinta e repentina. A mudança é gradual e contínua. O problema de se chamar a substância de líquido ou vapor na região acima, mas próxima ao ponto crítico, pode ser resolvido referindo-se a ela simplesmente por fluido.

CAPÍTULO 3 - PROPRIEDADES DAS SUBSTÂNCIAS PURAS **39**

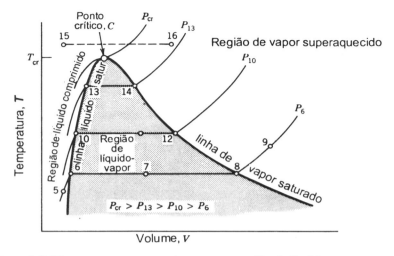

Figura 3-3 Diagrama temperatura-volume para as regiões de líquido e vapor.

A abcissa mostrada nas Figs. 3-2 e 3-3 é o volume, mas com um sistema (massa fixa) o volume específico poderia também ter sido utilizado. Como não são mostrados valores numéricos, a abcissa pode também ser considerada como sendo volume específico.

Título de uma Mistura Líquido-Vapor

Uma propriedade que será largamente utilizada para mistura em equilíbrio de líquido e vapor saturada, é o *título*. Título é a fração mássica de vapor saturado na mistura líquido-vapor. Um valor igual a zero indica que apenas líquido saturado está presente, e um valor igual a 1 indica que apenas vapor saturado está presente. O título, representado pela letra x, pode ser escrito como

$$x = \frac{\text{massa de vapor saturado}}{\text{massa de vapor saturado} + \text{massa de liquido saturado}} \qquad (3\text{-}1)$$

O título é uma propriedade muito útil para se calcular outras propriedades na região de líquido-vapor. Considere um sistema contendo uma massa total, M, de uma mistura de líquido-vapor e ocupando um volume V. O volume específico do líquido saturado é indicado por v_l, e o volume específico do vapor saturado é representado por v_v (os índices l e v são utilizados na maioria das tabelas de propriedades termodinâmicas para representar líquido saturado e vapor saturado, respectivamente). Da definição de título temos que

$$M_v = x M \qquad (3\text{-}2)$$

e

$$M_l = (1-x) M \qquad (3\text{-}3)$$

Utilizando as eqs. 3-2 e 3-3 na definição do volume específico, obtemos

40 INTRODUÇÃO ÀS CIÊNCIAS TÉRMICAS

$$v = \frac{V}{M} = \frac{V_l + V_v}{M} = \frac{M_l v_l + M_v v_v}{M} = \frac{(1-x)v_l M + xM v_v}{M} \tag{3-4}$$

$$v = (1-x)v_l + xv_v \tag{3-5}$$

O volume específico da mistura, v, pode ser obtido diretamente da eq. 3-4 no caso em que o título e os volumes específicos do líquido saturado e vapor saturado serem conhecidos. Usualmente, os valores das propriedades ao longo das linhas de líquido saturado e vapor saturado (v_l e v_v, neste caso) são obtidos das tabelas de saturação como aquelas apresentadas no apêndice, Tabelas A-1.1 e A-1.2.

EXEMPLO 3-1

Encontre o título de uma mistura líquido-vapor onde $v_l = 0,00101$ m^3/kg, $v_v = 0,00526$ m^3/kg, e a massa total de 2,0 kg ocupa um volume de 0,01 m^3.

SOLUÇÃO

Utilizando a eq. 3-5 e resolvendo para x temos que

$$x = \frac{v - v_l}{v_v - v_l}$$

onde

$$v = \frac{V}{M} = \frac{0,01}{2,0} = 0,005 \text{ m}^3 / \text{kg}$$

$$x = \frac{0,005 - 0,00101}{0,00526 - 0,00101} = 0,9388$$

COMENTÁRIO

Nesse exemplo, a mistura é de 93,88% de vapor e 6,12% de líquido saturado em massa.

Diagrama Pressão-Temperatura

Outro diagrama muito útil é o da pressão-temperatura. Mostra-se na Fig. 3-4 esse diagrama para uma substância que se contrai quando se solidificando. O diagrama para uma substância que se expande quando solidificando é similar, exceto que a linha de fusão se inclina ligeiramente para a esquerda em relação à vertical, à medida que a pressão aumenta, ao invés de se inclinar para a direita, como pode ser visto na Fig. 3-4. Os estados para o processo de aquecimento a pressão constante, mostrado nas Figs. 3-1 e 3-2, são também mostrados nessa figura. A região bifásica (líquido-vapor), mostrada na Fig. 3-3, aparece como a linha de vaporização.

O *ponto triplo* é aquele que corresponde a uma pressão e temperatura nas quais todas as três fases, sólido, líquido e vapor, coexistem em equilíbrio. No diagrama *P-T* ele é apenas um ponto. Nos diagramas de temperatura-volume e pressão-volume, as três fases podem coexistir em equilíbrio em vários estados, representados por uma linha (chamada de linha tripla). Em outros diagramas de propriedades tridimensionais os estados triplos se localizam em superfícies confinadas. De qualquer maneira, a pressão e a temperatura em qualquer estado triplo são os mesmos valores únicos de temperatura e pressão do ponto triplo. Obviamente, pressão e temperatura não são propriedades independentes quando as três fases coexistem em equilíbrio.

É possível ir diretamente da região de sólido para a região de vapor, cruzando-se a linha de sublimação, como é ilustrado na trajetória 17-18 da Fig. 3-4. Dióxido de carbono sólido (gelo seco) a pressão atmosférica ilustra este processo. Dióxido de carbono tem uma pressão no ponto-triplo de aproximadamente 0,52 MPa, a qual é bem acima da pressão atmosférica, então, à pressão de 1 atm dióxido de carbono sublima-se a aproximadamente a -77 °C. A Fig. 3-4 é esquemática, enquanto que a Fig. 3-5 mostra as linhas de vaporização reais para algumas substâncias puras.

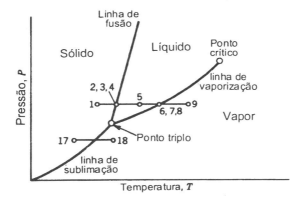

Figura 3-4 Diagrama pressão-temperatura para uma substância que se contrai quando solidificando.

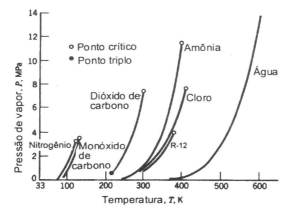

Figura 3-5 Relações entre temperatura-pressão na região de líquido-vapor para fluidos reais.

Diagrama Pressão-Volume Específico

A informação contida na Fig. 3-3 pode ser traçada como pressão versus volume específico, de forma que um diagrama como o da Fig. 3-6 é obtido. As linhas de líquido saturado e vapor saturado são mostradas como linhas em negrito encontrando-se no ponto crítico. A isotérmica crítica, $T = T_{cr}$, tem um ponto de inflexão no ponto crítico. Outras linhas de temperatura constante são também mostradas.

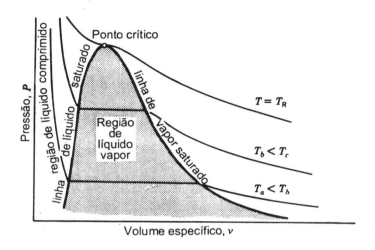

Figura 3-6 Diagrama de pressão-volume específico para as regiões de líquido e vapor.

Superfícies de Pressão-Volume Específico-Temperatura

O princípio de estado nos diz que para uma substância simples compressível, duas propriedades independentes são necessárias para se especificar o estado. Nós temos discutido três propriedades, pressão, volume específico e temperatura e, geralmente, apenas duas destas três propriedades são independentes, de forma que a terceira pode ser escrita como uma função das outras duas: por exemplo, $T = f(P,v)$. Como isso define-se uma superfície no espaço, isto é, vamos obter uma superfície se um gráfico de P, v e T for feito. Isso significa que todos os estados de equilíbrio para uma substância simples compressível caem nesta superfície P-v-T. Essa superfície P-v-T é extremamente útil para visualizarmos as mudanças das propriedades para certos processos, particularmente para processos que envolvem mudança de fase.

A Fig. 3-7 mostra essa representação para uma substância que se contrai quando solidificando. Vistas dessa superfície para direções paralelas aos eixos do volume e temperatura são mostradas na Fig. 3-9. A superfície P-v-T para uma substância que se expande quando solidificando é mostrada na Fig. 3-8. Essa superfície é um pouco mais difícil de ser mostrada, devido ao fato de que a substância solidificando aumenta em volume e encobre parte do líquido e líquido-vapor quando visto no plano P-v (veja Fig. 3-10b). Água é uma das poucas substâncias que se expande quando solidificando. Considere o impacto em lagos e rios em climas frios se a água não exibisse essa característica incomum.

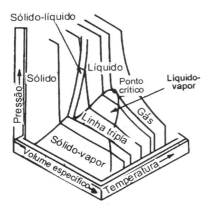
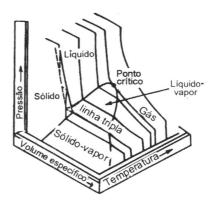

Figura 3-7 Superfície P-v-T para uma substância que se contrai quando solidificando.

Figura 3-8 Superfície P-v-T para uma substância que expande quando solidificando.

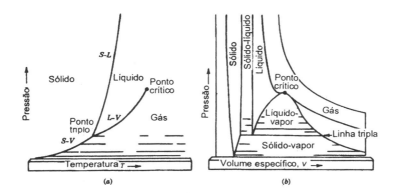

Figura 3-9 Projeções da superfície da Fig. 3-7 nos planos P-T e P-v.

3.3 TABELA DE PROPRIEDADES

Quando um equipamento está sendo projetado ou cálculos de desempenho estão sendo feitos em turbinas a vapor, reatores nucleares, geradores de vapor, aparelhos de ar condicionado e sistemas de refrigeração, as propriedades termodinâmicas da substância utilizada no equipamento devem ser conhecidas em uma forma útil. Por essa razão, as propriedades termodinâmicas das substâncias mais comuns foram medidas e tabuladas em livros de propriedades termodinâmicas.[1-3] Este texto inclui valores tabelados das propriedades da água e R-12 no apêndice. A tabela A-1.1 contém valores de saturação para a água com a temperatura como dado de entrada (variável independente), e a tabela A-1.2 contém as mesmas informações básicas com a pressão como dado de entrada. Água neste livro refere-se à substância H_2O, qualquer que seja a sua fase. A fase gasosa é normalmente referida como vapor, a fase sólida como gelo, e a fase líquida é freqüentemente chamada simplesmente de água; no entanto, para deixarmos claro que estamos nos referindo à fase líquida, vamos chamá-la nesta fase como água líquida. As tabelas B-1.1 a B-1.3 nos fornecem dados da água em unidades inglesas.

44 INTRODUÇÃO ÀS CIÊNCIAS TÉRMICAS

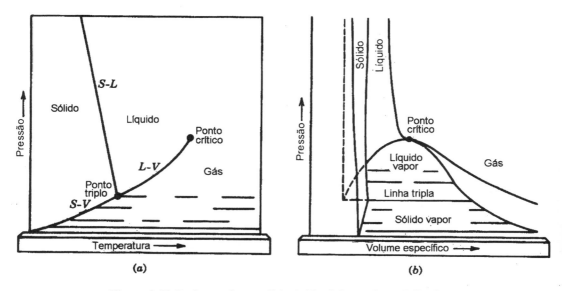

Figura 3-10 Projeções da superfície da Fig. 3-8 nos planos P-T e P-v.

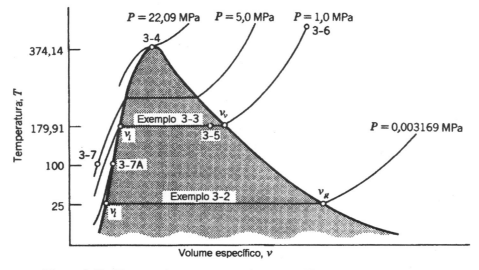

Figura 3-11 Diagrama de temperatura-volume específico para os Exemplos 3-2 a 3-7 (sem escala).

CAPÍTULO 3 - PROPRIEDADES DAS SUBSTÂNCIAS PURAS **45**

Os valores tabulados no apêndice serão utilizados para se resolver problemas no livro que ilustram a teoria e o comportamento da substância. Note que apenas propriedades intensivas são tabeladas. Quando o uso freqüente dessas propriedades é necessário, os valores são armazenados em um computador, seja na forma de uma equação ou na forma tabular, e simples rotinas são escritas para se resolver os problemas desejados.

Os índices l e v utilizados nessas tabelas referem-se a líquido saturado e vapor saturado, respectivamente. A expressão geral para v como função do título e dos valores de saturação é dada por

$$v = (1-x)\, v_l + x\, v_v$$

onde v é o volume específico de qualquer estado na região de líquido-vapor. Muitos exemplos são dados para ilustrar o uso dessas tabelas e os estados dados nesses exemplos são mostrados em um diagrama T-v na Fig. 3-11.

EXEMPLO 3-2

Encontre a pressão, v_l e v_v para água saturada a 25 °C.

SOLUÇÃO

Da tabela A-1.1 obtém-se (para $T = 25$ °C)

$P = 3,169$ kPa; $v_l = 0,001003$ m³/kg; $v_v = 43,36$ m³/kg

COMENTÁRIO

Os valores de v_l e v_v estão ilustrados na Fig. 3-11.

EXEMPLO 3-3

Encontre a temperatura, v_l e v_v para água saturada a $P = 1,0$ MPa.

SOLUÇÃO

Da tabela A-1.2 obtém-se (para $P = 1,0$ MPa)

$T = 179,91$ °C; $v_l = 0,001127$ m³/kg; $v_v = 0,19444$ m³/kg

COMENTÁRIO

Os valores de v_l e v_v são ilustrados na Fig. 3-11.

46 INTRODUÇÃO ÀS CIÊNCIAS TÉRMICAS

EXEMPLO 3-4

Encontre a temperatura, v_l e v_v para água saturada a $P = 22,09$ MPa.

SOLUÇÃO

Da tabela A-1.2 obtém-se (para $P = 22,09$ MPa)

$T = 374,14$ °C; $v_l = v_v = 0,003155$ m³/kg

COMENTÁRIO

Este é o ponto crítico da água e é mostrado como estado 3-4 na Fig. 3-11.

EXEMPLO 3-5

Encontre a temperatura e volume específico para água a $P = 1,0$ MPa e $x = 0,95$.

SOLUÇÃO

Da Tabela A-1.2 obtém -se (para $P = 1,0$ MPa)

$T = 179,91$ °C; $v_l = 0,001127$ m³/kg; $v_v = 0,19444$ m³/kg

Calcule v a partir da equação 3-5

$v = (1 - x)\, v_l + x\, v_v$

$v = (0,05)(0,001127) + (0,95)(0,19444) = 0,18477$ m³/kg

COMENTÁRIO

Este estado é mostrado como 3-5 na Fig. 3-11. O fato do título ter sido dado no enunciado do problema, é uma indicação clara de que o estado está na região de líquido-vapor.

EXEMPLO 3-6

Encontre o volume específico para água a 400 °C e $P = 1,0$ MPa.

SOLUÇÃO

Da tabela A-1.3 obtém-se (para $P = 1,0$ MPa e $T = 400$ °C)

$v = 0,3066$ m³/kg

CAPÍTULO 3 - PROPRIEDADES DAS SUBSTÂNCIAS PURAS **47**

COMENTÁRIO

Esse estado está na região de vapor superaquecido, onde T e P são propriedades independentes. O estado é indicado por 3-6 na Fig. 3-11.

Os exemplos 3-2 a 3-6 não incluem qualquer estado na região de líquido comprimido. Dados tabelados para a região de líquido comprimido existem para algumas substâncias comuns. No entanto, não se apresentam essas tabelas neste texto. Sempre que uma propriedade for necessária para uma substância em um estado de líquido comprimido, um valor aproximado para essa propriedade pode ser obtido utilizando o valor do líquido saturado na *mesma temperatura* do líquido comprimido. Essa aproximação é razoavelmente precisa, sempre que o estado não estiver próximo do ponto crítico.

EXEMPLO 3-7

Encontre o volume específico da água a $T = 100\ °C$ e $P = 5,0$ MPa (um estado na região de líquido comprimido).

SOLUÇÃO

$$v_{(a\ 100\ °C\ e\ 5\ MPa)} \approx v_{l\ (a\ 100\ °C)}$$

Da tabela A-1.1 lê-se (a 100 °C) $v_l = 0,001044\ m^3/kg$, $v \approx 0,001044\ m^3/kg$

COMENTÁRIO

O valor correto para v nesse caso é $0,001041\ m^3/kg$. Essa aproximação está dentro de 0,3% do valor correto. O valor aproximado é mostrado na Fig. 3-11 como estado 3-7A, enquanto que o valor verdadeiro é mostrado como estado 3-7. A Fig. 3-11 indica que esses estados são significantemente diferentes. Como já foi notado, os estados 3-7 e 3-7A são realmente muito próximos um do outro, mas esse diagrama (Fig. 3-11) foi distorcido para mostrar as linhas de maneira distinta. Se os diagramas tivessem sido desenhados em escala, a linha de líquido saturado nas vizinhanças de 100 °C iria parecer vertical, e as linhas de pressão constante de 5 e 1 MPa iriam cair na região de líquido comprimido, com menos de uma espessura de linha distante da linha de líquido saturado. As distorções são feitas para se distinguir claramente linhas e estados nessa região.

O leitor deve também verificar que esse estado está na região de líquido comprimido. Utilizando a temperatura de 100 °C, a pressão de saturação pode ser encontrada na Tabela A-1.1 como sendo 0,10135 MPa. Como a pressão real de 1,0 MPa é maior que a pressão de saturação de 0,10135 MPa, o líquido está em um estado de líquido comprimido. De forma semelhante, a pressão de 5,0 MPa pode ser utilizada para se encontrar, através da Tabela A-1.2, que a temperatura de saturação é de 263,99 °C. Como a temperatura real (100 °C) é menor que a temperatura de saturação, dizemos que o líquido está em um estado de líquido subresfriado. Lembre-se que os termos de líquido subresfriado e líquido comprimido referem-se à mesma região.

48 INTRODUÇÃO ÀS CIÊNCIAS TÉRMICAS

3.4 EQUAÇÃO DE ESTADO DE UM GÁS IDEAL

A equação de estado de um gás ideal é válida para substâncias na fase de vapor superaquecido com densidades muito baixas. A forma comum dessa equação é

$$PV = MRT \tag{3-6}$$

onde R é a constante particular do gás, e é dada por

$$R = \frac{R_0}{m} \tag{3-7}$$

onde m é o peso molecular da substância e R_0 é a constante universal dos gases, 8,31434 J/mol.K (ou 8,31434 kJ/kmol.K) e 1545 (ft-lb$_f$/lb-mol R). Pressão e temperatura devem ser *valores absolutos* nessa equação. A equação pode também ser escrita em termos de volume específico ou massa específica como

$$P = \frac{RT}{v} = \rho RT \tag{3-8}$$

Como essa é uma equação de estado muito simples, ela é bem conveniente de ser utilizada, e usualmente a questão que devemos responder diz respeito à sua validade para várias substâncias na fase de vapor. Como foi citado, ela é válida para baixas densidades, mas o que significa baixa densidade? Certamente em torno do ponto crítico a densidade não seria considerada baixa. A baixa densidade ocorre para altas temperaturas e baixa pressão. Mas o que constitui uma alta temperatura ou baixa pressão? e poderiam esses valores serem diferentes para diferentes substâncias? Uma pergunta igualmente apropriada é qual faixa de precisão é procurada no valor da propriedade calculada por esta equação? Certas regras podem ser dadas, mas elas não dizem nada sobre a precisão. Para o propósito deste livro, adotaremos a seguinte regra: No caso de $T/T_{cr} > 2,0$ ou $P/P_{cr} < 0,1^*$ e a substância estiver na fase de vapor, consideramos que a equação dos gases ideais é válida. T_{cr} e P_{cr} representam a temperatura e pressão críticas, respectivamente, para a substância em questão. Valores de T_{cr} e P_{cr} para algumas substâncias comuns podem ser encontradas na Tabela A-7. Note que os valores absolutos devem ser utilizados nessas relações. Essa regra permite utilizar a equação dos gases ideais até a linha de vapor saturado, se a pressão estiver abaixo de um décimo (*centésimo*) da pressão crítica. Na linha de vapor saturado pode haver um erro considerável envolvido. Por exemplo, vapor de água na pressão de 2,0 MPa tem um valor de P/P_{cr} menor que 0,1, e a temperatura do vapor saturado nesta pressão é de 212,42 °C. A equação dos gases ideais, resolvida para v fornece

$$v = \frac{RT}{P} = \frac{8,31434(485,67)}{18(2.000)} = 0,11217 \, m^3 / Kg$$

enquanto a Tabela A-1.2 indica um valor correto de 0,09963 m^3/kg. Então um erro de aproximadamente 12,6% resulta da utilização dessa equação para esse estado. É claro que a pressões menores, a precisão da equação dos gases ideais melhora.

*N. do t.: Um valor mais apropriado para esse limite é dado por $P/P_{cr} < 0,01$. Isso pode ser visto analisando o diagrama generalizado mencionado no próximo ítem e ilustrado na Fig. A-3.

CAPÍTULO 3 - PROPRIEDADES DAS SUBSTÂNCIAS PURAS **49**

3.5 OUTRAS EQUAÇÕES DE ESTADO

Qualquer relação que forneça o comportamento P-v-T de uma substância é chamada de equação de estado. Nas regiões em que a equação dos gases ideais não é suficientemente precisa, outras equações de estado estão disponíveis, e podem ser aplicadas para a substância na faixa de interesse. Também, propriedades tabeladas representam a equação de estado, mas não são muito convenientes para serem utilizadas. É muitas vezes preferível ter uma equação simples se ela fornece a precisão desejada na faixa de interesse. Uma opção é aplicar um fator de correção na equação de estado, o qual é definido de maneira muito simples. Esse fator, Z, chamado de fator de compressibilidade, é definido por

$$Z = \frac{Pv}{RT}$$ (3-9)

e pode ser obtido de um gráfico de compressibilidade generalizada, como aquele mostrado na Fig. A-3. As coordenadas reduzidas $P_r = P/P_{cr}$ e $T_r = T/T_{cr}$ são utilizadas para se encontrar valores de Z, e estes valores fornecerão uma equação de estado com precisão aceitável, sempre que o valor de Z para a substância no ponto crítico, Z_{cr}, seja próximo de 0,27.

Outras equações de estado, como por exemplo a equação de Van der Walls, a equação de Beattie-Bridgman, a equação virial e a equação de Redlich-Kwong estão disponíveis, e têm sido utilizadas com sucesso em certas situações. Essas equações, listadas na Tabela A-4, são discutidas em maiores detalhes na referência Wark.[4]

Tabelas de propriedades podem ser utilizadas ao invés de equações algébricas. Tabelas com valores de propriedades termodinâmicas para vapor superaquecido fornecem valores precisos para a relação entre P-v-T (equação de estado) para algumas substâncias comuns, como por exemplo vapor de água, refrigerante R-12 e R-22, dióxido de carbono, amônia, hidrogênio, oxigênio e mercúrio. Apesar desses valores tabelados poderem ser úteis, eles não são tão convenientes como trabalhar com uma simples expressão analítica. No caso de se necessitar cálculos precisos de propriedades, um computador digital é utilizado para efetuar os cálculos através do uso de valores tabelados de propriedades ou outra equação de estado mais complexa.

Neste texto propriedades são tabeladas para a água na região de vapor superaquecido, e problemas que requerem o uso da Tabela A-1.3, são incluídos. Na região de vapor superaquecido duas propriedades independentes são necessárias para se definir o estado, e a maioria das tabelas são feitas com a pressão e temperatura como dados de entrada. Como as entradas nessas tabelas são pontos discretos, interpolações em uma ou duas direções são freqüentemente necessárias. Para evitar essas operações que consomem tempo, a maioria dos problemas neste livro foram escolhidos para requerer o mínimo de interpolações.

EXEMPLO 3-8

Encontre a massa de água em um tanque com 0,1 m^3 de volume para os três sistemas indicados abaixo. Cada sistema está a um temperatura de 200 °C.

(a) Sistema A: $P = 0,5$ MPa
(b) Sistema B: Vapor saturado
(c) Sistema C: $x = 0,9$

50 INTRODUÇÃO ÀS CIÊNCIAS TÉRMICAS

SOLUÇÃO

(a) Da Tabela A-1.3 obtém-se o volume específico a 200 °C e 0,5 MPa como sendo $v_A = 0,4249$ m³/kg. Então

$$M_A = \frac{V}{v_A} = \frac{0,1}{0,4249} = 0,2353\,\text{kg}$$

(b) Da Tabela A-1.2 obtém-se o volume específico do vapor saturado a 200 °C como sendo $v_B = v_v = 0,12736$ m³/kg. Então

$$M_B = \frac{V}{v_B} = \frac{0,1}{0,12736} = 0,7852\,\text{kg}$$

(c) Da Tabela A-1.2 também se obtém que a 200 °C, $v_l = 0,001157$ m³/kg. Então

$$v_c = (1 - x)\,v_l + xv_v$$

$$v_c = 0,1(0,001157) + 0,9(0,12736) = 0,11474\,\text{m}^3 / \text{kg}$$

$$M_c = \frac{V}{v_c} = \frac{0,1}{0,11474} = 0,8715\,\text{kg}$$

3.6 OUTRAS PROPRIEDADES TERMODINÂMICAS DE UMA SUBSTÂNCIA SIMPLES COMPRESSÍVEL

Existem muitas propriedades de uma substância simples que serão utilizadas neste livro e também um número elevado delas que podem ser de interesse em outras situações, onde efeitos magnéticos, dielétricos ou ópticos estão presentes. Um fabricante de um composto de hexafluorido sulfúrico lista mais de 17 propriedades em um boletim de dados, onde algumas dessas propriedades são tabeladas como uma função da temperatura e pressão. Algumas propriedades mais comumente utilizadas serão descritas brevemente nesta seção.

O *coeficiente de expansão volumétrica*, β, também chamado de compressibilidade isobárica (pressão constante), é definido como

$$\beta \equiv \frac{1}{v}\left(\frac{\partial v}{\partial T}\right)_P = -\frac{1}{\rho}\left(\frac{\partial \rho}{\partial P}\right)_P \tag{3-10}$$

Essa propriedade representa a variação fracional de volume por variação unitária de temperatura para um processo a pressão constante. A *compressibilidade isotérmica*, κ, é definida como

$$\kappa \equiv \frac{1}{v}\left(\frac{\partial v}{\partial P}\right)_T = -\frac{1}{\rho}\left(\frac{\partial \rho}{\partial P}\right)_T \tag{3-11}$$

Essa propriedade representa a variação fracional de volume pela variação unitária de pressão, quando a temperatura é mantida constante. Como pode ser visto através das definições, tanto β

CAPÍTULO 3 - PROPRIEDADES DAS SUBSTÂNCIAS PURAS **51**

quanto κ são funções da relação P-v-T para a substância, isto é, dada a equação de estado, valores numéricos de β e κ podem ser obtidos a qualquer estado definido. Essas propriedades são particularmente úteis quando estamos trabalhando com substâncias na fase líquida ou sólida.

A energia interna, U, não pode ser definida precisamente antes que a primeira lei da termodinâmica seja introduzida. No entanto, neste ponto podemos dizer que ela é uma medida da energia armazenada, ou possuída pelo sistema, devido à energia cinética microscópica e potencial das moléculas presentes na substância que o constitui. A energia interna específica u será também muito utilizada, onde

$$u = \frac{U}{M} \tag{3-12}$$

A *entalpia*, H, é definida por

$$H \equiv U + PV \tag{3-13}$$

Essa propriedade é introduzida, porque é uma propriedade extremamente útil quando estamos trabalhando com volumes de controle. A *entalpia específica*, h é dada por

$$h = \frac{H}{M} = u + Pv \tag{3-14}$$

O *calor específico a volume constante*, c_v, é definido por

$$c_v \equiv \left(\frac{\partial u}{\partial T} \right)_v \tag{3-15}$$

e o *calor específico a pressão constante*, c_p, é definido por

$$c_p \equiv \left(\frac{\partial h}{\partial T} \right)_p \tag{3-16}$$

Essas últimas duas propriedades são muito úteis, apesar de terem sido chamadas assim erroneamente por motivos históricos. Elas são propriedades intensivas de um sistema, e não são, em geral, relacionadas a nenhum processo de transferência de calor. A Figura 3-12 mostra que c_v é a inclinação de uma linha a volume constante de um gráfico u versus T, enquanto que c_p é a inclinação de uma linha a pressão constante de um gráfico h versus T. As definições acima indicam que essas propriedades são úteis na determinação das variações de energia interna e entalpia. A razão dos calores específicos, γ, é definida como

$$\gamma \equiv \frac{c_p}{c_v} \tag{3-17}$$

Mais duas propriedades são mencionadas aqui, pois serão bastante utilizadas ao longo deste livro. Uma delas determina a taxa de transporte de energia na forma de calor através de uma substância. A outra é relacionada com o transporte da quantidade de movimento.

A propriedade relacionada ao transporte de energia na substância é a condutibilidade térmica do material k. Esta propriedade é definida como o fluxo de calor por unidade de potencial térmico. Então as unidades para essa propriedade são watt/metro.kelvin. Mais será dito desta propriedade no Capítulo 8.

A propriedade relacionada ao transporte de quantidade de movimento em um fluido é a viscosidade dinâmica ou coeficiente de viscosidade μ. Ela é a constante de proporcionalidade entre a tensão de cisalhamento e o gradiente de velocidade normal ao escoamento, e para fluidos newtonianos é uma propriedade termodinâmica variando com a temperatura e pressão. Mais será dito sobre essa propriedade no Capítulo 6.

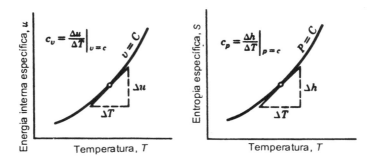

Figura 3-12 c_v e c_p representadas pelas tangentes às linhas de volume específico e pressão constantes.

3.7 RELAÇÕES ENTRE PROPRIEDADES PARA UM GÁS IDEAL

Um gás ideal é aquele no qual a equação dos gases ideais é valida. Medidas experimentais mostram que a energia interna específica de uma gás ideal é função apenas da temperatura. Este fato também pode ser provado analiticamente após a segunda lei da termodinâmica ter sido introduzida. No caso da temperatura do gás ideal ser conhecida, a energia interna pode ser determinada independentemente da pressão ou volume específico. Em geral, u é uma função de duas propriedades independentes $u = f(T,v)$. Então

$$du \equiv \left(\frac{\partial u}{\partial T}\right)_v dT + \left(\frac{\partial u}{\partial v}\right)_T dv \tag{3-18}$$

Para um gás ideal, u é uma função apenas de T; então

$$\left(\frac{\partial u}{\partial v}\right)_T = 0 \tag{3-19}$$

e

$$du = \left(\frac{\partial u}{\partial T}\right)_v dT = c_v \, dT \tag{3-20}$$

Variações da energia interna específica entre dois estados podem ser calculadas através de uma integração dessa equação, para se obter

$$\int_1^2 du = u_2 - u_1 = \int_1^2 c_v \, dT \tag{3-21}$$

CAPÍTULO 3 - PROPRIEDADES DAS SUBSTÂNCIAS PURAS **53**

Devido ao fato que u é função apenas da temperatura, essa última equação nos diz que c_v é também uma função apenas da temperatura; no caso dessa relação funcional ser conhecida, a integral pode ser calculada.

A entalpia específica para um gás ideal pode ser escrita como

$$h = u + Pv = u + RT \tag{3-22}$$

Como u é função apenas de T e R é uma constante, torna-se óbvio que h é uma função apenas da temperatura. Repetindo o procedimento utilizado para u, podemos escrever

$$h = f(T,P) \tag{3-23}$$

$$dh = \left(\frac{\partial h}{\partial T}\right)_P dT + \left(\frac{\partial h}{\partial P}\right)_T dP \tag{3-24}$$

mas

$$\left(\frac{\partial h}{\partial P}\right)_T = 0 \tag{3-25}$$

de forma que

$$dh = \left(\frac{\partial h}{\partial T}\right)_P dT = c_P\, dT \tag{3-26}$$

e

$$\int_1^2 dh = h_2 - h_1 = \int_1^2 c_P\, dT \tag{3-27}$$

Novamente sabemos que c_p é uma função apenas da temperatura (isto porque h é uma função apenas da temperatura), e a integral pode ser calculada se esta relação for conhecida. A Tabela A-5 lista algumas equações de c_p como uma função da temperatura para diversas substâncias. Deve-se tomar cuidado devido ao fato que essas relações não são utilizadas nos casos que o comportamento da substância está longe do comportamento de um gás ideal*.

Da equação $h = u + RT$ obtém-se

$$dh = du + R\, dT \tag{3-28}$$

ou

$$c_P\, dT = c_v\, dT + R\, dT \tag{3-29}$$

---

* *Nota do tradutor. Um nome alternativo para o gás ideal é gás termicamente perfeito. Quando os calores específicos de um gás são constantes, então diz-se que o gás é caloricamente perfeito. Quando simultaneamente, um gás é ideal e apresenta calores específicos constantes será chamado de gás perfeito ao longo deste texto.*

54 INTRODUÇÃO ÀS CIÊNCIAS TÉRMICAS

Então

$$c_p - c_v = R \qquad (3\text{-}30)$$

para gases perfeitos.

O caso especial de um Processo Adiabático para um Sistema Estacionário

A relação entre P e V pode ser determinada, para um gás perfeito (ideal com calores específicos constantes), passando por um *processo adiabático reversível* em um sistema estacionário. Um sistema estacionário é aquele em que os movimentos são desprezíveis. Por esta razão, variações em energia potencial ou cinética não ocorrem.

Reversível significa que

$$\delta W = P \, dV$$

Adiabático significa que

$$\delta Q = 0$$

Gás ideal implica que

$$PV = MRT$$

e

$$du = c_v \, dT, \quad dh = c_p \, dT, \quad c_p - c_v = R$$

No próximo capítulo será mostrado que a primeira lei da termodinâmica para um sistema estacionário é

$$\delta Q - \delta W = dU$$

a qual para este caso especial se reduz para

$$0 - PdV = dU \qquad (3\text{-}31))$$

$$-P \, dV = dU = M \, du = Mc_v dT = \frac{PV}{RT} c_v dT$$

ou

$$-\frac{dV}{V} = \frac{c_v \, dT}{RT} \qquad (3\text{-}32)$$

Como $c_p - c_v = R$ e $\gamma = c_p/c_v$, pode ser mostrado que $c_v / R = 1/(\gamma - 1)$ Então

CAPÍTULO 3 - PROPRIEDADES DAS SUBSTÂNCIAS PURAS **55**

$$-\frac{dV}{V} = \left(\frac{1}{\gamma-1}\right)\frac{dT}{T} \qquad (3\text{-}33)$$

A equação 3-33 pode ser integrada, desde que γ seja assumido constante, para se determinar a relação entre T e V para este processo. No entanto, se a relação P-V está sendo procurada, a temperatura deve ser eliminada desta equação e deve ser substituída pela pressão. A equação do gás ideal fornece esta relação. Tomando-se o logarítmo de ambos os lados desta equação, e diferenciado-a, a expressão desejada é obtida,

$$\ln M + \ln R + \ln T = \ln P + \ln V \qquad (3\text{-}34)$$

$$\frac{dT}{T} = \frac{dP}{P} + \frac{dV}{V}$$

Esta pode ser substituída na eq. 3-33 para fornecer

$$-\frac{dV}{V} = \frac{1}{\gamma-1}\frac{dP}{P} + \frac{1}{\gamma-1}\frac{dV}{V}$$

$$-\frac{dV}{V}\left(1+\frac{1}{\gamma-1}\right) = \left(\frac{-\gamma}{\gamma-1}\right)\frac{dV}{V} = \frac{1}{\gamma-1}\frac{dP}{P}$$

$$\gamma\frac{dV}{V} + \frac{dP}{P} = 0 \qquad (3\text{-}35)$$

A integração desta expressão fornece

$$\gamma\ln V + \ln P = \ln(\text{const}) = \ln\left(PV^{\gamma}\right) \qquad (3\text{-}36)$$

então

$$PV^{\gamma} = \text{const} = P_1 V_1^{\gamma} = P_2 V_2^{\gamma} \qquad (3\text{-}37)$$

ou

$$\frac{P_1}{P_2} = \left(\frac{V_2}{V_1}\right)^{\gamma} \qquad (3\text{-}38)$$

A equação 3-37 é uma relação de propriedades importante e útil para um gás perfeito passando por um processo adiabático reversível onde efeitos macroscópicos de energia cinética e potencial são desprezíveis.

A expressão do trabalho para um processo adiabático reversível pode ser obtido utilizando-se PV^{γ} = constante e integrando-a para obter

$$_1W_2 = \int_1^2 PdV = \int_1^2 \frac{\text{const}}{V^{\gamma}}dV = \text{const}\int_1^2 \frac{dV}{V^{\gamma}} = PV^{\gamma}\frac{V_2^{1-\gamma}-V_1^{1-\gamma}}{1-\gamma} = \frac{P_2V_2-P_1V_1}{1-\gamma} \qquad (3\text{-}39)$$

Ocasionalmente um processo é muito próximo daquilo que chamamos de reversível mas não é adiabático e pode ser descrito pela equação PV^n = constante. Este processo é chamado de um processo politrópico, e n, chamado de expoente politrópico, é determinado empiricamente. No caso do processo ser admitido reversível, então $\delta W = PdV$. Então a faixa na qual n se desvia de γ está relacionada à quantidade de calor transferido. Em certas aplicações a análise politrópica representa um tratamento conveniente do processo, mas neste livro pouco uso será feito desta aproximação.

EXEMPLO 3-9

Um pneu de bicicleta contendo ar a 0,5 MPa e 25 °C (temp. ambiente) vaza rapidamente de forma que em 1 segundo a pressão se reduziu a pressão ambiente, 0,1 MPa. O volume do pneu é de 0,001 m³. Assumindo que o ar seja um gás perfeito, encontre a temperatura do ar que ficou no pneu após 1 s e encontre o trabalho realizado sobre ou por este ar.

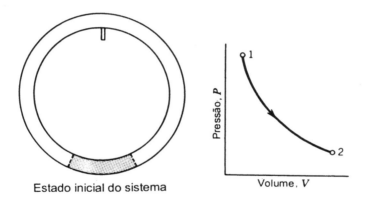

Figura E3-9 Pneu de bicicleta.

SOLUÇÃO

Escolha como sistema o ar que permanece no pneu. Inicialmente (estado 1) ele vai ocupar apenas uma porção do volume total do pneu. A Fig. E3-9 mostra um esquema do sistema, juntamente com o diagrama P-V para o processo. Assumimos que esse sistema sofre um processo adiabático reversível. Para um processo adiabático reversível (da eq. 3-38)

$$\frac{P_1}{P_2} = \left(\frac{V_2}{V_1}\right)^\gamma = \left(\frac{MRT_2 P_1}{P_2 MRT_1}\right)^\gamma = \left(\frac{T_2}{T_1}\right)^\gamma \left(\frac{P_1}{P_2}\right)^\gamma$$

$$\left(\frac{P_1}{P_2}\right)^{1-\gamma} = \left(\frac{T_2}{T_1}\right)^\gamma \quad , \quad \frac{T_2}{T_1} = \left(\frac{P_1}{P_2}\right)^{(1-\gamma)/\gamma} = \left(\frac{P_2}{P_1}\right)^{(\gamma-1)/\gamma}$$

Utilizando $\gamma = 1,4$ da Tabela A-7, temos que

CAPÍTULO 3 - PROPRIEDADES DAS SUBSTÂNCIAS PURAS **57**

$$T_2 = 298,2 \left(\frac{0,1}{0,5} \right)^{0,4/1,4} = 188,3\,\text{K}$$

Como a fronteira do sistema se movimenta, e existe uma força agindo nesta fronteira em movimento, haverá trabalho mecânico envolvido neste processo.

O trabalho pode ser calculado através da eq. 3-39 ou através da primeira lei, eq. 3-31. Escolhendo a eq. 3-39, temos que

$$_1W_2 = \frac{P_2V_2 - P_1V_1}{1-\gamma} = \frac{MR(T_2-T_1)}{1-\gamma}$$

$$_1W_2 = \frac{P_2V_2}{T_2} \frac{(T_2-T_1)}{(1-\gamma)}$$

$$_1W_2 = \frac{100(0,001)(188,3-298,2)}{188,3(1-1,4)} = 0,1459\,\text{kJ}$$

COMENTÁRIO

O trabalho é positivo, indicando que esse sistema realiza trabalho expelindo o ar do pneu. A fronteira do sistema se move e uma força está agindo nesta fronteira. Devido ao fato que trabalho é realizado pelo sistema (energia deixa o sistema) e o sistema é adiabático, a energia interna, e conseqüentemente a temperatura do sistema, se reduzem. A temperatura se reduz para um valor muito baixo, mas uma verificação na temperatura e pressão críticas do oxigênio e nitrogênio indica que, pela nossa regra, a equação dos gases ideais é válida. O valor de γ varia ligeiramente nesta faixa de temperatura, mas consideraremos este valor de temperatura calculado como satisfatório.

A justificativa para a hipótese de um processo adiabático reversível é feita a seguir. O processo é suficientemente lento para que o equilíbrio de pressão possa ser mantido (ondas de pressão viajam à velocidade do som no ar, o equilíbrio de pressão poderia ser mantido na ordem de milisegundos) e a hipótese de quase-estático é válida. Não existem forças de atrito de intensidade apreciável agindo no sistema. Então a hipótese de reversibilidade é válida. A hipótese de processo adiabático é também válida, pois o tempo para que haja troca de calor é pequeno (se a perda de ar tivesse ocorrido em um período de uma hora, então uma hipótese de processo isotérmico teria sido mais realística).

BIBLIOGRAFIA

1. *Properties of Commonly-Used Refrigerants*, publicado pela Air Conditioning & Refrigerating Machinery Association, Washington, DC.
2. *Steam and Air Tables in SI Units*, editado por Thomas F. Irvine, Jr. e James P. Hartnett, Hemisphere Publishing Corporation, Washington, 1976.
3. Keenan, J. H., and Keyes, F. G., *Thermodynamics Properties of Water Including Vapor, Liquid and Solid Phases*, 2ª. ed., Wiley, Nova Iorque, 1987.
4. Wark, K., *Thermodynamics*, 5ª. ed., McGraw-Hill, Nova Iorque, 1988.

58 INTRODUÇÃO ÀS CIÊNCIAS TÉRMICAS

PROBLEMAS

3-1 Utilizando a Tabela A-1.1 ou A-1.2, determine se os seguintes estados da água são de líquido comprimido, líquido-vapor, ou vapor superaquecido ou se estão nas linhas de líquido saturado ou vapor saturado.

(1) $P = 1,0$ MPa $T = 207$ °C
(b) $P = 1,0$ MPa $T = 107,5$ °C
(c) $P = 1,0$ MPa $T = 179,91$ °C, $x = 0,0$
(d) $P = 1,0$ MPa $T = 179,91$ °C, $x = 0,45$
(e) $T = 340$ °C $P = 21,0$ MPa
(f) $T = 340$ °C $P = 2,1$ MPa
(g) $T = 340$ °C $P = 14,586$ MPa, $x = 1,0$
(h) $T = 500$ °C $P = 25$ MPa
(i) $P = 50$ MPa $T = 25$ °C

3-2 Encontre o volume específico dos estados b, d, e h do Problema 3-1.

3-3 Água é uma substância pura. Sendo assim, qualquer duas propriedades determinarão seu estado. Em cada um dos casos seguintes, determine sua fase e complete a propriedade que está faltando.

(a) $P = 900$ kPa, $v = 0,035$ m³/kg

   Fase_____; $T = $ _____°C.

(b) $P = 10$ MPa, $x = 0,33$

   Fase_____; $v = $ _____m³/kg.

(c) $P = 200$ kPa, $T = 50$°C

   Fase_____; $v = $ _____m³/kg.

(d) $T = 250$°C, $v = 1,00$ m³/kg

   Fase_____; $P = $ _____MPa.

(e) $P = 6,50$ MPa, $T = 515$ °C

   Fase_____; $v = $ _____m³/kg.

3-4 Amônia a $P = 150$ kPa, $T = 0$ °C se encontra na região de vapor superaquecido è tem um volume específico e entalpia de $0,8697$ m³/kg e $1469,8$ kJ/kg, respectivamente. Determine sua energia interna específica neste estado.

3-5E Uma panela de pressão opera a uma pressão de 45 psi. Qual é a temperatura de vapor na panela assumindo que vapor e líquido estão presentes?

3-6 O volume interno de uma panela de pressão é de 2 litros. A panela opera a uma pressão de 3 atm. Assumindo nenhum vapor escapa da panela, pergunta-se:

(a) Qual é o estado da água na panela quando operando se 1g de água for usada?

(b) Qual é o estado da água se 0,1 kg de água for utilizado?

(c) Qual é a quantidade mínima de água que deve ser utilizada na panela para garantir que toda a água não vaporizará durante operação?

3-7 Uma panela de pressão de 3 litros opera a uma pressão de 3 atm.

(a) Se, na sua condição de operação, nela está contida 1% de água no estado líquido e 99% de vapor pôr unidade de massa, qual são as massas de líquido e vapor na panela?

(b) Se ela contém 1% de água no estado líquido e 99% de vapor pôr unidade de volume, qual são as massas de líquido e vapor na panela?

3-8 Um tanque rígido com um volume de $0,002$ m³ contém uma mistura em equilíbrio de água no estado líquido e de vapor a uma temperatura de 150 °C. A massa da mistura é de 0,5 kg.

(a) Qual é o título da mistura?

(b) Qual é a fração do volume do tanque ocupado pelo líquido?

CAPÍTULO 3 - PROPRIEDADES DAS SUBSTÂNCIAS PURAS **59**

3-9E Considere água e ar em um recipiente fechado a 70°F e 14,696psi. Uma bomba de vácuo é utilizada para evacuar o ar no recipiente e, conseqüentemente, abaixar a pressão do mesmo. A qual pressão a água começa a vaporizar se a temperatura da água permanece constante durante este processo?

3-10E Um liqüidificador tem uma potência de 1,2 hp. Se o liqüidificador é enchido com água a 70 °F e operado, as lâminas girando podem causar uma vaporização da água.

(a) Tomando a água como um sistema, qual é a interação de energia ocorrendo na fronteira do sistema?

(b) Assumindo que não há perda de calor no sistema, qual é o mínimo tempo requerido para elevar 3 lb_m de água para a sua temperatura de ponto de vapor a pressão atmosférica? (Assuma o calor específico da água sendo constante e igual a 1 $Btu/lb_m°F$ e 1hp = 2544 Btu/h.)

3-11 Um balde contendo 2 litros de água a 100 °C e 1 atm é aquecido por uma resistência elétrica.

(a) Identifique as interações de energia na fronteira do sistema: (i) se a água é o sistema, e (ii) se a resistência elétrica é o sistema.

(b) Se o calor é fornecido à água a uma taxa de 1 kW, então quanto tempo demorará para vaporizar toda a água? (Calor latente de vaporização a 1 atm = 2258 kJ/kg).

(c) Se a água está inicialmente a 25 °C e calor é fornecido a uma taxa de 1 kW pela resistência, quanto tempo demorará para toda a água vaporizar? (Assuma calor específico da água de 4,18 kJ/kg °C).

3-12 Um balde contendo 2 litros do refrigerante R-12 é deixado em um ambiente a pressão atmosférica.

(a) Qual é a temperatura do R-12 assumindo que está no estado saturado?

(b) O meio ambiente transfere calor a uma taxa de 1 kW para o líquido, quanto tempo demorará para todo o R-12 vaporizar? (A uma pressão de 1 atm, o calor latente de vaporização do R-12 = 165 kJ/kg).

3-13 R-12 é estocado por um fabricante de ar condicionado em um tanque com capacidade de 14,0 m^3 a uma pressão de 308,6 kPa. Quando o título do R-12 no tanque é de 0,5, vapor de R-12 escapa do topo do tanque. Quando isto acontece, a pressão no tanque cai e, conseqüentemente, mais líquido R-12 vaporiza. O processo continua até que todo o líquido R-12 vaporizou. A pressão no tanque neste ponto é de 30,0 kPa. Quanto R-12 foi perdido neste processo?

3-14 Um condicionador de ar doméstico utiliza R-12 como fluido refrigerante. R-12 líquido vaporiza dentro dos tubos evaporadores localizados no ar condicionado, absorvendo calor do ar do meio ambiente. O ar frio é então recirculado através do ambiente. Dado que a pressão do R-12 nos tubos é de 219,1 kPa e que o calor latente do R-12 nesta pressão é de 156,2 kJ/kg, qual é a vazão de R-12 requerida para garantir uma capacidade de resfriamento de 3,0 kW?

3-15 Sublimação de gelo para vapor de água é utilizada como mecanismo de resfriamento no controle de temperatura de um vestimento espacial. Se a carga térmica típica do vestimento espacial é de 1 kW, qual é a quantidade de gelo necessária para uma hora de utilização? (O calor latente de sublimação do gelo a 0 °C = 2.834 kJ/kg).

3-16E (a) Quanto calor é gerado quando um bloco de gelo pesando 10 lbm congela a pressão atmosférica (calor latente de fusão do gelo a pressão atmosférica = 144 Btu/lb_m)?

(b) Se esta quantidade de calor fosse utilizada para aquecer água a 70 °F e pressão atmosférica para sua temperatura de vaporização, quanta água poderia ser aquecida (calor específico da água = 1 $Btu/lb_m°F$)?

(c) É possível na prática utilizar o calor de gelo congelando para aquecer água à pressão atmosférica? Por quê?

3-17 Um tanque rígido contém vapor saturado a uma pressão de 0,1 MPa. Calor é adicionado no vapor de forma a aumentar sua pressão para 0,3 MPa. Qual é a temperatura final do vapor?

3-18 Um tanque rígido com um volume de 1,00 m^3 contém uma mistura de H_2O na região de líquido-vapor a 20 °C. A massa da mistura é de 943,4 kg.

(a) Se calor é adicionado a mistura neste tanque, a qual temperatura teremos apenas líquido contido nele?

(b) O que aconteceria se o processo continuasse além deste ponto?

(c) Se o tanque contivesse apenas 100 kg da mistura (ao invés de 943,4 kg), o tanque alcançaria o estado de possuir apenas líquido?

60 INTRODUÇÃO ÀS CIÊNCIAS TÉRMICAS

3-19E Vapor de água está a 150 psi de pressão e com título de 0,9 em um tanque rígido com volume de 10 ft^3. Calor é adicionado por meios externos ao tanque para vaporizar todo o vapor condensado. Qual é a temperatura final e pressão do vapor? Mostre este processo no *diagrama T-v*. Qual é o trabalho realizado pelo vapor durante este processo?

3-20E Vapor de água a uma pressão de 150 psi e com um título de 0,9 está em um cilindro com um pistão que se move livremente e com um volume inicial de 10 ft^3. Calor é adicionado até que a água esteja no seu estado de vapor. Qual é a temperatura e a pressão finais do vapor? Mostre o processo em um diagrama *T-v*. Qual é o trabalho realizado durante este processo (assumindo que ele seja reversível)?

3-21 Uma caldeira gera vapor de água a 600 °C e 10 atm de pressão para uso em um máquina térmica. Calcule o volume específico do vapor. Qual é o volume específico do vapor utilizando a lei dos gases ideais? Vapor de água se comporta como um gás ideal sob estas condições (constante dos gases para o vapor de água = 0,461 kJ/kgK)?

3-22 Repita o problema 3-21 para vapor de água a 100 atm e 600 °C. Qual é a precisão da lei dos gases ideais agora para predizer o volume específico? A utilização de um fator de compressibilidade melhora os valores obtidos utilizando a lei dos gases ideais?

3-23 Dos dados da Tabela A-1.3, calcule c_p para vapor de água a 10 MPa e 500 °C.

3-24 Utilizando a tabela generalizada de compressibilidade da Fig. A-3 e de dados da Tabela A-7, encontre o volume específico do dióxido de carbono a 92 °C e 11,085 MPa.

3-25 Calcule o volume específico do dióxido de carbono a pressão de 15 MPa e a uma temperatura de 93 °C utilizando a tabela de compressibilidade generalizada da Fig. A-3 e as constantes críticas da Tabela A-7.

3-26 Calcule o calor específico a volume constante do monóxido de carbono a T = 800 °C utilizando as equações da Tabela A-5 do apêndice. Compare o seu valor com aquele dado na Tabela A-7.

3-27 O tanque A, com um volume de 0,1 m^3, contém ar a 1,0 MPa e 20 °C, a temperatura ambiente. O tanque B, com um volume de 0,2 m^3 está inicialmente com vácuo. Uma pequena válvula conectando os dois tanques é aberta e ar flui muito lentamente do tanque A para o tanque B. O processo é lento de maneira a permitir se assumir que calor pode ser transferido de maneira a manter a temperatura do ar igual a temperatura ambiente nos dois tanques. Qual é a pressão no tanque B quando o equilíbrio é alcançado?

3-28E Um sistema de aquecimento utiliza gás propano que é armazenado em um tanque com 30 ft^3 a uma pressão de 30 psi. Se a temperatura do tanque é de 77 °F, qual é a massa de propano no tanque?

3-29E Em um dia extremamente quente, calor transferido do meio exterior eleva a temperatura do propano no tanque (Problema 3-28E) para 100 °F. Qual é a pressão de gás do tanque? Qual é a variação de energia interna do gás devido ao aquecimento?

3-30 Ar é comprimido reversivelmente e adiabaticamente de uma pressão de 0,1 MPa a uma temperatura de 20°C para uma pressão de 1,0 MPa.
(a) Qual é a temperatura do ar após a compressão?
(b) Qual é a razão de densidade (após a compressão em relação a antes da mesma)?
(c) Quanto trabalho é realizado na compressão de 2 kg de ar?
(d) Quanta potência é requerida para comprimir 2 kg/s?

3-31 Gás nitrogênio é aquecido a pressão constante de 100 °C para 1500 °C. Determine a variação em entalpia específica em kJ por kg como resultado deste processo, levando em conta a variação de calor específico do nitrogênio com a temperatura.

3-32 Ar é comprimido politropicamente de uma pressão inicial, temperatura e volume de 100 kPa, 200 °C, e 10 m^3 para um volume final de 1,5 m^3. Determine a temperatura e pressão se o expoente politrópico vale n = 0; n = 1,0; n = 1,33. Esboce os três processos em um diagrama *P-V*.

3-33E 0,001 lb$_m$ de ar é comprimido em uma bomba de bicicleta de 77 °F e 15 psi para 75 psi por um processo reversível e adiabático. Qual é o trabalho realizado? Qual é a variação de energia interna do ar? Se o processo de compressão fosse isotérmico, qual seria o trabalho de compressão? Qual é a variação de energia interna do ar? Qual é a direção da transferência de calor durante este processo?

CAPÍTULO 3 - PROPRIEDADES DAS SUBSTÂNCIAS PURAS **61**

3-34 Um ventilador de mesa comprime ar a uma relação de pressão de 1,01. Se a entrada de ar está a 300 K e $1,013 \times 10^5$ N/m^2 e o processo pode ser assumido como sendo reversível e adiabático, qual é a temperatura e pressão do ar saindo?

3-35E Vapor de água é expandido em uma turbina de 1.200 °F e 300 psi para 500 °F e 14,696 psi. Qual é a variação de energia interna e entalpia do vapor entre os estados de entrada e saída?

4 ANÁLISE DE SISTEMAS 1ª E 2ª LEIS DA TERMODINÂMICA

4.1 A PRIMEIRA LEI DA TERMODINÂMICA

A primeira lei da termodinâmica é um enunciado da conservação de energia aplicada a um sistema. Esse princípio de conservação afirma que a soma algébrica de toda a energia que cruza a fronteira do sistema deve ser igual à variação na energia do sistema. Como o calor e o trabalho são as únicas formas de energia que podem atravessar uma fronteira de sistema, pode-se escrever a primeira lei na forma diferencial do seguinte modo:

$$\delta Q - \delta W = dE \tag{4-1}$$

O sinal negativo aparece com o termo do trabalho, por causa da convenção de sinal adotada para o trabalho (discutida no Capítulo 2). A equação 4-1 define a propriedade E, chamada energia do sistema. Na ausência de efeitos elétricos, magnéticos e superficiais, esta quantidade de energia consiste em três termos:

1. A energia interna, U, representa a energia que as moléculas da substância possuem graças às suas energias cinética e potencial a nível microscópico.
2. energia cinética macroscópica, EC, representa a energia cinética do sistema, energia existente devido ao seu movimento.
3. energia potencial macroscópica, EP, representa a energia potencial do sistema, energia existente devido à sua posição em um campo gravitacional.

Portanto, considerando que a energia está uniformemente distribuída na massa,

$$E = Me = U + EC + EP \tag{4-2}$$

e

$$dE = \dot{M}\, de = dU + d(EC) + d(PE) \tag{4-3}$$

A energia cinética do sistema é dada por

$$EC = \frac{M\,V^2}{2} \tag{4-4}$$

onde V é a velocidade do sistema. A energia potencial do sistema é dada por

$$EP = Mgz \tag{4-5}$$

onde g é a aceleração gravitacional local e z é a elevação do sistema em relação a uma referência.

CAPÍTULO 4 - ANÁLISE DE SISTEMAS - 1ª E 2ª LEIS DA TERMODINÂMICA **63**

Para qualquer processo a equação 4-1 pode ser integrada obtendo-se

$$_1Q_2 - _1W_2 = E_2 - E_1 = U_2 - U_1 + EC_2 - EC_1 + EP_2 - EP_1 \tag{4-6}$$

Há muitos processos reais que dependem do tempo. Se as propriedades mudam a uma pequena taxa em relação ao tempo, a hipótese de processo quase-estático é válida. A primeira lei da termodinâmica escrita em termos de taxa é útil na resolução de muitos problemas. A primeira lei nesses termos é

$$\dot{Q} - \dot{W} = \frac{dE}{dt} \tag{4-7}$$

onde $\dot{Q}$ é a taxa de transferência de calor, que é a energia transferida, por unidade de tempo, através da fronteira na forma de calor, $\dot{W}$ é a potência, a taxa em que energia está atravessando a fronteira como trabalho, e dE/dt é a taxa devariação da energia do sistema por unidade de tempo.

Se um sistema está em regime permanente, não há variação da energia cinética ou potencial, de maneira que a primeira lei pode ser escrita como segue:

Na forma diferencial:

$$\delta Q - \delta W = dU \tag{4-8}$$

Na forma de taxas:

$$\dot{Q} - \dot{W} = \frac{dU}{dt} \tag{4-9}$$

Na forma integrada:

$$_1Q_2 - _1W_2 = U_2 - U_1 \tag{4-10}$$

EXEMPLO 4-1

Um centésimo de kilograma (0,01 kg) de ar é comprimido em um dispositivo cilindro-êmbolo. Encontre a taxa do aumento de temperatura no instante em que $T = 400$ K; a taxa do trabalho realizado sobre o ar é de 8,165 kW e o calor é removido à taxa de 1,0 kW.

SOLUÇÃO

Escolha o ar como sistema. Considere o ar um gás perfeito ($Pv = RT$, $du = c_v dT$) e $E = U$ (considera-se o sistema em regime permanente). Usando a primeira lei escrita na forma de taxas, tem-se

$$\dot{Q} - \dot{W} = \frac{dE}{dt} = \frac{dU}{dt} = \frac{d(Mu)}{dt} = \frac{d}{dt}(Mc_v T)$$

64 INTRODUÇÃO ÀS CIÊNCIAS TÉRMICAS

$$\dot{Q} - \dot{W} = M c_v \frac{dT}{dt}$$

$$-1 - (-8,165) = 0,01(0,7165)\frac{dT}{dt}$$

$$\frac{dT}{dt} = \frac{7,165}{0,007165} = 1.000\,K/s$$

COMENTÁRIO

Esta taxa do aumento de temperatura pode parecer muito alta, entretanto, pode-se mostrar que é real. Considere um compressor alternativo rodando a 360 rpm. Um ciclo de compressão ocorre a cada 1/12 de segundo, então 1/12 (1000) = 83,3 K é a mudança de temperatura por ciclo se esta taxa de variação for considerada constante durante o ciclo.

Quando um sistema passa por uma série de processos que o faz retornar ao seu estado original, diz-se que o sistema executou um ciclo termodinâmico. O valor de qualquer propriedade do sistema ao final do ciclo é idêntico ao seu valor no início do ciclo; portanto

$$\oint dY = 0 \tag{4-11}$$

onde Y representa qualquer propriedade e $\oint$ representa a integral sobre o ciclo. Como E é uma propriedade, tem-se

$$\oint \delta Q - \oint \delta W = \oint dE = 0 \tag{4-12}$$

Portanto,

$$\oint \delta Q = \oint \delta W \tag{4-13}$$

ou

$$Q_{ciclo} = W_{ciclo} \tag{4-14}$$

O trabalho líquido realizado sobre ou pelo sistema quando este está executando um ciclo é igual ao calor líquido transferido durante o ciclo.

CAPÍTULO 4 - ANÁLISE DE SISTEMAS - 1ª E 2ª LEIS DA TERMODINÂMICA **65**

EXEMPLO 4-2

Um gás perfeito é comprimido, de forma isotérmica e reversível, de um volume de 0,01 m^3 e uma pressão de 0,1 MPa para uma pressão de 1,0 MPa. Quanto calor é transferido durante este processo?

SOLUÇÃO

Escolha o gás como sistema e considere $E = U$ (regime permanente). Como a temperatura é constante, u é constante, e a primeira lei, $\delta Q - \delta W = dE = dU$, se reduz a

$$\int_1^2 \delta Q - \int_1^2 \delta W = \int_1^2 dU = \int_1^2 M\,du = 0$$

ou

$$_1Q_2 = {_1}W_2$$

O trabalho pode ser calculado integrando $P\,dV$ para o processo

$$\int_1^2 P\,dV = MRT \int_1^2 \frac{dV}{V} = MRT \ln\left(\frac{V_2}{V_1}\right) = {_1}W_2$$

mas $MRT = P_1V_1 = P_2V_2$, conseqüentemente $P_1/P_2 = V_2/V_1$. Portanto

$$_1Q_2 = {_1}W_2 = P_1V_1 \ln\left(\frac{P_1}{P_2}\right) = 100(0,01)\ln\left(\frac{0,1}{1,0}\right)$$

$$_1Q_2 = -2.303 \text{ kJ}$$

COMENTÁRIO

O sinal negativo indica que o calor é removido do sistema. Note que para um processo isotérmico reversível a transferência de calor é independente do gás, desde que o gás exiba o comportamento de gás ideal.

EXEMPLO 4-3

O volume sob o êmbolo com peso do cilindro da Fig. E4-3 contém 0,01 kg de água. A área do êmbolo é de 0,01 m^2 e a massa que está sobre o êmbolo é de 102 kg. O topo do pistão está exposto à atmosfera que está a uma pressão de 0,1 MPa. Inicialmente a água está a 25 °C e o estado final da água é de vapor saturado. Quanto calor é adicionado à água e quanto trabalho é feito sobre ou pela água ao ir do estado inicial para o estado final?

SOLUÇÃO

O processo é um processo quase-estático a pressão constante. Assim, o trabalho pode ser calculado por

$$_1W_2 = \int_1^2 P\,dV = P(V_2 - V_1)$$

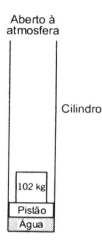

Figura E4-3 Dispositivo pistão-cilindro com água.

Primeiro, calcula-se a pressão

$$P = \frac{F}{A} = \frac{P_{atm}A + Mg}{A} = P_{atm} + \frac{Mg}{A}$$

$$P = 100 + \frac{102(9,807)}{0,01(1.000)} = 200 \text{ kPa}$$

O volume específico inicial, v_1, encontra-se na tabela A-1.1 a 25 °C. Note que a pressão de 200 kPa está bem acima da pressão de saturação para essa temperatura. Apesar do estado do líquido estar na região do líquido comprimido, o volume específico aproximado pode ser obtido usando o volume específico do líquido saturado à mesma temperatura.

$$V_1 = Mv_1 = 0,01(0,001003) = 10,03 \times 10^{-6} \text{ m}^3$$

O volume específico final, v_2, é obtido da Tabela A-1.2 a uma pressão de 0,2 MPa ($v_2 = v_v$ a 0,2 MPa) e V_2 é calculado do seguinte modo

$$V_2 = Mv_2 = 0,01(0,8857) = 8,857 \times 10^{-3} \text{ m}^3$$

Então

CAPÍTULO 4 - ANÁLISE DE SISTEMAS - 1^a E 2ª LEIS DA TERMODINÂMICA **67**

$$_1W_2 = 200\left(8,857\times10^{-3} - 10,03\times10^{-6}\right) = 1,769\,\text{kJ}$$

Pela primeira lei

$$_1Q_2 - {}_1W_2 = E_2 - E_1 = U_2 - U_1 = M\left(u_2 - u_1\right)$$

Note que adota-se E_2 - $E_1 = U_2$ - U_1 Desprezou-se o fato do centro de massa do sistema (a água) alcançar uma elevação mais alta no estado final.

$$_1Q_2 = {}_1W_2 + U_2 - U_1 = 1,769 + \left(2.529,5 - 104,88\right)0,01$$

em que u_2 e u_1 foram obtidos da Tabela A-1.2 e A-1.1, respectivamente.

$$_1Q_2 = 26,01\,\text{kJ}$$

O sinal é positivo, indicando que essa quantidade de calor foi adicionada ao sistema.

COMENTÁRIO

Apesar da solução do problema estar completa, um exame mais detalhado de vários aspectos pode aprofundar o entendimento da solução. Determinou-se que o sistema realizou 1,769 kJ de trabalho nos seus arredores. Esse trabalho foi feito na atmosfera aumentando a energia potencial da massa sobre o êmbolo. O trabalho feito na atmosfera é de

$$-W_{\text{atm}} = \int P\,dV = P_{\text{atm}}\left(V_2 - V_1\right) = 100\left(8,857\times10^{-3} - 10,03\times10^{-6}\right) = 0,8847\,\text{kJ}$$

O trabalho realizado sobre a massa que está sobre o êmbolo é o aumento da energia potencial desta massa. Aplicando a primeira lei ao êmbolo como um sistema

$$EP_{P2} - EP_{P1} = M_P g\left(z_2 - z_1\right)_p = -W_p$$

mas $V = Az$, portanto

$$z_2 - z_1 = \frac{V_2 - V_1}{A} = \frac{8,857\times10^{-3} - 10,03\times10^{-6}}{0,01} = 0,8847\,\text{m}$$

$$EP_{P2} - EP_{P1} = 102\frac{9,807(0,8847)}{1.000} = 0,8850\,\text{kJ} = -W_p$$

A soma do trabalho realizado sobre o êmbolo (-0,8850 kJ) e o trabalho realizado na atmosfera (-0,8847 kJ) é igual ao trabalho feito pela água. O aumento na elevação do centro da massa da água é $(z_2$ - $z_1)/2 = 0,4424$ m. O aumento da energia potencial do sistema, devido a esse aumento na elevação, é portanto

68 INTRODUÇÃO ÀS CIÊNCIAS TÉRMICAS

$$EP_{P2} - EP_{P1} = 0,01(9,807)\frac{0,4424}{1.000} = 43,39 \times 10^{-6} \text{ kJ}$$

Essa mudança é realmente desprezível em um processo onde a menor transferência de energia considerada é 20.000 vezes maior do que essa variação de energia potencial, e mais de 500.000 vezes desta variação de energia foi adicionada como calor no processo. A experiência em trabalhar com esse tipo de problema é que vai indicar se deve-se ou não desprezar as variações da energia cinética e potencial. Na dúvida, uma estimativa dessa variação pode ser feita para determinar o erro caso a variação for desprezada. Há alguns problemas, como por exemplo uma pequena massa de água que se move da superfície de um grande reservatório para a saída de uma turbina hidráulica, a uma elevação muito mais baixa, onde a variação da energia potencial não é desprezível. De modo semelhante, a variação da energia cinética de uma pequena massa de água que se move no bocal de uma mangueira de bombeiros não seria desprezível.

4.2 A SEGUNDA LEI DA TERMODINÂMICA

A primeira lei da termodinâmica não foi provada por nenhum experimento, nem foi derivada de quaisquer considerações fundamentais. Ela foi simplesmente enunciada e sua prova está no fato de não terem sido observadas violações dessa lei. A segunda lei da termodinâmica é similar a esse respeito; a sua prova também está no fato de violações da lei não terem sido observadas. Ela também tem algo de negativo em sua formulação. A primeira lei mostrou que a energia *não pode* ser criada ou destruída, enquanto a segunda lei decreta que certos processos *não podem* ocorrer. A primeira lei não distingue calor e trabalho, mas a segunda lei faz uma distinção muito clara entre calor e trabalho.

A discussão sobre a segunda lei começa observando-se que experiências anteriores indicam que certos processos não ocorrem naturalmente. Parece haver uma direção natural para alguns processos. Por exemplo

1. Um gás pode passar por uma expansão livre, mas não foi observada uma "compressão livre" que tenha ocorrido naturalmente.
2. Óleo combustível e ar reagem formando dióxido de carbono e água, mas dióxido de carbono e água não reagem naturalmente para formar óleo combustível.
3. Uma xícara de café quente esfriará até chegar à temperatura ambiente, mas uma xícara de café à temperatura ambiente não ficará quente naturalmente.

Portanto, processos de natureza mecânica, química e térmica parecem possuir direções que percorrem naturalmente e direções que não percorrem a não ser com a ajuda de forças externas. A segunda lei da termodinâmica fornece meios formais para a determinação da direção natural de tais processos.

Uma abordagem microscópica da segunda lei mostra que essa direção natural do processo se relaciona com o estado de máxima probabilidade do sistema, seu estado mais aleatório. Essa direção natural dos processos é da ordem para a desordem. Não se aprofundará aqui nesta abordagem microscópica, pois o principal interesse está no estudo macroscópico da termodinâmica. Essa abordagem foi mencionada somente para ajudar a compreender o significado da segunda lei. Mais detalhes sobre a abordagem microscópica podem ser encontrados nas Refs. 1-4.

Os Enunciados Clássicos da Segunda Lei

Serão examinados dois enunciados diferentes da segunda lei:

O enunciado de Clausius: *É impossível construir um dispositivo que opere em um ciclo termodinâmico e não produza outros efeitos além da transferência de calor de um corpo frio para um corpo quente.*

O enunciado de Kelvin-Planck: *É impossível construir um dispositivo que opere em um ciclo termodinâmico e não produza outros efeitos além da produção de trabalho e troca de calor com um único reservatório térmico.*

Ambos os enunciados são negativos; eles afirmam algo que é impossível. Ambos lidam com dispositivos que operam em um ciclo. Essa exigência cíclica é necessária para dispositivos de operação contínua. A operação sobre um processo exigiria o fim do processo; ele não poderia continuar indefinidamente. O enunciado de Kelvin-Planck usa o termo *reservatório*, que significa um grande corpo de onde o calor possa ser removido, ou para onde o calor possa ser adicionado, sem variação de temperatura no reservatório. Portanto, um reservatório possui temperatura constante. Quando o calor é retirado do reservatório, geralmente ele é chamado de fonte quente e quando calor é adicionado ao reservatório, ele é chamado de fonte fria.

O dispositivo que o enunciado de Clausius proíbe é mostrado esquematicamente na Fig. 4-1 enquanto o dispositivo que viola diretamente o enunciado de Kelvin-Planck é mostrado na Fig. 4-2. A primeira lei, quando aplicada ao ciclo A da Fig. 4-1, exige que $Q_H = Q_L$, e quando aplicada ao ciclo B da Fig. 4-2, exige que $Q_H = W$.

Deve ficar claro que esses enunciados dão a direção natural de determinados processos. O enunciado de Clausius está dizendo que o calor não pode fluir de uma temperatura baixa para uma temperatura alta. A direção natural é o oposto, de uma temperatura alta para uma temperatura baixa. O enunciado de Kelvin-Planck está dizendo que o calor não pode ser convertido em trabalho completamente e continuamente. A experiência mostra que o processo reverso é o processo natural; o trabalho pode ser completa e continuamente convertido em calor.

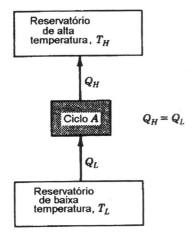

Figura 4-1 Diagrama esquemático de uma máquina que viola o enunciado de Clausius.

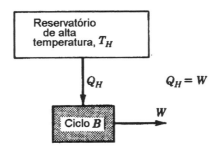

Figura 4-2 Diagrama esquemático de uma máquina que viola o enunciado de Kelvin-Planck.

70 INTRODUÇÃO ÀS CIÊNCIAS TÉRMICAS

É importante estar atento à exigência de ser cíclico ou contínuo. No Exemplo 4-2 o trabalho realizado devido ao *processo* de expansão isotérmica de um gás ideal mostrou-se igual ao calor adicionado. Mas era um processo, não um ciclo. O volume cresceu no processo; de qualquer modo, em algum ponto o processo teria que parar, não poderia continuar indefinidamente.

Máquinas Térmicas e Bombas de Calor

Máquina térmica é um dispositivo que opera em um ciclo termodinâmico e produz trabalho líquido positivo, enquanto recebe calor de um reservatório de alta temperatura e fornece calor para um reservatório de baixa temperatura. A Fig.4-3 mostra um diagrama esquemático de uma máquina térmica. A máquina térmica opera em um ciclo para que possa operar continuamente. A substância de trabalho utilizada na máquina térmica pode ser um sólido, um líquido, vapor ou pode passar por mudanças de fase. Um arame de aço, uma fita de borracha ou um conversor termelétrico são exemplos de substâncias de trabalho sólidas. A maioria das substâncias de trabalho adotadas neste texto são fluidos, mas também há gases ideais e substâncias que passam por mudanças de fase.

As grandes estações de geração elétrica que produzem potência elétrica usam máquinas térmicas que utilizam água como fluido de trabalho. A caldeira produz vapor do líquido e o condensador retorna o vapor à fase líquida. A Fig. 4-4 mostra um diagrama esquemático muito simplificado desse sistema. O calor adicionado à água da caldeira poderia vir de uma zona de alta temperatura (a fonte) criada pela combustão do carvão ou pelo processo de fissão nuclear. O calor rejeitado pelo condensador é despejado, em última instância, no meio ambiente (reservatório de baixa temperatura), geralmente através do uso de uma torre de resfriamento. A semelhança entre as Fig. 4-3 e Fig. 4-4 é evidente. A Fig. 4-4 fornece um pouco mais de detalhes sobre a máquina térmica.

Uma análise, sob o ponto de vista da primeira lei da termodinâmica, das máquinas térmicas das Figs. 4-3 e 4-4 produz

$$\oint \delta Q = \oint \delta W \tag{4-15}$$

$$Q_H - Q_L = W \tag{4-16}$$

Note que um sinal de menos foi inserido antes de Q_L na eq. 4-16, portanto Q_L deve ser considerado uma quantidade positiva. O sinal apropriado para Q_L é negativo se a máquina térmica for o sistema e positivo se o reservatório de baixa temperatura for o sistema. Para evitar confusão nesse ponto, o subscrito L é usado para identificar a direção e Q_L sempre é considerado uma quantidade positiva. Portanto, o sinal apropriado deve ser incluído em uma equação onde Q_L apareça.

A equação 4-16 expressa o conceito de que todo calor fornecido à máquina térmica não é convertido em trabalho; uma parte da energia é rejeitada como calor para um reservatório de baixa temperatura, como exigido pela segunda lei. Uma medida de quanto calor é convertido em trabalho é dada pela *eficiência térmica* (às vezes chamada de eficiência de ciclo ou eficiência do ciclo térmico).

CAPÍTULO 4 - ANÁLISE DE SISTEMAS - 1ª E 2ª LEIS DA TERMODINÂMICA **71**

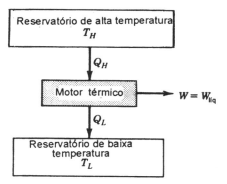

Figura 4-3 Diagrama esquemático de uma máquina térmica.

$$\eta_t = \frac{W}{Q_H} = \frac{Q_H - Q_L}{Q_H} \tag{4-17}$$

Nesta equação, W representa o trabalho líquido realizado pelo ciclo, mas Q_H representa somente aquela energia que é *fornecida* como calor, não sendo a transferência de calor líquida do ciclo. A eficiência térmica também pode ser expressa como uma razão de taxas

$$\eta_t = \frac{\dot{W}}{\dot{Q}_H} = \frac{\dot{Q}_H - \dot{Q}_L}{\dot{Q}_H}$$

A eficiência é a razão do trabalho útil de saída (o que uma usina de potência fornece) pela entrada (o que uma estação de potência compra em forma de carvão ou combustível nuclear). O enunciado de Kelvin-Planck da segunda lei diz que essa eficiência não pode ser de 100%. Então, a que valor pode chegar? Há um limite? Uma simples máquina térmica como a mostrada na Fig. 4-4 pode ter uma eficiência térmica de cerca de 30%, enquanto uma moderna usina de potência com combustão de carvão (muito mais complexa que a máquina da Fig. 4-4) pode ter uma

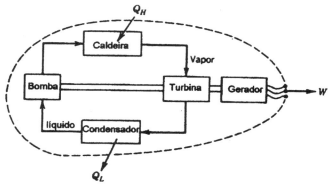

Figura 4-4 Diagrama esquemático simplificado de uma estação de geração de potência elétrica.

eficiência térmica um pouco maior que 40%. Mas isso não responde a pergunta sobre a existência de um limite, e se existe um limite, qual é? Esse assunto será tratado na seção 4.2.4.

Se a máquina térmica da Fig. 4-3 fosse revertida, as três setas mostradas na figura seriam revertidas e teria-se então um dispositivo que absorve trabalho. Ele retiraria calor de um reservatório de baixa temperatura e rejeitaria calor para um reservatório de alta temperatura. Tal dispositivo é chamado de bomba de calor, pois ele move energia em forma de calor de uma região de baixa temperatura para uma região de temperatura mais alta, algo como uma bomba que movesse água de uma região de baixa pressão (ou elevação) para uma região de alta pressão (ou elevação). Um diagrama esquemático desse ciclo é mostrado na Fig. 4-5. Esse dispositivo não viola a segunda lei, pois precisa-se de trabalho para transferir calor.

Refrigeradores fazem parte de uma classe especial de bombas de calor em que a temperatura baixa, T_L, está abaixo da temperatura ambiente e a energia "útil" é Q_L. Uma medida do desempenho das bombas de calor é chamada de *coeficiente de desempenho* ou *coeficiente de eficácia*, β, definido como

$$\beta \equiv \frac{\text{quantidade utilizada}}{\text{quantidade requerida como trabalho}}$$

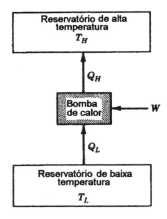

Figura 4-5 Diagrama esquemático de uma bomba de calor.

Apenas o módulo das quantidades de energia é usada para obter um valor positivo de β. Portanto, para um refrigerador

$$\beta_R = \frac{Q_L}{W} = \frac{Q_L}{Q_H - Q_L} = \frac{1}{(Q_H/Q_L) - 1} \qquad (4\text{-}18)$$

e para uma bomba de calor

$$\beta_{BC} = \frac{Q_H}{W} = \frac{Q_H}{Q_H - Q_L} = \frac{1}{1 - (Q_L/Q_H)} \qquad (4\text{-}19)$$

EXEMPLO 4-4

Uma bomba de calor fornece calor a uma taxa de 10 kW para uma casa enquanto utiliza 4 kW de potência. Qual é o coeficiente de desempenho dessa bomba de calor?

SOLUÇÃO

No enunciado do problema foram dadas taxas de transferências de calor ao invés da energia transferida, mas como a razão das taxas é igual à razão das transferências de energia, temos

$$\beta_{BC} = \frac{Q_H}{W} = \frac{\dot{Q}_H}{\dot{W}} = \frac{10}{4} = 2,5$$

EXEMPLO 4-5

Se um ciclo de refrigeração usado em um sistema de ar condicionado doméstico libera calor para o ar externo a uma taxa de 10 kW, usando 4 kW de potência, qual é o seu coeficiente de desempenho?

SOLUÇÃO

$$\beta_R = \frac{Q_L}{W} = \frac{\dot{Q}_L}{\dot{W}} = \frac{\dot{Q}_H - \dot{W}}{\dot{W}} = \frac{\dot{Q}_H}{\dot{W}} - 1 = \frac{10}{4} - 1 = 1,5$$

COMENTÁRIO

Note que para os mesmos valores de $\dot{Q}_H$ e $\dot{W}$ o coeficiente de desempenho da bomba de calor é igual ao coeficiente de desempenho do refrigerador mais 1,0.

Ciclos Externamente Reversíveis; o Ciclo de Carnot

Se todos os efeitos irreversíveis dentro do sistema forem ignorados, o processo será chamado de reversível. Nesse ponto, o conceito será estendido para um ciclo e incluirá efeitos na fronteira do sistema. Se irreversibilidades não ocorrerem dentro do sistema durante um processo, diz-se que o processo é *internamente reversível*. Se, além disso, irreversibilidades não ocorrerem na fronteira, diz-se que o processo é *externamente reversível*. Portanto, os processos externamente reversíveis são um subgrupo dos processos internamente reversíveis. O tipo de irreversibilidade que ocorre com mais freqüência em uma fronteira é a transferência de calor através de uma diferença finita de temperatura. Para ser externamente reversível, primeiro o processo deve ser internamente reversível e o sistema e o meio devem estar à mesma temperatura quando a transferência de calor ocorre diretamente. Um ciclo externamente reversível é aquele em que todos os processos são externamente reversíveis.

Há muitos ciclos externamente reversíveis e as conclusões a que se chega após o estudo de qualquer ciclo externamente reversível são válidas para os outros. O ciclo geralmente usado para representar esses ciclos é o ciclo de Carnot, assim chamado depois que o engenheiro francês Sadi Carnot (1796-1832) publicou em 1824 um pequeno livro, "Reflexões acerca da Potência Motora do Calor e das Máquinas Apropriadas para Desenvolver esta Potência". Esse trabalho, apesar de baseado na teoria calórica, é o primeiro trabalho que contém o conceito básico de um ciclo e as limitações impostas pela segunda lei da termodinâmica.

Independentemente da substância de trabalho, a máquina térmica que opera num ciclo de Carnot consiste em quatro processos externamente reversíveis. São eles:

1-2   Um processo isotérmico reversível, através da transferência de calor, Q_H, do reservatório a alta temperatura, T_H, para o sistema,

2-3   Um processo adiabático reversível, onde a temperatura do fluido de trabalho diminui desde a alta temperatura, T_H, até a baixa temperatura, T_L

3-4   Um processo isotérmico reversível, através da transferência de calor, Q_L, do sistema para o reservatório a baixa temperatura, T_L

4-1   Um processo adiabático reversível, onde a temperatura do fluido de trabalho aumenta desde a baixa temperatura, T_L, até a alta temperatura, T_H

A Fig. 4-6 mostra um ciclo de Carnot nas coordenadas P-v usando um gás perfeito como fluido de trabalho. As linhas isotérmicas ($n = 1$) não são tão inclinadas como as linhas adiabáticas reversíveis ($n = \gamma$), conforme explicado no Capítulo 3. Cada um dos quatro processos envolve realização de trabalho, como evidenciado pelas áreas debaixo da curva. Na figura, a área delimitada pelo ciclo é proporcional ao trabalho líquido realizado pelo ciclo.

Eficiência de Carnot

Todas as máquinas térmicas externamente reversíveis que operam entre dois reservatórios iguais têm a mesma eficiência térmica. A validade desta afirmação pode ser demonstrada, considerando-a falsa, e mostrando que essa hipótese viola diretamente o enunciado de Kelvin-Planck da segunda lei. A Fig. 4-7 mostra duas máquinas térmicas externamente reversíveis, A e B, operando entre dois reservatórios térmicos. Considera-se primeiro que a máquina A é mais eficiente que a máquina B e então se estabelece $Q_{HA} = Q_{HB'}$ suprindo, assim, as máquinas com a mesma quantidade de calor. A saída, em forma de trabalho de A, será maior que a saída de B pois A possui eficiência mais alta. A máquina B é revertida para poder operar como uma bomba de calor acoplado à máquina A. A máquina B pode ser revertida, pois é um dispositivo externamente reversível.

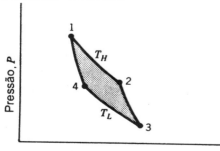

Figura 4-6 O ciclo de Carnot para gás ideal como substância de trabalho.

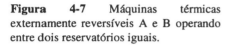
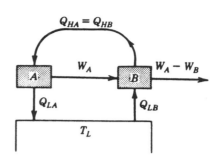

Figura 4-7 Máquinas térmicas externamente reversíveis A e B operando entre dois reservatórios iguais.

Figura 4-8 Máquina térmica B revertida e acionada pela máquina A. (B e A são as máquinas térmicas mostradas na Fig. 4-7).

A máquina A produz mais trabalho do que o exigido para acionar a bomba de calor; portanto, tem-se um trabalho líquido realizado pela combinação, como mostrado na Fig. 4-8. O reservatório de alta temperatura pode ser eliminado pois Q_{HA} e Q_{HB} são iguais em magnitude e opostos na direção relativa a este reservatório. O resultado (mostrado na Fig. 4-8) é um dispositivo que opera em um ciclo e produz trabalho enquanto troca de calor com um reservatório individual. Essa é uma violação direta do enunciado de Kelvin-Planck e é claramente impossível de acontecer. Tudo que foi feito para se chegar a essa configuração é legítimo, com exceção da hipótese inicial de que uma máquina térmica externamente reversível poderia ter uma eficiência térmica mais alta que a outra. Sendo essa hipótese incorreta, pode-se concluir que todas as máquinas térmicas externamente reversíveis que operam entre dois reservatórios (temperaturas) iguais têm a mesma eficiência térmica.

A eficiência de uma máquina térmica externamente reversível deve, portanto, ser uma função somente das temperaturas desses reservatórios, pois a temperatura é a única propriedade relevante de um reservatório. Assim sendo,

$$\eta_t = \frac{W}{Q_H} = \frac{Q_H - Q_L}{Q_H} = 1 - \frac{Q_L}{Q_H} = f_1(T_H, T_L) \tag{4-20}$$

ou

$$\frac{Q_L}{Q_H} = f_2(T_H, T_L) \tag{4-21}$$

Para um ciclo externamente reversível, pode ser demonstrado que a razão Q_L/Q_H é igual à razão T_L/T_H. Isto é,

$$\left(\frac{Q_L}{Q_H}\right)_c = \left(\frac{T_L}{T_H}\right)_c \tag{4-22}$$

76 INTRODUÇÃO ÀS CIÊNCIAS TÉRMICAS

Então

$$\eta_t = \frac{W}{Q_H} = \frac{Q_H - Q_L}{Q_H} = 1 - \frac{Q_L}{Q_H} = 1 - \frac{T_L}{T_H} \qquad (4\text{-}23)$$

Portanto, todas as máquinas térmicas externamente reversíveis possuem a eficiência dada pela eq. 4-23. Essa eficiência é chamada eficiência de Carnot. O conhecimento da temperatura na qual se adiciona calor e da temperatura da qual se remove calor é suficiente para determinar a eficiência térmica para máquinas térmicas externamente reversíveis.

Nenhuma máquina térmica pode ter uma eficiência térmica mais alta que a eficiência de Carnot quando opera entre dois reservatórios iguais. A prova dessa afirmação é obtida pela mesma técnica geral usada para provar que todas as máquinas térmicas externamente reversíveis têm a mesma eficiência quando operam entre dois reservatórios iguais. Primeiro, adota-se a *hipótese* de uma máquina térmica poder ter uma eficiência térmica mais alta que a de uma máquina de Carnot. Essa máquina de eficiência mais alta é usada para acionar uma máquina de Carnot revertida. Como resultado, o enunciado de Kelvin-Planck da segunda lei é violado. Como isso é impossível, a hipótese está errada.

Entropia

Considere uma máquina térmica externamente reversível igual a mostrada na Fig. 4-7 e identifique com um subscrito c para Carnot. Se a integral de $\delta Q/T$ ao redor do ciclo para essa máquina de Carnot for calculada, obtém-se

$$\oint_c \frac{\delta Q}{T} = \frac{Q_H}{T_H} - \frac{Q_L}{T_L} \qquad (4\text{-}24)$$

Da equação 4-22

$$\frac{Q_L}{T_L} = \frac{Q_H}{T_H}$$

Portanto

$$\oint_c \frac{\delta Q}{T} = 0 \qquad (4\text{-}25)$$

A análise de ciclos irreversíveis[5] mostra que

$$\oint_I \frac{\delta Q}{T} < 0 \qquad (4\text{-}26)$$

de tal forma que uma equação geral para ciclos termodinâmicos (máquinas térmicas e bombas de calor) pode ser escrita

CAPÍTULO 4 - ANÁLISE DE SISTEMAS - 1ª E 2ª LEIS DA TERMODINÂMICA **77**

$$\oint \frac{\delta Q}{T} \le 0 \qquad (4\text{-}27)$$

A equação 4-27 é chamada de desigualdade de Clausius.

O valor da integral cíclica de qualquer propriedade é zero, um fato previamente observado na eq. 4-11. Portanto, podemos concluir que $(\delta Q/T)_{Rev}$ é a diferencial de alguma propriedade termodinâmica do sistema. Essa propriedade será chamada de *entropia* e definida como

$$dS \equiv \left(\frac{\delta Q}{T} \right)_{Rev} \qquad (4\text{-}28)$$

onde δQ é a transferência de calor para (+) ou do (-) sistema e T é a temperatura absoluta do sistema. As unidades da entropia são kJ/K.

As variações da entropia podem ser calculadas integrando a eq. 4-28, obtendo

$$\int_1^2 dS = S_2 - S_1 = \int_1^2 \left(\frac{\delta Q}{T} \right)_{Rev} \qquad (4\text{-}29)$$

Se o processo 1-2 é reversível, um cálculo direto da integral no lado direito da eq. 4-29 exige conhecimento da relação entre temperatura e transferência de calor para aquele processo. Por exemplo, se 300 kJ do calor é adicionado reversivelmente a um sistema à temperatura constante de 300 K, então

$$S_2 - S_1 = \frac{1}{T} \int_1^2 \delta Q = \frac{{}_1 Q_2}{T} = \frac{300}{300} = 1,0 \text{ kJ / K}$$

Entropia é uma propriedade e a variação da entropia é independente do caminho do processo. Na Fig. 4-9, um processo irreversível (real) entre os estados 1 e 2 é mostrado por uma linha tracejada. A variação de entropia, $S_2 - S_1$, pode ser calculada computando-a junto com um caminho reversível como 1-a-2, 1-b-c-2, 1-c-2, ou qualquer outro caminho reversível em que a integral possa ser calculada. Note que Q e T são definidos para o caminho reversível entre os estados considerados, e não são Q e T para o processo irreversível.

Somente variações da entropia podem ser calculadas através dessa definição. Essa situação é análoga para a energia, E, que foi definida pela primeira lei. Para a maior parte da discussão neste texto onde reações químicas não são consideradas, valores absolutos não são exigidos, e um valor de referência arbitrário pode ser definido. Isso foi feito nas Tabelas A-1, que contêm tabelas das propriedades da água. Textos mais completos de termodinâmica contêm discussões da terceira lei da termodinâmica e valores absolutos de entropia.

Como a entropia é um conceito novo e não pode ser diretamente medida por uma escala de entropia, pode haver dificuldade em se obter uma percepção física da propriedade. No entanto, há outras propriedades que não podem ser diretamente medidas, mas provaram ser úteis. Energia interna é uma propriedade assim. O fato da entropia não poder ser diretamente medida não a faz ser menos real ou menos importante. O seu valor como propriedade está na sua utilidade para a aplicação da segunda lei da termodinâmica em problemas reais, e isto é algo bem-vindo. Certamente os enunciados clássicos da segunda lei não são tão facilmente aplicáveis nas variedades de sistemas que os engenheiros querem considerar. À medida que se usa a propriedade

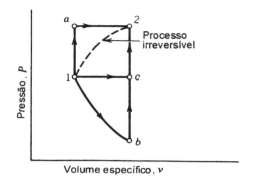

Figura 4-9 Cálculo da variação de entropia.

entropia, desenvolve-se um melhor entendimento do seu significado, assim como do significado da segunda lei.

A entropia, S, é uma propriedade extensiva de um sistema. A entropia específica, definida como $s = S/M$, também é freqüentemente usada. Tabelas de propriedades para substâncias puras (p.ex., as tabelas para água) listam essa propriedade. Na região com duas fases (líquido-vapor), a entropia específica é computada através de uma relação similar àquela usada para calcular o volume específico e a energia interna específica

$$s = (1-x)\, s_l + x\, s_v \qquad (4\text{-}30)$$

onde x é o título da mistura e os subscritos l e v referem-se aos estados líquido saturado e vapor saturado, respectivamente.

Como a entropia é uma propriedade, ela é muito útil como coordenada para diagramas que representam processos e ciclos. Deveria ficar claro pela definição de entropia que a variação de entropia para um processo adiabático reversível é igual a zero. Um processo adiabático reversível é um processo isoentrópico (com entropia constante). O ciclo de Carnot consiste em dois processos adiabáticos reversíveis e dois processos isotérmicos reversíveis. Por isso ele aparece como um retângulo em um diagrama $(T\text{-}S)$ de temperatura-entropia, como mostrado na Fig. 4-10.

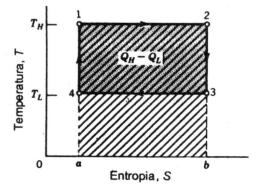

Figura 4-10 Diagrama de temperatura-entropia para um ciclo de Carnot com qualquer substância de trabalho.

O diagrama T-S também é útil por mostrar a quantidade de calor transferido durante um processo reversível. Da definição de entropia, eq. 4-28, tem-se

$$\delta Q_{Rev} = T \, dS$$

ou

$$\int_1^2 \delta Q_{Rev} =_1 Q_{2Rev} = \int_1^2 T \, dS \tag{4-31}$$

Portanto, a área sob o caminho de um processo reversível em um diagrama T-S é proporcional ao calor transferido naquele processo. Da Fig. 4-10 pode-se ver que Q_L é menor que Q_H desde que Q_L = área 3-4-a-b-3 e Q_H = área 1-2-b-a-1. A área delimitada pelo ciclo é, portanto, proporcional a Q_H - Q_L, a transferência de calor líquida do ciclo, e pela primeira lei esta transferência de calor líquida do ciclo é igual ao trabalho líquido do ciclo.

O Efeito das Irreversibilidades na Entropia

O ciclo irreversível mostrado na Fig. 4-11 consiste no processo irreversível 1-2 e no processo reversível 2-1. A desigualdade de Clausius, eq. 4-27, para este ciclo determina que

$$\oint \frac{\delta Q}{T} < 0$$

$$\oint \frac{\delta Q}{T} = \int_1^2 \left(\frac{\delta Q}{T} \right)_{Irr} + \int_2^1 \left(\frac{\delta Q}{T} \right)_{Rev} < 0 \tag{4-32}$$

Mas o processo 2-1 é reversível; da definição de entropia

$$\int_2^1 \left(\frac{\delta Q}{T} \right)_{Rev} = S_1 - S_2 \tag{4-33}$$

Substituindo a eq. 4-33 na eq. 4-32 e rearranjando-as, tem-se que

$$S_2 - S_1 > \int_1^2 \left(\frac{\delta Q}{T} \right)_{Irr} \tag{4-34}$$

Para um processo reversível, sabe-se que

$$S_2 - S_1 = \int_1^2 \left(\frac{\delta Q}{T} \right)_{Rev} \tag{4-35}$$

então pode-se escrever uma equação geral (combinando as eqs. 4-34 e 4-35)

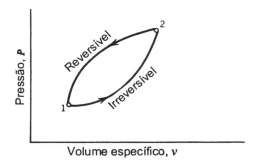

Figura 4-11 Ciclo irreversível.

$$S_2 - S_1 \geq \int_1^2 \left(\frac{\delta Q}{T}\right) \tag{4-36}$$

Na forma diferencial, isso pode ser escrito do seguinte modo

$$dS \geq \frac{\delta Q}{T} \tag{4-37}$$

e em forma de taxas

$$\frac{dS}{dt} \geq \frac{\dot{Q}}{T} \tag{4-38}$$

O sinal de igual se aplica aos processos reversíveis e o sinal de maior se aplica aos processos irreversíveis. Essas equações são válidas para adição de calor (δQ positivo), remoção de calor (δQ negativo), e processos adiabáticos ($\delta Q = 0$).

As desigualdades expressas nas eqs. 4-36 a 4-38 podem ser removidas definindo-se um termo I, chamado de *irreversibilidade*, que representa a produção de entropia devido às irreversibilidades. Portanto, pode-se converter a eq. 4-37 para

$$dS = \frac{\delta Q}{T} + \delta I \tag{4-39}$$

e a eq. 4-38 para

$$\frac{dS}{dt} = \frac{\dot{Q}}{T} + \dot{I} \tag{4-40}$$

O termo da irreversibilidade, δI, é sempre positivo. No caso limite de um processo reversível, ele é zero. Esse termo é uma função do caminho e não é uma propriedade, mas representa a entropia produzida devido à irreversibilidade. $\dot{I}$ é a taxa de produção de entropia devido à irreversibilidade.

A eq. 4-39 aponta vários aspectos importantes das variações de entropia:

1. A entropia de um sistema pode crescer somente de duas formas, por *adição* de calor ou pela presença de uma irreversibilidade.
2. A entropia de um sistema pode diminuir *somente de uma única maneira*, que é por remoção de calor.
3. A entropia de um sistema não pode diminuir durante um processo adiabático.
4. A variação de entropia de um sistema isolado não pode ser negativa, isto é, $dS_{\text{sistema isolado}} = \delta I \geq 0$
5. Todos os processos adiabáticos reversíveis são isoentrópicos; no entanto, todos os processos isoentrópicos não são necessariamente reversíveis e adiabáticos. A entropia pode se manter constante no processo se a remoção de calor equilibrar a irreversibilidade.

O Princípio do Aumento da Entropia

Uma pequena quantidade de calor é removida do meio à temperatura T_∞ e é adicionada a um sistema a uma temperatura mais baixa, T, Fig. 4-12. A variação de entropia para esse sistema pode ser obtida usando a eq. 4-37.

$$dS_{\text{sis}} \geq \frac{\delta Q}{T}$$

O termo δQ será considerado um número positivo para, quando se aplicar a eq. 4-37 ao meio, se tenha

$$dS_{\text{vis}} = -\frac{\delta Q}{T_\infty}$$

A forma reversível da eq. 4-37 pode ser usada porque o calor é removido do meio à temperatura constante, T_∞. O sinal de menos indica que esse calor foi removido. A variação total de entropia do universo, onde universo é definido como o sistema mais o meio, é

$$dS_{\text{universo}} = dS_{\text{sis}} + dS_{\text{vis}} \geq \frac{\delta Q}{T} - \frac{\delta Q}{T_\infty}$$

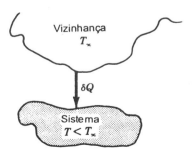

Figura 4-12 Transferência de calor irreversível.

82 INTRODUÇÃO ÀS CIÊNCIAS TÉRMICAS

$$dS_{universo} \geq \delta Q \left(\frac{1}{T} - \frac{1}{T_\infty} \right) \tag{4-41}$$

Como T_∞ deve ser maior que ou, no limite, igual a T, a quantidade $(1/T) - (1/T_\infty)$ é sempre positiva (ou, no limite, zero). Como δQ também foi considerado positivo, da eq. 4-41 tem-se

$$dS_{universo} \geq 0 \tag{4-42}$$

O sinal de igual se aplica a processos externamente reversíveis, enquanto o sinal de maior se aplica a processos que não são externamente reversíveis.

Freqüentemente refere-se à eq. 4-42 como o *princípio do aumento da entropia*. Isso indica que os processos naturais ocorrem na direção onde ocorre um aumento de entropia do universo. Não existem processos que acarretam uma diminuição da entropia do universo.

EXEMPLO 4-6

Calor, de um reservatório que está a uma temperatura de 800 K, foi adicionado ao sistema de 2,0 kg de água líquida saturada a uma pressão de 10,0 MPa (estado 1) à pressão constante, até o estado final do sistema (estado 2) ser de vapor saturado a uma pressão de 10,0 MPa. Calcule ΔS do sistema e ΔS do universo nesse processo.

SOLUÇÃO

$$\Delta S_{sis} = S_2 - S_1 = M(s_2 - s_1)$$

s_1 e s_2 foram obtidos da Tabela A-1.2 como s_l e s_v, respectivamente, a uma pressão de 10 MPa.

$$\Delta S_{sis} = 2,0(5,6141 - 3,3596) = 4,509 \text{ kJ} / \text{K}$$

Um segundo método para se obter ΔS_{sis} é usar a primeira lei para calcular $_1Q_2$ e usar a definição de entropia para calcular ΔS_{sis}. A primeira lei produz

$$_1Q_2 - _1W_2 = U_2 - U_1$$

$$_1Q_2 = U_2 - U_1 + \int_1^2 P \, dV = U_2 - U_1 + P_2 V_2 - P_1 V_1 = H_2 - H_1$$

Da Tabela A-1.2, h_1 e h_2 são obtidos a $P = 10$ MPa como h_l e h_v, respectivamente.

$$_1Q_2 = H_2 - H_1 = M(h_2 - h_1) = 2,0(2.724,7 - 1.407,56)$$

$$_1Q_2 = 2634,28 \text{ kJ}$$

CAPÍTULO 4 - ANÁLISE DE SISTEMAS - 1ª E 2ª LEIS DA TERMODINÂMICA **83**

$$\int_1^2 dS = \int_1^2 \left(\frac{\delta Q}{T}\right)_{Rev} = S_2 - S_1 = \Delta S_{sis} = \frac{{}_1 Q_2}{T}$$

Da Tabela A-1.2 a $P = 10,0$ MPa, $T = 311,06$ °C $= 584,21$ K

$$\Delta S_{sis} = \frac{2634,28}{584,21} = 4,509 \, kJ \,/\, K$$

Essa resposta é igual a que foi obtida anteriormente de uma maneira mais simples. Para calcular ΔS_{viz}, usa-se a definição de entropia

$$\int_1^2 dS_{viz} = \int_1^2 \left(\frac{\delta Q_{viz}}{T}\right)_{Rev} = \Delta S_{viz} = \frac{{}_1 Q_2}{T_{viz}}$$

Determinou-se que 2634,28 kJ do meio (reservatório) foi adicionado ao sistema; portanto $({}_1 Q_2)_{viz}$ $= -$ 2634,28 kJ. T_{viz} foi dado como 800 K.

$$\Delta S_{vis} = \frac{-2.634,28}{800} = -3,293 \, kJ \,/\, K$$

$$\Delta S_{universo} = \Delta S_{sis} + \Delta S_{viz} = 4,509 - 3,293 = 1,216 \, kJ \,/\, K$$

COMENTÁRIO

Como $\Delta S_{universo}$ é maior que zero, este processo não é *externamente* reversível. Não há irreversibilidades no sistema (considerou-se o processo internamente reversível calculando ΔS_{sis} pelo segundo método) e não há irreversibilidades no reservatório (considerou-se a reversibilidade no reservatório calculando ΔS_{viz}). Entretanto, existe irreversibilidade na fronteira entre o sistema e o meio onde há transferência de calor através de uma diferença de temperatura finita (de 800 para 584,21 K). Portanto, o processo não é externamente reversível, apesar de ser internamente reversível.

4.3 AS EQUAÇÕES *T-dS* PARA UMA SUBSTÂNCIA COMPRESSÍVEL SIMPLES

A primeira lei para um sistema que consiste em uma substância compressível simples sem movimento ou efeitos gravitacionais é

$$\delta Q - \delta W = dU$$

Se o processo pelo qual passa o sistema é reversível, então

$$\delta Q = T \, dS$$

84 INTRODUÇÃO ÀS CIÊNCIAS TÉRMICAS

e

$$\delta W = P\, dV$$

então a primeira lei produz

$$T\, dS - P\, dV = dU$$

ou

$$T\, dS = dU + P\, dV \tag{4-43}$$

Da definição de entalpia

$$H = U + PV$$

disso

$$dH = dU + P\, dV + V\, dP$$

Essa equação, quando resolvida para dU e substituída na eq. 4-43 produz

$$T\, dS = dH - V\, dP \tag{4-44}$$

A equação 4-43 chama-se primeira equação $T\, dS$ e a eq. 4-44 chama-se segunda equação $T\, dS$. Essas equações são relações de propriedades extremamente úteis no cálculo de variações de entropia em qualquer processo, tanto reversível como irreversível, para uma substância compressível simples em um sistema estacionário. Apesar da hipótese de um processo reversível feito na derivação, essas equações envolvem somente propriedades independentes do caminho e que podem ser usadas para qualquer processo entre dois estados finais. Esse é essencialmente o mesmo conceito de adaptar um processo reversível entre os estados finais para calcular a variação de entropia entre aqueles estados, independente do processo real que tenha ocorrido.

A primeira e segunda equação $T\, dS$, escritas em termos das propriedades intensivas, são

$$T\, ds = du + P\, dv$$

e

$$T\, ds = dh - v\, dP$$

EXEMPLO 4-7

Um sistema com 10 kg de água líquida saturada a 10 kPa tem a sua pressão aumentada para 1,0 MPa durante um processo adiabático reversível. Se o líquido for considerado incompressível, qual é a variação da energia interna e qual é a variação da entalpia para este processo?

CAPÍTULO 4 - ANÁLISE DE SISTEMAS - 1ª E 2ª LEIS DA TERMODINÂMICA **85**

SOLUÇÃO

O enunciado afirma que o processo é reversível e adiabático, então $ds = 0$. A hipótese de um líquido incompressível significa que a densidade e o volume específico não mudam, portanto $dv = 0$. Usando a primeira equação $T\,ds$, tem-se

$$T\,ds = du + P\,dv$$

$$0 = du + 0$$

Portanto $u_2 - u_1 = 0 = U_2 - U_1$.
Usando a segunda equação $T\,ds$, tem-se

$$T\,ds = dh - v\,dP$$

$$0 = dh - v\,dP$$

$$dh = v\,dP$$

$$\int_1^2 dh = h_2 - h_1 = \int_1^2 v\,dP = v\int_1^2 dP = v(P_2 - P_1)$$

$$v_f = 0,001010 \text{ m}^3/\text{kg a } 10 \text{ kPa (Tabela A-1.2)}$$

$$h_2 - h_1 = 0,001010\,(1.000 - 10) = 0.9999 \text{ kJ/kg}$$

$$H_2 - H_1 = M\,(h_2 - h_1) = 10\,(0,9999) = 9,999 \text{ kJ}$$

Para um gás perfeito

$$du = c_v dT$$

e

$$P = \frac{RT}{v}$$

assim,

$$\int_1^2 ds = \int_1^2 c_v \frac{dT}{T} + \int_1^2 R \frac{dv}{v} \tag{4-45}$$

Se c_v for considerado constante, essa equação pode ser facilmente integrada

$$s_2 - s_1 = c_v \ln\left(\frac{T_2}{T_1}\right) + R\ln\left(\frac{v_2}{v_1}\right) \tag{4-46}$$

86 INTRODUÇÃO ÀS CIÊNCIAS TÉRMICAS

De modo semelhante, a segunda equação $T\,ds$ pode ser usada para um gás perfeito (ideal com calores específicos constantes)

$$s_2 - s_1 = c_p \ln\left(\frac{T_2}{T_1}\right) - R\ln\left(\frac{P_2}{P_1}\right) \tag{4-47}$$

Se a variação dos calores específicos no processo for muito grande para ser ignorada, então a relação funcional entre c_v e T deve ser usada antes da integração da eq. 4-45.

EXEMPLO 4-8

5,0 kg de ar expande-se isotermicamente de um volume de 1,0 m^3 para um volume de 5,0 m^3. Considerando o ar um gás perfeito, calcule a variação da entropia do ar durante o processo.

SOLUÇÃO

A eq. 4-46 é diretamente aplicável aqui, pois foi feita a suposição de um gás perfeito (com calores específicos constantes).

$$s_2 - s_1 = c_v \ln\left(\frac{T_2}{T_1}\right) + R\ln\left(\frac{v_2}{v_1}\right) = 0 + R\ln\left(\frac{V_2 M}{MV_1}\right)$$

Da Tabela A-7 obtém-se o valor de R para o ar de 0,287 kJ/kg.K.

$$s_2 - s_1 = 0{,}287\ln\left(\frac{5}{1}\right) = 0{,}4619\,\frac{\text{kJ}}{\text{kg.K}}$$

$$S_2 - S_1 = M(s_2 - s_1) = 5(0{,}4619) = 2{,}3010\,\frac{\text{kJ}}{\text{K}}$$

COMENTÁRIO

A entropia aumentou devido à adição de calor.

4.4 DIAGRAMAS DE TEMPERATURA-ENTROPIA

Os diagramas de temperatura-entropia são úteis, pois mostram certos processos e ajudam a conhecer os caminhos desses processos, particularmente dos gases perfeitos. Para um gás perfeito $du = c_v dT$, assim, a primeira equação $T\,ds$ pode ser escrita

$$T\,ds = du + P\,dv = c_v dT + P\,dv$$

Para um processo de volume constante $dv = 0$, portanto

$$T\,ds = c_v dT$$

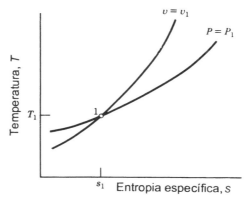

Figura 4-13 Volume específico constante e linhas de pressão constante para um gás ideal em um diagrama T-s.

ou

$$\left.\frac{dT}{ds}\right|_{v=\text{const}} = \frac{T}{c_v} \qquad (4\text{-}48)$$

A equação 4-48 mostra que a inclinação de uma linha de volume constante em um diagrama T-s cresce à medida que a temperatura cresce. Para um processo a volume constante $dP = 0$ e para um gás perfeito $dh = c_p dT$, a segunda equação $T\,ds$ produz

$$T\,ds = dh - v\,dP = c_p dT - v\,dP$$

$$T\,ds = c_p dT$$

$$\left.\frac{dT}{ds}\right|_{p=\text{const}} = \frac{T}{c_p} \qquad (4\text{-}49)$$

Portanto, a inclinação de uma linha de pressão constante em um diagrama T-s também cresce à medida que a temperatura cresce, mas a uma dada temperatura, a inclinação é menor que aquela de uma linha e volume constante, pois c_p é sempre maior que c_v lembrando que $c_p - c_v = R$. A Fig. 4-13 mostra que sobre um diagrama T-s a linha de volume constante é mais inclinada do que a linha de pressão constante para um gás perfeito.

O diagrama de entropia-temperatura para uma substância pura na região vapor-líquido é mostrado esquematicamente na Fig. 4-14. A Fig. A-6 mostra um diagrama T-s para água.

Eficiência do Processo

Os diagramas T-s são úteis, porque comparam processos reais com processos ideais. Em muitos processos, tais como a compressão de um gás em um dispositivo pistão-cilindro, o processo real envolve muito pouca transferência de calor, assim o processo é essencialmente adiabático.

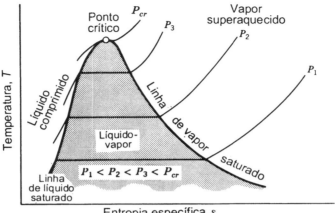

Figura 4-14 Diagrama de temperatura-entropia mostrando o líquido comprimido, líquido-vapor e regiões de vapor.

Portanto, a idealização desse tipo de processo é um processo adiabático reversível. O processo real é então comparado com o processo ideal por um parâmetro chamado eficiência de compressão adiabática.

$$\eta_{CA} \equiv \frac{W_s}{W_r} \qquad (4\text{-}50)$$

onde W_r é o trabalho real da compressão e W_s é o trabalho ideal (adiabático reversível) para compressão entre as mesmas pressões. Os processos de compressão ideal e real estão ilustrados na Fig. 4-15. O processo real é ilustrado com uma linha tracejada pois não se conhece realmente o caminho (mas se conhecem os estados iniciais e finais). Entretanto, sabe-se que a entropia no estado 2 é maior que no estado 1, se o processo real for adiabático. O processo adiabático reversível é isoentrópico, e o estado $2s$ está à mesma pressão do estado 2 e à mesma entropia do estado 1.

A eficiência definida pela eq. 4-50 é uma eficiência de processo e compara um processo real com um processo ideal. Não se deve confundir com a eficiência térmica que foi definida anteriormente para uma máquina térmica como sendo o trabalho líquido dividido pelo suprimento de calor. A eficiência de vários processos pode ser definida de uma maneira parecida, comparando o trabalho real ou saída (ou entrada) útil de qualquer processo com uma saída (ou entrada) de um processo ideal que se aproxime da situação real.

EXEMPLO 4-9

Um sistema com 2 kg de ar se expande adiabaticamente de uma pressão de 0,8 MPa e a uma temperatura de 200 °C para uma pressão de 0,1 MPa. Se a eficiência de expansão adiabática é de 85%, qual a temperatura do ar depois da expansão e quanto trabalho foi efetivamente realizado?

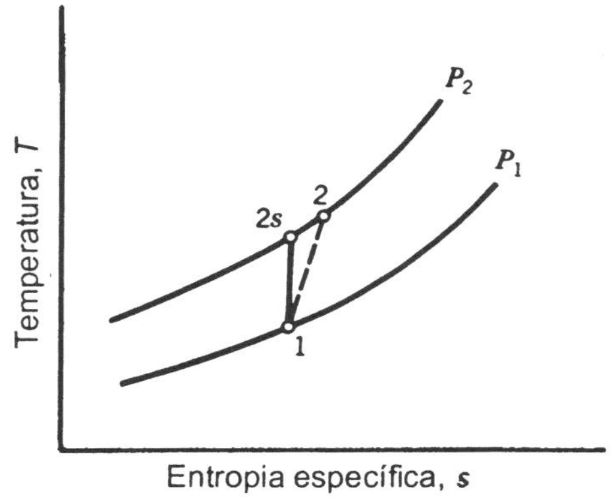

CAPÍTULO 4 - ANÁLISE DE SISTEMAS - 1ª E 2ª LEIS DA TERMODINÂMICA **89**

Figura 4-15 Diagrama de temperatura-entropia para um gás perfeito mostrando os processos de compressão adiabática reversível e real.

SOLUÇÃO

O sistema será considerado estacionário e o ar será considerado um gás perfeito. Como o processo é adiabático e o sistema é estacionário, a primeira lei é

$$_1Q_2 - {_1}W_2 = U_2 - U_1$$

$$0 - {_1}W_2 = U_2 - U_1$$

$$_1W_2 = U_2 - U_1$$

e para um gás perfeito

$$_1W_2 = Mc_v(T_1 - T_2)$$

O processo adiabático real é mostrado como 1-2 na Fig. E4-9, enquanto o processo ideal (adiabático reversível) é mostrado como 1-2s. Afirma-se que 2 deve ter uma entropia mais alta que 2s pois o processo é adiabático. A eficiência de expansão adiabática é definida por

$$\eta_{EA} = \frac{W_{\text{real}}}{W_{\text{ideal}}} = \frac{_1W_2}{_1W_{2s}} = 0,85$$

Portanto,

$$_1W_2 = 0,85\ {_1}W_{2s}$$

mas

$$_1W_{2s} = U_1 - U_{2s} = Mc_v(T_1 - T_{2s})$$

onde T_{2s} pode ser calculado através da relação P-T do gás ideal para um processo adiabático reversível

$$\left(\frac{P_2}{P_1}\right)^{(\gamma-1)/\gamma} = \left(\frac{T_{2s}}{T_1}\right)$$

$$T_{2s} = T_1 \left(\frac{P_2}{P_1}\right)^{(\gamma-1)/\gamma} = 473{,}2\left(\frac{0{,}1}{0{,}8}\right)^{0{,}4/1{,}4} = 261{,}2\,K$$

A Tabela A-7 fornece $c_v = 0{,}7165$ kJ/kg.K. Então

$$_1W_{2s} = 2{,}0\,(0{,}7165)(473{,}2 - 261{,}1) = 303{,}8\,\text{kJ}$$

e

$$_1W_2 = 0{,}85\,(303{,}8) = 258{,}2\,\text{kJ}$$

Encontra-se T_2 da seguinte forma

$$_1W_2 = U_1 - U_2 = Mc_v(T_1 - T_2)$$

$$258{,}2 = 2{,}0\,(0{,}7165)(473{,}2 - T_2)$$

$$T_2 = 293{,}0\,K$$

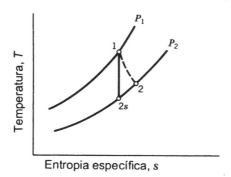

Figura E4-9 Diagrama de temperatura-entropia para um gás ideal mostrando os processos de expansão adiabática reversível e real.

BIBLIOGRAFIA

1. Holman, J.P., *Thermodynamics*, 4ª ed., McGraw-Hill, Nova Iorque, 1988.
2. Hatsopoulos, G.N., e Keenan, J.H., *Principles of General Thermodynamics*, Wiley, Nova Iorque, 1965.
3. Morse, P.M., *Thermal Physics*, 2ª ed., Benjamin/Cummings, Reading, Mass., 1969.
4. Reynolds, W.C., and Perkins, W.C., *Engineering Thermodynamics*, McGraw-Hill, Nova Iorque, 1977.
5. Van Wylen, G. J. e Sonntag, R. E. *Fundamentals of Classical Thermodynamics*, 3ª. ed., Wiley, Nova Iorque, 1986.

(*nota do tradutor - o livro da referências 5 está disponível em português*)

CAPÍTULO 4 - ANÁLISE DE SISTEMAS - 1ª E 2ª LEIS DA TERMODINÂMICA **91**

PROBLEMAS

4-1 Um tanque rígido contém 10 kg de ar que está sendo aquecido. Desejando-se aumentar a temperatura do ar em 100 °C em um período de 1.000 s, qual deve ser a taxa de aquecimento?

4-2 Um sistema consiste de um volante com uma massa de 70 kg e um momento de inércia de 5,096 kg.m² em relação ao seu eixo de rotação. Se não há transferência de calor, quanto trabalho é feito quando o sistema muda de uma elevação de 1,0 para 11,0 m enquanto a sua velocidade de rotação muda de 10 para 5,64 revoluções por segundo? A temperatura do sistema permanece constante.

4-3 Uma massa de 10 kg de ar é aquecida de 30 °C para 130 °C em um dispositivo pistão-cilindro de tal forma que a pressão do ar é de 1 atm durante o processo. Se o processo for completado em 1.000 s, qual é a taxa em que o calor é adicionado? Qual é a taxa em que trabalho é realizado pelo ar?

4-4E Um vaso aberto contendo 2 lb_m de água é aquecido sobre um fogão elétrico. Considere a pressão constante durante o aquecimento a 14,696 psi.

(a) Quanta energia é necessária para ferver a água no estado líquido a 212 °F para vapor a 212 °F?

(b) Qual a energia necessária para uma transformação de fase similar se a pressão é 300 psi e a temperatura da água é igual à temperatura da saturação àquela pressão?

(c) Qual é a energia necessária à pressão e temperatura crítica?

(d) Mostre os três processos em um diagrama T-v.

4-5E No problema 4-4E, 2 lb_m de água ferve em um vaso aberto. Adotando a água/vapor como sistema, qual é o trabalho realizado? Onde o sistema consegue a energia para fazer este trabalho?

4-6 Uma panela de pressão com um volume interno de 2 litros opera a uma pressão de 2 atm com água (título de 0,5). Depois da operação, a panela de pressão é deixada de lado para o seu conteúdo esfriar. Se a taxa de perda de calor é de 50 watts, quanto tempo demora para a pressão interna cair para 1 atm? Qual o estado da água nesse ponto? Indique o processo em um diagrama T-v.

4-7E Um poderoso misturador de 1,2 hp é usado para fazer a temperatura de 3 lb_m de água aumentar de 68 °F para 158 °F. Se a água perde calor para o meio a uma taxa de 10 Btu/min, quanto tempo demorará o processo?

4-8 Um sistema que contém 3 kg de ar opera um ciclo que consiste nos três processos seguintes:

1-2 Adição de calor a volume constante: $P_1 = 0,1$ MPa, $T_1 = 20$ °C e $P_2 = 0,2$ MPa.

2-3 Adição de calor a temperatura constante.

3-1 Rejeição de calor a pressão constante.

(a) Esboce esse ciclo em um diagrama p-v.

(b) Calcule o trabalho sobre cada um dos três processos.

(c) Qual é o trabalho líquido, a eficiência térmica e a transferência de calor líquida do ciclo?

4-9 Calcule a taxa de variação de temperatura de 0,1 kg de ar à medida que este vai sendo comprimido adiabaticamente enquanto uma potência de 1,0 kW vai sendo fornecida.

4-10 Ar, aqui considerado um gás perfeito, é comprimido em um dispositivo pistão-cilindro fechado em um processo politrópico reversível com n = 1,27. A temperatura do ar antes da compressão é de 30 °C, e depois da compressão é de 130 °C. Calcule o calor transferido no processo de compressão.

4-11E Um balão cheio contém 2.500 ft³ de ar a 1,2 atm e 68 °F. 10.000 Btu de calor é adicionado ao ar do balão. O ar se expande seguindo uma lei politrópica reversível, $PV^{-1} = C$. Assumindo que nenhuma quantia do ar escapa do balão, qual a temperatura e a pressão final do ar do balão?

4-12 Um compressor de hélio é usado para carregar tanques de hélio. O compressor é constituído de um dispositivo pistão-cilindro e o processo de compressão pode ser representado por um processo politrópico reversível, $PV^n = C$. As condições de admissão do hélio são 300 K e 1,013 x 10⁵ N/m². A razão de pressão do compressor (pressão de saída/pressão de entrada) é 20. Considere o hélio um gás perfeito.

(a) Para os diferentes valores de n que se seguem, determine o trabalho realizado e a transferência de calor: (i) $n = 1,0$, (ii) $n = 1,2$, (iii) $n = 1,4$, (iv) $n = 1,67$, e (v) $n = 2$.

(b) Esboce as transferências de calor e de trabalho como funções de n, isto é, desenhe dois gráficos: (i) trabalho versus n, e (ii) calor versus n.
(c) Observe as direções das transferências de calor e de trabalho. Qual desses processos parece real?
(d) O que é especial no processo de compressão em que $n = 1{,}67$?

4-13 Uma quantia de 100 kJ de calor é adicionada a um ciclo de Carnot a 1.000 K. O ciclo rejeita calor a 300 K. Quanto trabalho o ciclo produz e quanto calor o ciclo rejeita?

4-14 Uma grande central de potência produz 1.000 MW de potência elétrica operando com uma eficiência térmica do ciclo de 40%. Qual a taxa em que o calor é rejeitado para o ambiente por essa central?

4-15 Uma central de potência térmica opera segundo o seguinte ciclo (veja Fig. P4.15). A água é bombeada para uma caldeira onde ela é convertida em vapor a alta pressão e temperatura através da adição do calor fornecido pela combustão de carvão. O vapor é expandido em uma turbina de vapor que aciona um gerador elétrico. Após passar pela turbina, o vapor é condensado em um condensador, rejeitando calor antes de ser bombeado de volta à caldeira.
(a) Identifique os sinais das interações de transferências de calor e de trabalho que ocorrem durante o ciclo, adotando a água/vapor como sistema.
(b) Se 5.000 MW de potência térmica é adicionada à água na caldeira, 3.500 MW é rejeitado no condensador, e as perdas de calor adicionais do ciclo são 500 MW, qual é a potência líquida do ciclo? Qual é a eficiência térmica da central de potência?
(c) Se a potência da bomba é de 1.000 kW, qual é a saída da turbina de potência?

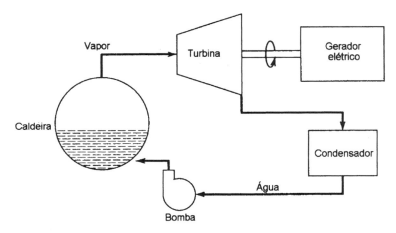

Figura P4-15 Ciclo de central de potência a vapor.

4-16 Se a central de potência do Problema 4.15 operasse em um ciclo de Carnot, com a temperatura da caldeira a 550 °C e a temperatura do condensador a 30 °C, qual seria a eficiência térmica do ciclo?

4-17 Uma central de potência com turbina a gás operando em ciclo fechado usa o ar como fluido de trabalho (veja Fig. P4.17). O ar é comprimido em um compressor, aquecido em um aquecedor de ar, expandido em uma turbina de gás, e resfriado em um resfriador de ar antes de ser comprimido de novo, dando continuidade ao ciclo.
(a) Identifique as interações das transferências de calor e de trabalho considerando o ar como sistema.
(b) Se calor é fornecido a taxa de 180 kW no aquecedor de ar e rejeitado à taxa de 110 kW no resfriador, calcule a potência líquida da central de potência. Qual é a eficiência?
(c) Se a temperatura máxima do ciclo (na saída do aquecedor) é 1.000 °C e a temperatura mínima do ciclo é 100 °C (na saída do resfriador), qual é o limite teórico da eficiência do ciclo?

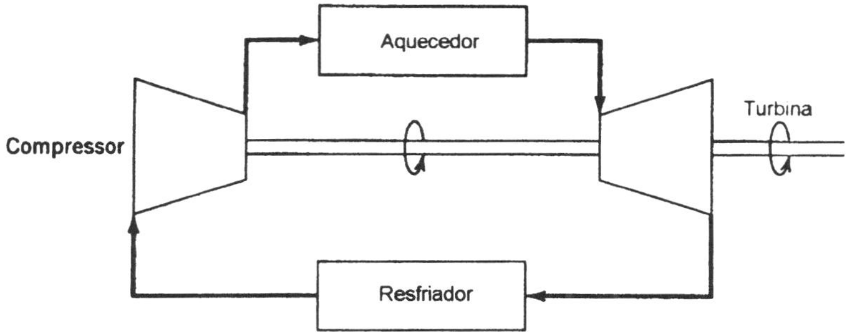

CAPÍTULO 4 - ANÁLISE DE SISTEMAS - 1ª E 2ª LEIS DA TERMODINÂMICA **93**

Figura P4-17 Central de potência de turbina a gás de ciclo fechado

4-18 Uma certa casa precisa de uma taxa de aquecimento de 12 kW quando o ar externo está a -10 °C e a temperatura interna está a 21°C.

(a) Qual a quantidade mínima de potência necessária para fazer uma bomba de calor fornecer esse calor nessas condições?

(b) Liste os fatores que exigiriam uma maior potência do que esse mínimo.

4-19 Um dispositivo remove 10 kJ de calor de um reservatório de baixa temperatura a 5 °C e libera calor para um reservatório de alta temperatura a 25 °C. O trabalho realizado pelo dispositivo é de 5 kJ. Determine o coeficiente de desempenho desse dispositivo se ele for

(a) Uma bomba de calor.

(b) Um refrigerador.

4-20E No inverno, a necessidade de aquecimento de uma casa é de 100.000 Btu/h. Deseja-se manter o interior da casa a 65 °F quando a temperatura externa do ar é de 0 °F.

(a) Qual é a potência elétrica mínima necessária para operar a bomba de calor? Qual é o coeficiente de desempenho da bomba de calor?

(b) Nos EUA, o termo *EER* (para razão de eficiência de energia) é usado na avaliação de aquecimento doméstico e unidades de resfriamento. Ele é definido como o efeito de resfriamento ou aquecimento em Btu/h dividido pela potência fornecida, em watts. Qual a EER máxima possível para a bomba de calor?

(c) Se o EER da bomba de calor real é 10, qual o consumo de potência da bomba de calor?

4-21E Um condicionador de ar doméstico disponível comercialmente opera a 8.000 Btu/h. Se a potência do motor é de 825 W, qual é o EER do condicionador de ar? Qual é o coeficiente de desempenho? (Para definição de ERR, veja o Problema 4.20.)

4-22 Deseja-se aquecer uma casa usando uma bomba de calor. Necessita-se de 100.000 kJ/h para aquecer a casa. Deseja-se manter o interior da casa a 30 °C quando a temperatura externa do ar é de -10 °C.

(a) Qual é a potência mínima para operar a bomba de calor? Compare essa potência elétrica mínima com o consumo elétrico no caso de se utilizar o aquecimento por resistência elétrica.

(b) Se a bomba de calor fosse acionada por uma central de potência a vapor (no lugar de um motor elétrico), operando entre 500 °C e 30 °C, qual a taxa mínima teórica de fornecimento de calor na caldeira? Compare esta taxa de transferência de calor com a potência térmica necessária para aquecer a mesma casa através de aquecimento a gás.

4-23 Um "freezer" doméstico mantém o interior da unidade a -10 °C. A temperatura do quarto em que está o freezer é de 30 °C. Qual o máximo coeficiente de desempenho possível? Se a potência de entrada é de 2 kW, qual é a taxa máxima de resfriamento do freezer? Quanto calor é rejeitado pelo "freezer" para o quarto?

4-24 Calor é adicionado de uma chama de gás para o ar contido em um tanque rígido.

(a) Como as seguintes propriedades variam: (i) pressão, (ii) energia interna, (iii) entalpia, e (iv) entropia?

(b) O processo é externamente reversível? Como varia a entropia líquida (sistema + meio)?

94 INTRODUÇÃO ÀS CIÊNCIAS TÉRMICAS

4-25 Considere uma bomba alternativa que bombeia água de um poço. O processo de bombeamento é irreversível. Considerando uma massa fixa de água como sistema, quais das equações seguintes são aplicáveis ao processo de bombeamento?

(I) $PV^n = C_1$

(ii) $\delta Q = dU + \delta W$,

(iii) $\delta W = PdV$,

(iv) $\delta Q = TdS$,

(v) $dS > 0$

4-26 Realiza-se trabalho sobre um sistema que contém 2,5 kg de ar, localizado em um tanque rígido, para aumentar a temperatura do ar de 20 para 200 °C. O tanque está bem isolado, por isso não há transferência de calor.

(a) Quanto trabalho é realizado?

(b) Qual a irreversibilidade do processo?

4-27 Uma quantidade de 100 kJ de calor é removido de um sistema que contém 10 kg de vapor, enquanto esse sistema sofre um processo isotérmico reversível a uma temperatura de 400 K. O calor é transferido do sistema para o meio que está a uma temperatura de 300K.

(a) Qual é a variação de entropia específica do sistema?

(b) Qual é a variação de entropia total do meio?

(c) Qual é a variação de entropia do universo?

4-28 A entropia de um sistema contendo 5,0 kg de hélio é diminuída em 6,5 kJ/K, enquanto o sistema passa por um processo quase-estático a pressão constante. A temperatura inicial do hélio é de 100 °C.

(a) Qual a temperatura final?

(b) Qual é a transferência de calor para este processo?

4-29 A uma pressão constante de 0,1 MPa o dióxido de carbono sublima a uma temperatura de -78,7 °C. A variação da entalpia para esse processo de sublimação é de 572,2 kJ/kg. Calcule a variação de entropia para esse processo de sublimação.

4-30 Um líquido incompressível ($dv = 0$) passa por um processo adiabático reversível onde a pressão é aumentada de 0,1 para 10 MPa. Calcule a variação da entalpia específica desse processo se o volume específico do líquido for 0,001 m³/kg.

4-31 Responda se os processos seguintes são reversíveis, irreversíveis, ou impossíveis, para água líquida (considerada incompressível) que passa por um processo adiabático.

(a) $u_2 - u_1$ é positivo.

(b) $u_2 - u_1 = 0$.

(c) $u_2 - u_1$ é negativo.

4-32 Vapor de água saturada a $P = 0,40$ MPa é expandido reversivelmente e adiabaticamente em um dispositivo pistão-cilindro, atingindo uma pressão de $P = 0,1$ MPa.

(a) Esboce o processo em um diagrama T-s. Mostre a linha de vapor saturado.

(b) Qual é o título da água no estado 2?

(c) Quanto trabalho é realizado?

4-33E Considere uma máquina térmica de Carnot que utiliza ar como fluido de trabalho. A adição de calor isotérmica reversível ocorre a 1.800 °F, enquanto a rejeição de calor isotérmica reversível ocorre a 70 °F. O trabalho líquido da máquina de Carnot é de 200 Btu/lb$_m$ de ar.

(a) Quais são as taxas de transferência de calor durante os dois processos isotérmicos reversíveis?

(b) A desigualdade de Clausius foi satisfeita?

(c) Quais são as variações da entropia do ar durante os dois processos de transferência de calor?

4-34 Uma central de potência opera hipoteticamente segundo um ciclo de Carnot, com água/vapor como fluido de trabalho (Fig. P4-15). A adição de calor isotérmica reversível ocorre em uma caldeira a uma pressão

CAPÍTULO 4 - ANÁLISE DE SISTEMAS - 1ª E 2ª LEIS DA TERMODINÂMICA **95**

de 20 atm e, durante este processo, água líquida saturada é convertida em vapor de água saturado. A rejeição de calor isotérmica reversível ocorre em um condensador a uma pressão de 1 atm.

(a) Calcule a transferência de calor em cada processo do ciclo.

(b) Qual é o trabalho líquido realizado pela máquina.

(c) Qual é a eficiência térmica da máquina? Compare esse valor com o valor máximo teórico.

4-35 No evaporador do congelador de um refrigerador doméstico típico, R-12 evapora passando de líquido saturado para vapor saturado a uma pressão de 100 kPa.

(a) Quanto calor é absorvido pelo R-12 durante este processo?

(b) O processo é internamente reversível?

(c) Se a temperatura interna do congelador for de -10 °C, o processo é externamente reversível?

(d) Para este processo de evaporação, qual é o aumento líquido de entropia do sistema (o R-12) e do meio?

4-36 No problema 4.35, uma máquina de Carnot hipotética poderia ser operada de tal forma que recebesse calor do interior do congelador a -10°C e rejeitasse para o evaporador. Qual é o aumento líquido de entropia do sistema (R-12) e do meio para esse caso?

4-37 Um sistema contém 0,1 kg de vapor a uma pressão de 1,0 MPa e uma temperatura de 250 °C. Ele se expande adiabaticamente para uma pressão de 0,15 MPa enquanto produz 26 kJ de trabalho.

(a) Qual é o título real do estado 2?

(b) Calcule a eficiência de expansão adiabática, definida abaixo.

$$\eta_{EA} = \frac{_1W_{2\,real}}{_1W_{2\,adiabático\,reversível}}$$

onde o trabalho ideal considera o processo de expansão adiabático e reversível desde o estado inicial até a pressão final.

(c) Esboce os processos reais e ideais em um diagrama T-s (mostre as linhas de líquido saturado e de vapor saturado).

4-38 Esboce em um diagrama T-s os caminhos para um gás ideal que passa por processos politrópicos reversíveis com n = 0, 1, γ, ∞.

4-39 Uma lareira com camisa de água projetada para fornecer água aquecida para um sistema de aquecimento doméstico contém 0,035 m^3 de água. Deseja-se ter uma estimativa da soma de energia perdida quando a unidade se rompe. Assuma que inicialmente a unidade é completamente preenchida com líquido saturado a uma pressão de 0,3 MPa e escolha esta massa como sistema. O estado final desse sistema é uma combinação de líquido saturado e vapor saturado à pressão atmosférica (0,10135 MPa), (Quando a pressão é reduzida devido à ruptura, uma parte do líquido evaporará).

(a) Calcule o volume do sistema no estado final.

(b) Apesar da ruptura real provavelmente ser extremamente rápida, como uma explosão, faça a estimativa da energia perdida assumindo que o sistema trabalha à pressão atmosférica e este trabalho pode ser calculado integrando $P\,dV$ com P igual a uma constante (atmosférica).

4-40E Uma bomba alternativa comprime o ar de 1 atm, 68 °F para 1,5 atm, 148 °F em um arranjo pistão-cilindro. Considerando uma massa fixa de ar como sistema, determine a eficiência de compressão adiabática, considerando o processo adiabático.

5 ANÁLISE ATRAVÉS DE VOLUME DE CONTROLE

5.1 INTRODUÇÃO

Nos Capítulos 2, 3 e 4 restringimo-nos à discussão de sistemas termodinâmicos, o que significa que não existe escoamento ou transporte de energia associado ao transporte de massa através da fronteira do sistema. Neste capítulo analisaremos casos em que há escoamento de massa e, conseqüentemente, transporte de energia associado a este escoamento.

Como já foi ressaltado na Seção 2.2, pode-se realizar uma análise termodinâmica de uma região do espaço através da qual escoa massa. Essa região é chamada de volume de controle, e sua fronteira de superfície de controle. A massa que escoa para dentro e para fora do volume de controle transporta energia, e este transporte de energia associado ao transporte mássico através da superfície de controle também deve ser considerado, junto com a transferência de calor e de trabalho, quando se realiza uma análise termodinâmica. O estudo do motor a jato de um avião, onde há escoamento de ar entrando através da admissão e saindo através do bocal de exaustão, é realizado de uma maneira mais adequada através de uma análise de volume de controle. Nesse caso, a superfície do volume de controle é formada pelas paredes internas do motor e pelos planos imaginários colocados na admissão e na exaustão, através dos quais o ar escoa. Num dado instante de tempo, a superfície de controle envolve todo o ar que está dentro do motor e forma o volume de controle da Fig. 5-1. Como veremos posteriormente, a escolha da superfície de controle é arbitrária, e a "melhor" superfície de controle depende da informação que se dispõe sobre um problema específico que está sendo estudado.

Quando estudamos a transferência de energia de um sistema através da transferência de calor e trabalho nos Capítulos 2 a 4, estávamos interessados nas mudanças das propriedades do sistema, isto é, nas mudanças na pressão, temperatura, volume específico, energia interna e entropia do sistema. No estudo de um volume de controle continuamos interessados nas mudanças de propriedades, porém estamos também interessados nas forças que atuam sobre o fluido passando através da superfície de controle, ou com a reação exercida pelo fluido sobre a superfície de controle. A força exercida sobre o fluido multiplicada pela velocidade de movimentação do fluido é igual à potência necessária para produzir esta movimentação.

É necessário que desenvolvamos o ferramental que nos permita estimar as forças que atuam sobre o fluido. Para tanto utilizaremos uma relação chamada de *Teorema do Transporte de Reynolds* (TTR), que relaciona as características de um sistema com as características de um volume de controle. A dedução do Teorema do Transporte de Reynolds encontra-se no Apêndice C. Continuaremos a utilizar uma abordagem macroscópica no estudo da energia, e portanto definiremos o fluido como um "continuum", o que significa que ele é contínuo, e não composto de um certo número de partículas individuais. As características do sistema que analisaremos são as leis que descrevem a conservação da massa, quantidade de movimento, energia (a primeira lei da termodinâmica), e a segunda lei da termodinâmica.

Após desenvolvermos as expressões para volume de controle destas leis de conservação, as utilizaremos na Seção 5.8 para analisar a conversão de energia de uma forma para outra. Analisaremos processos que convertem a entalpia do fluido em energia cinética ou vice-versa.

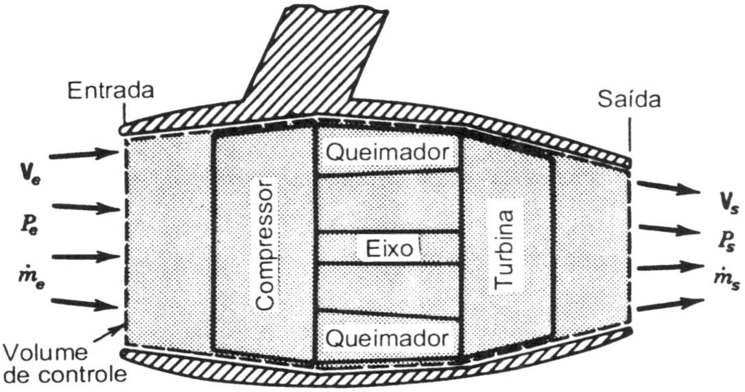

CAPÍTULO 5 - ANÁLISE ATRAVÉS DE VOLUME DE CONTROLE **97**

Figura 5-1 Volume de controle para um motor a jato. P = pressão (Pa, lb_f/ft^2), V = velocidade (m/s, ft/s), $\dot{m}$ = vazão mássica (kg/h, lb_m/s).

Isso inclui bocais, difusores, turbinas, compressores, bombas e dispositivos semelhantes. Se esses processos forem combinados, poderão ser desenvolvidos ciclos termodinâmicos que também converterão calor em trabalho ou vice-versa. Os ciclos utilizados em centrais termoelétricas, em sistemas de refrigeração, ar condicionado e bombas de calor serão discutidos. Nessa discussão pretende-se utilizar também os conceitos dos Capítulos 2 a 4.

Discutimos a primeira e a segunda lei da termodinâmica nos capítulos anteriores, e você já estudou a conservação da massa e da quantidade de movimento nos cursos de física. Contudo, antes de continuarmos, essas leis de conservação para sistemas serão revisadas.

Conservação da Massa de um Sistema

A lei de conservação da massa para um sistema estabelece que a massa M de um sistema é sempre constante. Logo, a taxa de variação de M com o tempo é zero

$$\frac{dM}{dt} = 0 \tag{5-1}$$

Essa é uma equação escalar e portanto é independente de qualquer sistema de coordenadas.

Conservação da Quantidade de Movimento de Um Sistema

A segunda lei de Newton estabelece que, se uma força resultante ΣF atua sobre o sistema, a massa do sistema sofrerá uma aceleração na direção desta resultante. A força ΣF e a aceleração **a** estão relacionadas através de

$$\sum \mathbf{F} = M\mathbf{a} = M\frac{d\mathbf{V}}{dt} \tag{5-2}$$

98 INTRODUÇÃO ÀS CIÊNCIAS TÉRMICAS

Como

$$\frac{dM}{dt} = 0$$

Vem que

$$\sum \mathbf{F} = \frac{d}{dt}(M\mathbf{V}) \tag{5-3}$$

A quantidade $M\mathbf{V}$ é chamada quantidade de movimento linear* do sistema na direção da velocidade $\mathbf{V}$. A Equação 5.3 estabelece que a taxa de variação da quantidade de movimento linear na direção de $\mathbf{V}$ com o tempo é igual à resultante de *todas* as forças que atuam no sistema na direção de $\mathbf{V}$. A lei de conservação da quantidade de movimento é uma equação vetorial, e portanto dependente do sistema de coordenadas.

A expressão quantidade de movimento "linear" indica que o movimento do sistema ocorre ao longo de um caminho contínuo no espaço. Existe também uma lei de conservação da quantidade de movimento angular, que considera a rotação do sistema ao redor de um eixo. Ela estabelece que a taxa de variação do momento angular ao redor de um eixo é igual à soma dos torques ao redor do eixo

$$\sum \text{torque} = \frac{d(I\Omega)}{dt} \tag{5-4}$$

onde I é o momento de inércia e Ω a velocidade angular em torno do eixo. A grandeza ($I\Omega$) é chamada de quantidade movimento (ou momento) angular dos sistema em torno de um dado eixo. A quantidade de movimento angular é uma grandeza vetorial.

Conservação da Energia de um Sistema

A Seção 4.1 apresentou a primeira lei da termodinâmica, que representa a conservação de energia de um sistema. Essa lei de conservação estabelece que a soma algébrica (escalar) de todas as transferências de energia através da fronteira do sistema deve ser igual à variação de energia do sistema (E). Como calor (Q) e trabalho (W) são as únicas formas de energia que podem cruzar a fronteira do sistema, foi visto, na eq. 4-1, que

$$\delta Q - \delta W = dE \tag{4-1}$$

Pode-se também reescrever essa lei de conservação como uma equação de taxa de variação se for admitida a hipótese de processo quase-estático (taxas de variação com o tempo são relativamente pequenas).

** Nota do tradutor. No restante do texto será utilizado simplesmente a expressão **quantidade de movimento** em lugar de quantidade de movimento linear.*

CAPÍTULO 5 - ANÁLISE ATRAVÉS DE VOLUME DE CONTROLE **99**

$$\dot{Q} - \dot{W} = \frac{dE}{dt} \tag{4-7}$$

Quando calor é adicionado ao sistema $\dot{Q}>0$ Quanto trabalho é retirado do sistema, o sistema produz trabalho e $\dot{W}>0$.

Na ausência de forças elétricas, magnéticas ou de tensão superficial, a energia de um sistema é a soma de sua energia interna (U), sua energia cinética (EC) e sua energia potencial (EP).

$$E = Me = U + EC + EP \tag{4-2}$$

Segunda Lei da Termodinâmica

A segunda lei da termodinâmica para um sistema pode ser expressa de diversas maneiras, dentre elas a de taxa de variação apresentada na eq. 4-38,

$$\frac{dS}{dt} \geq \frac{\dot{Q}}{T} \tag{4-38}$$

Essa equação estabelece que a taxa de variação da entropia de um sistema será maior que (ou, para um processo reversível, igual) à taxa de transferência de calor dividida pela temperatura do sistema. A entropia aumenta mais que o segundo termo da equação devido ao fato de que a transferência de calor é criada pela irreversibilidade do sistema, e portanto é sempre positiva.

5.2 TEOREMA DO TRANSPORTE DE REYNOLDS (TTR) PARA CONDIÇÕES UNIFORMES (MÉDIAS) NO ESCOAMENTO EM REGIME PERMANENTE (RP)

Na utilização da forma geral do Teorema do Transporte de Reynolds (TTR), apresentada na eq. C-11 do Apêndice C, é necessária a avaliação de uma integral sobre a superfície de controle, a fim de determinar o fluxo líquido de um propriedade genérica do fluido Φ através da superfície de controle. A escolha da forma do volume de controle pode simplificar a avaliação dessa integral de superfície. Existem alguns casos, contudo, em que não é possível escolher uma forma simples para a superfície de controle, e portanto é mais fácil admitir que as propriedades do fluido são uniformes, ou médias, sobre os trechos de entrada (e) e saída (s) da superfície de controle. Isso significa que essas propriedades são constantes em uma projeção normal da superfície de controle em relação à velocidade média.

Para ilustrar isso, considere o escoamento através de um duto mostrado na Fig. 5-2a. O duto tem uma largura constante b na direção y e variações de velocidade nas direções x e z. O volume de controle escolhido para esse caso é coincidente com as paredes internas do duto e com superfícies planas colocadas na entrada (e) e na saída (s), conforme a Fig. 5-2b. Admite-se que as velocidades do fluido através da entrada e da saída são *normais* a estes planos, e *uniformes* (ou constantes) em cada plano. A magnitude dessas velocidades uniformes, que agora variam apenas na direção x neste exemplo, são definidas por:

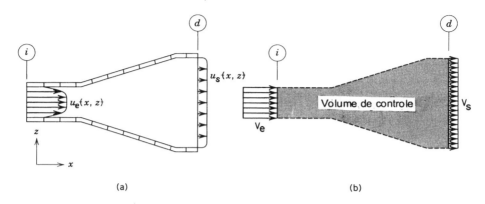

Figura 5-2 Representação do escoamento e do volume de controle para um difusor.

$$V_e \equiv \frac{1}{A_e}\iint_{A_e} u_e(y,z)dA_e$$
$$V_s \equiv \frac{1}{A_s}\iint_{A_s} u_s(y,z)dA_s \qquad (5\text{-}5)$$

Como as propriedades uniformes do fluido são definidas pela média sobre uma área, elas se tornam unidimensionais. Se uma propriedade é um vetor, como por exemplo a velocidade, é possível definir-se três componentes da velocidade média, porém cada um é calculado em relação a uma área diferente. Portanto, cada componente varia apenas em uma direção, que contudo é diferente das dos outros dois componentes. Considere uma propriedade escalar do fluido, como a densidade. Se $\rho_e = \rho_s$ o escoamento é denominado incompressível. Se $\rho_e \neq \rho_s$ o escoamento é compressível unidimensional, pois ρ é função apenas de uma coordenada espacial.

Com essas definições, o TTR, eq. C-11, com propriedades do fluido uniformes ou médias e escoamento em regime permanente (RP) fica

$$\frac{D\Phi_{sis}}{Dt} = \rho_s \varphi V_s A_s - \rho_e \varphi V_e A_e$$

onde φ é igual à propriedade genérica do fluido por unidade de massa, $\varphi \equiv \Phi/M$. O produto ρVA, por **V** definida como sendo normal à superfície de área A, é a *vazão mássica* $\dot{m}$ (kg/s, lb$_m$/s) do fluido. Assim, o TTR uniforme ou unidimensional é dado por

$$\frac{D\Phi_{sis}}{Dt} = [\varphi \dot{m}]_s - [\varphi \dot{m}]_e \qquad (5\text{-}6)$$

Esta forma do TTR será utilizada em praticamente todo o restante deste livro.

5.3 CONSERVAÇÃO DA MASSA PARA UM VOLUME DE CONTROLE

A primeira aplicação do Teorema do Transporte de Reynolds (TTR) será determinar a relação que estabelece a lei de conservação da massa para um volume de controle a partir da expressão da mesma lei para um sistema, eq. 5-1. Nesse caso as propriedades genéricas Φ e φ são substituídas por

$$\Phi \equiv M$$

e

$$\varphi \equiv \frac{\Phi}{M} = 1$$

Assim, a expressão do TTR unidimensional, eq. 5-6, fica

$$\underbrace{\frac{DM_{sis}}{Dt}}_{\substack{\text{Taxa total de} \\ \text{variação de } M_{sis}}} = \underbrace{[1.\dot{m}]_s - [1.\dot{m}]_e}_{\substack{\text{Fluxo de massa liquido através} \\ \text{da superficie do volume} \\ \text{de controle}}} \tag{5-7}$$

A eq. 5-1 estabelece que a variação da massa total do sistema é zero. Assim, para um escoamento em regime permanente (RP) com propriedades médias do fluido nas superficies de entrada (e) e saída (s), o TTR estabelece que

$$\underbrace{\dot{m}_s}_{\substack{\text{Fluxo de massa deixando} \\ \text{o volume de controle} \\ \text{kg/s } (\text{lb}_m/\text{s})}} = \underbrace{\dot{m}_e}_{\substack{\text{Fluxo de massa entrando} \\ \text{no volume de controle} \\ \text{kg/s } (\text{lb}_m/\text{s})}} \tag{5-8}$$

Essa relação também pode ser expressa em termos da velocidade média V e da densidade ρ na entrada e na saída do volume de controle, uma vez que $\dot{m} = \rho V_n A_n$.

$$[\rho V_n A_n]_s = [\rho V_n A_n]_e \tag{5-9}$$

onde V_n é o módulo da velocidade média *normal* à área A_n.

Se o escoamento através do volume de controle é incompressível, $\rho_e = \rho_s$, então

$$\underbrace{[V_n A_n]_s}_{\substack{\text{Fluxo volumétrico deixando} \\ \text{o volume de controle.} \\ \text{m}^3/\text{s } (\text{ft}^3/\text{s})}} = \underbrace{[V_n A_n]_e}_{\substack{\text{Fluxo volumétrico entrando} \\ \text{no volume de controle.} \\ \text{m}^3/\text{s } (\text{ft}^3/\text{s})}} \tag{5-10}$$

Se o escoamento através de um volume de controle for incompressível, ρ = constante, então as eqs. 5-9 e 5-10 fornecem imediatamente uma descrição qualitativa da velocidade na entrada e na saída através da inspeção do volume controle. Considere o volume de controle mostrado na

Fig. 5-2. Admitindo um escoamento incompressível, a velocidade na saída, V_s, deve ser menor que a velocidade na entrada, V_e, pois $A_s > A_e$. Quando analisarmos, mais à frente, a equação da energia para escoamento em regime permanente, veremos que para um escoamento incompressível isto significa que a pressão média na saída P_s é maior que a pressão média na entrada, P_e. O volume de controle da Fig. 5-2 representa um *difusor*. Por outro, se um volume de controle for tal que $A_s < A_e$, e se $\rho_e = \rho_s$, então $V_s > V_e$ e $P_s < P_e$. Este volume de controle representa um *bocal*.

EXEMPLO 5-1

Ar escoa em condições normais ($P = 101$ kPa e $T = 20$ °C) através de um tubo de paredes porosas conforme mostrado na Fig. E5-1. Nessas condições a densidade ρ é constante. Qual é a velocidade média (uniforme) na saída do tubo? A porosidade da parede do tubo é admitida uniforme e o diâmetro d do tubo é constante.

SOLUÇÃO

Considerando todo o tubo como volume de controle

$$\underbrace{\dot{m}_{entrando}}_{\substack{\text{Vazão mássica entrando} \\ \text{no volume de controle} \\ \text{kg/s (lb}_m\text{/s)}}} = \underbrace{\dot{m}_{saindo}}_{\substack{\text{Vazão mássica deixando} \\ \text{o volume de controle} \\ \text{kg/s (lb}_m\text{/s)}}}$$

ou

$$\rho_e V_e A_e + \rho_p V_p A_p = \rho_s V_s A_s$$

onde:

A_e = área da seção transversal na entrada do tubo

A_s = área da seção transversal na saída do tubo

A_p = área da superfície da parede porosa = $\pi d L$

V, V_p = velocidades médias através do tubo e da parede porosa, respectivamente

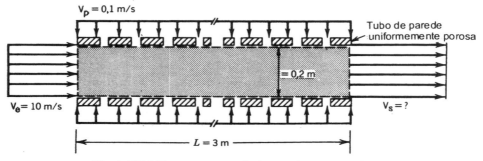

Figura E5-1 Escoamento através de um tubo com paredes porosas.

como ρ = constante,

$$V_e \frac{\pi d^2}{4} + V_p \pi d L = V_s \frac{\pi d^2}{4}$$

ou

$$V_s = V_e + V_p 4 \frac{L}{d}$$

$$= 10,0 + 0,1 \frac{4(3)}{0,2}$$

$$= 16 \text{ m/s}$$

COMENTÁRIO

A lei de conservação da massa para um volume de controle em regime permanente estabelece que a vazão mássica que entra no volume de controle é igual à vazão mássica que o deixa. Assim, a soma das diversas vazões mássicas de entrada, no caso a da entrada do tubo e a da parede porosa, devem ser iguais à vazão mássica da saída do tubo.

EXEMPLO 5-2

Um fluido entra em um sistema de tubulação mostrada na Fig. E5-2 através da seção 1 e sai pelas seções 2 e 3. A vazão mássica na seção 3 é um quarto da vazão que entra na seção 1. O diâmetro da tubulação na seção 2 é $d_2 = 0,5 d_1$, e a velocidade média na seção 3 é $V_3 = 0,5 V_1$. Determine a velocidade média na seção 2 em termos de V_1 e o diâmetro da seção 3 em termos de d_1. O fluido é incompressível e, portanto, a sua densidade é constante.

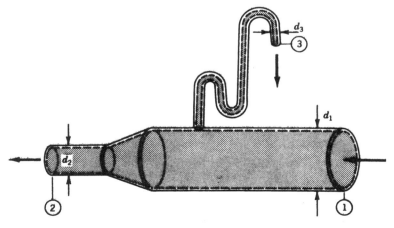

Figura E5-2 Escoamento através de um sistema de tubulação

104 INTRODUÇÃO ÀS CIÊNCIAS TÉRMICAS

SOLUÇÃO

Escolhe-se um volume de controle que inclui o contorno interno de todo o sistema de tubulação e cuja superfície é coincidente com a seção transversal nas seções 1, 2 e 3. A lei de conservação da massa estabelece que

$$\dot{m}_1 = \dot{m}_2 + \dot{m}_3$$

a vazão mássica que entra no volume de controle é igual à vazão mássica que sai. Assim

$$\dot{m}_2 = \dot{m}_1 - \dot{m}_3 = \dot{m}_1 - 0{,}25\dot{m}_1$$

$$= 0{,}75\,\dot{m}_1$$

Porém

$$\dot{m}_1 = \rho V_1 \frac{\pi d_1^2}{4}$$

$$\dot{m}_2 = \rho V_2 \frac{\pi d_2^2}{4}$$

$$\dot{m}_3 = \rho V_3 \frac{\pi d_3^2}{4}$$

Assim

$$\rho V_2 \frac{\pi d_2^2}{4} = 0{,}75\left[\rho V_1 \frac{\pi d_1^2}{4}\right]$$

ou

$$\frac{V_2}{V_1} = 0{,}75 \frac{d_1^2}{d_2^2} = 0{,}75 \frac{d_1^2}{(0{,}5d_1)^2} = 3$$

Além disso

$$\rho V_3 \frac{\pi d_3^2}{4} = 0{,}25\left[\rho V_1 \frac{\pi d_1^2}{4}\right]$$

ou

$$\frac{d_3}{d_1} = \sqrt{0,25 \frac{V_1}{V_3}} = \sqrt{0,25 \frac{V_1}{(0,5V_1)}} = 0,707$$

COMENTÁRIO

Através da lei de conservação da massa para um volume de controle, a razão entre a velocidade e a área de entrada e de saída (diâmetro) do volume de controle pode ser determinada. Dessa forma pode-se determinar a velocidade média em diferentes seções de uma tubulação de tamanho variável, ou as dimensões da tubulação para um certo valor de velocidade.

5.4 CONSERVAÇÃO DA QUANTIDADE DE MOVIMENTO PARA UM VOLUME DE CONTROLE

Equação da Quantidade de Movimento

A eq. 5-3 é uma expressão da segunda lei de Newton para um sistema de massa M. Ela estabelece que se uma força é aplicada a essa massa, essa força é igual à variação da quantidade de movimento ($M\mathbf{V}$) do sistema. A forma unidimensional dessa lei de conservação para volume de controle para um fluido passando através deste volume de controle pode ser obtida substituindo

$$\Phi \equiv M\mathbf{V}$$

e

$$\varphi \equiv \Phi/M = \mathbf{V}$$

na equação do teorema do transporte de Reynolds (TTR) para escoamento uniforme unidimensional, eq. 5-6. Assim

$$\frac{D(M\mathbf{V})_{\text{sis}}}{Dt} = [\mathbf{V}\dot{m}]_s - [\mathbf{V}\dot{m}]_e \tag{5-11}$$

A eq. 5-3 estabelece que a taxa de variação total da quantidade de movimento de um sistema é igual à soma de *todas* as forças que atuam no sistema. Portanto

$$\sum \mathbf{F}_{\text{sis}} = [\mathbf{V}\dot{m}]_s - [\mathbf{V}\dot{m}]_e \tag{5-12}$$

onde $\mathbf{V}$ é a velocidade *relativa* ao volume de controle.

Uma vez que na dedução do TTR admitiu-se que o sistema e o volume de controle eram coincidentes no instante t (ver Apêndice C), A resultante das forças atuando no sistema, $\sum \mathbf{F}_{\text{sis}}$, é igual à resultante das forças atuando no volume de controle, $\sum \mathbf{F}_{\text{VC}}$. Logo, a eq. 5-12 estabelece que a soma de *todas* as forças que atuam no volume de controle ou no fluido no volume de controle é igual à variação da quantidade de movimento do fluido que escoa através do volume de controle. Assim, a eq. 5-13 pode ser reescrita como

106 INTRODUÇÃO ÀS CIÊNCIAS TÉRMICAS

$$\underbrace{\sum \mathbf{F}_{VC}}_{\substack{\text{Força resultante no} \\ \text{fluido no volume de} \\ \text{controle N (lbf)}}} = \underbrace{\left[\mathbf{V}\dot{m}\right]_s}_{\substack{\text{Quantidade de movimento} \\ \text{do fluido que deixa o volume} \\ \text{de controle kg m/s}^2 \text{ (ft lbm/s}^2)}} - \underbrace{\left[\mathbf{V}\dot{m}\right]_e}_{\substack{\text{Quantidade de movimento} \\ \text{do fluido que entra no volume} \\ \text{de controle kg m/s}^2 \text{ (ft lbm/s}^2)}} \qquad (5\text{-}13)$$

Os termos do lado direito dessa equação expressam a variação da quantidade de movimento do fluido, à medida que ele passa através da entrada e da saída do volume de controle. Note que a eq. 5-13 é uma equação vetorial e portanto possui uma componente em cada direção do sistema de coordenadas. O lado direito dessa equação é chamado de força de inércia do fluido. Ele representa a tendência do fluido permanecer em movimento a menos que atue uma força externa, representada pelo lado externo da eq. 5-13. Uma discussão mais aprofundada sobre o termo de força $\sum\mathbf{F}_{VC}$ e das várias forças que contribuem para este termo é apresentada a seguir.

Forças Atuantes em um Volume de Controle

A eq. 5-13 permite a determinação da força resultante atuando em um volume de controle através do cálculo da variação da quantidade de movimento do fluido escoando através do volume de controle. Existem problemas em que também se deseja determinar as várias contribuições a essa força resultante.

As forças que atuam em um volume de controle podem ser de dois tipos: forças de superfície, que atuam na superfície do volume de controle, e forças de campo, que estão relacionadas com a massa de fluido no interior do volume de controle. As *forças de campo*, $\mathbf{F}_C$, são aquelas que resultam da existência de um campo gravitacional, elétrico ou magnético externo. A única força de campo que será considerada neste texto é o campo de força gravitacional da Terra. Assim, a força de campo que atua em um elemento de fluido de volume V e densidade ρ

$$\mathbf{F}_{grav} = \rho g V \qquad (5\text{-}14)$$

Na superfície da Terra, o valor médio do módulo de $\mathbf{g}$ ao nível do mar é 9,807 m/s^2 ou 32,17 ft/s^2. A força $\mathbf{F}_{grav}$ é igual ao peso do elemento de fluido.

As *forças de superfície* em um volume de controle ocorrem devido à pressão e às forças viscosas que atuam na superfície do volume de controle.

A Fig. 5-3 é uma representação bidimensional da superfície de controle de um volume de controle genérico mostrando a distribuição de pressão ao longo da superfície. A pressão é uma quantidade escalar e portanto atua em todas as direções em um ponto do espaço. Isso significa que a força de pressão externa ao volume de controle sempre atua na direção normal da superfície de controle e ao longo da superfície interna do volume de controle. Se dA for um elemento de área da superfície do volume de controle, então a força de superfície devido à pressão é obtida pela integração do produto PdA normal à superfície de controle (SC) ao longo de toda a superfície.

$$\mathbf{F}_{pres} = \iint_{SC} (-\mathbf{n}) P \, dA \qquad (5\text{-}15)$$

onde $\mathbf{n}$ é o vetor unitário normal à superfície e é definido como sendo positivo na direção que aponta para fora da superfície de controle.

A força viscosa na superfície ocorre porque o fluido tem uma viscosidade e está se movendo ao longo da superfície de controle. O *princípio de aderência* discutido no Capítulo 1 estabelece que não pode haver movimento relativo entre o fluido e o volume de controle na superfície de controle. Como resultado da condição de aderência ocorrem tensões de cisalhamento tangentes à superfície. Essas tensões de cisalhamento resultam numa força de superfície no volume de controle que toma a seguinte forma quanto integrada ao longo de toda a área da superfície de controle.

$$\mathbf{F}_{vis} = \iint_{SC} \tau \, dA \tag{5-16}$$

A resultante ou a força total atuando no volume de controle é, portanto,

$$\sum \mathbf{F}_{VC} = \mathbf{F}_{grav} + \mathbf{F}_{pres} + \mathbf{F}_{vis} = \rho g V + \iint_{SC} (-\mathbf{n}) P \, dA + \iint_{SC} \tau \, dA \tag{5-17}$$

A Fig. 5-4 é uma representação das componentes da força resultante no volume de controle genérico representado na Fig. 5-3. Essa figura mostra a composição vetorial dessas forças que produz a resultante.

Torna-se agora necessário discutir cada uma dessas contribuições para a força total resultante caso se deseje obter o máximo de informação possível a partir da equação da quantidade de movimento, eq. 5-13. As contribuições devidas à gravidade e à pressão serão discutidas nas seções seguintes. As discussões sobre $\mathbf{F}_{vis}$ serão deixadas para os Capítulos 6 e 7.

Contribuição da Pressão para as Forças no Volume de Controle. A eq. 5-15 mostra que a contribuição da pressão atuando no volume de controle é a integral da pressão sobre a superfície de controle. Se um objeto está cercado por um uma pressão constante, como a devida à atmosfera, não haverá contribuição da pressão para a força resultante no objeto,

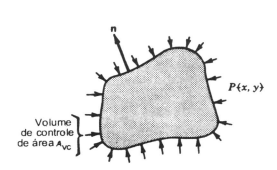

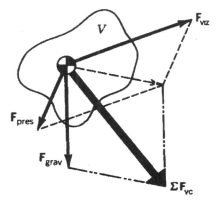

Figura 5-3 Pressão atuando em um volume de controle

Figura 5-4 Força resultante num volume de controle genérico

108 INTRODUÇÃO ÀS CIÊNCIAS TÉRMICAS

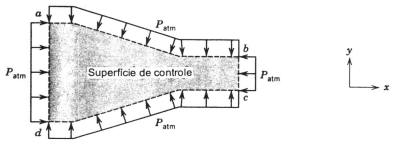

Figura 5-5. Pressão no volume de controle de um bocal sem escoamento (vista superior).

$$F_{pres} = \iint_{SC} (-n) P_{atm} \, dA = 0 \tag{5-18}$$

Isto é ilustrado pelo volume de controle bidimensional representando um bocal mostrado na Fig. 5-5. Note que as superfícies *ab* e *cd* são coincidentes com as paredes do bocal. Não há escoamento através do bocal.

Se no bocal da Fig. 5-5 houver um escoamento que entra através da face *ad* e sai através da face *bc*, uma pressão adicional P_M atuará no volume de controle. Essa pressão variará de intensidade ao longo do volume de controle, $P_M(x,y) \neq$ constante, pois a velocidade do escoamento varia. A eq. 5-9 indica que $V_{ad} < V_{bc}$, pois $A_{ad} > A_{bc}$. A Figura 5-6 mostra essa pressão adicional no volume de controle do bocal quando há escoamento. A força de pressão total F_{pres}, devido ao escoamento e à pressão atmosférica é

$$F_{pres} = \iint_{SC} (-n)[P_M + P_{atm}] \, dA$$

utilizando a eq. 5-18

$$F_{pres} = \iint_{SC} (-n) P_M \, dA \tag{5-19}$$

A soma da pressão P_M, pressão manométrica, e a pressão atmosférica P_{atm} é chamada de pressão absoluta, $P = P_M + P_{atm}$. A pressão manométrica é então a pressão que poderia ser medida por um sensor de pressão diferencial que usa P_{atm} como sua referência. Contudo, a pressão real que existe em um ponto é sempre a pressão absoluta P.

Força Resultante no Volume de Controle. Qual é a resultante que atua no fluido dentro do bocal da Fig. 5-6? Como se relacionam as forças no fluido e no bocal? Para determinar a força no fluido, escolhe-se o volume de controle coincidindo com as paredes do bocal, lados *ab* e *cd*. O diagrama de corpo livre desse volume de controle é mostrado na Fig. 5-7, admitindo-se que a velocidade, pressão e densidade são uniformes nos planos *ad* e *bc*, respectivamente seções 1 e 2. A força $F_B = F_{BP} + F_{BC}$ no volume de controle é a reação à força no bocal.

A contribuição da pressão para a força total no volume de controle contendo o fluido é devida à pressão manométrica $P_{M1} = P_1 - P_{atm}$ atuando em *ad*, e a $P_{M2} = P_2 - P_{atm}$ atuando em *bc*, mais a força de pressão nas superfícies do volume de controle *ab* e *cd*, denominada F_{BP}, e que é a reação

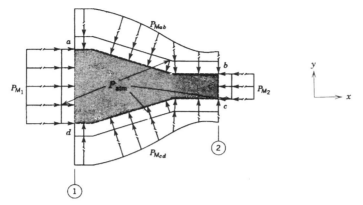

Figura 5-6. Pressão no volume de controle de um bocal com escoamento (visão de topo).

à forças de pressão no bocal. Também atuando em *ab* e *cd* está a força devida à tensão de cisalhamento entre o volume de controle e o bocal, $\mathbf{F}_{BC}$.

Existe uma força adicional atuando no volume de controle no sentido negativo do eixo z (vertical e entrando na Fig. 5-7), que é a força de campo atuando no fluido no interior do volume de controle e que é igual ao peso do fluido. A componente da força resultante no volume de controle na direção z é igual à força de campo, $\mathbf{F}_{Bz}$

$$\mathbf{F}_{Bz} = \rho(\mathbf{k} \cdot \mathbf{g})(\text{volume do bocal})$$

e atua na direção do centro da terra, a direção z negativa. As componentes da pressão e da tensão de cisalhamento em *ab* e *cd* nas direções y e z são iguais em módulo mas opostas no sentido. Isso se deve à simetria do volume de controle na direção x. Assim, a força resultante na direção y, $\mathbf{F}_{By}$ é zero devido a essa simetria.

Na direção x a força do bocal no volume de controle é

$$F_{B_x} = \left[\mathbf{F}_{BP} + \mathbf{F}_{BC} \right]_x \tag{5-20}$$

Assim, a componente x da equação da quantidade de movimento, eq. 5-13, para o volume de controle assume a seguinte forma (admitindo que $\mathbf{F}_{Bx}$ esteja atuando na direção x negativa, ver Fig. 5-7)

$$-F_{B_x} + \left(P_1 - P_{atm}\right)A_1 - \left(P_2 - P_{atm}\right)A_2 = \dot{m}_2 V_{x_2} - \dot{m}_1 V_{x_1} \tag{5-21}$$

ou

$$F_{B_x} = \dot{m}\left(V_{x_1} - V_{x_2}\right) + P_1 A_1 - P_2 A_2 + (A_2 - A_1)P_{atm}$$

$$= \dot{m}\left(V_{x_1} - V_{x_2}\right) + P_{M_1} A_1 - P_{M_2} A_2 \tag{5-22}$$

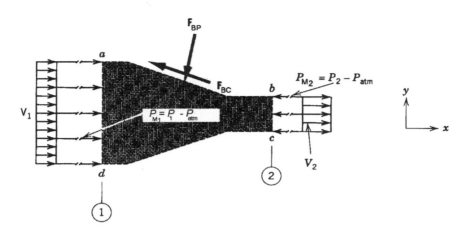

Figura 5-7 Diagrama de corpo livre para o volume de controle de um bocal (vista superior).

Como a equação da quantidade de movimento é uma equação vetorial, é necessário determinar a direção da componente x da força atuando no fluido no volume de controle, F_{Bx}. Se a direção de F_{Bx} não é conhecida, deve-se admitir que ela atue na direção x positiva, e utilizar esta hipóstese ao longo de todo o problema. A direção correta será então determinada quando os valores numéricos forem substituídos na equação da quantidade de movimento. Se a direção admitida estiver certa, o valor numérico resultante será positivo.

A força resultante que atua no bocal é a reação à força resultante atuante no volume de controle (ou fluido)

$$R_{bocal} = -F_{\text{volume de controle (fluido)}} \tag{5-23}$$

EXEMPLO 5-3

Água escoa em regime permanente através de um cotovelo circular de 90° com redução, que descarrega para a atmosfera (Fig. E5-3). O cotovelo é parte de um sistema de tubulação horizontal (plano x,y) e está conectado ao resto da tubulação por um flange. Determinar a força no flange do cotovelo nas direções x e y se a vazão mássica que passa através do cotovelo é de 88,0 lb$_m$/s ($\rho_{água}$ = 63,31 lb$_m$/ft^3 a 70 °F). Os sentidos positivos de x e y estão representados na figura.

SOLUÇÃO

O volume de controle é escolhido de forma a englobar o escoamento no cotovelo e ser coincidente com as faces de entrada (1) e saída (2). As forças atuando no volume de controle (fluido) no plano horizontal (x,y) incluem a pressão manométrica da água em (1) e (2) e a reação à força no cotovelo e no flange, $F = iF_x + jF_y$, admitindo que esta atue nos sentidos positivos de x e y. A equação da quantidade de movimento para as direções x e y pode ser escrita como

CAPÍTULO 5 - ANÁLISE ATRAVÉS DE VOLUME DE CONTROLE

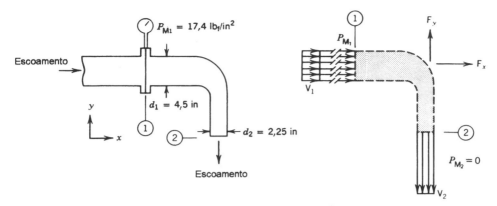

Figura E5-3 Escoamento através de um cotovelo 90° com redução (vista lateral).

$$P_{M_1}\frac{\pi d_1^2}{4} + F_x = \dot{m}_2 V_{x_2} - \dot{m}_1 V_{x_1} = \dot{m}(V_{x_2} - V_{x_1})$$

$$P_{M_2}\frac{\pi d_2^2}{4} + F_y = \dot{m}_2 V_{y_2} - \dot{m}_1 V_{y_1} = \dot{m}(-V_{y_2} - V_{y_1})$$

dado que $\dot{m}_1 = \dot{m}_2 = \dot{m}$ devido à conservação da massa. Como $P_{M_2} = 0$, $V_{x_2} = 0$ e $V_{x_1} = 0$, a equação da quantidade de movimento na direção x e y fica (note que a velocidade é um vetor e tem um sinal que depende do seu sentido)

$$P_{M_1}\frac{\pi d_1^2}{4} + F_x = -\dot{m}V_{x_1}$$

$$F_y = \dot{m}(-V_{y_2})$$

As velocidades V_{x_1} e V_{y_2} são determinadas através da conservação da massa

$$V_{x_1} = \frac{4\dot{m}}{\rho \pi d_1^2} = \frac{4(88)}{63,31\pi(4,5/12)^2} = 12,6 \text{ ft/s}$$

$$V_{y_2} = \frac{4\dot{m}}{\rho \pi d_2^2} = \frac{4(88)}{63,31\pi(2,25/12)^2} = 50,4 \text{ ft/s}$$

Assim,

$$F_x = -\dot{m}V_{x_1} - P_{M_1}\frac{\pi d_1^2}{4}$$

112 INTRODUÇÃO ÀS CIÊNCIAS TÉRMICAS

$$= -\frac{(88)(12,6)}{32,17} - (17,4)\frac{\pi(4,5)^2}{4}$$

$$= -311,2\,\text{lb}_f \begin{cases} \text{sinal menos indica } F_x \text{ atuando} \\ \text{sobre o fluido na direção } x \text{ negativa} \end{cases}$$

$$F_y = \dot{m}\left(-V_{y_2}\right)$$

$$= \frac{88(-50,4)}{32,17}$$

$$= -137,8 \text{ lb}_f \begin{cases} \text{sinal menos indica } F_y \text{ atuando} \\ \text{sobre o fluido na direção } y \text{ negativa} \end{cases}$$

A força no cotovelo é a reação à força atuando no fluido no volume de controle.

$$\mathbf{R}_{\text{cotovelo}} = \{(-F_x)^2 + (-F_y)^2\}^{1/2}$$

$$= \{(311,2)^2 + (137,8)^2\}^{1/2}$$

$$= 340,3\,\text{lb}_f$$

$$\theta = \tan^{-1}\left(\frac{-F_y}{-F_x}\right)_{\text{cotovelo}}$$

$$= \tan^{-1}\left(\frac{137,8}{311,2}\right) = 23,9°$$

COMENTÁRIO

Foi admitido que as componentes da força no volume de controle (fluido), F_x e F_y, atuavam respectivamente nos sentidos positivos de x e y. Os valores calculados para essas componentes foram ambos negativos, o que indica que os sentidos admitidos estavam errados. A força no cotovelo é a reação à força atuando no fluido e portanto atua no sentido contrário. Esse exemplo utiliza não só a lei da conservação da quantidade de movimento para determinar as componentes da força atuando no fluido, mas também a lei da conservação da massa.

EXEMPLO 5-4

Um anteparo curvo é montado sobre rodas e move-se na direção x com uma velocidade

CAPÍTULO 5 - ANÁLISE ATRAVÉS DE VOLUME DE CONTROLE   113

constante U = 8 m/s como resultado da atuação de um jato de água (ρ = 998 kg/m³) que sai de um bocal estacionário (Fig. E5-4). A velocidade da água que deixa o bocal é V_j = 25 m/s. Quando a água atinge o anteparo, ela está se movendo apenas na direção x. Quando a água deixa o anteparo, ela foi desviada para uma direção 50° acima da direção x. A área da seção de saída do bocal é de 0,0025 m². Desprezando as forças de campo, qual é a força exercida pela água no anteparo móvel?

SOLUÇÃO

O volume de controle é escolhido como sendo o fluido no anteparo num dado instante de tempo e está fixado ao anteparo, o que significa que o volume de controle se move no sentido positivo de x com uma velocidade U = 8 m/s. A velocidade da água entrando no volume de controle é a velocidade *relativa* ao volume de controle em movimento, V_j - U, na direção x. A intensidade da velocidade deixando o volume de controle também é V_j - U, de acordo com a lei de conservação da massa, porém na direção de 50° acima da direção x. A força no anteparo é a reação à força no fluido, componentes F_x e F_z. Não há nenhuma contribuição de forças de pressão, dado que todo o volume de controle se encontra na pressão atmosférica. Forças de campo (o peso da água no sentido negativo de z) serão desprezadas. A equação da quantidade de movimento tem duas componentes

$$F_x = \dot{m}\left(V_{x_2} - V_{x_1}\right)$$

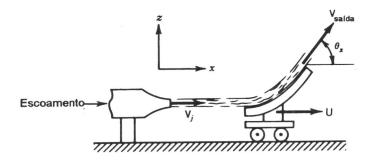

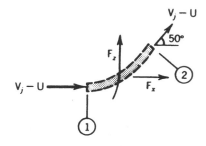

Figura E5-4 Jato de água descarregado contra um anteparo curvo em movimento (vista lateral).

$$F_z = \dot{m}(V_{z_2} - V_{z_1})$$

$$\dot{m} = \rho(V_j - U)A_j; \quad V_{x_1} = V_j - U; \quad V_{x_2} = (V_j - U)\cos\theta$$

$$V_{z_1} = 0 \quad; V_{z_2} = (V_j - U)\operatorname{sen}\theta$$

Assim

$$F_x = \rho(V_j - U)^2 A_j[\cos\theta - 1]$$

$$= 998(25-8)^2(0,0025)[\cos 50° - 1]$$

$$= -257,6 \text{ N\{atuando sobre o fluido na direção } x \text{ negativa\}}$$

$$F_z = \rho(V_j - U)^2 A_j \operatorname{sen}\theta$$

$$= 998(25-8)^2(0,0025)\operatorname{sen} 50°$$

$$= 552,4 \text{ N\{atuando na direção } z \text{ positiva\}}$$

A força no anteparo é a reação à força no volume de controle.

$$-F_{x_{VC}} = R_{x_{\text{anteparo}}} = 257,6 \text{ N}$$

$$-F_{z_{VC}} = R_{z_{\text{anteparo}}} = -552,4 \text{ N}$$

$$R_{\text{anteparo}} = [R_x^2 + R_z^2]^{1/2}_{\text{anteparo}}$$

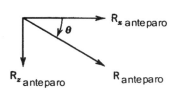

$$= 609,5 \text{ N} \begin{cases} \text{negligenciando o peso} \\ \text{da água no anteparo} \end{cases}$$

$$\theta = \tan^{-1}\left(\frac{R_z}{R_x}\right) = \tan^{-1}\left(\frac{-552,4}{257,6}\right) = -65°$$

COMENTÁRIO

Como deseja-se calcular a força no anteparo, foi necessário fixar nele o volume de controle. O escoamento entra no volume de controle com uma velocidade *relativa* ao volume de controle.

CAPÍTULO 5 - ANÁLISE ATRAVÉS DE VOLUME DE CONTROLE **115**

Essa velocidade relativa é V_j - U na direção x, uma vez que a velocidade de entrada do jato e a velocidade do volume de controle estão na mesma direção. Se o anteparo estivesse se movendo em direção ao jato como resultado da aplicação de uma força externa, a velocidade relativa seria $(V_j + U)$. Imagine-se sentado no anteparo em ambos os casos e pergunte-se: qual é a velocidade da água se aproximando de você?

5.5 CONSERVAÇÃO DA ENERGIA (PRIMEIRA LEI DA TERMODINÂMICA) PARA UM VOLUME DE CONTROLE

Equação da Energia para Propriedades Uniformes e em Regime Permanente

A primeira lei da termodinâmica para um sistema foi apresentada e discutida de forma bem detalhada no Capítulo 4. Da mesma forma que para as leis de conservação da massa e da quantidade de movimento, devemos formular a primeira lei para um volume de controle se quisermos analisar problemas em que haja escoamento de fluido. Isso é feito com o auxílio do teorema do transporte de Reynolds (TTR), com a propriedade genérica do sistema

$$\Phi \equiv E$$

e

$$\varphi \equiv \frac{\Phi}{M} = e$$

Assim

$$\frac{DE_{\text{sis}}}{Dt} = [e\dot{m}]_s - [e\dot{m}]_e \qquad (5\text{-}24)$$

A taxa de variação com o tempo da energia do sistema, E_{sis}, pode ser relacionada com a taxa na qual a energia é transferida através da fronteira do sistema na forma de calor, $\dot{Q}$, e/ou potência, $\dot{W}$. Essa relação foi apresentada na eq. 4-7 como

$$\dot{Q}_{\text{sis}} - \dot{W}_{\text{sis}} = \frac{dE_{\text{sis}}}{dt}$$

$\dot{Q}$ e $\dot{W}$ não são propriedades do fluido, e sim taxas nas quais a energia que não está associada com o transporte de massa (escoamento do fluido) está sendo transferida através de uma fronteira. $\dot{Q}$ ocorre devido a uma diferença de temperatura através da fronteira, e $\dot{W}$ ocorre devido a uma outra diferença de potencial que não seja temperatura. De acordo com a convenção adotada no Capítulo 2, $\dot{Q}$ é positivo quando calor é *fornecido ao* sistema, e $\dot{W}$ é positivo quando trabalho é *realizado pelo* sistema.

Além da transferência de energia através de $\dot{Q}$ e $\dot{W}$, haverá transferência de energia através da superfície do volume de controle devido ao transporte de massa através da superfície. O termo

116 INTRODUÇÃO ÀS CIÊNCIAS TÉRMICAS

$[(e\,\dot{m})_s - (e\,\dot{m})_e]$ representa a parcela da transferência de energia devido ao transporte de massa. Há ainda uma forma adicional de transferência de energia devido aos esforços, pressões e atrito viscoso atuando na superfície do volume de controle por causa do transporte de massa, e que não está inclusa no termo $[(e\,\dot{m})_s - (e\,\dot{m})_e]$ da eq. 5-24.

A taxa de transferência de energia que resulta do transporte de massa através da superfície do volume de controle é chamado de $\dot{E}_{sup}$. A transferência de energia através da superfície do volume de controle e da fronteira do sistema num dado instante de tempo t são iguais, pois a superfície do volume de controle e fronteira do sistema são coincidentes.

$$\underbrace{\dot{Q}_{sis} - \dot{W}_{sis}}_{\substack{\text{Energia transferida} \\ \text{através da fronteira} \\ \text{do sistema no tempo } t}} = \underbrace{\dot{Q}_{VC} - \dot{W}_{VC} - \dot{E}_{sup}}_{\substack{\text{Energia transferida} \\ \text{através da fronteira} \\ \text{do volume de controle} \\ \text{no tempo } t}} \tag{5-25}$$

$\dot{E}_{sup}$ é definida como sendo positiva quando a energia é transferida *para fora* do volume de controle.

É necessário aprofundar a discussão sobre o termo $\dot{E}_{sup}$ a fim de determinar sua origem e porque ele não é incluído nos termos convectivos de transferência de energia no lado direito da eq. 5-24. Essa taxa de transferência de energia adicional ocorre quando o fluido em movimento cruza uma superfície de controle na qual existe uma força atuando na direção do escoamento. Como tem-se simultaneamente uma força e um escoamento na direção da força, isto resulta numa transferência de energia (alguns autores costumam chamar este termo de energia também por trabalho, porém a definição de trabalho aqui adotada evita esta terminologia). Esse termo de taxa de energia pode ser visualizado mais facilmente, se imaginarmos a superfície de controle movendo-se através do fluido. O produto da força atuando na superfície de controle na direção do movimento e da velocidade da superfície de controle é igual à potência necessária para produzir o movimento.

A força normal devido às pressões atuando na superfície de controle pode ser separada da força devido à viscosidade na superfície de controle, de forma que

$$\dot{E}_{sup} = \dot{E}_{pres} + \dot{E}_{vis} \tag{5-26}$$

É possível anular o termo $\dot{E}_{vis}$, desde que se escolha um volume de controle tal que o escoamento seja normal à superfície do volume de controle. Como as forças viscosas são paralelas à superfície de controle e normais à velocidade, suas contribuições para a taxa de transferência de energia é portanto nula. Na determinação da equação da energia na forma unidimensional isso será admitido.

O outro termo de taxa de transferência de energia, $\dot{E}_{pres}$, é o resultado da pressão que atua na superfície de controle e o movimento relativo entre o fluido e esta superfície. A taxa de transferência nesse caso é igual à integral do produto da força de pressão $-PdA$, atuando na direção do centro do volume de controle, e a velocidade normal a dA, $(\mathbf{V.n})$, sobre toda a superfície de controle.

$$\dot{E}_{pres} = -\iint_{SC} P(\mathbf{V.n})\,dA$$

CAPÍTULO 5 - ANÁLISE ATRAVÉS DE VOLUME DE CONTROLE **117**

Admitindo que a pressão é uniforme na entrada e na saída do volume de controle, o termo de pressão unidimensional é

$$\dot{E}_{pres} = \left[\frac{P}{\rho}\dot{m}\right]_s - \left[\frac{P}{\rho}\dot{m}\right]_e \tag{5-27}$$

Como $\dot{E}_{vis}$ é zero devido à escolha da superfície do volume de controle,

$$\dot{E}_{sup} = \left[\frac{P}{\rho}\dot{m}\right]_s - \left[\frac{P}{\rho}\dot{m}\right]_e$$

$\dot{E}_{sup}$ representa a taxa na qual é necessário fornecer energia para mover o fluido para dentro, $(P\dot{m}/\rho)_e$, e para fora, $(P\dot{m}/\rho)_s$, do volume do controle.

Combinando as Eqs. 5-24, 5-25 e 5-27, a equação da energia para volume de controle em regime permanente se torna

$$\underbrace{\dot{Q}_{VC} - \dot{W}_{VC}}_{\substack{\text{Taxa de energia}\\\text{transferida como}\\\text{calor e trabalho}}} - \underbrace{\left\{\left[\frac{P}{\rho}\dot{m}\right]_s - \left[\frac{P}{\rho}\dot{m}\right]_e\right\}}_{\substack{\text{Taxa de energia transferida}\\\text{devido as forças de pressão}\\\text{na superficie de controle}}} = \underbrace{[e\dot{m}]_s - [e\dot{m}]_e}_{\substack{\text{Taxa convectiva de}\\\text{energia transferida}\\\text{através da superficie}\\\text{de controle}}}$$

A energia total transportada através da superfície de controle devido ao transporte de massa é a combinação dos termos convectivos, $e\dot{m}$, e a transferência de energia devido às forças nas superfícies em que há escoamento, $\dot{m}P/\rho$. Esta combinação pode ser escrita como

$$e\dot{m} + \frac{P}{\rho}\dot{m} = \left[e + \frac{P}{\rho}\right]\dot{m} = \left[h + \frac{V^2}{2} + gz\right]\dot{m}$$

dado que

$$e \equiv u + \frac{V^2}{2} + gz \ e \ h \equiv u + \frac{P}{\rho}$$

A equação da energia para um volume de controle então fica

$$\underbrace{\frac{\dot{Q}_{VC}}{\dot{m}}}_{\substack{\text{Calor adicionado}\\\text{ao volume de controle}\\\text{por unidade de massa}\\\text{J/kg (Btu/lb}_m)}} - \underbrace{\frac{\dot{W}_{VC}}{\dot{m}}}_{\substack{\text{Trabalho realizado}\\\text{pelo fluido no volume}\\\text{de controle por unidade}\\\text{de massa J/kg}\\\text{(Btu/lb}_m)}} = \underbrace{\left[h + \frac{V^2}{2} + gz\right]_s}_{\substack{\text{Energia saindo do volume}\\\text{de controle por unidade}\\\text{de massa}\\\text{N.m/kg, J/kg}\\\text{(lb}_f.\text{ft/lb}_m, \text{Btu/lb}_m)}} - \underbrace{\left[h + \frac{V^2}{2} + gz\right]_e}_{\substack{\text{Energia entrando no volume}\\\text{de controle por unidade de}\\\text{massa N. m/kg, J/kg}\\\text{(lb}_f.\text{ft/lb}_m, \text{Btu/lb}_m)}} \tag{5-29}$$

118 INTRODUÇÃO ÀS CIÊNCIAS TÉRMICAS

Todos os termos da eq. 5-29 descrevem a energia por unidade de massa *do fluido*. Recorde que um valor positivo de $\dot{W}_{VC}$ definido como o trabalho realizado pelo fluido. A fim de utilizar o trabalho realizado pelo fluido, é necessário convertê-lo em trabalho mecânico através de uma *turbina* ou de um arranjo pistão-cilindro que forneça potência através da rotação de um eixo. Tais dispositivos tem irreversibilidades e portanto produzem menos potência de eixo que a potência disponível no fluido.

De forma análoga, quando trabalho é realizado *no fluido*, a taxa de trabalho ($-\dot{W}_{VC}$) representa a taxa na qual trabalho é transferido *para* o fluido. Para produzir essa transferência de trabalho, é necessário um dispositivo (um *compressor* ou uma *bomba*) para converter o trabalho mecânico de eixo em trabalho no fluido, novamente através de um arranjo pistão-cilindro ou através de um conjunto de pás rotativas. Essa conversão também envolve irreversibilidades de forma que deve-se fornecer mais potência ao eixo do compressor ou da bomba do que a que vai para o fluido.

A existência de irreversibilidades nessa conversão de potência do eixo para o fluido resulta em eficiências da turbina e da bomba, que relacionam a potência disponível ou fornecida, respectivamente, com a potência no fluido. Os termos de trabalho na eq. 5-29 representam o trabalho do fluido e *não incluem* essas eficiências. A discussão sobre conversão de energia será aprofundada na Seção 5-8.

Aplicação da Equação da Energia para Regime Permanente e Propriedades Uniformes

A equação da energia em regime permanente dada pela eq. 5-29 fornece uma ferramenta valiosa para a análise de problemas de engenharia, envolvendo escoamento de fluido e nos quais ocorre transferência de calor e trabalho. Esses problemas incluem a análise de máquinas de geração de potência (turbinas) e máquinas de bombeamento (bombas, ventiladores e compressores) que transportam um fluido entre dois locais, como por exemplo em sistemas de ventilação e ar condicionado.

Quando utiliza-se a eq. 5-29 na análise de problemas envolvendo o escoamento de um gás perfeito, a variação de entalpia por unidade de massa do gás ao longo do volume de controle pode ser expressa em função da diferença de temperatura

$$h_s - h_e = c_p(T_s - T_e) \tag{5-30}$$

Nesse caso, a eq. 5-29 reduz-se a (note que $\dot{W} \equiv \dot{W}_{VC}$ e $\dot{Q} \equiv \dot{Q}_{VC}$)

$$\frac{\dot{Q}}{\dot{m}} - \frac{\dot{W}}{\dot{m}} = c_p(T_s - T_e) + \frac{1}{2}\left(V_s^2 - V_e^2\right) + g(z_s - z_e) \tag{5-31}$$

Se o problema envolver o escoamento de um líquido, as eqs. 5-29 e 5-31 não são as formas mais adequadas da equação da energia em regime permanente. Isso se deve à dificuldade em medir a pequena diferença de temperatura que ocorrerá em um líquido. Para o caso de escoamento de líquidos, a eq. 5-29 é rearranjada na seguinte forma:

$$-\frac{\dot{W}}{g\dot{m}} = \left[\frac{P}{g\rho} + \frac{V^2}{2g} + z\right]_s - \left[\frac{P}{g\rho} + \frac{V^2}{2g} + z\right]_e + \left[u_s - u_e - \frac{\dot{Q}}{\dot{m}}\right]\frac{1}{g} \tag{5-32}$$

CAPÍTULO 5 - ANÁLISE ATRAVÉS DE VOLUME DE CONTROLE **119**

Cada um dos termos nessa forma tem as dimensões de um comprimento (m, ft) e é chamado de *carga manométrica*. Assim,

$$\underbrace{\left[\frac{P}{g\rho} + \frac{V^2}{2g} + z\right]_e}_{\substack{\text{Carga manométrica} \\ \text{total entrando no} \\ \text{volume de controle} \\ H_{T_e}}} = \underbrace{\left[\frac{P}{g\rho} + \frac{V^2}{2g} + z\right]_s}_{\substack{\text{Carga manométrica} \\ \text{total saindo do} \\ \text{volume de controle} \\ H_{T_s}}} + \underbrace{\left[u_s - u_e - \frac{\dot{Q}}{\dot{m}}\right]\frac{1}{g}}_{\substack{\text{Carga manométrica} \\ \text{perdida por atrito e} \\ \text{transferência de calor} \\ h_L}} + \underbrace{\frac{\dot{W}}{g\dot{m}}}_{\substack{\text{Carga manométrica} \\ \text{equivalente de trabalho} \\ \text{realizado pelo fluido} \\ h_w}} \tag{5-33}$$

$$H_{T_e} = H_{T_s} + h_L + h_w \tag{5-34}$$

A *carga manométrica total* ($H_T = P/\rho g + V^2/2g + z$) é definida como a soma da carga manométrica de pressão ($P/\rho g$), a carga manométrica de velocidade ($V^2/2g$) e a carga manométrica potencial gravitacional (z) por unidade de vazão mássica do fluido.

O termo *carga manométrica* tem sua origem no campo da hidráulica e é uma representação da pressão em um fluido. Por exemplo, uma pressão atmosférica de 101 kPa pode ser representada como uma altura de coluna de líquido equivalente. Se o líquido for água com densidade $\rho = 998$ kg/m³,

$$P_{\text{atm}} = \rho_{\text{água}}\, g\, h_{\text{água}}$$

$$h_{\text{água}} = \frac{P_{\text{atm}}}{\rho_{\text{água}}\, g} = \frac{101.000}{998(9{,}807)} = 10{,}32 \text{ m de água}$$

Portanto, uma pressão atmosférica de 101 kPa é equivalente à força por unidade de área na base de uma coluna de água com altura de 10,32 m, ou uma pressão de 1 atm corresponde a uma carga manométrica de 10,32 m de coluna de água.

A avaliação de h_L será discutida de forma detalhada no Capítulo 7. No restante deste capítulo será admitido que ela é conhecida.

EXEMPLO 5-5

Um sistema de sifão com diâmetro interno $d = 0{,}075$ m é utilizado para remover água de um recipiente A para um recipiente B, conforme a Fig. E5-5a. Quando em operação a vazão em regime permanente através do sifão é de 0,03 m³/s. A temperatura da água é 20°C e sua densidade é 998,3 kg/m³. Calcule qual a elevação do sifão acima da superfície da água no reservatório A, Δz, na qual a pressão mínima do sifão seja igual à pressão de vapor da água ($P_v = 2{,}339$ kPa). Admite-se que a perda de carga devido ao atrito e à transferência de calor pode ser desprezada, ou seja, $h_L = 0$. Admitir que o nível de água no reservatório é mantido constante.

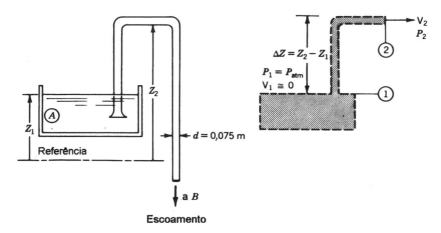

Figura E5-5a Sistema de sifão.

SOLUÇÃO

O volume de controle foi escolhido de forma a incluir a superfície da água no reservatório e ser perpendicular ao escoamento, através do sifão em um ponto Δz acima do reservatório. A equação de conservação da energia em regime permanente entre os pontos 1, a superfície do reservatório, e 2, o ponto de máxima elevação, é

$$\frac{P_1}{\rho g} + \frac{V_1^2}{2g} + z_1 = \frac{P_2}{\rho g} + \frac{V_2^2}{2g} + z_2 + h_L + \frac{\dot{W}}{g\dot{m}}$$

Para esse problema em particular

$z_2 - z_1 = \Delta z$ (incógnita)

$\quad P_1 = P_{atm} = 101$ kPa (a superfície está exposta à atmosfera)

$\quad V_1 = 0$ (o reservatório é grande quando comparado com o sifão).

$\quad h_L = 0$ (admitido)

$\quad \dot{W} = 0$ (não há bomba ou turbina no sistema de sifão)

$\quad P_2 = 2{,}339$ kPa (pressão de vapor da água a 20 °C, Tabela A.1.1)

$\quad V_2 = \dot{V}/A_2 = 0{,}03/\pi(0{,}75^2/4) = 6{,}791$ m/s

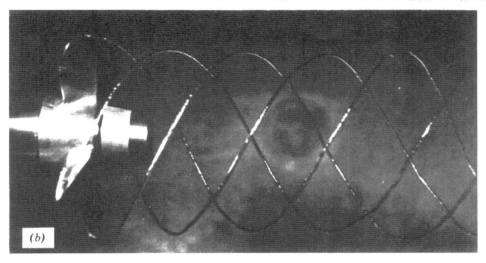

Figura E5-5b Cavitação em um propulsor marítimo (Cortesia do Laboratório de Pesquisas Aplicadas da Pennsylvania State University).

Substituindo na equação da energia em regime permanente

$$\Delta z = \frac{P_{atm}}{\rho g} - \frac{P_2}{\rho g} - \frac{V_2^2}{2g}$$

$$= \frac{1}{9,807}\left[\frac{101.000}{998,3} - \frac{2.339}{998,3} - \frac{(6,791)^2}{2}\right] = 7,73\,\text{m}$$

COMENTÁRIO

A entrada do volume de controle foi escolhida como sendo a superfície livre do reservatório, pois a velocidade e a pressão neste ponto são conhecidas. Quando a pressão no ponto 2 for igual à pressão de vapor do líquido, começarão a se formar bolhas de vapor. Esse fenômeno é chamado de cavitação. A Fig. E5-5b é uma foto tirada em tanque de provas do vórtice de cavitação em um propulsor marítimo. À medida que as bolhas forem transportadas para uma região de pressão mais alta, elas diminuirão de tamanho e eventualmente virão a colapsar. Esse colapso produz ruído e pode provocar desgaste da superfície na qual colapsarem. Esse fenômeno é chamado de erosão por cavitação e é um problema sério em propulsores de navios.

Caso Especial da Equação da Energia em Regime Permanente - A Equação de Bernoulli

A equação da energia em regime permanente para fluido incompressível dada pela eq. 5-33 descreve a conservação de energia para um volume de controle rígido com propriedades uniformes (ou médias) do fluido entrando e saindo do volume de controle. Se assumirmos que:

1. O escoamento é reversível e adiabático, isto é, ele é invíscido e a transferência de calor para o volume de controle é desprezível ($h_L = 0$);
2. Não há realização de trabalho pelo volume de controle ou pelo fluido ($W = 0$);

então a eq. 5-33 reduz-se a

$$\left[\frac{P}{\rho g} + \frac{V^2}{2g} + z\right]_e = \left[\frac{P}{\rho g} + \frac{V^2}{2g} + z\right]_s \tag{5-35}$$

Se o volume de controle for reduzido para um tubo de corrente diferencial que inclua uma linha de corrente do escoamento cuja entrada (*e*) e saída (*s*) ocorram em dois pontos (1 e 2) ao longo da linha de corrente, conforme a Fig. 5-8, a eq. 5-35, fica

$$\frac{P_1}{\rho g} + \frac{V_1^2}{2g} + z_1 = \frac{P_2}{\rho g} + \frac{V_2^2}{2g} + z_2 \tag{5-36}$$

Uma *linha de corrente* é definida como uma linha ao longo da qual os vetores velocidade do fluido são tangentes ao longo do tempo (ver Fig. 5-8). Quando o fluido escoa em regime permanente, as linhas de corrente representam também o percurso das partículas de fluido. Exemplos de linhas de corrente obtidas experimentalmente são mostradas na Fig. 5-9.

Nessa forma a equação da energia em regime permanente é também chamada de equação de Bernoulli. A eq. 5-36 estabelece que a carga manométrica total, $H_T = P/\rho g + V^2/2g + z$, permanece constante entre dois pontos de um escoamento se, entre os dois pontos ao longo de uma linha de corrente:

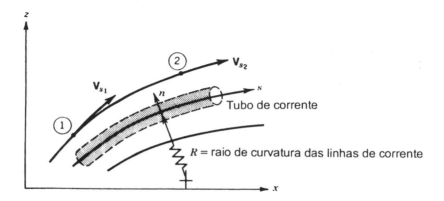

Figura 5-8 Linhas de corrente do escoamento e sistema de coordenadas ligado ao escoamento.

CAPÍTULO 5 - ANÁLISE ATRAVÉS DE VOLUME DE CONTROLE 123

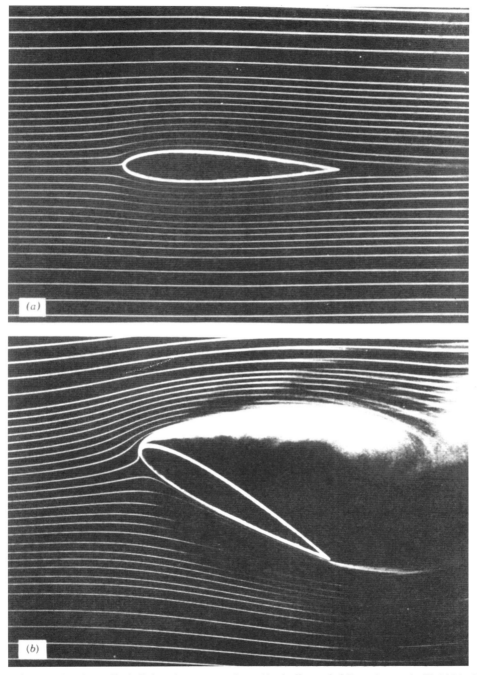

Figura 5-9 Exemplos de perfís de linhas de correntes (extraído de *Ilustraded Experiments in Fluid Mechanics* (The NCFMF book of Film Notes), National Committee for Fluid Mechanics, Educational Development Center, Inc., Copyright © 1972.) (a) Escoamento de fumaça ao redor de um aerofólio com ângulo de ataque zero. (b) O mesmo aerofólio num ângulo de ataque maior com separação do escoamento.

1. O escoamento é incompressível.
2. O escoamento ocorre em regime permanente.
3. O escoamento é invíscido e sem transferência de calor (reversível e adiabático).
4. Não há realização de trabalho pelo volume de controle ou pelo fluido.

Apesar dessas restrições excluírem um grande número de escoamentos, existem diversos casos em que essa equação é valida. É necessário determinar se as restrições podem ser satisfeitas antes de utilizar a eq. 5-36. Por exemplo, considere um escoamento no plano horizontal entre duas paredes paralelas (Fig. 5-10a), que satisfaz as condições acima. como $z_1 = z_2$, a eq. 5-36 fica

$$P_1 + \rho \frac{V_1^2}{2} = P_2 + \rho \frac{V_2^2}{2} = P_T \text{ (constante)} \tag{5-37}$$

Cada termo dessa forma da equação de Bernoulli representa uma pressão. O termo P é a pressão termodinâmica e é chamado do *pressão estática* (ou, simplesmente, apenas pressão). Apesar do valor da pressão estática estar relacionado com a velocidade do escoamento pela eq. 5-37, ou seja, à medida que V^2 aumenta P diminui ou quando V^2 diminui P aumenta, pode existir um valor de pressão estática mesmo se não houver escoamento. O termo $(\rho V^2)/2$ existe apenas quando ocorre um escoamento e é chamado de *pressão dinâmica*. Fora da camada limite do escoamento o escoamento se comporta como se fosse invíscido e a equação de Bernoulli estabelece que a soma das pressões estática e dinâmica, chamada de *pressão total* ou *pressão de estagnação*, é constante ao longo de uma linha de corrente horizontal. Fisicamente, a pressão de estagnação representa a pressão estática que agirá em um ponto de fluido se o fluido neste ponto for colocado em repouso ($V = 0$) através de um processo adiabático reversível. Esse conceito é importante para a medição experimental da velocidade de um fluido.

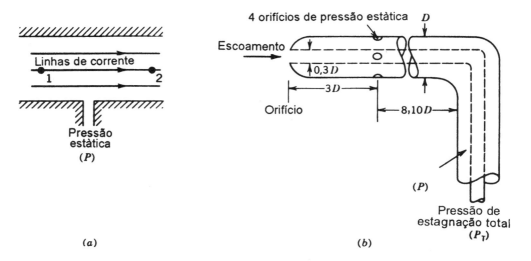

Figura 5-10 Técnicas para medição de pressão estática e de estagnação (a) Tomada de pressão estática na parede. (b) Tubo de Pitot estático.

A pressão estática de um escoamento é medida através de uma tomada de pressão como mostrado na Fig. 5-10a. A tomada de pressão é feita por um pequeno furo cujo eixo é perpendicular à parede. Medidas precisas da pressão estática podem ser obtidas conectando-se a tomada de pressão a um elemento sensor adequado, como um manômetro ou um transdutor de pressão. Note que o que está sendo medida na verdade é a diferença entre a pressão estática na parede e uma outra pressão. Se essa outra pressão é conhecida, como por exemplo a pressão atmosférica, a pressão estática na tomada pode ser determinada.

No fluido ao longe da parede, a pressão estática pode ser medida através de uma sonda de pressão estática (Fig. 5-10b). Essa sonda deve ser alinhada paralela à linha de corrente e calibrada cuidadosamente em um escoamento conhecido para compensar o efeito de sua intrusão no escoamento.

Além da pressão estática, essa sonda, chamada tubo de Pitot estático e mostrada na Fig. 5-10b, também mede a pressão de estagnação do escoamento através de um furo na frente da sonda. Esse furo faceia o escoamento e captura o mesmo, fazendo com que o fluido seja desacelerado até a velocidade nula, ou fique estagnado. A pressão neste furo é igual à pressão de estagnação do escoamento. Quando você coloca a mão para fora através da janela de um carro em movimento, a pressão na parte da sua mão faceando o escoamento é a pressão de estagnação do escoamento. Na parte de trás da sua mão a pressão é menor que a de estagnação, uma vez que há uma pequena velocidade nesta região. Essa diferença de pressão cria uma força que puxa sua mão para trás.

O tubo de Pitot estático é utilizado para medir a velocidade do escoamento em um ponto. Tomando a diferença entre a pressão de estagnação e a pressão estática, $P_T - P$, a eq. 5-37 permite calcular o módulo da velocidade como

$$V = \sqrt{\frac{2(P_T - P)}{\rho}} \qquad (5\text{-}38)$$

EXEMPLO 5-6

Considere o escoamento de 2,2 kg/s de ar a 20 °C através do bocal mostrado na Fig. E5-6. Medições da pressão no ponto 2 indicam que a pressão é a atmosférica, $P_2 = P_{atm} = 101$ kPa. A área da seção transversal no ponto 1 é $A_1 = 0,15$ m² e no ponto 2 é $A_2 = 0,03$ m². Determinar a pressão manométrica no ponto 1 admitindo que o escoamento de ar fora da camada limite seja em regime permanente e incompressível ($\rho = 1,204$ kg/m³).

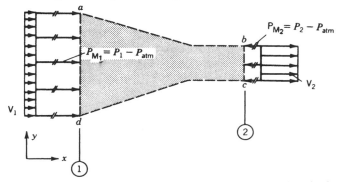

Figura E5-6. Diagrama de corpo livre do volume de controle de um bocal (vista superior).

126 INTRODUÇÃO ÀS CIÊNCIAS TÉRMICAS

SOLUÇÃO

Se for admitido que as propriedades nos pontos 1 e 2 são uniformes na direção y, a pressão manométrica no escoamento fora da camada limite (P_M) pode ser determinada através da aplicação da equação de Bernoulli ao longo da linha de corrente que é coincidente com a linha de centro do bocal.

Da eq. 5-37 com $z_1 = z_2$, uma vez que o escoamento é no plano x,y (ver Fig. E5-6)

$$P_1 + \rho V_1^2 / 2 = P_2 + \rho V_2^2 / 2$$

Portanto

$$P_1 = P_2 + \rho \left(V_2^2 - V_1^2 \right) / 2$$

A partir da conservação da massa

$$V_1 = \frac{\dot{m}}{\rho A_1} = \frac{2,2}{1,204(0,15)} = 12,18\,\text{m}/\text{s}$$

$$V_2 = \frac{\dot{m}}{\rho A_2} = \frac{2,2}{1,204(0,03)} = 60,91\,\text{m}/\text{s}$$

Logo

$$P_1 = 101.000 + \frac{1}{2}(1,204)\left[(60,91)^2 - (12,18)^2\right] = 103.100\,\text{Pa}$$

A pressão manométrica em 1 é

$$P_{M_1} = P_1 - P_{\text{atm}} = 103.100 - 101.000 = 2.100\,\text{Pa}$$

COMENTÁRIO

Esse exemplo mostra um uso comum da equação de Bernoulli. Note que antes de utilizar a equação de Bernoulli, deve-se examinar o escoamento a fim de determinar uma região no mesmo em que todas as hipóteses feitas na obtenção da equação de Bernoulli sejam válidas. A lei de conservação da massa teve que ser utilizada novamente para determinar a velocidade média nos pontos 1 e 2.

Caso Especial da Equação da Energia em Regime Permanente - Fluidos em Repouso

Uma segunda classe especial de problemas envolvendo fluidos a ser considerada está relacionada com fluidos que estão em repouso. ($V = 0$). Exemplos práticos de tais problemas são

CAPÍTULO 5 - ANÁLISE ATRAVÉS DE VOLUME DE CONTROLE **127**

(1) a determinação da variação da pressão do fluido e, conseqüentemente, a força exercida em uma barragem de água em função da profundidade da água na barragem, e (2) o uso de manômetros para medir a pressão em um ponto de um fluido em movimento. Como veremos, essa última aplicação tira vantagem das diferentes densidades que possuem diferentes fluidos.

Um fluido em repouso é um caso no qual não há esforços devido a atrito viscoso agindo no fluido. Isso se deve ao fato de não haver velocidade relativa ou movimento entre as partículas de fluido e, conseqüentemente, não haver gradientes de velocidade no fluido. Esse é um caso de escoamento em regime permanente e a equação de Bernoulli (eq. 5-36) pode ser aplicada com $V^2 = 0$.

$$\frac{P_1}{\rho g} + \overset{=0_?}{\frac{V_1^2}{2g}} + z_1 = \frac{P_2}{\rho g} + \overset{=0_?}{\frac{V_2^2}{2g}} + z_2 \tag{5-36}$$

$$P_1 - P_2 = \rho g \left(z_2 - z_1 \right) \tag{5-39}$$

onde z é positivo na direção vertical para cima. Essa relação mostra claramente que à medida que se aumenta a profundidade da água em um recipiente aberto (com o ponto 1 sendo o fundo do recipiente e o ponto 2 a superfície da água), $(z_2 - z_1)$ torna-se maior, também aumenta-se a quantidade $(P_1 - P_2)$. Como a pressão na superfície da água no recipiente aberto é a pressão atmosférica (P_{atm}), que é basicamente constante, a pressão P_1 deve necessariamente aumentar.

A eq. 5-39 também mostra que a pressão é constante em um fluido a uma profundidade constante. Como z é a direção vertical, $z_1 = z_2$ numa profundidade constante. Assim, $P_2 = P_1$ numa profundidade do fluido constante.

Conforme foi discutido na Seção 5.4, a existência de diferenças de pressão na superfície de um objeto (um volume de controle na Seção 5.4) resultará numa força sobre o objeto. Isso também se aplica ao caso especial de estática de fluidos. A força gerada por um fluido em repouso em um ponto nas paredes do recipiente é o produto da diferença entre a pressão no *ponto* no interior do recipiente e a pressão externa ao recipiente e da área *normal* a esta diferença de pressão. Se a pressão variar no recipiente, esse produto deve ser integrado ao longo de toda a superfície do recipiente para determinar a força total. Isso é mostrado no Exemplo 5-9.

Uma força adicional associada com fluidos em repouso ocorre quando um objeto é submergido no fluido. Essa força é chamada de *força de empuxo* e é determinada através do conhecido *Princípio de Arquimedes*, o qual estabelece que "um objeto submergido sofre a atuação de uma força no sentido vertical para cima que é proporcional ao peso do fluido que o objeto submergido desloca". Essa força de empuxo devido ao princípio de Arquimedes menos o peso do objeto é a força resultante sobre o objeto. Se a força de empuxo for maior que o peso do objeto, este flutuará na superfície do líquido. Ao contrário, se a força de empuxo for menor que o peso do objeto, este afundará. Se as duas forças são iguais, o objeto permanecerá em qualquer profundidade que for colocado. Essa condição é chamada empuxo neutro.

EXEMPLO 5-7

Armazena-se água em um recipiente cuja seção transversal é mostrada na Fig. E5-7. Numa das pernas há mercúrio que, devido ao fato de ser mais denso que a água $(\rho_{Hg} = 13,55\rho_{água})$, depositouse no fundo no recipiente. A pressão na superfície livre é a pressão atmosférica. Determinar a pressão nos pontos A, B, C e D, nas cotas $-z_1$, $-z_2$ e $-z_3$ abaixo da superfície livre. (lembrar que a razão $\rho_{Hg}/\rho_{água} = 13,55$ é a densidade relativa do mercúrio. A densidade relativa de alguns outros líquidos é dada na Tabela A-11).

SOLUÇÃO

De acordo com o sistema de coordenadas mostrado na Fig. E5-7,

$$z_0 = 0 \quad P_0 = P_{atm}$$

A pressão em $-z_1$ é

$$P_1 = P_0 - \rho_{água} g(-z_1 - z_0) = P_{atm} + \rho_{água} g z_1$$

Como os pontos A_1, B_1, C_1 e D_1 estão todos no mesmo nível ($-z_1$) e no mesmo fluido (água),

$$P_{A_1} = P_{B_1} = P_{C_1} = P_{D_1} = P_{atm} + \rho_{água} g z_1$$

De forma análoga em $-z_2$,

$$P_{A_2} = P_{B_2} = P_{C_2} = P_{D_2} = P_{atm} + \rho_{água} g z_2$$

e no fundo do recipiente, $-z_3$,

$$P_{A_3} = P_{B_3} = P_{C_3} = P_{atm} + \rho_{água} g z_3$$

No ponto D_3, a pressão é a soma da pressão no ponto D_2 e a pressão devido ao mercúrio, que tem uma altura $(z_3 - z_2)$.

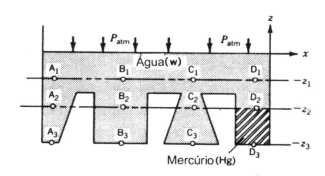

Figura E5-7 Um recipiente com líquido em repouso.

$$P_{D_3} = P_{D_2} - \rho_{Hg}g[-z_3 - (-z_2)]$$

$$= P_{D_2} + \rho_{Hg}g(z_3 - z_2)$$

$$= P_{atm} + \rho_{água}gz_2 + 13{,}55\rho_{água}g(z_3 - z_2)$$

$$= P_{atm} + \rho_{água}g(13{,}55z_3 - 12{,}55z_2)$$

COMENTÁRIO

Esse exemplo mostra que a pressão em um fluido estático:

1. Varia apenas com a profundidade no mesmo fluido;
2. Aumenta à medida que se aumenta a profundidade no fluido;
3. É independente da forma do recipiente;
4. É a *mesma* em todos os pontos de um plano horizontal, ou seja, à profundidade constante no *mesmo* fluido;
5. É uma função da densidade do fluido e da pressão na superfície do fluido.

EXEMPLO 5-8

Considere o escoamento de água a 5 °C através da seção de testes horizontal de um túnel de água, mostrado na Fig. E5-8. Um tubo de Pitot estático é colocado no escoamento além da camada limite da parede da seção de testes. A sonda é conectada a manômetro em U com mercúrio cujos ramos mostram uma diferença na coluna de mercúrio de $\Delta z_{Hg} = 52$ mm. Determinar a velocidade da água no ponto onde está a sonda.

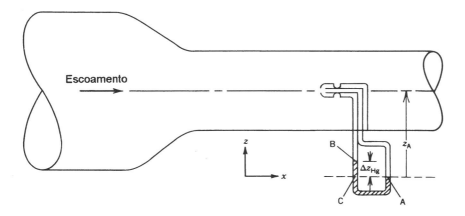

Figura E5-8 Tubo de Pitot estático na seção de testes de um túnel de água.

130 INTRODUÇÃO ÀS CIÊNCIAS TÉRMICAS

SOLUÇÃO

Como o tubo de Pitot estático está localizado fora da camada limite do escoamento, a equação de Bernoulli pode ser utilizada para analisar o escoamento. Conseqüentemente, a velocidade do escoamento **V** nesse ponto é dada pela eq. 5-38

$$V = \sqrt{\frac{2(P_T - P)}{\rho}}$$

Para determinar a quantidade $(P_T - P)$ nós devemos analisar o problema de estática de fluidos que existe no manômetro em U. Seguindo o procedimento utilizado no Exemplo 5-7,

$$P_A = P_T + \rho_{\text{água}} g z_A \tag{a}$$

$$P_B = P + \rho_{\text{água}} g\left(z_A - \Delta z_{\text{Hg}}\right)$$

$$P_C = P_A = P_B + \rho_{\text{Hg}} g \Delta z_{\text{Hg}}$$

$$= P + \rho_{\text{água}} g z_A + g\left(\rho_{\text{Hg}} - \rho_{\text{água}}\right)\Delta z_{\text{Hg}}$$

$$= P + \rho_{\text{água}} g z_A + \rho_{\text{água}} g\left(\frac{\rho_{\text{Hg}}}{\rho_{\text{água}}} - 1\right)\Delta z_{\text{Hg}} \tag{b}$$

Igualando (a) e (b),

$$P_T + \rho_{\text{água}} g z_A = P + \rho_{\text{água}} g z_A + \rho_{\text{água}} g\left(\frac{\rho_{\text{Hg}}}{\rho_{\text{água}}} - 1\right)\Delta z_{\text{Hg}}$$

ou

$$P_T - P = \rho_{\text{água}} g\left(\frac{\rho_{\text{Hg}}}{\rho_{\text{água}}} - 1\right)\Delta z_{\text{Hg}}$$

Da Tab. A-9 tem-se que $\rho_{\text{água}} = 1000$ kg/m^3 e da Tab. A-11 tem-se que $\rho_{\text{Hg}}/\rho_{\text{água}} = 13,55$. Como $\Delta z_{\text{Hg}} = 52$ mm,

$$V = \sqrt{\frac{2\rho_{\text{água}} g\left(\dfrac{\rho_{\text{Hg}}}{\rho_{\text{água}}} - 1\right)}{\rho_{\text{água}}}\Delta z_{\text{Hg}}}$$

CAPÍTULO 5 - ANÁLISE ATRAVÉS DE VOLUME DE CONTROLE **131**

$$= \sqrt{2(9{,}807)(13{,}55 - 1)\frac{52}{1.000}}$$

$$= 3{,}578 \text{ m/s}$$

COMENTÁRIO

Se uma linha horizontal de referência é traçada através dos ramos do manômetro em U, sabemos que a pressão em qualquer ponto desta linha deve ser a mesma quando a linha atravessa o mesmo fluido (veja o Exemplo 5-7). Também sabemos que a pressão na superfície do mercúrio no ramo direito (P_A) é igual à pressão total medida pelo tubo de Pitot estático *mais* o peso da coluna de água de altura z_A acima deste ponto. No ramo direito do tubo em U a pressão na superfície do mercúrio (P_B) é a pressão estática medida pelo tubo de Pitot mais o peso da coluna de líquido de altura ($z_A - \Delta z_{Hg}$) sobre este ponto. A pressão no ponto C no ramo direito, a distância z_A da linha de centro do tubo de Pitot, é igual à pressão no ponto A do ramo direito e a pressão do ponto B P_B mais o peso da coluna de mercúrio acima de C.

EXEMPLO 5-9

Os lados de um reservatório quadrado tem 0,3 m de comprimento e 0,9 m de altura. O reservatório é enchido com água ($\rho_{\text{água}} = 1000 \text{ kg/m}^3$) até o nível de 0,8 m. O topo do reservatório é selado e o ar ($\rho_{ar} = 1{,}225 \text{ kg/m}^3$) no topo do reservatório está à pressão constante de 1,05 atm. Determinar a força nos seguintes pontos:

(a) na base do reservatório.
(b) no topo do reservatório.
(c) na parte molhada das superfícies laterais do reservatório.

SOLUÇÃO

(a) a pressão do lado interno da base do reservatório é ($z = 0$ na superfície da água e positivo para cima)

$$P_{\text{base}} = P_{ar} + \rho_{\text{água}}g(z_{\text{sup}} - z_{\text{base}})$$

$$= 1{,}05(101.300) + 1.000(9{,}807)[0 - (-0{,}8)]$$

$$= 114{,}2 \text{ kPa}$$

$$\mathbf{F}_{\text{base}} = (P_{\text{atm}} - P_{\text{base}})A_{\text{base}}$$

$$= (101.300 - 114.200)(0{,}3)(0{,}3)$$

$$= -1.161 \text{ N (atua verticalmente para baixo)}$$

132 INTRODUÇÃO ÀS CIÊNCIAS TÉRMICAS

(b) A pressão do lado interno do topo do reservatório é

$$P_{\text{topo}} = P_{\text{ar}}$$

$$= 1{,}05(101{,}300)$$

$$= 106.4 \text{ kPa}$$

$$\mathbf{F}_{\text{topo}} = (P_{\text{topo}} - P_{\text{atm}})A_{\text{topo}}$$

$$= (106.400 - 101.300)(0{,}3)(0{,}3)$$

$$= 459 \text{ N (atua verticalmente para cima)}$$

(c) A pressão numa dada profundidade na água, onde $z_{\text{sup}} = 0$,

$$P_z = P_{\text{ar}} + \rho_{\text{água}} g(z_{\text{sup}} - z)$$

A força na parte molhada de um lado é

$$\mathbf{F}_{\text{parte molhada}} = \int_{A_{\text{molhada}}} (P_z - P_{\text{atm}}) \, dA = -\int_0^{-0,8} (P_z - P_{\text{atm}}) w \, dz$$

onde w é a largura da face. Portanto,

$$\mathbf{F}_{\text{parte molhada}} = -\int_0^{-0,8} (P_{\text{ar}} - P_{\text{atm}}) w \, dz - \rho_{\text{água}} g \int_0^{-0,8} (0 - z) w \, dz$$

$$= -(106.400 - 101.300)0{,}3 \int_0^{-0,8} dz + 1.000(9{,}807)0{,}3 \int_0^{-0,8} z \, dz$$

$$= -1.530 \, z \, \Big|_0^{-0,8} + 2.942 \frac{z^2}{2} \Big|_0^{-0,8}$$

$$= 2.165 \text{ N (atua para fora a partir do centro do recipiente)}$$

COMENTÁRIO

O sistema de coordenadas utilizado é tal que a direção vertical (z) é positiva para cima e tem origem na superfície da água. A pressão na base é provocada pela pressão sobre a água mais a coluna de líquido de altura $\Delta z = 0{,}8$ m. A força no topo ou na base é o produto da área do topo ou da base e da pressão *líquida*, a pressão interna menos a externa. A pressão do ar foi assumida constante entre a superfície da água e o topo do reservatório.

A força em um lado do reservatório deve ser determinada por integração da pressão, que varia da superfície da água para o fundo, ao longo da face. O sinal negativo na frente da integral é

CAPÍTULO 5 - ANÁLISE ATRAVÉS DE VOLUME DE CONTROLE **133**

necessário porque a integração é na direção menos z, fazendo com que $dA = -wdz$.

EXEMPLO 5-10

Uma esfera com 1 m de diâmetro é enchida com benzeno e submergida no oceano até uma profundidade de 100 m. Qual deve ser o peso da esfera (vazia) apenas para que ela permaneça a 100 m de profundidade.

SOLUÇÃO

Da Tab. A-11 as densidades relativas do benzeno e da água salgada são 0,879 e 1,025, respectivamente. $\rho_{água} = 1.000$ kg/m³.

$$\mathbf{F}_{empuxo} = \rho_{água\ salgada}\,g(\text{volume da esfera})$$

$$=1.000(1,025)(9,807)(4/3)\pi(0,5)^3$$

$$= 5.263\ N$$

O peso do benzeno, desprezando a espessura da parede da esfera, é

$$W_{benzeno} = \rho_{benzeno}\,g(\text{volume da esfera})$$

$$= 1.000(0,879)(9,807)(4/3)\pi(0,5)^3$$

$$= 4.514\ N$$

Quando a esfera é preenchida com benzeno e submergida até uma profundidade de 100 m, ela permanecerá nesta profundidade se

$$W_{esfera} + W_{benzeno} = \mathbf{F}_{empuxo}$$

Conseqüentemente,

$$W_{esfera} = 5.263 - 4.514 = 749\ N$$

COMENTÁRIO

A força líquida na esfera é a soma da força de empuxo, o peso da esfera vazia e o peso do benzeno necessário para preencher a esfera. A força de empuxo é na direção vertical para cima e igual ao peso da água salgada deslocada pela esfera submergida. Para a esfera preenchida permanecer numa profundidade fixa ela deve ter empuxo neutro, ou seja, o peso da esfera e do benzeno deve ser igual à força de empuxo.

5.6 SELEÇÃO DE UM VOLUME DE CONTROLE

Existe um grande número de superfícies de controle que podem ser selecionadas para a solução de um problema em particular. A melhor superfície de controle é normalmente determinada pela experiência, e por uma análise cuidadosa das variáveis conhecidas e desconhecidas para um problema particular.

A fim de ilustrar isso, considere o problema da determinação da potência de eixo que é necessária para bombear um líquido, por exemplo água, de um reservatório de armazenamento para outro num nível mais alto com uma vazão especificada e através de uma tubulação de diâmetro conhecido, conforme mostrado na Fig. 5-11. A diferença de nível entre as superfícies dos reservatórios é conhecida, bem como o comprimento e diâmetro da tubulação. Como a variável a ser calculada é a taxa de realização de trabalho *sobre* o fluido pela bomba, $-\dot{W}$ o volume de controle a ser escolhido tem que envolver o fluido na bomba. Duas possíveis escolhas estão representadas na Fig. 5-11. Deve-se ressaltar que as superfícies de controle representadas foram escolhidas de forma a envolver apenas o fluido, e não a tubulação.

Para cada superfície de controle, dispõe-se das informações listadas abaixo, relativas à equação da energia unidimensional e em regime permanente.

Volume de Controle N° 1 (entre os pontos A e B)

P_e e P_s Desconhecidas; podem ser determinadas apenas por medição
V_e e V_s Conhecidas; calculadas a partir da vazão mássica e área da seção do tubo, ambas conhecidas
z_e e z_s Desconhecidas; poderiam ser medidas a partir de uma inspeção da instalação
h_L Conhecida; pode ser estimada através da velocidade, comprimento da tubulação no volume de controle e seu diâmetro (ver Capítulo 7)
$\dot{W}$ Quantidade a ser determinada

Resultado: cinco incógnitas e três variáveis conhecidas sem a realização de alguma medição adicional

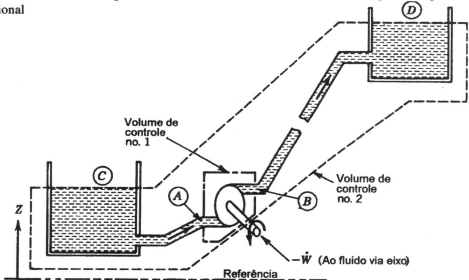

Figura 5-11 Sistema de bombeamento de líquido entre dois reservatórios. Deve-se ressaltar que as superfícies de controle envolvem apenas o fluido entre (A) e (B) e entre (C) e (D).

CAPÍTULO 5 - ANÁLISE ATRAVÉS DE VOLUME DE CONTROLE **135**

Volume de Controle N° 2 (entre os pontos C e D)

P_e e P_s Conhecidas; as duas pressões são iguais à pressão atmosférica

V_e e V_s Conhecidas; as duas velocidades são desprezíveis, uma vez que os reservatórios são muito maiores que a tubulação

z_e e z_s Conhecidas, uma vez que se conhece a localização dos reservatórios

h_L Conhecida; pode ser estimada através da velocidade, comprimento da tubulação no volume de controle e seu diâmetro (ver Capítulo 7)

$\dot{W}$ Quantidade a ser determinada

Resultado: uma incógnita e sete variáveis conhecidas.

É óbvio que para este problema em particular a melhor escolha é o volume de controle n° 2. Substituindo as variáveis conhecidas na eq. 5-33, pode-se determinar a taxa de trabalho realizada sobre o fluido ($\dot{W}$ é positivo se o trabalho é realizado *pelo* fluido, negativo se o trabalho é realizado sobre o fluido).

$$- \dot{W} = \dot{m}g\,(z_s - z_e + h_L) \tag{5-40}$$

Como a equação da energia para um volume de controle está relacionada com a energia do fluido, $\dot{W}$ representa o trabalho (potência) que é transferido para o fluido, que é diferente do trabalho (potência) de eixo que deve ser fornecido ao eixo da bomba. Em outras palavras, $\dot{W}$ não leva em conta as irreversibilidades da bomba. A potência que deve ser entregue ao eixo da bomba é $-\dot{W}$ dividido pela eficiência da bomba, η_b.

$$-\dot{W}_s \text{ (potência de eixo requerida)} = \frac{-\dot{W}}{\eta_b} \tag{5-41}$$

De acordo com a eq. 5-40 essa potência é utilizada para aumentar a energia potencial da água entre os pontos (C) e (D) e vencer a perda de energia devido ao atrito e à transferência de calor em todo o sistema de tubulação (mgh_L). Note que é necessário conhecer-se a eficiência da bomba.

EXEMPLO 5-11

O sistema de tubulação mostrado na Fig. 5-11 é formado por dutos de 15,24 cm de diâmetro com uma vazão mássica $\dot{m} = 140$ kg/s. O nível da água no reservatório de destino é mantido a 122 m acima do reservatório de origem. A perda de carga, em metros, na rede devido ao atrito nas paredes dos dutos, cotovelos e conexões varia com o quadrado da velocidade média através do duto, $h_L = 1,07V^2$ (ver Capítulo 7), onde V está em m/s. Se a bomba tiver uma eficiência $\eta_b = 0,85$, determinar a potência que deve ser fornecida ao *eixo* da bomba ($\rho_{água} = 998$ kg/m³).

SOLUÇÃO

A partir da eq. 5-40 a taxa na qual o trabalho é realizado pela bomba sobre a água é

$$-\dot{W} = \dot{m}g[z_s - z_e + h_L]$$

quando escolhe-se o volume de controle n° 2. A velocidade média através da tubulação é

$$V = \frac{\dot{m}}{\rho A} = \frac{(140)}{998(\pi/4)(0{,}1524)^2}$$

$$=7{,}69 \text{ m/s}$$

e

$$h_L = 1{,}07 \, (7{,}69)^2 = 63{,}28 \text{ m}$$

Assim

$$-\dot{W} = 140 \, (9{,}807) \, [122 + 63{,}28] = 0{,}2544 \text{ MW}$$

Essa é a potência fornecida à água, ou requerida no eixo da bomba se a eficiência fosse de 100 %. Como $\eta_b = 0{,}85$, a potência de eixo efetivamente requerida é

$$-\dot{W}_s \text{ (potência de eixo requerida)} = -\dot{W}/\eta_b = 0{,}2544/0{,}85$$

$$=0{,}2993 \text{ MW}$$

EXEMPLO 5-12

As pressões na entrada e na saída de uma turbina a água são 300 e 90 kPa, respectivamente. A vazão volumétrica através da turbina (ver Fig. E5-12) é 0,9 m³/s. Se a eficiência da turbina for $\eta_T = 0{,}82$, qual é a potência de saída no eixo da turbina? Admitir $\rho_{\text{água}} = 1.000$ kg/m³.

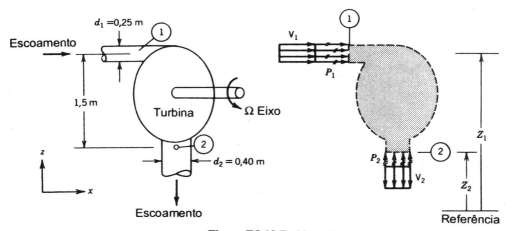

Figura E5-12 Turbina a água.

CAPÍTULO 5 - ANÁLISE ATRAVÉS DE VOLUME DE CONTROLE **137**

SOLUÇÃO

Da eq. 5-33 e da Fig. E5-12 temos

$$\left[\frac{P}{\rho g}+\frac{V^2}{2g}+z\right]_1 = \left[\frac{P}{\rho g}+\frac{V^2}{2g}+z\right]_2 + h_L + \frac{\dot{W}}{g\dot{m}}$$

$$P_1 = 300 \text{ kPa}; \ P_2 = 90 \text{ kPa};$$

$$\dot{m} = \rho(0{,}90); \ z_1 - z_2 = 1{,}5 \text{ m}$$

$$V_1 = \frac{\dot{m}}{\rho A_1} = \frac{1.000(0{,}90)}{1.000(\pi/4)(0{,}25)^2}$$

$$=18{,}33 \text{ m/s}$$

$$V_2 = \frac{\dot{m}}{\rho A_2} = \frac{1.000(0{,}90)}{1.000(\pi/4)(0{,}40)^2}$$

$$=7{,}162 \text{ m/s}$$

se $h_L = 0$, a potência disponível no fluido ou a máxima potência de saída da turbina disponível ($\eta_T = 1{,}0$) pode ser calculada.

$$\dot{W} = \dot{m}\left[\frac{P_1 - P_2}{\rho}+\frac{(V_1^2 - V_2^2)}{2}+g(z_1 - z_2)\right]$$

$$=1.000(0{,}90)\left[\frac{(300.000 - 90.000)}{1.000}+\frac{(18{,}33)^2 - (7{,}162)^2}{2}+9{,}807(1{,}5)\right]$$

$$=303{,}3 \text{ kW}$$

$$\dot{W}_s = (\text{potência de eixo disponível}) = \eta_t \, \dot{W}$$

$$=0{,}82(303{,}3)$$

$$=270{,}8 \text{ kW}$$

COMENTÁRIO

A eficiência da turbina representa as perdas de carga através da turbina. A potência disponível no fluido é determinada através da aplicação da equação da energia em regime permanente entre a

138 INTRODUÇÃO ÀS CIÊNCIAS TÉRMICAS

entrada e a saída da turbina com $h_L = 0$. A potência de saída no eixo da turbina deve ser menor que a potência disponível na água. Conseqüentemente, a potência de saída no eixo é igual à potência disponível na água vezes a eficiência da turbina.

EXEMPLO 5-13

Um grande tanque de ar em um posto de gasolina está sendo enchido com ar por um compressor, ao mesmo tempo em que um cliente está utilizando ar do tanque para encher um pneu. Calcular a taxa de aumento da pressão no tanque num dado instante de tempo quando ocorrem as seguintes condições:

1. O compressor fornece o ar para o tanque a vazão de 0,01 kg/s e temperatura de 90 °C.
2. O cliente está utilizando ar do tanque a vazão de 0,001 kg/s
3. O volume do tanque é 3,0 m^3 e a temperatura do ar no tanque é 40 °C.

SOLUÇÃO

Tomando o tanque como volume de controle e fazendo as seguintes hipóteses:

(a) o ar é gás perfeito ($PV = MRT$, $h = f(T)$) com calores específicos constantes.
(b) o tanque é adiabático e rígido ($\dot{Q} = 0$; $\dot{V} = 0$).
(c) o ar no tanque está bem misturado e está numa temperatura uniforme, assim $T_s = T$.
(d) as energias cinética e potencial do jatos de ar entrando e saindo do tanque são desprezíveis.
(e) a energia armazenada no tanque é apenas energia interna ($E = U$).

Aplicando-se as hipóteses acima à forma geral da primeira lei para um volume de controle (eq. 5-29), resulta em

$$\dot{m}_e\, h_e - \dot{m}_s h_s = \frac{dU}{dt}$$

Como $U = Mu$, então

$$\frac{dU}{dt} = M\frac{du}{dt} + u\frac{dM}{dt} = Mc_v\frac{dT}{dt} + c_v T\frac{dM}{dt}$$

A equação de estado pode ser utilizada para obter um termo de dP/dt e eliminar o termo dT/dt da seguinte forma:

$$PV = MRT$$

Tomando-se o logaritmo dessa equação para obter

$$\ln P + \ln V = \ln M + \ln R + \ln T$$

CAPÍTULO 5 - ANÁLISE ATRAVÉS DE VOLUME DE CONTROLE **139**

Derivando-se essa equação em relação ao tempo

$$\frac{1}{P}\frac{dP}{dT} + 0 = \frac{1}{M}\frac{dM}{dt} + 0 + \frac{1}{T}\frac{dT}{dt}$$

Colocando dT/dt em evidência

$$\frac{dT}{dt} = \frac{T}{P}\frac{dP}{dt} - \frac{T}{M}\frac{dM}{dt}$$

Substituindo a expressão acima na expressão de dU/dt resulta

$$\frac{dU}{dt} = \frac{Mc_v T}{P}\frac{dP}{dt} - \frac{Mc_v T}{M}\frac{dM}{dt} + c_v T\frac{dM}{dt}$$

$$= \frac{Mc_v T}{P}\frac{dP}{dt} = \frac{c_v V}{R}\frac{dP}{dt}$$

Utilizando essa relação na primeira lei e resolvendo para dP/dt

$$\frac{dP}{dt} = \frac{R}{c_v V}\left[\dot{m}_e c_p T_e - \dot{m}_s c_p T_s\right] = \frac{c_p R}{c_v V}\left[\dot{m}_e T_e - \dot{m}_s T_s\right]$$

$$= \frac{1,4(0,287)}{3,0}\left[(0,01)363,2 - (0,001)313,2\right]$$

$$= 0,4445 \text{ kPa/s}$$

COMENTÁRIO

A pressão no tanque aumenta porque a taxa de energia transportada para dentro do tanque é maior que a taxa na qual é retirada energia do tanque.

EXEMPLO 5-14

Um tanque contendo nitrogênio está sendo esvaziado à vazão de 0,01 kg/s. Qual a taxa na qual deve-se fornecer calor ao nitrogênio de forma que sua temperatura permaneça constante a 50 °C?

SOLUÇÃO

Tomando o tanque de nitrogênio como volume de controle (o lado interno da parede do tanque forma a superfície de controle) e admitindo que:

(a) o tanque é rígido ($V = 0$) e não há energia cinética e potencial armazenada no tanque ($E = U$).

140 INTRODUÇÃO ÀS CIÊNCIAS TÉRMICAS

(b) o fluido que deixa o tanque carrega uma parcela de energia cinética e potencial desprezível com ele $(h + V^2/2 + gz)_s = h_s$.

(c) o nitrogênio é gás ideal($PV = MRT$, $h = f(T)$)com calores específicos constantes (perfeito).

(d) a temperatura é uniforme ao longo do volume de controle, assim $T_s = T$.

A primeira lei para volume de controle se reduz a

$$\dot{Q} - \dot{m}_s h_s = \frac{dU}{dt}$$

$$\dot{Q} = \dot{m}_s h_s + M \frac{du}{dt} + u \frac{dM}{dt}$$

A partir da lei da conservação da massa (ou continuidade)

$$\frac{dM}{dt} = -\dot{m}_s$$

Portanto

$$\dot{Q} = \dot{m}_s c_p T_s + M c_v \frac{dT}{dt} - c_v T \dot{m}_s$$

Como a temperatura é constante $dT/dt = 0$ e

$$\dot{Q} = \dot{m}_s T (c_p - c_v) = \dot{m}_s RT$$

$$\dot{Q} = 0,01(0,2968)(323,2) = 0,9593 \text{ kW}$$

COMENTÁRIO

Note que essa taxa de fornecimento de calor é independente do tamanho do tanque, da quantidade de massa no tanque e da pressão no tanque.

EXEMPLO 5-15

Calcule o trabalho durante o tempo de admissão e a temperatura do ar no final do tempo de admissão para um volume de controle que consiste no espaço interno do cilindro de um motor. Tome o estado 1 representando o estado do volume de controle no início e o estado 2 o estado do volume de controle no final do tempo de admissão. Informações disponíveis

$$P_1 = P_2 = P_e = P = 0,1 \text{ MPa}$$

CAPÍTULO 5 - ANÁLISE ATRAVÉS DE VOLUME DE CONTROLE **141**

$$T_1 = 150\ °C = 423,2\ K$$

$$T_e = 20\ °C = 293,2\ K$$

$$V_1 = 0,0008\ m^3$$

$$V_2 = 0,008\ m^3$$

SOLUÇÃO

Admitindo-se que o processo de admissão é relativamente lento, de forma que a pressão no interior do volume de controle permaneça constante (obviamente a pressão no interior do cilindro deve ser menor que a pressão externa a fim de que ocorra o escoamento; a hipótese de pressão constante feita aqui visa apenas simplificar o problema):

$$\dot{W} = P\frac{dV}{dt}$$

$$\int_1^2 \dot{W}\ dt =\ _1W_2 = \int_1^2 P\frac{dV}{dt}\,dt = P\int_1^2 dV = P(V_2 - V_1)$$

$$_1W_2 = 100(0,008 - 0,0008) = 0,72\ kJ$$

Se for admitido que o o volume de controle é adiabático, que o ar é gás perfeito, e que a energia cinética entrando no volume de controle é desprezível (isto é consistente com a não consideração da diferença de pressão na válvula de admissão), a primeira lei para volume de controle fica

$$-\dot{W} + \dot{m}_e h_e = \frac{dE}{dt} = \frac{dU}{dt}$$

$$\int_1^2 -\dot{W}\ dt + \int_1^2 \dot{m}_e h_e\ dt = \int_1^2 \frac{dU}{dt}\,dt$$

$$-_1W_2 + h_e \int_1^2 \dot{m}_e\ dt = U_2 - U_1$$

Da continuidade

$$\frac{dM}{dt} = \dot{m}_e$$

Portanto

$$-_1W_2 + h_e \int_1^2 \frac{dM}{dt}\ dt = U_2 - U_1$$

142 INTRODUÇÃO ÀS CIÊNCIAS TÉRMICAS

$$-P(V_2 - V_1) + h_e(M_2 - M_1) = M_2 c_v T_2 - M_1 c_v T_1$$

$$-P(V_2 - V_1) + c_p T_e\left(\frac{P_2 V_2}{RT_2} - \frac{P_1 V_1}{RT_1}\right) = \frac{P_2 V_2}{RT_2} c_v T_2 - \frac{P_1 V_1}{RT_1} c_v T_1$$

$$-(V_2 - V_1) + \frac{c_p T_e}{R}\left(\frac{V_2}{T_2} - \frac{V_1}{T_1}\right) = \frac{c_v}{R}(V_2 - V_1)$$

$$(V_2 - V_1)\left(1 + \frac{c_v}{R}\right) = \frac{c_p T_e}{R}\left(\frac{V_2}{T_2} - \frac{V_1}{T_1}\right)$$

Sabendo que

$$\frac{c_v}{R} = \frac{1}{\gamma - 1} \quad \text{e} \quad \frac{c_p}{R} = \frac{\gamma}{\gamma - 1},$$

e resolvendo para T_2 resulta

$$(V_2 - V_1)\left(\frac{\gamma}{\gamma - 1}\right) = \left(\frac{\gamma}{\gamma - 1}\right)\left(V_2 \frac{T_e}{T_2} - V_1 \frac{T_e}{T_1}\right)$$

$$T_2 = \frac{T_e}{[(V_2 - V_1)/V_2 + (T_e/T_1)(V_1/V_2)]}$$

$$= \frac{T_e}{[1 - (V_1/V_2) + (T_e/T_1)(V_1/V_2)}$$

$$T_2 = \frac{T_e}{\{1 + (V_1/V_2)[(T_e/T_1) - 1]\}}$$

$$T_2 = \frac{293,2}{[1 + 0,1(293,2/423,2 - 1)]}$$

$$= 302,5 \text{ K}$$

COMENTÁRIO

O trabalho é positivo, indicando que trabalho é feito pelo volume de controle à medida que o volume aumenta. A temperatura final é função de T_e, T_1 e da razão de volumes V_1/V_2.

CAPÍTULO 5 - ANÁLISE ATRAVÉS DE VOLUME DE CONTROLE **143**

EXEMPLO 5-16

Ar entra em um compressor a 20 °C e deixa o mesmo a 360 °C. A vazão mássica de ar é de 10 kg/s, a velocidade de entrada do ar no compressor é de 10 m/s e a velocidade de saída é de 100 m/s. Admitindo um processo em regime permanente, compressor adiabático e comportamento de gás perfeito, determinar a potência necessária para acionar este compressor.

SOLUÇÃO

Utilizando a forma da primeira lei para regime permanente, eq. 5-29,

$$\frac{\dot{Q}}{\dot{m}} - \frac{\dot{W}}{\dot{m}} = \left(h + \frac{V^2}{2} + gz\right)_s - \left(h + \frac{V^2}{2} + gz\right)_e$$

e desprezando as variações de energia potencial, tem-se

$$\dot{W} = \dot{m}\left[\left(h + \frac{V^2}{2}\right)_e - \left(h + \frac{V^2}{2}\right)_s\right] = \dot{m}\left(h_e - h_s + \frac{V_e^2 - V_s^2}{2}\right)$$

$$\dot{W} = \dot{m}\left[c_p(T_e - T_s) + \frac{V_e^2 - V_s^2}{2}\right]$$

$$\dot{W} = 10\left[1,004(20 - 360) + \frac{100 - 10.000}{2.000}\right] = -3.463 \text{ kW}$$

COMENTÁRIO

A potência é negativa, indicando que ela é transferida para dentro do volume de controle. A variação de energia cinética nesse caso não é desprezível, apesar de que ela é menor que 2% da variação de entalpia. A hipótese de variação de energia potencial é bem razoável, uma vez que uma variação de 1 m entre a admissão e a descarga representariam uma variação de potência de apenas 0,1 kW. O calor específico do ar apresenta um valor médio nessa faixa de temperatura que é cerca de 2,5 % maior que o utilizado, e um cálculo mais preciso deve levar isto em conta.

5.7 A SEGUNDA LEI DA TERMODINÂMICA PARA UM VOLUME DE CONTROLE

O mesmo procedimento utilizado para formular a primeira lei da termodinâmica para um volume de controle, pode ser utilizado para obter a segunda lei da termodinâmica para um volume de controle. Pode-se partir tanto da desigualdade da eq. 4-38 quanto da igualdade da eq. 4.40.

Para um sistema, a eq. 4-38 estabelece que

144 INTRODUÇÃO ÀS CIÊNCIAS TÉRMICAS

$$\frac{dS_{sis}}{dt} \geq \frac{\dot{Q}}{T}$$

Utilizando a eq. 5.6 com $\Phi = S$ e $\varphi = \Phi/M = s$

$$\frac{dS_{sis}}{dt} = (\dot{m}s)_s - (\dot{m}s)_e \tag{5-42}$$

onde

$$\frac{dS_{sis}}{dt} = \frac{dS_{VC}}{dt} \tag{5-43}$$

Substituindo-se a eq. 5-43 na eq. 5.42 e posteriormente a eq. 5-42 na eq. 4-38 resulta

$$\frac{dS_{VC}}{dt} \geq \frac{\dot{Q}}{T} + (\dot{m}s)_e - (\dot{m}s)_s \tag{5-44}$$

Se a eq. 4-40 for utilizada como ponto de partida em lugar da eq. 4-38, a segunda lei da termodinâmica para volume de controle fica

$$\frac{dS_{VC}}{dt} = \frac{\dot{Q}}{T} + \dot{I} + (\dot{m}s)_e - (\dot{m}s)_s \tag{5-45}$$

Tanto a eq. 5.45 quanto a desigualdade da eq. 5-44 podem ser consideradas como a expressão da segunda lei para um volume de controle. Para um processo reversível pode-se igualar os termos da eq. 5-44, e, é obvio, o termo $\dot{I}$ na eq. 5-45 é zero, de forma que as duas equações são idênticas para processos reversíveis. Essas equações estão escritas para um volume de controle com apenas uma entrada e uma saída. Se o volume de controle for formada por mais de uma entrada ou saída, deve-se fazer o somatório de todas as entradas e saídas. De maneira análoga, se o calor é adicionado ou removido a mais de uma temperatura na superfície de controle, o termo $\dot{Q}/T$ deve ser obtido por integração na área,

$$\frac{\dot{Q}}{T} = \iint_{SC} \frac{\dot{Q}/A}{T} \, dA \tag{5-46}$$

As Eqs. 5-44 e 5-45 mostram que

1. Existem apenas duas maneiras de diminuir a entropia de um volume de controle - removendo-se calor ou retirando-se massa.
2. Existem três maneiras de aumentar a entropia de um volume de controle - através da adição de calor, adição de massa e através das irreversibilidades.

A eq. 5-45 pode ser utilizada às vezes para avaliar a magnitude de uma irreversibilidade, resolvendo-a para $\dot{I}$. Como

$$S_{VC} = Ms \tag{5-47}$$

$$\frac{dS_{VC}}{dt} = s\frac{dM}{dt} + M\frac{ds}{dt}$$

O termo dS_{VC}/dt pode ser calculado se dM/dt for conhecido a partir da continuidade e se ds/dt for conhecido a partir de uma relação de propriedades. Por exemplo, quando um gás ideal encontra-se no interior de um volume de controle a segunda equação de Tds (eq. 4-44) fica

$$T\frac{ds}{dt} = c_p\frac{dT}{dt} - v\frac{dP}{dt} \tag{5-48}$$

a qual pode ser resolvida para ds/dt se as taxas de variação da pressão e da temperatura puderem ser medidas.

Para regime permanente, a eq. 5-45 fica

$$0 = \dot{m}(s_e - s_s) + \frac{\dot{Q}}{T} + \dot{I} \tag{5-49}$$

Se o processo em regime permanente é reversível ($\dot{I} = 0$)

$$\frac{\dot{Q}}{\dot{m}} = q = T(s_s - s_e) \tag{5-50}$$

Se o processo em regime permanente for adiabático ($\dot{Q} = 0$)

$$\dot{I} = \dot{m}(s_s - s_e) \tag{5-51}$$

Se o processo for reversível ($\dot{I} = 0$) e adiabático ($\dot{Q} = 0$), isto é, isoentrópico

$$s_e = s_s \tag{5-52}$$

A equação da primeira lei para o processo em regime permanente (eq. 5-29) pode ser escrita como

$$\dot{Q} - \dot{W} = \dot{m}\left[h_s - h_e + \frac{V_s^2 - V_e^2}{2} + g(z_s - z_e)\right]$$

Dividindo-a por $\dot{m}$ resulta

$$q - w = h_s - h_e + \frac{V_s^2 - V_e^2}{2} + g(z_s - z_e)$$

Para um processo com variações de energia cinética e potencial desprezíveis, a equação reduz-se a

$$q - w = h_s - h_e \tag{5-53}$$

Para um processo reversível

$$\int T\,ds = \int \delta q = q \tag{5-54}$$

de forma que a segunda equação de $T\,ds$ pode ser escrita como

$$\int_e^s T\,ds = \int_e^s dh - \int_e^s v\,dP$$
$$q = h_s - h_e - \int_e^s v\,dP \tag{5-55}$$

Substituindo a eq. 5-55 na Eq, 5-53 resulta

$$w = -\int v\,dP \tag{5-56}$$

Portanto, para um processo reversível em regime permanente, o trabalho por unidade de massa é, $\int -v\,dP$ não $\int P\,dv$. Essa integral é proporcional à área no diagrama P-v mostrada na Fig. 5-12. Em um processo reversível à pressão constante em regime permanente não há realização de trabalho.

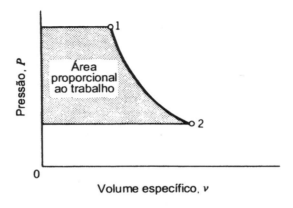

Figura 5.12 Trabalho em um processo reversível em regime permanente.

CAPÍTULO 5 - ANÁLISE ATRAVÉS DE VOLUME DE CONTROLE **147**

EXEMPLO 5-17

Calcule a taxa de geração de entropia devido a irreversibilidades ($\dot{I}$) para um volume de controle que consiste no lado da água de um trocador de calor. Água no estado de líquido saturado a 1,0 MPa entra no trocador e vapor de água saturado a 0,95 MPa deixa o trocador de calor. Prevalecem condições de regime permanente e a vazão mássica é de 1,0 kg/s. As diferenças de energia cinética e potencial entre a entrada e a saída podem ser admitidas desprezíveis.

SOLUÇÃO

Utilizando a eq. 5-45

$$\frac{dS_{VC}}{dt} = \frac{\dot{Q}}{T} + \dot{I} + (\dot{m}s)_e - (\dot{m}s)_s$$

Para condições de regime permanente, $dS_{VC}/dt = 0$ e $\dot{m}_e = \dot{m}_s$. A primeira lei (eq. 5-29) com variações desprezíveis de energia cinética e potencial pode ser utilizada para obter a expressão para $\dot{Q}$ dado que $\dot{W} = 0$.

$$\dot{Q} = \dot{m}(h_s - h_e) = 1,0(2.776,1-762,81) = 2.013,3 \text{ kW}$$

Os valores de h_s e h_e foram obtidos na Tab. A-1.2. Já o valor de T a ser utilizado é a média aritmética, uma vez que T_s e T_e são aproximadamente iguais

$$\bar{T} = \frac{179,91+177,69}{2} = 178,8 \text{ °C} = 452 \text{ K}$$

$$\dot{I} = \dot{m}(s_s - s_e) - \frac{\dot{Q}}{T} = 1,0(6,6041-2,1387) - \frac{2.013,3}{452}$$

$$\dot{I} = 0,01120 \text{ kW/K}$$

COMENTÁRIO

Essa irreversibilidade é devida à perda de pressão no trocador de calor.

5.8 CONVERSÃO DE ENERGIA

A maioria das formas de energia utilizadas estão disponíveis na forma de trabalho mecânico ou elétrico. Todos os sistemas de transporte utilizam trabalho mecânico, dado que envolvem uma força e um deslocamento. O trabalho elétrico produzido em grandes geradores em usinas elétricas é trabalho mecânico de eixo antes de ser convertido em trabalho elétrico. As indústrias utilizam

148 INTRODUÇÃO ÀS CIÊNCIAS TÉRMICAS

trabalho mecânico e elétrico durante o processo de manufatura (usinagens, conformações, etc.) de seus produtos. A maioria dos sistemas de refrigeração e ar condicionado utilizam trabalho mecânico e elétrico para transferir energia na forma de calor, de uma região de baixa temperatura para uma região de alta temperatura.

De onde vem esse trabalho que nós usamos? Ele é energia de alguma fonte convertida em trabalho. Existem três fontes principais dessa energia: combustíveis fósseis, combustíveis nucleares, e fontes solares. Dentre os combustíveis fósseis temos: carvão, petróleo e gás natural. Os combustíveis nucleares são principalmente os elementos propensos à fissão nuclear. Já dentre as fontes solares temos a hidráulica, o vento, a energia térmica do oceano, a biomassa, bem como o uso direto dos raios solares. É lógico que existem outras fontes (geotérmicas, gradientes de salinidade, etc.), porém elas não contribuem de forma significativa no total da energia hoje em dia utilizada. Como essa energia é convertida de sua fonte em uma forma utilizável (trabalho)? Isso é feito através de dois modos: utilizando-se certos processos ou então através de ciclos.

Conversão de Energia Através de Processos

Os dispositivos que convertem outras formas de energia em trabalho utilizando processos específicos são familiares no nosso dia-a-dia. Baterias e células de combustíveis convertem a energia de uma reação química em trabalho elétrico através de processos praticamente isotérmicos. Motores de combustão interna com ignição por centelha, diesel, ou turbinas a gás convertem a energia química da combustão de um combustível fóssil com ar em trabalho, utilizando uma série de processos. Apesar de os motores com ignição por centelha e diesel operarem segundo um ciclo *mecânico* (o movimento do pistão é repetitivo), eles não realizam um ciclo *termodinâmico*, porque o fluido que deixa o dispositivo não é idêntico ao fluido que entra no mesmo.

Todos esses dispositivos que operam segundo um processo, ou uma série de processos que não constituem um ciclo termodinâmico, não são motores térmicos. Eles geralmente não convertem calor em trabalho, e assim não têm sua eficiência limitada pela eficiência de Carnot. De fato, eles podem não ter nenhuma transferência de calor envolvida durante qualquer um dos processos. Contudo, a segunda lei continua aplicável, e desta forma pode-se avaliar teoricamente qual a geração máxima de trabalho que se pode obter desses processos. Nós consideraremos neste livro, de forma superficial, apenas alguns desses processos, porém existem livros que dedicam-se exclusivamente ao estudo de equipamentos que convertam energia através de um processo ou de uma série de processos[1,2,3].

Bocais. Um bocal é um dispositivo que converte a entalpia de um fluido escoando em energia cinética. O equipamento pode ser extremamente simples, composto apenas por um canal de área variável na direção do escoamento (ver Fig. 5-5). Esse dispositivo foi analisado anteriormente na Seção 5.4 em termos da variação da quantidade de movimento, e agora será realizada uma análise do ponto de vista energético. Se o bocal for escolhido como um volume de controle, não há trabalho mecânico envolvido, a transferência de calor e as variações de energia potencial normalmente são desprezíveis, e usualmente admite-se que o escoamento se dá em regime permanente. Assim, a aplicação da primeira lei para o volume de controle formado pelo bocal resulta em

CAPÍTULO 5 - ANÁLISE ATRAVÉS DE VOLUME DE CONTROLE **149**

$$\dot{Q}_{VC} - \dot{W}_{VC} + \left[\dot{m}\left(h + \frac{V^2}{2} + gz\right)\right]_e - \left[m\left(h + \frac{V^2}{2}\right) + gz\right]_s = 0$$

$$h_e + \frac{V_e^2}{2} = h_s + \frac{V_s^2}{2}$$

$$V_d = \sqrt{2(h_e - h_s) + V_e^2} \tag{5-57}$$

Freqüentemente a energia cinética na entrada pode ser desprezada porque a velocidade neste ponto é baixa.

Um equipamento que realize a operação inversa, convertendo velocidade em entalpia, é chamado de difusor. A aplicação da primeira lei para o difusor resulta na mesma relação obtida na eq. 5-57 para o bocal.

Turbinas e Motores a Pistão. Turbinas e motores a pistão convertem em trabalho a energia cinética ou entalpia de um fluido escoando, ou então o calor adicionado ao fluido. Eventualmente um motor pode ter uma geometria diferente da geometria pistão-cilindro convencional, como por exemplo no motor Wankel, porém os processos de conversão de energia nestas geometrias são similares dos que ocorrem num sistema pistão-cilindro. A superfície de controle em torno do equipamento normalmente é escolhida de forma que não haja variação de energia potencial e que o escoamento se dê em regime permanente. Em um motor a pistão-cilindro, o escoamento é pulsante próximo às valvulas de admissão e exaustão; contudo, a uma distância razoável a montante e a jusante das válvulas, as pulsações são bastante amortecidas e o escoamento pode ser considerado em regime permanente. Se a transferência de calor for desprezível e $z_e = z_s$, a primeira lei fica

$$\dot{Q}_{VC} - \dot{W}_{VC} + \left[\dot{m}\left(h + \frac{V^2}{2} + gz\right)\right]_e - \left[\dot{m}\left(h + \frac{V^2}{2} + gz\right)\right]_s = 0$$

$$\dot{W}_{VC} = \dot{m}\left(h_e - h_s + \frac{V_e^2 - V_s^2}{2}\right) \tag{5-58}$$

A potência pode ser dividida pela vazão mássica, a fim de se obter o trabalho por unidade de massa do fluido escoando

$$\frac{\dot{W}_{VC}}{\dot{m}} = w_{VC} = h_e - h_s + \frac{V_e^2 - V_s^2}{2} \tag{5-59}$$

Se a transferência de calor não for desprezível, a primeira lei fica

150 INTRODUÇÃO ÀS CIÊNCIAS TÉRMICAS

$$\dot{W}_{VC} = \dot{m}\left(h_e - h_s + \frac{V_e^2 - V_s^2}{2}\right) + \dot{Q}_{VC} \tag{5-60}$$

ou

$$\frac{\dot{W}_{VC}}{\dot{m}} = w_{VC} = h_e - h_s + \frac{V_e^2 - V_s^2}{2} + q_{VC} \tag{5-61}$$

EXEMPLO 5-18

Determinar o trabalho obtido por unidade de massa de ar escoando em regime permanente através de uma turbina onde as condições de entrada são $P_e = 1,0$ MPa e $T_e = 500$ K e a pressão de saída é 0,1 MPa. Realizar o cálculo primeiramente para um processo adiabático reversível, e depois para um processo isotérmico reversível, admitindo em ambos os casos uma variação de energia cinética desprezível. Admitir que o ar é um gás perfeito.

SOLUÇÃO

(a) processo adiabático reversível, eq. 5-59

$$w_{VC} = h_e - h_s + \frac{V_e^2 - V_s^2}{2}$$

$$w_{VC} = h_e - h_s = c_p(T_e - T_s)$$

$$\frac{T_s}{T_e} = \left(\frac{P_s}{P_e}\right)^{(\gamma-1)/\gamma} = 0,1^{0,4/1,4} = 0,5179$$

$$T_s = 0,5179(500) = 258,9 \text{ K}$$

$$w_{VC} = 1,004(500 - 258,9) = 242,1 \text{ kJ / kg}$$

(b) processo isotérmico reversível, eq. 5-61

$$w_{VC} = h_e - h_s + \frac{V_e^2 - V_s^2}{2} + q_{VC}$$

$$w_{VC} = c_p(T_e - T_s) + q_{VC}$$

$$w_{VC} = q_{VC}$$

CAPÍTULO 5 - ANÁLISE ATRAVÉS DE VOLUME DE CONTROLE **151**

Da definição de entropia, $q_{rev} = \int T\,ds$, e da segunda equação Tds, $Tds = dh - v\,dP$, obtem-se

$$w_{VC} = q_{VC} = \int_e^s T\,ds = \int_e^s -v\,dP$$

$$= RT\int_e^s \frac{-dP}{P} = -RT\ln\left(\frac{P_s}{P_e}\right) = RT\ln\left(\frac{P_e}{P_s}\right)$$

$$w_{vc} = 0{,}287(500)\ln 10 = 330{,}4 \text{ kJ / kg}$$

COMENTÁRIO

Existem dois pontos que merecem comentário nesse exemplo. Primeiramente, observa-se que o trabalho isotérmico reversível é maior que o trabalho adiabático reversível na expansão de um gás perfeito entre duas pressões fixas. Isso em geral é verdade. Se o processo fosse uma compressão entre duas pressões fixas, o processo isotérmico reversível necessitaria de um menor fornecimento de energia que o processo adiabático reversível. Contudo, na prática o processo ideal é difícil de ser obtido, se não impossível, devido às altas taxas de transferência de calor que seriam necessárias.

O segundo ponto é que aqui nós temos um processo (o processo isotérmico reversível) no qual todo o calor adicionado ao volume de controle a 500 K foi convertido em trabalho. Isso não é uma violação da segunda lei porque esse é um *processo*, não um *ciclo*. Esse processo requer ar a 1,0 MPa e 500 K. Se houvesse uma disponibilidade infinita de ar nestas condições, esse processo teria uma tremenda importância prática, porém esta fonte de energia não existe. Na prática, o ar teria que ser comprimido até a alta pressão, e o processo de compressão necessitaria de um fornecimento de trabalho, reduzindo significativamente a produção líquida de trabalho. Note que em um processo não há nenhuma proibição contra converter todo o calor fornecido em trabalho. De fato, o processo adiabático reversível não tinha fornecimento de calor, e ainda assim trabalho foi produzido.

Equipamentos que realizam a função inversa de turbinas e motores a pistão são chamados compressores se o fluido for compressível, ou bombas se o fluido for incompressível. A análise desses equipamentos produz equações para o trabalho que são similares às Eqs. 5-59 e 5-61.

Turbina a Gás. Uma turbina a gás é mostrada esquematicamente na Fig. 5-13. O ar atmosférico é comprimido, escoa para o interior do queimador, onde o combustível é misturado com ar e a combustão ocorre. Os produtos da reação de combustão expandem-se através da turbina, produzindo potência para acionar o compressor bem como alguma potência para movimentar uma carga. Essa carga pode ser um gerador elétrico ou o propulsor de um avião ou navio. Esse dispositivo não opera segundo um ciclo termodinâmico pois a composição da massa que retorna para a atmosfera é diferente da massa que foi retirada da atmosfera.

A Fig. 5-14 apresenta o diagrama temperatura-entropia específica, que mostra os processos ideais que ocorrem numa turbina a gás. Admite-se que o compressor e a turbina sejam adiabáticos e reversíveis, e com isto os processos que ocorrem nestes componentes são isoentrópicos. Já para o processo de combustão, admite-se que ele se dê a pressão constante.

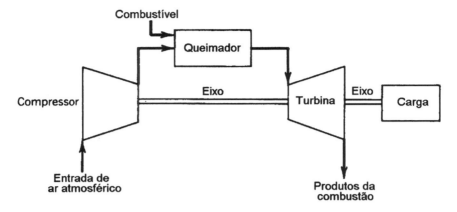

Figura 5-13 Diagrama esquemático de uma turbina a gás.

Nesse processo a temperatura aumenta significativamente devido à reação química. Uma análise simplificada do compressor e da turbina através da primeira lei, admitindo-se regime permanente, energia cinética e potencial desprezíveis, e gás perfeito, resulta em

Compressor:

$$-\frac{\dot{W}_{VC}}{\dot{m}} = -w_{VC} = w_c = h_2 - h_1 = c_p(T_2 - T_1) \tag{5-62}$$

Turbina:

$$\frac{\dot{W}_{VC}}{\dot{m}} = w_{VC} = w_t = h_3 - h_4 = c_p(T_3 - T_4) \tag{5-63}$$

Desprezando-se as diferenças de vazão mássica no compressor e na turbina, e admitindo que os calores específicos são constantes, o trabalho líquido é dado por

$$w_{liq} = w = w_t - w_c = c_p[(T_3 - T_4) - (T_2 - T_1)] \tag{5-64}$$

Do diagrama T-s pode-se ver que

$$(T_3 - T_4) > (T_2 - T_1)$$

o que indica que o trabalho líquido é positivo. Uma análise termodinâmica mais detalhada pode ser realizada, também mostrando que isso é verdade. Portanto, a turbina a gás é um equipamento que, operando através de uma série de processos, converte parte da energia liberada pela reação química em trabalho.

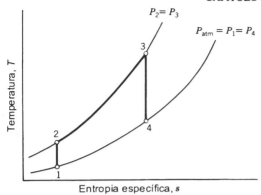

Figura 5-14 Diagrama T-s para uma turbina a gás.

Conversão de Energia Através de Ciclos - Transformação de Calor em Trabalho

Conforme foi mencionado no Capítulo 4, onde se estudou o ciclo de Carnot, os ciclos de geração de potência retiram calor de uma fonte a alta temperatura, deixam que ela corra "montanha abaixo" em direção a um sorvedouro a baixa temperatura, enquanto convertem em trabalho parte deste calor retirado da fonte a alta temperatura. A eficiência de Carnot representa a porcentagem máxima do calor fornecido que pode ser convertido em trabalho. Todos os ciclos externamente reversíveis atingem esta eficiência de Carnot, enquanto que eficiências menores são obtidas quando o ciclo não é externamente reversível. Na verdade não há processos externamente reversíveis, de modo que espera-se que os ciclos reais tenham uma eficiência menor que a de Carnot.

A maioria dos ciclos com utilidade prática utiliza um fluido que passa por uma série de processos que constituem o ciclo. O fluido, chamado de fluido de trabalho do ciclo, pode ser um gás, um líquido, ou pode também envolver um processo de mudança de fase. Normalmente o fluido é circulado através de equipamentos ou componentes onde calor é adicionado, depois através de equipamentos ou componentes onde trabalho é extraído, e então através de equipamentos ou componentes onde calor é removido do fluido. A maioria dos ciclos também possui um processo no qual algum trabalho deve ser fornecido ao fluido, pois normalmente equipamentos ou componentes tais como bombas ou compressores fazem parte do ciclo. É lógico que a quantidade de trabalho fornecida deve ser menor que aquela extraída do fluido para que haja interesse na utilização desse ciclo para geração de potência. Se o trabalho líquido for fornecido ao ciclo (ou seja, fornece-se mais do que se extrai), este poderá ser utilizado como um ciclo de refrigeração ou bomba de calor. Bombas de calor e ciclos de refrigeração serão discutidos após os ciclos de geração de potência, pois os componentes dos ciclos são similares nos dois casos.

Além do uso de fluidos como substância de trabalho em ciclos termodinâmicos, pode-se utilizar substâncias de trabalho sólidas. Fitas ou fios de borracha ou metálicos têm sido utilizados como substâncias de trabalho em ciclos de geração de potência. Esses ciclos, contudo, produzem uma quantidade de potência muito pequena para merecer uso prático. Dispositivos termoelétricos e termoiônicos também convertem calor em trabalho continuamente. Esses dispositivos são estáticos por natureza, pois não envolvem partes móveis como pistões ou pás de turbinas. Obviamente estão limitados pela eficiência de Carnot e na prática não se aproximam desse limite. Eles não são largamente utilizados, limitando-se a aplicações especiais. Maiores detalhes sobre o desempenho desse tipo de equipamento podem ser encontrados nas Referências 2 e 4.

O Ciclo de Rankine

Existem diversos sistemas em uso atualmente para conversão de calor em trabalho através de um ciclo termodinâmico. O ciclo mais comum é o ciclo de Rankine. Unidades geradoras utilizam esse ciclo para gerar potência a partir de fontes de energia fósseis ou nucleares. O fluido de trabalho utilizado nesses ciclos é água, apesar do ciclo de Rankine poder operar e ter operado com outros fluidos que sofrem mudanças de fase, tais como mercúrio, potássio, amônia e uma variedade de fluidos orgânicos, dentre eles os fluidos refrigerantes. Será discutido o ciclo de Rankine básico juntamente com os componentes utilizados para realizar o ciclo. Serão também discutidas modificações que são feitas no ciclo básico e as razões dessas modificações.

Os componentes do ciclo de Rankine básico estão representados na Fig. 5-15. Utiliza-se água como fluido de trabalho nesse ciclo. A água sai do condensador e entra na bomba no estado 1. Potência é fornecida à bomba para aumentar a pressão da água antes desta entrar na caldeira no estado 2. Adiciona-se calor à água na caldeira, e a água deixa a caldeira e entra na turbina como vapor (estado 3). É produzida potência na turbina através da expansão do vapor de água, que deixa a turbina e entra no condensador (estado 4). Remove-se calor para condensar o vapor, que irá para a bomba na fase líquida, completando o ciclo.

Os processos mostrados na Fig. 5-16 são idealizações dos processos reais que ocorrem nos componentes da Fig. 5-15. O processo através da bomba (1-2) é idealizado como um processo adiabático e reversível (isoentrópico); o processo real de fato é muito próximo de ser adiabático, porém existem certas irreversibilidades e o processo real difere do mostrado. O processo na caldeira (2-3) é idealizado como um processo de aquecimento a pressão constante, mas na verdade haverá uma queda de pressão à medida que o fluido escoar na caldeira devido à viscosidade do fluido e provavelmente ao aumento da quantidade de movimento. Já a expansão na turbina (3-4) é idealizada como uma expansão adiabática reversível. Novamente o processo está muito próximo de ser adiabático, porém ocorrem certas irreversibilidades e ocorrerá um ligeiro aumento da entropia no caso real. O diagrama T-s da Fig. 5-16 também mostra um processo de expansão no qual entra vapor superaquecido (3A) em lugar de vapor saturado (3) na turbina. Obviamente a caldeira deverá fornecer o calor adicional (de 3 a 3A) quando se fornece vapor superaquecido para a turbina.

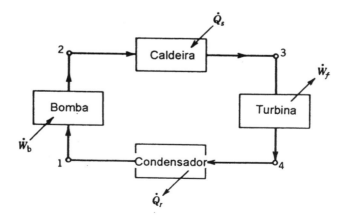

Figura 5-15 Componentes do ciclo de Rankine básico.

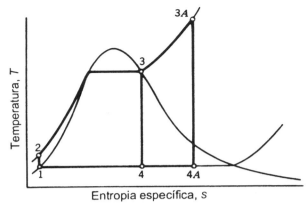

Figura 5-16 Diagrama T-s para ciclo de Rankine ideal.

O estado de saída da turbina é 4A quando o estado de entrada é 3A. Na maioria dos ciclos de Rankine reais o vapor é fornecido à turbina superaquecido. O processo no condensador (4-1 ou 4A-1) é idealizado como um processo de remoção de calor a pressão constante, quando na verdade uma pequena queda de pressão ocorrerá.

Análise do Ciclo de Rankine Ideal. Antes de discutirmos um ciclo mais complexo, será realizada uma análise simplificada da primeira lei para o ciclo de Rankine ideal, mostrado nas Figs. 5-15 e 5-16. O ciclo é chamado ideal, porque se admite que todos os processos são reversíveis e que não há queda de pressão nos trocadores de calor nem irreversibilidades (perdas) na turbina e na bomba. *Será admitido regime permanente para todos os componentes*, e nós analisaremos cada um deles separadamente como um volume de controle. A primeira lei para regime permanente (eq. 5-29) pode ser escrita como

$$\dot{Q}_{VC} - \dot{W}_{VC} + \left[\dot{m}\left(h + \frac{V^2}{2} + gz\right)\right]_e - \left[\dot{m}\left(h + \frac{V^2}{2} + gz\right)\right]_s = 0$$

Bomba. Quando a eq. 5-29 é aplicada para o volume de controle representando a bomba, juntamente com as seguintes hipóteses:

1. A bomba é adiabática ($\dot{Q} = 0$) e reversível ($s_2 = s_1$).
2. As variações de energia cinética e potencial são desprezíveis.
3. O fluido é incompressível ($v_2 = v_1$).

a equação se reduz a

$$\dot{W}_{VC} = \dot{m}(h_e - h_s) = \dot{m}(h_1 - h_2) \tag{5-65}$$

$$\frac{\dot{W}_{VC}}{\dot{m}} = w_{VC} = h_1 - h_2 \tag{5-66}$$

156 INTRODUÇÃO ÀS CIÊNCIAS TÉRMICAS

Da segunda equação $T\,ds$:

$$T\,ds = dh - v\,dP = 0$$

$$\int_1^2 dh = \int_1^2 v\,dP \qquad (5\text{-}67)$$

$$h_2 - h_1 = v(P_2 - P_1)$$

Portanto,

$$w_{VC} = h_1 - h_2 = -v(P_2 - P_1) \qquad (5\text{-}68)$$

ou

$$w_b = -w_{VC} = v(P_2 - P_1) = (h_2 - h_1) \qquad (5\text{-}69)$$

O subscrito b indica que o trabalho é para uma bomba, e todas as bombas requerem um fornecimento de trabalho. Assim, mesmo que esse termo seja utilizado sem o subscrito numa equação termodinâmica, o sinal negativo deve ser obtido no cálculo da quantidade de trabalho.

Turbina. Aplicando-se a primeira lei para a turbina admitindo-se as hipóteses 1 e 2 citadas anteriormente para a bomba, obtém-se a seguinte equação

$$\dot{W}_{VC} = \dot{m}(h_e - h_s) = \dot{m}(h_3 - h_4)$$

$$\frac{\dot{W}_{VC}}{\dot{m}} = w_{VC} = w_t = h_3 - h_4 \qquad (5\text{-}70)$$

Em diversas turbinas a vapor reais a variação de energia cinética não é desprezível, porém nesta análise ideal a variação de energia cinética está sendo ignorada, pois não se tem um meio específico de determinar as velocidades de entrada e de saída.

Caldeira. A primeira lei aplicada à caldeira com as seguintes hipóteses:

1. As variações de energia cinética e potencial são desprezíveis.
2. Não há trabalho cruzando a superfície de controle.

fica

$$\dot{Q}_{VC} = \dot{m}(h_s - h_e) = \dot{m}(h_3 - h_2) \qquad (5\text{-}71)$$

$$\frac{\dot{Q}_{VC}}{\dot{m}} = q_{VC} = h_3 - h_2 = q_f$$

onde o índice f indica fornecido.

CAPÍTULO 5 - ANÁLISE ATRAVÉS DE VOLUME DE CONTROLE **157**

Condensador. As hipóteses listadas para a caldeira também se aplicam ao condensador, de forma que a primeira lei para o condensador fica

$$\dot{Q}_{VC} = \dot{m}(h_s - h_e) = \dot{m}(h_1 - h_4)$$

$$\frac{\dot{Q}_{VC}}{\dot{m}} = q_{VC} = h_1 - h_4 \tag{5-72}$$

$$-q_{VC} = h_4 - h_1 = q_r \tag{5-73}$$

O índice r indica rejeitado, assim q_r é escrito como uma quantidade positiva.

Trabalho Líquido do Ciclo e Eficiência Térmica. O trabalho líquido do ciclo é determinado pelo trabalho da turbina menos o trabalho da bomba,

$$w = w_t - w_b = (h_3 - h_4) - (h_2 - h_1) \tag{5-74}$$

A transferência líquida de calor do ciclo, que também é igual ao trabalho líquido do ciclo, é

$$q_f - q_r = (h_3 - h_2) - (h_4 - h_1) = w_t - w_b \tag{5-75}$$

A eficiência térmica do ciclo é dada por

$$\eta_t = \frac{w}{q_f} = \frac{w_t - w_b}{q_f} \tag{5-76}$$

Essa eficiência é menor que a eficiência de Carnot, se as temperaturas máxima e mínima do ciclo forem utilizadas na expressão da eficiência de Carnot.

EXEMPLO 5-19

O vapor em um ciclo de Rankine entra na turbina a $P_3 = 10$ MPa e $T_3 = 500\,°C$ e deixa a turbina a $P_4 = 10$ kPa. Para o ciclo de Rankine ideal,

    (a) Represente o ciclo no diagrama T-s.
    (b) Calcule a eficiência térmica do ciclo.
    (c) Qual é a potência líquida produzida se a vazão mássica de vapor for de 10 kg/s?

SOLUÇÃO

(a) O diagrama T-s da Fig. 5-16 representa adequadamente os dados fornecidos aqui se forem utilizados os estados 3A e 4A.

(b) Obtenção das propriedades dos estados 3 e 1 com $P_1 = P_4$.

158 INTRODUÇÃO ÀS CIÊNCIAS TÉRMICAS

Da tabela A-1.3 para $T_3 = 500$ °C e $P_3 = 10$ MPa: $h_3 = 3.373,7$ kJ/kg, $s_3 = 6,5966$ kJ/kg.K
Da tabela A-1.2 para $P_1 = 10$ kPa: $h_1 = 191,83$ kJ/kg, $s_1 = 0,6493$ kJ/kg.K, $v_1 = 0,001010$ m³/kg, $T_1 = 45,81$ °C. A primeira lei para a bomba resulta (eq. 5-69)

$$w_b = v(P_2 - P_1) = 0,00101(10.000 - 10) = 10,09 \text{ kJ/kg}$$

e

$$h_2 = h_1 + w_b = 191,83 + 10,09 = 201,92 \text{ kJ/kg}$$

Admitindo o processo na turbina reversível e adiabático, tem-se que $s_4 = s_3 = 6,5966$ kJ/kg.K e $P_4 = 10$ kPa. Da Tab. A-1.2 para 10 kPa: $s_v = 8,1502$ kJ/kg.K, $s_l = 0,6493$ kJ/kg.K, $h_v = 2.584,7$ kJ/kg, $h_l = 191,83$ kJ/kg.

$$s_4 = (1-x)s_l + xs_v$$

$$x = \frac{s_4 - s_l}{s_v - s_l} = \frac{6,5966 - 0,6493}{8,1502 - 0,6493} = 0,7929$$

$$h_4 = (1-x)h_l + xh_v = (0,2071)191,83 + 0,7929(2.584,7) = 2.089,1 \text{ kJ / kg}$$

$$w_t = h_3 - h_4 = 3.373,7 - 2.089,1 = 1.284,6 \text{ kJ / kg}$$

$$w = w_t - w_b = 1.274,5 \text{ kJ / kg}$$

$$q_f = h_3 - h_2 = 3.373,7 - 201,9 = 3.171,8 \text{ kJ / kg}$$

$$\eta_t = \frac{w}{q_f} = \frac{1.274,5}{3.171,8} = 0,4018$$

(c) $\dot{W} = \dot{m}w = 10(1.274,5) = 12.745$ kW

COMENTÁRIO

Note que o trabalho da bomba é muito menor que o trabalho da turbina para um ciclo de Rankine. As irreversibilidades presentes em um sistema real farão com que a eficiência do ciclo para esse sistema real operando nas condições do problema seja da ordem de 30%.

Regeneração. O ciclo de Rankine básico não apresenta uma eficiência térmica muito alta. A eficiência de um ciclo ideal nas condições do Exemplo 5-19 é de apenas 40%, enquanto que a eficiência de Carnot entre esses limites de temperatura é

$$\eta_c = \frac{T_H - T_L}{T_H} = \frac{773,2 - 319,0}{773,2} = 0,5874$$

A diferença se deve ao fato que o ciclo de Rankine não é um ciclo externamente reversível. O calor é fornecido para o ciclo de Rankine a temperaturas abaixo das temperaturas máximas do ciclo. Surge então a pergunta: é possível se fazer alguma modificação no ciclo de Rankine básico a fim de aumentar sua eficiência e trazê-la para perto do máximo teórico? A resposta é sim, o conceito chamado de regeneração aumentará a eficiência do ciclo de Rankine básico.

Na prática o conceito de regeneração para o ciclo de Rankine consiste em extrair vapor da turbina e passá-lo através de um trocador de calor (chamado aquecedor de água de alimentação), para aquecer a água antes que ela entre na caldeira. O vapor extraído é condensado nesse trocador de calor, e o líquido retorna para o ciclo (no condensador). Essa extração pode ocorrer em um único ponto ou em vários pontos ao longo do processo de expansão. Em grandes unidades geradoras de potência pode haver até nove pontos de extração. O número exato é um compromisso entre o aumento da eficiência térmica (redução do gasto com combustível) e o aumento do custo do equipamento.

Como o vapor extraído não pode mais realizar trabalho na turbina, a potência gerada pela turbina (e conseqüentemente a potência líquida) será menor. Contudo, a quantidade de calor que deverá ser fornecido sofrerá uma redução maior que a redução de potência, de forma que o resultado final será um aumento na eficiência. Com a regeneração o calor na caldeira estará sendo fornecido numa temperatura média maior, e a expressão da eficiência de Carnot diz que esta portanto deverá ser maior. A avaliação do aumento da eficiência e diminuição da potência líquida não será feita neste livro, mas ela pode ser encontrada em livros de termodinâmica[6] e livros sobre sistemas de potência[4,5].

Reaquecimento. O ciclo de Rankine utilizado no Exemplo 5-19 trabalhava com vapor saindo da turbina com um título de cerca de 80%. Um conteúdo de líquido (umidade) de 20% é alto o suficiente para que pequenas gotas de líquido atinjam as pás da turbina, causando sérios problemas de erosão das pás e reduzindo a eficiência da turbina. Um exame do diagrama *T-s* para o ciclo (Fig. 5-16) mostra que essa condição poderia ser evitada se a pressão de entrada da turbina fosse reduzida. Isto deslocaria o ponto 3A para a direita no diagrama, o que conseqüentemente

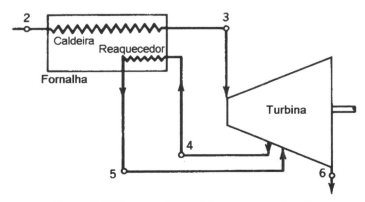

Figura 5-17 Esquema de um ciclo com reaquecimento.

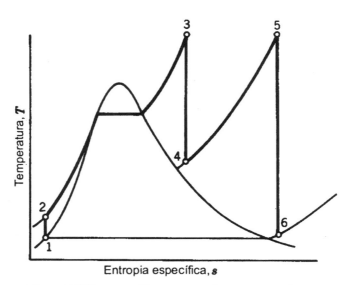

Figura 5.18 Diagrama T-s para um ciclo com reaquecimento

deslocaria de forma igual o ponto 4A para direita, reduzindo desta forma o conteúdo de líquido na mistura no estado 4A. Essa redução na pressão de entrada da turbina, se por um lado resolveria o problema da umidade, por outro reduziria a eficiência do ciclo. Uma solução mais adequada para o problema é fornecer um reaquecimento, ou seja, expandir o vapor até uma pressão bem acima da pressão do condensador, depois encaminhá-lo de volta para a fornalha, onde é fornecido calor para aumentar sua temperatura, e então trazê-lo de volta para a turbina e continuar a expansão até que se atinja a pressão do condensador. O esquema da Fig 5-17 e o diagrama T-s da Fig. 5-18 ilustram o reaquecimento.

O reaquecimento aumenta significativamente o trabalho da turbina, porém também aumenta a necessidade de fornecimento de calor por parte da fonte externa. A eficiência do ciclo não é alterada de forma significativa para uma dada pressão de entrada. Contudo, o problema de umidade na turbina pode ser eliminado. Por outro lado, para um conteúdo de umidade tolerável na descarga da turbina, o reaquecimento permite o uso de uma pressão de entrada na turbina muito maior, o que resulta em uma maior eficiência do ciclo.

Ciclos de Potência Reais

Os componentes principais dos ciclos reais são aqueles descritos para os ciclos ideais. Contudo, existem irreversibilidades que são ignoradas no caso ideal. Ocorrem perdas de pressão em tubulações e perdas de calor do vapor a alta temperatura. Ocorrem também perdas de pressão nos trocadores de calor, e nas bombas e turbinas ocorrem perdas devido ao atrito e a vazamentos. Além dessas perdas nos componentes principais, os ciclos reais possuem componentes adicionais como aquecedores de água de alimentação para melhorar a operação global do sistema.

Ciclos que Absorvem Potência

Muitos sistemas domésticos de refrigeração e bombas de calor utilizam o ciclo de compressão a vapor para bombear calor de uma região de baixa temperatura para uma região de alta temperatura. O ciclo é muito parecido com o ciclo de Rankine operando ao contrário. Ele parece muito similar tanto no esquema (Fig. 5-19) quanto no diagrama T-s (Fig.5-20), com a principal diferença sendo a substituição da turbina (onde ocorre o processo de expansão) por uma válvula de expansão ou um tubo capilar. O fluido de trabalho do ciclo (refrigerante) pode ser qualquer substância que possua as propriedades termodinâmicas desejadas (de forma que ele mude de fase nas temperaturas desejadas com pressões adequadas) e tenha outras características adequadas quanto a toxicidade, corrosão e custo. Diversas substâncias são utilizadas como refrigerantes, sendo o R-12 o mais comum para aplicações domésticas. As propriedades do R-12 podem ser encontradas na Tab. A-2.

O refrigerante R-12 (diclorodifluormetano) é um dos clorofluorcarbonos largamente utilizado como refrigerante em sistemas de ar condicionado (incluindo os automotivos). Acredita-se que os clorofluorcarbonos sejam responsáveis pela diminuição da camada de ozônio estratosférica, e por isso refrigerantes alternativos estão sendo propostos. Trinta países (o Protocolo de Montreal) estão trabalhando junto em um acordo para eliminar a produção de clorofluorcarbonos até o ano 2000, excetuando-se as versões hidrogenadas, que são menos estáveis e degradam-se antes de atingir a estratosfera. Portanto novos refrigerantes logo estarão disponíveis em sistemas projetados para seu uso.

O conteúdo de cloro na atmosfera aumentou recentemente de 0,5 para 3,0 partes por bilhão devido principalmente aos clorofluorcarbonos. A diminuição global do ozônio é da ordem de 2% ao ano. Na Antártida, contudo, existe durante a primavera um buraco na camada de ozônio atmosférica onde há uma diminuição de 60% do ozônio. Esse buraco está crescendo de tamanho, permitindo um aumento na quantidade de radiação ultravioleta solar que atinge a superfície. Essa radiação ultravioleta mais intensa é prejudicial ao homem e a outras formas de vida.

A análise do ciclo de refrigeração por compressão a vapor ideal é similar à análise do ciclo de Rankine. As mesmas hipóteses são adotadas e cada componente é analisado separadamente. O único componente novo é a válvula de expansão. Uma válvula de expansão é mostrada esquematicamente na Fig. 5-21. O fluido escoa através de uma restrição representada pela válvula onde ocorre uma queda de pressão. Uma discussão sobre essa perda de pressão e porque ela ocorre

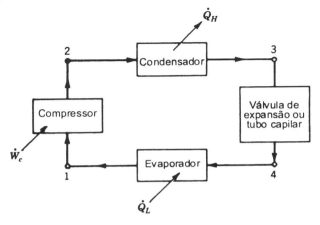

Figura 5-19 Esquema de um ciclo de refrigeração por compressão a vapor.

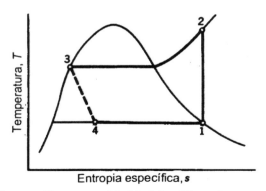

Figura 5.20 Diagrama T-s para um ciclo ideal de refrigeração por compressão a vapor.

será apresentada no Capítulo 7. Admite-se que esse processo de estrangulamento ocorre em regime permanente, que o volume de controle mostrado é adiabático e sem trabalho, e que as variações de energia cinética e potencial são desprezíveis. Apesar de haver uma pequena variação na velocidade entre os estados 3 e 4, as velocidades são relativamente baixas e a variação da energia cinética pode ser muito, muito pequena. Note que o ponto 4 está localizado a uma considerável distância a jusante da válvula, numa região onde o escoamento se torna mais uniforme. A primeira lei aplicada ao volume de controle fica

$$\dot{Q}_{VC} - \dot{W}_{VC} + \left[\dot{m}\left(h + \frac{V^2}{2} + gz\right)\right]_3 - \left[\dot{m}\left(h + \frac{V^2}{2} + gz\right)\right]_4 = 0$$

$$0 - 0 + \dot{m}(h_3 - h_4) = 0$$

$$h_3 = h_4 \tag{5-77}$$

Portanto a entalpia após o processo de estrangulamento é igual à entalpia antes desse processo. Isto é verdade, apesar de a válvula ter a função de estrangulamento (queda de pressão). O processo de estrangulamento é inerentemente irreversível e ocorre um aumento de entropia através da válvula, de forma que $s_4 > s_3$.

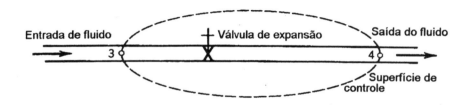

Figura 5.21 Diagrama esquemático do processo de estrangulamento.

CAPÍTULO 5 - ANÁLISE ATRAVÉS DE VOLUME DE CONTROLE **163**

EXEMPLO 5-20

Calcule o coeficiente de desempenho e a taxa de aquecimento para um ciclo por compressão a vapor ideal operando como bomba de calor e utilizando R-12 como refrigerante. A temperatura do refrigerante no evaporador é de -20 °C e no condensador é de 50 °C. A vazão mássica de refrigerante é de 0,05 kg/s

SOLUÇÃO

Da tabela A-2.1 para $T = T_3 = 50$ °C: $h_3 = h_l = 84,868$ kJ/kg, $P_3 = P_2 = 1,2193$ MPa.
Para $T = T_4 = T_1 = -20$ °C: $h_1 = h_v = 178,61$ kJ/kg, $s_1 = s_v = 0,7165$ kJ/kg.K, $P_4 = P_1 = 0,1509$ MPa, $s_2 = s_1 = 0,7165$ e $P_2 = 1,2193$ MPa. Portanto da Tab. A-2.2, utilizando uma interpolação dupla:

$$T_2 = 65,21 \text{ °C e } h_2 = 218,64 \text{ kJ/kg}$$

A primeira lei aplicada ao volume de controle representando o compressor resulta em

$$w_c = h_2 - h_1 = 218,64 - 178,61 = 40,03 \text{ kJ/kg}$$

A primeira lei aplicada ao volume de controle representando o condensador resulta em

$$q_r = h_2 - h_3 = 218,64 - 84,87 = 133,8 \text{ kJ/kg}$$

$$\beta = q_r / w_c = 133,8/40,03 = 3,342$$

Taxa de aquecimento = $\dot{m}q_r = 0,05 \ (133,8) = 6,690$ kW.

COMENTÁRIO

O coeficiente de desempenho de 3,342 significa que uma potência de 6,690/3,342 = 2,002 kW é necessária para se conseguir uma taxa de aquecimento de 6,690 kW.

BIBLIOGRAFIA

1. Campbell, A. S., *Thermodynamic Analysis of Combustion Engines*, Wiley, Nova Iorque, 1985.
2. Angrist, S. W., *Direct Energy Conversion*, 4ª. ed., Allyn & Bacon, Boston, 1982.
3. Lichty, L.C., *Combustion Engine Processes*, McGraw-Hill, Nova Iorque, 1967.
4. Culp, Jr., A. W., *Principles of Energy Conversion*, McGraw-Hill, Nova Iorque, 1979.
5. *Steam, Its Generation and Use*, Babcock & Wilcox, Nova Iorque, 1978.
6. Van Wylen, G. J. e Sonntag, R. E. *Fundamentals of Classical Thermodynamics*, 3ª. ed., Versão inglesa/SI, Wiley, Nova Iorque, 1986.

(nota do tradutor - o livro da referência 6 está disponível em português)

PROBLEMAS

5-1 Óleo de motor a uma temperatura de 300 K escoa em um tubo circular. O diâmetro do duto varia ao longo do comprimento. Se a vazão volumétrica for de 0,147 m³/s, calcule (a) a velocidade média do óleo na seção em que o diâmetro é de 0,25 m e (b) a vazão mássica. Repita os cálculos para o diâmetro de 0,50 m.

5-2 Vapor de água entre um duto de diâmetro constante a $P = 1$ MPa e título de 80% com uma velocidade média de 25 m/s.   No seu percurso no duto, o vapor é aquecido até o estado final de $P = 0,8$ MPa e $T = 400$ °C. Qual é a velocidade média do vapor na seção de saída do duto?

5-3 Em algumas situações, o perfil de velocidade de um fluido num tubo circular é parabólico e obedece a equação

$$u = u_0 [1 - r^2/R^2]$$

onde

u_0 = velocidade na linha de centro ($r = 0$)
R = raio do tubo
r = raio medido a partir da linha de centro

Determine:
(a) A vazão volumétrica (m³/s) num duto de $R = 0,10$ m e $u_0 = 10$ m/s.
(b) A velocidade média V do escoamento no tubo.

5-4E Água a 60 °F escoa em um tubo de 4 polegadas a uma velocidade de 7,0 ft/s. Determine (a) a vazão volumétrica da água em ft³/s e em gal/min (gpm), (b) a vazão mássica da água em lb$_m$/s e (c) a vazão mássica da água em slugs/s (1 slug = 32,17 lb$_m$).

5-5 Um tanque cilíndrico de 0,4 m de diâmetro descarrega água através de um furo na sua base. Determine a taxa de diminuição do nível de água no instante que corresponde a uma profundidade de 1,0 m e a vazão mássica pelo furo é de 6,0 kg/s. A temperatura da água é de 10 °C.

5-6E A seção de um tubo circular expande no diâmetro de 12 polegadas (seção 1) para 18 pol. (seção 2). Água a 100 °F escoa pela seção 2 do tubo com uma velocidade média de 15,0 ft/s. Ache (a) a velocidade média na seção 1, (b) a vazão volumétrica da água nas duas seções e (c) a vazão mássica nas mesmas seções.

5-7E Uma seringa usada em um laboratório de teste sanguíneo é mostrada na Fig. P5-7. Para obter amostra de sangue a enfermeira puxa o pistão a uma velocidade de 0,22 ft/s. O pistão foi projetado com um anel de vedação que impede o contato do sangue com o ar. Calcule a velocidade média com que o sangue escoa para a seringa.

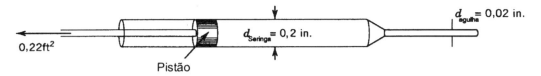

Figura P5-7 Esquema de uma seringa.

5-8 Em uma unidade de ar condicionado, Fig. P5-8, duas correntes de ar são misturadas e resfriadas como ilustrado. Os estados do ar na saída e entrada são dados. Determine a vazão volumétrica na saída.

$\dot{V}_1 = 2,5$ m³/s $\dot{V}_2 = 6,0$ m³/s $\dot{V}_3 = ?$
$P_1 = 100$ kPa $P_2 = 100$ kPa $P_3 = 95$ kPa
$T_1 = 50$ °C $T_2 = 70$ °C $T_3 = 20$ °C

CAPÍTULO 5 - ANÁLISE ATRAVÉS DE VOLUME DE CONTROLE 165

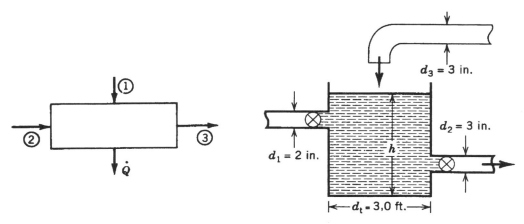

Figura P5-8 Unidade de ar condicionado

Figura P5-9 Tanque de distribuição de água.

5-9E O tanque de água mostrado na Fig. P5-9 recebe água através da válvula 1 com uma velocidade $V_1 = 10$ ft/s e descarrega através da válvula 3 um uma vazão volumétrica de 0,35 ft^3/s. Determine a velocidade através da válvula 2 requerida para manter um nível constante de água no tanque.

5-10E Se a válvula 1 no Problema 5-9E for aberta de forma a permitir uma velocidade de 12 ft/s, encontre a taxa de variação da altura do nível da água (h) com o tempo, isto é, dh/dt.

5-11 Um motor a jato produz um empuxo total de 231,3 kN quando funcionando em um dinamômetro. Combustível entra verticalmente na parte superior do motor a uma taxa de 3,0% da vazão mássica do ar de alimentação na seção (1) na direção horizontal. O ar é acelerado ao passar pelo motor e deixa o equipamento na seção (2) na direção horizontal. Calcule a vazão mássica dos gases na seção de saída da máquina se

$T_2 = 15\ °C$
$V_2 = 366$ m/s
$V_1 = 152,5$ m/s

$P_2 = P_{atm} = 101,394$ Pa
$A_1 = 6,6$ m^2
$P_{M1} = -4.784,0$ Pa

5-12 Óleo de densidade relativa à água igual a 0,88 entra na seção 1 na Fig. P5-12 a 0,06 kg/s para lubrificar um mancal axial. O mancal tem um diâmetro de 10 cm e suas partes estão separadas de 2 mm. Assumindo regime permanente, calcule a velocidade média V_1 e a velocidade média na saída V_2 (radial) e o fluxo volumétrico em m^3/s.

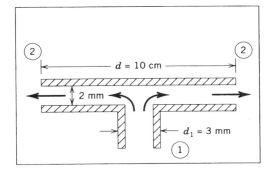

Figura P5-12 Mancal axial.

5-13 Um jato de querosene de 7,5 cm de diâmetro (densidade relativa à água = 0,82) está a uma velocidade 33,0 m/s na direção horizontal. O jato é simetricamente defletido por uma cunha triangular que tem um ângulo de 120° e está se movimentando com uma velocidade de 12 m/s na mesma direção mas em sentido contrário. Determine o valor da força horizontal necessária para manter a cunha com esta velocidade.

5-14E Na Fig. P5-14 um jato de 60 °F de água é dirigido verticalmente contra uma plataforma circular. Se a plataforma pesa 20 lb$_f$, qual deve ser a velocidade de regime do jato para que este suporte a plataforma e um peso de 200 lb$_f$ sobre ela?

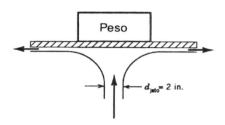

Figura P5-14 Jato de um fluido sobre uma plataforma.

5-15E Água escoa a 50 °F em um bocal horizontal como mostrado na Fig. P5-15, o qual tem um diâmetro d_1 = 9,0 in., na seção 1 e d_2 = 4,5 in. na seção 2. A pressão na estação 1 é 50 psia, e a velocidade na saída é V_2 = 60 ft/s e descarrega na atmosfera. Calcule o número de parafusos de 0,5 in. de diâmetro para fixar o bocal na flange, sabendo-se que em cada parafuso a máxima tensão admissível é de 500 lb$_f$/in^2.

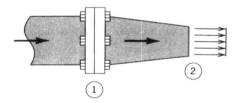

Figura P5-15 Bocal e flange com parafusos.

5-16 A mangueira de conexão entre um carro bombeiro e o bocal tem um diâmetro de 7,3 cm. A pressão na saída do bocal é de 375,0 kPa. O bocal tem um diâmetro de saída de 3,0 cm e descarrega água a 10 °C com uma velocidade de 25,0 m/s para a atmosfera, P_{atm} = 101,3 kPa. Qual é a força resultante no bocal e qual a sua direção?

5-17 Um jato horizontal de água atinge uma uma pá curva estacionária e é defletida para o alto de um ângulo de 60°. A velocidade do jato é 25 m/s, sua área é de 0,010 m^2 e a temperatura é de 10 °C. Se o jato tem velocidade constante, qual é a força resultante sobre a pá?

5-18E Um bocal descarrega um jato de água na direção horizontal sobre uma placa vertical. A vazão volumétrica é 1,0 ft^3/s, e o diâmetro do bocal na seção de saída é 1,25 in. Determine a força horizontal necessária para segurar a placa na posição vertical.

5-19 Um tanque vazio pesa 900 N é colocada em uma balança, Fig. P5-19, e começa a ser enchido com 1 m^3 de água a 20 °C. Dois tubos de diâmetro de 5,0 cm conduzem água para dentro e fora do tanque como mostrado. Qual deve ser o valor indicado na balança quando o vazão para dentro e para fora do tanque for de 0,05 m^3/s?

5-20E Um jato horizontal de água incide sobre uma placa inclinada de 60° a partir da horizontal e é espalhado de forma tal que um terço da água é defletida para baixo. O jato tem inicialmente uma seção transversal de 0,2 ft^2 e uma velocidade relativa ao bocal de 55 ft/s. Estime a magnitude e a direção da força na placa estacionária.

CAPÍTULO 5 - ANÁLISE ATRAVÉS DE VOLUME DE CONTROLE **167**

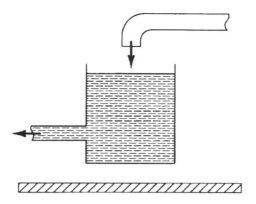

Figura P5-19 Tanque sobre uma balança.

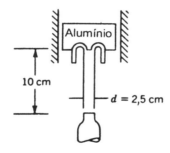

Figura P5-24 Jato de água incidente sobre um bloco de alumínio.

5-21E Repita o Problema 5-20 quando a placa (a) se afasta do jato com uma velocidade de 0,5 ft/s e (b) quando ela se aproxima do jato com uma velocidade de 5,0 ft/s.

5-22 Determine a força exercida sobre um barco na sua direção de movimento quando água entra a uma velocidade de 1,8 m/s através de uma entrada na proa de diâmetro de 30 cm, e deixa a embarcação na popa por um tubo de 18 cm de diâmetro.

5-23E Quando um caça a jato se movimenta a uma velocidade de 500 mph, cada uma das suas quatro turbinas aspira ar numa taxa de 1,60 slugs/s (1slug = 32,17 lb_m). O combustível é consumido a uma taxa que é 1/20 do fluxo mássico de ar de entrada.

5-24 Um bloco de alumínio pesa 10 N e está contido em um canal circular, como mostrado na Fig. P5-24. Um jato de água o atinge na direção vertical a partir de um bocal de diâmetro de 2,5 cm. Qual deve ser a velocidade vertical do jato para manter o bloco a 10 cm do bocal? A temperatura da água é de 283 K.

5-25 O sistema de sifão descrito no Exemplo 5-5 apresenta uma perda de carga, muito embora esta tenha sido desprezada na solução daquele exemplo. Se a saída do sifão for colocada a uma distância de 10,0 m abaixo da superfície do reservatório, determine a perda de carga h_L no sifão.

5-26E Uma bomba de navio movimenta água de um tubo de diâmetro de 0,5 ft (água salgada, densidade relativa = 1,026). O fluxo de água descarrega por um tubo de 2,0 in. em diâmetro com uma perda de carga total de 9 ft. A eficiência da bomba foi determinada de forma independente e vale 80%. Quanta potência em hp deve ser fornecida a bomba para que esta confira uma velocidade de 120 ft/s na saída do bocal?

5-27 Água escoa na taxa de 2,2 m³/s através de um tubo horizontal de diâmetro interno igual a 3,1 m. O duto sofre uma contração abrupta para o diâmetro de 1,2 m. Diversas experiências com contrações abruptas indicaram que a perda de carga através de tais singularidades é dada por $h_L = V^2/2g$, onde V_s é a velocidade após a contração (veja Fig. 7-7). Determine a queda de pressão, $P_1 - P_2$, através da contração.

5-28 Uma bomba de jato de água tem a configuração ilustrada na Fig. P5-28. A seção transversal do jato é A_j = 0,01 m², e a velocidade do jato é 35 m/s. A velocidade da corrente secundária de água é V_s = 4 m/s e a área transversal total do duto é 0,08 m². Assuma que o escoamento do jato e da corrente secundária são misturados completamente e deixam a bomba na seção (2) como um fluxo uniforme. A pressão no jato e na corrente secundária são iguais na seção de entrada, seção (1). Determine a velocidade de saída, V_2, e o aumento de pressão, $P_2 - P_1$. A temperatura da água é 25 °C (despreze o efeito viscoso).

5-29E Água escoa a 10 ft/s através de um tubo que tem um comprimento de 1000 ft e um diâmetro de 1 in. A pressão na entrada é P_1 = 200 psig, e a seção de saída está a 100 ft acima da seção de entrada. Qual deve ser a pressão P_2 se a perda de carga distribuída (devido ao atrito) for de 350 ft?

5-30E Por um oleoduto de 2,5 ft de diâmetro circula óleo (densidade relativa = 0,86) a uma taxa de 400.000 barris/dia. A perda de carga distribuída devido ao atrito é de 4,5 ft para cada 500 ft de tubo. Estações de bombeamento estão localizadas a cada 11 milhas ao longo do oleoduto. Calcule a queda de pressão entre duas estações de bombeamento. Qual a potência em hp que seria necessária para bombear o óleo em cada uma das estações?

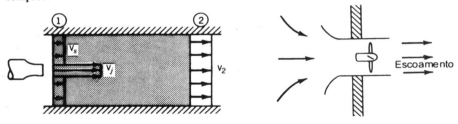

Figura P5-28 Bomba de jato de água.   **Figura P 5-31** Ventilador.

5-31 Um motor elétrico de 1,0 kW é utilizado para acionar um ventilador. O ventilador movimenta uma corrente de ar (temperatura de 300 K) por um canal de 0,75 m de diâmetro com uma velocidade média de 12 m/s. Determine a eficiência do sistema de ventilação se as pressões no ambiente de onde o ar é aspirado e para onde o ar é descarregado são iguais à pressão atmosférica. Veja Fig. P5-31.

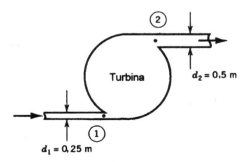

Figura P5-32 Turbina hidráulica.

5-32 A vazão volumétrica de água a 10 °C através de uma turbina hidráulica é de 0,20 m³/s. As pressões manométricas medidas entre as seções 1 e 2 (veja Fig. P5-32) valem 140 kPa e -30,0 kPa, respectivamente. Determine a potência em kW produzida pela turbina.

5-33 Um mergulhador se encontra a 72 m de profundidade numa região onde a temperatura é de 5 °C. Qual é a pressão *absoluta* que o mergulhador experimenta nessas condições?

5-34 Um golfinho nada a uma profundidade constante abaixo da superfície oceânica a uma velocidade de 8,0 m/s. Se a pressão absoluta máxima no nariz do golfinho é de 207,87 kPa, determine a profundidade em que ele está nadando (P_{atm} = 101,3 kPa, $T_{água}$ = 10 °C).

5-35E Um manômetro localizado a 25 ft acima do nível do solo e instalado em um tanque indica 12,5 psig. Um segundo manômetro localizado a 15 ft acima do nível do solo indica 15,8 psig. Calcule a densidade do líquido no tanque.

5-36E Se a pressão atmosférica for 14,2 psia e um manômetro montado em um tanque de ar indica 8,0 inHg de vácuo, qual deve ser a pressão absoluta no tanque? (P_{atm} = 101,3 kPa)

5-37 Considere o escoamento de água a 10 °C por um bocal de um túnel de água, Fig. P5-37. Um tubo de Pitot (P) com tomada de pressão estática (S) está conectado a um manômetro em U contendo mercúrio (densidade relativa = 13,55, Tabela A-11). Determine o desnível da coluna de mercúrio, z_m:
(a) Quando P e S estão localizados como mostrado.
(b) Quando P é colocado na posição (*a*) e S permanece na posição mostrada.
(c) Quando S é colocado na posição (*b*) e P permanece na posição mostrada.
(d) Quando P é colocado na posição (*a*) e S na posição (*b*).
Note que o tubo de Pitot está fora da camada limite e a tomada estática não é afetada por efeitos viscosos.

5-38 Um tubo de vidro tem formato de U e contém água e um fluido desconhecido, Fig. P5-38. As alturas dos níveis dos fluidos, medidos a partir de um zero de referência, estão mostrados em cm. Qual a densidade do fluido desconhecido?

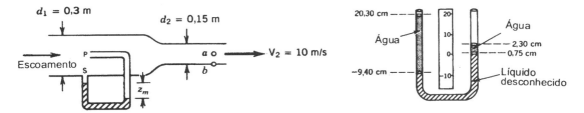

Figura P5-37 Escoamento em um bocal.   **Figura P5-38** Manômetro em U.

5-39 Um cilindro de 0,5 cm de diâmetro está mostrado na Fig. P5-39 e está cheio com dois líquidos, água e um outro com densidade relativa S = 0,88. Determine a força *líquida* no fundo do cilindro.

5-40E O esquema de um macaco hidráulico está mostrado na Fig. P5-40, numa configuração que resulta numa pressão no fluido hidráulico de 6500 lb$_f$/ft². Qual o valor da carga que pode ser levantada nessa configuração?

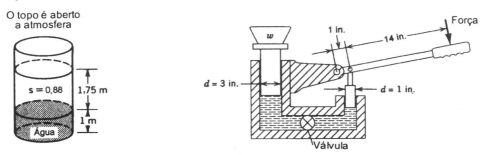

Figura P5-39 Cilindro cheio com água.   **Figura P5-40** Macaco hidráulico.

5-41E Desprezando o peso dos pistões, qual deve ser a força na manopla do macaco do Problema 5-40E?

5-42E Um manômetro diferencial é conectado em uma placa de orifícios, Fig. P5-42. Calcule a queda de pressão através da placa, isto é, entre os pontos 1 e 2.

5-43E Um manômetro em U é conectado a um tubo circular com um fluxo de água como mostrado na Fig. P5-43. Calcule a pressão absoluta no ponto 1 para a situação indicada na figura.

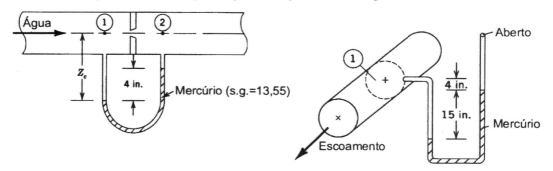

Figura P5-42 Tubo em U e placa de orifício   **Figura P5-43** Manômetro em U.

5-44 Um tubo de Pitot estático, Fig. 5-10a é conectado a um manômetro em U contendo alcool metílico (densidade relativa = 0,8). O sensor é colocado em uma corrente de ar (P_{atm} = 101,3 kPa, T = 30 °C). Se o desnível do fluido manométrico for de 10,3 cm, qual deve ser a velocidade do ar?

5-45 Água a 30 °C escoa de um tanque grande através de um bocal convergente-divergente, Fig. P5-45. O bocal descarrega na atmosfera e tem um diâmetro d_s = 2,5d_G, onde d_G é o diâmetro da garganta do bocal, que é o mínimo diâmetro. Assumindo um escoamento ideal, isto é, sem perdas, determine a altura da água ΔZ_a, na qual cavitação (vaporização da água) vai começar a ocorrer no bocal.

5-46 Num certo instante de tempo, água líquida entra na estação de pressurização de um reator nuclear a uma vazão de 10 kg/s e a taxa de variação da massa no pressurizador é de -20 kg/s. Calcule a vazão mássica para fora da estação de pressurização.

5-47 Ar é aquecido num tubo de diâmetro constante em regime permanente. À entrada do tubo o ar está a P_e = 300 kPa, T_e = 200 °C, e tem uma velocidade média V_e = 20 m/s. Se a vazão de ar for 0,5 kg/s, qual deve ser o diâmetro do tubo?

5-48 Refrigerante R-12 é armazenado em tanque de 25 litros. O tanque contém inicialmente 99% de vapor e 1% de líquido em volume a 25 °C. Vapor de R-12 começa a vazar até que apenas vapor saturado permanece no tanque. A transferência de calor para o meio mantém a temperatura do tanque a 25 °C. Qual é a massa total de R-12 que vazou?

5-49 Ar entra em um secador de cabelos pela lateral e deixa o aparelho pelo bocal como mostrado na Fig. P5-49. Ar é aspirado a 25 °C e 1 atm na vazão de 150 cm³/s. O ar é aquecido, comprimido e acelerado quando passa pelo secador. O ar está a 40 °C na saída com uma pressão de 1,1 atm. Se a área de entrada do secador for de 150 cm², e a área de saída for 1 cm x 5 mm, determine a velocidade da saída do ar.

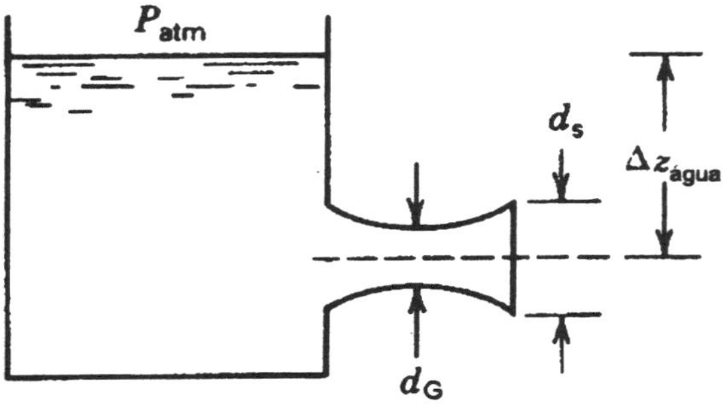

Figura P5-45 Bocal convergente-divergente 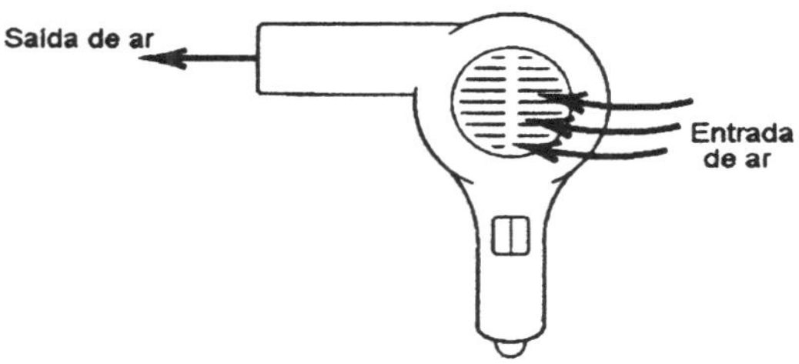   **Figura P5-49** Secador de cabelos.

5-50E Um soprador de ar comercial que é usado para varrer folhas secas é capaz de fornecer ao ar uma velocidade máxima de 180 mph. Se o soprador for dotado de um motor de 1,2 hp, qual deve ser a vazão mássica que o soprador alcança nesta condição? Assuma que o soprador é adiabático, que a energia cinética do ar na entrada é desprezível e que não variação significativa de entalpia do ar durante sua passagem pelo equipamento.

5-51 Um tanque contém inicialmente 1 kg de ar a 0,1 MPa e 25 °C e está conectado a uma linha de alta pressão, onde temperatura e pressão são constantes e valem 30 °C e 2,0 MPa, respectivamente. Uma válvula entre o tanque e a linha é, então, aberta por um curto período de tempo e imediatamente fechada quando a massa no tanque alcança 10 kg. Qual deve ser a pressão e a temperatura do ar no tanque no momento em que a válvula é fechada? Assuma que o processo de enchimento do tanque é rápido o suficiente de forma que a transferência de calor para o meio é desprezível (processo adiabático), assuma também que o ar é ideal e $h = C_p T$ e $u = C_v T$.

5-52 Água a 30 °C, assumida incompressível, é bombeada em um processo adiabático em regime permanente de uma pressão de 0,1 MPa a 1,0 MPa. A velocidade do líquido na entrada da bomba vale 1,0 m/s e deixa o equipamento a uma velocidade de 20 m/s. Calcule a potência necessária de alimentação da bomba se a vazão mássica for de 10 kg/s e a variação de energia potencial for desprezível.

5-53 Uma usina hidrelétrica está localizada na base de uma queda de água de 100 m de altura. A turbina hidráulica pode movimentar uma vazão de 100 m³/s. Assumindo que não há perdas e que a energia cinética na saída da turbina é desprezível, calcule a potência máxima que se pode produzir.

5-54 Em uma usina termoelétrica (mostrada esquematicamente na Fig. P5-54), vapor de água a alta temperatura e pressão é expandido primeiramente em um bocal adiabático, no qual a energia térmica é convertida em energia cinética. O jato de vapor de alta velocidade atinge as pás de uma turbina de impulso

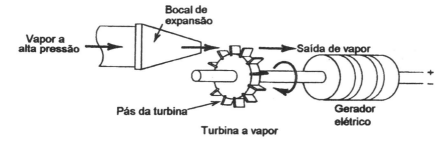

Figura P5-54 Esquema da instalação termoelétrica.

172 INTRODUÇÃO ÀS CIÊNCIAS TÉRMICAS

que, por sua vez, aciona um gerador elétrico. Assumindo regime permanente do vapor para cada um dos volumes de controle, discuta as interações de energia nas superfícies de controle para:

(a) o bocal adiabático.

(b) o turbina de impulso.

(c) o gerador elétrico.

5-55 Calcule a potência produzida por uma turbina a vapor adiabática operando em regime permanente. O vapor entra a turbina a uma vazão mássica de 500 kg/s, uma pressão de 5,0 MPa, uma temperatura de 600 °C e a uma velocidade de 30 m/s. O vapor deixa a turbina a uma pressão de 7,5 kPa, $x = 95\%$ e a uma velocidade de 100 m/s.

5-56 Vapor de água em regime permanente entra em um bocal com uma velocidade de 50 m/s, uma pressão de 1,2 MPa e a uma temperatura de 400 °C. O vapor deixa o bocal a uma pressão de 0,4 MPa. Calcule a velocidade na saída do bocal se:

(a) o processo é reversível e adiabático.

(b) a eficiência do bocal vale 95%, onde

$$\eta_B = \frac{\Delta h_{real}}{\Delta h_{isentrópico}}$$

5-57 Gás hidrogênio entra em um bocal com uma velocidade de 50 m/s, uma pressão de 1,2 MPa e uma temperatura de 400 °C. O gás deixa o bocal a uma pressão de 0,4 MPa. Se o processo de expansão no bocal for politrópico reversível $Pv^{1,5} = C$, calcule a velocidade na saída do bocal. Note que o bocal não é adiabático. Assuma comportamento ideal.

5-58 Calcule a potência requerida para acionar um compressor que comprime ar com uma vazão de 2,0 kg/s em regime permanente. Ar entra no compressor a uma pressão de 0,1 MPa, a uma temperatura de 20 °C e a uma velocidade de 5 m/s. O ar deixa o compressor a 1,5 MPa e a uma velocidade de 50 m/s. Assumir que as perdas de calor sejam desprezíveis.

5-59 Ar escoa em regime permanente e de forma reversível em um difusor adiabático. Ele entra no dispositivo a uma pressão de 1,0 MPa, uma temperatura de 27 °C e a uma velocidade de 180 m/s. Se a velocidade de descarga for de 15 m/s, pede-se:

(a) Qual a temperatura de descarga?

(b) Qual a pressão de descarga?

(c) Qual a razão entre as áreas de descarga e de entrada?

5-60 Para um processo reversível em regime permanente com variações desprezíveis de energias cinética e potencial, o trabalho específico (por unidade de massa) é dado pela eq. 5-56. Compare esse trabalho com o trabalho para comprimir um sistema formado por uma unidade de massa entre os mesmos limites de pressão (começando com o ar a um dado estado inicial) para:

(a) Um processo isotérmico reversível.

(b) Um processo adiabático reversível.

5-61E Ar a 1800 °F e 300 psi é expandido em uma turbina a gás até uma pressão final de 15 psi segundo um processo politrópico reversível, $PV^n = C$. Para os valores do coeficiente politrópico, (i) $n = 1$, (ii) $n = 1,2$, (iii) $n - 1,4$, (iv) $n = 1,6$ e (v) $n = 2,0$, determine o trabalho e a transferência de calor. Quais dos processos são realistas? (Assume energias cinética e potencial desprezíveis.)

5-62 Um foguete acionado por aquecimento de microondas é um novo conceito em propulsão espacial. A Fig. P5-62 mostra o esquema do sistema de propulsão. Gás hidrogênio escoando em regime através de uma câmara de adição de energia absorve energia de microondas (de forma similar a um forno de microondas). O gás, então, entra em um bocal padrão de foguete onde ele é expandido produzindo empuxo. A energia cinética do

gás é desprezível em todas as regiões, exceto à saída do bocal. A energia potencial é desprezível. Quais são as interações de energia que ocorrem dentro dos volumes de controle?
(a) Câmara de adição de energia.
(b) O bocal.
(c) A câmara de adição de energia e o bocal.

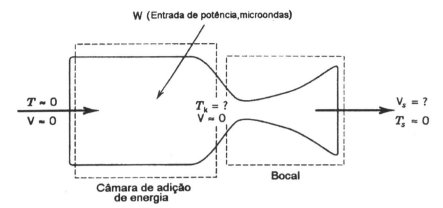

Figura P5-62 Sistema de propulsão por microondas.

5-63 Para o foguete de microondas descrito no Problema 5-62, assuma que o gás hidrogênio à entrada da câmara de adição de calor e à saída do bocal tenha entalpias baixas e desprezíveis (isto é, o gás está a uma temperatura muito baixa nestas regiões). Também, assuma que não há transferência de calor para o meio circundante (assuma comportamento ideal para o hidrogênio).
(a) Para um dado nível de potência de microondas W e vazão mássica de gás $\dot{m}$ derive uma expressão para a temperatura do gás, T_e, na entrada do bocal.
(b) Derive uma expressão para a velocidade de saída do bocal, V_s, do gás hidrogênio.
(c) Derive uma expressão para o empuxo, E, do foguete usando a lei de conservação da quantidade de movimento.
(d) Determine os empuxos do foguete para potências de microondas de 1 kW, 10 kW e 100 kW, para uma vazão mássica de hidrogênio de 1 grama/s.

5-64 Refrigerante R-12 entra em um compressor como um vapor saturado a 0 °C e é comprimido até uma pressão de 1,60 MPa. Admite-se que o compressor seja reversível e adiabático e opera em regime permanente com variações desprezíveis de energias cinética e potencial. Calcule a energia acrescentada na forma de trabalho para cada kilograma de R-12 no processo de compressão.

5-65 Usando o diagrama T-s para a água, Tabela A-6 no apêndice, estime o título após água na fase líquida ter sido estrangulada de uma pressão de 150 bars a uma pressão de 1 bar.

5-66 Para um processo de estrangulamento adiabático envolvendo R-12 líquido saturado a uma temperatura de 25 °C, qual das seguintes propriedades aumenta, diminui ou permanece constante? (i) pressão, (ii) temperatura, (iii) entalpia, (iv) energia interna e (v) entropia. Quais são os valores dessas propriedades se a pressão após o estrangulamento vale 1 atm?

5-67E Ar é estrangulado através de uma válvula adiabática de 200 psi e 100 °F para uma pressão de 15 psi. Assuma comportamento ideal. Como as seguintes propriedades variam: (i) pressão, (ii) temperatura, (iii) entalpia, (iv) energia interna e (v) entropia?

5-68E 0,25 ft³ de ar a 60 psi, 68 °F que está em um pneu de bicleta é vazado para a atmosfera através de uma válvula adiabática. Se a velocidade do ar de escape for de 50 ft/s, qual é a temperatura do ar nesta posição? O processo é reversível? Qual é a irreversibilidade do processo?

5-69 Ar expande irreversivelmente através de uma turbina a gas em regime permanente. Quais dos seguintes equações se aplicam? (Assume variações de energias cinética e potencial desprezíveis, gás ideal com calores específicos constantes)

(i) $Pv^n = C$,

(ii) $q + h_e = h_s + w$,

(iii) $w = -\int_e^s T\, ds$,

(iv) $q = -\int_e^s T\, ds$,

(v) $s_s - s_e = c_p \ln(T_s / T_e) - R \ln(P_s / T_e)$.

5-70 Um condensador (Fig. P5-70) de uma instalação motora a vapor opera em regime permanente. O vapor entra o dispositivo a 150 °C e 1 atm e é condensado através de um pulverizador de água fria que entra o dispositivo a 1 atm e 25 °C (h = 100 kJ/kg). O vapor condensado e a água deixam o condensador a 1 atm (h = 200 kJ/kg). Se a vazão do vapor for de 0,1 kg/s, qual deve ser a vazão mássica necessária da água de resfriamento?

5-71 Calcule I que é a taxa de produção de entropia devido às irreversibilidades para os problemas 5-55, 5-58 e 5-59.

5-72 Para o ciclo de Rankine (Fig. 5-16), o que significa a área interna do ciclo no diagrama T-s? Para o ciclo de compressão a vapor (Fig. 5-20), o que significa a área interna do ciclo no diagrama T-s?

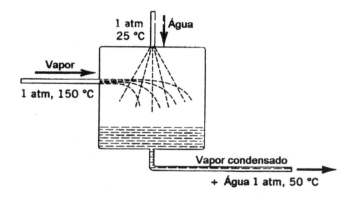

Figura P5-70 Condensador de vapor.

6 ESCOAMENTO EXTERNO EFEITOS VISCOSOS E TÉRMICOS

6.1 Introdução

No Capítulo 5 observamos que a força total que age num volume de controle, ou no fluido presente dentro do volume de controle, provem de três fontes: uma força de campo, devido à gravidade, que é proporcional à massa do fluido, uma força devido à pressão que é normal à superfície do volume de controle, e uma força paralela à superfície do volume de controle devido às tensões viscosas de cisalhamento agindo nessa superfície. Duas das três contribuições para a força total, gravidade e pressão, foram discutidas com bastante detalhe na Seção 5.4. A diferença entre a soma dessas contribuições e a força total no fluido, determinada através da equação da quantidade de movimento, permite que a contribuição devido às tensões de cisalhamento seja calculada. Nós já citamos que as forças viscosas surgem no escoamento próximo à fronteira sólida numa região chamada camada limite. Escoamentos na camada limite vão ser discutidos neste e no próximo capítulo. Serão apresentados métodos para analisar escoamentos na camada limite e predizer as forças viscosas.

Neste capítulo estudaremos efeitos viscosos e térmicos em *escoamentos externos*, aqueles em que o fluido está em contato com uma única fronteira sólida, Fig. 5-9, por exemplo. O Capítulo 7 discutirá efeitos semelhantes num *escoamento interno* através de uma tubulação. Como vamos verificar, os fenômenos que ocorrem em ambos os casos são similares. Entretanto a informação necessária para descrever os dois escoamentos é diferente.

As forças de cisalhamento agindo paralelamente às superfícies de uma partícula fluida deformam-na de sua forma inicial. A definição de fluido afirma que a deformação manter-se-á continuamente durante a aplicação dessas forças. No Capítulo 1 definimos um tipo particular de fluido, o *fluido newtoniano*, como aquele que exibe uma relação linear entre a taxa na qual se deforma (taxa de deformação) e a tensão de cisalhamento aplicada τ. A constante de proporcionalidade é o coeficiente de viscosidade dinâmica do fluido, μ. Água e ar são exemplos de fluido newtoniano. O termo *não-newtoniano* é usado para classificar todos os fluidos que não exibem um comportamento linear entre a tensão de cisalhamento aplicada e a taxa de deformação.

Quando um fluido move-se próximo a uma fronteira sólida ou parede, a velocidade das partículas fluidas junto à parede deve ser igual à velocidade da parede; a velocidade relativa entre o fluido e a parede na superfície da mesma é nula. Esse fato pode ser observado experimentalmente, Fig. 1-2, e é necessário evitar uma descontinuidade no escoamento. Esta condição é chamada princípio da aderência e resulta numa velocidade de escoamento, cujo valor varia quando nos afastamos da parede, isto é, cujo gradiente é diferente de zero.

A Fig. 6-1 mostra um escoamento bidimensional na camada limite e o gradiente de velocidade, du/dy, que ocorre na direção normal à do escoamento. Esse gradiente de velocidade aparece devido à componente $\tau_x(y)$ da tensão de cisalhamento que age nas superfícies das partículas. A ação de $\tau_x(y - \Delta y/2)$ na superfície inferior da partícula retarda ou diminui sua velocidade. Na superfície superior da partícula, $\tau_x(y + \Delta y/2)$ deve agir para movê-la na direção do escoamento se a partícula estiver em equilíbrio, isto é, a somatória das forças em qualquer direção deve ser igual a zero. Portanto, a diferença entre a velocidade nas superfícies superior e inferior da partícula fluida, Δu, é proporcional à distância Δy entre essas duas superfícies

ou
$$\Delta u \propto \tau_x(y)\Delta y$$

$$\frac{\Delta u}{\Delta y} \propto \tau_x(y)$$

Se o fluido for newtoniano com coeficiente de *viscosidade dinâmica (absoluta)* μ,

$$\tau_x(y) = \mu \lim_{\Delta y \to o} \frac{\Delta u}{\Delta y}$$

$$= \mu \frac{du}{dy} \qquad (6\text{-}1)$$

Os valores de μ para vários fluidos newtonianos são dados nos apêndices como função da temperatura. As unidades de μ são N·s/m² ou lb$_f$s/ft². Os valores do coeficiente de *viscosidade cinemática*, $v = \mu/\rho$, para vários fluidos newtonianos, são fornecidos nos apêndices nas unidades m²/s ou ft²/s.

A existência de tensões viscosas de cisalhamento num fluido resulta numa força que se opõe ao movimento do fluido. Energia deve ser fornecida ao mesmo para vencer essa resistência, a fim de que o escoamento possa ser mantido. Portanto, no projeto de um sistema que empregue escoamento de fluido é importante que a resistência ao escoamento seja mínima, a fim de maximizar a eficiência do sistema, ou minimizar a adição de energia necessária para manter o escoamento. Isso requer o desenvolvimento de um método para predizer o valor da força de resistência devido às tensões viscosas de cisalhamento no fluido.

Este capítulo se preocupa com o desenvolvimento de um método para descrever o escoamento de um fluido próximo a uma superfície sólida. Esse processo vai incluir o desenvolvimento de relações necessárias à predição da força de arrasto na superfície.

Se a temperatura da superfície for diferente da do fluido, calor vai ser transferido. A influência do escoamento na taxa de transferência de calor entre a superfície e o fluido também será discutida neste capítulo.

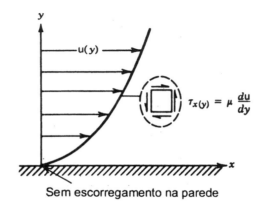

Figura 6-1 Influência da viscosidade do fluido.

6.2 CAMADAS LIMITES EXTERNAS

Considere o escoamento de um fluido sobre uma placa plana colocada num escoamento de velocidade **U**, constante. Se fosse conduzido um estudo experimental para medir a variação da velocidade na direção normal à placa, os resultados indicariam as seguintes distribuições de velocidades à montante da placa ($x < 0$) e no final da placa ($x = L$), mostradas na Fig. 6-2. Efeitos semelhantes são observados com uma superfície curva mas, como discutiremos mais adiante, um efeito adicional ocorre devido a mudanças na pressão na direção do escoamento.

Como a placa na Fig. 6-2 é estacionária com relação à Terra, a velocidade do fluido na superfície da placa é zero e cresce até o valor da velocidade na corrente livre **U** quando nos afastamos da placa. A região na qual a velocidade varia de 0 a 0,99 **U** é chamada camada limite hidrodinâmica. A espessura da camada limite na normal à placa, δ, varia na direção do escoamento x, e é definida como o valor de y onde $u = 0,99\,U$. O efeito das tensões viscosas de cisalhamento está concentrado dentro da camada limite. Fora da camada limite, $y > \delta$, o escoamento pode ser considerado como inviscido ($\tau_x(y) = 0$) pois $du/dy = 0$.

Estudos experimentais indicam que há dois regimes de escoamento na camada limite; um *regime de escoamento laminar* e um *regime de escoamento turbulento*. Esses regimes de escoamento podem ser caracterizados considerando-se a relação entre a força de inércia (massa . aceleração $\propto \rho L_c^3 U^2/L_c$) numa partícula fluida e a força viscosa (tensão x área $\propto \mu L_c^2 U/L_c$) agindo nessa partícula fluida. Essa relação é adimensional pois representa uma relação entre duas forças e é conhecida por *número de Reynolds*

$$\text{Re} \equiv \frac{\text{força inercial}}{\text{força viscosa}} \propto \frac{\rho L_c^3 U^2 / L_c}{\mu L_c^2 U / L_c} = \frac{\rho U L_c}{\mu} = \frac{U L_c}{\nu} \qquad (6\text{-}2)$$

O comprimento característico, L_c, é associado com o tipo de escoamento em particular, o comprimento da placa, a distância da borda de ataque da placa a um ponto particular na superfície, a espessura da camada limite, e assim por diante. Existe um valor crítico de Re acima do qual o escoamento será turbulento e abaixo do qual será laminar. Esse valor crítico é conhecido por *número de Reynolds de transição* e é, como veremos, uma função de diversos parâmetros incluindo a rugosidade da superfície. A Figura 6-3 é uma fotografia holográfica de uma camada limite, mostrando a transição da camada limite laminar para a camada limite turbulenta.

Um valor baixo do número de Reynolds, Re < 1, significa que as forças viscosas são grandes quando comparadas às forças de inércia. Por outro lado, valores elevados de Re significam que embora as forças viscosas estejam presentes, a influência delas não é predominante. O valor de Re nos permite, assim, determinar quando diferentes modos de análise são requeridos. Por exemplo,

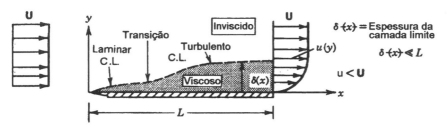

Figura 6.2 Camada limite hidrodinâmica sobre uma placa plana.

escoamentos laminares ocorrem a valores do número de Reynolds menores que os dos escoamentos turbulentos e, então, forças viscosas são mais dominantes num escoamento laminar.

As diferenças entre um escoamento laminar e um turbulento podem ser melhor descritas por experimentos. Por exemplo, a introdução de tinta no escoamento laminar de líquido através de um tubo mostrará um único filamento de tinta, demonstrando que as partículas fluidas movem-se em camadas paralelas ou lâminas, Fig. 6-4a. Uma experiência semelhante no regime de escoamento turbulento mostrará que as partículas de tinta se dispersam através do escoamento devido ao movimento aleatório flutuante associado com a turbulência, Fig. 6-4b. Para uma placa plana lisa o valor crítico de Re_{CR} baseado na distância ao longo da placa a contar da borda de ataque, é aproximadamente $0,5 \times 10^6$. Se a superfície da placa for rugosa o valor de Re_{CR} estará no intervalo 8×10^3 - $0,5 \times 10^6$, dependendo do tamanho das rugosidades.

A diferença entre o escoamento laminar e turbulento pode também ser verificada observando-se a velocidade do fluido num ponto como função do tempo. Tal medida pode ser obtida com um anemômetro de fio quente. Esse dispositivo mede a variação da corrente que passa através de um fio fino ($d \approx 0,13$ mm ou $0,005$ in.) colocado normalmente à direção do escoamento e alimentado com uma potência elétrica constante. Quando a velocidade do fluido junto ao fio muda, a perda de calor do fio também muda. Um circuito elétrico é empregado para manter constante a resistência elétrica no fio, isto é, uma temperatura constante. O fluxo de corrente elétrica corrente no fio, que é proporcional à velocidade do fluido junto ao mesmo, é medida. A constante de proporcionalidade entre a corrente e a temperatura deve ser determinada por um experimento para calibrar o fio. Um gráfico da velocidade instantânea medida por um anemômetro de fio quente como função do tempo num escoamento turbulento é mostrado na Fig. 6-5.

A temperatura instantânea do fluido é também dependente do tempo, como mostra a Fig. 6-5. Num escoamento laminar, a velocidade e a temperatura são constantes no tempo. Num escoamento turbulento, u e T apresentam uma componente média no tempo $\overline{u}$ e $\overline{T}$ e uma componente flutuante u' e T'. As componentes flutuantes são aleatórias no tempo e causam a difusão da tinta através do fluido, como observado na Fig. 6-4.

Se a superfície da placa estiver numa temperatura diferente daquela da corrente livre do escoamento, uma camada limite térmica também formar-se-á sobre a placa. Sua taxa de desenvolvimento e espessura serão semelhantes aos da camada limite hidrodinâmica mostrada na Fig. 6-2. O grupo adimensional que indica a relação entre as camadas limites térmica e hidrodinâmica é o número de Prandtl. O número de Prandtl é definido como

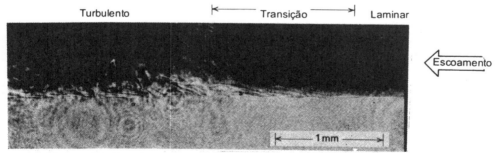

Figura 6.3 Transição na camada limite sobre a extremidade de uma proa. O escoamento (U = 0,8 m/s) se dá da direita para a esquerda. Cortesia do Dr. J.D. van der Mulen, Netherlands Ship Model Basin.

CAPÍTULO 6 - ESCOAMENTO EXTERNO- EFEITOS VISCOSOS E TÉRMICOS **179**

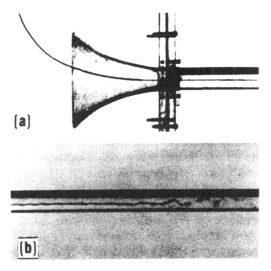

Figura 6.4 Filamento de tinta num (a) escoamento laminar e (b) escoamento turbulento.[9] Usado com permissão.

$$\Pr \equiv \frac{\text{difusão do momento}}{\text{difusão da energia}} = \frac{\nu}{\alpha} = \frac{c_p \mu}{k} \qquad (6\text{-}3)$$

Metais líquidos têm número de Prandtl muito baixo, $0,001 < \Pr < 0,2$. Gases têm número de Prandtl da ordem de 0,7, enquanto que para líquidos $1,0 < \Pr < 85.000$. Os números de Prandtl para vários fluidos são dados nas Tabelas A-8, A-9, A-10, B-2 e B-3.

Quando o número de Prandtl for igual a 1, a difusão da quantidade de movimento é igual a de energia e as camadas limites térmica e hidrodinâmica desenvolvem-se simultaneamente. Se o número de Prandtl for maior que 1, a camada limite hidrodinâmica desenvolve-se mais rapidamente, enquanto que a camada limite térmica se desenvolve mais depressa para um fluido com número de Prandtl menor do que 1. Esses casos estão ilustrados na Fig. 6-6. A espessura da camada limite térmica, δ_T, é definida como a distância da superfície a um valor y, onde $(T - T_p)/(T_\infty - T_p) = 0,99$.

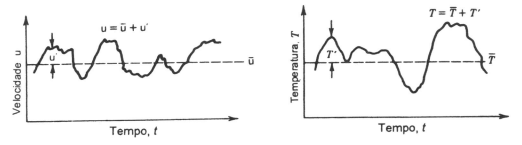

Figura 6-5 Velocidade e temperatura instantânea num escoamento turbulento.

A ocorrência de transferência de calor terá uma certa influência na localização da transição do escoamento laminar para o turbulento. Entretanto, essa transição permanecerá no intervalo de números de Reynolds previamente citado.

6.3 CARACTERÍSTICAS DE ESCOAMENTO DE UMA CAMADA LIMITE

Na introdução deste capítulo foi discutido o conceito da presença de uma região do escoamento próxima às paredes sólidas na qual os efeitos das tensões viscosas de cisalhamento são predominantes. Esse conceito foi introduzido pela primeira vez por Prandtl em 1904. Sua hipótese de uma camada baseou-se em observações experimentais do escoamento próximo às superfícies sólidas. Essas observações também levaram Prandtl a concluir que a espessura de ambas as camadas limites, térmica e hidrodinâmica, é muito pequena, comparada à distância ao longo da superfície x, isto é, $\delta/x \ll 1$ e $\delta_T/x \ll 1$. A fotografia da Figura 6-3 demonstra quão estreita pode ser a camada limite. Se y for a direção normal ao escoamento, Prandtl observou que a velocidade na direção y é muito pequena comparada à velocidade na direção x, $v \ll u$. Ele também observou que as variações das velocidades u e v na direção do escoamento são pequenas, comparadas às variações na direção normal ao mesmo, isto é, $\partial/\partial x \ll \partial/\partial y$.

Essas observações de Prandtl levam à conclusão de que a pressão através da camada limite, começando na superfície ou parede até a extremidade da camada limite, é aproximadamente constante. Portanto, num valor de x constante,

$$P_{y=0} \approx P_{y=\delta}$$

Na extremidade da camada limite o escoamento é não-viscoso ($\tau = 0$) e a equação de Bernoulli é válida, permitindo encontrar-se a pressão $P_{y=\delta}$ se a velocidade U na região não viscosa for conhecida.

$$P_{y=\delta} = [\text{const}] - \rho \frac{U^2}{2}$$

A variação da pressão na direção do escoamento é conhecida se a variação de U na direção x for conhecida

$$\frac{1}{\rho}\frac{dP}{dx} = -U\frac{dU}{dx} \qquad (6\text{-}4)$$

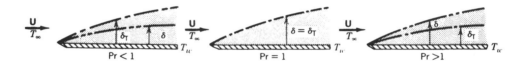

Figura 6-6 Camadas limites térmica e hidrodinâmica num escoamento sobre placa plana.

CAPÍTULO 6 - ESCOAMENTO EXTERNO- EFEITOS VISCOSOS E TÉRMICOS **181**

O termo dP/dx é chamado *gradiente de pressão* do escoamento. Para o caso do escoamento próximo a uma placa plana, Fig. 6-2, $dU/dx = 0$ e o gradiente de pressão é zero. Como discutiremos posteriormente, há muitos escoamentos nos quais $dP/dx \neq 0$.

6.4 RESISTÊNCIA AO MOVIMENTO. ARRASTO SOBRE SUPERFÍCIES

No Capítulo 5 discutimos as forças que podem existir num volume de controle. Essas são: (1) forças de campo devidas à aceleração gravitacional e que dependem da massa de fluido no volume de controle, (2) forças de pressão que são causadas por gradientes, ou diferenças de pressão nas faces do volume de controle, e (3) forças viscosas que ocorrem devido às tensões viscosas de cisalhamento paralelas à superfície do volume de controle. Se a direção do escoamento for vertical para o alto, a força de campo devido a gravidade, $\mathbf{F}_{grav}$, causará resistência ao movimento do fluido. Similarmente, se a pressão aumentar na direção do escoamento, $\mathbf{F}_{pres}$ vai agir de forma a se opor ao movimento do fluido. Essas são situações onde essas forças, dependendo da direção do escoamento, podem auxiliar o movimento do fluido, em vez de causar resistência a ele. Por outro lado, a força viscosa, $\mathbf{F}_{vis}$, sempre age no sentido de opor-se ao movimento do fluido.

Quando um fluido se move próximo a uma superfície sólida, uma camada limite é formada sobre a superfície e os efeitos das tensões viscosas de cisalhamento estão concentrados nessa região. A Figura 6-7 esquematiza uma camada limite com um volume de controle *abcd*, que inclui todas as camadas limites num comprimento de superfície dx na direção do escoamento. Também são mostradas na Fig. 6-7 as pressões e as tensões de cisalhamento, τ_p que agem em *abcd* e que quando multiplicada pela área apropriada resultam em $\mathbf{F}_{pres}$ e $\mathbf{F}_{vis}$. A força $\mathbf{F}_{grav}$ age na direção normal ao plano x, y e portanto é normal à direção do escoamento e não influencia o movimento do fluido.

A tensão de cisalhamento τ_p deve existir na superfície *ad* de forma a satisfazer o princípio de aderência entre o fluido e a superfície. Como resultado, τ_p causa resistência ao movimento do fluido e faz com que a velocidade dele em relação à superfície seja nula junto a essa superfície. Portanto τ_p age na direção negativa do eixo dos x, oposta ao movimento do fluido no volume de controle. Se o volume de controle e a superfície estiverem em equilíbrio, a somatória das forças sobre a superfície e o fluido são nulas e deve existir uma reação a τ_p sobre a superfície. Essa força de reação na superfície deve estar na direção positiva dos x, sendo portanto oposta à direção de $\mathbf{F}_{vis}$ sobre o fluido. Essa força sobre a superfície age de forma a movê-la na direção do escoamento e é chamada *força de arrasto viscosa*. A força na superfície é denominada arrasto viscoso, porque resulta do movimento relativo do fluido sobre a superfície que produz uma tensão de cisalhamento viscosa que age de forma a "arrastar" a superfície na direção do movimento relativo do fluido.

A força de arrasto é portanto definida como a força sobre a superfície de um objeto sólido que existe em função do movimento relativo de um fluido sobre a superfície. A força de arrasto sobre um objeto está sempre na direção do movimento relativo do fluido sobre o objeto e tem módulo igual, mas direção oposta à da força sobre o fluido que se opõe ao movimento dele próximo à superfície do objeto. Neste capítulo discutiremos dois tipos de arrasto sobre um objeto; arrasto de atrito, causado por forças viscosas de cisalhamento e arrasto de pressão devido a gradientes de pressão na superfície do objeto. Em ambos os casos determinaremos essas forças de arrasto analisando o escoamento através de um volume de controle fixo e determinando a força de oposição ao movimento do fluido através deste volume de controle. A força de arrasto é então definida como reação a essa força sobre o fluido.

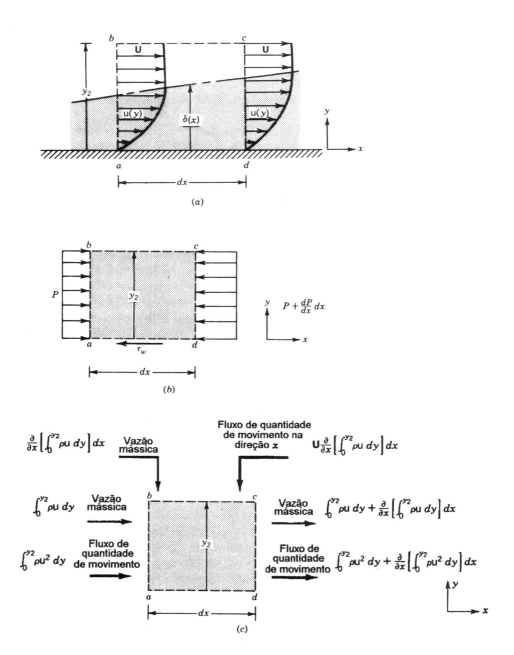

Figura 6-7 Volume de controle para uma camada limite hidrodinâmica.

A redução da força de arrasto é muito importante para o desenvolvimento de aviões, caminhões e automóveis mais econômicos. O arrasto total multiplicado pela velocidade de tráfego é a potência necessária para vencer a força de arrasto e equivale a uma parcela significativa da potência total que deve ser produzida pelo motor do veículo. Uma considerável quantidade de pesquisas tem sido

CAPÍTULO 6 - ESCOAMENTO EXTERNO- EFEITOS VISCOSOS E TÉRMICOS **183**

conduzidas para determinar métodos de redução de arrasto para diferentes objetos em movimento. Similarmente, o arrasto gerado pelo vento soprando sobre um prédio alto, uma chaminé de fumaça, ou uma torre de televisão precisa ser conhecido, a fim de que seja calculada a força no objeto de forma que uma estrutura segura possa ser projetada. O que segue discutirá as causas do arrasto e os métodos para minimizá-lo.

As tensões viscosas de cisalhamento num fluido junto à superfície resultam num arrasto viscoso ou *de atrito*, quando somadas sobre a área total da fronteira sólida. Se ocorrer um gradiente de pressão na direção do escoamento existirá também uma pressão variável na fronteira sólida. A pressão contribuirá para a força de arrasto na superfície. Esse arrasto é chamado *arrasto de pressão ou de forma*. A combinação do arrasto de atrito com o de pressão resulta no arrasto total sobre a fronteira. Note que quando arrasto é empregado, está-se considerando, por convenção, a força na direção do movimento relativo do fluido sobre a superfície. Isso é importante, pois em muitos casos é mais conveniente analisar a força no fluido, que se opõe ao seu movimento próximo à superfície, e definir a força de arrasto como a reação à força no fluido.

Análise da Quantidade de Movimento na Camada Limite

Já desenvolvemos um método que nos permitirá determinar o arrasto total na superfície de uma fronteira. Esse método é a equação da quantidade de movimento, eq. 5-22, para um volume de controle fixo. Considere o volume de controle fixo *abcd* mostrado na Fig. 6-7a que inclui a camada limite sobre um segmento *dx* da superfície na direção do escoamento. Note que esse volume de controle tem profundidade unitária na direção normal ao plano x,y. A força total sobre *abcd* na direção x é igual à variação da quantidade de movimento do fluido através de *abcd* na direção x. Como a direção x, é definida como a direção do escoamento, a força total é igual à força sobre o fluido que se opõe ao movimento do fluido próximo à superfície.

A Figura 6-7b mostra as pressões e as tensões de cisalhamento que agem em *abcd* e resultam na força total na direção x. A tensão de cisalhamento na parede em *abcd*, τ_p, é igual à reação ao arrasto de atrito sobre a superfície. A pressão em *ab* vale P e é uniforme pois $dP/dy = 0$ através da camada limite, segundo as observações de Prandtl. Na face *cd*, a pressão é igual aquela da face *ab* acrescida da variação de P na direção x à medida em que o escoamento se propaga através da distância dx no volume de controle. As pressões nas faces *bc* e *ad* não são constantes mas são iguais em módulo e de sentidos opostos e, portanto, cancelam-se.

A Figura 6-7c mostra os fluxos de massa e de quantidade de movimento através dos lados de *abcd*. Esses fluxos são vistos como integrais sobre a superfície de controle, pois a velocidade varia na camada limite. A existência do fluxo de massa através da face *bc* é observada aplicando-se a conservação da massa em *abcd*.

$$(\text{fluxo de massa})_{dentro\ abcd} = (\text{fluxo de massa})_{fora\ abcd}$$

$$\underbrace{\int_0^{y_2} \rho u\, dy}_{(\text{vazão mássica})_{ab}} + (\text{vazão mássica})_{bc} = \underbrace{\int_0^{y_2} \rho u\, dy + \frac{\partial}{\partial x}\left[\int_0^{y_2} \rho u\, dy\right] dx}_{(\text{vazão mássica})_{cd}}$$

Portanto,

184 INTRODUÇÃO ÀS CIÊNCIAS TÉRMICAS

$$(\text{vazão mássica})_{bc} = \frac{\partial}{\partial x}\left[\int_0^{y_2} \rho u \, dy\right] dx$$

Ao longo da face bc a velocidade na direção x é $\mathbf{U}$. O fluxo de quantidade de movimento através de bc na direção x é então

$$\mathbf{U}.(\text{vazão mássica})_{bc} = \mathbf{U}\frac{\partial}{\partial x}\left[\int_0^{y_2} \rho u \, dy\right] dx$$

Aplicando-se a equação da quantidade de movimento para regime permanente na direção x para o volume de controle $abcd$, obtém-se

$$\underbrace{Py_2 - \tau_p.dx - \left[P + \frac{dP}{dx}dx\right]y_2}_{\text{forças na direção } x \text{ sobre } abcd}$$

$$= \underbrace{\int_0^{y_2} \rho u^2 \, dy + \frac{\partial}{\partial x}\left[\int_0^{y_2} \rho u^2 \, dy\right] dx}_{\substack{\text{fluxo de momento que sai} \\ \text{na face } cd \text{ na direção } x}} \quad \underbrace{-\int_0^{y_2} \rho u^2 \, dy}_{\substack{\text{fluxo de momento que entra} \\ \text{na face } ab \text{ na direção } x}} \quad - \underbrace{\mathbf{U}\frac{\partial}{\partial x}\left[\int_0^{y_2} \rho u \, dy\right] dx}_{\substack{\text{fluxo de momento que entra} \\ \text{na face } bc \text{ na direção } x}} \quad (6\text{-}5)$$

Admitindo-se que o fluido é incompressível, essa expressão pode ser simplificada para

$$\tau_p + \frac{dP}{dx}y_2 = \rho\frac{d}{dx}\int_0^{y_2}[\mathbf{U} - u]u \, dy - \rho\frac{d\mathbf{U}}{dx}\int_0^{y_2} u \, dy \qquad (6\text{-}6)$$

(derivadas totais são usadas pois as variações ocorrem somente na direção x)

Como a pressão através da camada limite, na direção y, é constante, o termo de força devido ao gradiente de pressão dP/dx pode ser escrito em termos da velocidade na corrente livre $\mathbf{U}$ usando-se a eq. 6-4

$$\frac{dP}{dx}y_2 = -\rho\mathbf{U}\frac{d\mathbf{U}}{dx}y_2$$

$$= -\rho\frac{d\mathbf{U}}{dx}\int_0^{y_2}\mathbf{U} \, dy \qquad (6\text{-}7)$$

A substituição dessa relação na eq. 6-5 fornece uma expressão para a tensão de cisalhamento na parede τ_p em termos das velocidades do fluido dentro e fora da camada limite

$$\tau_p = \rho\frac{d}{dx}\int_0^{\delta(x)}[\mathbf{U} - u]u \, dy + \rho\frac{d\mathbf{U}}{dx}\int_0^{\delta(x)}[\mathbf{U} - u] \, dy \qquad (6\text{-}8)$$

O limite superior de integração mudou de y_2 para δ porque para $y > \delta$, $\mathbf{U} = u$ e a contribuição de cada integral é nula. Note que a espessura δ da camada limite é função de x.

CAPÍTULO 6 - ESCOAMENTO EXTERNO- EFEITOS VISCOSOS E TÉRMICOS **185**

Arrasto Viscoso

A Equação 6-8 relaciona a tensão de cisalhamento na parede, τ_p, na superfície de um volume de controle coincidente com uma superfície sólida, à distribuição de velocidades na normal à superfície e ao gradiente de pressão na direção do escoamento. Se a contribuição do gradiente de pressão for zero, $dP/dx = 0$ ou $dU/dx = 0$ da eq. 6-4, a única força agindo no fluido na direção x é a força viscosa. A força viscosa total sobre o fluido devido à viscosidade, da borda de ataque da superfície, $x = 0$, ao ponto $x = x_1$ torna-se

$$D_F(x_1) = b\int_0^{x_1} \tau_p \, dx = b\rho\int_0^{x_1}\left\{\frac{d}{dx}\int_0^{\delta(x)}[U-u]u \, dy\right\} dx$$

$$= b\rho U^2 \int_0^{\delta(x_1)} \frac{u}{U}\left[1-\frac{u}{U}\right]dy \tag{6-9}$$

onde b é a largura do volume de controle normal ao plano x,y.

O *coeficiente adimensional médio de arrasto de atrito* para uma placa plana de comprimento L ($x_1 = L$) e largura b é

$$\overline{C}_f \equiv \frac{D_F(L)}{\rho\dfrac{U^2}{2}bL} = \frac{2}{L}\int_0^{\delta(L)}\frac{u}{U}\left[1-\frac{u}{U}\right]dy \tag{6-10}$$

Essa expressão permite determinar o arrasto de atrito tanto para a camada limite laminar como para a turbulenta desde que o perfil de velocidades u(y) seja conhecido. Nas camadas limites turbulentas, a distribuição de velocidades é determinada experimentalmente, enquanto que para o

Tabela 6-1 Resumo das relações da camada limite para uma placa plana lisa

Laminar	$Re_x < 5 \times 10^5$
$u/U = f\left(y\sqrt{U/vx}\right)$	Veja Tabela 6-2
$\delta/x = 5,0Re_x^{-(1/2)}$	
$\tau_p = 0,332\rho U^2 \, Re_x^{-(1/2)}$	
$C_{fx} = 0,664 \, Re_x^{-(1/2)}$	
$\overline{C}_f = 1,328 \, Re_L^{-(1/2)}$	
Turbulento	$5 \times 10^5 < Re_x < 10^7$
$u/U \cong (y/\delta)^{1/7}$	
$\delta/x = 0,371 \, Re_x^{-(1/5)}$	
$\tau_p = 0,0296\rho U^2 \, Re_x^{-(1/5)}$	
$C_{fx} = 0,0592 \, Re_x^{-(1/5)}$	
$\overline{C}_f = 0,074 \, Re_L^{-(1/5)}$	

Tabela 6-2 Distribuição de Blasius de velocidades num escoamento laminar (ref.1)

$y\sqrt{U/vx}$	u/U	$y\sqrt{U/vx}$	u/U
0	0	2,6	0,77246
0,2	0,06641	2,8	0,81152
0,4	0,13277	3,0	0,84605
0,6	0,19894	3,2	0,87609
0,8	0,26471	3,4	0,90177
1,0	0,32979	3,6	0,92333
1,2	0,39378	3,8	0,94112
1,4	0,45627	4,0	0,95552
1,6	0,51676	4,2	0,96696
1,8	0,57477	4,4	0,97587
2,0	0,62977	4,6	0,98269
2,2	0,68132	4,8	0,98779
2,4	0,72899	5,0	0,99155

escoamento laminar ela pode ser determinada usando-se a equação diferencial da quantidade de movimento para a camada limite. De tais dados podem ser obtidas as expressões para C_f e τ_p. A Tabela 6-1 mostra as expressões resultantes para ambos os escoamentos laminar e turbulento. Para o escoamento laminar a distribuição de velocidades pode ser obtida da Tabela 6-2.

As expressões apresentadas na Tabela 6-1 para ambas as camadas limites laminar e turbulenta supõem que a superfície da placa é "lisa". Na realidade, a maior parte das superfícies apresentam uma certa rugosidade, devido à manufatura das mesmas ou sua degradação por corrosão. A rugosidade de uma superfície é definida pela altura média estatística, h_r dos elementos rugosos.

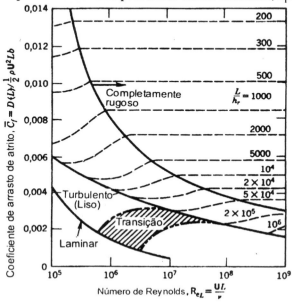

Figura 6-8 Coeficiente de arrasto de atrito por unidade de largura para superfícies lisas e rugosas. Nota: Re de transição cresce para superfícies mais lisas ou turbulência menor na corrente livre.

CAPÍTULO 6 - ESCOAMENTO EXTERNO- EFEITOS VISCOSOS E TÉRMICOS **187**

Por exemplo, se a superfície de uma placa estivesse coberta com grãos de areia, h_r representaria o diâmetro médio destes grãos.

O efeito da rugosidade é diminuir o valor do número de Reynolds para o qual ocorre a transição do movimento laminar para o turbulento. Ocorre também o aumento do arrasto de atrito superficial, mas somente se a camada limite for turbulenta.

A Figura 6-8 apresenta o traçado da variação de C_f com Re_L para uma placa plana lisa (Tabela 6-1), e para placas com valores diferentes da rugosidade relativa L/h_r. O efeito da rugosidade está baseado em correlações empíricas apresentadas por White[1]. Uma placa "lisa" é definida como aquela para a qual $h_r < 100v/U$.

EXEMPLO 6-1

Uma placa plana lisa tem comprimento total $L = 0,75$ m. A placa deve ser testada em ar e água ambos com velocidade $U = 4,5$ m/s. A temperatura do ar e da água é de 20° C e a pressão igual à pressão atmosférica. Determine:

(a) Se o escoamento no final da placa é laminar ou turbulento para cada fluido.

(b) A velocidade de ar necessária para tornar os escoamentos semelhantes, isto é, para que ambos tenham o mesmo número de Reynolds, Re_L.

SOLUÇÃO

(a) Se os números de Reynolds $Re_L < 0,50 \times 10^6$ o escoamento será laminar, e turbulento se $Re_L > 0,50 \times 10^6$. As viscosidades cinemáticas do ar e da água são (Fig. A-13)

$$v_{ar} = 15,09 \times 10^{-6} \text{ m}^2/\text{s} \qquad \rho_{ar} = 1,204 \text{ kg/m}^3 \quad \text{(Tabela A-8)}$$

$$v_{água} = 1,004 \times 10^{-6} \text{ m}^2/\text{s} \qquad \rho_{água} = 998,3 \text{ kg/m}^3 \quad \text{(Tabela A-9)}$$

Na água,

$$Re_L = \frac{UL}{v_{água}} = \frac{4,5(0,75)}{1,004 \times 10^{-6}} = 3,361 \times 10^6$$

No ar,

$$Re_L = \frac{UL}{v_{ar}} = \frac{4,5(0,75)}{15,09 \times 10^{-6}} = 0,2237 \times 10^6$$

Portanto o escoamento na extremidade da placa é laminar no ar e turbulento na água.

(b) O escoamento na extremidade da placa plana será semelhante para o ar e a água se os números de Reynolds forem iguais para ambos os casos. Valores iguais de Re_L significam que a relação entre a força de inércia e a viscosa é igual em ambos os casos.

188 INTRODUÇÃO ÀS CIÊNCIAS TÉRMICAS

$$\left(\frac{UL}{v}\right)_{ar} = \left(\frac{UL}{v}\right)_{\text{água}}$$

Então

$$\mathbf{U}_{ar} = \mathbf{U}_{\text{água}}\left(\frac{L_{\text{água}}}{L_{ar}}\right)\left(\frac{v_{ar}}{v_{\text{água}}}\right)$$

$$= 4.5\left(\frac{0.75}{0.75}\right)\left(\frac{15.09\times10^{-6}}{1.004\times10^{-6}}\right)$$

$$= 67.63 \text{ m / s}$$

COMENTÁRIO

O efeito da viscosidade do fluido é demonstrado comparando-se o escoamento de água e ar. Os escoamentos dos dois fluidos são semelhantes se a relação de forças no fluido, neste caso força de inércia para força viscosa, for igual. Por causa das diferenças na densidade e nas viscosidades dinâmica e cinemática, o caso do escoamento do ar requer uma velocidade $\mathbf{U}$ muito maior que o da água para que os dois escoamentos sejam semelhantes.

EXEMPLO 6-2

(a) Calcule o arrasto total, por unidade de largura, devido ao atrito (D_F) na placa plana lisa descrita no Exemplo 6-1.
(b) Estime a espessura da camada limite na extremidade final da placa quando for testada em ambos ar e água.
(c) Compare os valores de C_f e do arrasto devido ao atrito que a placa experimenta quando testada em ar e água para o mesmo número de Reynolds.

SOLUÇÃO

(a) Considere o primeiro caso, o da placa plana testada em ar. O Exemplo 6-1 mostra que o escoamento é laminar sobre a placa toda. Portanto, o coeficiente de arrasto de atrito C_f é (Tabela 6-1)

$$\overline{C}_f = \frac{D_F}{\rho \dfrac{U^2}{2}bL} = \frac{1,328}{\sqrt{\text{Re}_L}} = \frac{1,328}{\sqrt{0,2237\times10^6}}$$

$$= 2,808\times10^{-3}$$

CAPÍTULO 6 - ESCOAMENTO EXTERNO- EFEITOS VISCOSOS E TÉRMICOS **189**

O arrasto total por unidade de largura é igual a duas vezes o arrasto por unidade de largura para um dos lados da placa.

$$\frac{D_F}{b} = 2\overline{C}_f \rho \frac{U^2}{2} L$$

$$= 2(2,808 \times 10^{-3})1,204 \frac{(4,5)^2}{2}(0,75)$$

$$= 51,34 \times 10^{-3} \text{ N}/\text{m}$$

A espessura da camada limite nesse caso é (Tabela 6-1),

$$\delta(L) = \frac{5,0L}{\sqrt{\text{Re}_L}} = \frac{5,0(0,75)}{\sqrt{0,2237 \times 10^6}}$$

$$= 7,929 \text{ mm}$$

(b) Quando a placa é testada em água, o Exemplo 6-1 mostra que $\text{Re}_L > 0,50 \times 10^6$ e o escoamento é turbulento na borda de fuga (extremidade final da placa). O escoamento próximo à borda de ataque é laminar e sofre transição para turbulento mais adiante. Entretanto para propósito de cálculo de D_F/b e $\delta(L)$ supor-se-á que o escoamento é turbulento sobre a placa inteira. A validade dessa hipótese será confirmada calculando-se também a localização do ponto de transição e somando-se as contribuições das camadas limites laminar e turbulenta.

Na água:

$$\overline{C}_f = \frac{D_F}{\rho \frac{U^2}{2} bL} = 0,074(\text{Re}_L)^{-1/5}$$

$$= 0,074(3,361 \times 10^6)^{-1/5}$$

$$= 3,664 \times 10^{-3}$$

O arrasto total por unidade de largura para ambos os lados é

$$\frac{D_F}{b} = 2\overline{C}_f \rho \frac{U^2}{2} L$$

$$= 2(3,664 \times 10^{-3})998,3 \frac{(4,5)^2}{2}(0,75)$$

$$= 55,55 \text{ N}/\text{m}$$

190 INTRODUÇÃO ÀS CIÊNCIAS TÉRMICAS

e

$$\delta(L) = 0,371(\text{Re}_L)^{-1/5} L$$

$$= 0,371(3,361 \times 10^6)^{-1/5}(0,75)$$

$$= 13,70 \text{ mm}$$

Para confirmar a hipótese de que o escoamento inteiro é turbulento, o ponto de transição, x_{CR}, é ($\text{Re}_{CR} = 0,50 \times 10^6$)

$$x_{CR} = \frac{\text{Re}_{CR}\nu}{U}$$

$$= \frac{0,50 \times 10^6(1,004 \times 10^{-6})}{4,5}$$

$$= 0,1115 \text{ m}$$

O arrasto total é então a soma do arrasto sobre a uma placa de 0,1115 m de comprimento com movimento laminar e outra de (0,75 - 0,1115) m de comprimento com movimento turbulento. Então,

$$\frac{D_F}{b} = 2\rho \frac{U^2}{2}\left[\left\{\overline{C}_f L\right\}_{\text{lam}} + \left\{\overline{C}_f L\right\}_{\text{turb}}\right]$$

$$= 2(998,3)\frac{(4,5)^2}{2}\left[\frac{1,328(0,1115)}{\sqrt{\dfrac{4,5(0,1115)}{1,00 \times 10^{-6}}}} + 0,074\left\{\frac{4,5(0,6385)}{1,00 \times 10^{-6}}\right\}^{-1/5}(0,6385)\right]$$

$$= 53,02 \text{ N/m}$$

(c) Do Exemplo 6-1 Re_L no ar e na água são iguais se a velocidade no ar for aumentada para 68,85 m/s.

$$\frac{(D_F)_{\text{ar}}}{(D_F)_{\text{água}}} = \frac{\left(2\overline{C}_f\rho\dfrac{U^2}{2}bL\right)_{\text{ar}}}{\left(2\overline{C}_f\rho\dfrac{U^2}{2}bL\right)_{\text{água}}} = \frac{(\rho U^2)_{\text{ar}}}{(\rho U^2)_{\text{água}}}$$

$$= \frac{1,204(68,85)^2}{998,3(4,5)^2} = 0,2823$$

CAPÍTULO 6 - ESCOAMENTO EXTERNO- EFEITOS VISCOSOS E TÉRMICOS **191**

COMENTÁRIO

Quando se calcula a força de atrito num objeto, a área da superfície toda do objeto que é "molhada" pelo escoamento deve ser considerada. Então o arrasto total na placa plana tem contribuições de ambos os lados da mesma.

O cálculo do arrasto por unidade de largura significa que o resultado pode ser aplicado a várias situações, desde que a largura do objeto seja muito maior que seu comprimento na direção do escoamento. Isso é necessário, pois a dedução de C_f está baseada na hipótese de escoamento bidimensional.

A hipótese de que o escoamento é turbulento sobre a placa inteira leva a uma resposta que é aproximadamente 4% maior que aquela obtida, incluindo-se ambas as porções laminar e turbulenta. Isso está dentro da precisão das fórmulas empíricas usadas para predizer o arrasto.

No caso de escoamentos semelhantes em ar e água os valores de C_f são iguais, pois os valores de Re_L são idênticos. (Note que C_f é a razão da força de arrasto de atrito para a força de inércia.) No entanto, os valores do arrasto de atrito são diferentes, pela razão entre os produtos ρU^2 no ar e na água.

Embora os escoamentos sejam semelhantes no ar e na água quando as relações de forças nos dois escoamentos são iguais, Re_L igual e C_f igual, a força de arrasto de atrito no ar é 28% da experimentada na água.

6.5 A INFLUÊNCIA DOS GRADIENTES DE PRESSÃO

A Equação 6-10 nos permite calcular o coeficiente de arrasto de atrito devido ao escoamento sobre uma superfície plana. Na dedução dessa equação foi suposto que a única força agindo no fluido era devido à presença de tensões de cisalhamento. A força devido a diferenças de pressão no fluido foi feita igual a zero, supondo-se que o gradiente de pressão na direção do escoamento, dP/dx é nulo. Embora essa hipótese seja válida em alguns, ela não é verdadeira para a maior parte das situações de escoamento. Quando $dP/dx \neq 0$, uma força de pressão vai existir que não vai somente contribuir para a resistência total sofrida pelo fluido, mas que também pode resultar num fenômeno denominado *separação do escoamento* (ou *descolamento da camada limite*).

Separação do Escoamento

O módulo do gradiente de pressão dP/dx é dependente da forma da superfície, que por seu lado influencia a variação da velocidade fora da camada limite na direção do escoamento, dU/dx. Já vimos que é possível ter-se um movimento no qual a velocidade U está crescendo na direção do escoamento, $dU/dx > 0$, dando forma às paredes de maneira a obter-se um bocal. Pela equação 6-3 isso significa que o gradiente de pressão dP/dx é negativo. Se $dP/dx < 0$, existe um *gradiente de pressão favorável*, pois a força de pressão resultante no fluido age na direção do escoamento. Contrariamente, se a velocidade U for decrescente na direção do escoamento, como num difusor onde $dU/dx < 0$, o gradiente de pressão é positivo, $dP/dx > 0$, e a resultante força de pressão age de forma a retardar o escoamento e é denominado um *gradiente de pressão adverso*. A existência de um gradiente de pressão adverso significa que a quantidade de movimento do fluido está decrescendo e o fluido próximo à superfície pode ser levado ao repouso numa distância qualquer a partir da parede, u = 0 para $y > 0$. Quando isso ocorre, diz-se que o escoamento se *separa*.

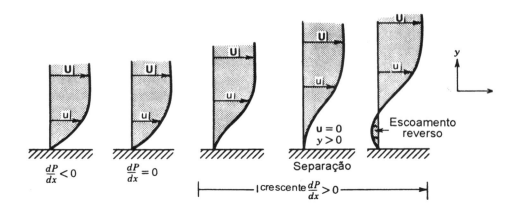

Figura 6-9 Influência do gradiente de pressão no perfil de velocidades na camada limite.

A ocorrência do fenômeno de separação pode ser determinada examinando-se a forma do perfil da componente u da velocidade na camada limite. Se a velocidade do escoamento próximo à parede, $y > 0$, torna-se zero e ocorre a separação do escoamento, o gradiente de velocidade normal ao escoamento, $\partial u/\partial y$, deve ser nulo nesse ponto, Fig. 6-9. Antes da separação do escoamento $\partial u/\partial y > 0$. Depois dela haverá escoamento reverso, o escoamento na direção negativa do eixo x, e $\partial u/\partial y < 0$ próximo à parede. Esse escoamento reverso pode ocorrer somente se uma força adicional a τ_x for aplicada ao fluido. Essa força adicional é devido ao gradiente de pressão na direção do escoamento e deve necessariamente agir na direção negativa dos x, $dP/dx > 0$. A Figura 6-9 mostra o efeito de um gradiente de pressão adverso crescente na distribuição de velocidades na camada limite. Um escoamento na camada limite sobre uma placa plana não experimentará separação do escoamento, pois não há gradiente de pressão, $dP/dx = 0$.

Um exemplo prático da influência do gradiente de pressão é o escoamento incompressível de um fluido através de um canal convergente-divergente, Fig. 6-10. O fenômeno da separação é o mesmo em ambos os escoamentos externo e interno. Portanto, o caso de um escoamento interno é selecionado para demonstrar a separação do escoamento, pois é mais simples descrever a variação de velocidade e pressão na direção do escoamento. A parte convergente desse canal age para aumentar a velocidade na região afastada das paredes, o núcleo invíscido, e $dU/dx > 0$. Tal canal é chamado bocal. Isso produz um gradiente de pressão favorável na camada limite. Na seção da garganta, a área transversal é constante como também a pressão e a velocidade U.

O canal divergente no qual a área aumenta na direção do escoamento é denominado um difusor, pois a velocidade está decrescendo, $dU/dx < 0$ e a pressão crescendo, $dP/dx > 0$. Isso significa que um difusor experimenta um gradiente de pressão adverso e pode acontecer separação do escoamento ao longo de suas paredes. Isso está esquematizado na Fig. 6-10, conjuntamente ao escoamento reverso que ocorre depois do ponto de separação (ou de descolamento).

A existência da separação do escoamento num canal divergente representa uma perda de energia no fluido. Como a finalidade de um difusor é converter pressão dinâmica, $\rho U^2/2$, em pressão estática, P, essas perdas reduzem a eficiência do difusor. Dados descrevendo perdas num difusor serão apresentados no Capítulo 7.

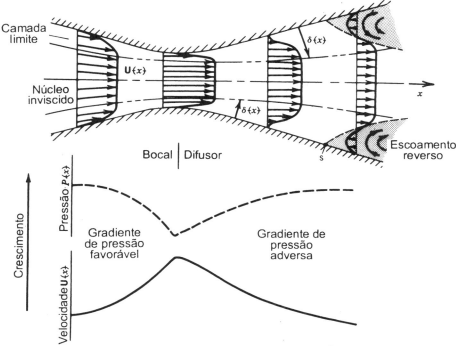

Figura 6-10 Escoamento através de um canal convergente-divergente.

Um segundo exemplo de gradientes de pressão favorável e adverso é o escoamento próximo a um cilindro circular infinitamente longo na direção normal ao escoamento, Fig. 6-11. Como o cilindro é infinitamente longo, o escoamento considerado é aquele sobre uma seção transversal do cilindro e é bidimensional. Nesse caso $dP/dx < 0$ ($x = \theta\, d/2$) sobre a parte anterior do cilindro e que então torna-se positivo ou adverso. O ponto no qual $dP/dx = 0$ está localizado num ângulo de aproximadamente $70°$ a partir do ponto mais a montante (ponto de estagnação) sobre o cilindro. O ponto de estagnação é a localização onde a pressão estática é máxima, pois a velocidade do fluido é nula neste ponto. Isso pode ser visto pela distribuição adimensional do coeficiente de pressão C_p, Fig. 6-11. O coeficiente de pressão representa a relação entre a força de pressão no cilindro e a força de inércia no fluido. Na definição de C_p na Fig. 6-11, P é a pressão na superfície que varia sobre o cilindro e P_∞ e U são respectivamente a pressão e a velocidade do fluido a montante do cilindro.

Quando $\theta > 70°$, o ponto no qual a separação ocorre depende da camada limite ser laminar ou turbulenta. A razão disso pode ser obtida se as camadas limites laminar e turbulenta são adimensionalizadas com base nas respectivas espessuras δ, Fig. 6-12. A figura mostra que, para um valor constante de y/δ, a camada limite turbulenta tem velocidade maior e, portanto, uma partícula fluida nessa posição y/δ tem uma quantidade de movimento maior. Isso significa que uma partícula fluida na camada limite turbulenta pode experimentar um gradiente de pressão adverso maior do que na camada limite laminar antes de sua velocidade ser reduzida a zero. Como resultado, a camada limite laminar vai separar-se num valor de θ, ou de arco de superfície, menor que a camada limite turbulenta quando ambas apresentam o mesmo gradiente de pressão. Como é mostrado na Fig. 6-11, a camada limite laminar se separa a $\theta_s \approx 82°$, enquanto que para a camada limite turbulenta a separação ocorre a $\theta_s \approx 120°$ se a superfície for "lisa".

A conseqüência da separação do escoamento é a presença de uma região de escoamento com recirculação de baixa energia chamada *esteira*. Como visto na Fig. 6-11, a esteira associada com a camada limite turbulenta sobre um cilindro circular é muito mais estreita que a associada com a

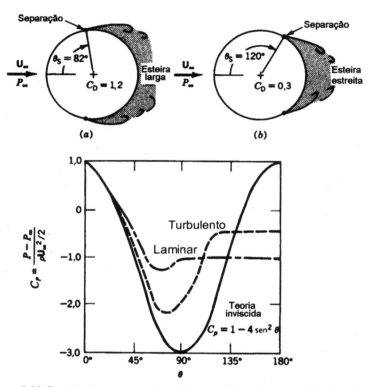

Figura 6-11 Pressão de escoamento e de superfície sobre um cilindro circular infinito normal ao escoamento. (a) Escoamento laminar, (b) Escoamento turbulento.

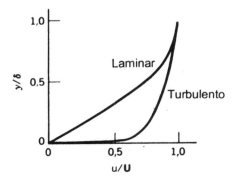

Figura 6-12 Comparação dos perfis de velocidades nas camadas limites laminar e turbulenta

camada limite laminar. Um resultado similar é observado no escoamento sobre uma esfera. A Figura 6-13 mostra a esteira gerada por uma esfera com camada limite laminar e com turbulenta. A esteira associada a camada limite turbulenta é muito mais estreita.

Arrasto de Pressão

Se a pressão na superfície de um objeto não for constante (uniforme), uma força líquida será exercida sobre o objeto. O módulo dessa força numa certa direção é determinado somando-se o produto da pressão pela projeção da área do objeto num plano normal a essa direção. Então, para um cilindro circular infinitamente longo de raio R, a força de arrasto de pressão por unidade de comprimento é

$$D_P = \frac{\text{arrasto de pressão}}{\text{largura unitária}} = \frac{1}{b} \int_{\text{Área}} P \, dA_x \qquad (6\text{-}11)$$

Se $P(\theta)$ for constante ou simétrico em relação à linha de $\theta = 90°$, essa força é nula. Em todos os outros casos, como se vê na Fig. 6-11, existe uma força líquida. A componente dessa força líquida na direção x é denominada *arrasto de pressão* e a componente na direção y, ou normal a U, é a força de *sustentação* no cilindro.

Para o cilindro circular mostrado na Fig. 6-11 a força de sustentação é zero, porque a pressão é simétrica entre 0-180 e 180-360°. Entretanto, a força de arrasto de pressão é diferente de zero.

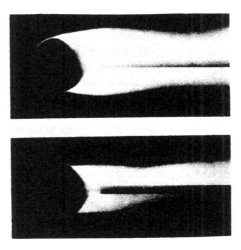

Figura 6-13 Comparação das esteiras produzidas por esferas lisas e rugosas numa corrente de ar de mesmo número de Reynolds (Re $\approx 10^5$). As esteiras foram tornadas visíveis por técnica de injeção de fumaça. Acima, a camada limite é laminar; abaixo, camada limite turbulenta induzida por grãos de areia colados numa faixa estreita em torno da parte frontal da esfera.[7.] Usada sob permissão.

O *arrasto total* (D_T) que um objeto pode sofrer é então uma combinação daquele devido à distribuição de pressões na superfície (*arrasto de pressão*, D_P) e a somatória das tensões de cisalhamento integradas (arrasto de atrito, D_F).

Arrasto total = arrasto de atrito + arrasto de pressão

$$D_T = D_F + D_P \tag{6-12}$$

Os valores relativos dessas contribuições para o arrasto total são dependentes da forma do objeto. Como demonstrado anteriormente, a força por unidade de largura sobre uma placa plana estreita de profundidade nula localizada paralelamente ao escoamento é devida totalmente ao arrasto de atrito. Se a placa for normal ao escoamento, o arrasto total por unidade de largura é um arrasto devido apenas à pressão, pois as tensões de cisalhamento sobre a placa agem na direção normal ao escoamento. Fig. 6-14.

O arrasto total num objeto é expresso de forma adimensional pelo coeficiente de arrasto total C_D, onde **U** é a velocidade de aproximação, a montante, do objeto

$$C_D = \frac{D_T}{\rho \frac{\mathbf{U}^2}{2} A}$$

A área A é arbitrária e é usualmente escolhida como a mais conveniente para a definição. Na literatura serão encontrados coeficientes de arrasto definidos com uma das três áreas seguintes:

1. *Área frontal.* A área da seção transversal ou a área projetada como seria vista por um observador olhando da direção da velocidade **U**. Essa definição é usualmente usada para objetos largos, tais como mísseis, cilindros, carros, trens, esferas, e assim por diante.
2. *Área de plataforma.* A área de um objeto projetada num plano contendo **U**, ou como vista de cima. Essa definição é usualmente usada para objetos aproximadamente planos como asas e hidrofólios.
3. *Área da superfície molhada.* A área exposta ao, ou molhada pelo, fluido. Essa definição é usada para superfícies compostas, como o casco de um navio ou barcaça.

O arrasto de pressão é menos acessível a estimativas que o de atrito. A aproximação usualmente empregada para determinar o arrasto de pressão consiste em conduzir uma experiência na qual o arrasto total é medido. O arrasto de atrito é então calculado, conhecendo-se a área da superfície do objeto e o número de Reynolds do escoamento, enquanto se admite que o arrasto de pressão seja nulo. A diferença entre o arrasto total medido e o arrasto de atrito calculado é o arrasto de pressão. O arrasto total para vários objetos está documentado. A fonte mais compreensível é a de Hoerner.[3]

Figura 6-14 Arrasto numa placa plana normal e paralela ao escoamento.

Tabela 6-3 Coeficientes de arrasto de objetos bidimensionais para Re ≈ 10^5

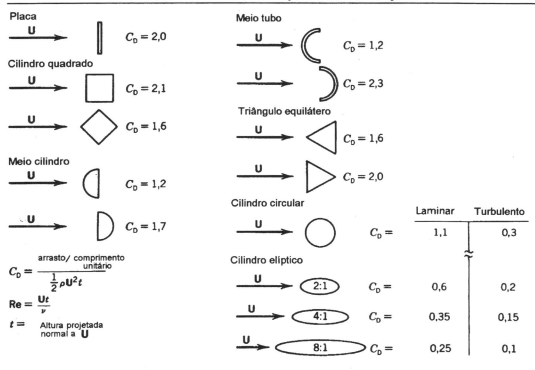

Coeficientes de arrasto total para vários objetos bi e tridimensionais são apresentados nas Tabelas 6-3 e 6-4, respectivamente. Devem ser tomados certos cuidados na aplicação dessas tabelas, determinando-se primeiramente se para o objeto sob consideração deve ser utilizado um coeficiente de arrasto bi ou tridimensional e, em seguida calculando-se a área correta a ser usada na definição de C_D. Como a existência de um escoamento bidimensional é uma hipótese, os coeficientes de arrasto para tais casos são na verdade expressões do arrasto por unidade de largura do objeto *normal* ao escoamento. A largura b é medida na direção z normal ao plano x,y, no qual ocorre o escoamento bidimensional. Se b for quatro a cinco vezes maior que a dimensão máxima do objeto projetado no eixo y, a hipótese de que o escoamento é bidimensional é geralmente válida.

Os coeficientes de arrasto tridimensionais dados na Tabela 6-4 são para objetos cuja maior dimensão é paralela à direção do escoamento. A área usada para esses coeficientes de arrasto é a área do objeto projetada no plano yz. O uso dessas tabelas é mostrado no problemas exemplos.

A Figura 6-15a apresenta a variação do coeficiente de arrasto total (baseado na área frontal) de uma esfera lisa como função do número de Reynolds (baseado no diâmetro do corpo). A Figura 6-15b apresenta o coeficiente de arrasto total por unidade de largura para um cilindro circular infinito colocado normalmente ao escoamento. Observe que, para um número de Reynolds de aproximadamente $0,5 \times 10^6$, ocorre um decréscimo significativo no coeficiente de arrasto tanto para a esfera como para o cilindro circular. Esse decréscimo é causado pelo fato da separação da camada limite se dar no regime turbulento e não no regime laminar, o que afeta no sentido de diminuir o tamanho da esteira resultante e, subseqüentemente, implica em um valor menor do arrasto de pressão. Então, se o escoamento sobre a esfera inteira ou cilindro for turbulento o coeficiente de arrasto é reduzido de um fator 4. Segue-se que o arrasto sobre a esfera é menor se a sua superfície for rugosa, causando portanto escoamento turbulento, Fig. 6-13. Essa é a razão pela qual bolas de golfe contêm cavidades na superfície. A Figura 6-15 mostra a influência da rugosidade da superfície no coeficiente de arrasto total.

Tabela 6-4 Coeficiente de arrasto de objetos tridimensionais Re ≈ 10^5 (C_D Baseado na área frontal)

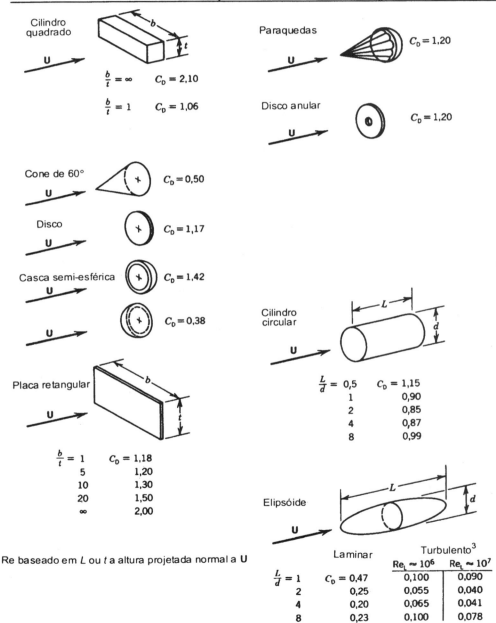

Re baseado em L ou t a altura projetada normal a U

CAPÍTULO 6 - ESCOAMENTO EXTERNO- EFEITOS VISCOSOS E TÉRMICOS 199

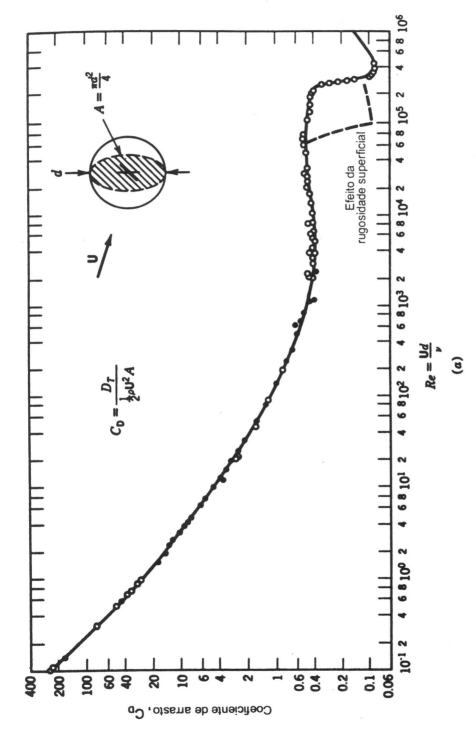

Figura 6-15 Coeficiente de arrasto para escoamento sobre uma esfera e sobre um cilindro infinito[8]. Usado com permissão. (a) Coeficiente de arrasto sobre uma esfera lisa. (b) Coeficiente de arrasto por unidade de comprimento sobre um cilindro circular liso posicionado na direção normal ao escoamento.

200 INTRODUÇÃO ÀS CIÊNCIAS TÉRMICAS

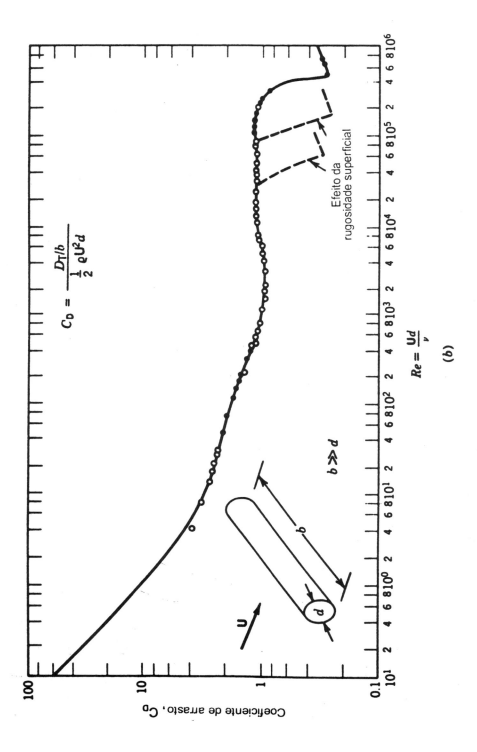

Figura 6-15 *Continuação*

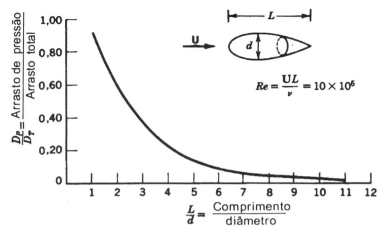

Figura 6-16 Efeito do alongamento de um corpo de revolução sobre o arrasto de pressão[3].

O arrasto de pressão pode ser reduzido em comparação com o de atrito mudando-se a forma do objeto aproximando a sua superfície à forma das linhas de corrente do escoamento. Isto é, o comprimento do objeto na direção do escoamento, L, é aumentado com relação à sua espessura máxima, ou diâmetro, d. A Figura 6-16 mostra o efeito desse procedimento num corpo de revolução. Devido a isso, aumentando-se L/d, o tamanho da esteira e portanto o arrasto de pressão é reduzido. Para valores de $L/d > 7$-8 ao menos 90% do arrasto total é devido ao atrito.

EXEMPLO 6-3

Um agente de propaganda foi contratado para instalar um quadro de 1,75 m de altura por 35 m de largura. Estima-se que a velocidade máxima do vento que o quadro pode experimentar seja de 3 m/s. A fim de projetar-se os suportes deste quadro calcule a força de arrasto máxima no quadro. ($v_{ar} = 14,6 \times 10^{-6}$ m^2/s, $\rho_{ar} = 1,23$ kg/m^3.)

SOLUÇÃO

O arrasto no quadro é admitido ser igual a metade daquele sobre um retângulo de 3,5 × 35 m normal ao escoamento. Para o retângulo de 3,5 × 35 m:

$$\text{Re} = \frac{Ut}{v} = \frac{3(3,5)}{14,6 \times 10^{-6}} = 719,2 \times 10^3$$

Da tabela 6-4 $b/t = 35/3,5 = 10$ e $C_D = 1,3$. Então para o quadro:

$$\text{Arrasto} = D_T^i = \frac{1}{2}\left[C_D \rho \frac{U^2}{2} A\right] = \frac{1}{2}\left[1,3(1,23)\frac{(3,0)^2}{2}(3,5)35\right] = 440,7 \text{ N}$$

202 INTRODUÇÃO ÀS CIÊNCIAS TÉRMICAS

COMENTÁRIO

O quadro nesse problema pode ser aproximado por uma placa plana colocada perpendicularmente ao escoamento sem fluxo entre a base do quadro e o solo. Nesse caso o arrasto total é por completo, devido à pressão. Supõe-se que o solo sobre o qual está montado o quadro seja representado pela linha de corrente que passa através do ponto de estagnação no centro do placa retangular colocada normal ao escoamento. Portanto, o arrasto no quadro é a metade daquele que seria sobre uma placa retangular com duas vezes a altura do quadro.

Pode-se argumentar corretamente que essa representação não é exatamente a mesma que a do quadro real, pois o efeito da camada limite sobre o solo foi desprezado. Entretanto, a representação pela metade de uma placa plana retangular é a melhor representação para a qual temos dados sobre o arrasto.

EXEMPLO 6-4

As colunas de suportes para uma doca são formadas de cilindros circulares engastados no fundo do rio. A profundidade da água é de 6 m e o escoamento em torno dos pilares tem velocidade máxima de 1,5 m/s. Se o diâmetro de um pilar for de 0,2 m, determine o arrasto máximo no pilar. A temperatura da água é de 10 $^{\circ}$C e os pilares são muito rugosos.

SOLUÇÃO

Desprezando o efeito da interface água-ar, admite-se que o escoamento em torno do cilindro seja bidimensional.

$$\rho = 999,8 \text{ kg/m}^3 \text{ (Tabela A-9)} \qquad \mu = 1,308 \times 10^{-3} \text{ kg/m s (Tabela A-9)}$$

$$\text{Re} = \frac{\rho U d}{\mu} = \frac{999,8(1,5)(0,45)}{1.308 \times 10^{-6}} = 51,59 \times 10^4$$

Da Tabela 6-3 ou da Fig. 6-15*b*, $C_D = 0,3$.
O arrasto total por unidade de largura é

$$\frac{D_T}{b} = \rho \frac{U d^2}{2} C_D = 999,8 \frac{(1,5)(0,45)^2}{2} 0,3 = 45,55 \text{ N/m}$$

O arrasto total no pilar é

$$D_T = \frac{D_T}{b} . b = 45,55(6,0) = 273,3 \text{ N}$$

COMENTÁRIO

Supor que os efeitos da interface ar-água (superfície livre) são desprezíveis significa fixar os pilares circulares entre duas placas paralelas, o fundo do rio e a superfície. Portanto, o escoamento em torno dos pilares é idêntico a qualquer distância entre o fundo do rio e a superfície, e o coeficiente de arrasto bidimensional é encontrado na Tabela 6-3. O valor para regime turbulento é

CAPÍTULO 6 - ESCOAMENTO EXTERNO- EFEITOS VISCOSOS E TÉRMICOS **203**

escolhido porque o problema estabelece que a superfície dos pilares é muito rugosa. A Figura 6-15b confirma a existência de uma camada limite turbulenta no número de Reynolds de operação.

EXEMPLO 6-5

Uma aeronave viaja à velocidade de cruzeiro de 75 nós (126,6 ft/s) contra um vento frontal de 12,4 nós. A temperatura do ar é -20 °F. A aeronave é um elipsóide de razão de eixos 4:1 com diâmetro máximo de 30 ft. Estime:
(a) O arrasto total sobre a aeronave.
(b) O arrasto de pressão sobre a aeronave (Nota: a área da superfície de um elipsoide é $4\pi ab$, onde a e b são os semi-eixos maior e menor, respectivamente).
(c) O arrasto total sem o vento.
(d) Compare a potência que deve ser fornecida ao fluido para mover a aeronave em (a) e (c).

SOLUÇÃO

(a) O arrasto total é estimado usando-se o coeficiente de arrasto total da Tabela 6-4.

$$v = 1{,}173 \times 10^{-4} \text{ ft}^2/\text{s (Tabela B-2)} \qquad \rho = 9{,}022 \times 10^{-2} \text{ lb}_m/\text{ft}^3 \text{ (Tabela B-2)}$$

$$\text{Re}_L = \frac{UL}{v} = \frac{147{,}5(120)}{1{,}173 \times 10^{-4}} = 150{,}9 \times 10^6$$

Portanto, o escoamento é turbulento e $C_D = 0{,}041$ (Tabela 6-4)

$$D_T = \frac{\rho}{g}\frac{U^2}{2} A C_D$$

$$= \frac{9{,}022 \times 10^{-2}}{32{,}17}\frac{(147{,}5)}{2}\frac{\pi(30)^2}{4} 0{,}041 = 8{,}841 \times 10^2 \text{ lb}_f$$

(b) O arrasto de pressão $D_P = D_T - D_F$ (eq. 6-12). Para *estimar* o arrasto de atrito calculamos o arrasto de atrito sobre uma *placa plana equivalente*, isto é, uma placa plana com a mesma área superficial da aeronave.

$$A_{\text{sup}} = 4\pi(15)60 = 11.310 \text{ ft}^2$$

Para $\text{Re}_L = 150{,}9 \times 10^6$ e supondo que a superfície seja lisa, pois não há informações sobre a rugosidade da superfície,

$$\overline{C}_f = \frac{D_F}{\dfrac{\rho}{g}\dfrac{U^2}{2} A_{\text{sup}}} = 0{,}074 \text{ Re}_L^{-1/5}$$

204 INTRODUÇÃO ÀS CIÊNCIAS TÉRMICAS

Portanto

$$\overline{C}_f = 0,074(150,9\times10^6)^{-1/5} = 1,712\times10^{-3}$$

e

$$D_F = \frac{\rho}{g}\frac{U^2}{2}A_{\text{sup}}C_D = \frac{9,022\times10^{-2}}{32,17}\frac{(147,5)^2}{2}(11.310)(1,712\times10^{-3)} = 5,907\times10^2\,lb_f$$

Então

$$D_P = D_T - D_F = 8,841\times10^2 - 5,907\times10^2 = 2,934\times10^2\ lb_f$$

(c) O mesmo que em (a) com $U = 126,6$ ft/s.

$$D_T = \frac{\rho}{g}\frac{U^2}{2}A_{\text{sup}}C_D = \frac{9,022\times10^{-2}}{32,17}\frac{(126,6)^2}{2}\frac{\pi(30)^2}{4}(0,041) = 6,513\times10^2\ lb_f$$

(d) A potência requerida pelo fluido $= D_T U$.
   Caso (a):

$$D_T U = \frac{8,841\times10^2(147,5)}{550} = 237,1\ hp$$

Caso (b):

$$D_T U = \frac{6,513\times10^2(126,6)}{550} = 149,9\ hp$$

COMENTÁRIO

Esse problema demonstra como a contribuição do arrasto de pressão para o arrasto total sobre um objeto pode ser estimada. O arrasto total sobre o objeto é calculado por uma correlação de valores experimentais do arrasto total medido para um certo número de objetos geometricamente semelhantes. O arrasto de atrito é então calculado como se o objeto fosse uma placa plana com a mesma área superficial. A diferença entre o arrasto total e o arrasto de atrito fornece o arrasto de pressão.

Note que a velocidade que deve ser usada para calcular o arrasto total é a velocidade relativa ao objeto. Então, a existência de um vento frontal resulta num arrasto maior sobre a aeronave quando a velocidade dela relativamente ao solo, sua velocidade de cruzeiro, é mantida constante. O vento frontal resulta também num maior nível de potência de partida necessária para atingir a mesma velocidade de cruzeiro. Para determinar a potência requerida pelo motor a eficiência do propulsor deve ser conhecida. A potência requerida pelo motor será maior que a potência do fluido, pois a eficiência do propulsor é menor que 100%.

CAPÍTULO 6 - ESCOAMENTO EXTERNO- EFEITOS VISCOSOS E TÉRMICOS **205**

EXEMPLO 6-6

Estime o momento de flexão na base de uma antena de carro cilíndrica de 0,3 in. de diâmetro e comprimento total de 5,5 ft quando o carro estiver viajando a 65 mph através do ar a 80 °F.

SOLUÇÃO

A força que causa o momento de flexão é devido ao arrasto sobre a antena por causa do escoamento do ar a 65 mph normal à antena. O arrasto sobre a antena deve ser estimado. Isso requer que o número de Reynolds de escoamento seja calculado.

$$v = 0,6086 \text{ ft}^2 \text{ /h (Tabela B-2)} = 2,0 \times 10^{-4} \text{ ft}^2/\text{s}; \quad \rho = 0,0735 \text{ lb}_m/\text{ft}^3 \text{ (Tabela B-2)}$$

$$\text{Re}_d = \frac{\mathbf{U}d}{v} = \frac{65(5.280 / 3.600)(0,3 / 12)}{2,0 \times 10^{-4}} = 1,19 \times 10^4$$

A razão do comprimento da antena para o seu diâmetro é $b/d = 5,5/(0,3/12) = 220$. Portanto, $b \gg d$ e os dados da Fig. 6-15a são aplicáveis, pois a antena pode ser aproximada por um cilindro infinito. Da Fig. 6-15a $C_D = 1,1$ quando $\text{Re}_d = 1,19 \times 10^4$. Portanto,

$$D_T = \frac{\rho}{g} \frac{\mathbf{U}^2}{2} bdC_D = \frac{0,0735}{32,17} \frac{[65(5.280) / (3.600)]^2}{2} [(5,5)(0,3 / 12)]1,1 = 1,570 \text{ lb}_f$$

A força de arrasto total pode ser representada por uma única força localizada no meio da antena, a 2,75 ft da base. O momento de flexão resultante na base é

$$M_{\text{BASE}} = D_T \frac{b}{2} = 1,570(2,75) = 4,317 \text{ ft lb}_f$$

COMENTÁRIO

Esse exemplo mostra como a força total e o momento de flexão podem ser estimados usando-se o coeficiente de arrasto que foi apresentado. É importante certificar-se de que os dados corretos estão sendo aplicados. Nesse exemplo os dados para cilindros circulares da Fig. 6-15a são aplicáveis *somente* quando o comprimento, *b,* do cilindro for muito maior que o seu diâmetro, *d*. Os dados da Fig. 6-15a também requerem que a velocidade U seja normal ao cilindro. Se *b* for menor que 5*d*, os dados apresentados neste texto não seriam aplicáveis. Se a velocidade resultante não fosse normal à antena, sua componente normal teria sido usada.

6.6 COEFICIENTE DE TRANSFERÊNCIA DE CALOR POR CONVECÇÃO

O conceito de *coeficiente de transferência de calor por convecção, h,* foi introduzido no Capítulo 1 e foi definido em termos do fluxo de calor na interface fluido-superfície e de uma diferença de temperatura,

206 INTRODUÇÃO ÀS CIÊNCIAS TÉRMICAS

$$h \equiv \frac{\dot{q}''}{\Delta T} \text{ W / m}^2 .^{\circ}\text{C ou Btu / h ft}^2 .^{\circ}\text{F} \qquad (6\text{-}13)$$

O fluxo de calor é igual à razão entre a taxa de transferência de calor pela superfície e a área da superfície, $q'' = Q /A$. O fluxo de calor é um vetor agindo perpendicularmente à superfície e é considerado positivo quando o fluxo é no sentido da superfície para o fluido. A diferença de temperatura, ΔT, é a diferença entre a temperatura da superfície, T_p e a temperatura do fluido fora da camada limite, T_∞.

O fluxo de calor e a temperatura da superfície num escoamento externo dependerão da localização ao longo da placa; então um *coeficiente de transferência de calor local* deve ser definido

$$h_x \equiv \frac{\dot{q}''_x}{(T_p - T_\infty)}\bigg|_x \qquad (6\text{-}14)$$

onde x é a coordenada tangente à superfície aquecida em qualquer ponto. O coeficiente de transferência calor local pode ser expresso em termos do gradiente de temperatura no fluido na interface fluido-superfície usando a lei de Fourier,

$$\dot{q}''_x = -k \frac{\partial T}{\partial y}\bigg|_{y=0}$$

para obter

$$h_x = \frac{-k(\partial T / \partial y)\big|_{y=0}}{(T_p - T_\infty)}\bigg|_x \qquad (6\text{-}15)$$

A taxa total na qual calor é transferido de uma superfície isotérmica é obtida mais convenientemente usando-se um coeficiente de transferência de calor médio

$$\dot{Q} = \bar{h}A(T_p - T_\infty) \qquad (6\text{-}16)$$

O *coeficiente médio de transferência de calor*, $\bar{h}$, é obtido pela integração do coeficiente de transferência de calor local sobre todo o comprimento da superfície, L,

$$\bar{h} = \frac{\int_0^L h_x \, dx}{L} \qquad (6\text{-}17)$$

O desenvolvimento da camada limite sobre uma placa plana isotérmica para um fluido com número de Prandtl igual a 1, $\delta = \delta_T$, juntamente com o perfil de temperatura no fluido em diversas localizações ao longo da placa são mostrados na Fig. 6-17. Vê-se que quando nos movemos para jusante da borda de ataque da placa a espessura da camada limite laminar cresce enquanto que $\partial T/\partial y\big|_{y=0}$ decresce. Na região da camada limite turbulenta o valor do gradiente de temperatura do fluido na parede também decresce quando nos movemos para jusante, mas seu módulo, e então a taxa de transferência de calor e o coeficiente de transferência de calor local, é

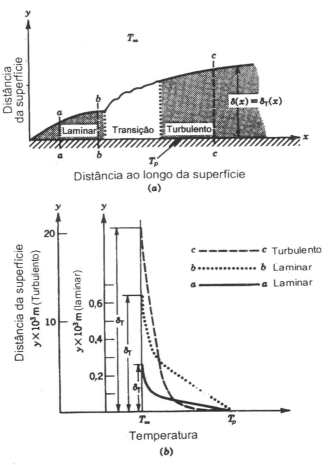

Figura 6-17 Camada limite térmica numa placa plana. (a) camada limite térmica (b) perfil de temperatura, Número de Prandtl igual a um.

consideravelmente maior que o observado na região laminar. O aumento na taxa de transferência de calor na região de escoamento turbulento está associado com flutuações aleatórias das partículas fluidas as quais aumentam a mistura no fluido, e portanto enriquecem a transferência de energia térmica entre a superfície e o fluido.

Uma análise integral do escoamento na camada limite laminar indica que a espessura da camada limite hidrodinâmica e a espessura da camada limite térmica estão relacionadas pela seguinte expressão:

$$\frac{\delta}{\delta_T} = 1{,}026 \, Pr^{1/3} \tag{6-18}$$

A expressão para a espessura da camada limite hidrodinâmica, δ, é dada na Tabela 6-1.

Uma relação importante entre o coeficiente de transferência de calor por convecção e a espessura da camada limite pode ser obtida, supondo-se que a temperatura varia linearmente através da camada limite térmica. Essa hipótese despreza o efeito do fluido em movimento na distribuição de temperatura; então, a transferência de energia térmica através da camada limite é totalmente devido à condução. Embora a Fig. 6-18 mostre que essa aproximação não seja rigorosa, ela permite que observemos um efeito significativo. Ela permite que o coeficiente de transferência de calor seja aproximado para

$$h_x = \frac{\dot{q}_x''}{(T_p - T_\infty)} \cong \frac{-k(T_\infty - T_p)/\delta_T}{(T_p - T_\infty)}$$

ou

$$h_x \cong \frac{k}{\delta_T}$$

Podemos então concluir que o coeficiente da transferência de calor local é diretamente proporcional à condutibilidade térmica do fluido e inversamente proporcional à espessura da camada limite térmica.

A expressão precedente pode ser rearranjada para dar

$$\frac{h_x}{k} \cong \frac{1}{\delta_T}$$

Introduzindo a distância à borda de ataque da placa, x, como o comprimento característico obtemos

$$\frac{h_x x}{k} \cong \frac{x}{\delta_T}$$

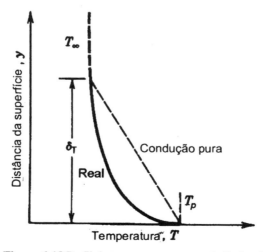

Figura 6-18 Perfil de temperatura na camada limite térmica.

CAPÍTULO 6 - ESCOAMENTO EXTERNO- EFEITOS VISCOSOS E TÉRMICOS **209**

A quantidade no lado esquerdo dessa expressão é um coeficiente de transferência de calor adimensional e é chamada número de *Nusselt*. O subscrito x indica que ele é uma quantidade local.

$$\mathrm{Nu}_x \equiv \frac{h_x x}{k} \tag{6-19}$$

O número de Nusselt médio é então

$$\overline{\mathrm{Nu}} \equiv \frac{\overline{h}L}{k} \tag{6-20}$$

onde L é o comprimento da placa. Correlações para determinar o coeficiente de transferência de calor por convecção são usualmente expressas em termos do número de Nusselt.

Na Seção 6-2 as similaridades entre as camadas limites térmica e hidrodinâmica foram discutidas. Essas similaridades foram mostradas na Fig. 6-6 e indicam que para o número de Prandtl igual a 1 as duas camadas limites são idênticas. Esse fato sugere que existe uma semelhança entre a transferência de quantidade de movimento e de calor. Uma relação simples entre o coeficiente de arrasto de atrito para uma placa plana, C_f, e o coeficiente médio de transferência de calor é

$$\frac{\overline{C}_f}{2} = \frac{\overline{h}}{\rho c_p \mathrm{U}} \tag{6-21}$$

Essa relação é freqüentemente referida como analogia de Reynolds. O termo no lado direito da eq. 6-21 é adimensional e é chamado de número de *Stanton*.

$$\overline{\mathrm{St}} \equiv \frac{\overline{h}}{\rho c_p \mathrm{U}} = \frac{\overline{\mathrm{Nu}}}{\mathrm{Re}_L \mathrm{Pr}} \tag{6-22}$$

A analogia de Reynolds pode então ser expressa como

$$\frac{\overline{C}_f}{2} = \overline{\mathrm{St}} \tag{6-23}$$

A precisão desta expressão depende do número de Prandtl do fluido. Para aumentar o intervalo de aplicação, uma modificação pode ser feita, que leva a uma expressão de razoável precisão no intervalo de número de Prandtl de 0,6 a 60.

$$\frac{\overline{C}_f}{2} = \overline{\mathrm{St}} \, \mathrm{Pr}^{2/3} \tag{6-24}$$

Essa expressão é conhecida como *analogia de Chilton-Colburn* e é válida para escoamentos laminares sobre placa plana e escoamentos turbulentos sobre superfícies de forma qualquer.

210 INTRODUÇÃO ÀS CIÊNCIAS TÉRMICAS

EXEMPLO 6-7

Ar, a uma temperatura média de 30 °C, escoa sobre uma placa plana totalmente rugosa de 1 m de comprimento numa velocidade de 100 m/s. Estime o coeficiente médio de transferência calor por convecção.

SOLUÇÃO

As propriedades do ar a 30 °C são obtidas da Tabela A-8.

$$\rho = 1,1644 \text{ kg/m}^3 \qquad\qquad \mu = 16,01 \times 10^{-6} \text{ m}^2\text{/s}$$
$$c_p = 1,006 \text{ kJ/kg. °C} \qquad\qquad k = 26,38 \times 10^{-3} \text{ W/m. °C}$$
$$\text{Pr} = 0,712$$

O valor do número de Reynolds em $x = L$ é

$$\text{Re}_L = \frac{UL}{v} = \frac{(100)1}{16,01 \times 10^{-6}} = 6,246 \times 10^6$$

A Figura 6-8 pode ser usada para encontrar o coeficiente de arrasto de atrito $C_f = 0,00575$. A analogia de Chilton-Colburn, eq. 6-24, é usada para determinar-se o número de Stanton

$$\frac{\overline{C_f}}{2} = \overline{\text{St}} \, \text{Pr}^{2/3}$$

ou

$$\overline{\text{St}} = \frac{\overline{C_f}}{2} \, \text{Pr}^{-2/3} = \frac{0,00575}{2} (0,712)^{-2/3} = 3,606 \times 10^{-3}$$

O coeficiente médio de convecção de calor (ou de película) é estimado como sendo

$$\overline{h} = \overline{\text{St}}\rho c_p U = 3,606 \times 10^{-3} (1,1644)(1.006)(100) = 422,4 \text{ W/m}^2\text{.°C}$$

COMENTÁRIO

As correlações usualmente disponíveis para determinar o coeficiente de transferência de calor para escoamento turbulento são aplicáveis somente para superfícies lisas. A analogia de Chilton-Colburn nos fornece um método que leva em conta o efeito da rugosidade da superfície no coeficiente de transferência de calor.

6.7 TRANSFERÊNCIA DE CALOR POR CONVECÇÃO FORÇADA

A transferência de calor de uma superfície para uma corrente em movimento é chamada de transferência de calor por *convecção forçada* se o movimento do fluido for gerado por um

CAPÍTULO 6 - ESCOAMENTO EXTERNO- EFEITOS VISCOSOS E TÉRMICOS **211**

ventilador ou um soprador. A expressão para o coeficiente de transferência de calor adimensional, Nu_x, é dada como uma função do número de Reynolds local e do número de Prandtl

$$\mathrm{Nu}_x = f(\mathrm{Re}_x, \mathrm{Pr}) \tag{6-25}$$

A forma exata da relação funcional vai depender da configuração geométrica da superfície; das características do escoamento, se laminar ou turbulento; e das condições de contorno térmicas na superfície. As condições de contorno térmicas usualmente utilizadas são tanto temperatura uniforme na superfície como fluxo de calor uniforme na parede. As *propriedades termofísicas usadas nos grupos adimensionais são avaliadas na temperatura da corrente livre a menos de citação contrária.*

Placa Plana

Temperatura Uniforme na Superfície

Se a superfície total de uma placa plana lisa estiver numa temperatura uniforme e o escoamento for *laminar*, $\mathrm{Re}_x < 5 \times 10^5$, o valor do número de Nusselt local é

$$\mathrm{Nu}_x = 0{,}332(\mathrm{Re}_x)^{1/2}\mathrm{Pr}^{1/3} \tag{6-26}$$

Pode-se obter o coeficiente local de transferência de calor por convecção explicitamente

$$h_x = 0{,}332\frac{k}{x}(\mathrm{Re}_x)^{1/2}\mathrm{Pr}^{1/3} \tag{6-27}$$

ou

$$h_x = 0{,}332k\left(\frac{\rho \mathrm{U}}{\mu}\right)^{1/2}\left(\frac{c_p\mu}{k}\right)^{1/3}x^{-1/2} \tag{6-28}$$

A taxa total de transferência de calor por um lado de uma placa aquecida isotérmica de largura b e comprimento L é obtida pela integração da taxa local de transferência de calor sobre o comprimento total da placa

$$\dot{Q} = b\int_0^L h_x(T_p - T_\infty)\,dx \tag{6-29}$$

O coeficiente médio de transferência de calor, $\bar{h}$, pode também ser usado para calcular a taxa total de transferência de calor de um lado de uma placa isotérmica aquecida,

$$\dot{Q} = \bar{h}bL(T_p - T_\infty)$$

O número de Nusselt médio e o coeficiente de transferência de calor para escoamento laminar sobre uma placa plana é obtido, utilizando-se

212 INTRODUÇÃO ÀS CIÊNCIAS TÉRMICAS

$$\overline{Nu} = 0,664(Re_L)^{1/2} Pr^{1/3} \tag{6-30}$$

e

$$\overline{h} = 0,664\frac{k}{L}(Re_L)^{1/2} Pr^{1/3} \tag{6-31}$$

A correlação correspondente para escoamento na *região turbulenta*, $5 \times 10^5 < Re_x < 10^7$, é

$$Nu_x = \frac{(C_{fx}/2)Re_x Pr}{1+12,7(C_{fx}/2)^{1/2}(Pr^{2/3}-1)} \tag{6-32}$$

onde C_{fx} é o coeficiente de atrito local

$$C_{fx} = 0,0592(Re_x)^{-1/5} \tag{6-33}$$

A combinação destas duas expressões resulta

$$Nu_x = \frac{0,0296Re_x^{0,8}Pr}{1+2,185\ Re_x^{-0,1}(Pr^{2/3}-1)} \tag{6-34}$$

O número de Nusselt médio pode ser expresso por

$$\overline{Nu} = \frac{(\overline{C}_f/2)Re_L Pr}{1+12,7(\overline{C}_f/2)^{1/2}(Pr^{2/3}-1)} \tag{6-35}$$

onde

$$\overline{C}_f = 0,074(Re_L)^{-1/5} \tag{6-36}$$

ou

$$\overline{Nu} = \frac{0,037\ Re_L^{0,8}\ Pr}{1+2,443\ Re_L^{-0,1}(Pr^{2/3}-1)} \tag{6-37}$$

A incerteza na localização exata da transição do escoamento laminar para o turbulento já foi enfatizada. Nas aplicações práticas da transferência de calor turbulenta a corrente livre contém um alto nível de turbulência, e a borda de ataque da placa é rombudo. A transição do escoamento laminar para o turbulento vai ocorrer em algum ponto no intervalo $5 \times 10^3 < Re_x < 5 \times 10^5$. Uma expressão para o número de Nusselt médio para o escoamento sobre uma placa plana nas condições que incluem ambas as regiões de escoamento laminar e turbulento é

$$\overline{Nu} = \sqrt{\overline{Nu}_{lam}^2 + \overline{Nu}_{tur}^2} \tag{6-38}$$

CAPÍTULO 6 - ESCOAMENTO EXTERNO- EFEITOS VISCOSOS E TÉRMICOS 213

Essa expressão é válida para $5 \times 10^3 < Re_L < 10^7$ e $0,5 < Pr < 2.000$. O número de Nusselt médio pode ser obtido usando-se a eq. 6-38 e avaliando-se os números médios de Nusselt para escoamentos laminar e turbulento pelas eqs. 6-30 e 6-37.

EXEMPLO 6-8

Um coletor solar de 3 ft de largura e 10 ft de comprimento é montado sobre um telhado. Ar, a uma temperatura de 60 °F escoa através da largura do coletor como mostrado na Fig. E6-8. O ar move-se na velocidade de 10 mph e a superfície do coletor está na temperatura uniforme de 220 °F. Determine a taxa de transferência de calor da placa.

SOLUÇÃO

As propriedades termofísicas são avaliadas na temperatura de 60 °F pela Tabela B-2

$\rho = 0,07633 \text{ lb}_m/\text{ft}^3$ $\quad\quad\quad\quad\quad\quad\quad$ $v = 0,5692 \text{ ft}^2/\text{h}$
$k = 0,01462 \text{ Btu/h ft °F}$ $\quad\quad\quad\quad$ $Pr = 0,714$

A velocidade do ar é $U = 10 (5.280) = 52.800$ ft/h. O número de Reynolds na extremidade do coletor, $x = 3$ ft, é

$$Re_L = \frac{LU\rho}{\mu} = \frac{LU}{v} = \frac{3(52.800)}{0,5692} = 2,78 \times 10^5$$

Como o número de Reynolds é menor que 5×10^5, o escoamento é laminar. O número de Nusselt médio é dado pela eq. 6-30

$$\overline{Nu} = 0,664 \, Re_L^{1/2} \, Pr^{1/3} = 0,664(2,78 \times 10^5)^{1/2}(0,714)^{1/3} = 312,9$$

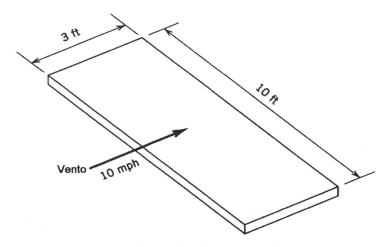

Figura E6-8 Coletor solar.

O coeficiente de transferência de calor médio

$$\bar{h} = \frac{\overline{Nu}\,k}{L} = \frac{312,9(0,01462)}{3} = 1,525 \text{ Btu/h.ft}^2.°F$$

A taxa de transferência de calor total da superfície do coletor é

$$\dot{Q} = \bar{h}A(T_p - T_\infty) = 1,525(10)(3)(220-60) = 7.320 \text{ Btu/h}$$

Temperatura da Superfície Não-Uniforme

Quando a porção aquecida de uma placa é precedida por uma seção não-aquecida como mostra a Fig.6-19a, os coeficientes de transferência de calor médio e local para escoamentos laminares podem ser obtidos usando-se as seguintes expressões:

$$h_x = 0,332 \frac{k}{x} \text{Re}_x^{1/2} \text{Pr}^{1/3} \left[1 - \left(\frac{\zeta}{x}\right)^{3/4}\right]^{-1/3} \tag{6-39}$$

e

$$\bar{h} = 0,664 \frac{k}{L_0} \text{Re}_L^{1/2} \text{Pr}^{1/3} \left[1 - \left(1 - \frac{L_0}{L}\right)^{3/4}\right]^{2/3} \tag{6-40}$$

onde x é a distância da borda da placa plana, ξ é a distância da borda ao início da região aquecida, L_0 é o comprimento da seção aquecida e L é o comprimento total da placa.

No escoamento turbulento, a expressão para o coeficiente de transferência de calor local é

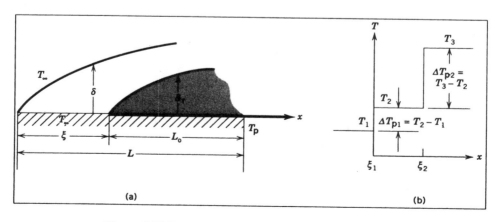

Figura 6-19 Seção não-aquecida antes da seção aquecida.

CAPÍTULO 6 - ESCOAMENTO EXTERNO- EFEITOS VISCOSOS E TÉRMICOS 215

$$h_x = 0{,}0287\frac{k}{x}\text{Re}_x^{0{,}8}\,\text{Pr}^{0{,}6}\left[1-\left(\frac{\xi}{x}\right)^{9/10}\right]^{-1/9} \tag{6-41}$$

O efeito de uma seção não-aquecida precedendo uma seção aquecida pode ser desprezado quando da determinação do coeficiente de calor de transferência de calor se $0{,}1 \leq (L_0/L) \leq 1{,}0$. A equação a ser usada é

$$\bar{h} = 0{,}037\frac{k}{L_0}\frac{\text{Re}_{L_0}^{0{,}8}\,\text{Pr}}{1+2{,}443\text{Re}_{L_0}^{-0{,}1}(\text{Pr}^{2/3}-1)} \tag{6-42}$$

Quando a placa plana tiver superfície aquecida com temperatura de parede não-uniforme, um método de superposição pode ser usado para calcular a taxa de transferência de calor. O perfil de temperatura da superfície é subdividido em seções isotérmicas. A localização do início de cada seção isotérmica, ξ_i, é anotado juntamente com a magnitude do passo na variação da temperatura, ΔT_{pi}. Esse procedimento está ilustrado na Fig. 6-19b. O coeficiente local de transferência de calor da placa por unidade de área é obtido por

$$\dot{q}_x'' = \sum_{i=1}^{n} h_x(\xi_i, x)\Delta T_{pi} \tag{6-43}$$

onde $h_x(\xi,, x)$ é o coeficiente de transferência de calor por convecção dado pela eq. 6-39 para escoamento laminar ou eq. 6-41 para escoamento turbulento.

EXEMPLO 6-9

Ar a 20 $^{\circ}$C escoa sobre uma placa plana na velocidade de 10 m/s. A placa tem três seções aquecidas cada uma com 10 cm de comprimento. Cada seção está a uma temperatura uniforme. A primeira seção está a 40 $^{\circ}$C, a segunda a 90 $^{\circ}$C, e a última a 60 $^{\circ}$C. Trace um gráfico do fluxo de calor ao longo do comprimento da placa.

SOLUÇÃO

As propriedades do ar são obtidas usando-se a Tabela A-8

$$v = 15{,}09 \times 10^{-6}\,\text{m}^2/\text{s}, \quad k = 0{,}02564\text{ W/m }^{\circ}\text{C}, \quad \text{Pr} = 0{,}713$$

O número de Reynolds na extremidade da placa é

$$\text{Re}_L = \frac{\text{U}L}{v} = \frac{10(0{,}30)}{15{,}09\times10^{-6}} = 199\times10^3$$

O escoamento é laminar sobre a placa inteira. A distribuição de temperatura na superfície é mostrada na Fig. E6-9a. O cálculo da distribuição do fluxo de calor está dividido em três regiões.

216 INTRODUÇÃO ÀS CIÊNCIAS TÉRMICAS

$$0 < x < 10 \text{ cm} \qquad \xi_1 = 0 \qquad \Delta T_{p1} = 40\text{-}20 = 20 \text{ °C}$$

$$\dot{q}_x'' = h_x(0,x)\Delta T_{p1} = 0{,}332\frac{k}{x}\text{Re}_x^{1/2}\text{Pr}^{1/3}\left[1-\left(\frac{\xi_1}{x}\right)^{3/4}\right]^{-1/3}\Delta T_{p1}$$

$$= 0{,}332\left(\frac{0{,}02564}{x}\right)\left(\frac{10x}{15{,}09\times10^{-6}}\right)^{1/2}(0{,}713)^{1/3}\left[1-\left(\frac{0}{x}\right)^{3/4}\right]^{-1/3} \qquad (20)$$

$$= 123{,}8x^{-1/2}$$

$$10 < x < 20 \text{ cm} \qquad \xi_2 = 0{,}1 \qquad \Delta T_{p2} = 90\text{-}40 = 50 \text{ °C}$$

$$\dot{q}_x'' = h_x(0,x)\Delta T_{p1} + h_x(0{,}1,x)\Delta T_{p2}$$

$$= 123{,}8x^{-1/2} + 0{,}332\frac{k}{x}\text{Re}_x^{1/2}\text{Pr}^{1/3}\left[1-\left(\frac{\xi_2}{x}\right)^{3/4}\right]^{-1/3}\Delta T_{p2}$$

$$= 123{,}8x^{-1/2} + 0{,}332\left(\frac{0{,}02564}{x}\right)\left(\frac{10x}{15{,}09\times10^{-6}}\right)^{1/2}(0{,}713)^{1/3}\left[1-\left(\frac{0{,}1}{x}\right)^{3/4}\right]^{-1/3} \qquad (50)$$

$$= 123{,}8x^{-1/2} + 309{,}5x^{-1/2}\left[1-\left(\frac{0{,}1}{x}\right)^{3/4}\right]^{-1/3}$$

$$20 < x < 30 \text{ cm} \qquad \xi_3 = 0{,}2 \qquad \Delta T_{p3} = 60\text{-}90 = -30 \text{ °C}$$

$$\dot{q}_x'' = h_x(0,x)\Delta T_{p1} + h_x(0{,}1,x)\Delta T_{p2} + h_x(0{,}2,x)\Delta T_{p3}$$

$$= 123{,}8x^{-1/2} + 309{,}5x^{-1/2}\left[1-\left(\frac{0{,}1}{x}\right)^{3/4}\right]^{-1/3}$$

$$+0{,}332\left(\frac{0{,}02564}{x}\right)\left(\frac{10x}{15{,}09\times10^{-6}}\right)^{1/2}(0{,}713)^{1/3}\left[1-\left(\frac{0{,}2}{x}\right)^{3/4}\right]^{-1/3} \qquad (-30)$$

$$= 123{,}8x^{-1/2} + 309{,}5x^{-1/2}\left[1-\left(\frac{0{,}1}{x}\right)^{3/4}\right]^{-1/3} - 185{,}7x^{-1/2}\left[1-\left(\frac{0{,}2}{x}\right)^{3/4}\right]^{-1/3}$$

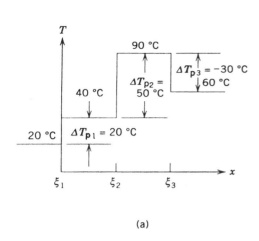 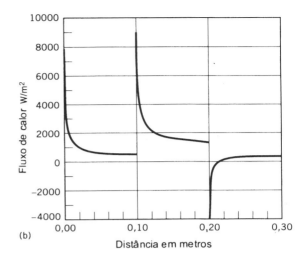

Figura E6-9a Placa plana não-isotérmica.   **Figura E6-9b** Distribuição do fluxo de calor.

O gráfico da distribuição do fluxo de calor está mostrado na Fig. E6-9b

COMENTÁRIO

A quantidade total de calor transferido da placa para o fluido pode ser obtida por integração numérica das expressões apropriadas para cada seção aquecida. O fluxo de calor é inicialmente negativo para x > ξ₃, pois a temperatura do fluido nas imediações da parede é maior que 60 °C. Como resultado, o calor é transferido do fluido para a parede q" negativo). Eventualmente o fluxo de calor torna-se positivo.

Fluxo de Calor Uniforme

Se a placa toda tiver uma condição de contorno de fluxo de calor constante, o número de Nusselt local é obtido da seguinte expressão se o escoamento for laminar,

$$\mathrm{Nu}_x = 0{,}46(\mathrm{Re}_x)^{1/2}\,\mathrm{Pr}^{1/3} \tag{6-44}$$

A transferência de calor no escoamento turbulento é menos sensível às condições de contorno térmicas. A Equação 6-37 pode ser portanto usada para escoamento turbulento sem introdução de erro apreciável.

Outros Objetos de Formas Diversas

Gnielinski[4] indica que o número de Nusselt médio para outros objetos de formas variadas com temperatura da parede uniforme pode ser estimado usando-se uma relação da forma

$$\overline{\mathrm{Nu}} = \overline{\mathrm{Nu}_0} + \sqrt{\overline{\mathrm{Nu}}_\mathrm{lam}^2 + \overline{\mathrm{Nu}}_\mathrm{tur}^2} \tag{6-45}$$

218 INTRODUÇÃO ÀS CIÊNCIAS TÉRMICAS

Os valores apropriados do comprimento característico, L_c, usado no cálculo do número de Reynolds e do número de Nusselt são dados na Tabela 6-5. O valor de $\overline{Nu}_{lam}$ é obtido usando-se a eq. 6-30 enquanto que a eq. 6-37 é usada para obter-se $\overline{Nu}_{tur}$ para o número de Reynolds no intervalo $1 < Re_{Lc} < 10^5$. Encontram-se também nessa tabela os valores de $\overline{Nu}_0$ para vários objetos diferentes. A equação 6-45 pode ser usada somente quando o número de Prandtl estiver no intervalo $0,6 < Pr < 10^3$. Quando o número de Reynolds for menor que 1, as seguintes expressões devem ser usadas:

Fios, cilindros, e tubos:

$$\overline{Nu} = 0,75(Re_{L_c} Pr)^{1/3} \tag{6-46}$$

Esferas:

$$\overline{Nu} = 1,01(Re_{L_c} Pr)^{1/3} \tag{6-47}$$

onde L_c é o comprimento característico apropriado mencionado na Tabela 6-5.

Tabela 6-5 Coeficientes e comprimentos característicos para vários objetos para convecção forçada, eq. 6-45[4]

Objeto	L_c	$\overline{Nu}_0$
Fio, cilíndro e tubos	$\pi d/2$	0,3
Esferas	d	2,0

EXEMPLO 6-10

Água escoa através de um tubo de 2 cm de diâmetro, a uma velocidade de 1,0 m/s. A temperatura da água é 70 $^\circ$C. Vapor é condensado dentro do tubo e a superfície externa do tubo pode ser considerada como tendo temperatura uniforme de 50 $^\circ$C. Determine a taxa de transferência de calor por unidade de comprimento do tubo.

SOLUÇÃO

As propriedades da água a 70 $^\circ$C são obtidas da Tabela A-9.

$\rho = 978 \ kg/m^3$ $\mu = 404,4 \times 10^{-6} \ kg/m \ .s$

$Pr = 2,57$ $k = 0,6594 \ W/m \cdot {}^\circ C$

O número de Nusselt médio para o cilindro é obtido usando-se a eq. 6-45 e a Tabela 6-5, se o número de Reynolds estiver na faixa $1 < Re_L < 10^5$

$$\overline{Nu} = 0,3 + \sqrt{\overline{Nu}_{lam}^2 + \overline{Nu}_{tur}^2}$$

O comprimento característico é $\pi d/2 = (\pi(0,02)/2 = 31,42 \times 10^{-3}$ m. O número de Reynolds é

CAPÍTULO 6 - ESCOAMENTO EXTERNO - EFEITOS VISCOSOS E TÉRMICOS **219**

$$\text{Re}_{L_C} = \frac{\rho U L_C}{\mu} = \frac{978(1,0)(31,42 \times 10^{-3})}{404,4 \times 10^{-6}} = 76,0 \times 10^3$$

O número de Nusselt médio para escoamento laminar é obtido usando-se a eq. 6-30

$$\overline{\text{Nu}}_{\text{lam}} = 0,664(\text{Re}_{L_C})^{1/2} \text{Pr}^{1/3}$$

$$= 0,664(76,0 \times 10^3)^{1/2}(2,57)^{1/3}$$

$$= 250,8$$

Para escoamento turbulento

$$\overline{C}_f = 0,074(\text{Re}_{L_C})^{-1/5} = 0,074(76,0 \times 10^3)^{-1/5} = 7,818 \times 10^{-3}$$

e

$$\overline{\text{Nu}}_{\text{tur}} = \frac{(\overline{C}_f / 2)\text{Re}_{L_C} \text{Pr}}{1 + 12,7(\overline{C}_f / 2)^{1/2}(\text{Pr}^{2/3} - 1)}$$

$$= \frac{\left[(7,818 \times 10^{-3})/2\right](76,0 \times 10^3)(2,57)}{1 + 12,7\left[(7,818 \times 10^{-3})/2\right]^{1/2}\left[(2,57)^{2/3} - 1\right]}$$

$$= 450,2$$

O número de Nusselt médio para o cilindro é

$$\overline{\text{Nu}} = 0,3 + \sqrt{(250,8)^2 + (450,2)^2} = 515,6$$

O coeficiente médio de transferência de calor é

$$\overline{h} = \frac{\overline{\text{Nu}}k}{L_C} = \frac{515,6(0,6594)}{31,42 \times 10^{-3}}$$

$$= 10,82 \times 10^3 \text{ W/m}^2 \, ^{\circ}\text{C}$$

A taxa de transferência de calor por unidade de comprimento do tubo é

$$\dot{Q} = \overline{h}A(T_p - T_\infty) = 10,82 \times 10^3(\pi)(0,02)(50 - 70)$$

$$= -13,6 \text{ kW/m}$$

220 INTRODUÇÃO ÀS CIÊNCIAS TÉRMICAS

COMENTÁRIO

A temperatura da superfície do tubo é menor que a do fluido circundante, portanto calor é transferido do fluido para o tubo. A taxa de transferência de calor será negativa como indicam os cálculos. Deve também ser notado que a correlações utilizadas para determinar os coeficientes de transferência de calor não dependem da direção na qual o calor está sendo transferido se as propriedades termofísicas forem constantes.

6.8 TRANSFERÊNCIA DE CALOR POR CONVECÇÃO NATURAL

O movimento de um fluido é gerado pela presença de um gradiente de pressão criado, em geral por um ventilador ou bomba, e uma força de campo. Quando o termo de força de campo for pequeno comparado à força exercida no fluido pelo gradiente de pressão, a troca de calor entre o fluido e a superfície é classificada como *convecção forçada*. Se calor for transferido do ou para um fluido no qual o termo de força de campo é muito maior que aquele associado ao gradiente de pressão, a transferência de calor é referida como *convecção natural* ou *livre*. Quando as forças são de mesma magnitude e calor é transferido, o processo é identificado como de *convecção mista* ou *processo combinado de convecção natural-forçada*.

Este estudo limitar-se-á aos casos onde as forças de campo resultam da presença de um gradiente de densidade dentro do fluido causado por um campo de temperaturas não-uniforme. A força de campo para esse caso é comumente denominada força de empuxo. A orientação geométrica da superfície de troca de calor com referência ao vetor gravitacional é de considerável importância na convecção natural.

Placa Plana Vertical - Isotérmica

Se considerarmos a placa plana vertical mostrada na Fig.6-20*a*, observamos que um fluido frio é dirigido à parede onde ele é aquecido e continua em movimento ascendente do modo indicado na figura. Ambas as camadas limites térmica e hidrodinâmica são formadas sobre a placa. Os perfis de velocidade e temperatura na seção *a-a* nessas camadas limites são mostrados na Fig. 6-20*b*.

Um novo grupo adimensional é introduzido na transferência de calor por convecção natural. Ele é chamado número de *Grashof* e seu valor local é definido como

$$\text{Gr}_x \equiv \frac{g\beta(T_p - T_\infty)x^3}{\nu^2} \propto \frac{\text{forças de empuxo}}{\text{forças viscosas}} \tag{6-48}$$

ou para a superfície inteira de comprimento L

$$\text{Gr}_L \equiv \frac{g\beta(T_p - T_\infty)L^3}{\nu^2} \tag{6-49}$$

A coordenada espacial paralela à placa na direção do escoamento é x, enquanto y é a coordenada perpendicular à placa. O coeficiente de expansão volumétrica é β,

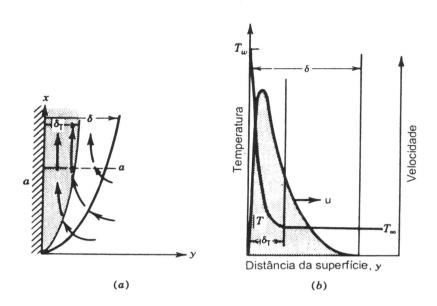

Figura 6-20 Convecção natural sobre placa vertical. (*a*) Camada limite. (*b*) Perfis de velocidade e temperatura (Pr = 10).

$$\beta = -\frac{1}{\rho}\frac{\partial \rho}{\partial T}\bigg|_P$$

Para um gás ideal $\beta = 1/T$ onde T é a temperatura absoluta da película, $(T_p + T_\infty)/2$ em R ou K. Os valores de β para outros fluidos estão tabelados no apêndice. A aceleração da gravidade, g, é 9,0807 m/s² ou 32,2 ft/s² ao nível do mar.

O número de Grashof tem o mesmo papel na convecção natural que o número de Reynolds na convecção forçada, pois ambos representam as relações entre as forças predominantes exercidas sobre o fluido. O número de Nusselt pode então ser expresso como uma função dos números de Grashof e Prandtl. Um outro grupo adimensional, muito conveniente usado em transferência de calor por convecção natural e para identificar a transição do escoamento laminar para o turbulento, é o número de *Rayleigh*. O número de Rayleigh é o produto dos números de Grashof e Prandtl

$$\text{Ra}_x = \text{Gr}_x \text{Pr} \quad \text{ou} \quad \text{Ra}_L = \text{Gr}_L \text{Pr} \tag{6-50}$$

Note que ambos os números de Grashof e Rayleigh contêm um comprimento característico que é identificado por um subscrito. Para placa plana vertical, a transição do escoamento laminar para o turbulento ocorre a $\text{Ra}_x \approx 10^9$.

As seguintes correlações experimentais para o número de Nusselt local e médio são recomendadas por Churchill[6] para placa plana lisa vertical, com temperatura de parede uniforme.

222 INTRODUÇÃO ÀS CIÊNCIAS TÉRMICAS

Laminar:

$$\text{Nu}_x = 0,68 + 0,503[\text{Ra}_x \ \psi \ (\text{Pr})]^{1/4} \tag{6-51}$$

e

$$\overline{\text{Nu}} = 0,68 + 0,67[\text{Ra}_L \ \psi \ (\text{Pr})]^{1/4} \tag{6-52}$$

onde

$$\psi(\text{Pr}) = \left[1 + \left(\frac{0,492}{\text{Pr}} \right)^{9/16} \right]^{-16/9} \tag{6-53}$$

Turbulento:

$$\overline{\text{Nu}} = \text{Nu}_x = 0,15 \ [\text{Ra} \ \psi \ (\text{Pr})]^{1/3} \tag{6-54}$$

O índice para o número de Rayleigh na eq. 6-54 é tanto x como L. *As propriedades termofísicas do fluido são avaliadas na temperatura de filme* $(T_p + T_\infty)/2$.

Várias observações importantes devem ser feitas no que concerne essas expressões. Primeiramente, como o número de Rayleigh contém a diferença de temperatura $[T_p - T_\infty]$, o coeficiente de transferência de calor por convecção será proporcional a $[T_p - T_\infty]$. A expressão para o fluxo de calor é

$$\dot{q}''_x = h_x (T_p - T_\infty) \begin{cases} \propto (T_p - T_\infty)^{5/4} \ \text{laminar} \\ \propto (T_p - T_\infty)^{4/3} \ \text{turbulento} \end{cases}$$

A taxa de transferência de calor é então uma função não-linear da diferença local de temperatura. Em segundo lugar, o coeficiente de transferência de calor na região do escoamento turbulento é independente de x, $h = h_x$.

EXEMPLO 6-11

A superfície das paredes de um fogão de cozinha encontram-se na temperatura de 37,5 $^{\circ}$C enquanto que a temperatura do forno está a 200 $^{\circ}$C. O fogão tem 0,75 m de altura e suas paredes tem 0,7 m de largura. Se a temperatura do ar na cozinha for de 17,5 $^{\circ}$C calcule a quantidade de calor perdida pelas paredes laterais do fogão.

SOLUÇÃO

As propriedades do ar na temperatura média, $(37,5 = 17,5)/2 = 27,5$ $^{\circ}$C, são obtidas da Tabela A-8.

CAPÍTULO 6 - ESCOAMENTO EXTERNO - EFEITOS VISCOSOS E TÉRMICOS **223**

$$\rho = 1,1744 \text{ kg/m}^3 \qquad\qquad \nu = 15,78 \times 10^{-6} \text{ m}^2\text{/s}$$
$$c_p = 1,006 \text{ kJ/kg °C} \qquad\qquad k = 26,2 \times 10^{-3} \text{ W/m °C}$$
$$\text{Pr} = 0,712 \qquad\qquad \beta = 1/300,7 = 3,326 \times 10^{-3} \text{ 1/K}$$

O número de Rayleigh para o escoamento é

$$\text{Ra}_L = \frac{g\beta(T_p - T_\infty)L^3 \text{Pr}}{\nu^2}$$

$$= \frac{9,807(3,326 \times 10^{-3})(37,5 - 17,5)(0,75)^3(0,712)}{(15,78 \times 10^{-6})^2}$$

$$= 786,9 \times 10^6$$

O escoamento é laminar e o número de Nusselt médio pode ser calculado usando-se a eq. 6-52.

$$\overline{\text{Nu}} = 0,68 + 0,67[\text{Ra} \, \psi \, (\text{Pr})]^{1/4}$$

$$= 0,68 + 0,67\left\{786,9 \times 10^6\left[1 + \left(\frac{0,492}{0,712}\right)^{9/16}\right]^{-16/9}\right\}^{1/4}$$

$$= 86,84$$

O valor do coeficiente médio de transferência de calor é

$$\overline{h} = \frac{\overline{\text{Nu}}k}{L} = \frac{86,84(26,2 \times 10^{-3})}{0,75}$$

$$= 3,03 \text{ W/m}^2 \text{ °C}$$

A taxa total de transferência de calor perdido pelos dois lados do fogão é

$$\dot{Q} = \overline{h}A(T_p - T_\infty) = 3,03(0,75)(4)(0,7)(37,5-17,5)$$

$$= 127,3 \text{ W}$$

Placa Plana Horizontal - Isotérmica

A taxa de transferência de calor do lado superior de uma placa horizontal aquecida num fluido em repouso é diferente daquela do lado inferior da placa. O escoamento na superfície superior não tem um caráter bem distinto de camada limite. Há colunas contínuas de fluido frio movendo-se para baixo em direção à placa onde o fluido é aquecido, e então estas colunas revertem a direção e

224 INTRODUÇÃO ÀS CIÊNCIAS TÉRMICAS

movem-se para cima. O fluido sobre a superfície é então composto de colunas dispersas de fluido quente e frio movendo-se em direções opostas. Na superfície inferior ar quente move-se para a superfície onde é aquecido e desloca-se lateralmente para a extremidade da placa, antes de poder continuar seu movimento para o alto.

As correlações mais simples para o número de Nusselt para a transferência de calor de uma placa plana horizontal são:

Superfície Superior Quente ou Superfície Inferior Fria

$$\overline{Nu}_L = 0{,}54\, Ra_L^{1/4} \qquad\qquad 10^4 \le Ra_L \le 10^7 \qquad\qquad (6\text{-}55)$$

$$\overline{Nu}_L = 0{,}15\, Ra_L^{1/3} \qquad\qquad 10^7 \le Ra_L \le 10^{11} \qquad\qquad (6\text{-}56)$$

Superfície Superior Fria ou Superfície Inferior Quente

$$\overline{Nu}_L = 0{,}27\, Ra_L^{1/4} \qquad\qquad 10^5 \le Ra_L \le 10^{10} \qquad\qquad (6\text{-}57)$$

O comprimento característico L é definido como a área da placa dividida pelo seu perímetro.

$$L = A/P$$

A natureza do escoamento em ambos os lados superior e inferior da placa é instável e limites de aplicabilidade das equações são apresentados no número de Rayleigh e não pela classificação do escoamento se é laminar ou turbulento.

Placa Plana Vertical - Fluxo de Calor Uniforme

Se ocorrer uma condição de contorno de fluxo de calor uniforme numa placa plana vertical, é conveniente definir um número de *Rayleigh modificado* como

$$Ra_x^* = Ra_x\, Nu_x = \frac{g\rho^2 c_p \beta \dot{q}_p'' x^4}{\mu k^2} \qquad\qquad (6\text{-}58)$$

onde $\dot{q}_x''$ é o fluxo de calor uniforme na superfície. As correlações recomendadas por Churchill[6] para este caso são

Laminar:

$$Nu_x = 0{,}631[Ra_x^* \phi(Pr)]^{1/5} \qquad\qquad (6\text{-}59)$$

e

$$\overline{Nu}_x = 0{,}726[Ra_L^* \phi(Pr)]^{1/5} \qquad\qquad (6\text{-}60)$$

Turbulento:

$$\overline{Nu} = Nu_x = 0{,}241[Ra_L^* \phi(Pr)]^{1/4} \qquad (6\text{-}61)$$

onde

$$\phi(Pr) = \left[1 + \left(\frac{0{,}437}{Pr}\right)^{9/16}\right]^{-16/9} \qquad (6\text{-}62)$$

O índice para o número de Rayleigh no escoamento turbulento pode ser tanto x como L.

Outros Objetos de Formas Diversas - Isotérmicos

Churchill[6] também propôs uma correlação geral para o cálculo do coeficiente de transferência de calor por convecção natural para vários objetos de forma diferente. A correlação é válida em ambas as regiões laminar e turbulenta do escoamento,

$$\overline{Nu} = \left[\overline{Nu_0}^{1/2} + \left(\frac{Ra_{L_c} \xi Pr}{300}\right)^{1/6}\right]^2 \qquad (6\text{-}63)$$

onde

$$\xi(Pr) = \left[1 + \left(\frac{0{,}5}{Pr}\right)^{9/16}\right]^{-16/9} \qquad (6\text{-}64)$$

Os valores de L_c e $\overline{Nu}_0$ para vários objetos são dados na Tabela 6-6.

Tabela 6-6 Parâmetros usados na eq. 6-63 para convecção natural.[6] comprimentos característicos e $\overline{Nu}_0$ para correlações generalizadas

Geometria/Objeto	L_c	$\overline{Nu}_0$
Placa inclinada	x	0,68
Disco inclinado	$9d/11$	0,56
Cilindro vertical	L	0,68
Cilindro horizontal	πd	$0{,}36\pi$
Cone	$4L/5$	0,54
Esfera	$\pi d/2$	π
Esferóide	$3\pi V/A$	$A^3/36V^2$
L é medido ao longo da superfície		

226 INTRODUÇÃO ÀS CIÊNCIAS TÉRMICAS

EXEMPLO 6-12

Um disco circular de 3 in. de diâmetro é colocado horizontalmente no ar em repouso a 80 $^{\circ}$F. A temperatura da superfície da placa é uniforme e vale 200 $^{\circ}$F. Determine a taxa de transferência de calor do lado superior e do lado inferior da placa.

SOLUÇÃO

A temperatura de filme é $T_f = (T_p + T_\infty)/2 = 140$ $^{\circ}$F ou 600 $^{\circ}$R. As propriedades termofísicas do ar na temperatura de filme são obtidas da Tabela B-2.

$$v = 0{,}7324 \text{ ft}^2/\text{h}, \qquad\qquad k = 0{,}01648 \text{ Btu/h ft } ^{\circ}\text{F} \qquad\qquad \text{Pr} = 0{,}708$$

O comprimento característico é

$$L = \frac{\pi D^2 / 4}{\pi D} = \frac{D}{4} = \frac{3/12}{4} = 0{,}0625 \text{ ft}$$

O número de Rayleigh é

$$\text{Ra}_L = \frac{g\beta(T_p - T_\infty)L^3}{v^2}\text{Pr} = 32{,}2(3.600)^2\frac{1}{600}\frac{(200-80)(0{,}0625)^3}{(0{,}7324)^2}(0{,}708)$$

$$= 2{,}69 \times 10^4$$

Note que o ar foi considerado um gás ideal.
O número de Nusselt para o lado superior da placa é

$$\overline{\text{Nu}}_L = 0{,}54 \text{ Ra}_L^{1/4} = 0{,}54[2{,}69\times10^4]^{1/4} = 6{,}92$$

O coeficiente de transferência de calor por convecção é

$$\overline{h} = \frac{\overline{\text{Nu}}k}{L} = \frac{6{,}92(0{,}01648)}{0{,}0625} = 1{,}824 \text{ Btu / h ft}^2 \, ^{\circ}\text{F}$$

A taxa de transferência de calor é

$$\dot{Q} = \overline{h}A(T_p - T_\infty) = 1{,}824\left[\frac{\pi(3/12)^2}{4}\right](200-80) = 10{,}74 \text{ Btu / h}$$

O número de Nusselt para o lado inferior da placa é

$$\overline{\text{Nu}}_L = 0{,}27\text{Ra}_L^{1/4} = 0{,}27(2{,}69\times10^4)^{1/4} = 3{,}46$$

O coeficiente de transferência de calor por convecção e a taxa de transferência de calor do lado inferior da placa são

$$\bar{h} = 0{,}912 \text{ Btu/h ft}^2 \text{ °F} \quad , \quad \dot{Q} = 5{,}37 \text{ Btu/h}$$

6.9 CONVECÇÃO COMBINADA NATURAL E FORÇADA

Em determinadas situações o movimento do fluido, devido à ação de um ventilador ou soprador é pequeno. Como resultado, ambos os efeitos de convecção natural e forçada podem estar presentes e devem ser considerados quando da avaliação do coeficiente de transferência de calor. Isso é particularmente importante quando as forças de empuxo agem na direção paralela ao escoamento. Quando a razão de Gr_L/Re_L^2 for aproximadamente 1, ambos os efeitos de convecção natural e forçada devem ser considerados. Se Gr_L/Re_L^2 for maior que 1, efeitos de convecção natural são dominantes, enquanto que efeitos de convecção forçada predominam se a razão for menor que 1.

Se a força de empuxo agir na mesma direção da corrente livre do escoamento, o que é conhecido por escoamento em corrente paralela, o número de Nusselt médio para uma placa vertical isotérmica pode ser calculado por

$$\overline{Nu} = \left| \overline{Nu}_F^3 + \overline{Nu}_N^3 \right|^{1/3} \tag{6-65}$$

onde $\overline{Nu}_F$ é obtido das relações dadas para convecção forçada na Secção 6.7 e $\overline{Nu}_N$ é obtido das relações dadas na Secção 6.8 para convecção natural. Um esboço de uma situação em paralelo é mostrado na Fig. 6-21a.

A condição de escoamento em contracorrente ocorre quando as forças de empuxo agem na direção contrária à da corrente livre do escoamento como mostra a Fig. 6-21b. A relação seguinte deve ser utilizada para essa condição

$$\overline{Nu} = \left| \overline{Nu}_F^3 - \overline{Nu}_N^3 \right|^{1/3} \tag{6-66}$$

Quando os valores do número de Nusselt para convecção livre e forçada aproximam-se um do outro, a precisão da eq. 6-66 decresce rapidamente.

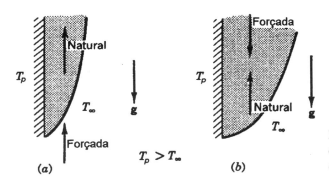

Figura 6-21 Convecção mista. $T_p > T_\infty$ (a) escoamento paralelo (b) escoamento em contracorrente.

228 INTRODUÇÃO ÀS CIÊNCIAS TÉRMICAS

Quando os coeficientes de transferência de calor para convecção mista sobre um cilindro ou uma esfera são calculados, um ajuste deve ser feito no numero de Nusselt para convecção forçada porque o comprimento característico usado no cálculo de $\overline{Nu}_N$, $\overline{Nu}_F$, e Nu nas eqs. 6-65 e 6-66 são diferentes.

	Tubo Horizontal	**Esfera**
$\overline{Nu}_N$	πd	$\pi d/2$
$\overline{Nu}_F$	$\pi d/2$	d
Nu	πd	$\pi d/2$

O $\overline{Nu}_F$ calculado pela eq. 6-45 deve ser multiplicado por 2 para um tubo e por $\pi/2$ para uma esfera antes de inseridos nas eqs. 6-65 ou 6-66.

6.10 RESUMO DAS CORRELAÇÕES

Um resumo das correlações comumente utilisadas para convecção forçada e convecção natural é apresentado na Tabela 6-7.

Tabela 6-7 Resumo das correlações mais utilizadas para convecção natural e forçada sobre placas planas

Grupos Adimensionais		Número da Equação
Grashof	$Gr_x \dfrac{g\beta(T_p - T_\infty)x^3}{v^2}$	(6-48)
Nusselt	$Nu_x = \dfrac{h_x x}{k}$	(6-19)
Prandtl	$Pr = \dfrac{c_p \mu}{k}$	(6-3)
Rayleigh	$Ra_x = Gr_x\, Pr$ $= \dfrac{g\rho^2 c_p \beta(T_p - T_\infty)x^3}{k\mu}$	(6-50)
Rayleigh (Fluxo de calor uniforme)	$Ra_x^* = \dfrac{g\rho^2 c_p \beta \dot{q}_p'' x^4}{\mu k^2}$	(6-58)

CAPÍTULO 6 - ESCOAMENTO EXTERNO - EFEITOS VISCOSOS E TÉRMICOS **229**

Tabela 6-7 *Continuação*

Grupos Adimensionais	Número da Equação

Placa Plana Isotérmica

Convecção forçada

laminar

local $\quad Nu_x = 0{,}332 Re_x^{1/2} Pr^{1/3}$ (6-26)

médio $\quad \overline{Nu} = 0{,}664 Re_L^{1/2} Pr^{1/3}$ (6-30)

turbulento

local $\quad Nu_x = \dfrac{0{,}0296 Re_x^{0,8} Pr}{1 + 2{,}185 Re_x^{-0,1}(Pr^{2/3} - 1)}$ (6-34)

médio $\quad \overline{Nu} = \dfrac{0{,}037 Re_L^{0,8} Pr}{1 + 2{,}443 Re_L^{-0,1}(Pr^{2/3} - 1)}$ (6-37)

Convecção natural - placa isotérmica vertical

laminar $\qquad$ local $\qquad Nu_x = 0{,}68 + 0{,}503[Ra_x \psi(Pr)]^{1/4}$ (6-51)

médio $\qquad \overline{Nu}_x = 0{,}68 + 0{,}67[Ra_L \psi(Pr)]^{1/4}$ (6-52)

turbulento

local e médio $\qquad \overline{Nu}_x = Nu_x = 0{,}15[Ra_x \psi(Pr)]^{1/3}$ (6-54)

$$\psi(Pr) = \left[1 + \left(\frac{0{,}492}{Pr}\right)^{9/16}\right]^{-16/9}$$ (6-53)

Convecção natural - placa isotérmica horizontal

face superior aquecida $\qquad \overline{Nu}_L = 0{,}54 Ra_L^{1/4} \qquad 10^4 \le Ra_L \le 10^7$ (6-55)

$\overline{Nu}_L = 0{,}15 Ra_L^{1/3} \qquad 10^7 \le Ra_L \le 10^{11}$ (6-56)

face inferior aquecida $\qquad \overline{Nu}_L = 0{,}27 Ra_L^{1/4} \qquad 10^5 \le Ra_L \le 10^{10}$ (6-57)

230 INTRODUÇÃO ÀS CIÊNCIAS TÉRMICAS

Tabela 6-7 *Continuação*

Grupos Adimensionais			Número da Equação
Placa Plana com Fluxo de Calor Uniforme			
Convecção forçada			
laminar		$Nu_x = 0,46 Re_x^{1/2} Pr^{1/3}$	(6-44)
Convecção natural			
laminar	local	$Nu_x = 0,631[Ra_x^* \phi(Pr)]^{1/5}$	(6-59)
turbulento	local	$Nu_x = 0,241[Ra_x^* \phi(Pr)]^{1/5}$	(6-61)
		$\phi(Pr) = \left[1 + \left(\dfrac{0,437}{Pr}\right)^{9/16}\right]^{-16/9}$	(6-62)

BIBLIOGRAFIA

1. Schlichting, H., *Boundary Layer Theory*, 7ª ed., McGraw-Hill, Nova Iorque, 1979.
2. White, F.M., *Viscous Fluid Flow*, 2ª ed., McGraw-Hill, Nova Iorque, 1991.
3. Hoerner, S.F., *Fluid Dynamic Drag*, publicado pelo autor, Midland Park, N.J., 1965.
4. Gnielinski, V., Forced Convection Around Immersed Bodies, in *Heat Exchanger Design Handbook*, ed. E. V. Schlunder, Parte 2, Sec. 2.5.2, Hemisphere Publishing Corporation, Washington, 1982.
5. Gebhart, B., *Heat Transfer*, 2ª ed., McGraw-Hill, Nova Iorque, 1971.
6. Churchill, S. W., Forced Convection Around Immersed Bodies, in *Heat Exchanger Design Handbook*, ed. E. V. Schlunder, Parte 2, Sec. 2.5.9, Hemisphere Publishing Corporation, Washington, 1982.
7. Rouse, H., *Elementary Mechanics of Fluids*, Dover, Nova Iorque, 1963 (originalmente publicado por Wiley, 1946).
8. Fox, R. W., and McDonald, A. T., *Introduction to Fluid Mechanics*, 3ª ed., Wiley, Nova Iorque, 1985.
9. National Committee for Fluid Mechanics Films, *Illustrated Experiments in Fluid Mechanics*, M.I.T. Press, Cambridge, Mass., 1972.

(nota do tradutor - o livro da referência 8 está disponível em português)

CAPÍTULO 6 - ESCOAMENTO EXTERNO - EFEITOS VISCOSOS E TÉRMICOS **231**

PROBLEMAS

6-1 Ar a 30 $^{\circ}$C e à pressão atmosférica escoa próximo a uma placa plana a 15 m/s. Qual a espessura da camada limite e a tensão de cisalhamento na parede num ponto a 0,6 m da borda de ataque da placa? O número de Reynolds da transição é $0,3 \times 10^6$.

6-2 A camada limite é algumas vezes descrita pela sua espessura de deslocamento, δ^*. Essa quantidade é definida como a distância em que a superfície da parede deveria ser movida na direção normal ao escoamento, de forma que a vazão na camada limite fosse igual àquela de um fluido não-viscoso próximo à parede deslocada. δ^* pode ser expresso como

$$\delta^* = \int_0^\delta \left(1 - \frac{u}{U}\right) dy$$

Calcule δ^* para a camada limite turbulenta em termos da espessura local δ da camada limite e do número de Reynolds local. Lembre-se que $u/U = (y/\delta)^{1/7}$ para a camada limite turbulenta.

6-3E Na extremidade da camada limite localizada a 7 ft acima de uma praia plana de areia a velocidade do vento é 18 ft/s. Estime a velocidade a 0,5 ft acima da praia.

6-4E Da Tabela A-12 a viscosidade cinemática do querosene é 2×10^{-6} m^2/s na temperatura de 20 $^{\circ}$C. Converta essa viscosidade para unidades inglesas, ft^2/s, e a temperatura para $^{\circ}$F.

6-5 Uma prancha de madeira de 1×1 m pesando 105 kg escorrega para baixo numa rampa inclinada coberta por óleo. A distância entre a prancha e a rampa é constante e igual a 0,5 mm. Se o ângulo de inclinação da rampa com a horizontal for de 22,6°, a velocidade da prancha sobre a rampa será de 0,15 m/s. Estime um valor para a viscosidade dinâmica do óleo.

6-6 Ar escoa próximo a uma placa plana lisa paralela à direção do escoamento. Determine a razão do arrasto de atrito sobre a metade da placa, de $x = 0$ a $x = L/2$, para o arrasto de atrito sobre a placa inteira se:

(a) O escoamento for laminar sobre a placa toda

(b) O escoamento for turbulento sobre a placa toda e $\text{Re}_L < 10^7$.

6-7 Ar nas condições padrão ao nível do mar e a 30 $^{\circ}$C escoa sobre uma placa plana. A velocidade do ar aproximando-se da placa, a velocidade da corrente livre, é 18 m/s. Determine a espessura da camada limite e a tensão de cisalhamento na parede τ_p, a $x = 1$ m da borda de ataque da placa se o escoamento for turbulento a partir dessa borda devido à introdução de um pequeno fio atravessando a placa. Se a placa tiver comprimento total de 4 m, calcule o arrasto de atrito por unidade de largura sobre todo o comprimento da placa para escoamento turbulento (ambos os lados expostos à corrente livre).

6-8E Um arremessador num jogo de beisebol é cronometrado enquanto arremessa uma bola a 90 mph através do ar a 60 $^{\circ}$F. Se o diâmetro da bola for de 2,80 in., calcule a força de arrasto sobre ela supondo que os efeitos da rugosidade na superfície são desprezíveis.

6-9 Um mastro de bandeira tem 17 m de altura e 10 cm de diâmetro. Quando um vento sopra na velocidade média de 12,5 m/s determine o momento de flexão na base do mastro se a temperatura do ar for de 30 $^{\circ}$C. Suponha que os efeitos da extremidade do mastro são desprezíveis.

6-10E Repita o problema 6-8E supondo que a bola foi utilizada por vários jogos e que apresenta agora uma superfície rugosa como mostrado na Fig. 6-15a.

6-11 O casco de uma grande barcaça de minério de ferro tem 30 m de comprimento e 12 m de largura. Quando completamente carregada o fundo plano da barcaça está 10 m abaixo da superfície da água, quando está sem carga o fundo está 2 m abaixo da superfície da água. Se a barcaça se mover a 1,5 m/s, estime o arrasto de atrito sobre o casco quando a barcaça estiver vazia e quando estiver cheia. A temperatura da água é de 10 $^{\circ}$C e $v = 1,308 \times 10^{-6}$ m^2/s.

232 INTRODUÇÃO ÀS CIÊNCIAS TÉRMICAS

6-12 A lei de Stokes estabelece que o coeficiente de arrasto total sobre uma esfera é

$$C_\mathrm{D} = \frac{24}{\mathrm{Re}_d}$$

onde $\mathrm{Re}_d < 1$. Mostre que a velocidade terminal, V_t, de uma esfera de diâmetro d caindo num fluido de viscosidade μ e densidade ρ_F é

$$V_t = \frac{gd^2(\rho_\mathrm{S} - \rho_\mathrm{F})}{18\mu}$$

onde g é a constante gravitacional e ρ_S a densidade da esfera. O fluido é muito viscoso de forma que $\mathrm{Re}_d \ll 1$. Como essa relação poderia ser usada para determinar a viscosidade do fluido?

6-13E Vento sopra numa média de 35 mph pelas planícies de Kansas. Determine o momento de flexão na base de um silo de 33 ft de altura e 10 ft de diâmetro. A temperatura do ar é 80 °F. Despreze os efeitos de extremidade.

6-14E Estime o arrasto de atrito no teto e nas laterais de uma carreta ferroviária para transporte de automóveis que tem 9 ft de largura, 12 ft de altura e 40 ft de comprimento quando a carreta estiver viajando a 60 mph através do ar a 40 °F. Suponha que as extremidades da carreta não contribuam devido à proximidade com outros vagões, mas que o arrasto sobre o fundo da carreta seja 20% maior que sobre o teto. Qual o arrasto total sobre a carreta levando em conta a sua configuração no trem?

6-15 A "Casa de Panquecas da Tia Suzie" está construindo um novo restaurante num lugar de muito vento nas montanhas. Seria benéfico erigir um grande cartaz para fazer propaganda sobre o novo restaurante. o cartaz deverá ter 6,5 m de altura, 13 m de largura, e será montado no topo de dois pilares altos. O projeto estrutural dos pilares necessita de uma estimativa da força devido a um vento de 45,0 m/s. Trate o cartaz como um placa plana lisa fina com camada limite completamente turbulenta. Determine a força do vento sobre o cartaz quando o vento for paralelo à superfície do cartaz. A temperatura do ar é 30 °C.

6-16 Repita o Problema 6-15 quando o vento for normal ao cartaz. Discuta os mecanismos responsáveis pela força no cartaz em cada caso.

6-17E Um pequeno submersível para pesquisas tem a forma aproximada de um elipsóide com diâmetro máximo d ($= 2b$) de 10 ft e comprimento L ($= 2a$) de 30 ft (veja Fig. 6-4). Estime o arrasto e a potência total necessária à propulsão do submersível a 5 nós (8,44 ft/s) em água a 50°F. Supondo que o escoamento é turbulento plenamente desenvolvido, estime a contribuição do arrasto de atrito para o arrasto total supondo que não ocorra separação do escoamento. A área da superfície de um elipsóide pode ser aproximada pela de um cilindro circular, $A_\text{superfície} \approx \pi\, dL$.

6-18E Um automóvel de formas bem aerodinâmicas tem coeficiente de arrasto $C_\mathrm{D} \approx 0{,}045$. Um automóvel de formas pouco aerodinâmicas tem coeficiente de arrasto $C_\mathrm{D} \approx 0{,}20$. Se cada um destes veículos tiver diâmetro equivalente de 6 ft, determine a potência necessária para vencer a resistência do ar a 60 mph ao nível do mar na atmosfera padrão, isto é, para $T = 60$ °F, $P_{SL} = 2116{,}2$ $\mathrm{lb}_f/\mathrm{ft}^2$ e $\rho_{SL} = 0{,}07633$ $\mathrm{lb}_m/\mathrm{ft}^3$.

6-19E Repita o problema 6-18E para condições da atmosfera padrão a 5.000 ft (Denver, Colorado, EUA) onde $T = 41{,}2$ °F, $P/P_{SL} = 0{,}8321$ e $\rho/\rho_{SL} = 0{,}8616$. Compare a potência necessária para vencer a resistência do ar nas duas altitudes.

6-20 Um balão esférico tem 6,4 m de diâmetro e está cheio de hélio. A pressão e a temperatura do hélio são iguais às do ar atmosférico a 1.500 m de altitude ($T = -10$ °C e $P = 84{,}5$ kPa). A massa do balão e dos seus contrapesos é de 65 kg. Se o coeficiente de arrasto do balão for $C_\mathrm{D} = 0{,}21$, baseado na área transversal máxima, determine a velocidade de ascensão do balão.

6-21 Qual a velocidade terminal de um paraquedista nas condições atmosféricas padrão ($T = -10\ °C$, $P = 101,3\ kPa$) se o paraquedas tiver 4,5 m de diâmetro e a massa total em queda for de 420 kg?

6-22 Um fluido escoa sobre uma placa plana isotérmica. O comprimento da placa é ajustado de forma que o número de Reynolds na extremidade final seja 5×10^3 e a velocidade do fluido 1 m/s. Determine a espessura das camadas limites hidrodinâmica e térmica se o fluido for
(a) Ar a 20 °C.
(b) Água a 50 °C.
(c) Óleo a 140 °C.

6-23 Um vento frio, - 20 °C, escoa numa direção aproximadamente horizontal através da parede lateral de uma casa na velocidade de 8 m/s. A lateral da casa tem 3 m de altura e 10 m de comprimento. Há várias janelas nessa lateral de forma que a superfície pode ser considerada como "completamente rugosa". A temperatura da superfície da casa é 5 °C.
(a) Estime o coeficiente de transferência de calor por convecção utilizando a analogia de Chilton-Colburn.
(b) Calcule a taxa de transferência de calor da lateral da casa.

6-24 Água na velocidade de 5 m/s escoa sobre uma placa plana isotérmica horizontal de 20 cm de comprimento. A temperatura da água é 30 °C enquanto que a da superfície da placa é 60 °C. Calcule a taxa de transferência de calor por unidade de largura para a superfície superior da placa.

6-25E Uma piscina externa aquecida numa estação de esqui tem 50 ft de largura e 100 ft de comprimento. Durante a noite ela é coberta para reduzir a perda de calor. Numa típica noite de inverno a temperatura do ar cai para 0 °F e o vento sopra na velocidade média de 5 mph sobre a piscina na direção do seu comprimento. A temperatura da cobertura da piscina em contato com o ar é aproximadamente 80 °F. Estime a quantidade de energia a ser fornecida à água durante um período de 8 horas para manter a temperatura da piscina constante. Suponha que os lados e o fundo da piscina estão bem isolados.

6-26 Um fluido a 20 °C escoa sobre uma placa plana de 50 cm de comprimento na velocidade de 2 m/s. Determine o coeficiente médio de transferência de calor por convecção para os seguintes fluidos:
(a) Ar.
(b) Água.

6-27 Água escoa sobre uma placa plana eletricamente aquecida, de 5 cm de comprimento, a uma velocidade de 1 m/s. A água está na temperatura de 30 °C e a condição de contorno térmica na placa é a de fluxo de calor constante de 10 kW/m². Estime a temperatura da superfície da placa na extremidade final.

6-28 Ar a 20 °C e na velocidade de 10 m/s é usado para resfriar uma folha de aço numa usina de produção de aço. A folha de aço tem 5 m de largura e temperatura de superfície uniforme igual a 250 °C através de sua largura quando ela deixa uma estação de produção. Trace um gráfico da distribuição do fluxo de calor local devido à convecção através da largura da placa.

6-29E Considere que a mão estendida de uma pessoa seja equivalente a uma placa plana com temperatura de superfície de 80 °F. A mão tem 3,5 in. de largura e 7,0 in. de comprimento com área total de 49 in². A mão está estendida paralelamente à direção do escoamento e o fluido escoa através da largura da mão (ângulo de incidência nulo). Determine a taxa de transferência de calor quando:
(a) A mão é mantida fora da janela de um carro movendo-se a 20 mph através de ar a 20 °F.
(b) A mão é mantida numa corrente de montanha com velocidade de 6 in./s na temperatura de 50 °F.

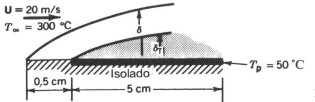

Figura P6-30 Sensor.

6-30 Um sensor deve ser colocado numa corrente de gás que está na temperatura de 300 °C e move-se na velocidade de 20 m/s. Para funcionar apropriadamente o sensor deve ser resfriado. Um projeto preliminar das necessidades do sistema de arrefecimento pode ser feito supondo-se que a sonda é uma placa com uma seção não aquecida na extremidade frontal. Um esboço da unidade com suas dimensões apropriadas é mostrado na Fig. P6-30. Determine a potência média de resfriamento, em kW/m², para manter a parede a 50 °C. Considere o gás como tendo as mesmas propriedades termofísicas do ar.

6-31 Um elemento aquecido de 4 cm de comprimento deve ser instalado sobre uma placa plana de 6 cm de comprimento. Ar escoa sobre a placa a 10 m/s. Existe uma certa dúvida sobre o efeito de montar o elemento aquecido na parte inicial ou final da placa. A temperatura do ar é 30 °C e a superfície do elemento aquecido está numa temperatura uniforme de 90 °C. A superfície não aquecida está a 30 °C. Determine a taxa de transferência de calor por unidade de área de superfície do elemento aquecido para ambas as possibilidades de instalação. Explique a razão para a diferença em termos da física do escoamento.

6-32E Uma placa aquecida é montada sobre uma asa de avião para prevenir a formação de gelo. A superfície pode ser considerada como uma placa plana. O elemento de aquecimento, de 4 in. de comprimento, tem temperatura de superfície uniforme de 100 °F e está instalado a 2 in. da borda de ataque da placa como mostra a Fig. P6-32E. Determine a quantidade total de calor transferido para o ar por ft de comprimento de asa se o avião está voando a 200 mph e a temperatura do ar é de -20 °F.

6-33 Um elemento aquecido estreito na forma de uma fita está colocado numa corrente de ar que se move na velocidade de 8 m/s e tem temperatura de 15°C. A fita, que é um componente de aquecedor de ar, está orientada paralelamente à corrente de ar como mostra a Fig. P6-33. A temperatura máxima da superfície da fita em operação contínua é de 150°C. Estime a taxa de transferência de calor por metro de comprimento de fita.

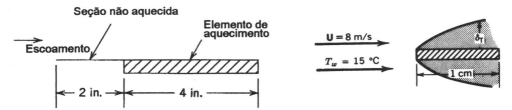

Figura P6-32 Asa de avião com elemento aquecido.   **Figura P6-33** Elemento de aquecimento em forma de fita.

6-34 Uma lâmpada de 40 W, de 10 cm de diâmetro, instalada externamente está exposta ao ar que está a 14 °C e na velocidade de 5 m/s. Foi observado que a temperatura de sua superfície é de aproximadamente 36 °C. Deseja-se estimar a taxa de perda de calor por convecção do bulbo. Considere que a lâmpada seja esférica.

6-35 Um aquecedor de cabelos a ar é composto de um elemento de aquecimento elétrico contendo um fio de 0,5 mm de diâmetro. O ar move-se sobre o elemento aquecido a uma velocidade de 35 m/s. Estime o coeficiente de transferência de calor por convecção para a transferência de calor entre o fio e o ar em W/m²K. As propriedades termofísicas do ar devem ser avaliadas a 50 °C.

6-36E Uma pessoa está caminhando num vale bem exposto onde o vento sopra na velocidade de 5 mph. A temperatura do ar é 40 °F. O caminhante pára para um descanso e para apreciar o cenário. Estime a taxa de perda de calor pela pessoa se ela for considerada como um cilindro de 14 in. de diâmetro e 6 ft e 4 in. de altura. Admite-se que a temperatura média da superfície da pessoa é igual a 75 °F.

6-37 Uma maçã de 7,5 cm de diâmetro (aproximadamente esférica) tem temperatura uniforme de 20 °C. a maçã deve ser lavada por imersão numa corrente água de 13 °C, movendo-se a uma velocidade de 1 m/s. Determine a taxa de transferência de calor da maçã no instante em que é colocada na água.

CAPÍTULO 6 - ESCOAMENTO EXTERNO - EFEITOS VISCOSOS E TÉRMICOS **235**

6-38 A parede externa de uma sala tem 7 m de comprimento e 3 m de altura. Ela é pobremente isolada e a superfície interior da sala está na temperatura de 5 ^{o}C. Estime a taxa de transferência de calor devido à convecção natural se a temperatura do ar na casa for de 20 ^{o}C.

6-39 Uma placa plana vertical fina eletricamente aquecida, de 25 cm × 25 cm, está imersa em um grande tanque de água. A energia elétrica fornecida à placa foi medida e encontrou-se o valor de 6,25 kW. Estime a temperatura máxima da superfície da placa supondo que exista uma condição de contorno de fluxo de calor constante em ambas as faces verticais. A temperatura média da água é 5 ^{o}C e as propriedades termofísicas usadas nos cálculos são avaliadas a 32,2 ^{o}C.

6-40 Componentes eletrônicos estão instalados numa pequena caixa selada de 10 cm de comprimento e 8 cm de largura. A temperatura do ar circundante é de 25 ^{o}C. As características operacionais da unidade deteriorar-se-ão se a temperatura da superfície da caixa exceder 85 ^{o}C. Estime a potência máxima que pode ser dissipada pelos componentes. Os lados e o fundo caixa são isolados e a temperatura da superfície superior é suposta ser uniforme.

6-41E Uma lâmpada de 40 W está localizada na área de entrada de um prédio. A lâmpada, de 3 in. de diâmetro tem forma esférica. A temperatura do ar circundante é de 76 ^{o}F e a temperatura da superfície da lâmpada é de 204 ^{o}F. Determine a taxa de transferência de calor da lâmpada por convecção natural.

6-42 Uma tubulação horizontal não isolada de água com diâmetro externo de 3 cm e temperatura de superfície de 15 ^{o}C passa através de uma sala. A temperatura do ar na sala é de 25 ^{o}C. Determine a taxa de transferência de calor por unidade de comprimento da tubulação.

6-43 Um elemento cilíndrico horizontal eletricamente aquecido de 1 cm de diâmetro e 13 cm de comprimento é colocado em ar a 20 ^{o}C. A construção do elemento aquecido é tal que sua superfície esteja numa temperatura uniforme de 110 ^{o}C. Calcule a taxa de transferência de calor da superfície do elemento aquecido.

6-44 Uma janela de 0,5 m de largura e 0,4 m de altura tem sua superfície interior numa temperatura de 10 ^{o}C. Um pequeno ventilador foi instalado de forma a minimizar o perigo da janela embaçar. O ventilador cria um pequeno movimento do ar para cima sobre a janela sendo sua velocidade da ordem de 1 m/s. Estime a taxa de perda de calor pela janela se a temperatura do ar na sala for de 20 ^{o}C.

6-45 Uma esfera de 2 cm de diâmetro, contendo sensores, é colocada numa sala onde o ar está a 20 ^{o}C. A temperatura da superfície dos sensores não pode exceder 80 ^{o}C. Determine o nível máximo de potência no qual o sensor pode operar

(a) Sob convecção natural pura.

(b) Com um ventilador soprando ar na direção vertical ascendente sobre a esfera numa velocidade de 0,5 m/s.

7 ESCOAMENTO INTERNO EFEITOS VISCOSOS E TÉRMICOS

7.1 INTRODUÇÃO

O Capítulo 6 descreve os efeitos de viscosidade em um escoamento externo, quando um fluido se movimenta em torno de uma superfície sólida. Como conseqüência desse movimento, uma camada limite é formada na região adjacente à superfície sólida. Os efeitos de viscosidade ficam concentrados nessa região e resultam em uma variação na direção normal à superfície da velocidade de um valor zero na parede (princípio da aderência), a um valor máximo nas regiões mais externas da camada limite. Uma vez que o escoamento externo não está confinado entre superfícies sólidas, a velocidade no extremo da camada limite se iguala à velocidade da corrente livre. A variação de velocidade através da camada limite representa a perda de quantidade de movimento e, portanto, a resistência ao escoamento. A reação desta resistência na superfície sólida é a força de arrasto.

A segunda categoria de escoamentos no qual as forças viscosas têm importância prática é chamada de *escoamento interno*. Nesses tipos de escoamento, o fluido está completamente confinado por uma superfície sólida e representa o escoamento de um fluido em um duto ou tubo, como o que ocorre com a movimentação de óleo, gás ou água de um ponto geográfico para outro. A presença das forças viscosas cria uma camada limite junto à superfície sólida (parede) como acontece com o escoamento externo, as quais tendem a se opor ao movimento do fluido pelo tubo. Próximo à parede, algumas das mesmas características da camada limite de escoamentos externos são verificadas, isto é, o princípio de aderência junto à parede, a variação da velocidade na direção normal à parede e a produção de tensões de cisalhamento viscosas no fluido que se opõem ao movimento. A maior diferença entre os escoamentos interno e externo é que o escoamento interno é confinado e a camada limite existe em todas as superfícies envolventes. Na medida que o escoamento se dá da entrada de um tubo ou duto, as espessuras das camadas limites das paredes opostas aumentam até que, eventualmente, as camadas limites se juntam no centro do tubo. Antes desse ponto, o escoamento é composto de uma região central invíscida e uma região de camada limite onde os efeitos das forças viscosas estão concentrados, veja Figura 7-1. A distribuição de velocidades ao longo do tubo muda na medida que o fluido se afasta da entrada, já que a região afetada pelas forças viscosas está aumentando progressivamente. Um escoamento *plenamente desenvolvido* é definido como aquele para o qual a distribuição de velocidade não varia mais na direção do escoamento. A região à montante do ponto no qual o escoamento se torna completamente desenvolvido é chamada de região de entrada ou região de desenvolvimento hidrodinâmico. O comprimento de entrada, L_e, é o comprimento dessa região medida na direção do escoamento.

Para demonstrar o escoamento interno de um fluido viscoso, considere o escoamento de um líquido de um grande reservatório para um tubo circular de diâmetro constante, Fig. 7-1. A existência de um reservatório contendo líquido a uma profundidade Δz produz o escoamento pelo sistema. Se o duto descarrega para a atmosfera, a forma da equação da energia (primeira lei da termodinâmica) para regime permanente do escoamento unidimensional de um fluido incompressível, eq. 5-33, entre a superfíce do reservatório e a saída do duto resulta em

$$\frac{P_a}{\rho g}+\frac{V_e^2}{2g}+z_e=\frac{P_a}{\rho g}+\frac{V_s^2}{2g}+z_s+h_L \tag{7-1}$$

onde h_L é a perda total de carga no sistema e V_s é a magnitude da velocidade média na saída do duto definida pela eq. 5-5. A energia do fluido disponível para produzir um escoamento nesse sistema é fornecida pela carga Δz, diferença em elevação que existe entre a superfície do reservatório e a saída do duto. Desde que os termos de pressão na eq. 7-1 cancelam e V_e é pequena, a carga devido à energia potencial deve igualar a carga devido à energia cinética na saída do duto, $V_s^2/2g$, mais a perda total h_L.

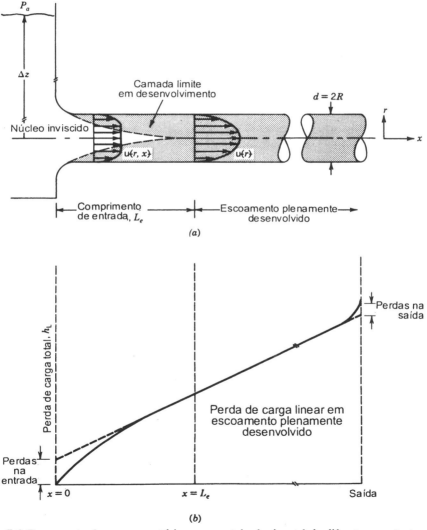

Figura 7-1 Escoamento de um reservatório para um tubo horizontal de diâmetro constante. (a) Desenvolvimento da camada limite. (b) Perda de carga no tubo como função do comprimento.

238 INTRODUÇÃO ÀS CIÊNCIAS TÉRMICAS

No sistema mostrado na Fig. 7-1, as perdas ocorrem na transição do reservatório para o duto (perdas devido à entrada), na região de comprimento de entrada, na região do escoamento plenamente desenvolvido, devido apenas aos efeitos viscosos e na saída, onde o escoamento deixa o duto (perdas devido à saída). A perda devido à saída dá-se devido à expansão do fluido do duto de diâmetro d para um reservatório de diâmetro infinito. A Figura 7-1b mostra a distribuição devido a estas perdas através do sistema. A seguir, as formas de estimar as perdas serão discutidas.

7.2 EFEITOS VISCOSOS NA REGIÃO DE ENTRADA DE UM DUTO

O termo de perda h_L ilustrado na Fig. 7-1 é composto de perdas devido ao atrito do fluido com as paredes do duto (perdas distribuídas) e perdas associadas com a entrada e saída do escoamento do duto (perdas singulares). As perdas singulares incluem efeitos de atrito, mas são predominantemente causadas por efeitos de gradientes adversos de pressão. Na entrada do duto, a camada limite se forma de maneira análoga ao que acontece na borda de ataque de uma placa plana. Como mostrado na Fig. 7-1, a espessura dessa região viscosa aumenta na medida que o escoamento se desenrola ao longo do duto na direção x. A taxa na qual a espessura da camada limite aumenta depende se o escoamento é laminar ou turbulento. As camadas limites são formadas nas paredes do duto e, eventualmente, se encontram no centro do duto. O *comprimento de entrada* L_e é definido como a distância na direção do escoamento entre a entrada do duto e o ponto em que o escoamento se torna plenamente desenvolvido, isto é, o perfil de velocidade permanece inalterado na direção do escoamento.

Na região do comprimento de entrada, $0 < x < L_e$, o escoamento pode ser laminar, turbulento ou ambos, dependendo da rugosidade da parede h_r e do número de Reynolds. Para escoamento interno, o número de Reynolds é definido usando a velocidade média V e o diâmetro interno do duto d, se o duto for circular. Experimentos mostram que o valor crítico do número de Reynolds, isto é, o número de Reynolds em que a transição de laminar para turbulento ocorre, vale aproximadamente 2.300. Quando o escoamento é turbulento e o duto não é circular, o número de Reynolds é definido usando o diâmetro hidráulico, d_h, que é definido como

$$d_h = \frac{4(\text{área da seção transversal})}{\text{perímetro molhado}} = \frac{4A_c}{\text{P}} \tag{7-2}$$

Em ambos tipos de dutos, circular e não-circular, o escoamento no comprimento de entrada é caracterizado por uma região viscosa junto à parede, mais uma região central invíscida em torno da linha de centro do duto.

Em alguma posição axial a partir da entrada do duto, a região central invíscida desaparece e a porção da influência viscosa domina totalmente a seção transversal do duto. O escoamento se torna *plenamente desenvolvido*, $x > L_e$, e o perfil de velocidade passa a ser tão somente uma função do raio do duto. Experimentos mostram que o comprimento de entrada é diferente para escoamento puramente laminar e turbulento, e é uma função do número de Reynolds.

$$L_e \approx 0{,}060(d)\text{Re} \qquad \text{para escoamento laminar}$$
$$L_e \approx 4{,}40(d)(\text{Re})^{1/6} \qquad \text{para escoamento turbulento} \tag{7-3}$$

Os perfis de velocidade para escoamento interno plenamente desenvolvidos para o caso laminar e turbulento estão ilustrados na Fig. 7-2.

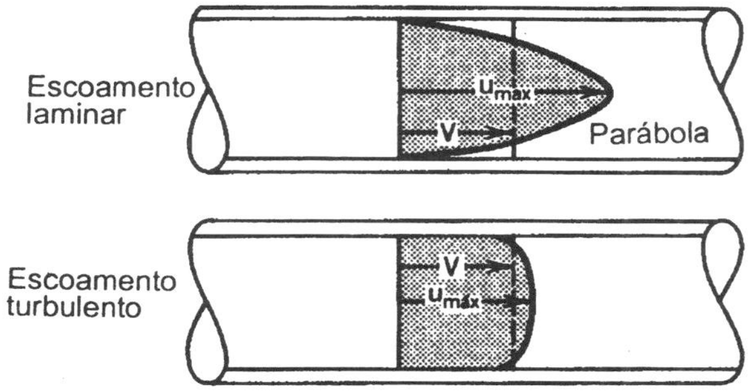

CAPÍTULO 7 - ESCOAMENTO INTERNO - EFEITOS VISCOSOS E TÉRMICOS **239**

Figura 7-2 Comparação entre perfis de velocidade de escoamentos plenamente desenvolvidos laminar e turbulento.

7.3 PERDAS DE ENERGIA EM ESCOAMENTOS INTERNOS

Perdas Distribuídas

Vamos primeiramente considerar a perda em energia sofrida por um fluido escoando plenamente desenvolvido. A Figura 7-1b mostra que essa perda é linear com respeito ao comprimento do duto e é causada por atrito ou tensões de cisalhamento na parede do duto. A Figura 7-3 mostra uma seção de um escoamento plenamente desenvolvido. A seção mostrada tem um comprimento L e está inclinada em relação a horizontal de um ângulo ϕ. As pressões P_1 e P_2 agem nas duas extremidades do volume de controle. Ao longo da superfície cilíndrica do duto uma tensão de cisalhamento τ_p age sobre o fluido no sentido de refreá-lo. A seguinte análise conduz a uma expressão para as perdas devido a tensão de cisalhamento ou atrito na superfície de controle desse fluido para escoamento laminar ou turbulento, incompressível e plenamente desenvolvido em um duto de diâmetro interno constante.

A equação da energia em regime permanente, eq. 5-33, será utilizada para analisar o escoamento mostrado na Fig. 7-3. A perda de carga ocorre apenas devido aos efeitos de atrito e é designada por h_f para distinguir esta perda da perda devido à separação do escoamento. $W_s = 0$, já que não há eixo cruzando o volume de controle,

$$\frac{P_1}{\rho g} + \frac{V_1^2}{2g} + z_1 = \frac{P_2}{\rho g} + \frac{V_2^2}{2g} + z_2 + h_f \tag{7-4}$$

Da formulação da conservação de massa para esse volume de controle, eq. 6-9, $V_1 = V_2 = V$, já que as áreas das seções transversais 1 e 2 são iguais e a densidade do fluido é constante. A equação da energia, eq. 7-4, pode ser rearranjada como

$$h_f = \frac{P_1 - P_2}{\rho g} + (z_1 - z_2) \tag{7-5}$$

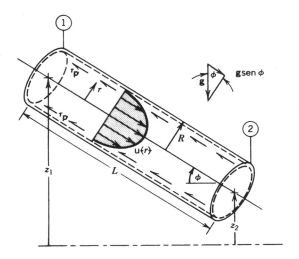

Figura 7-3 Escoamento plenamente desenvolvido em um tubo inclinado.

Se $z_1 = z_2$, a eq. 7-5 mostra que $P_1 > P_2$, uma vez que h_f é sempre positivo. Isso indica que a influência do atrito nas paredes do duto é sempre no sentido de produzir uma queda ou diminuição de pressão na direção do escoamento.

Aplicando a equação da quantidade de movimento para regime permanente unidimensional para o volume de controle na direção do escoamento, obtém-se

$$(P_1 - P_2)\pi R^2 + \rho g \pi R^2 L \,\text{sen}\,\phi - \tau_p 2\pi R L = \dot{m}(V_2 - V_1) = 0 \quad (7\text{-}6)$$

Já que $L\,\text{sen}\,\phi = z_1 - z_2$, a eq. 7-6 pode ser reescrita como

$$\frac{P_1 - P_2}{\rho g} + (z_1 - z_2) = \frac{2\tau_p}{\rho g}\frac{L}{R} \quad (7\text{-}7)$$

Combinando as eqs. 7-5 e 7-7,

$$h_f = \frac{2\tau_p}{\rho g}\frac{L}{R} \quad (7\text{-}8)$$

No Capítulo 6, a tensão de cisalhamento na parede foi vista como uma função de várias variáveis

$$\tau_p \propto f(\mu, V, R, \rho, h_r)$$

Esta relação funcional pode ser simplificada através de uma análise dimensional para obter

CAPÍTULO 7 - ESCOAMENTO INTERNO - EFEITOS VISCOSOS E TÉRMICOS **241**

$$\frac{8\tau_p}{\rho V^2} = f\left(Re, \frac{h_r}{2R}\right) \equiv f \tag{7-9}$$

O fator adimensional f é chamado de fator ou coeficiente de atrito de Darcy-Weisbach[1]. Então, a perda de carga devido a τ_p, ou atrito no duto, é

$$h_f = f\frac{L}{2R}\frac{V^2}{2g} = f\frac{L}{d}\frac{V^2}{2g} \tag{7-10}$$

Para encontrar h_f entre duas seções num duto de diâmetro constante d, é necessário que se conheça a velocidade V, a distância entre as duas seções L e o coeficiente de atrito de Darcy-Weisbach f. A variação de f com o número de Reynolds e a rugosidade superficial relativa, h_r/d, é dado na Fig. 7-4, a qual representa o bem-conhecido diagrama de Moody[2] para o atrito em um duto.

A Figura 7-4 indica que a influência da rugosidade é desprezível se o escoamento for laminar. Essa influência da rugosidade é a mesma que aquela observada para escoamento laminar externo estudado no Capítulo 6. O caso de escoamento turbulento é outro problema, já que f depende fortemente da rugosidade do duto. Estudando tubos comerciais limpos, Moody foi capaz de determinar as rugosidades médias superficiais, h_r. Esses valores estão listados na Tabela 7-1.

Tabela 7-1 Rugosidade média superficial de tubos rugosos

Material(novo)	h_r mm	h_r in.
Aço rebitado	0,9-9,0	0,035-0,35
Concreto	0,3-3,0	0,012-0,12
Madeira arqueada	0,18-0,9	0,007-0,035
Ferro fundido	0,26	0,01
Ferro galvanizado	0,15	0,006
Ferro fundido asfaltado	0,12	0,005
Aço comum ou ferro batido	0,046	0,002
Aço trefilado	0,0015	0,0001
Vidro	"liso"	"liso"

EXEMPLO 7-1

Determine a queda de pressão por unidade de comprimento (metro) de um escoamento plenamente desenvolvido em um tubo horizontal de ferro fundido de 10 m de comprimento de seção transversal quadrada de lado igual a 1,152 m. A vazão volumétrica da água vale 20,41 m³/s e é fornecida por uma bomba. ($\nu_{água} = 1,004 \times 10^{-6}$ m²/s; $\rho = 998,3$ kg/m³)

SOLUÇÃO

O diâmetro hidráulico d_h, eq. 7-2, é

$$d_h = \frac{4(\text{área da seção transversal})}{(\text{perímetro molhado})} = \frac{4(1,152)^2}{4(1,152)} = 1,152 \text{ m}$$

242 INTRODUÇÃO ÀS CIÊNCIAS TÉRMICAS

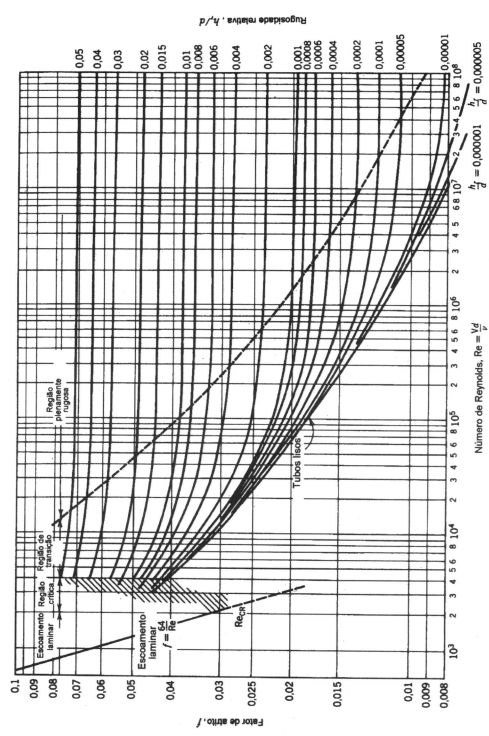

Figura 7-4 Fator de atrito para escoamento plenamente desenvolvido em dutos circulares.[2] Usado com permissão.

CAPÍTULO 7 - ESCOAMENTO INTERNO - EFEITOS VISCOSOS E TÉRMICOS **243**

A velocidade média no duto é

$$V = \frac{\dot{V}}{A_c} = \frac{20,41}{(1,152)^2} = 15,38 \ m/s$$

e

$$Re = \frac{V d_h}{v} = \frac{15,38(1,152)}{1,004 \times 10^{-6}} = 17,65 \times 10^6$$

Já que Re > 2.300, então o escoamento é turbulento. Da Tabela 7-1, a altura média da rugosidade das paredes do duto de ferro fundido é $h_r = 0,26$ mm. Então,

$$\frac{h_r}{d_h} = \frac{0,26}{1.152} = 225,7 \times 10^{-6}$$

Da Fig. 7-4, o coeficiente de atrito de Darcy-Wesbach para Re = $17,65 \times 10^6$ e $h_r/d_h = 0,23 \times 10^{-3}$ é

$$f = 0,014$$

A queda de pressão no duto horizontal de 10 m de comprimento é obtida das eqs. 7-5 e 7-10 com $z_1 = z_2$:

$$P_1 - P_2 = \rho g h_f = \rho g \left[f \frac{L}{d_h} \frac{V^2}{2g} \right]$$

$$= 998,3(9,807) \left[0,014 \left(\frac{10}{1,152} \right) \frac{(15,38)^2}{2(9,807)} \right]$$

$$= 14,34 \ kPa$$

A queda de pressão por metro de duto é

$$\frac{P_1 - P_2}{L} = \frac{14,34 \ kPa}{10 \ m} = 1,434 \ kPa/m$$

COMENTÁRIO

Uma vez que o duto tem seção transversal quadrada e o escoamento é turbulento e plenamente desenvolvido, o duto é considerado equivalente a um duto circular utilizando o conceito de diâmetro hidráulico. O cálculo da queda de pressão por unidade de comprimento do duto permite aplicar esse resultado para vários comprimentos de duto.

Perdas Localizadas

Além de perdas devido ao atrito, o sistema descrito na Fig. 7-1 experimenta perdas de carga nas seções de entrada e saída. Essas perdas são chamadas de perdas localizadas, h_m para contrastar com as perdas distribuídas, h_f, as quais ocorrem devido ao atrito. Também, podem ocorrer outras perdas localizadas em um sistema além das perdas de entrada e saída. Tais perdas podem ser originadas em válvulas, curvas, cotovelos contrações ou expansões abruptas ou graduais e gradientes de pressões criados por estes dispositivos. Assim, a perda de carga total, h_L, para o sistema resulta da soma das perdas localizadas com as perdas devido ao atrito

$$h_L = h_f + \sum h_m \qquad (7\text{-}11)$$

A determinação da magnitude de h_m depende de dados experimentais. Esses dados são normalmente apresentados na forma de que h_m é uma fração da carga devido à carga de velocidade, isto é, $V_A^2/2g$ Logo,

$$h_m = K \frac{V_A^2}{2g} \qquad (7\text{-}12)$$

onde K é o fator adimensional de perda e é uma função do dispositivo particular que produz a perda localizada. Substituindo essa expressão de h_m e a de h_f, eq. 7-10, na eq. 7-11, resulta em

$$h_L = \frac{V^2}{2g} f \frac{L}{d} + \sum \frac{V_A^2}{2g} K \qquad (7\text{-}13)$$

Muitos dos dados para o coeficiente de perda de carga localizada K são apenas para escoamento turbulento. Alguns dos valores de K estão apresentados nas Tabelas 7-2 e 7-3 e na seqüência de Figs. 7-5 a 7-8.

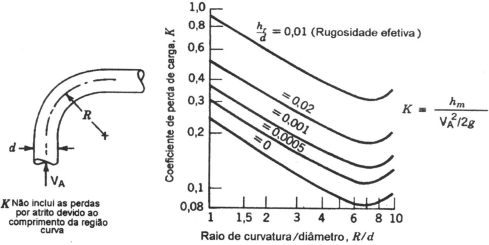

Figura 7-5 Coeficiente de perda K para uma curva de 90° raio constante incluindo o efeito da rugosidade superficial.

Tabela 7-2 Coeficiente de perda de carga, $K = \dfrac{h_m}{V_A^2 / 2g}$ para válvulas abertas, cotovelos e tês.

Diâmetro nominal, cm (in.)	Conexão com rosca				Conexão com flange				
	1,3 (0,5)	2,5 (1,0)	5,0 (2,0)	10 (4,0)	2,5 (1,0)	5 (2,0)	10 (4,0)	20 (8,0)	50 (20)
Válvulas (totalmente abertas):									
Globo	14,0	8,2	6,9	5,7	13,0	8,5	6,0	5,8	5,5
Gaveta	0,30	0,24	0,16	0,11	0,80	0,35	0,16	0,07	0,03
Giratória	5,1	2,9	2,1	2,0	2,0	2,0	2,0	2,0	2,0
Ângulo	9,0	4,7	2,0	1,0	4,5	2,4	2,0	2,0	2,0
Cotovelos:									
45° comum	0,39	0,32	0,30	0,29					
45° raio longo					0,21	0,20	0,19	0,16	0,14
90° comum	2,0	1,5	0,95	0,64	0,50	0,39	0,30	0,26	0,21
90° raio longo	1,0	0,72	0,41	0,23	0,40	0,30	0,19	0,15	0,10
180° comum	2,0	1,5	0,95	0,64	0,41	0,35	0,30	0,25	0,20
180° raio longo					0,40	0,30	0,21	0,15	0,10
Tês:									
Em linha	0,90	0,90	0,90	0,90	0,24	0,19	0,14	0,10	0,07
Perpendicular	2,4	1,8	1,4	1,1	1,0	0,80	0,64	0,58	0,41

Tabela 7-3 Perdas de válvulas parcialmente abertas.

Condição	Razão K/K (condição aberta)	
	Válvula da porta	Válvula Globo
Aberta	1,0	1,0
Fechada, 25%	3,0-5,0	1,5-2,0
50%	12-22	2,0-3,0
75%	70-120	6,0-8,0

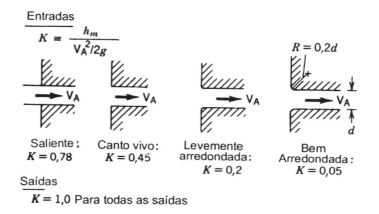

Figura 7-6 Coeficiente de perda K para entradas e saídas de tubos.

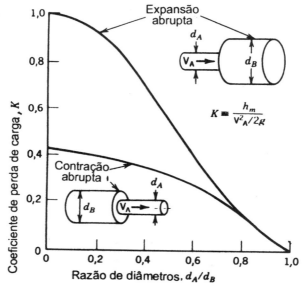

Figura 7-7 Coeficiente de perda K para contrações e expansões abruptas.

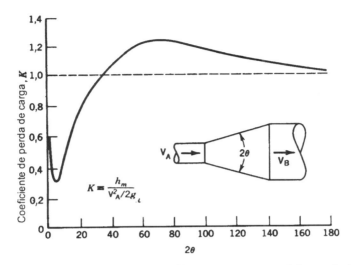

Figura 7-8 Coeficiente de perda K para uma expansão cônica gradual.

EXEMPLO 7-2

A tubulação que conecta uma piscina e o aquecedor está ilustrada na Fig. E7-2. O escoamento da água se dá em um duto de ferro fundido na razão de 0,1 m³/s. Calcule a perda de pressão através do sistema quando a piscina está sendo esvaziada ($\nu_{água} = 1 \times 10^{-6}$ m²/s; $\rho = 998$ kg/m³.)

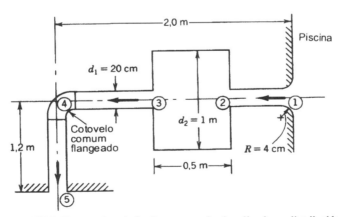

Figura E7-2 Sistema de tubulação com perdas localizadas e distribuídas.

SOLUÇÃO

A perda de carga através da tubulação se deve a perdas devido ao atrito e a cinco perdas localizadas. As perdas localizadas são:

248 INTRODUÇÃO ÀS CIÊNCIAS TÉRMICAS

1. Entrada arredondada ($R = 0,2d$)($K_1 = 0,05$, Fig. 7-6).

2. Expansão abrupta ($d_A/d_B = 0,2$)($K_2 = 0,925$, Fig. 7-7).

3. Contração abrupta ($d_A/d_B = 0,2$)($K_3 = 0,39$, Fig. 7-7).

4. Cotovelo comum flangeado ($K_4 = 0,26$, Tab. 7-2).

5. Saída ($d_A/d_B = 0$)($K_5 = 1,0$, Fig. 7-6 ou 7-7).

$$h_L = h_f + \sum h_m$$

$$= \left[f \frac{L}{d} \frac{V^2}{2g} \right]_{d_1} + \left[f \frac{L}{d} \frac{V^2}{2g} \right]_{d_2}$$

$$+ \left[K_1 + K_2 + K_3 + K_4 + K_5 \right] \left[\frac{V_A^2}{2g} \right]_{d_1}$$

Para o tubo com $d_1 = 0,2$ m ($L_1 = 1,5$ m + 1,2 m)

$$V_1 = \frac{\dot{V}}{A_c} = \frac{4\dot{V}}{\pi d_1^2} = \frac{4(0,1)}{\pi (0,2)^2} = 3,183 \text{ m/s}$$

$$\text{Re} = \frac{V_1 d_1}{\nu} = \frac{3,183(0,2)}{1 \times 10^{-6}} = 636,6 \times 10^3$$

$$h_r = 0,26 \text{ mm(Tabela 7-1)}; \quad \frac{h_r}{d_1} = \frac{0,26}{200} = 1,3 \times 10^{-3};$$

$$f = 0,0214 \text{ (Fig 7-4)}$$

Para o tubo com $d_2 = 1$ m ($L_2 = 0,5$ m)

$$V_2 = \frac{\dot{V}}{A_c} = \frac{4\dot{V}}{\pi d_2^2} = \frac{4(0,1)}{\pi (1)^2} = 0,1273 \text{ m/s}$$

$$\text{Re} = \frac{V_2 d_2}{\nu} = \frac{0,1273(1)}{1 \times 10^{-6}} = 127,3 \times 10^3$$

$$h_r = 0,26 \text{ mm}; \quad \frac{h_r}{d_2} = \frac{0,26}{1.000} = 0,26 \times 10^{-3}; \quad f = 0,019 \text{ (Fig. 7-4)}$$

Portanto,

$$h_L = \left[0,0214 \frac{(1,5+1,2)}{0,2} \frac{(3,183)^2}{2(9,807)} \right]$$

$$+ \left[0,019 \frac{(0,5)}{1} \frac{(0,1273)^2}{2(9,807)} \right]$$

$$+ \left[0,05 + 0,925 + 0,39 + 0,26 + 1,0 \right] \frac{(3,183)^2}{2(9,807)}$$

$$= 1,505 \text{ m}$$

$$P_1 - P_5 = \rho g h_L = 998(9,807)(1,505) = 14,73 \text{ kPa}$$

COMENTÁRIO

A perda total em um sistema de tubulação é a soma das perdas de cada membro individual do sistema. Para calcular essas perdas individuais, é necessário que se determine a definição exata do coeficiente de perda e carga da velocidade que foram utilizados na obtenção dos dados que estão sendo utilizados. Note que a mudança no número de Reynolds entre o duto que tinha $d = 0,2$ m e $d = 1$ m. Essa diferença em Re resulta em diferentes valores do fator de atrito.

7.4 TRANSFERÊNCIA DE CALOR EM DUTOS

Quando calor é adicionado ou removido de um fluido escoando em um duto, a energia do fluido vai mudar na medida que ele escoa. A quantidade de calor transferido e a distribuição de temperatura no fluido vai depender do estado termodinâmico do fluido na região de entrada no duto, da velocidade do fluido e das condições térmicas de contorno na parede do duto. Embora certas similaridades existam entre os escoamentos externo e interno, várias distinções devem ser consideradas quando se pretende estimar a taxa de transferência de calor.

Coeficiente de Transferência de Calor

A energia que uma corrente de fluido possui num dado ponto no duto é o produto da velocidade mássica local, ρu, pela entalpia local, h. A energia total que o fluido transporta ao passar por uma determinada posição axial pode ser obtida integrando a energia que ele possui localmente em toda a área da seção transversal do duto. Se o fluido não sofre uma mudança de fase durante o processo de adição ou remoção de calor, um erro muito pequeno é cometido se a entalpia local é aproximada pelo produto do calor específico a pressão constante pela temperatura local. A energia total da corrente de fluido escoando em um duto circular de raio R é, então

$$\dot{m}h = \int_0^R 2\pi\rho u c_p T r \, dr \tag{7-14}$$

250 INTRODUÇÃO ÀS CIÊNCIAS TÉRMICAS

Uma temperatura média adequada para descrever a energia do fluido pode ser obtida utilizando a velocidade média do fluido, V. Essa temperatura é chamada de *temperatura de mistura* ou *temperatura de copo*, T_m. Para um duto circular, essa temperatura é

$$T_m \equiv \frac{\dot{m}h}{\dot{m}c_p} = \frac{2\int_0^R \pi\rho u c_p T r\, dr}{\pi R^2 \rho V c_p} \tag{7-15}$$

Note que a velocidade local e temperatura local são ambas funções da posição radial no duto, $u(r)$ e $T(r)$. Se as propriedades do fluido forem constantes, a expressão para a temperatura de mistura se reduz a

$$T_m = \frac{2\int_0^R u T r\, dr}{R^2 V} \tag{7-16}$$

O coeficiente local de transferência de calor para um escoamento interno é definido em termos da diferença entre a temperatura da parede e a temperatura de mistura para aquela dada posição axial x de interesse

$$h_x \equiv \frac{\dot{q}_x''}{(T_p - T_m)} \tag{7-17}$$

Balanço de Energia para um Fluido Escoando em um Duto

O conceito de *balanço de energia* para um volume de controle será usado para determinar o efeito da transferência de calor para ou do fluido que está escoando. Para realizar o balanço de energia a temperatura de mistura do fluido é utilizada, já que ela é diretamente proporcional a energia do fluido. Um volume de controle elementar para um duto de seção transversal constante está mostrado na Fig. 7-9. O escoamento é assumido ocorrer em regime permanente sem a realização de trabalho pelo ou sobre o fluido no volume de controle. Variações de energias potencial e cinética são desprezíveis. O calor adicionado ao volume de controle é expresso como o produto do fluxo de calor na parede do duto e a área superficial do duto

$$\rho V A_c c_p T_m|_x + \dot{q}_x'' P \Delta x = \rho V A_c c_p T_m|_{x+\Delta x}$$

onde **P** é o perímetro molhado do duto em contato com o fluido e A_c é a área da seção transversal do duto. Uma expansão em série de Taylor fornece

$$T_m|_{x+\Delta x} = T_m|_x + \Delta x \frac{dT_m}{dx}\Big|_x$$

A equação da energia se reduz a

$$\rho V A_c c_p T_m|_x + \dot{q}_x'' P \Delta x = \rho V A_c c_p T_m|_x + \rho V A_c c_p \frac{dT_m}{dx}\Big|_x$$

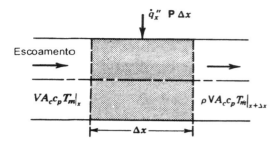

Figura 7-9 Volume de controle para o escoamento em um duto de seção transversal constante.

ou

$$\rho V A_c c_p \frac{dT_m}{dx} = \dot{q}_x'' \mathbf{P} \tag{7-18}$$

Uma vez que as condições junto à parede do duto estão definidas, a temperatura de mistura em qualquer posição pode ser determinada pela integração da equação da energia, ou seja eq. 7-18. Há duas condições comuns usadas em transferência de calor por convecção. A primeira trata-se do fluxo de calor uniforme na parede e a outra condição é a de temperatura uniforme na parede do duto.

Fluxo de Calor Uniforme

Quando o fluxo de calor na parede do duto é uniforme, $\dot{q}_p'' =$ uniforme, a integração da eq. 7-18 resulta em

$$T_m = \frac{\dot{q}_p'' \mathbf{P} x}{\rho V A_c c_p} + \text{const} \tag{7-19}$$

Se a temperatura de mistura da corrente de fluido que entra no duto, $x = 0$, for T_e, a expressão para a temperatura de mistura para qualquer valor de $x > 0$ é

$$T_m = \frac{\dot{q}_p'' \mathbf{P} x}{\rho V A_c c_p} + T_e$$

ou

$$T_m = \frac{\dot{q}_p'' A}{\dot{m} c_p} + T_e \tag{7-20}$$

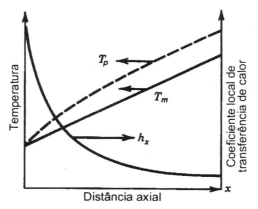

Figura 7-10 Distribuições de temperaturas de mistura e de parede para escoamento em um duto com fluxo de calor uniforme

onde A é a área do duto em que ocorre transferência de calor, isto é, o perímetro molhado vezes a distância a partir do ponto de início do aquecimento e $\dot{m}$ é a vazão mássica do fluido. A temperatura de mistura aumenta de forma linear com a distância a partir do início do aquecimento.

A temperatura da parede, T_p, em qualquer posição pode ser calculada usando

$$\dot{q}_p'' = h_x(T_p - T_m)$$

ou

$$T_p = \frac{\dot{q}_p''}{h_x} + T_m \tag{7-21}$$

A temperatura máxima de parede vai normalmente ocorrer na saída do duto aquecido, onde T_m é máxima e h_x tem seu menor valor. Distribuições típicas de temperatura de parede e de mistura num duto uniformemente aquecido estão ilustradas na Fig. 7-10. A variação no coeficiente local de transferência de calor também está ilustrada.

Temperatura de Parede Uniforme

Se a temperatura da parede do duto for uniforme, o coeficiente local de transferência de calor na eq. 7-18 é substituído por $h_x(T_p - T_m)$, o que é obtido pelo rearranjo da eq. 7-17. A equação da energia então se torna

$$\rho V A_c c_p \frac{dT_m}{dx} = h_x P(T_p - T_m)$$

Rearranjando essa equação, obtemos

CAPÍTULO 7 - ESCOAMENTO INTERNO - EFEITOS VISCOSOS E TÉRMICOS 253

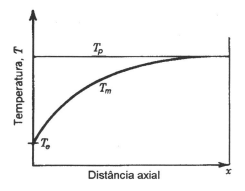

Figura 7-11 Distribuições de temperaturas de mistura e de parede para escoamento em um duto com temperatura de parede uniforme.

$$\frac{dT_m}{(T_p - T_m)} = \frac{h_x \mathbf{P}}{\dot{m}c_p} dx$$

Se o coeficiente de convecção de calor for uniforme ou, então, um coeficiente médio de transferência de calor, $\bar{h}$, for usado, a equação pode ser integrada para obter

$$\ln(T_p - T_m) = \frac{\bar{h}\mathbf{P}x}{\dot{m}c_p} + \text{const}$$

onde a área da superfície de contato com o fluido é $\mathbf{P}x$.

A constante de integração é obtida utilizando a condição de entrada, $x = 0$ e $T_m = T_e$. A expressão final para a temperatura de mistura na saída do duto, $x = L$, é

$$\frac{(T_p - T_m)}{(T_p - T_e)} = \exp\left(-\frac{\bar{h}A}{\dot{m}c_p}\right) \tag{7-22}$$

onde $A = \mathbf{P}L$.

Uma distribuição típica da temperatura de mistura em um duto com temperatura de parede uniforme está mostrada na Fig. 7-11.

EXEMPLO 7-3

Um tubo de água aquecida isolado tem um diâmetro interno de 2 cm. O tubo passa através do porão de uma casa onde é exposto ao ar que está a uma temperatura de 5 °C. A temperatura da água no tubo na região de entrada do porão vale 40 °C. Três metros de tubo são expostos ao ar frio antes de reentrar na casa. Estima-se que a temperatura da superfície interna do tubo é uniforme e vale aproximadamente 8 °C. Estime a temperatura no ponto em que o tubo reentra na casa. A velocidade média da água é 1 m/s e o coeficiente médio de transferência de calor por convecção vale 4.500 W/m² °C.

254 INTRODUÇÃO ÀS CIÊNCIAS TÉRMICAS

SOLUÇÃO

As propriedades da água são estimadas à temperatura de mistura de 24 °C, usando a Tabela A-9

$$\rho = 998 \text{ kg/m}^3 \qquad\qquad c_p = 4,181 \text{ kJ/kg °C}$$

A temperatura da água no tubo quando esta reentra na casa é obtida pelo rearranjo da eq. 7-22

$$T_m = (T_e - T_p)\exp\left(-\frac{\bar{h}A}{\dot{m}c_p}\right) + T_p$$

A área de transferência de calor é $A = \pi dL = \pi(0,02)(3) = 0,1885 \text{ m}^2$ e a vazão mássica é

$$\dot{m} = \rho V A_c = 998(1)\left(\frac{\pi(0,02)^2}{4}\right) = 0,3135 \text{ kg/s}$$

A temperatura da água na saída é

$$T_m = (40 - 8)\exp\left(-\frac{4.500(0,1885)}{0,3135(4.181)}\right) + 8 = 24,75 \text{ °C}$$

COMENTÁRIO

Baseado na informação disponível a temperatura média de mistura da água é estimada como sendo a média da temperatura da água na entrada (40 °C) e a temperatura da parede do tubo (8 °C). Usando esse valor estimado, a temperatura de mistura da água na seção de saída é calculada. Um valor mais correto da temperatura média de mistura da água escoando no tubo pode agora ser calculado e vale (40,0 + 24,75)/2 ou 34,37 °C. As propriedades termofísicas da água deveriam, então, ser determinadas a esse valor de temperatura e os cálculos repetidos para verificar se erros apreciáveis foram introduzidos. Para esse exemplo em particular, o erro é desprezível.

Efeitos da Região de Entrada

Na seção 7.1 fez-se referência ao escoamento na região de entrada de um duto em que ocorre a transição de um perfil uniforme de velocidade, junto a entrada do duto, para um perfil plenamente desenvolvido. Uma transição semelhante ocorre com o perfil de temperatura no fluido como mostrado nas Figs. 7-12a e 7-12b para o escoamento com um fluxo uniforme de calor na parede. Dois casos serão discutidos. Na Fig. 7-12a o fluido entra no duto com *perfis uniformes de velocidade e temperatura*. Ambos perfis começam a se desenvolver na medida que o fluido escoa ao longo do duto. Essa região será designada de região de transferência de calor *em desenvolvimento*. Condições de escoamento plenamente desenvolvido serão obtidas quando a velocidade axial e a temperatura adimensional, definida como $(T_p - T)/(T_p - T_m)$, são independentes da posição axial. Na Fig. 7-12b, o fluido entra na seção de aquecimento depois de ter passado por uma região sem aquecimento, para permitir que o perfil de velocidade se torne plenamente desenvolvido. A seção do duto na qual o perfil de temperatura adimensional está se desenvolvendo se chama região de transferência de calor *térmica em desenvolvimento*. O coeficiente de transferência de calor é uma função da posição axial para ambos tipos de regiões de desenvolvimento. Na região plenamente desenvolvida, o coeficiente de transferência de calor é uma constante. As regiões de entrada ou de desenvolvimento são muito curtas em regime turbulento, enquanto elas puderem estender mais para regime laminar e, neste caso, os efeitos de entrada devem ser considerados.

7.5 COEFICIENTES DE TRANSFERÊNCIA DE CALOR PARA O REGIME LAMINAR

O valor do coeficiente de transferência de calor para escoamento laminar em um duto depende da geometria da seção transversal do duto, das condições da camada limite na parede do tubo e da distância a partir da seção de entrada. O coeficiente adimensional de transferência de calor, o número de Nusselt, é definido como

$$\text{Nu} = \frac{hd_h}{k} \qquad (7\text{-}23)$$

onde d_h é o diâmetro hidráulico da seção, eq. 7-2, e k é a condutibilidade térmica do fluido.

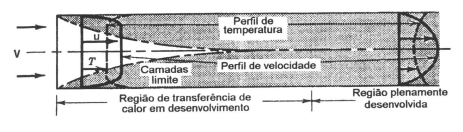

(a)

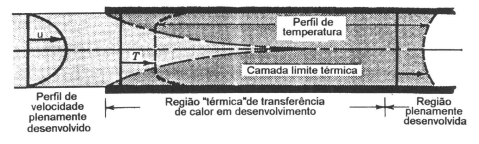

(b)

Figura 7-12 Regiões de entrada transferência de calor. (*a*) Região de transferência de calor em desenvolvimento. (*b*) Região de transferência de calor térmica em desenvolvimento.

Dutos Circulares

Os números de Nusselt para escoamento plenamente desenvolvido em dutos circulares são

| Temperatura de parede uniforme | Nu = 3,66 |
| Fluxo de calor na parede uniforme | Nu = 4,36 |

O número de Nusselt é uma função da distância do ponto de início do aquecimento em ambos os tipos de regiões de desenvolvimento. Um gráfico típico da relação funcional está mostrado na Fig. 7-13. A localização do início do aquecimento está expressa em termos da posição axial adimensional, que é definida por

$$X = \frac{x}{d_h \operatorname{Re} \operatorname{Pr}} \qquad (7\text{-}24)$$

O índice x é usado para indicar o número de Nusselt local. O número médio de Nusselt pode ser obtido pela integração do valor local,

$$\overline{\mathrm{Nu}} = \frac{1}{L} \int_0^L \mathrm{Nu}_x \, dx$$

ele está também ilustrado na figura.

A região de entrada de transferência de calor em um escoamento em desenvolvimento (velocidade e térmico) é normalmente muito pequena, quando comparada com o comprimento total do duto aquecido. Se d/L for menor que 0,1, um erro insignificante é introduzido, usando as correlações do número de Nusselt dadas para a região de transferência térmica em desenvolvimento. Se d/L for maior que 0,1, coeficientes de valores mais corretos para essa região de entrada pode ser obtido nos trabalhos de Shah e London[3].

Na região de transferência de calor térmica em desenvolvimento, Gnielinski[4] recomenda as relações dadas na Tabela 7-4. O número de *Peclet*, Pe, é definido como o produto do número de Reynolds pelo número de Prandtl

$$\mathrm{Pe} = \operatorname{Re} \operatorname{Pr} \qquad (7\text{-}25)$$

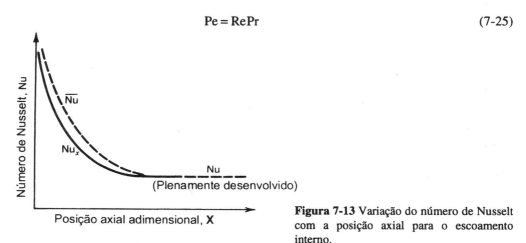

Figura 7-13 Variação do número de Nusselt com a posição axial para o escoamento interno.

CAPÍTULO 7 - ESCOAMENTO INTERNO - EFEITOS VISCOSOS E TÉRMICOS **257**

As propriedades termofísicas são estimadas à temperatura média de mistura, ou temperatura média de copo, do fluido

$$\overline{T}_m = \frac{T_{m,e} + T_{m,s}}{2}$$

A temperatura de mistura do fluido que entra no duto é $T_{m,e}$ enquanto que $T_{m,s}$ é a temperatura de mistura do fluido que deixa o duto. Se o valor de $Pe(d/L)$ cair fora das faixas indicadas na Tabela 7-4 para fluxo de calor uniforme na parede, o valor de $Pe(d/L)$ deve ser substituído em ambas as expressões e maior valor do número de Nusselt deve ser utilizado.

EXEMPLO 7-4

Ar seco de vazão mássica de 0,987 kg/h deve ser aquecido passando através de um tubo elétricamente aquecido. O diâmetro interno do tubo é de 1 cm e a seção de aquecimento tem 0,5 m de comprimento. Uma seção não-aquecida de tubo precede a seção aquecida, de forma que o escoamento de ar entra na seção aquecida com perfil de velocidade plenamente desenvolvido. A temperatura máxima do ar que deixa a seção de aquecimento deve ser encontrada com a condição limite de que a máxima temperatura da parede do tubo não deve exceder a 200 °C. A temperatura do ar entrando a unidade é 20 °C.

SOLUÇÃO

Das condições desse problema se conhece que a temperatura de mistura do fluido na seção de saída será maior que 20 °C, porém menor do que 200 °C. A distribuições das temperaturas média de mistura do fluido e da parede do duto serão semelhantes àquelas mostradas na Fig. 7-10. Estima-se que uma temperatura de mistura de 65 °C possa ser um valor inicial razoável para a obtenção das propriedades termofísicas do ar. A Tabela A-9 é usada.

$$k = 28,87 \times 10^{-3} \text{ W/m °C} \quad c_p = 1,008 \text{ kJ/kg °C} \quad \rho = 1,044 \text{ kg/m}^3$$

$$\mu = 20,25 \times 10^{-6} \text{ N s/m}^2 \quad Pr = 0,7081$$

A área da seção transversal deste tubo é

$$A_c = \frac{\pi d^2}{4} = \frac{\pi (0,01)^2}{4} = 78,54 \times 10^{-6} \text{ m}^2$$

O número de Reynolds é

$$Re = \frac{\rho V d}{\mu} = \frac{\dot{m} d}{A_c \mu} = \frac{(0,987 / 3.600)(0,01)}{78,54 \times 10^{-6} (20,25 \times 10^{-6})} = 1.724$$

258 INTRODUÇÃO ÀS CIÊNCIAS TÉRMICAS

Tabela 7-4 Números de Nusselt para a transferência de calor para as regiões de entrada térmica de dutos circulares (perfil de velocidade plenamente desenvolvido) dados por Gnielinski[4], Nu = hd/k

Correlação	Temperatura do Duto Uniforme	Observações
Local		
$\mathrm{Nu}_x = 1,077\sqrt[3]{\mathrm{Pe}\dfrac{d}{x}}$		$\mathrm{Pe}\dfrac{d}{L} > 10^2$
$\mathrm{Nu}_x = 3,66$		$\mathrm{Pe}\dfrac{d}{L} < 10^2$
Médio		
$\overline{\mathrm{Nu}} = \sqrt[3]{(3,66)^3 + (1,61)^3 \mathrm{Pe}\dfrac{d}{L}}$		
	Fluxo de Calor Uniforme na Parede	
Local		
$\mathrm{Nu}_x = 1,302\sqrt[3]{\mathrm{Pe}\dfrac{d}{x}}$		$\mathrm{Pe}\dfrac{d}{L} > 10^4$
$\mathrm{Nu}_x = 4,36$		$\mathrm{Pe}\dfrac{d}{L} < 10^3$
Médio		
$\overline{\mathrm{Nu}} = 1,953\sqrt[3]{\mathrm{Pe}\dfrac{d}{L}}$		$\mathrm{Pe}\dfrac{d}{L} > 10^2$
$\overline{\mathrm{Nu}} = 4,36$		$\mathrm{Pe}\dfrac{d}{L} < 10$

O escoamento é laminar, já que Re < 2.300 e as correlações dadas na Tabela 7-4 podem ser usadas. O valor de

$$\mathrm{Pe}\frac{d}{L} = \mathrm{Re\,Pr}\frac{d}{L} = 1.724(0,708)\left(\frac{0,01}{0,5}\right) = 24,4$$

O número local de Nusselt é 4,36. O coeficiente de transferência de calor local é

$$h_x = \frac{\mathrm{Nu}_x k}{d} = \frac{4,36(28,87\times10^{-3})}{(0,01)} = 12,61\ \mathrm{W/m^2\,^{\circ}C}$$

A temperatura de parede será máxima ao final da seção de aquecimento. O fluxo de calor por unidade de área nessa posição, $x = 0,5$ m, é

$$\dot{q}''_p = h_x(T_p - T_m) = 12,6(200 - T_m)|_{L=0,5\ \mathrm{m}} \tag{a}$$

A temperatura de mistura do ar que deixa a seção de aquecimento é obtida usando a eq. 7-20.

CAPÍTULO 7 - ESCOAMENTO INTERNO - EFEITOS VISCOSOS E TÉRMICOS **259**

$$T_m|_{L=0,5m} = \frac{\dot{q}_p'' A}{\dot{m}c_p} + T_e = \frac{\dot{q}_p''(\pi dL)}{\dot{m}c_p} + T_e = \frac{\dot{q}_p''(\pi)(0,01)(0,5)}{(0,987/3.600)(1.008)} + 20$$

$$= 56,8 \times 10^{-3} \dot{q}_p'' + 20 \qquad \text{(b)}$$

As equações (a) e (b) devem ser resolvidas simultaneamente. Com isso se obtém

$$\dot{q}_p'' = 1,322 \text{ kW} / \text{m}^2$$

e a temperatura de mistura ao final do duto é

$$T_m|_{L=0,5m} = 56,8 \times 10^{-3}(1.322) + 20 = 95,1 \text{ °C}$$

COMENTÁRIO

A temperatura de mistura do fluido que deixa o duto é usada para determinar a temperatura média na qual as propriedades termofísicas do fluido são obtidas. Para esse problema, a temperatura de mistura na saída deve ser determinada. Portanto, é necessário que se utilize uma solução iterativa de tentativa e erro, começando por estimar a temperatura de mistura do fluido na região de saída.

A próxima iteração poderia ser calculada usando a seguinte temperatura média para a obtenção das propriedades termofísicas do fluido

$$\frac{20 + 95,1}{2} = 57,55 \text{ °C}$$

Os resultados para estes cálculos são $\dot{q}_p'' = 1,307$ kW/m² e $T_{m|L = 0,5m} = 94,25$ °C. A concordância já é razoável e não há necessidade de outros cálculos.

Escoamento Laminar - Propriedades Termofísicas Variáveis

As propriedades termofísicas usadas no cálculo do coeficiente de transferência de calor foram obtidas à temperatura média de mistura ou de copo. Com isto, considerou-se as variações axiais das propriedades do fluido resultantes da transferência de calor (para ou do) fluido na medida que este escoa no duto. Contudo, existe um gradiente considerável de temperatura na direção radial do fluido, o qual pode mudar o perfil de velocidade e, conseqüentemente, a taxa de transferência de calor entre a parede e o fluido. A magnitude dessa troca térmica vai, então, depender da sensibilidade das propriedades termofísicas com as variações de temperatura.

A viscosidade absoluta, μ, de líquidos depende consideravelmente da temperatura. A água a 80 °F tem uma viscosidade absoluta de 2,075 lb$_m$/ft h, enquanto que a 90 °F este valor é reduzido a 1,842 lb$_m$/ft h, o que indica uma redução de mais de 10%. Se a água for aquecida na medida que escoa num tubo, o perfil de velocidade se tornará cada vez mais plano, como mostrado na Fig. 7-14, já que o fluido junto à parede aquecida estará mais quente e terá uma viscosidade menor do que o fluido na parte central do duto. O acréscimo de velocidade na região junto à parede devido à mudança do perfil de velocidade vai aumentar a taxa na qual calor é removido da parede.

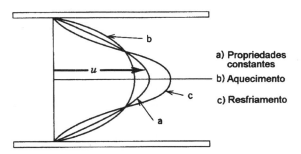

Figura 7-14 Perfís de velocidade devido variações de viscosidade da água.

O raciocínio inverso também será verdadeiro quando o fluido estiver sendo resfriado, isto é, calor sendo retirado do fluido.

O efeito de variações de propriedades na direção radial para escoamento laminar de líquidos pode ser considerado corrigindo o número médio de Nusselt, usando a seguinte expressão:

$$\overline{Nu}_{corr} = \overline{Nu}\left(\frac{\mu_m}{\mu_p}\right)^{0,14} \quad (7\text{-}26)$$

onde os índices m e p indicam a temperatura média de mistura e de parede, respectivamente.

Se o fluido for um gás ou vapor, os dados experimentais indicam que para escoamento laminar, as variações radiais das propriedades poderão ser desprezadas, se a razão entre as temperaturas absolutas média de mistura e de parede estiverem na faixa

$$0,5 < \frac{\overline{T}_m}{\overline{T}_p} < 2,0$$

Dutos Não-Circulares

O número de Nusselt para escoamento plenamente desenvolvido para diferentes tubos de geometria não-circulares pode ser visto na Tabela 7-5. Resultados mais completos são apresentados por Shah e London[3].

O número de Nusselt para a região de transferência de calor térmica em desenvolvimento entre placas paralelas distanciadas de s é dado na Tabela 7-6. Uma correlação apropriada para a região de transferência de calor térmica em desenvolvimento entre placas paralelas tendo uma temperatura de parede uniforme é

$$\overline{Nu} = \frac{\overline{h}d_h}{k} = 7,56 + \frac{0,0312[Pe(s/L)]^{1,14}}{1+0,058[Pe(s/L)]^{0,64}\,Pr^{0,17}} \quad (7\text{-}27)$$

Essa equação é válida para $0,1 < Pr < 10^3$ e para a faixa completa de $Pe(s/L)$.

CAPÍTULO 7 - ESCOAMENTO INTERNO - EFEITOS VISCOSOS E TÉRMICOS

Tabela 7-5 Números de Nusselt para escoamento laminar plenamente desenvolvido, $\mathrm{Nu} = \dfrac{hd_h}{k}$

Configuração	Temperatura de parede uniforme	Fluxo de calor uniforme na parede
○	3,66	4,36
$1\ \square\ 1$	2,98	3,61
$1\ \square\ 2$	3,39	4,12
$1\ \square\ 8$	5,60	6,49
$1\ \overline{\underline{}}\ \infty$	7,56	8,24
△	2,35	3,00

Tabela 7-6 Números de Nusselt para escoamento laminar para a região de desenvolvimento térmico laminar entre duas placas planas paralelas infinitas, Gnielinski[4], hd_h/k.

Correlação	Temperatura de parede uniforme	Faixa de validade
Local		
$\mathrm{Nu}_x = 1,958\sqrt[3]{\mathrm{Pe}\dfrac{s}{x}}$		$\mathrm{Pe}\dfrac{s}{x} > 10^3$
$\mathrm{Nu}_x = 7,56$		$\mathrm{Pe}\dfrac{s}{x} < 10^2$
Médio		
$\overline{\mathrm{Nu}} = 2,936\sqrt[3]{\mathrm{Pe}\dfrac{s}{L}}$		$\mathrm{Pe}\dfrac{s}{L} > 10^3$
$\overline{\mathrm{Nu}} = 7,56$		$\mathrm{Pe}\dfrac{s}{L} < 10^2$
	Fluxo de Calor Uniforme na Parede	
Local		
$\mathrm{Nu}_x = 2,36\sqrt[3]{\mathrm{Pe}\dfrac{s}{L}}$		$\mathrm{Pe}\dfrac{s}{L} > 10^4$
$\mathrm{Nu}_x = 8,24$		$\mathrm{Pe}\dfrac{s}{L} < 10^2$
Médio		
$\overline{\mathrm{Nu}} = 3,55\sqrt[3]{\mathrm{Pe}\dfrac{s}{L}}$		$\mathrm{Pe}\dfrac{s}{L} > 10^3$
$\overline{\mathrm{Nu}} = 8,24$		$\mathrm{Pe}\dfrac{s}{L} < 10^2$

262 INTRODUÇÃO ÀS CIÊNCIAS TÉRMICAS

7.6 TRANSFERÊNCIA DE CALOR EM ESCOAMENTO TURBULENTO

A transição de escoamento laminar para turbulento ocorre para o número de Reynolds igual a 2.300. Se o número de Prandtl for maior que 0,5, as condições térmicas de contorno junto a parede do duto terão uma influência mínima no valor do número de Nusselt para um escoamento turbulento. As seguintes correlações podem ser usadas para a determinação do número de Nusselt em escoamento turbulento em dutos lisos.

$$0,5 < \text{Pr} < 1,5$$

$$\overline{\text{Nu}} = 0,0214(\text{Re}^{4/5} - 100)\text{Pr}^{2/5}\left[1 + \left(\frac{d_h}{L}\right)^{2/3}\right] \tag{7-28}$$

e

$$1,5 < \text{Pr} < 500$$

$$\overline{\text{Nu}} = 0,012(\text{Re}^{0,87} - 280)\text{Pr}^{2/5}\left[1 + \left(\frac{d_h}{L}\right)^{2/3}\right] \tag{7-29}$$

O diâmetro hidráulico d_h deve ser usado como o comprimento característico no cálculo dos números de Reynolds e Nusselt.

A analogia de Chilton-Colburn pode ser usada para calcular o número de Nusselt para escoamento turbulento plenamente desenvolvido em tubos rugosos. A analogia para escoamento interno é

$$\frac{f}{8} = \overline{\text{St}}\,\text{Pr}^{2/3} \tag{7-30}$$

Isso ainda pode ser rearranjado para se obter

$$\overline{\text{Nu}} = \frac{f}{8}\text{Re}\,\text{Pr}^{1/3} \tag{7-31}$$

O coeficiente ou fator de atrito pode ser obtido da Fig. 7-4.

Escoamento Turbulento - Propriedades Termofísicas Variáveis

Em escoamento turbulento o movimento macroscópico turbilhonar, bem como os efeitos moleculares determinam a taxa na qual calor é transferido entre a parede e o fluido. As variações das propriedades termofísicas na direção radial terá alguma influência no valor final do coeficiente de transferência de calor por convecção.

Para um gás ou vapor, a correção do número de Nusselt para a obtenção das propriedades termofísicas é dada por

CAPÍTULO 7 - ESCOAMENTO INTERNO - EFEITOS VISCOSOS E TÉRMICOS **263**

$$\overline{\mathrm{Nu}}_{\mathrm{corr}} = \overline{\mathrm{Nu}} \left(\frac{\overline{T}_m}{T_p} \right)^n \tag{7-32}$$

onde as temperaturas estão na escala absoluta. Se o gás estiver sendo resfriado, o valor do expoente vale $n = 0$. Enquanto que, se o gás estiver sendo aquecido, o valor de n depende do tipo de gás. Para dióxido de carbono e vapor de água $n = 0,15$, enquanto que para outros gases um valor de 0,45 é recomendado se

$$0,5 < \frac{\overline{T}_m}{T_p} < 1,0$$

O número médio de Nusselt corrigido para variações de propriedades em líquidos é menos sensível à direção da troca de calor entre o fluido e a parede do tubo, isto é, resfriamento ou aquecimento. A expressão recomendada é

$$\overline{\mathrm{Nu}}_{\mathrm{corr}} = \overline{\mathrm{Nu}} \left(\frac{\mathrm{Pr}_m}{\mathrm{Pr}_p} \right)^{0,11} \tag{7-33}$$

EXEMPLO 7-5

Água passa em um tubo longo de 1 in. de diâmetro dotado de uma velocidade média de 6 ft/s. A água entra no tubo a 60 °F e o deixa a 140 °F. A superfície interna do tubo é mantida a 190 °F. Determine o coeficiente médio de convecção de calor.

SOLUÇÃO

As propriedades termofísicas da água serão calculadas para uma temperatura média de mistura ou de copo de 100 °F

$$\rho = 62 \ \mathrm{lb_m/ft}^3 \qquad\qquad k = 0,3616 \ \mathrm{Btu/h \ ft \ °F}$$
$$c_p = 0,998 \ \mathrm{Btu/lb_m \ °F} \qquad\qquad \mu = 1,648 \ \mathrm{lb_m/ft \ h}$$
$$\mathrm{Pr} = 4,55$$

O diâmetro do duto é 1 in./12 = 0,0833 ft
O número de Reynolds do escoamento é

$$\mathrm{Re} = \frac{\rho d V}{\mu} = \frac{62(0,0833)(6)}{1,648 / 3.600} = 67,69 \times 10^3$$

O escoamento é turbulento e o número médio de Nusselt é obtido usando a eq. 7-29.

264 INTRODUÇÃO ÀS CIÊNCIAS TÉRMICAS

$$\overline{Nu} = 0,012[Re^{0,87} - 280]Pr^{2/5}\left[1+\left(\frac{d}{L}\right)^{2/3}\right]$$

Uma vez que o tubo é longo a correção do comprimento de entrada,

$$\left[1+\left(\frac{d}{L}\right)^{2/3}\right]$$

é assumida valer 1.

$$\overline{Nu} = 0,012[(67,69 \times 10^3)^{0,87} - 280](4,55)^{0,4} = 345$$

As propriedades termofísicas da água são dependentes da temperatura, e uma correção deveria ser realizada para o número de Nusselt obtido com a hipótese de propriedades constantes usando a eq. 7-33. O número de Prandtl da água a 190 °F vale 2,02

$$\overline{Nu}_{corr} = \overline{Nu}\left(\frac{Pr_m}{Pr_p}\right)^{0,11} = 345\left[\frac{4,55}{2,02}\right]^{0,11} = 337$$

O coeficiente de transferência de calor é

$$\overline{h} = \frac{\overline{Nu}_{corr}k}{d}$$

$$= \frac{377(0,3616)}{0,0833} = 1637 \text{ Btu / h ft}^2 \text{ °F}$$

7.7 TROCADORES DE CALOR

A maioria dos ciclos práticos usados para converter calor em trabalho ou para bombear calor utilizam um fluido de trabalho. O fluido circula através de vários componentes do ciclo para produzir os efeitos desejados. Em dois ou mais componentes do ciclo, calor é adicionado ou retirado do fluido de trabalho. Isto é normalmente conseguido fazendo com que o fluido de trabalho troque calor com um segundo fluido. Se não houver trabalho realizado sobre ou pelos fluidos na medida que eles escoam pelo equipamento em que ocorre a troca de calor, o componente é classificado como um *trocador de calor*. Para ilustrar, observou-se previamente que água é o fluido usual de trabalho em uma instalação termoelétrica. A água é vaporizada pela adição de calor de gases quentes produzidos pela combustão de um combustível. O vapor é descarregado da turbina e passa pelo condensador. O vapor é, então, condensado através da transferência de calor para um segundo fluido, normalmente água proveniente de um rio, lago ou torre de resfriamento. A água de condensação está a uma temperatura menor do que a temperatura de saturação correspondente à pressão do vapor que deixa a turbina. Ambos os dispositivos são trocadores de calor, muito embora eles são mais especificamente denominados caldeira e condensador, respectivamente.

Classificação dos Trocadores de Calor

Trocadores de calor podem ser classificados na base da sua aplicação ou na base da configuração relativa das correntes dos fluidos. Ambas as classificações são discutidas nesta seção.

Classificação Baseada na Aplicação

O primeiro método de classificação é baseado na aplicação do trocador de calor.

Sem Mudança de Fase. Há dois tipos de trocadores de calor nos quais não ocorre mudança de fase enquanto o fluido escoa. O tipo mais comum é baseado na configuração *tubo* e *carcaça*, uma unidade típica deste tipo está mostrada na Fig. 7-15. Um dos fluidos escoa internamente nos tubos enquanto que o outro fluido escoa em torno dos tubos com uma configuração que depende da colocação das chicanas. Muitos tipos de configuração de escoamento são possíveis para os trocadores de calor do tipo tubo e carcaça. Esse tipo de trocador de calor é normalmente utilizado para troca de calor entre dois líquidos, muito embora existam exceções para as quais esse tipo foi construído para o caso em que os fluidos são gases.

Trocador de calor de *placa* ou *compacto*, como aquele ilustrado na Fig. 7-16, é usado primariamente quando se deseja transferir calor entre duas correntes gasosas ou entre uma corrente gasosa e uma corrente de líquido. Este tipo de trocador possui uma área de troca de calor bastante elevada por unidade de volume. Isso é obtido pela colocação de superfícies estendidas tais como aquelas ilustradas nas Figs. 7-16 e 7-17.

Um outro tipo de trocador de calor que também se enquadra nesta classificação é a fornalha. Uma mistura de ar e combustível entra na unidade e sofre uma reação química, normalmente um processo de combustão. A energia liberada é transferida para um segundo fluido que é aquecido, porém não muda de fase. Exemplos típicos destas unidades são aquecedores de ar e água utilizados em aquecimento doméstico.

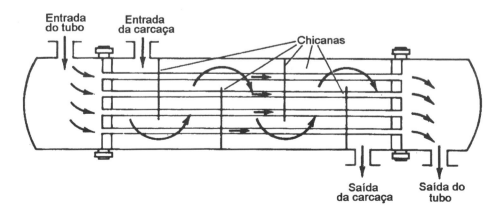

Figura 7-15 Trocador de calor do tipo tubo e carcaça.

Mudança de Fase. O trocador de calor é projetado em muitas aplicações de forma que um dos fluidos sofre uma mudança de fase. Unidades desse tipo são normalmente baseadas num projeto modificado de tubo e carcaça. Quando o vapor é produzido, o trocador de calor recebe o nome de *gerador de vapor*, *evaporador* ou *caldeira*. O vapor pode ser formado ou do lado do tubo ou do lado da carcaça. Um tipo comum de gerador de vapor é aquele em que combustível e ar entram no trocador de calor e um processo de combustão ocorre de forma que uma quantidade considerável de energia é liberada. Os gases quentes formados durante o processo de combustão transferem calor para o líquido, o que faz com que esse mude de fase. Um esquema típico desse tipo de instalação está mostrado na Fig. 7-18. Os aquecedores e economizadores de ar, mostrados na figura, também são trocadores de calor, mas não existem mudança de fase do fluido enquanto está escoando por eles.

Quando o fluxo de vapor é condensado quando este passa pelo trocador de calor, dizemos que a unidade se chama *condensador*. Uma vez mais, um projeto modificado do tipo tubo e carcaça é utilizado, muito embora trocadores de calor compactos semelhantes ao mostrado na Fig. 7-16 são muito comuns.

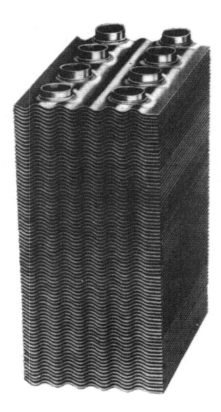

Figura 7-16 Trocador de calor compacto. Seção transversal de um trocador de calor de tubo aletado mostrando aletas de alumínio corrugado e tubos circulares de cobre. Usado com permissão de The Trane Company, La Crosse, Wisconsin.

CAPÍTULO 7 - ESCOAMENTO INTERNO - EFEITOS VISCOSOS E TÉRMICOS **267**

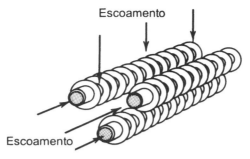

Figura 7-17 Trocador de calor de corrente cruzada com superfícies extendidas.

Regeneradores. Quando dois ou mais fluidos trocam calor usando a mesma passagem de escoamento de forma periódica, de forma que, em qualquer tempo, apenas um dos fluidos está em contato com o trocador de calor, diz-se que a unidade é um *regenerador*. No projeto de um regenerador, deve-se prestar atenção especial para a capacidade do trocador armazenar energia.

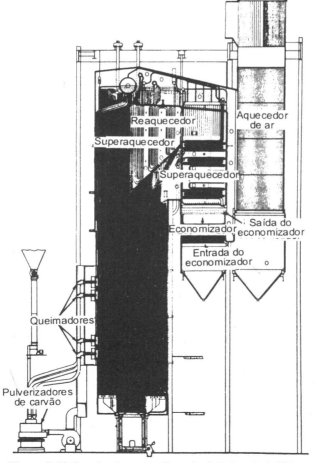

Figura 7-18 Gerador de vapor. Cortesia de Babcock & Wilcox.

Essas unidades de regeneração são muito grandes e massivas. Um esquema ilustrativo de um leito fixo de regeneração típico de indústria de produção de aço está mostrado na Fig. 7-19. O escoamento dos gases é revertido durante os estágios de armazenamento e de recuperação de energia.

Classificação Baseada na Configuração do Escoamento

Cinco tipos de trocadores de calor são usados quando a classificação é baseada na configuração do escoamento. Esses tipos estão mostrados na Fig. 7-20. Enquanto que as configurações mostradas são idealizações do que realmente ocorre no trocador de calor, os esquemas servem para ilustrar configurações de escoamento típicas nas unidades.

Contracorrente (Fig. 7-20a). Os fluxos dos dois fluidos escoam em direções paralelas, mas em sentidos opostos. Esta configuração de trocador de calor é a mais eficiente.

Escoamento Paralelo (Fig. 7-20b). Os fluxos dos dois fluidos escoam em direções paralelas e mesmo sentido. Essas unidades são menos comuns, já que sua eficiência é menor do que o arranjo em contracorrente.

Escoamento Cruzado (Fig. 7-20c). Os fluxos dos dois fluidos ocorrem a um ângulo reto. Embora estas unidades não sejam tão eficientes quanto a configuração de contracorrente, elas são normalmente usadas devido à facilidade com que o fluido passa pelo trocador de calor. O radiador de um automóvel é um exemplo desse tipo de trocador de calor.

Contracorrente Cruzada (Fig. 7-20d). Esse arranjo resulta do desejo de se obter um trocador de calor que seja de simples construção. Na medida que o número de passes aumenta, a eficiência da unidade se aproxima da eficiência do trocador de calor de contracorrente.

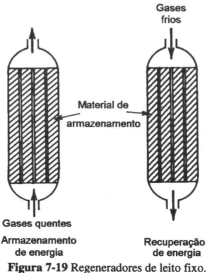

Figura 7-19 Regeneradores de leito fixo.

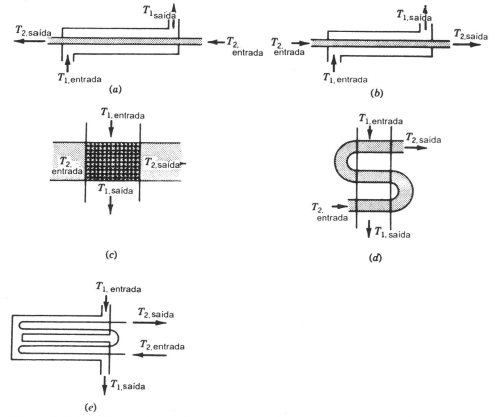

Figura 7-20 Classificação de trocadores de calor. (*a*) Contracorrente. (*b*) Escoamento paralelo. (*c*) Escoamento cruzado. (*d*) Contracorrente cruzada. (*e*) Tubo e carcaça de múltiplos passes.

Tubo e Carcaça de Multíplos Passes (Fig. 7-20e). A simplicidade construtiva conduz a esses tipos de arranjos de escoamento para muitas aplicações de trocador de calor.

Coeficiente Global de Transferência de Calor

O *coeficiente global de transferência de calor* em uma configuração de dois fluidos é igual a taxa de transferência de calor dividido pelo produto da área superficial que separa os dois fluidos e a diferença de temperaturas entre os dois fluidos.

$$U \equiv \frac{\dot{Q}}{A\Delta T} \quad \text{W/m}^2 \, °\text{C ou Btu/h ft}^2°\text{F} \tag{7-34}$$

É conveniente apresentar o conceito de resistência térmica nesse momento da nossa discussão. A taxa de troca de calor entre duas posições espaciais é diretamente proporcional à diferença de temperaturas entre as duas posições e inversamente proporcional à resistência térmica total ao fluxo de calor entre as duas posições.

270 INTRODUÇÃO ÀS CIÊNCIAS TÉRMICAS

$$\dot{Q} = \frac{\Delta T}{R_t} \qquad (7\text{-}35)$$

Os métodos de cálculo da taxa de transferência de calor por convecção na interface fluido-superfície, já foram apresentados previamente neste capítulo e no Capítulo 6. A expressão para a resistência térmica associada com o fluxo de calor entre um fluido e uma superfície isotérmica pode ser obtida lembrando que

$$\dot{Q} = \bar{h}A(T_p - T_\infty)$$

A resistência térmica é obtida comparando essa expressão com a eq. 7-35, o que resulta em

$$R_t = \frac{1}{\bar{h}A}$$

As unidades para a resistência térmica são °C/W ou °F h/ Btu

Há dois tipos de resistências térmicas que podem estar presentes em um trocador de calor. Elas estão localizadas nas interfaces fluido-superfície, e através dos sólidos colocados entre os dois fluxos de fluidos. Os dois fluidos estão normalmente separados por uma única parede metálica e a resistência térmica da parede é denotada por R_p. A resistência térmica nas duas interfaces fluido-superfície associada com a convecção serão denotadas por R_1 e R_2. Muito comumente impurezas estão presentes nos fluidos e ficam depositadas nas superfícies do trocador de calor. Nesse caso, diz-se que a superfície tem *incrustações*. Os depósitos representam resistência adicional à transferência de calor, R_{f1} e R_{f2}.

A taxa na qual calor é transferido entre as duas correntes de fluido no trocador de calor pode, assim, ser expressa por

$$\dot{Q} = \frac{T_{m1} - T_{m2}}{R_1 + R_{f1} + R_p + R_{f2} + R_2} \qquad (7\text{-}36)$$

onde T_{m1} e T_{m2} são as temperaturas de mistura dos dois fluidos. O coeficiente global de transferência de calor, como definido pela eq. 7-34, pode também ser expresso em termos das resistências térmicas

$$UA = \frac{1}{R_1 + R_{f1} + R_p + R_{f2} + R_2} = \frac{1}{\sum R_t} \qquad (7\text{-}37)$$

As expressões apropriadas para a avaliação das resistências térmicas entre os fluxos dos dois fluidos separados por uma parede plana estão apresentadas na Tabela 7-7. Os valores do fator de incrustração, **F**, são dados na Tabela 7-8. A resistência térmica associada com o depósito pode ser obtida dividindo o fator de incrustração apropriado pela área superficial em que ocorre o depósito

$$R_f = \frac{\mathbf{F}}{A} \qquad (7\text{-}38)$$

Tabela 7-7 Resistências térmicas em um trocador de calor

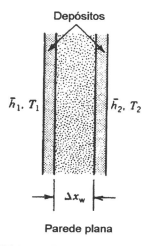

Parede plana

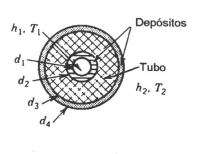

Descrição	Símbolo	Parede plana	Tubo
Superfície - fluido	R_1	$\dfrac{1}{\bar{h}_1 A}$	$\dfrac{1}{\bar{h}_1 (\pi d_1 L)}$
Depósitos de incrustação (Superfície 1 ou 2)	R_{f1}	$\dfrac{F_1}{A}$	$\dfrac{F_2}{\pi d_2 L}$
Parede	R_p	$\dfrac{\Delta x_p}{k_p A}$	$\dfrac{\ln(d_3/d_2)}{2\pi k_p L}$
Depósitos de Incrustação (Superfície 2 ou 3)	R_{f2} ou R_{f3}	$\dfrac{F_2}{A}$	$\dfrac{F_3}{\pi d_3 L}$
Superfície - fluido	R_2	$\dfrac{1}{\bar{h}_2 A}$	$\dfrac{1}{\bar{h}_2 (\pi d_4 L)}$

*A espessura é normalmente pequena, logo $d_2 \approx d_1$ e $d_4 \approx d_3$.

Tabela 7-8 Fatores de inscrustração, F

	m^2 °C/W
Água do mar abaixo de 50 °C	0,0001
Água do mar acima de 50 °C	0,0002
Água de rio abaixo de 50 °C	0,0002-0,0001
Óleo combustível	0,0009
Líquidos refrigerantes	0,0002
Água potável abaixo de 50 °C	0,0001
Água potável acima de 50 °C	0,0002
Vapor de água (sem óleo em suspensão)	0,00009
Ar industrial	0,0004

272 INTRODUÇÃO ÀS CIÊNCIAS TÉRMICAS

Tabela 7-9 Valores aproximados dos coeficientes globais de transferência de calor para trocadores de calor, U

Aplicação	W m^2 °C	Btu/h ft^2 °F
Água a água	850-1.700	150-300
Gás a gás	10-40	1,5-7
Esquentador de água potável	1.100-8.500	190-1.500
Condensador de vapor de água	1.100-5.600	190-1.000
Água a óleo	110-350	20-60
Vapor de água a óleo combustivel pesado	56-170	10-30

Na Tabela 7-9 estão listados valores aproximados do coeficiente global de transferência de calor para alguns trocadores de calor típicos.

O uso do princípio de coeficiente global de transferência de calor não se restringe ao campo de trocadores de calor. Ele também é usado no cálculo da taxa de transferência de calor entre dois fluxos de fluido quaisquer. Um exemplo típico de tal aplicação seria o cálculo da taxa de transferência de calor nas paredes de uma residência.

Projeto e Previsão do Desempenho de Trocadores de Calor

No projeto de trocadores de calor determinam-se a área requerida de troca de calor e outros parâmetros geométricos pertinentes. O número de tubos, o diâmetro e comprimento dos tubos e o tipo de configuração são os itens que devem ser determinados para construir o trocador de calor. Para um certo conjunto de especificações, diversas configurações podem ser utilizadas. Seria impossível analisar neste livro todos os fatores que devem ser considerados no projeto de um trocador de calor. O leitor interessado neste assunto pode obter uma discussão mais detalhada nas seguintes referências: *Heat Exchanger Design handbook*[5] e *Compact Heat Exchanger*[6].

A previsão do desempenho de um dado trocador de calor é mais direta, porque a configuração geométrica do trocador é conhecida. As mesmas relações básicas são usadas tanto para o projeto como para a previsão de desempenho dos trocadores de calor.

Análise da Primeira Lei para Trocadores de Calor

A análise da primeira lei para trocadores de calor será feita usando um volume de controle, cuja fronteira é formada pela superfície exterior do trocador de calor e planos imaginários na entrada e saída de cada fluxo de fluido. Se o trocador for isolado perfeitamente da vizinhança e variações de energias cinética e potencial forem desprezíveis, enquanto os fluidos cruzam o trocador de calor, obtemos

$$\dot{m}_q h_{qe} + \dot{m}_f h_{fe} = \dot{m}_q h_{qs} + \dot{m}_f h_{fs}$$

onde os índices q e f indicam fluxos quente e frio, respectivamente. Os termos podem ser rearranjados para obter

$$\dot{m}_f (h_{fs} - h_{fe}) = -\dot{m}_q (h_{qs} - h_{qe}) \tag{7-39}$$

CAPÍTULO 7 - ESCOAMENTO INTERNO - EFEITOS VISCOSOS E TÉRMICOS **273**

A entalpia é substituída pelo produto do calor específico do fluido e a temperatura de mistura se não houver mudança de fase no fluido. O produto da vazão mássica e calor específico é conhecido como *capacidade térmica* do fluxo de fluido

$$C \equiv \dot{m}c_p \quad \text{W/°C ou Btu/h°F} \tag{7-40}$$

Então, a equação 7-39 pode ser escrita como

$$C_f(T_{fs} - T_{fe}) = -C_q(T_{qs} - T_{qe}) \tag{7-41}$$

A taxa de calor ganha pelo fluido frio é

$$\dot{Q}_f = C_f(T_{fs} - T_{fe}) \tag{7-42}$$

e a taxa de calor perdida pelo fluido quente é

$$\dot{Q}_q = C_q(T_{qs} - T_{qe}) \tag{7-43}$$

O enunciado da conservação de energia para trocadores de calor (primeira lei da termodinâmica) pode ser expressa como

$$\dot{Q}_f + \dot{Q}_q = 0 \tag{7-44}$$

Método da Efetividade - NUT

A taxa na qual calor é transferido entre um fluido quente e um frio num trocador de calor é dado pelas eqs. 7-42 e 7-43. A área de transferência de calor requerida para transferir calor pode ser calculada usando ou a *diferença média logarítmica de temperatura*, (DMLT), ou *o número de unidades de transferência*, (NUT). Cada método tem suas próprias vantagens e desvantagens, as quais estão descritas nas Refs. 5-7. O método NUT da efetividade será descrito nesta seção.

O NUT, número de unidades de transferência, é definido como

$$\text{NUT} \equiv \frac{UA}{C_{mín}} \tag{7-45}$$

onde C_{min} é a capacidade térmica mínima entre os dois fluxos de fluido, $\dot{m}c_p$. A *efetividade*, ε, é definida como a razão da taxa real de transferência de calor do fluxo de fluido dividida pela taxa máxima possível de transferência de calor

$$\varepsilon \equiv \frac{\dot{Q}_f}{\dot{Q}_{máx}} = \frac{-\dot{Q}_q}{\dot{Q}_{máx}} \tag{7-46}$$

A máxima taxa possível de transferência de calor é igual ao produto da menor capacidade térmica entre os dois fluidos pela máxima diferença de temperaturas possível no trocador de calor.

A máxima diferença de temperaturas é a diferença entre as temperaturas dos fluidos quente e frio na região de entrada do trocador de calor, então

$$\dot{Q}_{máx} = C_{mín}(T_{qe} - T_{fe}) \tag{7-47}$$

A taxa de transferência de calor do fluido quente ou para o fluido frio pode ser expressa em termos da efetividade

$$\dot{Q}_f = \varepsilon C_{mín}(T_{qe} - T_{fe}) \tag{7-48}$$

ou

$$\dot{Q}_q = -\varepsilon C_{mín}(T_{qe} - T_{fe}) \tag{7-49}$$

Deve-se notar que $Q_f = -Q_q = Q$ se o trocador de calor for perfeitamente isolado.

A efetividade de um trocador de calor é função do NUT, da razão entre as capacidades térmicas dos dois fluidos (C_{min}/C_{max}), e da configuração geométrica do trocador de calor

$$\varepsilon = f(\text{NUT}, C_{mín}/C_{máx}, \text{geometria})$$

Essa relação funcional é dada na forma de curvas para diferentes configurações de trocadores de calor nas Fig. 7-21 até Fig. 7-26. Não é prática comum projetar um trocador de calor que possui uma efetividade menor do que 0,70.

Note que quando ocorre mudança de fase em um dos fluidos, a máxima capacidade térmica é infinita e, neste caso, a razão C_{min}/C_{max} é 0. Sob tais situações, a efetividade do trocador de calor é independente da sua configuração geométrica e torna-se igual a efetividade de um trocador de calor de contracorrente.

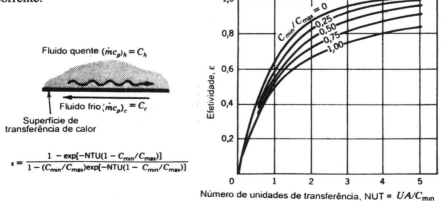

Figura 7-21 Trocador de calor de contracorrente.

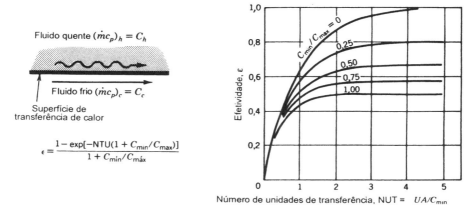

Figura 7-22 Trocador de calor de correntes paralelas.

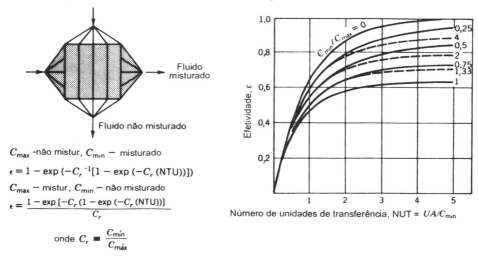

Figura 7-23 Trocador de calor de fluxo cruzado - um fluido misturado.

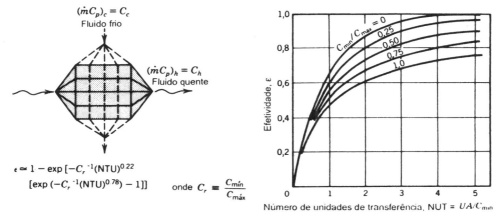

Figura 7-24 Trocador de calor - ambos fluidos misturados.

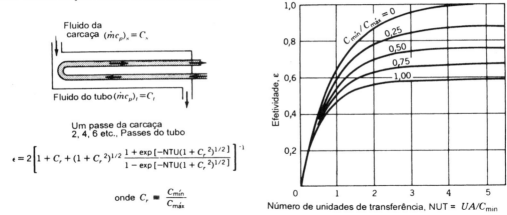

Figura 7-25 Trocador de calor de contracorrente - dois passes no tubo.

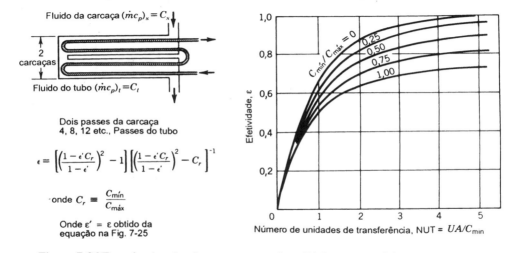

Figura 7-26 Trocador de calor de contracorrente de múltiplos passes - dois passes na carcaça.

EXEMPLO 7-6

Pede-se para determinar o coeficiente global de transferência de calor, baseado na superfície interna do tubo, de um condensador de uma termoelétrica. O condensador é do tipo tubo e carcaça de tubos de bronze comercial tendo um diâmetro interno de 3 cm e uma espessura de parede de 2 mm. O fluido de resfriamento é água do mar (menos de 50 °C). O coeficiente médio de transferência de calor por convecção no lado da água de resfriamento vale 10.000 W/m² °C, enquanto que do lado externo do tubo vale 50.000 W/m² °C. Assuma que incrustamento ocorra em ambos os lados do tubo, porém de espessura desprezível.

CAPÍTULO 7 - ESCOAMENTO INTERNO - EFEITOS VISCOSOS E TÉRMICOS **277**

SOLUÇÃO

A expressão do coeficiente global de transferência de calor usando a eq. 7-37 e a Tabela 7-7 é

$$U_1 A_1 = \frac{1}{\dfrac{1}{\overline{h}_1 A_1} + \dfrac{F_1}{A_1} + \dfrac{\ln(d_2/d_1)}{2\pi k_p L} + \dfrac{F_2}{A_2} + \dfrac{1}{\overline{h}_2 A_2}}$$

Dividindo pela área da superfície interna, A_1, obtemos

$$U_1 = \frac{1}{\dfrac{1}{\overline{h}_1} + F_1 + \dfrac{d_1 \ln(d_2/d_1)}{2k_p} + \dfrac{d_1}{d_2} F_2 + \dfrac{d_1}{d_2 \overline{h}_2}}$$

O fator de incrustramento para a água de resfriamento, F_1, é 0,0001 m².°C/W enquanto que para o lado do vapor vale F_2 = 0,00009 m².°C/W. Esses dados foram obtidos da Tabela 7-8. A condutividade térmica do bronze é obtida da Tabela A-14, k = 52 W/m².°C.

$$U_1 = \frac{1}{\dfrac{1}{10.000} + 0,0001 + \dfrac{(0,03)\ln(0,034/0,03)}{2(52)} + \dfrac{0,03(0,00009)}{0,034} + \dfrac{0,03}{(0,034)(50\times10^3)}}$$

$$= \frac{1}{100\times10^{-6} + 100\times10^{-6} + 36,1\times10^{-6} + 79,4\times10^{-6} + 17,65\times10^{-6}}$$

$$= \frac{1}{333,2\times10^{-6}}$$

$$= 3.001 \text{ W/m}^2\,°\text{C}$$

COMENTÁRIO

Quando os tubos do condensador estão limpos, sem depósitos, como nas condições iniciais de operação ou depois de um processo de limpeza, o coeficiente global de transferência de calor vale 6.502 W/m².°C. A presença de depósitos vai diminuir a taxa de transferência de calor por unidade de área para o valor de 46,2% do que foi obtido com as superfícies limpas. Portanto, mais área de troca de calor é necessária para se atingir a condição de projeto quando os depósitos começam a ser formados, o que aumenta o custo do trocador de calor. Assim, cuidado especial deve ser dedicado à pureza do vapor e da água de resfriamento.

EXEMPLO 7-7

Um trocador de calor deve ser projetado para resfriar 2 kg/s de óleo de 120 para 40 °C. Depois de considerações iniciais o tipo de um passe na carcaça e seis passes no tubo foi selecionado. Cada passe de tubo é composto de 25 tubos de parede fina com um diâmetro de 2 cm conectado em paralelo. O óleo deve ser resfriado usando água que entra no trocador de calor a 15 °C e descarrega a 45 °C. Um esquema da unidade pode ser visto na Fig. E7-7. O coeficiente global de transferência de calor vale 300 W/m². Determine

(a) A vazão mássica de água.
(b) A área total de transferência de calor.
(c) O comprimento dos tubos.

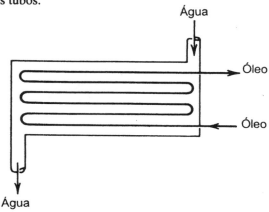

Figura E7-7 Trocador de calor de um passe na carcaça e seis passes no tubo.

SOLUÇÃO

As propriedades físicas do óleo e água são obtidas das Tabelas A-10 e A-9.

Óleo 80 °C (353,2 K)   Água de resfriamento 30 °C
$c_{po} = 2{,}132$ kJ/kg.°C $c_{pa} = 4{,}180$ kJ/kg.°C

Um balanço de energia para os dois fluidos é usado para encontrar a vazão mássica da água

$$-\dot{m}_o c_{po}(T_{os} - T_{oe}) = \dot{m}_a c_{pa}(T_{as} - T_{ae})$$

$$-2(2{,}132 \times 10^3)(40 - 120) = \dot{m}_a (4{,}180 \times 10^3)(45 - 15)$$

$$\dot{m}_a = 2{,}72 \text{ kg/s}$$

As capacidades térmicas dos dois fluxos de fluidos são

CAPÍTULO 7 - ESCOAMENTO INTERNO - EFEITOS VISCOSOS E TÉRMICOS : **279**

$$C_o = \dot{m}_o c_{po} = 2(2{,}132 \times 10^3) = 4{,}264 \times 10^3 \ \text{W} / \ ^\circ\text{C}$$

$$C_a = \dot{m}_a c_{pa} = 2{,}722(4{,}180 \times 10^3) = 11{,}38 \times 10^3 \ \text{W} /^\circ \text{C}$$

e

$$\frac{C_{mín}}{C_{máx}} = \frac{C_o}{C_a} = \frac{4{,}264 \times 10^3}{11{,}38 \times 10^3} = 0{,}375$$

O calor total transferido entre os dois fluxos de fluidos pode ser calculado usando um balanço de energia ou no óleo ou na água. Se o balanço for realizado no fluxo de óleo, obtemos

$$\dot{Q} = -C_o(T_{os} - T_{oe})$$

$$= -4{,}264 \times 10^3 (40 - 120) = 341{,}1 \times 10^3 \ \text{W}$$

A efetividade do trocador de calor é

$$\varepsilon = \frac{\dot{Q}}{C_{mín}(T_{qe} - T_{fe})} = \frac{341{,}1 \times 10^3}{(4{,}264 \times 10^3)(120 - 15)} = 0{,}7619$$

O NUT é encontrado usando a Fig. 7-25 e vale 2,3. A área total da superfície de troca de calor é

$$A = \frac{\text{NUT} C_{mín}}{U} = \frac{2{,}3(4{,}264 \times 10^{-3})}{300} = 32{,}69 \ \text{m}^2$$

A área superficial de troca de calor por passe é

$$A_a = \frac{A}{N_a} = \frac{32{,}69}{6} = 5{,}448 \ \text{m}^2$$

A área superficial de troca de calor por tubo é

$$A_t = \frac{A_a}{N_t} = \frac{5{,}448}{25} = 0{,}2179 \ \text{m}^2$$

O comprimento do tubo é

$$L = \frac{A_t}{\pi d} = \frac{0{,}2179}{\pi(0{,}02)} = 3{,}468 \ \text{m}$$

280 INTRODUÇÃO ÀS CIÊNCIAS TÉRMICAS

COMENTÁRIO

Algumas dificuldades podem ser encontradas para se obter o valor mais preciso do NUT usando a Fig. 7-25. As expressões analíticas usadas para produzir as curvas NUT-ε, Figs. 7-21 até 7-26, foram dadas para auxílio. Já que os tubos possuem parede fina $d_1 \cong d_2$.

EXEMPLO 7-8

Um trocador de calor compacto de contracorrente tem uma área superficial de 2.200 ft^2. O trocador é usado para pré-aquecer a corrente de ar que entra no combustor de uma turbina a gás usando os gases de combustão que deixam a turbina a gás. O ar entra a 20 °F e os gases de combustão entram na unidade a 400 °F. Os fluidos, de vazão mássica de 4,4 lb$_m$/s, não são misturados enquanto passam pelo trocador. O coeficiente global de transferência de calor vale 6 Btu/h ft^2.°F. Deseja-se estimar a temperatura dos gases (ar e gases de combustão) que deixam o trocador de calor.

SOLUÇÃO

O calor específico dos gases será avaliados à temperatura média de 210 °F e, da Tabela B-2, vale $c_p = 0,2415$ Btu/h lb$_m$.°F. As capacidades térmicas dos dois fluxos de fluidos são iguais.

$$C_q = C_f = \dot{m}c_p = 4,4(0,2415)(3.600) = 3.825 \text{ Btu} / \text{h } ^\circ\text{F}$$

O NUT é

$$\text{NUT} = \frac{UA}{C_{min}} = \frac{6(2.200)}{3.825} = 3,45$$

A Fig. 7-24 é usada para determinar a efetividade para NUT $= 3,45$ e $C_{min}/C_{max} = 1$. A efetividade encontrada da figura vale 0,71. Então

$$\varepsilon = \frac{\dot{Q}}{C_{min}(T_{qe} - T_{fe})}$$

a transferência de calor entre os fluidos é

$$\dot{Q} = \varepsilon C_{min}(T_{qe} - T_{fe}) = 0,71(3.825)(400 - 20) = 1,03 \times 10^6 \text{ Btu} / \text{h}$$

As temperaturas dos gases que deixam o trocador de calor são

Gases quentes:

$$\dot{Q} = -C_q(T_{qs} - T_{qe})$$

CAPÍTULO 7 - ESCOAMENTO INTERNO - EFEITOS VISCOSOS E TÉRMICOS **281**

$$103 \times 10^6 = -3.825(T_{qs} - 400)$$

$$T_{qs} = 130,7 \ ^\circ F$$

Gases frios:

$$\dot{Q} = C_f (T_{fs} - T_{fe})$$

$$103 \times 10^6 = 3.825(T_{fs} - 20)$$

$$T_{fs} = 289,3 \ ^\circ F$$

BIBLIOGRAFIA

1. Rouse, H. e Ince, S., *History of Hydraulics*, Dover, Nova York, 1963 (originalmente publicado por J. Wiley and Sons, Inc., 1946).
2. Moody, L. F., Friction Factors for Pipe Flow, *ASME Transactions* **66**, 671-684 (1944).
3. Shah, R. K., e London, A. L., *Laminar Flow Forced Convection in Ducts*, Academic Press, Nova York, 1978.
4. Gnielinski, V., Forced Convection in Ducts, in *Heat Exchanger Design Handbook*, Ed. E. U. Schlunder, Part 2, Sec. 2.5.1, Hemisphere Publishing Corporation, Washington, 1982.
5. Schlunder, E. U. e outros, *Heat Exchanger Design Handbook*, Hemisphere Publishing Corporation, Washington, 1982.
6. Kays, W. M. e London, A. L., *Compact Heat Exchangers*, 3ª edição, McGraw-Hill, Nova Iorque, 1984.
7. Shah, R. K., *Heat Exchanger Design*, Hemisphere Publishing Corporation, Washington, 1990.

PROBLEMAS

7-1 Qual é o número de Reynolds de um escoamento de óleo a uma vazão de 0,6 m³/s em um tubo de 15 cm de diâmetro se a viscosidade do óleo vale $\mu = 0,999$ N.s/m² e sua densidade relativa à água vale 0,89? Diga se o escoamento é laminar ou turbulento ($T = 20$ °C).

7-2 O número de Reynolds do escoamento de um fluido incompressível em um tubo de 20 cm de diâmetro vale 1.900. Qual é o número de Reynolds em um tubo de 12 cm de diâmetro que está conectado com o tubo maior através de uma conexão de redução? Que regime de escoamento, laminar ou turbulento, existe em cada um dos tubos?

7-3E Óleo de viscosidade cinemática de 0,0062 ft²/s escoa em um tubo de 3 in. de diâmetro com uma velocidade de 14 ft/s. Diga se o escoamento é laminar ou turbulento.

7-4 A distribuição de velocidades em um escoamento laminar entre duas placas planas paralelas é dada por u = ay(s-y), onde *a* é uma uma constante, *s* é a distância entre as placas e *y* é a distância medida na direção normal às placas. Determine a razão entre as velocidades média e máxima do fluido entre as placas.

7-5 Água escoa de um reservatório A para um reservatório B através de 280 m de uma tubulação.reta. Ambos os reservatórios estão ao ar livre e a temperatura da água vale 20°C. Uma vazão de 0,009 m³/s é necessária e o diâmetro da tubulação é de 75 mm. Desprezando-se as perdas localizadas na entrada e saída dos reservatórios, calcule o desnível entre as superfícies livres da água nos dois reservatórios necessário para manter a vazão desejada.

7-6 Se o escoamento em um tubo de diâmetro d for laminar, o que vai acontecer com a vazão se o diâmetro for aumentado para $2d$ enquanto mantém-se a perda de carga constante?

7-7 Uma bomba fornece 0,01 m³ de água por segundo através de uma tubulação de aço comercial novo de 10 cm de diâmetro, Fig. P7-7, com dois cotovelos de rosca instalados. Se a pressão de descarga da bomba (ponto A) vale 690 kPa absoluta, qual deve ser a pressão no ponto B? A temperatura da água é 20 °C.

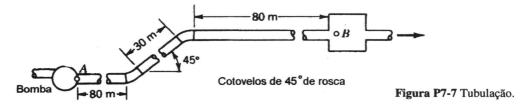

Figura P7-7 Tubulação.

7-8 Água a 10 °C escoa através de um tubo de ferro galvanizado a uma vazão de 0,3 m³/s. O diâmetro interno do tubo vale 190 mm. Determine o coeficiente de atrito correspondente e a queda de pressão por unidade de comprimento de tubo.

7-9 Uma bomba é necessária para movimentar óleo a 310 K de um terminal de descarga marítimo ao nível do mar para o tanque de armazenamento de uma refinaria que se encontra a 200 m de distância. O diâmetro interno do tubo é 20 cm, é feito de ferro doce e contém três cotovelos flangeados de 90°. A vazão de operação vale 0,356 m³/s. Desprezando-se as perdas de carga de entrada e saída dos reservatórios, calcule:
(a) A potência de eixo da bomba se sua eficiência é de 85%.
(b) Se a entrada e saída dos tubos são do tipo "abruptas", estime as perdas de carga de cada uma.
(c) Repita a parte (a) incluíndo as perdas de entrada e saída determinadas no ítem (b).

7-10 Com que valor deve-se atuar uma força em uma seringa de 1 cm de diâmetro para produzir uma vazão de 0,5 cm³/s através de uma agulha de 0,25 mm de diâmetro e 5,0 cm de comprimento. O fluido tem $\mu = 0,0025$ kg/m.s e $\rho = 960$ kg/m³. Assuma que a perda de carga na seringa é desprezível.

7-11E Um túnel de vento, Fig. P7-11, tem uma seção de teste formada de paredes de madeira (rugosidade média $h_r = 0,004$ in.) de dimensões 3,3 × 1,3 ft. O túnel tem a mesma perda de carga que uma seção de teste de seção transversal uniforme de 170 ft de comprimento. A velocidade média através do túnel vale 120 ft/s de ar nas condições padrões ao nível do mar (60 °F e $p = 14,6$ lb/in²). Determine o aumento de pressão e a potência necessária se a eficiência da hélice é de 70%.

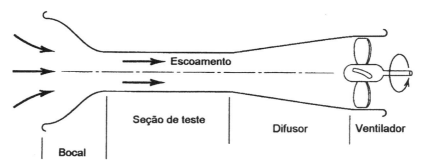

Figura P7-11 Túnel de vento de circuito aberto.

7-12E Um sistema de ar condicionado movimenta ar a 50 °F a uma taxa de 7.500 ft³/min. O duto principal tem uma seção transversal de 2 ft por 0,9 ft e é construído de chapa de ferro galvanizado com isolamento térmico externo ao longo dos seus 220 ft de comprimento. A pressão no duto na seção de entrada vale 2,7 psig. Qual é a queda de pressão entre a entrada e a saída do duto? Assuma que o escoamento é turbulento e isotérmico.

7-13 Água escoa a 50 °F em um tubo circular de 0,2 m de diâmetro com uma velocidade de 5,0 m/s. Medidas de queda de pressão mostraram que o fator de atrito $f = 0,02$. Determine a tensão de cisalhamento junto à parede a uma distância de 3,0 cm a partir da parede.

7-14E Um tubo novo de ferro fundido de 12 cm de diâmetro conecta dois tanques grandes de armazenamento de água. O tubo tem 200 ft de comprimento e descarrega água a 70 °F em um tanque de recebimento com uma vazão de 23 ft/s. Determine a diferença na elevação da superfície da água nos dois tanques.

7-15 Um líquido escoa de um tanque grande ($d = 0,4$ m) para um tubo pequeno ($d = 1,2$ mm) instalado no centro da base do tanque. Há uma coluna de 0,4 m de líquido no tanque grande e o comprimento do tubo capilar é 0,5 m. O tanque é aberto para a atmosfera e o tubinho também descarrega num ambiente de pressão atmosférica. O escoamento é mantido apenas por força gravitacional, e o nível de líquido no tanque grande permanece constante. Calcule a viscosidade cinemática do líquido (m²/s).

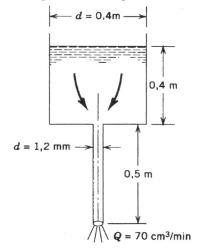

Figura P7-15 Tanque com um tubo capilar instalado na parte inferior.

7-16 Um reservatório está cheio de água até uma altura de 25,0 m. Um bocal redondo está localizado na lateral do tanque a uma altura de 5 m acima da base. O nível da água é mantido constante adicionando água a uma temperatura de 10 °C. Determine a velocidade da água que deixa o reservatório:
(a) Se o bocal tem um diâmetro de garganta de 1,3 cm.
(b) Quando um tubo *liso* horizontal de 10 m de comprimento é colocado entre o tanque e o bocal do ítem (a).

7-17E Um tubo de aço comercial de 85 ft de comprimento e 4 in. de diâmetro está conectado em um circuito que contém uma válvula globo flangeada, um cotovelo aparafusado de 45° e uma curva de 90° de raio constante de 28 in. Se a temperatura da água for 80°F e a vazão for 42,0 ft³/min, calcule a perda de carga total do circuito.

7-18 Um arranjo experimental, Fig. P7-18, foi projetada para medir o coeficiente local de transferência de calor. O fluxo de calor local pode ser medido usando um medidor de fluxo de calor. Um termopar é usado

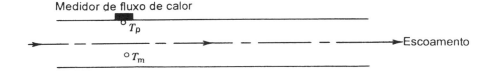

Figura P7-18 Arranjo experimental.

284 INTRODUÇÃO ÀS CIÊNCIAS TÉRMICAS

para medir a temperatura da superfície do duto. Um arranjo termopar-tubo de Pitot é usado para medir as distribuições de velocidade e temperatura no fluido com o objetivo de medir a temperatura de mistura. Os resultados experimentais foram os seguintes:

$$q'' = 12.980 \text{ kW/m}^2, \, T_p = 52,1 \text{ °C e } T_m = 18,2 \text{ °C}$$

Calcule o coeficiente local de transferência de calor.

7-19 Dados experimentais foram obtidos em laboratório para estudar o comportamento de um fluido escoando em um tubo de 2 cm de diâmetro. Os dados obtidos foram ajustados e obteve-se as seguintes expressões para as distribuições de velocidade e temperatura numa dada posição axial:

$$u(r) = 2,4 \, [1 - (100 \, r^2)] \quad \text{[m/s]}$$

e

$$T(r) = 70 - 213 \, [0,1875 + 6,25 \times 10^6 r^4 - 2,5 \times 10^3 r^2] \quad \text{[°C]}$$

onde o raio é dado em metros. Determine

(a) A temperatura de copo ou de mistura.

(b) A temperatura média (aritmética).

7-20E Água escoa através de um duto de 1 in. de diâmetro a uma velocidade média de 8 ft/s. A temperatura de mistura da água entrando no duto vale 80 °F e deseja-se resfriar a água até a temperatura de mistura de 40 °F. Determine a taxa de transferência de calor necessária desprezando-se as energias cinética e potencial do fluido.

7-21 Água escoa através de um duto aquecido, diâmetro interno de 3 cm, com uma velocidade média de 1 m/s. A temperatura de mistura da água entrando na seção de aquecimento vale 18 °C. 20 kW de potência são transferidos para a água. Calcule a temperatura de mistura da água no ponto em que ela deixa o tubo. Despreze variações de energias cinética e potencial.

7-22 Um duto aquecido eletricamente, com uma condição de contorno de fluxo de calor uniforme, é usado para aumentar a temperatura de mistura do ar de 20 para 80 °C. O diâmetro interno do duto vale 3 cm e o comprimento é de 3 m. A vazão mássica do ar no duto vale 0,075 kg/s. Calcule o fluxo de calor necessário.

7-23 Ar entra em um duto circular de 3 cm de diâmetro com uma velocidade média de 20 m/s. A superfície interna do duto está a uma temperatura uniforme de 80 °C, enquanto que a temperatura de mistura do ar que entra no tubo vale 15 °C. Determine o comprimento do duto necessário para obter uma temperatura de mistura na saída de 35 °C. O coeficiente médio de transferência de calor por convenção vale 80 W/m^2.°C.

7-24E Água escoa em um tubo de 0,25 in. de diâmetro a uma velocidade de 4 in. por segundo. A água entra no tubo a 80 °F e a superfície interna do tubo é mantida a uma temperatura uniforme de 200 °F. O tubo tem 3 ft de comprimento. Determine a temperatura de mistura da água que deixa o tubo se o coeficiente médio de transferência de calor vale 99,2 Btu/h ft^2.°F.

7-25 Ar a 20 °C entra em um duto retangular de 10 cm × 5 cm de 10 m de comprimento. A temperatura de mistura do ar que deixa o duto vale 35 °C. A velocidade média do ar vale 20 m/s e as paredes internas do duto são mantidas a 76 °C. Determine a taxa de transferência de calor do ar e estime o coeficiente médio de transferência de calor usando dados experimentais.

7-26 A superfície de um duto circular aquecido é mantida a uma temperatura uniforme de 80 °C. Água atravessa o duto com uma vazão mássica de 2 kg/s. O duto tem um diâmetro interno de 3 cm e um comprimento de 5 m. A temperatura de mistura da água na seção de entrada vale 10 °C. Estime a temperatura de mistura da água que deixa o duto quando o coeficiente médio de convecção de calor vale 11.000 W/m^2.°C.

7-27 Ar a 20 °C e a uma vazão mássica de 0,15 kg/s entra em um duto aquecido eletricamente, com fluxo de calor uniforme como condição de contorno. O duto tem um diâmetro de 5 cm. O coeficiente médio de transferência de calor vale 13 W/m^2.°C. A temperatura do ar que deixa o duto deve ser 35 °C e o maior valor de temperatura na superfície da parede do duto é 95 °C. Determine o comprimento do duto necessário para garantir essas condições.

7-28 Um pequeno condensador resfriado a ar deve ser projetado. O ar atravessa um certo número de pequenos tubos circulares que têm uma temperatura de parede uniforme. Os dutos têm 5 mm de diâmetro e 4 cm de comprimento. Estime o coeficiente médio de transferência de calor para o ar se o número de Reynolds do fluxo de ar vale 1.500. As propriedades termofísicas do ar são avaliadas a uma temperatura de 27 °C.

7-29 Um trocador de calor compacto é usado para o aquecimento de óleo. O óleo de motor escoa através de pequenos tubos circulares de 1 mm de diâmetro e 10 cm de comprimento. A temperatura média de mistura do óleo vale 37 °C e a vazão mássica do óleo através de cada tubo é de 0,025 kg/s. Determine o coeficiente médio de convecção de calor assumindo que a temperatura do duto deve ser mantida a uma temperatura uniforme.

7-30E Ar quente passa através de uma folga formada quando um grande tubo atravessa uma parede de 1,0 in. de espessura. O tubo está localizado concentricamente com o furo e o espaço entre o tubo e o furo vale 1/8 in. A temperatura das superfícies do tubo e parede são iguais e uniformes. Uma vez que a razão entre a folga e o raio do tubo é muito pequena, a modelagem pode se dar como se fosse um arranjo de placas paralelas. O número de Reynolds do escoamento vale 1.500 e a temperatura média do ar é 250 °F. Determine os coeficientes médios de transferência de calor assumindo que o escoamento está:
(a) Em desenvolvimento, com um perfil de velocidade uniforme na entrada.
(b) Plenamente desenvolvido.

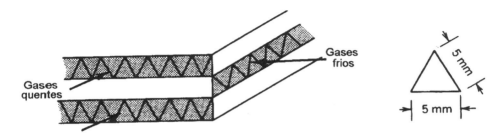

Figura P7-31 Trocador de calor compacto

7-31 Uma seção de um trocador de calor compacto é formada por dutos de seção transversal triangular como mostrado no esquema acima. O gás escoa através dos dutos com uma velocidade média de 10 m/s. Considere o gás como tendo propriedades termofísicas similares ao do ar a 77 °C. Estime o coeficiente médio de convecção de película assumindo que escoamento plenamente desenvolvido e temperatura de parede do duto uniforme.

7-32 Ar deve ser usado para resfriar um material sólido no qual ocorre geração interna de calor. Furos de 1 cm em diâmetro foram feitos no material. A espessura da placa é de 8 cm e a condição de contorno térmica na superfície dos furos é do tipo de fluxo de calor constante. O ar entra os furos com um perfil uniforme de velocidade, 1,5 m/s, e uma temperatura de 20 °C. Estime a taxa de transferência de calor removida pelo ar em cada furo se a temperatura máxima do material não deve exceder 200 °C.

7-33 Água escoa a uma velocidade média de 2 m/s em um duto retangular de 2 × 4 cm e 10 m de comprimento. A temperatura média de mistura da água vale 60 °C. Estime o coeficiente médio de convecção de calor.

7-34 Água a uma velocidade média de 70 °C escoa através de um radiador composto de canais triangulares equilaterais de 5 mm de lado. A velocidade média da água escoando através dos canais é de 1 m/s. Considere o escoamento como sendo plenamente desenvolvido. Determine o coeficiente médio de convecção de calor.

7-35 Ar quente escoa através de um duto de seção retangular, 7,5 por 30 cm. O ar entra no duto com uma temperatura de mistura de 60 °C e uma velocidade de 60 m/s. O duto tem 16 m de comprimento e as paredes do duto podem ser consideradas como tendo temperatura uniforme de 4 °C. Se a temperatura do ar que deixa o duto for menor que 57 °C, ficou decidido que o duto deveria ser isolado. Você recomenda que o duto seja isolado?

7-36E Ar frio a 50 °F entra em um canal de seção transversal semicircular de raio de 3 in. A canal tem 15 ft de comprimento e a superfície interior do canal está a uma temperatura uniforme de 90 °F. A velocidade média do ar no canal vale 30 ft/s. Determine a temperatura do ar que deixa o canal.

7-37 Ar, a uma temperatura média de 300 °C, escoa através de um duto rugoso de concreto de 10 cm de diâmetro a uma velocidade média de 2 m/s. A rugosidade média do duto vale 2 mm. Estime o valor do coeficiente de convecção de calor. Compare seu resultado com o valor obtido para tubos lisos.

7-38 Um tubo de condensador tem 6 m de comprimento e 2 cm de diâmetro. Água de refrigeração entra no tubo a uma velocidade 2,5 m/s. A temperatura da parede do tubo pode ser considerada uniforme. A temperatura média da água de refriferação vale 12 °C. Determine o coeficiente médio de transferência de calor.

7-39E Água escoa através de um tubo de ferro fundido de 1,5 in. de diâmetro a uma velocidade média de 6 ft/s. A temperatura média da água é 50 °F. Estime o coeficiente médio de transferência de calor se a rugosidade do tubo vale $h_r = 0,26$ mm.

7-40 Uma serpentina do evaporador de uma geladeira consiste de tubos de bronze comercial de 5 mm de diâmetro interno e 7 mm de diâmetro externo. O coeficiente de transferência de calor interno vale 1.000 W/m².°C, enquanto que o coeficiente de transferência de calor externo vale 300 W/m².°C. Determine o coeficiente global de transferência de calor referido na área externa.

7-41 Mostre que para um trocador de calor de placa plana a relação entre o coeficiente global de transferência de calor de um trocador de calor limpo, U_L, para um trocador de calor com inscrustações, U_f, é

$$\frac{1}{U_f} = \sum F + \frac{1}{U_c}$$

onde os valores F são os fatores de incrustação.

7-42 A placa de circuito impresso mostrada na Figura P7-42 não pode ter sua temperatura de superfície superior a 115 °C. Assuma que a temperatura da superfície tenha uma temperatura uniforme. Ar, a 25 °C, circula através de canais retangulares na base com velocidade média de 20 m/s. A base é feita de alumínio, e a temperatura das superfícies dos canais são uniformes e valem 115 °C. Determine a taxa de transferência de calor removida pelo ar.

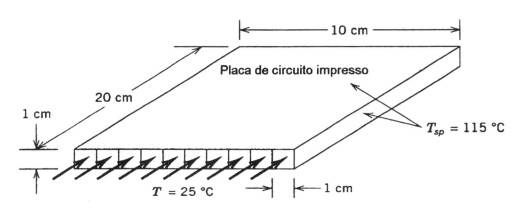

Figura P7-42 Sistema de resfriamento de uma placa de circuito impresso.

7-43E Uma linha de vapor de aço carbono de diâmetro interno de 3,00 in. e espessura de 3/16 in. atravessa um ambiente que tem ar a uma temperatura de 85 °F. A temperatura do vapor vale 300 °F. Determine a taxa de transferência de calor por unidade de comprimento (ft). O coeficiente externo de convecção de calor vale 0,5 Btu/h ft².°F.

7-44 Atualmente, computadores de alta velocidade são resfriados por um fluido dielétrico. A carga de resfriamento de um computador específico é 30 kW. O fluido dielétrico entra um trocador de calor do tipo tubo e carcaça com dois passes no tubo a 23 °C. A água de resfriamento entra a 6 °C e circula pelo lado da carcaça. Os tubos são feitos de aço inoxidável AISI 304. Eles têm um diâmetro interno de 1 cm e espessura de 1mm. Os dados dos fluidos são:

	c_p, kJ/kg °C	$\dot{m}$, kg/s	h, W/m²°C
Dielétrico	1040	3	500
Água	4187	1,5	5000

Determine:
(a) O coeficiente global de transferência de calor baseado na superfície interna.
(b) A temperatura da água que deixa o equipamento.
(c) A área interna dos tubos.

7-45 Água entra em um trocador de calor de escoamento cruzado a uma temperatura de 97 °C e uma vazão de 3 kg/min. A água é resfriada por ar que entra na unidade com uma vazão volumétrica de 5,66 m³/min e 30 °C. A água passa sem se misturar pelo trocador de calor enquanto que a corrente de ar se mistura. Se a água deixa a unidade a 73 °C, determine a temperatura do ar na saída e a área total de transferência de calor necessária. O coeficiente global de transferência de calor baseado na superfície do lado da água vale 25 W/m².°C.

7-46 Um trocador de calor do tipo tubo e carcaça com um passe na carcaça e dois passes no tubo é usado para condensar 10 kg/s de vapor de água (h_{lv} = 2.317 kJ/kg, T_{sat} = 80 °C). O coeficiente global de transferência de calor baseado na área interna do tubo vale 2.000 W/m².°C. Água de resfriamento de um rio vai ser usada, mas a legislação local proíbe que a água de descarga ultrapasse 5 °C acima da temperatura de entrada de 15 °C. Os tubos de condensação têm o comprimento de 10 m/passe e um diâmetro interno de 2 cm. Quantos tubos são necessários em *cada passe*?

7-47 Água quente, 1.000 kg/h, é resfriada de 95 para 55 °C circulando através de um tubo em um trocador de calor mostrado na Fig. P7-47. Água fria, 2.000 kg/h, entra no trocador a 30 °C. O coeficiente global de transferência de valor vale 1.700 W/m².°C. Calcule a superfície de transferência de calor necessária para:
(a) Operação em corrente paralela.
(b) Operação em contra-corrente.

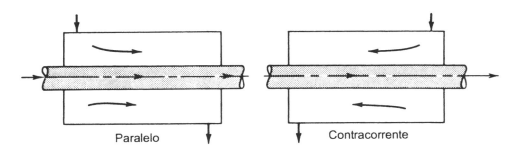

Figura P7-47 Configurações do trocador de calor.

7-48 Ar quente entra em um trocador de calor de corrente cruzada, tipo fluidos não misturados, a uma temperatura de 100 °C e vazão mássica de 3 kg/min. Ar frio entra no equipamento com uma vazão de 5,66 m³/min e uma temperatura de entrada de 30 °C. O coeficiente global de transferência de calor, U_0, vale 25

288 INTRODUÇÃO ÀS CIÊNCIAS TÉRMICAS

$W/m^2.°C$ e a área externa de transferência de calor é de 10 m^2. Determine as temperaturas dos fluidos que deixam o trocador de calor.

7-49E Um condensador de um ciclo Rankine deve ser projetado. Vapor saturado deixa a caldeira a 1.000 psia. A pressão no condensador vale 1 psia e o trabalho reversível líquido realizado pelo vapor é 1 MW. Determine o seguinte:

(a) A taxa de calor removido do condensador.

(b) A área superficial necessária se o coeficiente global de transferência de calor vale 800 $Btu/h\ ft^2$. °F. A água de refrigeração entra no condensador a 75 °F. Um trocador de calor de contra-corrente do tipo tubo e carcaça deve ser usado. O valor máximo de acréscimo da temperatura da água de refrigeração vale 5 °F.

7-50 Um trocador de calor de um passe na carcaça e dois no tubo será usado para condensar 4.000 kg/h de vapor de água saturado. A temperatura do vapor na entrada vale 20 °C. Efeitos de subresfriamento ou superaquecimento podem ser desprezados. A vazão mássica da água de resfriamento é de 6×10^5 kg/h, e a temperatura de entrada da água é de 15 °C. O coeficiente global de transferência de calor baseado na superfície do vapor vale 3000 $W/m^2.°C$. A velocidade média da água nos tubos é de 2 m/s. A seção transversal de cada tubo é 700×10^{-6} m^2 e a área da superfície em contato com o vapor por metro de tubo vale 0,10 m^2/m. Determine o seguinte:

(a) Número de tubos por passe.

(b) Área total de superfície requerida.

(c) Temperatura na saída da água de resfriamento.

(d) O comprimento dos tubos por passe.

8 TRANSFERÊNCIA DE CALOR POR CONDUÇÃO

8.1 INTRODUÇÃO

Um corpo sólido isolado está em equilíbrio térmico se a sua temperatura for a mesma em qualquer parte do corpo. Se a temperatura no sólido não for uniforme, calor será transferido por atividade molecular das regiões de temperaturas elevadas para as regiões de baixas temperaturas. O processo, chamado de *condução de calor*, é dependente do tempo, e continuará até que um campo uniforme de temperatura exista em todo o corpo isolado.

Na maioria das situações de engenharia, o sólido não é isolado e energia térmica flui através das superfícies do sólido que está em contato com as vizinhanças. As condições térmicas nas superfícies, que são chamadas de condições de contorno, determinam a distribuição de temperatura no sólido. Exemplos de condições de contorno típicas: a temperatura da superfície é conhecida; a superfície está em contato com um fluido; o fluxo de energia através da superfície é conhecido; e a superfície está completamente isolada das vizinhanças. Essas condições podem ser independentes do tempo resultando em condução de calor em regime permanente. Se uma ou mais das condições de contorno são dependentes do tempo, a distribuição de temperatura no sólido também será dependente do tempo e condução de calor transitória ocorrerá.

O processo de transferência de calor por condução, em regime permanente ou transitório, é governado pela primeira e segunda leis da termodinâmica. A primeira lei é usada de dois modos. A primeira lei, na sua forma em termos de fluxo, é escrita para um sistema composto de um cubo infinitesimal do sólido. A *lei de Fourier* é usada para representar o fluxo de energia atravessando as fronteiras do cubo. A equação diferencial de energia para condução de calor é obtida utilizando o limite da expressão quando o volume infinitesimal tende a zero. Essa expressão, em conjunto com as condições de contorno no sólido, representa o modelo matemático do processo de condução de calor no sólido. A solução do modelo dará a distribuição de temperaturas no sólido e a taxa de transferência de calor através das fronteiras. Se o sólido como um todo for considerado como o sistema, a aplicação da primeira lei, na sua forma em termos de fluxo, pode ser utilizada para determinar a taxa de energia atravessando as fronteiras do sistema e a taxa de acumulação ou diminuição da energia interna do sistema. Exemplos serão dados para ilustrar a aplicação da primeira lei nesses dois modos.

A descrição do fenômeno físico, associado com o processo de condução de calor a nível microscópico, é dependente da estrutura molecular do material. Em um gás, a energia cinética das moléculas é função da temperatura do gás. As moléculas do gás, em uma região de elevadas temperaturas, possuem uma energia cinética maior do que aquelas moléculas em uma região de baixas temperaturas. Uma vez que todas as moléculas se encontram continuamente em movimento aleatório, colisões ocorrerão entre moléculas a temperaturas elevadas e baixas. Como resultado dessas colisões, uma parte da energia cinética das moléculas com elevada temperatura será transferida às moléculas a baixa temperatura. Em um sistema isolado, esse processo continuará até que um estado de equilíbrio térmico seja atingido, no qual qualquer amostra aleatória de moléculas indicará que elas possuem a mesma energia cinética média.

O processo de condução de calor é muito mais complicado para líquidos e sólidos. Outros mecanismos microscópicos de transporte de energia, particularmente aqueles associados com

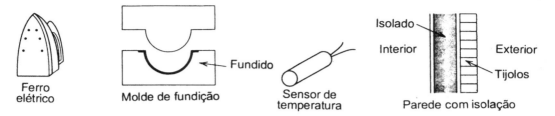

Figura 8-1 Casos em que a transferência de calor por condução é importante.

vibrações em rede e transporte livre de elétrons, precisam ser considerados. Suas contribuições para o processo global de transferência de calor podem, para certos materiais, ser bastante significativas. Uma discussão desses mecanismos como fatores principais no processo de condução de calor é apresentada por Jakob[1] e Gebhard[2].

Embora a abordagem microscópica seja útil para o entendimento dos fenômenos envolvidos em um processo particular, a abordagem macroscópica é normalmente usada para efetuar cálculos em engenharia. Isso é certamente adequado na transferência de calor por condução.

Campos de temperatura não uniforme estão presentes em quase todas as aplicações de engenharia. Muitos casos, nos quais a distribuição de temperatura interna e o fluxo de calor são importantes, são mostrados na Fig. 8-1. O campo de temperatura não uniforme pode ser gerado por fontes de energia envolvendo geração de calor nuclear, química ou por resistência elétrica; atrito entre partes em movimento; ou o fluxo de energia entre um fluido e uma superfície sólida. A distribuição de temperatura no sistema é governada em parte pela condução. Nos capítulos 6 e 7 observamos que a condução ou difusão de energia dentro do fluido influencia a distribuição de temperatura no fluido e o valor do coeficiente de transferência de calor por convecção. Este capítulo se concentra no processo de condução em sólidos.

A lei básica que governa a condução de calor, expressa em termos de quantidades macroscópicas, foi proposta por Fourier em 1811. A distribuição de temperatura em um material é considerada uma função da posição e do tempo, $T(x, y, z, t)$. Fourier postulou que a taxa de transferência de calor por unidade de área da superfície é proporcional ao gradiente de temperatura normal à superfície. Isso pode ser expresso matematicamente como

$$\dot{q}'' = \frac{\dot{Q}}{A} \propto \frac{\partial T}{\partial \eta} \tag{8-1}$$

onde η é a coordenada perpendicular à superfície através da qual calor é transferido, como mostrado na Fig. 8-2. Um sinal de igualdade é obtido através da introdução da *condutibilidade térmica* do material, k. A *lei de Fourier* torna-se

$$\dot{q}'' = -k \frac{\partial T}{\partial \eta} \tag{8-2}$$

Para entender o significado dessa expressão, várias observações serão feitas. O termo do lado esquerdo da equação, $\dot{q}''$, representa a taxa de transferência de calor por unidade de área e é geralmente denominado como o fluxo de calor. Tem as unidades de W/m^2 ou $Btu/h \, ft^2$. O fluxo de calor um vetor que é perpendicular à área da superfície, A, através da qual o calor é

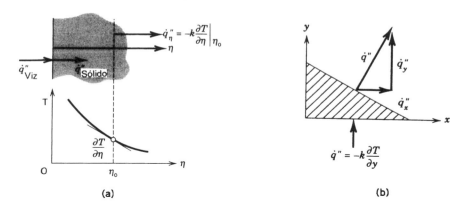

Figura 8-2 Fluxo de calor.

transferido. A convenção de sinal usada é baseada na segunda lei da termodinâmica, com o fluxo sendo positivo quando flui na direção do decréscimo da temperatura. Matematicamente pode ser mais apropriado dizer que o fluxo de calor é positivo quando o gradiente de temperatura é negativo. Essa afirmação requer que o sinal negativo seja introduzido na eq. 8-2.

Se a superfície não for coincidente com o eixo de coordenadas, a situação mostrada na Fig. 8-2b, uma expressão geral para o fluxo de calor precisa ser usada para obter a taxa de transferência de calor em qualquer ponto sobre uma superfície.

$$\dot{\mathbf{q}}'' = \mathbf{i}\dot{q}_x'' + \mathbf{j}\dot{q}_y'' \tag{8-3}$$

Por exemplo, o fluxo de calor na superfície horizontal é

$$\dot{\mathbf{q}}'' = \mathbf{j}\dot{q}_y'' = -\mathbf{j}k\frac{\partial T}{\partial y}$$

enquanto na superfície inclinada o fluxo de calor é

$$\dot{\mathbf{q}}'' = \mathbf{i}\dot{q}_x'' + \mathbf{j}\dot{q}_y'' = -\mathbf{i}k\frac{\partial T}{\partial x} - \mathbf{j}k\frac{\partial T}{\partial y} \tag{8-4}$$

onde **i** e **j** são os vetores unitários.

A condutibilidade térmica, k, é uma propriedade termofísica do material através do qual o calor flui e tem as unidades de W/m.°C ou Btu/h ft.°F. É diretamente relacionada com o mecanismo microscópico envolvido na transferência de calor dentro do material. Uma vez que o mecanismo somente é bem compreendido para gases a baixas temperaturas, os valores de condutibilidade térmica para muitas substâncias precisa ser obtido experimentalmente. A estrutura interna do material pode ser fortemente influenciada pelo seu estado termodinâmico. A condutibilidade térmica de muitos materiais apresenta, portanto, uma dependência da temperatura. A influência da pressão na condutibilidade térmica de sólidos e líquidos somente é significativa quando operando

292 INTRODUÇÃO ÀS CIÊNCIAS TÉRMICAS

com pressões extremamente elevadas. Para gases existe dependência da condutibilidade térmica com a pressão somente quando temperaturas elevadas e pressões muito baixas ocorrem simultaneamente, isto é, quando os comprimentos do caminho livre molecular médio são muito grandes . Valores de condutibilidade térmica para sólidos estão listados nas Tabelas A-14 e A-15 em unidades SI e nas Tabelas B-4 e B-5 em unidades inglesas.

EXEMPLO 8-1

Um pequeno elemento de aquecimento, liberando 1,3 kW por unidade de comprimento, é prensado dentro de um longo cilindro oco de liga de alumínio fundido. O diâmetro interno do cilindro oco é de 1 cm, enquanto que seu diâmetro externo é de 5 cm. Determinar o fluxo de calor e o gradiente de temperatura nas superfícies interna e externa do cilindro.

SOLUÇÃO

A taxa total de transferência de calor por unidade de comprimento através do cilindro oco é de 1,3 kW. A área da superfície por unidade de comprimento nas superfícies interna e externa é

$$\text{interna} \qquad A_i = \pi d_i = \pi(0,01) = 0,0314 \text{ m}^2$$

$$\text{externa} \qquad A_o = \pi d_o = \pi(0,05) = 0,1571 \text{ m}^2$$

Os fluxos de calor podem ser determinados dividindo a taxa total de transferência de calor pela área da superfície apropriada

$$\dot{q}_i'' = \frac{\dot{Q}}{A_i} = \frac{1.300}{0,0314} = 41,40 \text{ kW} / \text{m}^2$$

e

$$\dot{q}_o'' = \frac{\dot{Q}}{A_o} = \frac{1.300}{0,1571} = 8,27 \text{ kW} / \text{m}^2$$

A Tabela A-14 é usada para determinar a condutibilidade térmica do cilindro a 300 K, $k = 168$ W/m.°C. Os gradientes de temperatura nas superfícies interna e externa podem então ser calculados

$$\text{interna} \qquad \frac{dT}{dr}\bigg| = -\frac{\dot{q}_i''}{k} = -\frac{41.400}{168} = -246 \text{ }^\circ\text{C} / \text{m}$$

$$\text{externa} \qquad \frac{dT}{dr} = -\frac{\dot{q}_o''}{k} = -\frac{8.270}{168} = -49,2 \text{ }^\circ\text{C} / \text{m}$$

8.2 EQUAÇÃO DA CONDUÇÃO DE CALOR E CONDIÇÕES DE CONTORNO

O desenvolvimento do modelo matemático que governa a condução de calor em um sólido é baseado na primeira lei da termodinâmica. Considere o bloco sólido mostrado na Fig. 8-3 sem geração interna de calor. Um sistema termodinâmico é definido de tal forma que contenha todo o bloco onde as fronteiras do sistema são as superfícies expostas deste bloco. A primeira lei da termodinâmica para o sistema reduz-se a

$$\dot{Q} = \frac{dU}{dt} \tag{8-5}$$

Essa expressão indica que a taxa de variação da energia interna do sistema, dU/dt, é uma função da taxa de transferência de calor através das fronteiras do sistema.

Existem muitos fatores que influenciam a taxa na qual calor é transferido através das fronteiras do sistema. Esses incluem a forma pela qual o calor passa das vizinhanças para as fronteiras do sistema e a taxa com que o calor passa das fronteiras para o interior do sólido. A primeira lei requer que nas fronteiras do sistema a taxa de transferência de calor das vizinhanças seja igual à taxa de transferência de calor para dentro do sólido. Isso é mostrado esquematicamente na Fig. 8-2a. Uma vez que a taxa de transferência de calor para dentro do sólido pode ser expressa pela lei de Fourier, eq. 8-2, obtemos

$$\dot{q}''_{\text{sup}} = -k \frac{\partial T}{\partial \eta}\bigg|_{\eta=0}$$

No Capítulo 1 os diferentes modos de transferência de calor entre as vizinhanças e uma superfície foram descritos. Os diferentes tipos de condições de contorno térmicas que podem estar sendo impostas às fronteiras do sistema estão resumidas na Tabela 8-1. Se a vizinhança for um gás, calor é transferido para as fronteiras por ambos: convecção e radiação. Normalmente um desses modos é dominante, de tal forma que o calor transferido com o outro modo pode ser desprezado. Contudo, tanto a convecção quanto a radiação precisam ser consideradas quando uma condição de contorno de convecção natural está presente. Se as vizinhanças forem um sólido ou um líquido, a lei de Fourier é usada para equacionar a taxa de transferência de calor no sistema e nas vizinhanças, na fronteira do sistema. É comum o uso do coeficiente de transferência de calor por convecção para determinar a taxa de transferência de calor do fluido para as fronteiras do sólido.

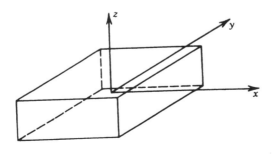

Figura 8-3 Condução de calor em um sólido.

294 INTRODUÇÃO ÀS CIÊNCIAS TÉRMICAS

Tabela 8-1 Tipos de Condições de Contorno

Classificação	
I. Fonte de calor/sorvedouro	$T = T_s$
II. Fluxo de calor constante	$-k\dfrac{\partial T}{\partial \eta} = \dot{q}''_p$
III. Adiabático	$-k\dfrac{\partial T}{\partial \eta} = 0$
IV. Dois sólidos	$-k_1\dfrac{\partial T}{\partial \eta} = -k_2\dfrac{\partial T}{\partial \eta}$
V. Convecção	$-k\dfrac{\partial T}{\partial \eta} = h(T_\infty - T)$
VI. Radiação	$-k\dfrac{\partial T}{\partial \eta} = \dot{q}''_{rad}$
VII. Radiação e convecção combinadas	$-k\dfrac{\partial T}{\partial \eta} = h(T_\infty - T) + \dot{q}''_{rad}$

Em muitas aplicações as vizinhanças comportam-se como um sorvedouro/fonte infinito de calor onde as fronteiras do sistema estarão sempre à temperatura do sorvedouro/fonte de calor. Outro tipo de condição de contorno é aquele encontrado quando as vizinhanças fornecem um fluxo de calor uniforme às fronteiras do sistema. Um caso especial deste tipo de condição de contorno ocorre quando o fluxo de calor é zero, representando uma superfície adiabática ou perfeitamente isolada.

É preciso observar que a taxa de transferência de calor por radiação, $\dot{q}''_{rad}$, introduz uma não linearidade nas condições de contorno, uma vez que a transferência de calor por radiação é proporcional à temperatura absoluta elevada a quarta potência. Uma condição de contorno de convecção não linear também estará presente se a transferência de calor por convecção é uma função da diferença de temperatura das vizinhanças e da fronteira do sistema. Essa condição ocorre na convecção natural, condensação, e ebulição. A presença da não linearidade na fronteira complica bastante o modelo matemático para o processo de condução. Conseqüentemente, condições de contorno não lineares serão excluídas das discussões futuras.

Da Tabela 8-1 pode ser visto que a taxa de transferência de calor através das fronteiras do sistema é proporcional ao gradiente de temperatura no sistema normal à fronteira do sistema. A intuição indica que a distribuição de temperatura no sólido e, por conseguinte, a taxa de transferência de calor na fronteira é dependente das condições de contorno. Uma interrelação precisa então ser estabelecida para relacionar a transferência interna de calor dentro do sistema e as condições de contorno. Isso é obtido através da utilização de uma forma modificada da primeira lei da termodinâmica para sólidos que é chamada de *equação da condução de calor*.

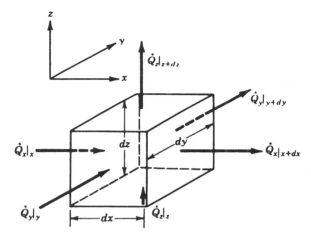

Figura 8-4 Elemento diferencial de sólido

Considere o sistema infinitesimal ou elemento do sólido mostrado na Fig. 8-4. O material no elemento é isotrópico e homogêneo. A conversão de alguma forma de energia, elétrica, química, ou nuclear, em energia térmica pode ocorrer dentro do sistema. Essa conversão será denominada como uma *geração interna de calor, Q_g*. A taxa de transferência de calor do elemento é a soma da taxa de transferência de calor através das fronteiras do elemento e a taxa na qual energia térmica é gerada internamente. A primeira lei, na ausência de trabalho sendo realizado pelo elemento, torna-se

$$\dot{Q} + \dot{Q}_g = \frac{\partial U}{\partial t} \tag{8-6}$$

A lei de Fourier é utilizada para determinar a taxa líquida de transferência de calor por condução através das seis superfícies planas do elemento. O calor gerado dentro do elemento é expresso em termos de $\dot{q}'''$, a energia interna específica gerada por unidade de volume. A taxa de troca de energia interna do material no elemento é igual ao produto da massa do material, seu calor específico, e a taxa de aumento de temperatura do elemento.

A forma diferencial da equação da condução de calor generalizada, quando a condutibilidade térmica do material é assumida constante, é obtida fazendo o limite do volume do elemento tender a zero, limite $dx\,dy\,dz \rightarrow 0$. A expressão final é

$$k\left[\frac{\partial^2 T}{\partial x^2} + \frac{\partial^2 T}{\partial y^2} + \frac{\partial^2 T}{\partial z^2}\right] + \dot{q}''' = \rho c \frac{\partial T}{\partial t} \tag{8-7}$$

ou

$$k\nabla^2 T + \dot{q}''' = \rho c \frac{\partial T}{\partial t} \tag{8-8}$$

296 INTRODUÇÃO ÀS CIÊNCIAS TÉRMICAS

A expressão é denominada de *equação da condução de calor* no sistema de *coordenadas cartesianas*. O subscrito para o calor específico foi suprimido, uma vez que a equação da condução de calor é válida somente para um sólido, onde $c_p \cong c_v$. Uma discussão mais detalhada da obtenção dessa equação pode ser encontrada nas Refs. 1 a 3 e 5 a 11.

A distribuição de temperatura no sólido e a taxa de transferência de calor através das fronteiras do sólido podem ser determinados pela integração da equação da condução de calor. As condições iniciais e de contorno são então usadas para a obtenção das constantes de integração.

A *equação da condução de calor* generalizada no sistema de *coordenadas cilíndricas* pode ser obtida de uma forma similar. Expressa na forma diferencial, a equação da condução de calor é

$$k\left[\frac{\partial^2 T}{\partial r^2} + \frac{1}{r}\frac{\partial T}{\partial r} + \frac{1}{r^2}\frac{\partial^2 T}{\partial \theta^2} + \frac{\partial^2 T}{\partial z^2}\right] + \dot{q}''' = \rho c \frac{\partial T}{\partial t} \tag{8-9}$$

8.3 CONDUÇÃO DE CALOR EM REGIME PERMANENTE

Quando as condições de contorno são independentes do tempo, a distribuição de temperatura no sólido é uma função somente das coordenadas espaciais. As equações da condução de calor reduzem-se às seguintes formas:

Coordenadas cartesianas:

$$\frac{\partial^2 T}{\partial x^2} + \frac{\partial^2 T}{\partial y^2} + \frac{\partial^2 T}{\partial z^2} + \frac{\dot{q}'''}{k} = 0 \tag{8-10}$$

Coordenadas cilíndricas:

$$\frac{\partial^2 T}{\partial r^2} + \frac{1}{r}\frac{\partial T}{\partial r} + \frac{1}{r^2}\frac{\partial^2 T}{\partial \theta^2} + \frac{\partial^2 T}{\partial z^2} + \frac{\dot{q}'''}{k} = 0 \tag{8-11}$$

Unidimensional

Placa infinita
Calor transferido através de uma placa infinita, como mostrado na Fig. 8-5, é um exemplo de condução de calor unidimensional. Na ausência de geração interna de calor a equação da condução de calor em regime permanente reduz-se a

$$\frac{d^2 T}{dx^2} = 0 \tag{8-12}$$

A integração da equação diferencial resulta na seguinte expressão para a distribuição de temperatura na placa infinita

$$\frac{dT}{dx} = \mathbf{A}$$

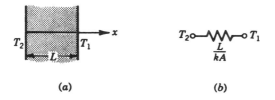

Figura 8-5 Transferência de calor unidimensional. (a) Placa unidimensional. (b) Circuito térmico equivalente.

$$T = \mathbf{A}x + \mathbf{B} \tag{8-13}$$

Os valores das constantes de integração, **A** e **B**, são determinados pelas condições de contorno apropriadas. Para esse caso, mostrado na Fig. 8-5, em que os dois lados da placa infinita estão a temperaturas uniformes, as condições de contorno são

$$\begin{aligned} x = 0 \quad & T = T_2 \\ x = L \quad & T = T_1 \end{aligned} \tag{8-10}$$

As constantes de integração são determinadas através da utilização da eq. 8-13 e as condições de contorno para obter as duas equações que são então resolvidas simultaneamente

$$x = 0 \qquad T_2 = A(0) + \mathbf{B}$$
$$x = L \qquad T_1 = A(L) + \mathbf{B}$$

As constantes de integração são

$$\mathbf{A} = \frac{T_1 - T_2}{L}$$

e

$$\mathbf{B} = T_2$$

Quando essas expressões são substituídas na eq. 8-13, a seguinte expressão é obtida para a distribuição de temperatura na placa

$$T = (T_1 - T_2)\frac{x}{L} + T_2 \tag{8-15}$$

O calor que passa através da placa em $x = 0$ é obtido pela lei de Fourier

298 INTRODUÇÃO ÀS CIÊNCIAS TÉRMICAS

$$\dot{Q}\Big|_{x=0} = \dot{q}''A\Big|_{x=0} = -kA\frac{dT}{dx}\Big|_{x=0} = kA\frac{(T_2 - T_1)}{L} \tag{8-16}$$

Uma vez que a variação de temperatura através da placa é linear, o fluxo de calor é independente de x.

Um exame com atenção da eq. 8-16 mostra que se trata de uma relação familiar, isto é, que o fluxo de uma quantidade é diretamente proporcional à diferença de potencial e inversamente proporcional à resistência ao fluxo. A energia é a quantidade fluindo com $\dot{Q}$, a taxa de transferência de calor, que possui as unidades de W ou Btu/h. A diferença de potencial para a transferência de calor é a diferença de temperatura $(T_2 - T_1)$, em °C ou °F, e a resistência à transferência de calor é L/kA, com as unidades de °C/W ou °F h/Btu.

A indústria da construção avalia o isolamento térmico através do fator "R", que é definido como o resultado da diferença de temperatura através da placa de isolamento dividido pelo fluxo de calor. Considere a placa a ser isolada mostrada na Fig. 8-5. A eq. 8-16 pode ser rearranjada para mostrar que o fator "R" é igual a L/k, a espessura do isolamento dividida pela condutibilidade térmica do isolamento. As unidades do fator "R" são °C m^2/W ou °F ft^2 h/Btu.

É importante salientar que a diferença de temperatura pode ser expressa em termos de graus Kelvin, K, ou graus Celsius, °C. Uma vez que estamos trabalhando com diferenças de temperatura, o fator importante é a necessidade de ser consistente na escala de temperatura utilizada. Uma diferença de temperatura em °C é numericamente igual a uma diferença de temperatura em K. Similarmente, uma diferença de temperatura em °F é numericamente igual a uma diferença em R. A intercambialidade de °C e K e °F ou R é também evidente quando verificamos propriedades termofísicas em diferentes tabelas. No sistema SI de unidades a condutibilidade térmica será numericamente igual se tiver as unidades W/m K ou W/m °C e o calor específico a pressão constante, c_p, será igual se as unidades forem J/kg K ou J/ kg °C. Afirmações semelhantes podem ser feitas para k e c_p quando se estiver trabalhando com unidades inglesas.

A semelhança entre a transferência de calor em regime permanente e o fluxo de corrente é evidente se a eq. 8-16 e a lei de Ohm são comparadas.

<table>
<tr><th>Equação 8-16</th><th>Lei de Ohm</th></tr>
<tr><td>$\dot{Q} = \dfrac{kA}{L}\,\Delta T$</td><td>$i = \dfrac{\Delta e}{R}$</td></tr>
</table>

A analogia está resumida na Tabela 8-2. A importância da analogia é que técnicas para análise de circuitos elétricos passivos podem ser usadas na solução de problemas de condução de calor unidimensional em regime permanente. O circuito térmico equivalente para a placa mostrado na Fig. 8-5a está mostrado na Fig 8-5b.

Se uma condição de contorno de convecção estiver presente em $x = 0$ (veja Fig. 8-6a), as condições de contorno são

$$x = 0 \qquad h(T_\infty - T) = -k\frac{dT}{dx}$$

$$x = L \qquad T = T_2$$

CAPÍTULO 8 - TRANSFERÊNCIA DE CALOR POR CONDUÇÃO **299**

Tabela 8-2 Analogia entre o fluxo de calor e a corrente para uma seção unidimensional

	Elétrico	Calor
Fluxos	i	$\dot{Q}$
Diferença de potencial	Δe	ΔT
Resistência ao fluxo	R	$R_t = \dfrac{L}{kA}$

As constantes de integração na eq. 8-13 são obtidas através do uso das condições de contorno

$$x = 0 \quad h(T_\infty - \mathbf{B}) = -k\mathbf{A}$$

e

$$x = L \quad T_2 = \mathbf{A}L + \mathbf{B}$$

Estas duas expressões são resolvidas simultaneamente para achar as constantes de integração

$$\mathbf{A} = \frac{T_2 - T_\infty)}{L + k/h} \quad \text{e} \quad \mathbf{B} = T_2 + \left[\frac{T_\infty - T_2}{L + k/h}\right]L$$

A expressão para a distribuição de temperatura na placa é

$$T = \left[\frac{T_\infty - T_2}{1 + k/hL}\right]\left(1 + \frac{x}{L}\right) + T_2 \tag{8-17}$$

e para a taxa de transferência de calor através da placa

$$\dot{Q} = \frac{T_\infty - T_2}{L/kA + 1/hA} \tag{8-18}$$

A temperatura na superfície do sólido em contato com o fluido é obtida substituindo $x = 0$ na eq. 8-17

$$T_1 = \frac{T_\infty - T_2}{1 + k/hL} + T_2 \tag{8-19}$$

A taxa de transferência de calor pode ser determinada de forma similar na fronteira com convecção, usando

$$Q = hA(T_\infty - T_1) = \frac{T_\infty - T_1}{(1/hA)}$$

onde T_1 é a temperatura da superfície.

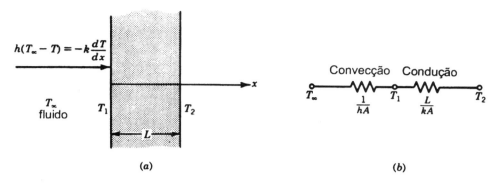

Figura 8-6 Placa semi-infinita com convecção como condição de contorno na fronteira. (a) Placa semi-infinita. (b) Circuito equivalente para a placa.

A taxa de transferência de calor também pode ser obtida da análise do circuito térmico equivalente. A resistência oferecida à transferência de calor pelo processo de convecção é $1/hA$. O circuito térmico equivalente para a placa com a condição de contorno de convecção é mostrado na Fig. 8-6b . A resistência total oferecida pelo sistema é a soma das resistências oferecidas pelo sólido e pela fronteira com convecção

$$\sum R = \frac{L}{kA} + \frac{1}{hA} \qquad (8\text{-}20)$$

A taxa total de transferência de calor pela placa é

$$\dot{Q} = \frac{T_\infty - T_2}{\sum R} = \frac{T_\infty - T_2}{L/kA + 1/hA} \qquad (8\text{-}21)$$

que é idêntica à eq. 8-18.

A relação entre os valores das resistências e a distribuição de temperatura no sólido pode ser vista na Fig. 8-7. A resistência no sólido é expressa como uma fração da resistência total

$$\mathbf{R} = \frac{L/kA}{\sum R}$$

Os dois limites de **R** são 0 e 1. Quando **R** vale 0, a resistência de convecção é infinita, $h = 0$. O significado físico deste caso é que a superfície é perfeitamente isolada das vizinhanças. O sólido se encontra a uma temperatura uniforme igual a T_2. Se a resistência de convecção for pequena, o limite em que h tende a infinito, a resistência é oferecida somente pelo sólido e **R** = 1. A temperatura da superfície em $x = 0$ é, portanto, $T_1 = T_\infty$. O primeiro passo na utilização de um circuito térmico é determinar se a taxa de transferência de calor é em regime permanente e unidimensional. Isso é efetuado através da verificação da geometria do sólido e das condições de contorno térmicas. Se o problema for em regime permanente e unidimensional, as duas temperaturas entre as quais o calor é transferido precisam ser identificadas. Essas temperaturas

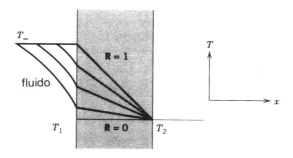

Figura 8-7 Distribuição de temperatura em uma placa

podem ser aquelas do(s) fluido(s) da vizinhança, ou da(s) superfície(s) isotérmica(s). O valor destas temperaturas é normalmente conhecido, embora, se um fluxo de calor for definido em uma das superfícies, a temperatura naquela superfície passa a ser desconhecida. O uso do circuito térmico para resolver esse tipo de problema é ilustrado no Exemplo 8-2. Uma vez identificadas as temperaturas, as resistências entre as duas temperaturas são determinadas e o circuito apropriado é desenhado. As quantidades desconhecidas são então determinadas.

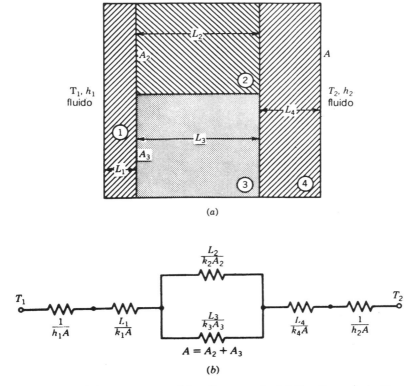

Figura 8-8 Seção composta. (a) seção composta. (b) Circuito equivalente

A simplicidade do uso do circuito térmico é evidente e deve ser usado para determinar a taxa de transferência de calor sempre que o fluxo de calor no sólido for unidimensional. O uso do conceito de resistência térmica é, estritamente falando, válido somente para transferência de calor unidimensional em regime permanente. Pode, contudo, ser usado para obter soluções *aproximadas* para seções compostas nas quais o fluxo de calor é bidimensional.

Uma seção composta típica é mostrada na Fig. 8-8. Uma aproximação da taxa de transferência de calor através da seção é obtida com a utilização de $\dot{Q} = \Delta T / \Sigma R$. O circuito térmico equivalente é também mostrado.

EXEMPLO 8-2

Uma fita de aquecimento é fixada a uma face de uma grande placa de liga de alumínio 2024-T6, com 3 cm de espessura. A outra face da placa é exposta ao meio circunvizinho, que está a uma temperatura de 20 °C. O lado de fora da fita de aquecimento está completamente isolado. Determinar a taxa de calor que precisa ser fornecida para manter a superfície da placa que está exposta ao ar a uma temperatura de 80 °C. Determinar também a temperatura da superfície na qual a fita de aquecimento está fixada. O coeficiente de transferência de calor entre a superfície da placa e o ar é de 5 W/m². °C.

SOLUÇÃO

A condutibilidade térmica da placa de liga de alumínio, $k = 181,8$ W/m °C a 80 °C, é obtida da Tabela A-14. Um arranjo esquemático da placa é mostrado na Fig. E8-2a. A transferência de calor é assumida ser unidimensional e o circuito térmico equivalente para a placa é mostrado na Figura 8-2b. Para o elemento de aquecimento operando em regime permanente, todo o calor fornecido pelo elemento passará através da parede para o meio circunvizinho. O fluxo de calor pode ser determinado da condição de contorno de convecção na superfície da placa.

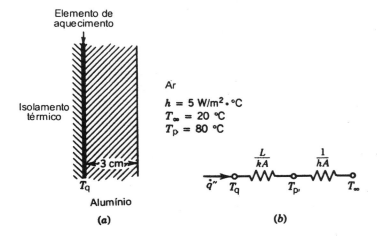

Figura E8-2 Parede aquecida. (a) Placa da liga de alumínio. (b) Circuito elétrico equivalente.

$$\dot{q}'' = \frac{\dot{Q}}{A} = h(T_p - T_\infty) = 5(80-20) = 300 \text{ W / m}^2$$

A temperatura da superfície na qual a fita de aquecimento está fixada pode ser obtida através do uso do circuito térmico completo

$$\dot{q}'' = \frac{T_q - T_\infty}{A \sum R} = \frac{T_q - T_\infty}{A[L/kA + 1/hA]}$$

Rearrajando dá

$$T_q = T_\infty + \dot{q}'' \left(\frac{L}{k} + \frac{1}{h} \right) = 20 + 300 \left(\frac{0,03}{181,8} + \frac{1}{5} \right) = 80,05 \text{ °C}$$

COMENTÁRIO

Um método alternativo, para calcular a temperatura na superfície na qual a fita de aquecimento é fixada, é calcular a queda de temperatura através da resistência interna

$$\dot{q}'' = \frac{T_q - T_p}{L/k} = \frac{T_q - 80}{(0,03/181,8)}$$

$$T_q = 80,05 \text{ °C}$$

A resistência à transferência de calor na superfície de convecção é muito maior que a resistência interna. Por isso, a temperatura na placa é praticamente uniforme.

Cilindro oco

O circuito térmico também pode ser usado para a determinação da taxa de transferência de calor unidimensional em regime permanente em um cilindro oco ou composto. A equação diferencial apropriada para o cilindro oco mostrado na Fig. 8-9, para transferência de calor em regime permanente na ausência de geração de calor e assumindo que as extremidades do cilindro estão isoladas, é

$$\frac{d^2T}{dr^2} + \frac{1}{r}\frac{dT}{dr} = 0 \tag{8-22}$$

As condições de contorno são

$$r = r_e \qquad T = T_e$$

$$r = r_0 \qquad T = T_0$$

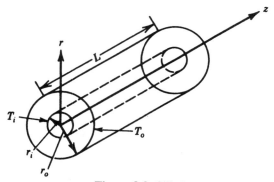

Figura 8-9 Cilindro oco.

A distribuição de temperatura no cilindro é obtida pela integração da eq. 8-22 e a utilização das condições de contorno para determinar as constantes de integração

$$T = T_i - \frac{T_i - T_o}{\ln(r_0/r_i)} \ln(r/r_i) \qquad (8\text{-}23)$$

A expressão para a taxa total de transferência de calor é

$$\dot{Q} = \frac{T_i - T_o}{\frac{\ln(r_o/r_i)}{2\pi k L}} \qquad (8\text{-}24)$$

A resistência equivalente oferecida pelo cilindro à transferência de calor é

$$R = \frac{\ln(r_o/r_i)}{2\pi k L} \qquad (8\text{-}25)$$

EXEMPLO 8-3

Um gás aquecido a uma temperatura de 250 °F escoa através de um tubo liso de aço carbono de 3 in. de diâmetro interno e ¼ in. de espessura. O tubo é isolado com uma camada de 2 in. de espessura de fibra de vidro cuja condutibilidade térmica é 0,044 Btu/h ft. °F. O ar em volta do tubo isolado está a 70 °F. Determinar a taxa de transferência de calor por ft de comprimento do tubo se o coeficiente de transferência de calor no lado do gás é de 50 Btu/ h ft^2. °F e do lado externo é de 0,5 Btu/ h ft^2. °F.

SOLUÇÃO

Os parâmetros importantes para calcular a taxa de calor perdido pelo gás aquecido são os seguintes:

$d_1 = 3,0$ in. $d_2 = 3,5$ in. $d_3 = 7,5$ in.
$k_p = 35,0$ Btu/h ft °F $k_{fv} = 0,044$ Btu/h ft °F
$h_{gás} = 50,0$ Btu/h ft² °F $h_\infty = 50$ Btu/h ft² °F
$T_{gás} = 250$ °F $T_\infty = 70$ °F

Os valores das condutibilidades térmicas foram obtidos da Tabela B-4. O circuito térmico equivalente é mostrado na Fig. E8-3.

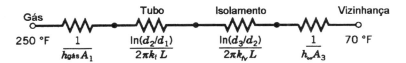

Figura E8-3 Circuito térmico

A soma das resistências por unidade de comprimento é

$$\Sigma R = \frac{1}{h_{gás} A_1} + \frac{\ln(d_2/d_1)}{2\pi k_p L} + \frac{\ln(d_3/d_2)}{2\pi k_{fv} L} + \frac{1}{h_\infty A_3}$$

$$= \frac{1}{50(3/12)(\pi)(1)} + \frac{\ln(3,5/3)}{2\pi(35)(1)} + \frac{\ln(7,5/3,5)}{2\pi(0,044)(1)} + \frac{1}{0,5(7,5/12)\pi(1)}$$

$$= 0,0255 + 0,0007 + 2,757 + 1,019 = 3,8022 \text{ h/°F Btu}$$

A taxa de transferência de calor é

$$\frac{\dot{Q}}{L} = \frac{T_{gás} - T_\infty}{\Sigma R} = \frac{250 - 70}{3,8022} = 47,34 \text{ Btu / h ft}$$

Aletas

Existem muitas aplicações de engenharia em que o maior objetivo do projeto térmico é o aumento da taxa de transferência de calor entre a superfície de um sólido e um fluido ao seu redor. Foi mostrado que a resistência a essa transferência de calor é inversamente proporcional ao coeficiente de transferência de calor por convecção e à área da superfície do sólido. Embora existam muitos métodos que possam ser usados para aumentar o coeficiente de transferência de calor, há limites práticos para o máximo h que pode ser encontrado. Um segundo método para aumentar a taxa de transferência de calor pode ser o de aumentar a área efetiva de troca de calor da superfície, isto é, a área da superfície em contato com o fluido. Isso pode ser conseguido através da instalação de aletas na superfície, como mostrado na Fig 8-10.

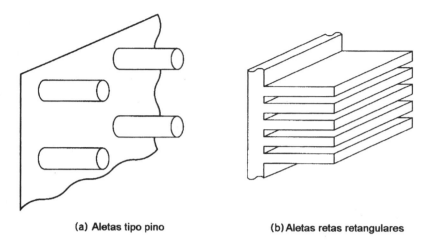

(a) Aletas tipo pino   (b) Aletas retas retangulares

Figura 8-10 Superfícies aletadas com transferência de calor

O calor que deixa a superfície pode ser transferido ao fluido de duas formas. Uma é o calor que sai da superfície não aletada, denominada de superfície livre, diretamente para o fluido. A segunda é o calor que é transferido às aletas e então das aletas para o fluido ao seu redor. Os dois processos ocorrem em paralelo. Se for considerado que o fluxo de calor é unidimensional, uma aproximação que é aceitável para muitas situações, o circuito térmico pode ser usado com as modificações mostradas na Fig. 8-11. A resistência térmica da superfície livre (não aletada) é

$$R_b = \frac{1}{h_2 A_b} \tag{8-26}$$

Uma expressão para a resistência associada com a transferência de energia através das aletas para o fluido será agora desenvolvida.

Um balanço de energia no plano em que as aletas estão fixadas à superfície mostra que

$$\dot{Q}_s = \dot{Q}_a$$

A taxa de transferência de calor da aleta ao fluido, $\dot{Q}_a$, pode ser obtida pela realização de um balanço de energia em uma seção diferencial da aleta de comprimento Δx. A seção transversal da aleta é uniforme. Pode ser visto da Fig. 8-7 que, quando a resistência interna à transferência de calor é pequena comparada com a resistência oferecida pelo processo convectivo na superfície do sólido, uma queda muito pequena de temperatura ocorre no sólido. Assumiremos que a temperatura é uniforme em toda a seção transversal da aleta, e o fluxo de calor na aleta é unidimensional. Do balanço de energia na seção diferencial de comprimento Δx (mostrado na Fig. 8-12) tem-se

$$\dot{Q}_{\text{cond}_{\text{dentro}}} + \dot{Q}_{\text{conv}} = \dot{Q}_{\text{cond}_{\text{fora}}} \tag{8-25}$$

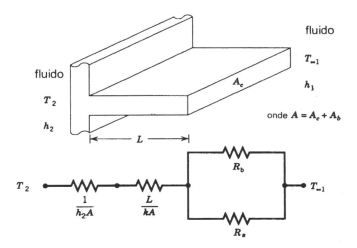

Figura 8-11 Aleta retangular reta em uma superfície e seu circuito térmico

ou na forma diferencial

$$\frac{d^2T}{dx^2} - \frac{h\mathbf{P}}{k_a A_c}(T - T_\infty) \tag{8-28}$$

Se as condições de contorno forem

$$\begin{aligned} x = 0 & \quad T = T_o \\ x = L & \quad \frac{dT}{dx} = 0 \end{aligned} \tag{8-29}$$

A taxa de transferência de calor da aleta para o fluido é

$$\dot{Q}_1 = \sqrt{h\mathbf{P}k_a A_c}\,(T_o - T_\infty)\tanh(mL) \tag{8-30}$$

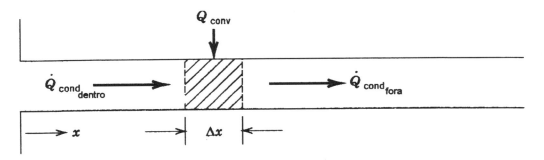

Figura 8-12 Balanço de energia na seção diferencial de aleta.

308 INTRODUÇÃO ÀS CIÊNCIAS TÉRMICAS

onde

$$m = \sqrt{\frac{h\mathbf{P}}{k_a A_c}}$$

$\mathbf{P}$ é o perímetro da aleta e A_c é a área da seção transversal da aleta. A tangente hiperbólica é

$$\tanh(mL) = \frac{e^{mL} - e^{-mL}}{e^{mL} + e^{-mL}}$$

A expressão para a resistência oferecida pelas aletas é

$$R_a = \frac{1}{N\sqrt{h\mathbf{P}K_a A_c}\,\tanh(mL)} \tag{8-31}$$

onde N é o número total de aletas fixadas à superfície. Se a extremidade da aleta possuir uma condição de contorno de convecção, o comprimento da aleta precisa ser aumentado pela adição de A_c /$\mathbf{P}$, assim $L_c = L + A_c$ /$\mathbf{P}$. A resistência de aleta pode ser calculada através da eq. 8-31 com L_c substituindo L.

EXEMPLO 8-4

Aletas retangulares retas, com 3 mm de espessura e 2 cm de comprimento, são soldadas a uma placa plana de 1m por 1m e 5 mm de espessura. Tanto as aletas como a placa são feitos de aço carbono comum. A superfície não aletada é mantida a uma temperatura uniforme de 180 °C, enquanto que a superfície aletada está em contato com ar a 20 °C. O espaçamento entre aletas é de 7 mm, e o coeficiente de transferência de calor por convecção em todas as superfícies em contato com o fluido é de 10 W/ m². °C.

Determinar a taxa de transferência de calor da placa. Qual seria a taxa se as aletas não fossem instaladas?

SOLUÇÃO

A condutibilidade térmica do aço carbono comum é de 56,7 W/ m. °C, que é obtida da Tabela A-15, assumindo que a temperatura média do material é de 400 K. O número de aletas na superfície é 100 e a área da superfície livre é de 0,7 m². Um diagrama esquemático do conjunto aletas-placa é mostrado na Fig. E8-4. O circuito térmico será usado para a solução do problema.

As resistências são

Placa
$$R_p = \frac{L}{kA} = \frac{0,005}{56,7(1)} = 8,82 \times 10^{-5}\ ^\circ C / W$$

Superfície livre
$$R_b = \frac{1}{hA_b} = \frac{1}{10(0,7)} = 0,143\ ^\circ C / W$$

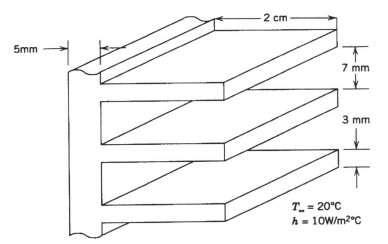

Figura E8-4 Aletas retangulares retas montadas em uma placa plana.

Os cálculos da resistência da aleta requerem

Área da seção transversal

$$A_c = \text{Largura} \times \text{Espessura} = 1(0,003) = 0,003 \text{ m}^2$$

Perímetro

$$\mathbf{P} = 2(\text{Largura} + \text{Espessura}) = 2,006 \text{ m}$$

Comprimento corrigido

$$L_c = L + A_c / \mathbf{P} = 0,02 + 0,003/2,006 = 0,0215 \text{ m}$$

$$m = \sqrt{\frac{h\mathbf{P}}{kA_c}} = \sqrt{\frac{10(2,006)}{56,7(0,003)}} = 10,86$$

A resistência da aleta é obtida através da Eq. 8-31

$$R_f = \frac{1}{N\sqrt{h\mathbf{P}kA_c} \tanh mL_c} = \frac{1}{100\sqrt{10(2,006)(56,7)(0,003)} \tanh 10,86(0,02015)} = 0,025 \text{ °C/W}$$

A resistência equivalente para o fluxo de calor paralelo é

$$R_{eq} = \frac{R_b R_f}{R_b + R_f} = \frac{0,143(0,025)}{0,143 + (0,025)} = 0,0213 \text{ °C/W}$$

A resistência total para a superfície aletada é

$$\sum R = 8{,}82 \times 10^{-5} + 0{,}0213 = 0{,}0214 \ °C/W$$

e a taxa de transferência de calor é

$$\dot{Q} = \frac{T_1 - T_\infty}{\sum R} = \frac{180 - 20}{0{,}0214} = 7.477 \ W$$

A taxa de transferência de calor, se não houvessem aletas, seria

$$\dot{Q} = \frac{T_1 - T_\infty}{R_p + R_c} = \frac{180 - 20}{8{,}82 \times 10^{-5} + \dfrac{1}{10(1)}} = \frac{160}{0{,}100088} = 1.599 \ W$$

Bidimensional

Em muitas situações de projeto a hipótese de condução de calor unidimensional introduzirá erros significativos nos cálculos. Para obter uma estimativa mais precisa da transferência de calor e a distribuição de temperatura em tais sólidos, a solução precisa começar com a forma bi - ou tridimensional da equação da condução de calor e as condições de contorno apropriadas.

Para ilustrar essa situação, considere a transferência de calor em regime permanente no canto da seção mostrada na Fig. 8-13. Uma solução unidimensional poderia ser razoável para determinar a taxa de transferência de calor bem próximo às superfícies isoladas, mas isto introduziria grandes erros se usada perto do canto. Uma distribuição de temperatura exata na seção inteira, que é requerida para determinar a transferência de calor total, somente pode ser obtida através da solução da equação diferencial abaixo com as condições de contorno assinaladas.

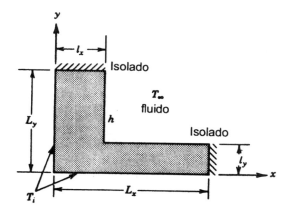

Figura 8-13 Transferência de calor bidimensional

CAPÍTULO 8 - TRANSFERÊNCIA DE CALOR POR CONDUÇÃO **311**

Equação diferencial:

$$\frac{\partial^2 T}{\partial x^2} + \frac{\partial^2 T}{\partial y^2} = 0 \qquad (8\text{-}32)$$

Condições de contorno:

$x = 0$	$0 \le y \le L_y$	$T = T_i$
$x = l_x$	$l_y \le y \le L_y$	$-k\dfrac{\partial T}{\partial x} = h(T - T_\infty)$
$x = L_x$	$0 < y \le l_y$	$\dfrac{\partial T}{\partial x} = 0$
$y = 0$	$0 \le x \le L_x$	$T = T_i$
$y = l_y$	$l_x \le x \le L_x$	$-k\dfrac{\partial T}{\partial y} = h(T - T_\infty)$
$y = L_y$	$0 < x < l_x$	$\dfrac{\partial T}{\partial y} = 0$

A equação diferencial precisa ser integrada, e as constantes de integração são determinadas satisfazendo as condições de contorno. A complexidade matemática envolvida é facilmente imaginada, e não existe uma solução analítica geral disponível para esse problema.

Soluções gerais exatas para a taxa de transferência de calor e distribuição de temperatura em corpos sólidos bi - e tridimensionais podem ser obtidas somente em um número limitado de casos. Somos normalmente forçados a obter a informação desejada através do uso de uma das técnicas de solução aproximada que tem sido desenvolvidas.

Fator de forma de condução

Se a configuração contém somente duas superfícies isotérmicas, T_1 e T_2, e um material homogêneo simples, a taxa de transferência de calor pode ser calculada usando a seguinte expressão

$$\dot{Q} = Sk(T_2 - T_1) \qquad (8\text{-}33)$$

onde S é o *fator de forma da condução* e tem unidades de comprimento, m.

O fator de forma para a placa unidimensional infinita mostrada na Fig. 8-5*a* pode ser encontrada através da comparação das eqs. 8-16 e 8-33. Ele é igual à área dividida pela espessura da parede, $S = A/L$. Os fatores de forma para um número limitado de configurações bidimensionais estão tabulados na Tabela 8-3.

Tabela 8-3 Fatores de forma de condução de calor[11]

Sistema	Esquema	Restrições	Fator de forma
Esfera isotérmica enterrada em um meio semi-infinito		$z > D/2$	$\dfrac{2\pi D}{1 - D/4z}$
Cilindro isotérmico horizontal de comprimento L enterrado em um meio semi-infinito		$L >> D$	$\dfrac{2\pi L}{\cosh^{-1}(2z/D)}$
		$L >> D$ $z > 3D/2$	$\dfrac{2\pi L}{\ln(4z/D)}$
Cilindro vertical em um meio semi-infinito		$L >> D$	$\dfrac{2\pi L}{\ln(4L/D)}$

CAPÍTULO 8 - TRANSFERÊNCIA DE CALOR POR CONDUÇÃO

Condução entre dois cilindros de comprimento L em um meio infinito		$L \gg D_1 D_2$ $L \gg w$	$\dfrac{2\pi L}{\cosh^{-1}\left(\dfrac{4w^2 - D_1^2 - D_2^2}{2D_1 D_2}\right)}$
Cilindro circular horizontal de comprimento L entre placas paralelas de comprimento igual e largura infinita		$z > D/2$ $L \gg z$	$\dfrac{2\pi L}{\ln(8z/D)}$
Cilindro circular de comprimento L inserido em um sólido quadrado	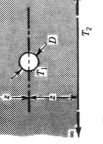	$w > D$ $L \ggg w$	$\dfrac{2\pi L}{\ln(1{,}08 w/D)}$
Parede plana	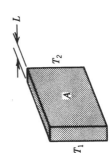	Condução unidimensional	$\dfrac{A}{L}$

Continua

Tabela 8-3 Fatores de forma de condução de calor[11] (*continuação*)

Sistema	Esquema	Restrições	Fator de forma
Condução através das extremidades de paredes anexas		$D > L/5$	$0,54D$
Condução através do canto de três paredes com uma diferença de temperatura ΔT_{1-2} através das paredes		$L \ll$ Largura das paredes	$0,15L$
Disco de diâmetro D e T_1 em um meio semi-infinito de condutibilidade térmica k e T_2		Nenhuma	$2D$

EXEMPLO 8-5

O tijolo da chaminé mostrado na Fig. E8-5 tem 5 m de altura. Uma estimativa da taxa de transferência de calor total através da parede da chaminé quando as superfícies internas estão a uma temperatura uniforme de 100 °C e as superfícies externas são mantidas a uma temperatura uniforme de 20 °C é requerida.

SOLUÇÃO

A condutibilidade térmica do tijolo obtida da Tabela A-15.2 é de 0,72 W/m.°C. A técnica de solução leva em consideração o fato de que planos de simetria existem, através dos quais não ocorre transferência de calor. A taxa de transferência de calor através de uma das seções de canto mostrada na Fig. E8-5 é achada através do método do fator de forma da condução. A taxa total de transferência de calor através da chaminé será igual a quatro vezes o calor transferido através da seção de canto. Os fatores de forma para os três elementos da seção de canto são obtidos da Tabela 8-3.

Elemento

1. $S_1 = \dfrac{A_1}{L} = \dfrac{0,3(5)}{0,1} = 15 \text{ m}$

2. $S_2 = 0,54 D = 0,54(5) = 2,7 \text{ m}$

3. $S_3 = \dfrac{A_3}{L} = \dfrac{0,2(5)}{0,1} = 10 \text{ m}$

A soma dos fatores de forma é

$$\sum S = S_1 + S_2 + S_3 = 27,7 \text{ m}$$

A taxa de transferência de calor da seção de canto mostrada na Fig. E8-5 é

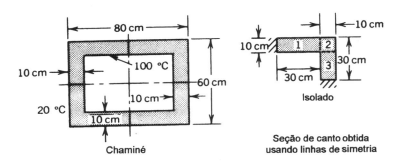

Figura E8-5 Seção da chaminé.

A taxa total de perda de calor estimada através da chaminé é

$$\dot{Q}_t = 4\dot{Q}_c = 4(1,595) = 6,38 \text{ kW}$$

COMENTÁRIO

A importância do uso da simetria na solução de problemas de condução de calor não pode ser sobrevalorizada. A solução apresentada é um exemplo do uso da simetria para simplificar os cálculos da taxa de transferência de calor na chaminé.

Pode-se observar uma semelhança entre a eq. 8-33 e a analogia entre o fluxo de calor e a corrente descritos anteriormente. A taxa de transferência de calor entre duas superfícies isotérmicas a T_1 e T_2 para uma configuração bidimensional é inversamente proporcional à resistência térmica. A resistência térmica para a condução de calor bidimensional em regime permanente pode ser expressa em termos do fator de forma da condução como

$$R = \frac{1}{Sk} \qquad (8\text{-}34)$$

Um circuito térmico pode ser usado com condução de calor bidimensional para obter soluções aproximadas para a taxa de transferência de calor. A precisão desses cálculos depende da magnitude da variação da temperatura nas superfícies isotérmicas, especificada na expressão para o fator de forma da condução. Se o fluxo de calor através das superfícies é unidimensional e se as resistências em contato com as superfícies das configurações bidimensionais são pequenas quando comparadas com aquelas do corpo bidimensional, os resultados obtidos usando um circuito térmico normalmente fornecerão resultados aceitáveis no projeto de engenharia. Um exemplo de uma configuração típica na qual a solução poderia ser usada é mostrada na Fig. 8-14 onde R_t e R_{conv} são as resistências oferecidas pelo tubo e a condição de contorno convectiva interna.

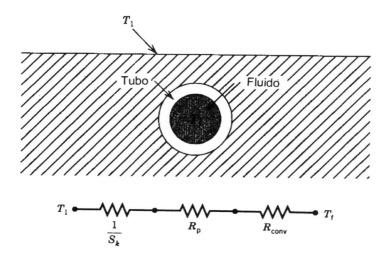

Figura 8-14 Transferência de calor de um tubo enterrado e seu circuito térmico.

Métodos numéricos

Os métodos de aproximação mais eficazes disponíveis para a solução de problemas de condução de calor multidimensional utilizam técnicas de elementos finitos ou diferenças finitas. Uma descrição detalhada da aplicação de técnicas de elementos finitos a problemas de condução de calor é apresentada por Myers[3], e Patankar[4] descreve o uso de técnicas de diferenças finitas para a solução deste tipo de problemas. Descrições menos detalhadas de técnicas de diferenças finitas também estão disponíveis em numerosos livros de transferência de calor[5,6,7]. Uma breve descrição do uso de técnicas de diferenças finitas para um problema de condução de calor bidimensional em regime permanente será apresentada para ilustrar o procedimento. O leitor que necessitar de informações mais detalhadas pode recorrer às referências apresentadas.

Os seguintes passos são realizados para a solução de um problema de condução de calor bidimensional em regime permanente por diferenças finitas.

1. Determinar o modelo matemático completo do problema. Isso inclui a identificação da equação diferencial apropriada e as condições de contorno.
2. Subdividir a configuração usando uma série de linhas de grade ortogonais. As linhas de grade devem coincidir com as fronteiras sempre que possível. Cada intersecção de duas linhas de grade, ou uma linha de grade e uma fronteira, tem um volume de material associado a ele. Estas intesecções são chamadas de *nós* e são identicadas por números.
3. A equação diferencial e as condições de contorno são aproximadas através de uma equação algébrica de diferença finita para cada *nó*. As equações resultantes estão em uma forma implícita e contêm as temperaturas do *nó* em consideração e a temperatura de cada dos *nós imediatamente* próximos, que estão conectados a ele pela grade ou linhas de contorno.
4. Um conjunto de equações algébricas lineares, uma para cada *nó* na configuração, é formado. Se existem N *nós* na grade, o conjunto consistirá de N equações que coletivamente contém as temperaturas nos N *nós*, as N desconhecidas. O conjunto de equações é resolvido simultaneamente por um método direto ou iterativo para obter as temperaturas nos *nós*.
5. A taxa de transferência de calor através de qualquer superfície pode ser determinada através do uso da temperatura nos *nós* e a equação de contorno apropriada.

8.4 CONDUÇÃO DE CALOR TRANSITÓRIA

Se as condições de contorno térmicas são dependentes do tempo, a equação completa da condução de calor é requerida para descrever o processo de condução. No sistema de coordenadas cartesianas, a equação da condução de calor transiente com condutibilidade térmica constante é

$$k\left[\frac{\partial^2 T}{\partial x^2} + \frac{\partial^2 T}{\partial y^2} + \frac{\partial^2 T}{\partial z^2}\right] + \dot{q}''' = \rho c \frac{\partial T}{\partial t}$$

O modelo matemático completo para um problema de condução de calor inclui a distribuição de temperatura inicial no corpo, bem como as condições de contorno térmicas nas superfícies do corpo.

Na obtenção da distribuição de temperatura transitória no corpo, técnicas matemáticas são bastante elaboradas, até mesmo para uma configuração geométrica simples. Técnicas numéricas, semelhantes àquelas descritas na Seção 8.3 para condução de calor em regime permanente, são

318 INTRODUÇÃO ÀS CIÊNCIAS TÉRMICAS

comumente usadas para a solução de problemas multidimensionais de condução de calor transitória. Muitos programas de computador estão disponíveis. Esses programas têm a capacidade de resolver problemas com geometrias compostas complicadas de diferentes materiais, propriedades termofísicas variáveis, e condições de contorno não lineares. Uma descrição completa dessas técnicas está fora do escopo deste livro. Como resultado, não será dada ênfase a essas técnicas de solução. Em vez disso, algumas das soluções disponíveis, expressões algébricas bem como cartas gráficas, serão apresentadas com ênfase para aquelas usadas na solução de problemas de engenharia.

Análise concentrada

Um corpo inicialmente a uma temperatura uniforme, T_0 , experimenta repentinamente uma mudança térmica em seu meio circunvizinho. A taxa com que essa mudança é sentida no interior do corpo dependerá da resistência à transferência de calor oferecida em suas superfícies e a resistência oferecida internamente, dentro do material. Se a resistência térmica oferecida nas superfícies é muito maior do que a resistência térmica interna, a distribuição de temperatura no sólido será praticamente uniforme. O caso limite ocorre quando a condutibilidade térmica do material é infinita, resistência interna nula à transferência de calor. A temperatura do corpo é uniforme, e a temperatura dependente do tempo pode ser determinada através do uso de uma análise *concentrada*.

A primeira lei para o corpo irregular mostrado na Fig. 8-15 é

$$\frac{dU}{dt} = \dot{Q} \tag{8-35}$$

O corpo está inicialmente a uma temperatura T_0. Em t > 0, a temperatura do fluido ao redor do sólido é alterada para T_∞. Se a resistência interna for desprezada, a temperatura do corpo será uniforme, a expressão para a primeira lei torna-se

$$\rho c V \frac{dT}{dt} = hA(T_\infty - T) \tag{8-36}$$

onde V é o volume e A é a área da superfície do corpo.

A condição inicial é

$$t = 0$$

$$T = T_o$$

A distribuição de temperatura no corpo é obtida pela integração da eq. 8-36,

$$\frac{dT}{(T - T_\infty)} = -\frac{hA}{\rho c V} dt$$

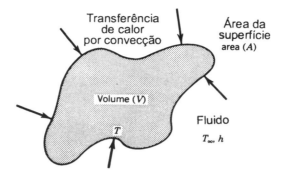

Figura 8-15 Análise concentrada para transferência de calor transitória.

$$\ln(T - T_\infty) = -\frac{hA}{\rho c V} t + \mathbf{A}$$

onde **A** é a constante de integração. A condição inicial é usada para determinar a constante de integração

$$\mathbf{A} = \ln(T_0 - T_\infty)$$

A expressão final para a temperatura no corpo é

$$\frac{(T - T_\infty)}{(T_0 - T_\infty)} = \exp\left(-\frac{hAt}{\rho c V}\right) \tag{8-37}$$

Essa expressão pode ser transformada em uma forma adimensional através da introdução de alguns grupos adimensionais.

Temperatura:

$$T = \frac{(T - T_\infty)}{(T_0 - T_\infty)} \tag{8-38}$$

Um comprimento característico, L_c, é definido como

$$L_c \equiv \frac{V}{A} \tag{8-39}$$

A *difusividade térmica* é introduzida

$$\alpha \equiv \frac{k}{\rho c_p} = \frac{k}{\rho c}\bigg|_{\text{sólido}} \tag{8-40}$$

320 INTRODUÇÃO ÀS CIÊNCIAS TÉRMICAS

O expoente na eq. 8-37 pode ser expresso em termos de dois grupos adimensionais freqüentemente utilizados na transferência de calor. Esses são o número de *Biot*

$$\text{Bi} \equiv \frac{hL_c}{k} \tag{8-41}$$

e o número de *Fourier*

$$\text{Fo} \equiv \frac{\alpha t}{L_c^2} \tag{8-42}$$

A eq. 8-37 na forma adimensional torna-se

$$T = \exp(-\text{Bi Fo}) \tag{8-43}$$

Nesse ponto pode-se discutir o significado físico atribuído ao número de Biot. Ele representa a relação entre a resistência interna à transferência de calor e a resistência à transferência de calor oferecida nas superfícies do sólido

$$\text{Bi} \ \alpha \ \frac{\text{resistência interna}}{\text{resistência nas superfícies}}$$

O número de Biot pode ser usado para determinar se erros significativos são introduzidos nos cálculos da resposta transitória de um corpo usando a análise concentrada. *Tem sido mostrado que uma precisão razoável pode ser obtida utilizando uma análise concentrada se* Bi ≤ *0,1.*

A taxa de transferência de calor em qualquer instante pode ser determinada através de

$$\dot{Q} = hA(T_\infty - T) = hA(T_\infty - T_0)\exp\left(-\frac{hAt}{\rho c V}\right) \tag{8-44}$$

A quantidade total de energia ganha pelo corpo no tempo t pode ser encontrada através de

$$Q = \rho c V(T - T_0) = \rho c V(T_\infty - T_0)\left[1 - \exp\left(-\frac{hAt}{\rho c V}\right)\right] = Q_0\left[1 - \exp\left(-\frac{hAt}{\rho c V}\right)\right] \tag{8-45}$$

onde $Q_0 = \rho c V(T_\infty - T_0)$. Isso representa a quantidade máxima de energia que pode ser ganha pelo corpo.

Se houver geração interna de calor no corpo que comece em $t = 0$, a equação diferencial da energia será

$$\rho c V \frac{dT}{dt} = hA(T_\infty - T) + \dot{q}''' V \tag{8-46}$$

A condição inicial permanece a mesma

$$t = 0$$

$$T = T_0$$

A expressão para a temperatura do corpo com geração interna de calor é

$$\frac{T - T_\infty}{T_0 - T_\infty} = \exp\left(-\frac{hAt}{\rho c V}\right) + \frac{\dot{q}'''V}{hA(T_0 - T_\infty)}\left[1 - \exp\left(-\frac{hAt}{\rho c V}\right)\right] \tag{8-47}$$

EXEMPLO 8-6

Uma esfera sólida de aço, AISI 1010, com 1 cm de diâmetro, inicialmente a 15 °C , é colocada em uma corrente de ar, $T_\infty = 60$ °C. Estimar a temperatura dessa esfera em função do tempo depois de ter sido colocada na corrente de ar quente. O coeficiente médio de transferência de calor por convecção é de 20 W/ m^2. °C.

SOLUÇÃO

As propriedades termofísicas da esfera de aço são obtidas da Tabela A-14.

$$k = 63,9 \text{ W/m} . °C \quad ; \quad \rho = 7832 \text{ kg/m}^3 \quad ; \quad c = 434 \text{ J/kg} . °C$$

A difusividade térmica é

$$\alpha = \frac{k}{\rho c} = \frac{63,9}{(7.832)(434)} = 18,80 \times 10^{-3} \text{ m}^2 / s$$

O comprimento característico é

$$L_c = \frac{V}{A} = \frac{(\pi / 6)d^3}{\pi d^2} = \frac{d}{6} = \frac{0,01}{6} = 1,667 \times 10^{-3} \text{ m}$$

O número de Biot é

$$\text{Bi} = \frac{hL_c}{k} = \frac{20(1,667 \times 10^{-3})}{63,9} = 521,8 \times 10^{-6}$$

e indica que a análise concentrada pode ser usada sem introduzir um erro significativo nos cálculos. O número de Fourier é

$$\text{Fo} = \frac{\alpha t}{L_c^2} = \frac{18{,}80 \times 10^{-6} t}{\left(1{,}667 \times 10^{-3}\right)^2} = 6{,}765 t$$

Substituindo essas relações na eq. 8-43 tem-se

$$T = \exp(-\text{Bi Fo})$$

$$T = T_\infty + (T_0 - T_\infty)\exp[-521{,}8 \times 10^{-6}(6{,}765 t)]$$

$$= 60 + (15 - 60)\exp(-3{,}530 \times 10^{-3} t)$$

$$= 60 - 45\exp(-3{,}530 \times 10^{-3} t)$$

A resposta da temperatura da esfera de aço à exposição da corrente de ar quente é mostrada na Fig. E8-6.

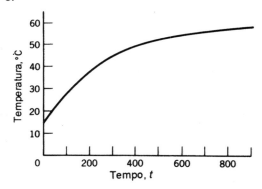

Figura E8-6 Curva resposta de temperatura da esfera sólida de aço.

COMENTÁRIO

A taxa na qual calor é transferido para a esfera pode ser calculado a partir da temperatura conhecida da esfera

$$\dot{Q} = hA(T_\infty - T) = hA[45\exp(-3{,}530 \times 10^3 t)$$

$$= 20\pi(0{,}01)^2(45)\exp(-3{,}530 \times 10^{-3} t) = 0{,}2827\exp(-3{,}530 \times 10^{-3} t)$$

Unidimensional

Se o fluxo de calor transitório em um corpo for considerado unidimensional, $T(x, t)$, e na ausência de geração interna de calor, a equação da condução de calor no sistema de coordenadas cartesianas reduz-se a

$$\frac{\partial^2 T}{\partial x^2} = \frac{1}{\alpha}\frac{\partial T}{\partial t} \qquad (8\text{-}48)$$

A equação correspondente em coordenadas cilíndricas é

$$\frac{\partial^2 T}{\partial r^2} + \frac{1}{r}\frac{\partial T}{\partial r} = \frac{1}{\alpha}\frac{\partial T}{\partial t} \qquad (8\text{-}49)$$

Quatro configurações específicas serão consideradas, nas quais a transferência de calor é unidimensional.

Sólido semi-infinito

Embora um engenheiro raramente encontre um *sólido semi-infinito* em termos estritamente físicos, existem muitas situações nas quais um corpo comporta-se, termicamente, como um sólido semi-infinito. Por exemplo, considere uma mudança súbita na temperatura do fluido adjacente à placa mostrada na Fig. 8-16 ocorrendo em $t = 0$. Como resultado do distúrbio térmico, uma onda de temperatura move-se da superfície para dentro do material. Enquanto a onda de temperatura não atingir outra fronteira ou encontrar uma onda de temperatura originada em outra fronteira, ela irá se comportar como se estivesse sendo transmitida dentro de um sólido semi-infinito. Assim, se $0 < t < t_1$, onde t_1 é o tempo requerido para a onda de temperatura atingir a onda de temperatura da outra fronteira, a solução de sólido semi-infinito é satisfatória para a placa. Para $t \geq t_1$ os procedimentos apresentados na seção de placas infinitas precisam ser usados.

O sólido semi-infinito mostrado na Fig. 8-17 está inicialmente a uma temperatura uniforme, T_0. A superfície do corpo em $x = 0$ experimenta uma mudança súbita na sua condição de contorno. A distribuição de temperatura no sólido pode ser determinada com as seguintes expressões:

A. Mudança súbita na temperatura da superfície (tipo função degrau):

$x = 0$ $\qquad\qquad T = T_1 \qquad\qquad$ para $t > 0$

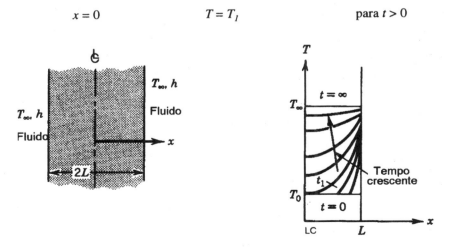

Figura 8-16 Condução de calor transitória.

Figura 8-17 Sólido semi-infinito.

A distribuição de temperatura é

$$T = T_1 + (T_0 - T_1)\text{erf}\left(\frac{x}{2\sqrt{\alpha t}}\right) \qquad (8\text{-}50)$$

onde $\text{erf}\left(\dfrac{x}{2\sqrt{\alpha t}}\right)$ é a função erro de Gauss tabulada na Tabela 8-4.

B. Mudança súbita no fluxo de calor (tipo função degrau):

$$x = 0 \qquad \dot{q}_p'' = -k\frac{\partial T}{\partial x} \qquad \text{para } t > 0.$$

A distribuição de temperatura é

$$T = T_0 + \frac{2\dot{q}_p''\sqrt{\alpha t/\pi}}{k}\exp\left(-\frac{x^2}{4\alpha t}\right) - \frac{\dot{q}_p'' x}{k}\left[1 - \text{erf}\left(\frac{x}{2\sqrt{\alpha t}}\right)\right] \qquad (8\text{-}51)$$

C. Mudança súbita na temperatura do fluido (tipo função degrau):

$$x = 0 \qquad h(T_\infty - T) = -k\frac{\partial T}{\partial x} \qquad \text{para } t > 0$$

A distribuição de temperatura é

$$T = T_0 + (T_\infty - T_0)\left\{1 - \text{erf}\left(\frac{x}{2\sqrt{\alpha t}}\right) - \left[\exp\left(\frac{hx}{k} + \frac{h^2\alpha t}{k^2}\right)\right]\left[1 - \text{erf}\left(\frac{x}{2\sqrt{\alpha t}} + \frac{h\sqrt{\alpha t}}{k}\right)\right]\right\} \qquad (8\text{-}52)$$

Tabela 8-4 Função erro de Gauss

X	erf(X)	X	erf(X)	X	erf(X)
0,00	0,00000	0,76	0,71754	1,52	0,96841
0,02	0,02256	0,78	0,73001	1,54	0,97059
0,04	0,04511	0,80	0,74210	1,56	0,97263
0,06	0,06762	0,82	0,75381	1,58	0,97455
0,08	0,09008	0,84	0,76514	1,60	0,97635
0,10	0,11246	0,86	0,77610	1,62	0,97804
0,12	0,13476	0,88	0,78669	1,64	0,97962
0,14	0,15695	0,90	0,79691	1,66	0,98110
0,16	0,17901	0,92	0,80677	1,68	0,98249
0,18	0,20094	0,94	0,81627	1,70	0,98379
0,20	0,22270	0,96	0,82542	1,72	0,98500
0,22	0,24430	0,98	0,83423	1,74	0,98613
0,24	0,26570	1,00	0,84270	1,76	0,98719
0,26	0,28690	1,02	0,85084	1,78	0,98817
0,28	0,30788	1,04	0,85865	1,80	0,98909
0,30	0,32863	1,06	0,86614	1,82	0,98994
0,32	0,34913	1,08	0,87333	1,84	0,99074
0,34	0,36936	1,10	0,88020	1,86	0,99147
0,36	0,38933	1,12	0,88079	1,88	0,99216
0,38	0,40901	1,14	0,89308	1,90	0,99279
0,40	0,42839	1,16	0,89910	1,92	0,99338
0,42	0,44749	1,18	0,90484	1,94	0,99392
0,44	0,46622	1,20	0,90131	1,96	0,99443
0,46	0,48466	1,22	0,91553	1,98	0,99489
0,48	0,50275	1,24	0,92050	2,00	0,995322
0,50	0,52050	1,26	0,92524	2,10	0,997020
0,52	0,53790	1,28	0,92973	2,20	0,998137
0,54	0,55494	1,30	0,93401	2,30	0,998857
0,56	0,57162	1,32	0,93806	2,40	0,999311
0,58	0,58792	1,34	0,94191	2,50	0,999593
0,60	0,60386	1,36	0,94556	2,60	0,999764
0,62	0,61941	1,38	0,94902	2,70	0,999866
0,64	0,63459	1,40	0,95228	2,80	0,999925
0,66	0,64938	1,42	0,95538	2,90	0,999959
0,68	0,66278	1,44	0,95830	3,00	0,999978
0,70	0,67780	1,46	0,96105	3,20	0,999994
0,72	0,69143	1,48	0,96365	3,40	0,999998
0,74	0,70468	1,50	0,96610	3,60	1,000000

326 INTRODUÇÃO ÀS CIÊNCIAS TÉRMICAS

EXEMPLO 8-7

Uma parede muito grossa de carvalho está inicialmente a uma temperatura uniforme de 20 °C. Ela é exposta repentinamente a uma corrente quente de gás, $T_\infty = 200$ °C. Estimar a temperatura da superfície da madeira 10 s depois do gás entrar em contato com a madeira. O coeficiente de transferência de calor por convecção é de 100 W/ m^2 . °C.

SOLUÇÃO

As propriedades termofísicas da madeira são obtidas da Tabela A-15.1.

$$k = 0,19 \text{ W/m °C}$$

$$\rho = 545 \text{ kg/m}^3$$

$$c = 2.385 \text{ J/kg °C}$$

A difusividade térmica é

$$\alpha = \frac{k}{\rho c} = \frac{0,19}{545(2.385)} = 146,2 \times 10^{-9} \text{ m}^2 / \text{s}$$

A temperatura da superfície, $x = 0$ em $t = 10$ s, pode ser estimada assumindo que a parede se comporte como uma placa semi-infinita, através da eq. 8-52.

$$T_{\text{sup}} = T_0 + (T_\infty - T_0)\left\{1 - \text{erf}\left(\frac{x}{2\sqrt{\alpha t}}\right) - \left[\exp\left(\frac{hx}{k} + \frac{h^2 \alpha t}{k^2}\right)\right]\left[1 - \text{erf}\left(\frac{x}{2\sqrt{\alpha t}} + \frac{h\sqrt{\alpha t}}{k}\right)\right]\right\}$$

$$= 20 + (200 - 20)\left\{1 - \exp\left(\frac{(100)^2(146,2 \times 10^{-9})(10)}{(0,19)^2}\right)\left[1 - \text{erf}\left(\frac{100\sqrt{146,2 \times 10^{-9}(10)}}{0,19}\right)\right]\right\}$$

$$= 20 + (180)[1 - 1,499[1 - 0,630]]$$

$$= 20 + (180)(0,4454) = 100,2 \text{ °C}$$

COMENTÁRIO

A temperatura a uma localização de 3 cm a partir da superfície da parede 10 s após o gás entrar em contato com a madeira pode ser determinada através do uso da eq. 8-52.

$$T_{3\,cm} = 20 + (180)\left\{1 - \text{erf}\left(\frac{0,03}{2\sqrt{146,2\times 10^{-9}(10)}}\right) - \left[\exp\left(\frac{100(0,03)}{0,19} + \frac{(100)^2(146,2\times 10^{-9})(10)}{(0,19)^2}\right)\right]\right.$$

$$\left.\left[1 - \text{erf}\left(\frac{0,03}{2\sqrt{146,2\times 10^{-9}(10)}} + \frac{100\sqrt{146,2\times 10^{-9}(10)}}{0,19}\right)\right]\right\} \cong 20\ ^\circ C$$

Uma vez que a temperatura é igual à temperatura inicial, a onda térmica não penetrou 3 cm de espessura a partir da parede. A solução do sólido semi-infinito pode ser usada para determinar a distribuição de temperatura na parede 10 s depois de exposta aos gases quentes, sem introduzir um erro significativo, se a espessura do carvalho for de 3 cm ou maior.

Placa infinita

Para que a transferência de calor em um corpo seja unidimensional, as dimensões do corpo perpendicular à direção do fluxo de calor precisam ser muito grandes. Um exemplo de uma configuração geométrica desse tipo é mostrada na Fig. 8-18a. Se as condições de contorno térmicas no plano yz em $x = -L$ e $x = L$ são uniformes, as condições de contorno nas outras superfícies terão pouca influência na transferência de calor e na distribuição de temperatura no corpo. A transferência de calor pode ser considerada unidimensional, na direção x, e a solução pode ser obtida considerando-se o corpo como uma placa infinita mostrada na Fig. 8-18b.

A resposta transitória de uma *placa infinita* frente a uma mudança nas condições de contorno é obtida através da solução da equação da condução de calor transitória unidimensional com a distribuição de temperatura inicial na placa e as condições de contorno térmicas. Para a placa mostrada na Fig. 8-19, que está inicialmente a uma temperatura uniforme T_0, o modelo matemático é o que segue.

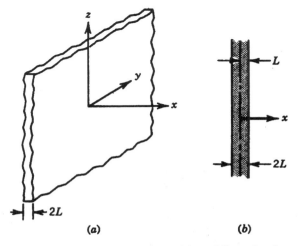

Figura 8-18 Condução transitória unidimensional.
(a) Corpo finito. (b) Placa infinita.

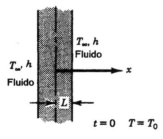

Figura 8-19 Placa infinita — condição de contorno convectiva

A equação da condução de calor transitório, eq. 8-48:

$$\frac{\partial^2 T}{\partial x^2} = \frac{1}{\alpha}\frac{\partial T}{\partial t} \tag{8-48}$$

Condição inicial:

$$t = 0 \qquad -L \leq x \leq L \qquad T = T_0 \tag{8-53}$$

Condições de contorno:

$$x = 0 \qquad \frac{\partial T}{\partial x} = 0 \text{ (simetria)} \qquad t > 0 \tag{8-54}$$

$$x = L \qquad h(T - T_\infty) = -k\frac{\partial T}{\partial x}$$

Um procedimento de solução como o do método de separação de variáveis pode ser usado para resolver a equação diferencial, eq. 8-48. As condições de contorno e inicial são usadas para determinar as constantes de integração. Um procedimento que utiliza o método de separação de variáveis é descrito em detalhes por Myers.[3]

Uma análise do modelo matemático para a placa infinita, descrito pela equação diferencial e as condições de contorno e inicial, indica que a distribuição de temperatura na placa é uma função das seguintes nove variáveis $T(x, \rho, T_0, L, T_\infty, k, h, c, t)$. Com o intuito de reduzir o número de variáveis, grupos adimensionais serão formados. Um adimensional de comprimento, temperatura, e tempo (número de Fourier) será definido:

$$X = \frac{x}{L}, \qquad T = \frac{T - T_\infty}{T_0 - T_\infty} \qquad \text{e} \quad \text{Fo} = \frac{\alpha t}{L^2}$$

A equação diferencial, eq. 8-48, pode ser expressa em termos dessas variáveis utilizando

$$\frac{\partial T}{\partial x} = \frac{\partial T}{\partial T}\frac{dX}{dx}\frac{\partial T}{\partial X} = \frac{(T_0 - T_\infty)}{L}\frac{\partial T}{\partial X}$$

$$\frac{\partial^2 T}{\partial x^2} = \frac{\partial(\partial T/\partial x)}{\partial x} = \frac{dX}{dx}\frac{\partial\{[(T_0 - T_\infty)/L](\partial \boldsymbol{T}/\partial \boldsymbol{X})\}}{\partial \boldsymbol{X}} = \frac{(T_0 - T_\infty)}{L^2}\frac{\partial^2 \boldsymbol{T}}{\partial \boldsymbol{X}}$$

$$\frac{\partial T}{\partial t} = \frac{\partial T}{\partial \boldsymbol{T}}\frac{\partial \boldsymbol{T}}{\partial t} = (T_0 - T_\infty)\frac{\partial \boldsymbol{T}}{\partial t}$$

$$\frac{\partial \boldsymbol{T}}{\partial t} = \frac{\partial \mathrm{Fo}}{\partial t}\frac{\partial \boldsymbol{T}}{\partial \mathrm{Fo}} = \frac{\alpha}{L^2}\frac{\partial \boldsymbol{T}}{\partial \mathrm{Fo}}$$

A equação diferencial na forma adimensional fica

$$\frac{\partial^2 \boldsymbol{T}}{\partial \boldsymbol{X}^2} = \frac{\partial \boldsymbol{T}}{\partial \mathrm{Fo}} \tag{8-55}$$

A condição inicial na forma adimensional é

$$\mathrm{Fo} = 0 \quad 0 \le X \le 1 \quad \boldsymbol{T} = 1 \tag{8-56}$$

A condição de contorno em $x = 0$ é

$$\frac{\partial \boldsymbol{T}}{\partial \boldsymbol{X}} = 0 \tag{8-57}$$

A condição de contorno em $x = L$, expressa em termos dos grupos adimensionais anteriormente introduzidos, é

$$X = 1 \qquad h(T_0 - T_\infty)\boldsymbol{T} = -k\frac{(T_0 - T_\infty)}{L}\frac{\partial \boldsymbol{T}}{\partial \boldsymbol{X}}$$

ou

$$\frac{hL}{k}\boldsymbol{T} = -\frac{\partial \boldsymbol{T}}{\partial \boldsymbol{X}}$$

O número de Biot é introduzido

$$\mathrm{Bi} \equiv \frac{hL}{k}$$

e a condição de contorno fica

$$X = 1 \qquad \mathrm{Bi}\boldsymbol{T} = -\frac{\partial \boldsymbol{T}}{\partial \boldsymbol{X}} \tag{8-58}$$

330 INTRODUÇÃO ÀS CIÊNCIAS TÉRMICAS

A equação diferencial adimensional, eq. 8-55, e as suas condições de contorno e inicial, as eqs. 8-56 a 8-58, indicam que a temperatura adimensional pode ser expressa como uma função de somente três grupos adimensionais (X, Fo, Bi). Certamente, essa é uma redução significativa no número de variáveis que são requeridas para apresentar a solução para uma distribuição de temperatura transitória em uma placa infinita. Isso enfatiza a importância de um modelo matemático correto e a introdução de grupos adimensionais para simplificar cálculos de transferência de calor.

A distribuição de temperaturas em uma placa infinita, Fig. 8-19, na superfície adiabática, no plano de simetria, e na superfície em contato com o fluido pode ser obtida das Figs. 8-20 e 8-21. *O comprimento característico usado na definição do comprimento adimensional é a distância do plano adiabático à superfície em contato com o fluido, L.* O calor adimensional perdido por uma placa a uma temperatura inicial T_0 é

$$\frac{Q_{perdido}}{Q_o} = \frac{Q_{perdido}}{\rho c V (T_o - T_\infty)} \qquad (8\text{-}59)$$

O valor de $Q_{perdido}/Q_0$ é uma função de $Bi^2 Fo$ e pode ser obtido através da Fig. 8-22.

EXEMPLO 8-8

Uma grande parede sólida de tijolo com 15 cm de espessura atinge uma temperatura uniforme de 0 °C durante uma noite de inverno. Às 9:00 horas da manhã o ar adjacente à parede aquece-se até uma temperatura de 15 °C. O ar mantém esta temperatura até às 15:00 horas. Estimar a temperatura na linha de centro e na superfície da parede de tijolo ao meio-dia. Determinar também a temperatura média do tijolo e a quantidade de calor que foi transferida do ar para o tijolo. O coeficiente de transferência de calor por convecção pode ser considerado constante e igual a 50 W/m^2 . °C.

SOLUÇÃO

A parede é grande de tal forma que a transferência de calor pode ser considerada unidimensional. Também é assumido que a parede experimenta uma mudança instantânea em suas condições de contorno térmicas às 9:00 horas da manhã. As propriedades termofísicas do tijolo são encontradas na Tabela A-15.2.

$$k = 0,72 \text{ W/m} . °C \qquad e \qquad \alpha = 449,1 \times 10^{-9} \text{ m}^2/\text{s}$$

O número de Biot é

$$Bi = \frac{hL}{k} = \frac{50(0,075)}{0,72} = 5,208$$

CAPÍTULO 8 - TRANSFERÊNCIA DE CALOR POR CONDUÇÃO **331**

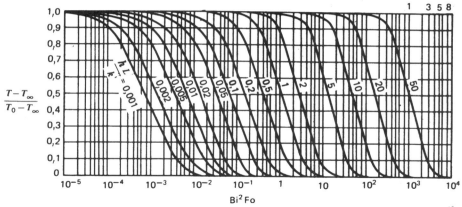

Figura 8-20 Temperatura da superfície adiabática — placa infinita, $X = 0$. Usada com permissão.[12]

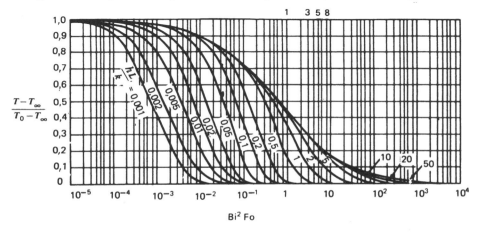

Figura 8-21 Temperatura de superfície — placa infinita, $X = 1$. Usada com permissão.[12]

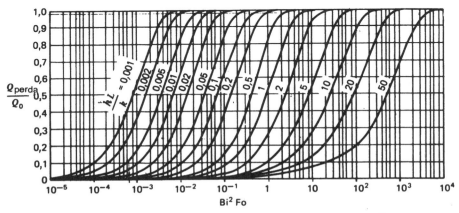

Figura 8-22 Calor perdido — placa infinita. Usada com permissão.[12]

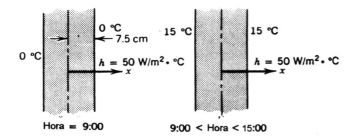

Figura E8-8 Parede de tijolo.

O número de Fourier ao meio-dia, t = 3[3600] = 10800 s, é

$$\text{Fo} = \frac{\alpha t}{L^2} = \frac{449,1 \times 10^{-9}(10800)}{(0,075)^2} = 0,8623$$

Então $\text{Bi}^2\text{Fo} = [5,208]^2 [0,8623] = 23,39$. A temperatura na superfície do tijolo pode ser obtida através da Fig. 8-21.

$$T_s = 0,07 = \frac{T_s - T_\infty}{T_0 - T_\infty}$$

$$T_s = T_\infty + 0,07(T_0 - T_\infty) = 15 + 0,07(0 - 15) = 13,95 \ °C$$

A temperatura na linha de centro do tijolo é obtida da Fig. 8-20

$$T_{LC} = 0,26 = \frac{T_{CL} - T_\infty}{T_0 - T_\infty}$$

$$T_{LC} = T_\infty + 0,26(T_0 - T_\infty) = 15 + 0,26(0 - 15) = 11,10°C$$

O calor adimensional perdido por ambos os lados da placa é obtido da Fig. 8-22

$$\frac{Q_{\text{perdido}}}{Q_0} = \frac{Q_{\text{perdido}}}{\rho c V(T_0 - T_\infty)} = 0,80$$

O calor perdido por metro quadrado de área da superfície é

$$Q_{\text{perdido}} = 0,80 \left[\frac{k}{\alpha} V(T_0 - T_\infty) \right] = 0,80 \left[\frac{0,72}{449,1 \times 10^{-9}} (0,075)(0 - 15) \right] = -1,443 \times 10^6 \ J/m^2$$

O sinal negativo indica que a parede ganhou $1,443 \times 10^6$ J/m² de energia. A temperatura média da parede, T_m, é obtida através do equacionamento do calor ganho pela parede para o aumento da energia interna da parede.

$$Q = \frac{k}{\alpha}V(T_m - T_0)$$

$$1.443 \times 10^6 = \frac{0,72}{449,1 \times 10^{-9}} 0,075(T_m - 0)$$

$$T_m = 12,00 \text{ °C}$$

COMENTÁRIO

A análise concentrada não poderia ser usado na determinação da temperatura média da placa sem introduzir um erro significativo. O número de Biot usado na análise concentrada é

$$\text{Bi} = \frac{h(V/A)}{k} = \frac{50(0,075)}{0,72} = 5,208$$

O número de Fourier é

$$\text{Fo} = \frac{\alpha t}{(V/A)^2} = \frac{449,1 \times 10^{-9}(10.800)}{(0,075)^2} = 0,8623$$

A temperatura adimensional para a análise concentrada é

$$T = \frac{T - T_\infty}{T_0 - T_\infty} = \exp(-\text{BiFo}) = \exp(-5,208(0,8623)) = 0,00112$$

A temperatura é

$$T = T_\infty + (T_0 - T_\infty)(0,0112) = 15 + (0 - 15)(0,0112) = 14,83 \text{ °C}$$

Um erro de aproximadamente 2,83 °C seria introduzido na solução se a análise concentrada fosse utilizada.

Cilindro infinito

A distribuição de temperatura e a transferência de calor de um *cilindro infinito* podem ser obtidos de uma forma similar àquela descrita na seção sobre a placa infinita. O raio adimensional é definido como a localização radial dimensional dividido pelo raio externo do cilindro, $R = r/r_0$. O *raio externo do cilindro é usado como o comprimento característico* na determinação dos números de Biot e Fourier. A temperatura adimensional no centro do cilindro infinito, $R = 0$, pode ser obtida da Fig. 8-23, enquanto a temperatura adimensional na superfície, $R = 1$, pode ser obtida da Fig. 8-24. O calor adimensional perdido por unidade de comprimento é obtido através do uso da Fig. 8-25, onde

334 INTRODUÇÃO ÀS CIÊNCIAS TÉRMICAS

$$\frac{Q_{perdido}}{Q_0} = \frac{Q_{perdido}}{\rho c(\pi r_0^2)(T_0 - T_\infty)} \tag{8-60}$$

Esfera

O calor transferido para ou de uma esfera é unidimensional se as condições de contorno ao redor da esfera são uniformes. *O comprimento característico usado é o raio externo da esfera.* A temperatura adimensional em $\mathbf{R} = r/r_0 = 0$ e $\mathbf{R} = 1$ pode ser determinada das Figs. 8-26 e 8-27. O calor perdido pela esfera é determinado através do uso da Fig. 8-28, onde

$$\frac{Q_{perdido}}{Q_0} = \frac{Q_{perdido}}{\rho c(4\pi r_0^3 / 3)(T_0 - T_\infty)} \tag{8-61}$$

Configurações multidimensionais

Quando a configuração geométrica e as condições de contorno térmicas resultam em transferência de calor bi- ou tridimensional, é necessário usar a equação completa da condução de calor transitório para determinar a distribuição de temperatura no corpo. Para um corpo tridimensional sem geração de calor e condutibilidade térmica constante, a equação da condução de calor no sistema de coordenadas cartesianas é

$$\left[\frac{\partial^2 T}{\partial x^2} + \frac{\partial^2 T}{\partial y^2} + \frac{\partial^2 T}{\partial z^2} \right] = \frac{1}{\alpha} \frac{\partial T}{\partial t} \tag{8-62}$$

A distribuição de temperatura no corpo é obtida da solução dessa equação com as condições de contorno e inicial apropriadas. Técnicas analíticas ou numéricas podem ser usadas para obter a distribuição de temperatura e são descritas em detalhe nas Refs. 3, 9, e 10.

Sob certas condições as soluções unidimensionais podem ser usadas. As configurações geométricas multidimensionais são restritas àquelas que podem ser formadas através do uso de um sólido semi-infinito, placas infinitas, ou um cilindro infinito como ilustrado na Fig. 8-29. Restrições adicionais para a aplicação destas técnicas são apresentadas a seguir:

1. Todas as condições de contorno térmicas precisam experimentar uma mudança súbita simultânea.
2. A distribuição de temperatura inicial no corpo é uniforme, T_0.
3. Todas as temperaturas da superfície e do fluido, definidas nas condições de contorno após a mudança repentina, precisam ser iguais, T_∞.
4. Fluxo de calor uniforme ou condições de contorno não lineares **não** podem estar presentes.

Se essas condições forem satisfeitas, a distribuição de temperatura no corpo pode ser obtida através do produto de duas ou mais soluções unidimensionais. A expressão para a temperatura adimensional precisa ser usada. As soluções disponíveis são como as apresentadas a seguir.

CAPÍTULO 8 - TRANSFERÊNCIA DE CALOR POR CONDUÇÃO

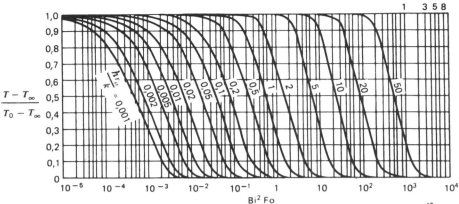

Figura 8-23 Temperatura na linha de centro — cilindro infinito, $R = 0$. Usada com permissão.[12]

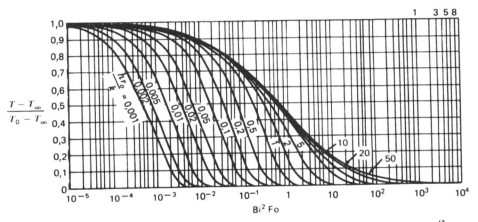

Figura 8-24 Temperatura na superfície — cilindro infinito, $R = 1$. Usada com permissão.[12]

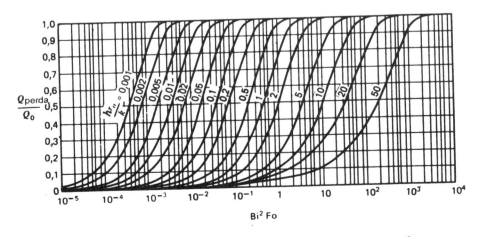

Figura 8-25 Calor perdido — cilindro infinito. Usada com permissão.[12]

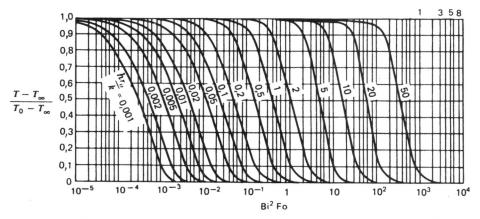

Figura 8-26 Temperatura no centro — esfera, $R = 0$. Usada com permissão.[12]

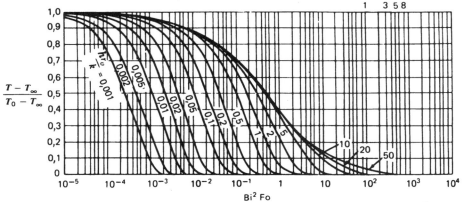

Figura 8-27 Temperatura na superfície — esfera, $R = 1$. Usada com permissão.[12]

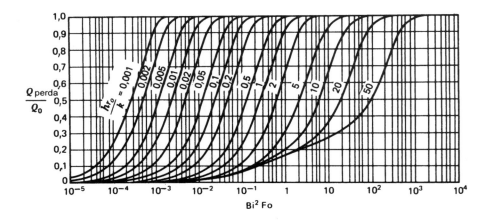

Figura 8-28 Calor perdido — esfera. Usada com permissão.[12]

CAPÍTULO 8 - TRANSFERÊNCIA DE CALOR POR CONDUÇÃO **337**

Sólido semi-infinito. As expressões para as duas condições de contorno em $x = 0$ são as seguintes.
Temperatura da superfície

$$x = 0 \qquad e \qquad T_0 = T_\infty \qquad\qquad (8\text{-}63)$$

$$T_S = \frac{T - T_\infty}{T_0 - T_\infty} = \text{erf}\left(\frac{x}{2\sqrt{\alpha t}}\right)$$

Fronteira com convecção

$$x = 0 \qquad h(T_\infty - T) = -k\frac{\partial T}{\partial x}$$

$$T_S = \frac{T - T_\infty}{T_0 - T_\infty} = \text{erf}\left(\frac{x}{2\sqrt{\alpha t}}\right) + \left[\exp\left(\frac{hx}{k} + \frac{h^2\alpha t}{k^2}\right)\right]\left[1 - \text{erf}\left(\frac{x}{2\sqrt{\alpha t}}\right) + \left(\frac{h\sqrt{\alpha t}}{k}\right)\right] \qquad (8\text{-}64)$$

Placa infinita. Resultados mostrados na Fig. 8-20 e 8-21 são para condições de contorno convectivas. A temperatura adimensional para a placa infinita é definida como

$$T_I = \left(\frac{T - T_\infty}{T_0 - T_\infty}\right)_{x,y\text{ ou }z}$$

No plano de simetria $\mathbf{X} = 0$, uma superfície adiabática T_I é obtida da Fig. 8-20. Na superfície T_I é obtida da Fig. 8-21.

Cilindro infinito. A temperatura adimensional para o cilindro infinito é definida como

$$T_C = \left(\frac{T - T_\infty}{T_0 - T_\infty}\right)_r$$

Todos os resultados são para condições de contorno convectivas. O valor de T_c na linha de centro é obtido da Fig. 8-23. A temperatura na superfície é obtida da Fig. 8-24.
Essas soluções podem ser usadas para determinar a temperatura adimensional no paralelepípedo mostrado na Fig. 8-29, através de

$$T = \frac{T - T_0}{T_0 - T_\infty} = \left(\frac{T - T_\infty}{T_0 - T_\infty}\right)_x \left(\frac{T - T_\infty}{T_0 - T_\infty}\right)_y \left(\frac{T - T_\infty}{T_0 - T_\infty}\right)_z = T_I|_x \, T_I|_y \, T_I|_z \qquad (8\text{-}65)$$

338 INTRODUÇÃO ÀS CIÊNCIAS TÉRMICAS

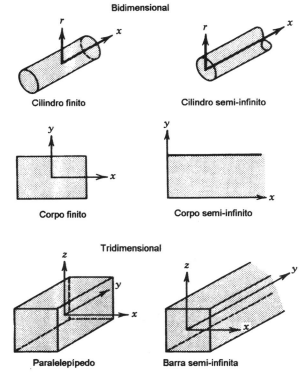

Figura 8-29 Configurações geométricas bi- e tridimensionais.

A temperatura adimensional em um cilindro finito é encontrada através do uso de

$$T = \frac{T - T_\infty}{T_0 - T_\infty} = \left(\frac{T - T_\infty}{T_0 - T_\infty}\right)_x \left(\frac{T - T_\infty}{T_0 - T_\infty}\right)_c = T_I\big|_x T_C\big|_r \qquad (8\text{-}66)$$

EXEMPLO 8-9

Um cilindro de aço inoxidável (AISI 304) de 2 cm de diâmetro e 5 cm de comprimento é retirado de um forno e colocado sobre uma mesa como mostrado na Fig. E8-9. O cilindro está a uma temperatura uniforme de 300 °C quando é retirado do forno. A superfície em contato com a mesa é considerada perfeitamente isolada durante o processo de resfriamento e as demais superfícies estão em contato com o ar a uma temperatura de 15 °C. Determinar a temperatura máxima do cilindro 15 min depois de ter sido retirado do forno. O coeficiente médio de transferência de calor durante o processo de resfriamento é de 50 W/m^2 . °C.

SOLUÇÃO

As propriedades termofísicas do aço inoxidável são obtidas da Tabela A-14 a 430 K.

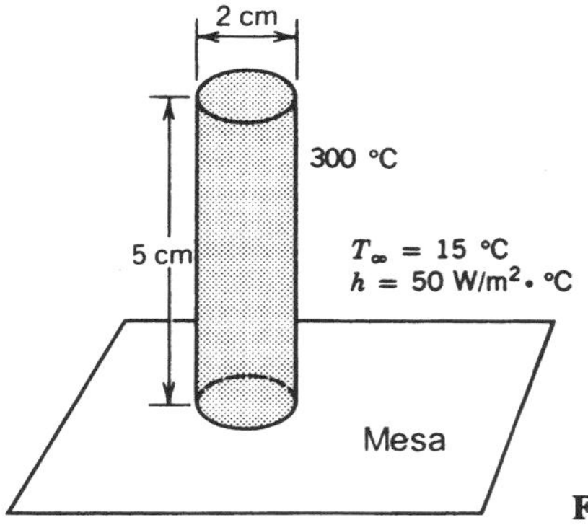

CAPÍTULO 8 - TRANSFERÊNCIA DE CALOR POR CONDUÇÃO **339**

Figura E8-9 Cilindro de aço inoxidável.

$$k = 17{,}08 \text{ W/m . °C} \quad e \quad \alpha = 4{,}15 \times 10^{-6} \text{ m}^2\text{/s}$$

A temperatura máxima no cilindro ocorrerá no centro da superfície apoiada na mesa. A solução produto pode ser usada para obter o resultado desejado. As soluções unidimensionais necessárias são:

Placa infinita

$$\text{Bi} = \frac{hL}{k} = \frac{50(0{,}05)}{17{,}08}$$

$$= 0{,}1464$$

$$\text{Fo} = \frac{\alpha t}{L^2}$$

$$= \frac{4{,}15 \times 10^{-6}(10)(60)}{(0{,}05)^2}$$

$$= 1{,}494$$

$$\text{Bi}^2\text{Fo} = 0{,}032$$

Da Fig. 8-20, $X = 0$

$$T_\text{I} = 0{,}82$$

Cilindro infinito

$$\text{Bi} = \frac{hr_o}{k} = \frac{50(0{,}01)}{17{,}08}$$

$$= 0{,}029$$

$$\text{Fo} = \frac{\alpha t}{r_0^2}$$

$$= \frac{4{,}15 \times 10^{-6}(10)(60)}{(0{,}01)^2}$$

$$= 37{,}35$$

$$\text{Bi}^2\text{Fo} = 0{,}0314$$

Da Fig. 8-23, $R = 0$

$$T_\text{C} = 0{,}13$$

A temperatura adimensional máxima no cilindro infinito será

$$T = \frac{T - T_\infty}{T_o - T_\infty}$$

340 INTRODUÇÃO ÀS CIÊNCIAS TÉRMICAS

$$= T_1 T_C$$

$$= 0,82 \, (0,13)$$

$$= 0,1066$$

que corresponde a uma temperatura de

$$T = T_\infty + (T_0 - T_\infty) \, (0,1066)$$

$$= 15 + (300\text{-}15) \, (0,1066) = 45,38 \,°C$$

BIBLIOGRAFIA

1. Jakob, M., *Heat Transfer*, Vol. I, pp. 68-117, Wiley, Nova Iorque, 1949.
2. Gebhart, B., *Heat Transfer*, 2ª ed., p.6, Mcgraw-Hill, Nova Iorque, 1971.
3. Myers, G. E., *Analytical Methods in Conductions Heat Transfer*, McGraw-Hill, Nova Iorque, 1971.
4. Patankar, S. V., *Numerical Heat Transfer and Fluid Flow*, McGraw-Hill, Nova Iorque, 1980.
5. Ozisik, M. N., *Heat transfer, A Basic Approach*, McGraw-Hill, Nova Iorque, 1985.
6. Holman, J. P., *Heat Transfer*, 7ª ed., McGraw-Hill, Nova Iorque, 1990.
7. Kreith, F., e Black, W. Z., *Basic Heat Transfer*, 4ª ed., Harper & Row, Nova Iorque, 1980.
8. Karlekar, B. V., e Desmond, R. M., *Engineering Heat Transfer*, West, St. Paul, 1977.
9. Arpaci, V. S., *Conduction Heat Transfer*, Addison-Wesley, Reading, Mass., 1966.
10. Carslaw, H. S. e Jaeger, J. C., *Conduction of Heat in Solids*, 2ª ed., Oxford University Press, Londres, 1959.
11. Incropera, F. P., e DeWitt, D. P., *Fundamentals of Heat and Mass Transfer*, 3rd ed., Wiley, Nova Iorque, 1990.
12. Grober, H., Erk, S., e Grigull, U., *Fundamentals of Heat Transfer*, McGraw-Hill, Nova Iorque, 1961.

(nota do tradutor: os livros das referências 6,7 e 11 estão disponíveis em português)

PROBLEMAS

8-1 O fluxo de calor em uma panela de aço inoxidável (AISI 304) contendo água em ebulição é de 5×10^5 W/m^2. A temperatura da superfície da panela em contato com a água em ebulição é de 120 °C. Determine o gradiente de temperatura na panela nesta superfície.

8-2 Uma lona de freio feita de borracha dura é pressionada contra um tambor rotativo de aço carbono-silício. Calor é gerado na superfície de contato tambor-lona por atrito na taxa de 200 W/m^2. Noventa por cento do calor gerado passa para o tambor de aço enquanto o restante passa para o freio de borracha. Determine os gradientes de temperatura na superfície de contato no tambor de aço e no freio de borracha.

8-3E O fluxo de calor na superfície diagonal da cunha de baquelite mostrada na Fig. P8-3 é de 680 Btu/h . ft² na direção mostrada. Determine o fluxo de calor e o gradiente de temperatura nas direções x e y.

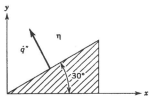

Figura P8-3E Transferência de calor em uma cunha.

8-4 Classifique a taxa de transferência de calor como sendo uni ou bidimensional para as configurações mostradas nos croquis abaixo. Justifique sua resposta.

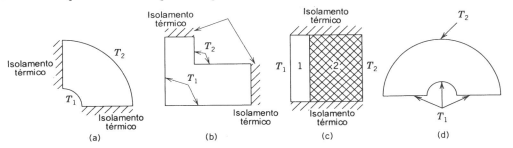

Figura P8-4 Condução em regime permanente uni ou bidimensional

8-5 Um sólido cilíndrico infinitamente longo, raio de 2 cm, tem uma geração interna de calor uniforme. A distribuição de temperatura no cilindro é $T(r) = 256 - 8,6 \times 10^4 \, r^2$ °C, onde r é dado em metros. A condutibilidade térmica do material do cilindro é de 16 W/ m . °C.

Determine:
(a) A temperatura na linha de centro
(b) A temperatura na superfície
(c) O fluxo de calor na superfície
(d) A taxa de transferência de calor ao meio externo por unidade de metro de comprimento do cilindro.

8-6E Um aparato experimental é construído para medir a condutibilidade térmica de vários materiais de construção. O aparato é projetado de tal forma que haja somente transferência de calor unidimensional entre as duas superfícies isotérmicas paralelas do material a ser testado. Uma placa de concreto de 6 x 6 x 2 in. é colocada na unidade. As duas paredes isotérmicas, que estão a 2 in. uma da outra, são mantidas a temperaturas uniformes de 90 °F e 60 °F. A taxa de transferência de calor entre as superfícies é de 42,75 Btu/h. Determine a condutibilidade térmica do concreto testado.

8-7 Desenhe os perfis de temperatura nas duas seções compostas mostradas. Calcule a taxa total de transferência de calor por unidade de área para o caso (a).

(a)
$k_1 = 14$ W/m . °C
$k_2 = 0,5$ W/m . °C
$T_1 = 100$ °C
$T_2 = 30$ °C

(b)
$\dot{q}'' = 0,86$ kW/m²
$k_1 = 15$ W/m . °C
$k_2 = 60$ W/m . °C
$h_\infty = 10$ W/m² . °C
$T_\infty = 20$ °C

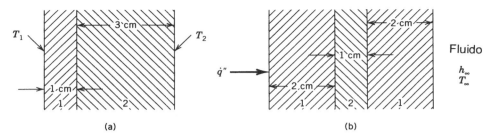

Figura P8-7 Transferência de calor em seções compostas.

8-8 Com o intuito de reduzir a taxa de transferência de calor através de um vidro de janela com 5 mm de espessura, dois projetos de janela foram propostos. O primeiro projeto é composto de duas vidraças de 5 mm de espessura separadas por um espaço de 5 mm de ar "parado". No segundo projeto, o espaço entre as vidraças é selado e o ar evacuado. Determine a percentagem de aumento da resistência térmica das duas propostas de projeto quando elas são comparadas com a vidraça simples original. Despreze a transferência de calor por radiação entre as duas superfícies de vidro que formam a cavidade.

8-9E Um elemento de aquecimento fino é colocado entre uma placa plana de aço inoxidável AISI 304 de 1/8 in. de espessura e uma placa plana de baquelite de 1/4 in. de espessura. A superfície de baquelite está em contato com ar a 60 °F enquanto a superfície de aço inoxidável está em contato com água a 200 °F. Os coeficientes de transferência de calor por convecção são 0,8 Btu/h ft^2 . °F do lado do ar e de 500 Btu/h ft^2 . °F do lado da água. Determine a taxa de energia por unidade de área que precisa ser fornecida ao elemento de aquecimento para manter a temperatura da superfície de aço inoxidável em contato com a água a 230 °F. Que fração de energia passa através da placa de aço inoxidável? Despreze a espessura do elemento de aquecimento.

8-10 Vapor de água a uma temperatura de 150 °C escoa através de um tubo liso de aço carbono de 12 cm de diâmetro interno e 4 mm de espessura. O tubo é isolado com uma manta de isolamento de fibra mineral ($\rho = 60$ kg/m^3) reforçada com metal. O ar ao redor do tubo isolado está a 18 °C. Determine a espessura da manta necessária para que a temperatura da superfície externa do isolamento seja menor que 50 °C. As mantas de isolamento estão disponíveis nas espessuras de 2, 3, 4 e 6 cm. O coeficiente de transferência de calor por convecção do lado do vapor de água é de 900 W/ m^2 . °C e do lado do ar é de 3 W/ m^2 . °C. Determine a taxa de transferência de calor por unidade de comprimento para a espessura de isolamento que você selecionou.

8-11 Um tubo liso de aço carbono (diâmetro interno de 5,25 cm e diâmetro externo de 6,03 cm) é recoberto com seis camadas de papel corrugado de asbestos de 2 cm de espessura. A temperatura do vapor de água no lado interno do tubo é de 150 °C e o ar no lado externo é de 25 °C. Estime a temperatura da superfície do lado externo do isolamento e a taxa de transferência de calor por metro de comprimento do tubo.

$$h_{vapor} = 1500 \text{ W/ m}^2 \text{ . °C} \qquad h_{ar} = 5 \text{ W/ m}^2 \text{ . °C}$$

8-12 A parede externa de uma construção consiste de uma camada interna de gesso calcinado, de 1,5 cm de espessura, colocada sobre blocos de concreto, com 20 cm de espessura. O lado externo da parede é de tijolo aparente de 10 cm de espessura. Os coeficientes de transferência de calor nas superfícies interna e externa são 8,35 W/ m^2 . °C e 34,10 W/ m^2 . °C, respectivamente. A temperatura do ar externo é de -10 °C, enquanto a temperatura do ar interno é de 20 °C. Determine:
   (a) A taxa de transferência de calor por unidade de área.
   (b) A temperatura da superfície interna da parede.

8-13 Em um tubo liso de aço carbono com um diâmetro interno de 9 cm e uma espessura de 0,5 cm escoa água quente, que está a uma temperatura de 150 °C. O tubo é isolado com 5 cm de espessura de magnésia a 85%. O coeficiente de transferência de calor no lado interno do tubo é de 7100 W/ m^2 . °C e do lado externo

do isolamento é de 57 W/ m². °C. Uma crosta formada no lado interno do tubo, causa um fator de incrustação de 0,0005 m². °C/W. Determine:
(a) O coeficiente global de transferência de calor baseado na área da superfície externa do isolamento, em watts por metro quadrado - Kelvin.
(b) A taxa de calor perdido pelo tubo por metro de comprimento, para uma temperatura externa do ar de 20 °C.

8-14E Um gás quente, 350 °F, escoa através de um tubo liso de aço carbono de 3 in. de diâmetro interno e 1/8 in. de espessura. Ao redor do tubo encontra-se ar a 80 °F. Um isolamento composto, que consiste de uma camada de 1 in. de magnésia a 85% (k = 0,0318 Btu/h ft . °F) e uma camada de 1 in. de manta de fibra de vidro (k = 0,0439 Btu/h ft . °F), é para ser aplicado. Que isolamento você instalaria próximo ao tubo para obter a taxa de transferência de calor mínima através do tubo? Determine a taxa de transferência de calor por pé de comprimento do tubo e a temperatura da superfície externa do isolamento em contato com o ar para o isolamento escolhido. O coeficiente de transferência de calor por convecção no lado do gás quente é de 100 Btu/ h ft² . °F e do lado do ar é de 1 Btu/ h ft² . °F.

8-15 Um fluido refrigerante flui através de um tubo de aço inoxidável (AISI 302) com diâmetro externo de 0,953 cm e uma espessura de 0,124 cm. O tubo é recoberto com 1 cm de espessura de isolante poliestireno R-12 (ρ = 35 kg/m³). A temperatura da superfície interna do tubo é considerada igual àquela do fluido refrigerante, – 40 °C. A temperatura do ar ao redor do tubo isolado é de 15 °C. Determine a taxa de calor perdido por metro de comprimento do tubo e a temperatura da superfície externa do isolamento se o coeficiente de transferência de calor por convecção do lado externo for de 10 W/ m² . °C.

8-16 Um elemento de aquecimento elétrico é encaixado em um cilindro oco de carbono amorfo, k = 1,6 W/ m . °C, Fig. P8-16. O lado externo do carbono está em contato com ar a 20 °C. O coeficiente de transferência de calor por convecção é de 40 W/ m² . °C. Determine o aquecimento elétrico máximo (watts por metro de comprimento do cilindro) que pode ser aplicado se a temperatura máxima permissível do carbono é de 200 °C. A resistência à transferência de calor no elemento de aquecimento pode ser desprezada.

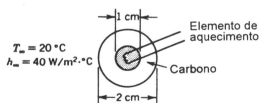

Figura P8-16 Elemento de aquecimento encaixado em um cilindro oco.

8-17 Um fio elétrico tem um diâmetro de 3 mm. O fio precisa ser isolado eletricamente do meio usando um isolante elétrico com uma condutibilidade térmica de 0,09 W/ m . °C. O coeficiente de transferência de calor por convecção é de 20 W/ m² . °C. A corrente elétrica que o fio pode transportar é limitada pela temperatura, que não pode exceder 150 °C. A taxa na qual o calor gerado no fio é dissipado para o meio é importante.

Determine a influência da espessura de isolamento, t, sobre a taxa de transferência de calor do fio por unidade de comprimento. O fluido do meio está a uma temperatura de 30 °C. Explique a tendência de $\dot{Q}/L$ vs. t que você encontrou.

8-18E Um fio de 0,15 in. tem duas camadas de isolamento. Uma camada de vidro (k_v = 0,8098 Btu/h ft . °F) com 0,02 in. de espessura ao redor do fio, enquanto um isolante plástico (k_p= 0,0173 Btu/h ft . °F) é aplicado sobre o isolante de vidro. O fio isolado está exposto ao ar a 60 °F, e o coeficiente de transferência de calor por convecção é de 1,7 Btu/h ft² . °F.

Na medida que uma corrente elétrica passa através do fio, ocorre o aquecimento da resistência. Este pode ser expresso como uma geração de calor volumétrica interna no fio de $\dot{q}'''$ (Btu/h . ft³). O isolamento plástico derrete a 300 °F. Determine o valor máximo de $\dot{q}'''$ tal que o plástico não derreta.

8-19 O teto de uma casa é composto de placa de gesso calcinado de 1,5 cm. Para um dia típico de inverno, a temperatura ambiente interna é de 21 °C e a temperatura no ático é de – 10 °C. Determine a quantidade de calor retida se o piso do ático é de madeira compensada de 1,5 cm e se os 9 cm entre o piso e a placa de gesso são preenchidos com mantas de fibra de vidro com uma densidade de 16 kg/m³, Fig. P8-19. Os coeficientes de película da convecção são ambos de 40 W/ m² . °C.

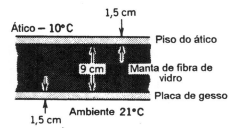

Figura P8-19 Teto de casa.

8-20 Uma parede consiste de duas placas finas de alumínio (2024 - T6) de 2 mm, separadas por membros de suporte estrutural de alumínio (2024 - T6), como mostrado na Fig. P8-20. O espaço entre os suportes é preenchido com vermiculita (ρ = 80 kg/m³). O ar do lado direito da parede está a 15 °C, e o coeficiente de película da convecção é de 500 W/ m² . °C. O lado esquerdo da parede é exposto a um líquido a 170 °C com um coeficiente de película da convecção de 3000 W/ m² . °C. Assumir o fluxo de calor como unidimensional. Calcule a taxa de transferência de calor para uma seção de 1 m de altura por 1 m de comprimento de duas formas:

(a) Despreze a presença dos suportes estruturais (todo o espaço entre as placas é preenchido com vermiculita).

(b) Considere a resistência à transferência de calor entre as duas placas composta pela vermiculita e os membros de suporte estrutural.

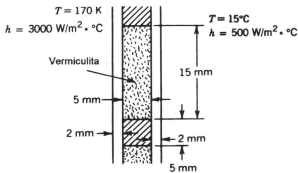

Figura P8-20 Membro de suporte estrutural de alumínio.

8-21 Um molde de fundição de aço inoxidável AISI 316, similar ao mostrado na Fig. 8-1, é usado na produção de vidro. Para aumentar a taxa de transferência de calor, aletas retas de seção transversal circular são instaladas na superfície em contato com o ar a 20 °C, na qual calor é retirado do molde. As aletas de aço inoxidável tem 5 mm de diâmetro e 3 cm de comprimento. O espaçamento é mostrado na Fig. P8-21, com a centralização das aletas em um quadrado de 1cm x 1 cm. Determine a taxa de transferência de calor total por metro quadrado de área aletada. O coeficiente de transferência de calor por convecção é de 50 W/ m² . °C e a temperatura na superfície do lado externo do molde é de 300 °C.

8-22 Uma haste de aço carbono, com 2 in. de diâmetro, é instalada como um suporte estrutural entre duas superfícies que estão a uma temperatura de 400 °F. O comprimento da haste exposta ao ar a 80 °F é de 4 ft. O coeficiente de transferência de calor por convecção é de 5 Btu/h ft² . °F. A taxa de transferência de calor da barra para o ar é requerida. Esta pode ser determinada analisando a barra como se fosse composta de duas aletas de 2 pés de comprimento com as extremidades isoladas devido a simetria. Determine a taxa total de transferência de calor da barra para o ar.

8-23 Água quente a 98 °C escoa através de um tubo de bronze comercial com diâmetro interno de 2 cm. O tubo é extrudado e tem o perfil da seção transversal mostrado na Fig. P8-23. O diâmetro externo do tubo aletado é de 4,8 cm e as aletas têm 1 cm de comprimento e 2 mm de espessura. O coeficiente de transferência de calor por convecção do lado da água é de 1200 W/ m^2 . °C. O tubo aletado está exposto ao ar a 15 °C e o coeficiente de transferência de calor por convecção 5 W/ m^2 . °C. Determine a taxa de transferência de calor por metro de comprimento do tubo.

8-24 Dois tubos mostrados no esquema da Fig. P8-24 estão enterrados fundo no solo. Se a temperatura da superfície do tubo menor é de 10 °C enquanto a do tubo maior é de 50 °C, estime a taxa de transferência de calor transferida entre os dois tubos por metro de comprimento. A condutibilidade térmica do sólido é de 0,52 W/ m . °C.

8-25 Resíduo de material radiativo é colocado em uma esfera que é então enterrada na terra (k = 0,52 W/ m . °C). A esfera tem um diâmetro de 3 m e seu centro é enterrado 10 m abaixo da superfície do solo. A taxa de calor liberada no início do processo de armazenamento é de 1250 W. Estime a temperatura da superfície da esfera se a temperatura da superfície do solo é de 33 °C.

8-26E Um tubo com água com 3 in. de diâmetro externo e 40 pés de comprimento é enterrado no solo 5 m abaixo da superfície. Estimar a taxa de transferência de calor se a superfície do solo está a − 20 °F e a temperatura da superfície externa do tubo com a água é de 56 °F.

8-27 Um pequeno refrigerador de acampamento tem dimensões internas de 20 x 20 x 30 cm (veja Fig. P8-27). O refrigerador é construído com poliestireno de 3 cm de espessura e densidade de 56 kg/m^3. A superfície interior do refrigerador está a 2 °C. Estime a taxa de transferência de calor se as superfícies externas estiverem a 20 °C. Calor não é perdido através do fundo do refrigerador.

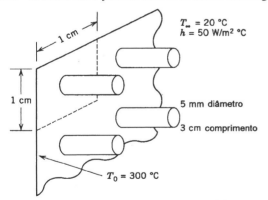

Figura P8-21 Aletas tipo pino em um molde para produção de vidro.

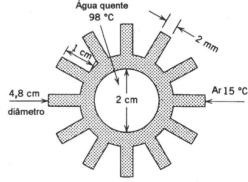

Figura P8-23 Tubo aletado extrudado.

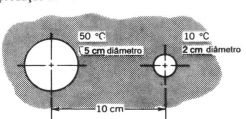

Figura P8-24 Tubos enterrados.

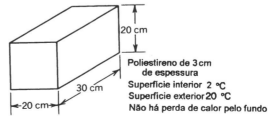

Figura P8-27 Pequeno refrigerador de acampamento.

8-28 Em um "campus" universitário as construções são aquecidas por vapor de água gerado em uma central de aquecimento. O vapor está a uma temperatura de 200 °C, o tubo ($k = 41$ W/m . °C) tem um diâmetro interno de 20 cm e uma espessura de 5 mm, e o coeficiente de transferência de calor é de 1000 W/m^2 . °C. Isolante ($k = 0{,}06$ W/m . °C) com 6 cm de espessura é instalado antes do tubo ser enterrado. Estimar a taxa de transferência de calor perdido pelo tubo por metro de comprimento se a temperatura da superfície do solo é de 0 °C e o tubo é enterrado 2 m abaixo da superfície do solo ($k_{solo} = 41$ W/m . °C).

8-29 Um tubo com água fria de 3 cm de diâmetro externo é usado no sistema de condicionamento do ar de uma casa. Ele é colocado em uma longa cavidade com seção transversal quadrada de 10 cm x 10 cm localizada em uma parede no interior da casa. O tubo é colocado no centro geométrico da cavidade e o espaço remanescente na cavidade é preenchido com isolação de poliestireno ($k = 0{,}03$ W/m . °C). A temperatura da superfície externa do tubo é de 5 °C, enquanto as paredes da cavidade que contém o tubo estão a 28 °C. Estime a taxa de transferência de calor por unidade de comprimento do tubo.

8-30 O termopar mostrado no diagrama da Fig. P8-30 é para ser usado como elemento sensor em uma unidade de controle de temperatura. A unidade de controle é ajustada para ter ação corretiva se a temperatura do fluido for igual ou maior do que 150 °C. A temperatura normal de operação do fluido é de 100 °C.

Um funcionamento inadequado no sistema resulta em um aumento instantâneo na temperatura do fluido para 200 °C. Qual o tempo para que o termopar "perceba" que a unidade de controle precisa agir corretivamente se o coeficiente de transferência de calor por convecção for de 500 W/ m^2 . °C.

$$k = 23 \text{ W/m . °C}$$
$$\rho = 8920 \text{ kg/m}^3$$
$$c = 384 \text{ J/kg . °C}$$

e o diâmetro do termopar é de 0,5 mm.

8-31 O termopar fino mostrado na Fig. P8-31 está inicialmente a uma temperatura de 15 °C. O coeficiente de película da convecção é estimado em 50 W/ m^2 . °C. Ele é submerso em um líquido que está a uma temperatura de 85 °C. Determine a resposta transitória do termopar assumindo que suas propriedades físicas sejam aquelas dadas no Problema 8-30.

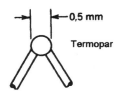

Figura P8-30 Elemento sensor termopar

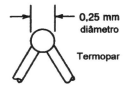

Figura P8-31 Termopar pequeno

8-32 Um cilindro longo de vidro "pirex" com 0,5 cm de diâmetro está inicialmente a uma temperatura uniforme de 20 °C. O cilindro é subitamente colocado em um banho de óleo que está a uma temperatura de 150 °C. O coeficiente médio de transferência de calor por convecção é de 150 W/ m^2 . °C. Estimar a temperatura no centro geométrico do cilindro 10 s depois de colocado no óleo quente.

8-33 Um cilindro oco de bronze comercial de 5 cm de comprimento, 5 cm de diâmetro externo, e 1 cm de diâmetro interno está inicialmente a uma temperatura uniforme de 20 °C. Ele é colocado em água em ebulição a 100 °C, e o coeficiente de transferência de calor por convecção é de 100 W/ m^2 . °C. Quanto tempo o cilindro precisa permanecer na água para alcançar uma temperatura média de 70 °C ?

8-34E Uma batata ($A = 0{,}241$ ft^2, $V = 0{,}0109$ ft^3) inicialmente a uma temperatura uniforme de 65 °F é colocada num forno de microondas. O forno fornece 200 W de energia para a batata por 8 minutos. A temperatura do ar no forno é de 90 °F e o coeficiente de transferência de calor por convecção é de 0,2 Btu/h t^2

. °F. As propriedades termofísicas da batata são: $k = 0,28$ Btu/h ft . °F, $\rho = 61,2$ lbm/ft^3, e $c = 0,800$ Btu/lbm .°F. Determine:
(a) A temperatura da batata após 8 minutos de aquecimento.
(b) A taxa de transferência de calor entre a batata e o ar no forno neste tempo.

8.35 Uma batata ($A = 0,0224$ m^2, $V = 3,09 \times 10^{-4}$ m^3) está inicialmente a uma temperatura uniforme de 18 °C. Ela é colocada num forno de microondas com convecção forçada que fornece 200 W de energia para a batata. A temperatura do ar no forno é de 200 °C e o coeficiente de transferência de calor por convecção é de 3 W/m^2 . °C. Qual o tempo de aquecimento da batata para que atinja uma temperatura de 110 °C ? As propriedades termofísicas da batata são: $k = 0,481$ W/m . °C, $\rho = 980$ kg/m^3, e $c = 3350$ J/kg. °C.

8-36 Considere o solo a uma temperatura uniforme de 0 °C. Em um período de tempo relativamente curto a temperatura do ar chega a 20 °C. Estime a temperatura do solo 3 cm abaixo da superfície depois de 1 hora. O coeficiente de transferência de calor por convecção é de 20 W/m^2 . °C.

8-37E Uma fita de aquecimento é fixada a uma superfície de um grande bloco de aço inoxidável (AISI 304) que está inicialmente a uma temperatura uniforme de 60 °F. A fita tem uma taxa de aquecimento de 5 W por polegada quadrada, e a superfície exposta da fita está isolada. Determine a temperatura da superfície do aço inoxidável, na qual a fita está fixada, e a uma profundidade de 1 in., 25 minutos depois de iniciado o processo de aquecimento.

8-38 Um teste de incêndio é para ser conduzido sobre uma grande massa de concreto inicialmente a uma temperatura de 15 °C. A temperatura da superfície atinge 500 °C instantaneamente. Estime o tempo requerido para que a temperatura a uma profundidade de 30 cm atinja 100 °C. O concreto pode ser considerado como um sólido semi-infinito.

8-39 Uma placa plana de 2 cm de espessura, de bronze comercial, está inicialmente a uma temperatura de 20 °C. Gases quentes a uma temperatura de 350 °C são passados sobre a placa, Fig. P8-39. O coeficiente local de transferência de calor a uma localização de 3 cm a partir da borda é estimado como sendo de 1000 W/m^2 . °C. Condução de calor na placa na direção do escoamento pode ser desprezada.
(a) Estime a temperatura da superfície da placa a 3 cm da borda 60 s depois do gás começar a escoar.
(b) Estime o tempo requerido para que o bronze, 3 cm da borda, tenha uma temperatura de 346 °C ou maior (próximo de alcançar a condição de regime permanente).

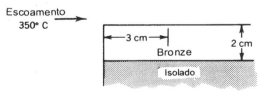

Figura P8-39 Placa plana de bronze em uma corrente de gás quente.

8-40 As paredes de um forno são compostas de tijolos refratários ($k = 1,0$ W/m . °C, $\rho = 2050$ kg/m^3, e $c = 960$ J/kg. °C), que têm 10 cm de espessura. O lado externo do forno está completamente isolado enquanto que o lado interno está exposto a um gás a 1200 °C com um coeficiente de transferência de calor por convecção de 100 W/m^2 . °C. Quando não em operação, as paredes do forno estavam a uma temperatura uniforme de 30 °C. Uma vez que a operação tenha iniciado, qual o tempo necessário para as paredes do forno atingirem 700 °C e quanto de energia por unidade de área terá sido transferido para as paredes ?

8-41 Uma fatia de pão ($k = 0,120$ W/m . °C, $\rho = 280$ kg/m^3, e $c = 3600$ J/kg. °C) com 1 cm de espessura está a uma temperatura uniforme de 3 °C quando é retirado da geladeira. Ela é colocada sobre um prato de metal em um forno que foi pré-aquecido e está a uma temperatura de 120 °C. O coeficiente de transferência de calor por convecção é de 5 W/m^2 . °C. Determine o tempo em que o pão deveria ficar no forno para seu centro atingir a temperatura de 40 °C.

8-42E Uma vareta de vidro "pirex" de 1 in. de diâmetro ($k = 0,809$ Btu/h ft . °F, $\rho = 156,1$ lbm/ft^3, e $c = 0,18$ Btu/lbm .°F) deixa um forno a uma temperatura uniforme de 300 °F. A vareta não pode passar pelo próximo estágio de processamento antes que a temperatura de seu centro tenha sido reduzida a 150 °F. O resfriamento

348 INTRODUÇÃO ÀS CIÊNCIAS TÉRMICAS

é realizado através da passagem da vareta por uma corrente de ar. A temperatura do ar pode ser maior ou igual a 90 °F no verão e menor ou igual a 10 °F no inverno. O coeficiente de transferência de calor por convecção é de 9,0 Btu/h ft^2 . °F. Determine o tempo requerido para o resfriamento da vareta no inverno e no verão.

8-43 Um assado roliço de cordeiro está inicialmente a uma temperatura uniforme de 18 °C. Ele é colocado em um forno que possui dois modos de operação. Um é aquele de um forno convencional enquanto o segundo é aquele de um forno com convecção forçada. A temperatura do forno é de 180 °C. Os coeficientes de transferência de calor por convecção são 5 W/m^2 . °C para a operação normal e 20 W/m^2 . °C para a operação com convecção forçada. O assado pode ser assumido como um cilindro infinito com diâmetro de 10 cm. As propriedades termofísicas do assado são: $k = 0,650$ W/m . °C, $\rho = 980$ kg/m^3, e $c = 4180$ J/kg. °C. Determine o tempo necessário para que a temperatura no centro do assado atinja 60 °C usando ambos os modos de operação.

8-44 Um tubo com água quente para um sistema de aquecimento de uma casa está inicialmente a uma temperatura de 15 °C. Uma bomba hidráulica é ligada e água a 80 °C é circulada através de um tubo liso de aço carbono que tem um diâmetro externo de 3,34 cm e uma espessura de 0,338 cm. O coeficiente de transferência de calor por convecção do lado da água é de 5000 W/m^2 . °C. Se nós pegarmos no lado externo do tubo, assumindo que não ocorra transferência de calor entre nossos dedos e o tubo, quanto tempo esperaremos , depois da água chegar até onde estamos, antes de nossos dedos poderem sentir calor (à temperatura externa do tubo de 50 °C) ? Apresente todas as hipóteses feitas na sua solução.

8-45 Muitos alimentos são escaldados em um banho de água quente antes que possam ser processados para enlatamento. No processo de escaldamento a temperatura mínima do alimento precisa ser alta o suficiente para destruir enzimas indesejáveis. O produto específico em questão são cogumelos que têm uma forma esférica média de 2 cm de diâmetro. Se a temperatura mínima permissível é de 75 °C, determine o tempo mínimo que os cogumelos precisam permanecer no banho. A temperatura inicial dos cogumelos ao entrar na banho é de 10 °C e a temperatura do banho é de 95 °C. As propriedades termofísicas dos cogumelos são aproximadamente as mesmas da água e o coeficiente de troca de calor por convecção é de 1400 W/m^2 . °C.

8-46 Um vergalhão de aço carbono de 15 x 15 x 15 cm está inicialmente a uma temperatura de 150 °C. Ele é colocado em um banho que é mantido a uma temperatura de 35 °C. O coeficiente de transferência de calor por convecção é de 600 W/m^2 . °C. Determine a temperatura no centro do vergalhão 10 min depois de colocado no banho de óleo usando a análise concentrada e os diagramas. Compare as respostas.

8-47 Um cilindro de aço inoxidável, AISI 316, de 5 cm de diâmetro e 20 cm de comprimento, é suspenso em um banho agitado de óleo quente. O cilindro está inicialmente a uma temperatura de 15 °C. O coeficiente médio de transferência de calor por convecção durante o processo de aquecimento é de 100 W/m^2 . °C. Estime a temperatura mínima do banho necessária para que a temperatura de 100 °C no centro do cilindro seja atingida em 15 min.

9 TRANSFERÊNCIA DE CALOR POR RADIAÇÃO TÉRMICA

9.1 INTRODUÇÃO

Até o momento a nossa discussão dos modos de transferência de energia ou calor tem sido dirigida apenas para os processos de transferência que envolvem os transportes de energia, a nível molecular ou aquele associado com o movimento de um fluido. Esses modos de transferência de calor foram classificados como condução e convecção. Agora vamos nos preocupar com uma nova forma de transferência de energia através de *ondas eletromagnéticas*. Esse modo é chamado de transferência de calor por radiação térmica e foi mencionado brevemente no Capítulo 1.

Diversos fatores devem ser considerados quando se está calculando a taxa de transferência de energia, já que a radiação térmica é um fenômeno ondulatório. A distribuição de energia que deixa uma superfície na forma de radiação térmica depende do comprimento de onda. A distribuição espectral da radiação vai depender da temperatura absoluta da superfície e do seu acabamento superficial. Quando a radiação térmica atinge uma dada superfície, a quantidade de energia absorvida vai depender da distribuição espectral da radiação incidente bem como do acabamento superficial.

A característica ondulatória da transferência de energia requer que se considere a orientação geométrica das superfícies envolvidas no processo de transferência de calor. Transferência de energia direta é apenas possível entre superfícies que se "veêm" mutuamente.

Quando se calcula a taxa de transferência de calor de uma superfície envolvida por ar, é necessário que se considere tanto convecção como radiação. Contudo, se a região que envolve as superfícies estiver em vácuo, então apenas transferência de calor por radiação vai estar presente. A radiação será o modo dominante de transferência de calor quando existir uma diferença substancial de temperatura entre a vizinhança e a superfície. Se a diferença de temperatura for pequena, a convecção será o mecanismo principal de transferência de calor. No caso de diferença moderada de temperatura ou quando convecção natural estiver presente, tanto radiação como convecção devem ser consideradas. A avaliação se a diferença de temperatura é grande ou pequena é relativa. Se você não estiver certo em que classificação seu problema se enquadra, recomenda-se que a taxa de transferência de calor seja calculada para ambos os modos e, então, compará-las. Depois de resolver alguns problemas, você vai começar a desenvolver uma habilidade para identificar o modo dominante de transferência de calor.

9.2 RADIAÇÃO TÉRMICA

Toda matéria que esteja a uma *temperatura absoluta* finita vai emitir radiação, devido à sua atividade molecular e atômica. A radiação é emitida na forma de ondas eletromagnéticas e, para a matéria em estado de equilíbrio, ela está associada com a energia interna da matéria. A radiação de um sólido ou líquido é basicamente um fenômeno de superfície, já que ela se origina dentro de uma faixa de 1×10^{-6} m da superfície. A radiação em um gás é emitida através de todo o volume gasoso e uma porção dela será transmitida através do gás para as superfícies que o contém. Radiação gasosa é, portanto, um fenômeno volumétrico. *Temperatura absoluta é sempre utilizada nos cálculos de radiação.*

A teoria básica da radiação eletromagnética pode ser estudada tanto do ponto de vista ondulatório como quântico. Em muitos dos tratamentos de engenharia do assunto[1,2,3] a teoria ondulatória é usada extensivamente. Em se referindo à radiação emitida por um corpo, os termos *frequência*, ν, e *comprimento de onda*, λ, serão utilizados. Eles estão relacionados através de

$$\lambda = \frac{c}{\nu} \qquad (9\text{-}1)$$

onde c é a velocidade da luz no meio material. A velocidade da luz no vácuo vale $c_0 = 2{,}998 \times 10^8$ m/s. O índice de refração de um meio material é a razão entre a velocidade da luz no vácuo e a velocidade da luz no meio.

$$\eta = \frac{c}{c_0} \qquad (9\text{-}2)$$

A distribuição espectral da radiação eletromagnética está apresentada na Fig. 9-1. Os tipos de radiação estão classificados de acordo com os seus comprimentos de onda. As unidades de comprimento de onda usuais são o micro ou micrometro, μm, 10^{-6} m, e o angstrom, Å, 10^{-10} m. A região de luz visível do espectro se localiza entre 0,4 e 0,7 μm, e a região espectral entre 0,1 e 100 μm é chamada de região de radiação térmica.

A radiação térmica emitida por um material pode ser separada nos seus componentes monocromáticos. A distribuição espectral da radiação de uma superfície de um corpo irradiante ideal, chamado de *corpo negro*, foi obtida por Planck[4]. O poder emissivo monocromático, $E_{\lambda,n}$, é a taxa de energia monocromática emitida por um irradiador ideal para uma superfície hemisférica envolvente e é uma função do comprimento de onda e da temperatura da superfície irradiante. A taxa de energia é dada pela seguinte expressão,

$$E_{\lambda,n} = \frac{C_1}{\lambda^5 [\exp(C_2/\lambda T) - 1]} \quad W/m^2\, \mu m \qquad (9\text{-}3)$$

onde $C_1 = 3{,}742 \times 10^8$ Wμm^4/m^2 e $C_2 = 1{,}439 \times 10^4$ μm K.

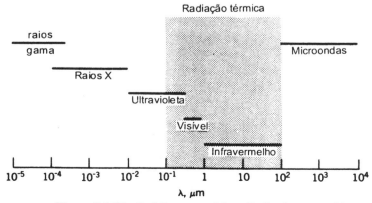

Figura 9-1 Distribuição espectral da radiação eletromagnética.

O valor dessas constantes é $C_1 = 1,187 \times 10^8$ Btu μm^4/h ft^2 e $C_2 = 2,59 \times 10^4$ μm R no Sistema Inglês. Essa expressão é válida para uma superfície no vácuo e deve ser modificada se o índice de refração difere significativamente da unidade. A distribuição espectral monocromática de energia para a superfície de um corpo irradiante ideal é mostrada na Fig. 9-2 para sete valores diferentes de temperatura. O comprimento de onda em que a emissão monocromática máxima ocorre, λ_{max}, diminui na medida que a temperatura do corpo irradiante ideal aumenta. A relação entre λ_{max} e a temperatura é dada pela lei do deslocamento de Wien

$$\lambda_{max} T = 2,90 \times 10^3 \ \mu m \ K \tag{9-4}$$

A taxa total de energia emitida por um corpo irradiante ideal, ou corpo negro, para uma superfície hemisférica que o envolve, é obtida pela integração do poder emissivo monocromático sobre toda a faixa de comprimentos de onda.

$$E_n = \int_0^\infty E_{\lambda,n} \, d\lambda \tag{9-5}$$

O valor desta integral é

$$E_n = \sigma T^4 \tag{9-6}$$

onde σ é a constante de Stefan-Boltzmann, $\sigma = 5,670 \times 10^{-8}$ W/m^2 K^4 no sistema SI e no Sistema Inglês σ vale $0,1714 \times 10^{-8}$ Btu/h ft^2 R^4.

Freqüentemente deseja-se conhecer a energia irradiante de uma superfície em um certo intervalo de comprimento de onda. O poder emissivo de um corpo negro a uma temperatura absoluta T no intervalo $0 - \lambda_1$ pode ser determinado usando a eq. 9-3.

$$E_{0-\lambda_1,n} = \int_0^{\lambda_1} \frac{C_1}{\lambda^5 [\exp(C_2/\lambda T) - 1]} \, d\lambda \tag{9-7}$$

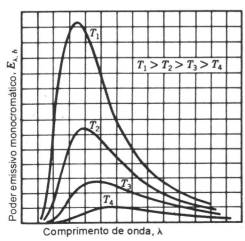

Figura 9-2 Distribuição espectral da radiação de um corpo negro (eq. 9-3).

352 INTRODUÇÃO ÀS CIÊNCIAS TÉRMICAS

Uma expressão mais conveniente é obtida escrevendo a radiação emitida em um intervalo de comprimento de onda como a fração do poder emissivo total de uma superfície de um corpo irradiante ideal a mesma temperatura. A fração da radiação no intervalo de comprimento de onda 0 a λ_1 é obtida pela divisão da eq. 9-7 pela eq. 9-6.

$$F_{[0-\lambda_1]} = \frac{E_{0-\lambda_1,n}}{E_n} = \int_0^{\lambda_1 T} \frac{C_1}{\sigma \lambda^5 T^5 [\exp(C_2 / \lambda T) - 1]} \, d(\lambda T) \tag{9-8}$$

Os valores de $F_{[0-\lambda_1]}$, como função de λT, são mostrados na Tabela 9-1. A fração da radiação emitida pelas superfícies de um corpo irradiante ideal no intervalo de comprimento de onda λ_1 - λ_2 pode ser obtida da Tabela 9-1.

$$F_{[\lambda_1-\lambda_2]} = F_{[0-\lambda_2]} - F_{[0-\lambda_1]} \tag{9-9}$$

A Tabela 9-1 está em unidades do SI. Quando o Sistema Inglês é utilizado, os valores de λT devem ser multiplicados por 1,6841 para converter λT para μm R. Talvez a abordagem mais simples seja converter do Sistema Inglês para o SI quando se deseja calcular a fração de radiação no intervalo de comprimento de onda 0 a λ_1, e utilizar diretamente a Tabela 9-1.

EXEMPLO 9-1

A radiação solar tem aproximadamente a mesma distribuição espectral que um corpo irradiante ideal a uma temperatura de 5.800 K. Determine a quantidade de radiação solar que está na região visível 0,40 - 0,70 μm.

SOLUÇÃO

A taxa total de energia irradiada por um corpo irradiante ideal a uma temperatura de 5.800 K é obtida da eq. 9-6.

$$E_n = \sigma T^4 = 5,67 \times 10^{-8} (5.800)^4 = 64,16 \times 10^6 \text{ W} / \text{m}^2$$

A fração desta radiação na faixa visível pode ser obtida utilizando a Tabela 9-1. A radiação contida nos intervalos de comprimento de onda de 0-0,4 e 0-0,7 μm é

$$0 \le \lambda \le 0,4 \qquad \lambda_1 T = 0,4(5.800) = 2.320 \qquad F_{[0-0,4]} = 0,1245$$

$$0 \le \lambda \le 0,7 \qquad \lambda_2 T = 0,7(5.800) = 4.060 \qquad F_{[0-0,7]} = 0,4914$$

A fração de radiação solar contida na faixa visível é

$$F_{[0,4-0,7]} = F_{[0-0,7]} - F_{[0-0,4]} = 0,4914 - 0,1245 = 0,3669$$

A quantidade de radiação na faixa visível, $0,4 < \lambda < 0,7$ μm é

CAPÍTULO 9 - TRANSFERÊNCIA DE CALOR POR RADIAÇÃO TÉRMICA **353**

Tabela 9-1 Funções de corpo negro

$\lambda T(\mu m \cdot K)$	$F_{[0-\lambda]}$	$\lambda T(\mu m \cdot K)$	$F_{[0-\lambda]}$
200	0,000000	6200	0,754140
400	0,000000	6400	0,769234
600	0,000000	6600	0,783199
800	0,000016	6800	0,796129
1000	0,000321	7000	0,808109
1200	0,002134	7200	0,819217
1400	0,007790	7400	0,829527
1600	0,019718	7600	0,839102
1800	0,039341	7800	0,848005
2000	0,066728	8000	0,856288
2200	0,100888	8500	0,874608
2400	0,140256	9000	0,890029
2600	0,183120	9500	0,903085
2800	0,227897	10000	0,914199
2898	0,250108	10500	0,923710
3000	0,273232	11000	0,931890
3200	0,318102	11500	0,939959
3400	0,361735	12000	0,945098
3600	0,403607	13000	0,955139
3800	0,443382	14000	0,962898
4000	0,480877	15000	0,969981
4200	0,516014	16000	0,973814
4400	0,548796	18000	0,980860
4600	0,579280	20000	0,985602
4800	0,607559	25000	0,992215
5000	0,633747	30000	0,995340
5200	0,658970	40000	0,997967
5400	0,680360	50000	0,998953
5600	0,701046	75000	0,999713
5800	0,720158	100000	0,999905
6000	0,737818		

$$E_{\lambda_1-\lambda_2,n} = F_{[\lambda_1-\lambda_2]}E_n = 0,3669(64,16\times10^6) = 23,54\times10^6 \text{ W / m}^2$$

Isto está mostrado esquematicamente na Fig. E9-1.

COMENTÁRIO

O comprimento de onda no qual o máximo fluxo de energia é emitido pelo sol pode ser obtida da lei de deslocamento de Wien, eq. 9-4,

$$\lambda_{max} = \frac{2,9\times10^3}{5.800} = 0,5 \ \mu m$$

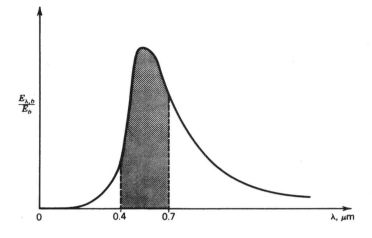

Figura E9-1 Fração de radiação solar na faixa de comprimento de onda visível.

9.3 PROPRIEDADES BÁSICAS DA RADIAÇÃO

Corpo Negro

Um *corpo negro* é um corpo ideal cuja superfície é um absorvedor ideal de radiação incidente independentemente do comprimento de onda ou da direção da radiação. Desde que não existe nenhuma superfície com tal característica, o conceito de corpo negro é uma idealização. Entretanto, este conceito é útil porque é o padrão de comparação das propriedades de radiação das superfícies reais.

Pode se mostrar que um corpo negro é também um emissor perfeito de radiação em todas as direções e em todos os comprimentos de onda. Para uma dada temperatura, nenhuma superfície pode emitir mais energia radiativa, total ou monocromática, do que um corpo negro. Todas as características de radiação apresentadas na seção anterior estavam associadas com uma superfície irradiante ideal ou corpo negro. As características de radiação de um corpo negro estão identificadas pelo uso do índice n.

Irradiação

A taxa na qual a radiação atinge uma superfície é chamada de *irradiação*. As características direcionais da radiação são importantes. A irradiação por unidade de area é identificada por G, em watt por metro quadrado. O índice λ será utilizado para denotar a taxa monocromática de energia de radiação que atinge a superfície. A radiação total incidente na superfície é obtida pela integração em toda a faixa de comprimentos de onda.

$$G = \int_0^\infty G_\lambda \, d\lambda \qquad (9\text{-}10)$$

Absortividade, Refletividade e Transmissividade

Quando radiação incide numa superfície real parte desta radiação é absorvida, parte é refletida e a parcela restante é transmitida através do corpo como mostrado na Fig. 9-3. A soma dessas quantidades deve ser igual a radiação total incidente na superfície G.

É conveniente que a quantidade de radiação incidente que é absorvida, refletida ou transmitida seja expressa como uma fração da energia total incidente na superfície. Assim, define-se as seguintes quantias.

Absortividade. É a fração da radiação total incidente que é absorvida pela superfície. Para um corpo real, a absortividade, α, varia, em geral, com o comprimento de onda, e por isso define-se a absorvidade monocromática, α_λ. A absortividade é expressa em termos da absortividade monocromática como

$$\alpha = \frac{\text{radiação absorvida}}{\text{radiação incidente}} = \frac{1}{G}\int_0^\infty \alpha_\lambda G_\lambda\, d\lambda \tag{9-11}$$

Refletividade. É a fração da radiação total incidente que é refletida pela superfície. Como a absortividade, a refletividade, ρ, é uma função do comprimento de onda de forma que ρ_λ é utilizado para representar a refletividade monocromática de uma superfície e

$$\rho = \frac{\text{radiação refletida}}{\text{radiação incidente}} = \frac{1}{G}\int_0^\infty \rho_\lambda G_\lambda\, d\lambda \tag{9-12}$$

Há dois tipos de reflexão de ondas eletromagnéticas, elas são a especular e a difusa. Reflexão especular está presente quando o ângulo de incidência é igual ao ângulo de reflexão. Radiação difusa está presente quando a reflexão é uniformemente distribuída em todas as direções. Esses dois tipos de reflexão estão ilustrados na Fig. 9-4. Um corpo real não exibe nem reflexão especular pura nem reflexão difusa pura. Uma superfície altamente polida vai produzir uma reflexão especular enquanto que uma superfície áspera ou rugosa tem uma característica difusa.

Transmissividade. É a fração da radiação total incidente que é transmitida através de um corpo e recebe o símbolo τ. Também depende do comprimento de onda. A transmissividade monocromática é designada por τ_ρ e a transmissividade total é

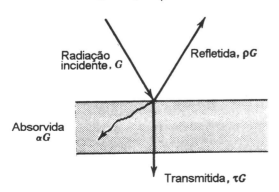

Figura 9-3 Radiação incidente numa superfície.

Figura 9-4 Reflexão especular e difusa.

$$\tau = \frac{\text{radiação transmitida}}{\text{radiação incidente}} = \frac{1}{G}\int_0^\infty \tau_\lambda G_\lambda \, d\lambda \quad (9\text{-}13)$$

Para a maioria das superfícies sólidas a transmissividade é igual a zero, já que os corpos são normalmente opacos à radiação incidente.

A soma da absortividade, refletividade e transmissividade vale 1.

$$\alpha + \rho + \tau = 1 \quad (9\text{-}14)$$

Para corpos opacos

$$\tau = 0$$

Então

$$\alpha + \rho = 1 \quad (9\text{-}15)$$

Emissividade

A quantidade total de energia irradiada pela superfície de um corpo negro é dada pela eq. 9-6 e a radiação monocromática emitida pela superfície é dada pela eq. 9-3. Um corpo real emite menos radiação do que um corpo negro. A razão entre a energia real emitida por um corpo qualquer para a radiação emitida por um corpo negro à mesma temperatura é chamada de *emissividade*, ε. A emissividade monocromática recebe o símbolo de ε_λ e a emissividade total é obtida pela integração daquela grandeza sobre todo o espectro de comprimentos de onda

$$\varepsilon = \frac{1}{E_n}\int_0^\infty \varepsilon_\lambda E_{\lambda,n} \, d\lambda \quad (9\text{-}16)$$

A distribuição espectral da radiação, como já mencionado, está associada com a temperatura do corpo irradiante. As características de radiação de uma superfície, absortividade e transmissividade, são fortemente dependentes da distribuição espectral da radiação. Se a radiação incidente na superfície que está a T_1 se origina de uma outra superfície que também está a mesma temperatura T_1, então a distribuição espectral da energia será idêntica e a emissividade e absortividade da superfície serão iguais,

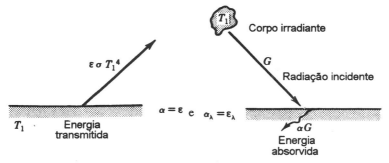

Figura 9-5 Equivalência entre a emissividade e a absortividade.

$$\varepsilon = \alpha \quad e \quad \varepsilon_\lambda = \alpha_\lambda$$

Essa situação está ilustrada esquematicamente na Fig. 9-5.

Corpo Cinzento

Um corpo cuja emissividade e absortividade da sua superfície são independentes do comprimento de onda e direção é chamado de corpo cinzento

$$\varepsilon = \varepsilon_\lambda = \text{const.}$$

e

$$\alpha = \alpha_\lambda = \text{const.}$$

A radiação emitida e refletida por um corpo cinzento é considerada difusa. A emissividade e a absortividade de um corpo cinzento são iguais,

$$\varepsilon = \alpha$$

Essas expressões são obtidas da lei de Kirchhoff, que informa que a um dado comprimento de onda a emissividade e a absortividade da superfície são iguais.

Corpo Real

As propriedades de radiação da superfície de um corpo real são diferentes daquelas dos corpos negro e cinzento. A emissividade monocromática de várias superfícies reais está mostrada na Fig. 9-6. A radiação emitida por um corpo real não é inteiramente difusa. Portanto, a emissividade do corpo depende do ângulo de observação. A variação direcional da emissividade para vários materiais está mostrada na Fig. 9-7.

Tendo em vista que cálculos de engenharia são o nosso interesse principal, é importante que se reconheça quando as características de radiação das superfícies de um corpo real podem ser

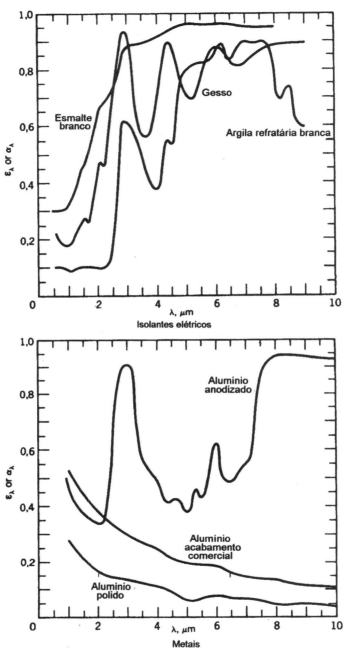

Figura 9-6 Dependência espectral da emissividade e absortividade[2]. Usado com permissao. (*a*) Condutores elétricos. (*b*) Metais.

aproximadas pelas de um corpo cinzento. Para se decidir se tais aproximações são possíveis, a distribuição espectral da radiação emitida pelo corpo e a radiação incidente no corpo devem ser consideradas. Referindo-se a Fig. 9-6, se a maior parcela da radiação incidente que atinge o alumínio de superfície anodizada se localizar na faixa de comprimento de onda de 8 a 10 μm, então o comportamento desta superfície pode ser considerado como sendo o de um corpo negro com absortividade de 0,93. Nenhum erro significativo seria introduzido já que a absortividade é aproximadamente constante nessa faixa de comprimento de onda. Se, contudo, a radiação incidente na superfície for estendida para a faixa de 2 a 10 µm, então a aproximação de corpo cinzento pode ainda ser utilizada, mas com prejuízo de exatidão. A absortividade média da superfície é obtida usando a eq. 9-11.

A característica direcional da radiação das superfícies dos corpos reais está ilustrada na Fig. 9-7, como já mencionado. Para considerar essa variação, emissividades monocromática direcional e total são utilizadas.

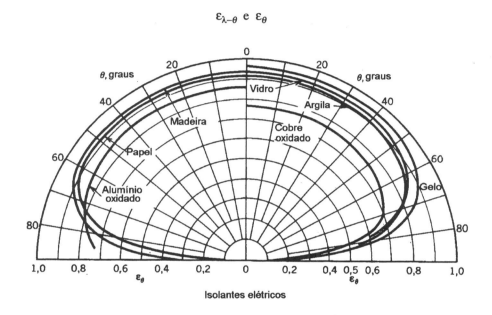

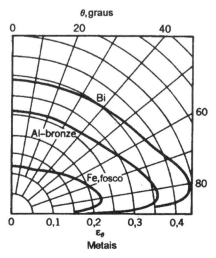

Figura 9-7 Emissividade direcional total[2]. Usado com permissão[2]. (*a*) isolante elétrico. (*b*) Metais.

360 INTRODUÇÃO ÀS CIÊNCIAS TÉRMICAS

Os valores tabulados da emissividade para a superfície de um corpo real são geralmente aqueles normais à superfície do corpo, $\theta = 0°$. As emissividades são distinguidas pelo índice n, $\varepsilon_{\lambda-n}$ e ε_n. Para isolantes elétricos, a variação de $\varepsilon_{\lambda-n}$ e ε_n é menos do que $\pm 3\%$. Para condutores, a variação pode ser maior, às vezes atingindo $\pm 15\%$. Valores da emissividade total normal para várias substâncias estão apresentados na Tabela 9-2.

Radiosidade

A quantidade de radiação térmica que deixa um corpo é chamada de *radiosidade*. Ela é a soma da radiação incidente que é refletida e a radiação que é emitida pelo corpo. A radiosidade de corpos cinzentos está esquematicamente ilustrada na Fig. 9-8. Radiosidade, denotada por J, pode ser expressa em termos da emissividade e da refletividade da superfície como

$$J = \varepsilon E_n + \rho G \tag{9-17}$$

A radiosidade é a taxa de energia transferida por unidade de área em W/m^2 ou $Btu/h\ ft^2$.

Tabela 9-2 Emissividade total normal

Substância	Metais Temp. da superfície, K	Emissividade normal, ε_n
Alumínio		
Altamente polido	480-870	0,038-0,06
Altamente oxidado	370-810	0,20-0,33
Latão		
Altamente polido	530-640	0,028-0,031
Oxidado	480-810	0,60
Cromo, polido	310-1370	0,08-0,40
Cobre		
Altamente polido	310	0,02
Enegrecido (oxidado em cor preta)	310	0,78
Ouro, polido	400	0,018
Ferro		
Altamente polido	310-530	0,05-0,07
Ferro doce (batido), polido	310-530	0,28
Ferro fundido, recém-usinado	310	0,44
Ferro em chapa, enferrujado	293	0,61
Ferro fundido, rugoso e altamente oxidado	310-510	0,95

CAPÍTULO 9 - TRANSFERÊNCIA DE CALOR POR RADIAÇÃO TÉRMICA **361**

Tabela 9-2 Emissividade total normal -*continuação*

Substância	Metais Temp. da superfície, K	Emissividade normal, ε_n
Platina, polida	500-900	0,054-0,104
Prata, polida	310-810	0,01-0,03
Aço inoxidável		
Tipo 310, liso	1090	0,39
Tipo 316, polido	480-1310	0,24-0,31
Estanho, polido	310	0,05
Tungstênio, filamento	3590	0,39
	Não-metais	
Asbestos		
Em folha	310	0,93
Em placa	310	0,96
Tijolo		
Refratário branco	1370	0,29
Vermelho, rugoso	310	0,93
Fuligem fina	310	0,95
Concreto, rugoso	310	0,94
Gelo, liso	273	0,966
Mármore, branco	310	0,95
Tinta		
óleo, todas as cores	373	0,92-0,96
a base de chumbo, vermelha	370	0,93
Gesso	310	0,91
Borracha, dura	293	0,92
Neve	270	0,82
Água (profunda)	273-373	0,96
Madeira		
Carvalho	295	0,90
faia	340	0,94

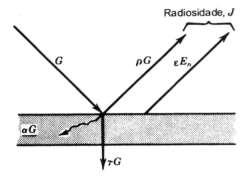

Figura 9-8 Balanço de energia para um corpo cinzento.

Radiação Solar

O sol, localizado a cerca de $1,5 \times 10^6$ km da Terra, é a fonte de energia da qual depende toda a vida terrestre. A energia é transmitida pelas ondas eletromagnéticas que atravessam o espaço até encontrarem o planeta. Quando esses raios solares atingem a atmosfera, são absorvidos e espalhados pela poeira e gases atmosféricos. Uma porção da radiação espalhada atinge a superfície terrestre e a restante é refletida de volta para o espaço. A radiação solar que é irradiada, ou que atinge, a superfície do planeta é, portanto, composta tanto de radiação direta como de radiação difusa. Até 90% da radiação solar que atinge a superfície em um dia claro é formada por radiação direta, enquanto que praticamente toda a radiação que chega ao nível do solo num dia nublado é composta de radiação difusa. A quantia real de energia solar que chega à superfície da Terra depende do ângulo no qual a radiação atinge a superfície, da composição da atmosfera e das condições atmosféricas locais.

A energia total de radiação que chega à superfície terrestre é composta da radiação originada no sol, chamada energia solar, e daquela que vem da atmosfera terrestre ou do céu. A radiação solar evidentemente só tem efeito durante as horas do dia, enquanto que a radiação da atmosfera está sempre presente. O cálculo da taxa de transferência de calor da atmosfera terrestre para a superfície terrestre é realizado considerando que o céu se comporta como um corpo negro a uma temperatura *efetiva* celeste $T_{céu}$. Essa temperatura pode ser tão baixa quanto 230 K num dia frio e claro de noite de inverno ou tão alta quanto 280 K num dia nublado de verão. A irradiação da atmosfera terrestre é, então, calculada como

$$G_{céu} = \sigma T_{céu}^4$$

EXEMPLO 9-2E

Pés de tomate são plantados no começo de maio com a preocupação de que eles podem ser danificados por geadas (no hemisfério norte - *n. do t.*). Nas primeiras noites a temperatura do ar é de 50 °F e o céu está nublado com uma temperatura efetiva do céu de 270 K. Há uma leve brisa com um coeficiente de transferência de calor de 4 Btu/ h ft^2 °F. A emissividade das folhas do tomateiro vale 0,7. Determine a temperatura de equilíbrio das folhas para essas condições.

CAPÍTULO 9 - TRANSFERÊNCIA DE CALOR POR RADIAÇÃO TÉRMICA **363**

SOLUÇÃO

Um balanço de energia na folha do tomate indicará que o que equilíbrio térmico será alcançado quando a taxa de calor perdido por radiação térmica para o céu for igual a taxa de calor recebido do ar ambiente por convecção. A menor temperatura vai ocorrer na parte superior da superfície da folha.

$$\dot{Q}_{\text{rad}} = \dot{Q}_{\text{conv}}$$

$$\sigma\varepsilon(T_{\text{FT}}^4 - T_{\text{ceu}}^4) = h(T_{\text{ar}} - T_{\text{FT}})$$

Nossa solução será obtida usando o Sistema Inglês de unidades, e a temperatura absoluta nesta escala será usada.

$$T_{\text{ceu}} = 270 \text{ K} = 486 \text{ R} \qquad T_{\text{ar}} = 50°\text{F} = 510 \text{ R}$$

$$0,1714 \times 10^{-8}(0,7)[T_{\text{FT}}^4 - 486^4] = 4(510 - T_{\text{FT}})$$

Uma solução por tentativa e erro vai conduzir à seguinte temperatura de equilíbrio da folha.

$$T_{\text{FT}} \cong 46,92 °\text{F}$$

COMENTÁRIO

Esse cálculo foi realizado para a noite e, portanto, a radiação solar não entrou na questão.

EXEMPLO 9-3

Uma rodovia asfaltada recebe 600 W/m^2 de irradiação solar num certo dia de verão. A temperatura efetiva do céu vale 270 K. Uma leve brisa de ar a 30 °C passa pela rodovia com um coeficiente de transferência de calor de 5 W/m^2°C. Assuma que nenhum calor seja transferido do asfalto para o solo. A absortividade do asfalto para a radiação solar vale 0,93, enquanto que a emissividade média da superfície asfáltica vale 0,13. Determine a temperatura de equilíbrio do asfalto.

SOLUÇÃO

Um balanço de energia para a rodovia asfaltada pode ser expressa como

$$\alpha_s G_{\text{solar}} + \alpha_{\text{asf}} G_{\text{céu}} - \dot{q}''_{\text{conv}} - E_{\text{asf}} = 0$$

baseado na unidade de área de superfície asfáltica, como mostrado na Fig. E9-3, os termos são:

irradiação solar $\qquad\qquad \alpha_s G_{\text{solar}} = 0,93(600) = 558 \text{ W}/\text{m}^2$

irradiação do céu $\quad \alpha_{asf} G_{ceu} = \sigma \varepsilon_{asf} T_{céu}^4$

convecção $\quad \dot{q}''_{conv} = h(T_{asf} - T_\infty)$

emissão do asfalto $\quad E_{asf} = \sigma \varepsilon_{asf} T_{asf}^4$

Nós assumimos que $\alpha_{asf} = \varepsilon_{asf}$. Todas as temperaturas estão expressas em K. A equação da energia é

$$558 + \sigma \varepsilon_{asf} T_{céu}^4 - h(T_{asf} - T_\infty) - \sigma \varepsilon_{asf} T_{asf}^4 = 0$$

$$558 + \sigma \varepsilon_{asf} (T_{céu}^4 - T_{asf}^4) - h(T_{asf} - T_\infty) = 0$$

ou

$$558 + 5{,}67 \times 10^{-8}(0{,}13)(270^4 - T_{asf}^4) - 5(T_{asf} - 303{,}15) = 0$$

Uma solução de tentativa e erro vai conduzir a $T_{asf} \cong 389$ K = 115,8 °C

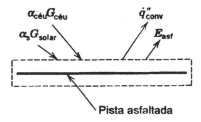

Figura E9-3 Balanço de energia no asfalto.

COMENTÁRIO

A temperatura real da superfície do asfalto será menor, já que parte do calor será transmitido para o solo.

9.4 TRANSFERÊNCIA DE CALOR POR RADIAÇÃO ENTRE DUAS SUPERFÍCIES PARALELAS INFINITAS

As características da radiação emitida, refletida, absorvida ou transmitida por uma superfície já foram discutidas. Elas agora serão utilizadas para determinar a taxa líquida do calor transferido por radiação entre duas superfícies que estão a diferentes temperaturas. Para simplificar os cálculos, os dois corpos serão assumidos paralelos e infinitos, de forma que toda a radiação que deixa um corpo vai atingir o outro.

CAPÍTULO 9 - TRANSFERÊNCIA DE CALOR POR RADIAÇÃO TÉRMICA **365**

Considere as duas superfícies ilustradas na Fig. 9-9, as quais estão a T_1 e T_2. Desde que ambas as superfícies estão a temperaturas acima do zero absoluto, cada uma delas vai emitir radiação. A energia total que deixa a superfície 1 é sua radiosidade vezes sua área superficial, J_1A_1, e a que deixa a superfície 2 é J_2A_2. A taxa líquida do calor transferido entre as duas superfícies é

$$\dot{Q} = J_1A_1 - J_2A_2 = \frac{J_1 - J_2}{(1 / A)} \tag{9-18}$$

já que A_1 é igual a A_2.

Se as superfícies forem corpos negros, então $\varepsilon_1 = \varepsilon_2 = 1$ e $\alpha_1 = \alpha_2 = 1$. A refletividade e a transmissividade valem zero e as radiosidades para os corpos 1 e 2 são

$$J_1 = \sigma T_1^4$$

e

$$J_2 = \sigma T_2^4$$

A taxa líquida de calor transferida por unidade de área é

$$\frac{\dot{Q}}{A} = \sigma(T_1^4 - T_2^4) \tag{9-19}$$

Quando a superfície é um corpo cinzento opaco, com transmissividade igual a zero, a radiosidade é

$$J = \varepsilon E_n + \rho G = \varepsilon E_n + (1 - \varepsilon)G \tag{9-20}$$

Essa equação pode ser reescrita para obter a expressão para a irradiação

$$G = \frac{J - \varepsilon E_n}{(1 - \varepsilon)} \tag{9-21}$$

A taxa líquida de calor transferido de uma superfície de um corpo cinzento opaco pode ser expressa como a diferença da radiosidade, isto é, a radiação que deixa a superfície, e a irradiação, isto é a radiação que chega.

$$\dot{Q} = A(J - G) = A\left[J - \left(\frac{J - \varepsilon E_n}{1 - \varepsilon}\right)\right] = \frac{\varepsilon A}{1 - \varepsilon}(E_n - J) = \frac{E_n - J}{[(1 - \varepsilon) / \varepsilon A]} \tag{9-22}$$

Se J for maior do que E_n, $\dot{Q}$ terá un sinal *negativo*, o que indica que a taxa líquida de calor é transferida *para* a superfície em questão.

366 INTRODUÇÃO ÀS CIÊNCIAS TÉRMICAS

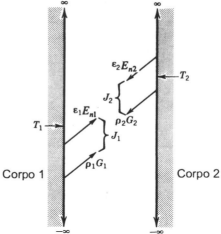

Figura 9-9 Duas superfícies paralelas infinitas.

Da Fig. 9-9, é óbvio que se ambas as superfícies forem corpos cinzentos opacos, a taxa de perda de calor perdido pelo corpo 1 será igual a que é ganha pelo corpo 2. Isso pode ser escrito matematicamento como

$$\dot{Q} = \frac{E_{n1} - J_1}{[(1-\varepsilon_1)/\varepsilon_1 A]} = -\frac{E_{n2} - J_2}{[(1-\varepsilon_2)/\varepsilon_2 A]} \qquad (9\text{-}23)$$

A eq. 9-23 contém duas incógnitas, J_1 e J_2. Estas radiosidades podem ser determinadas resolvendo as eqs. 9-18 e 9-23 simultaneamente.

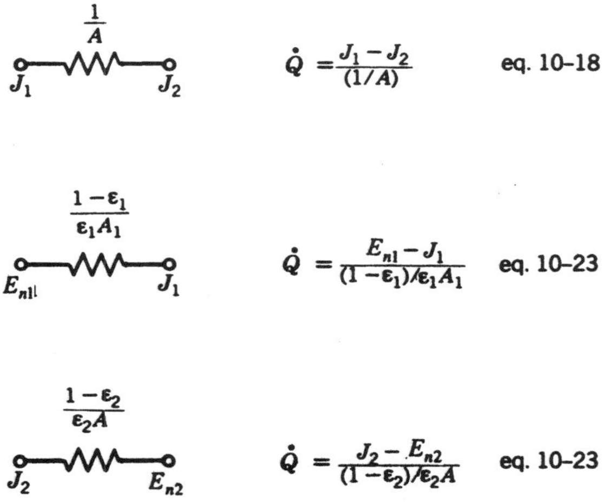

$\dot{Q} = \dfrac{J_1 - J_2}{(1/A)}$ eq. 10-18

$\dot{Q} = \dfrac{E_{n1} - J_1}{(1-\varepsilon_1)/\varepsilon_1 A_1}$ eq. 10-23

$\dot{Q} = \dfrac{J_2 - E_{n2}}{(1-\varepsilon_2)/\varepsilon_2 A}$ eq. 10-23

Figura 9-10 Resistências equivalentes para o circuito de radiação.

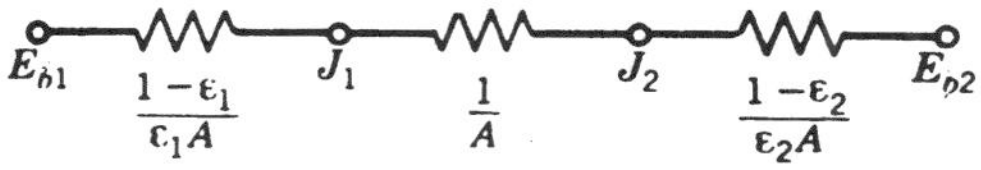

$$\dot{Q} = \frac{E_{b1} - E_{b2}}{[(1-\varepsilon_1)/\varepsilon_1 A] + (1/A) + [1-\varepsilon_2)/\varepsilon_1 A]}$$

Figura 9-11 Circuito de radiação para duas superfícies paralelas infinitas (Figura 9-9).

Nesse ponto é importante que se chame a atenção para a analogia entre transferência de calor e a corrente elétrica que foi descrita no Capítulo 8. As eqs. 9-18 e 9-23 podem ser representadas por resistências elétricas equivalentes e diferenças de potencial como mostrado na Fig. 9-10. A transferência de calor por radiação entre os corpos 1 e 2 na Fig. 9-9 pode ser obtida pela solução do circuito formado pela combinação das resistências mostradas na Fig. 9.10. O circuito equivalente de radiação para a transferência de calor entre duas superfícies cinzentas paralelas e infinitas está mostrado na Fig. 9-11.

EXEMPLO 9-4

Duas superfícies muito grandes são mantidas a temperaturas uniformes de 300 °C (573,2 K) e 20 °C (293,2 K), respectivamente. A superfície de temperatura mais elevada tem uma emissividade de 0,8, enquanto que a emissividade da outra superfície vale 0,1. Determine a taxa de calor transferido por radiação entre as duas superfícies.

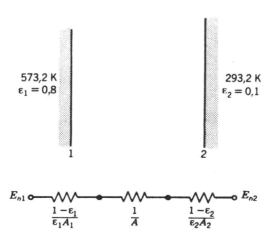

Figura E9-4 Circuito de radiação.

368 INTRODUÇÃO ÀS CIÊNCIAS TÉRMICAS

SOLUÇÃO

Assuma que ambas superfícies sejam grandes o suficiente para que possam ser consideradas como planos paralelos infinitos. O circuito de radiação para o sistema está mostrado na Fig. E9-4. A taxa de transferência de calor por radiação por unidade de área, $A = 1$ m^2, é obtida de

$$\dot{Q} = \frac{E_{n1} - E_{n2}}{\Sigma R} = \frac{\sigma T_1^4 - \sigma T_2^4}{[(1-\varepsilon_1)/\varepsilon_1 A] + (1/A) + [(1-\varepsilon_2)/\varepsilon_2 A]}$$

$$= \frac{5{,}67 \times 10^{-8}[(573{,}2)^4 - (293{,}2)^4]}{[(1-0{,}8)/0{,}8(1)] + (1/1) + [(1-0{,}1)/0{,}1(1)]} = 556{,}3 \text{ W/m}^2$$

EXEMPLO 9-5

Uma terceira placa com emissividade de 0,3 é inserida entre as duas placas descritas no Exemplo 9-4. Recalcule a taxa de transferência de calor por radiação entre as duas placas originais.

SOLUÇÃO

O circuito de radiação equivalente para esse problema está mostrado na Fig. E9-5. A transferência de calor por radiação por unidade de área é

$$\dot{Q} = \frac{E_{n1} - E_{n2}}{\Sigma R}$$

onde

$$\Sigma R = \frac{1-\varepsilon_1}{\varepsilon_1 A} + \frac{1}{A} + \frac{1-\varepsilon_3}{\varepsilon_3 A} + \frac{1-\varepsilon_3}{\varepsilon_3 A} + \frac{1}{A} + \frac{1-\varepsilon_2}{\varepsilon_2 A}$$

$$= \frac{1-0{,}8}{0{,}8(1)} + \frac{1}{1} + \frac{1-0{,}3}{0{,}3(1)} + \frac{1-0{,}3}{0{,}3(1)} + \frac{1}{1} + \frac{1-0{,}1}{0{,}1(1)} = 15{,}92 \ \ 1/\text{m}^2$$

Portanto,

$$\dot{Q} = \frac{5{,}67 \times 10^{-8}[(573{,}2)^4 - (292{,}2)^4]}{15{,}92} = 358{,}2 \text{ W/m}^2$$

COMENTÁRIO

A taxa de de transferência de calor entre as duas placas foi reduzida a aproximadamente um terço devido à inserção da placa entre as duas superfícies. Se a emissividade da placa inserida fosse 0,1, então a taxa de transferência de calor seria reduzida para 194,9 W/m^2.

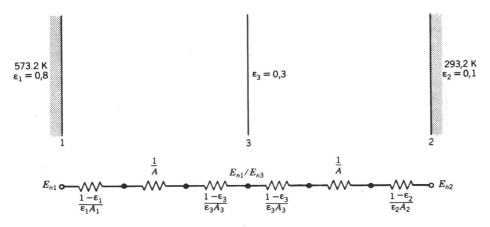

Figura E9-5 Circuito de radiação.

Retornando ao problema original, a temperatura da terceira placa pode ser obtida usando o circuito de radiação, que dá

$$\dot{Q} = \frac{E_{n1} - E_{n3}}{[(1-\varepsilon_1)/\varepsilon_1 A] + (1/A) + [(1-\varepsilon_3)/\varepsilon_3 A]}$$

$$358 = \frac{5{,}67 \times 10^{-8}[(573{,}2)^4 - (T_3)^4]}{[(1-0{,}8)/0{,}8(1)] + (1/1) + [(1-0{,}3)/0{,}3(1)]}$$

$$T_3 = 540{,}4 \text{ K } (267{,}2°\text{C})$$

9.5 FATORES DE FORMA DE RADIAÇÃO

A radiação térmica é transmitida via ondas eletromagnéticas que viajam em linhas retas. A orientação geométrica das superfícies influencia fundamentalmente a magnitude da transferência de calor por radiação entre as superfícies. Para levar este fator em consideração, o fator de forma de radiação é definido. O *fator de forma de radiação*, $F_{i\text{-}j}$, é definido como sendo a fração de radiação que deixa superfície i e incide na superfície j. Para as duas superfícies mostradas na Fig. 9-12, a radiação que deixa a superfície 1, J_1A_1, e que atinge a superfície 2 é denotada por $F_{1,2}J_1A_1$ enquanto que a radiação que deixa a superfície 2, J_2A_2, e que atinge a superfície 1 é $F_{2,1}J_2A_2$. Se ambas as superfícies mostradas na Fig. 9-12 são corpos negros, as radiosidades são

$$J_1 = E_{n1} = \sigma T_1^4$$

$$J_2 = E_{n2} = \sigma T_2^4$$

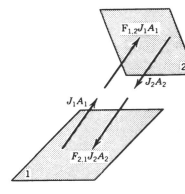

Figura 9-12 Transferência de calor por radiação entre duas superfícies opacas.

A taxa líquida de transferência de calor por radiação entre os dois corpos negros é

$$\dot{Q} = F_{1,2}E_{n1}A_1 - F_{2,1}E_{n2}A_2 \qquad (9\text{-}24)$$

Se as duas superfícies estiverem a uma mesma temperatura, então nenhum calor será transferido. Logo

$$0 = F_{1,2}E_{n1}A_1 - F_{2,1}E_{n2}A_2 \qquad (9\text{-}25)$$

Desde que $E_{n1} = E_{n2}$, uma relação importante entre os fatores de forma de radiação é obtida, ou seja,

$$A_1 F_{1,2} = A_2 F_{2,1}$$

ou, de uma forma geral,

$$A_i F_{i,j} = A_j F_{j,i} \qquad (9\text{-}26)$$

Essa expressão contém apenas grandezas geométricas. Essa relação, também conhecida como *relação de reciprocidade*, é válida desde que a radiação seja difusa e é independente das outras características de radiação da superfície.

Os fatores de forma de radiação para várias configurações estão mostrados nas Figs. 9-13 até 9-15. Relações para outros tipos de configurações de fatores de forma podem ser obtidos nas Refs. 1, 2 e 3. Há dois pontos importantes para se determinar o fator de forma de radiação se as curvas não estiverem disponíveis para a configuração desejada. Um desses pontos é a relação de reciprocidade já apresentada, eq. 9-26. O segundo é extremamente útil para sistemas de várias superfícies e é baseado na definição do fator de forma de radiação. A soma de todos os fatores de forma para uma dada superfície deve ser igual a 1. Por exemplo, se a superfície 1 for fechada e *enxergar n* superfícies, então

$$\sum_{j=1}^{n} F_{1,j} = F_{1,1} + F_{1,2} + F_{1,3} + ... + F_{1,n} = 1 \qquad (9\text{-}27)$$

O fator deforma de radiação $F_{1,1}$ será normalmente zero. A exceção ocorre quando a superfície 1 enxerga a sí mesmo, isto é, ela é côncava. Dois exemplos serão apresentados como ilustração.

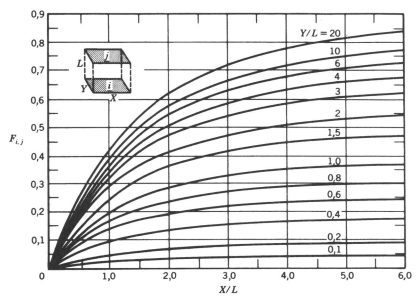

Figura 9-13 Fator de forma de radiação entre duas placas paralelas[5]. Usado com permissão.

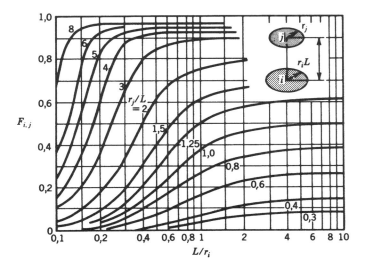

Figura 9-14 Fator de forma de radiação entre dois discos paralelos[5]. Usado com permissão.

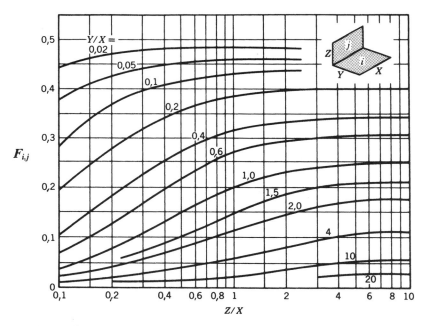

Figura 9-15 Fator de forma de radiação entre dois retângulos perpendiculares com aresta comum[5]. Usado com permissão.

EXEMPLO 9-6

Determine o fator de forma $F_{1,2}$ para a configuração mostrada na Fig. E9-6.

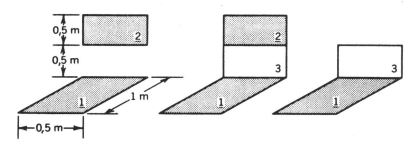

Figura E9-6 Determinação do fator de forma de radiação entre as superfícies 1 e 2.

SOLUÇÃO

O fator de forma de radiação não pode ser determinado diretamente dos gráficos acima. Contudo, ele pode ser determinado se uma terceira superfície conectando 1 e 2 é inserida. A fração da energia de radiação que deixa a superfície 1 e atinge a superfície combinada 2 e 3 é

$$F_{1,23} = F_{1,2} + F_{1,3}$$

		Z/X	Y/X	Fig 9-15
$F_{1,23}$	$X = 0,5$ m $Y = 1$ m $Z = 1$ m,	$\dfrac{1,0}{0,5} = 2$	$\dfrac{1,0}{0,5} = 2$	$F_{1,23} = 0,14$
$F_{1,3}$	$X = 0,5$ m $Y = 1$ m $Z = 0,5$ m	$\dfrac{0,5}{0,5} = 1$	$\dfrac{1,0}{0,5} = 2$	$F_{1,3} = 0,12$

Os fatores de forma de radiação $F_{1,23}$ e $F_{1,3}$ podem ser obtidos da Fig. 9-15.

O fator de forma $F_{1,2}$ é

$$F_{1,2} = F_{1,23} - F_{1,3}$$
$$= 0,14 - 0,12$$
$$= 0,02$$

EXEMPLO 9-7

Um reservatório é composto de dois discos paralelos que são conectados por uma superfície cilíndrica como mostrado na Fig. E9-7. Determine a fração de energia radiante que deixa a superfície cilíndrica e que incide sobre si mesma devido ao formato côncavo.

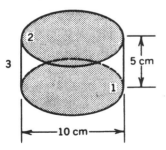

Figura E9-7 Superfície cilíndrica.

SOLUÇÃO

As áreas das três superfícies são:

$$A_1 = A_2 = \frac{\pi d^2}{4} = \frac{\pi (0,1)^2}{4} = 7,854 \times 10^{-3} \text{ m}^2$$

$$A_3 = \pi d L = \pi (0,1)(0,05) = 15,71 \times 10^{-3} \text{ m}^2$$

A seguinte relação existe entre os fatores de forma de radiação associados com cada superfície.

$$F_{1,2} + F_{1,3} = 1, \quad F_{2,1} + F_{2,3} = 1, \quad \text{e} \quad F_{3,1} + F_{3,2} + F_{3,3} = 1$$

374 INTRODUÇÃO ÀS CIÊNCIAS TÉRMICAS

Por simetria

$$F_{1,2} = F_{2,1}, \quad F_{1,3} = F_{2,3}, \quad \text{e} \quad F_{3,1} = F_{3,2}$$

Utiliza-se a Figura 9-14 para obter $F_{1,2}$ e $F_{2,1}$.

$$\frac{r_2}{L} = \frac{0,05}{0,05} = 1 \qquad \frac{L}{r_1} = \frac{0,05}{0,05} = 1$$

$$F_{1,2} = 0,38 = F_{2,1}$$

Portanto,

$$F_{1,3} = 1 - F_{1,2} = 1 - 0,38 = 0,62$$

e $F_{2,3} = 0,62$.

A relação da reciprocidade, eq. 9-26 é agora usada para achar $F_{3,1}$ e $F_{3,2}$.

$$A_1 F_{1,3} = A_3 F_{3,1}$$

então,

$$F_{3,1} = \frac{A_1}{A_3} F_{1,3} = \frac{7,854 \times 10^{-3}}{15,71 \times 10^{-3}} (0,62) = 0,310$$

e

$$F_{3,2} = 0,310$$

A fração de energia radiante que deixa a superfíce 3 e atinge a sí própria é

$$F_{3,3} = 1 - F_{3,1} - F_{3,2} = 1 - 0,31 - 0,31 = 0,38$$

9.6 TRANSFERÊNCIA DE CALOR POR RADIAÇÃO ENTRE DUAS SUPERFÍCIES CINZENTAS

Na Seção 9.4, a transferência de calor entre duas placas infinitas foi discutida. O circuito de radiação e a equação correspondente mostrada na Fig. 9-11 foram utilizados para calcular a transferência de calor total entre duas superfícies cinzentas. Uma vez que as duas superfícies eram infinitas, os fatores de forma $F_{1,2}$ e $F_{2,1} = 1$. Agora será apresentada uma abordagem geral, baseada na analogia elétrica para o cálculo da taxa de transferência de calor por radiação entre duas superfícies cinzentas opacas.

A taxa líquida de transferência de calor entre duas superfícies cinzentas opacas quaisquer pode ser expressa como

$$\dot{Q} = F_{1,2}J_1A_1 - F_{2,1}J_2A_2 \tag{9-28}$$

Isto pode ser rearranjado usando a lei da reciprocidade, $A_1F_{1,2} = A_2F_{2,1}$ que dá

$$\dot{Q} = \frac{J_1 - J_2}{(1/A_1F_{1,2})} \tag{9-29}$$

ou

$$\dot{Q} = \frac{J_1 - J_2}{(1/A_2F_{2,1})}$$

A taxa líquida de calor transferido entre duas superfícies cinzentas pode ser obtida utilizando o circuito de radiação para dois tipos de resistências. Um tipo de resistência vai estar associado com a relação *geométrica* entre as superfícies. Essas resistências conterão os fatores de forma e podem ser expressas por

$$R_s = \frac{1}{A_iF_{i,j}} \tag{9-30}$$

O outro tipo de resistência, que será chamado de resistência *característica da superfície*, vai levar em consideração as características de radiação da superfície e será expressa por

$$R_\varepsilon = \frac{1-\varepsilon_i}{\varepsilon_i A_i} \tag{9-31}$$

O circuito de radiação equivalente para a configuração mostrada na Fig. 9-12 está apresentado na Fig. 9-16. A taxa de calor transferido por radiação entre as superfícies cinzentas opacas 1 e 2 é

$$\dot{Q} = \frac{E_{n1} - E_{n2}}{\sum R} = \frac{\sigma(T_1^4 - T_2^4)}{[(1-\varepsilon_1)/\varepsilon_1 A_1] + (1/A_1F_{1,2}) + [(1-\varepsilon_2)/\varepsilon_2 A_2]} \tag{9-32}$$

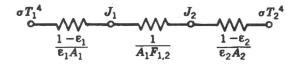

Figura 9-16 Circuito de radiação para a transferência de calor entre duas superfícies cinzentas opacas.

EXEMPLO 9-8

Determine a taxa de transferência de calor de uma esfera pequena aquecida instalada em um cilindro fechado e em vácuo, Fig. E9-8. A esfera tem 10 cm de diâmetro com uma emissividade de 0,8 e é mantida a uma temperatura uniforme de 300 °C (572,2 K). A superfície interna do cilindro, cuja área é de 0,5 m², tem uma emissividade de 0,2 e é mantida a uma temperatura uniforme de 20 °C (293,2 K).

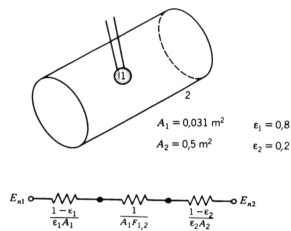

Figura E9-8 Esfera dentro de uma cavidade cilíndrica fechada.

SOLUÇÃO

O circuito de radiação equivalente está mostrado na Fig. E9-8. A área da esfera pode ser rapidamente calculada e vale 0,031 m². O fator de forma de radiação é $F_{1,2} = 1$, já que toda radiação emitida pela esfera vai atingir a superfície interna do cilindro. A taxa de transferência de calor é obtida através de

$$\dot{Q} = \frac{E_{n1} - E_{n2}}{\Sigma R}$$

$$= \frac{\sigma(T_1^4 - T_2^4)}{[(1-\varepsilon_1)/\varepsilon_1 A_1] + (1/A_1 F_{1,2}) + [(1-\varepsilon_2)/\varepsilon_2 A_2]}$$

$$= \frac{5,67 \times 10^{-8}[(573,2)^4 - (293,2)^4]}{[(1-0,8)/0,8(0,031)] + [1/(0,031)(1)] + [(1-0,2)/0,2(0,5)]}$$

$$= \frac{5,67 \times 10^{-8}[(573,2)^4 - (293,2)^4]}{48,32}$$

$$= 118,0 \text{ W}$$

9-7 COEFICIENTE DE TRANSFERÊNCIA DE CALOR POR RADIAÇÃO

Há muitas situações nas quais uma superfície cinzenta, 1, está completamente circundada por uma uma outra superfície cinzenta, 2, cuja área é muito maior, $A_2 >>> A_1$. A taxa de transferência de energia entre as duas superfícies cinzentas pode ser calculada pela eq. 9-32. Já que $A_2 >>> A_1$ e $F_{1,2} = 1$, então a eq. 9-32 pode ser simplificada:

$$\dot{Q} = \frac{\sigma(T_1^4 - T_2^4)}{\left[\dfrac{1-\varepsilon_1}{\varepsilon_1 A_1} + \dfrac{1}{A_1 F_{1,2}}\right]} = \sigma \varepsilon_1 A_1 (T_1^4 - T_2^4) \qquad (9\text{-}33)$$

Já foi observado na Seção 9.1 que, quando se estiver calculando a taxa de transferência de calor de uma superfície circundada por ar, é necessário que se leve em consideração tanto radiação quanto convecção. O fluido deve ser considerado como não participante, isto é, ele não emite, espalha ou absorve radiação. Quando a superfície estiver circundada por um corpo cinzento com uma área superficial muito grande, a taxa de transferência de calor por radiação será dada pela eq. 9-33. O *coeficiente de transferência de calor por radiação*, h_r, pode ser definido pela linearização da equação

$$\dot{Q} = \sigma \varepsilon_1 A_1 (T_1^4 - T_2^4) = \sigma \varepsilon_1 A_1 (T_1^2 + T_2^2)(T_1 + T_2)(T_1 - T_2) = h_r A_1 (T_1 - T_2) \qquad (9\text{-}34)$$

onde

$$h_r = \sigma \varepsilon_1 (T_1^2 + T_2^2)(T_1 + T_2) \qquad (9\text{-}35)$$

A taxa total de calor transferido da superfície 1 ilustrada na Fig. 9-17 é

$$\dot{Q}_t = \dot{Q}_{\text{rad}} + \dot{Q}_{\text{conv}} = h A_1 (T_1 - T_\infty) + h_r A_1 (T_1 - T_2) \qquad (9\text{-}36)$$

Se a superfície 2 estiver a mesma temperatura que o ar que a circunda, que é um caso bastante comum, esta equação pode ser escrita como

$$\dot{Q}_T = (h + h_r) A_1 (T_1 - T_\infty) \qquad (9\text{-}37)$$

O valor relativo das contribuições da radiação e da convecção na tranferência total de calor da superfície são facilmente determinados a partir desta expressão.

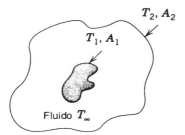

Figura 9-17 A superfície 1 está completamente circundada pela superfície 2.

378 INTRODUÇÃO ÀS CIÊNCIAS TÉRMICAS

9.8 TRANSFERÊNCIA DE CALOR EM UM INVÓLUCRO FECHADO

Muitos invólucros fechados são formados por mais de duas superfícies. A taxa de transferência de calor por radiação entre as superfícies pode ser obtida simplesmente estendendo o procedimento geral desenvolvido na seção anterior para duas superfícies. A abordagem do circuito de radiação será utilizada.

As resistências geométricas, R_S, serão conectadas em nós cujos potenciais são proporcionais às radiosidades das superfícies. O critério usado é que se a superfície pode "enxergar" outra superfície, então uma resistência deve ser inserida entre os dois nós que estão associados com as radiosidades das superfícies.

Cada *superfície interna* do invólucro será assumida como tendo uma temperatura uniforme. Algumas das superfícies estarão a temperaturas especificadas, enquanto que as temperaturas das demais superfícies não estarão especificadas. As temperaturas dessas superfícies serão determinadas pela troca de radiação entre a superfície e o resto do invólucro e pela taxa de calor transferido pela *superfície exterior* do corpo que está exposto ao meio circundante. Se a superfície exterior estiver isolada e a condução de calor dentro do corpo for desprezível, então a superfície é chamada de superfície não condutora-reirradiante. A radiação incidente nesse tipo de superfície é igual a radiação que deixa a superfíce.

$$G = J$$

A taxa líquida de transferência de calor da superfície é zero, o que dá

$$J = E_n = \sigma T_{nr}^4$$

onde T_{nr} é a temperatura da superfície não condutora-reirradiante. Não é necessário colocar uma resistência de superfície entre o nó da radiosidade e o nó do corpo negro para uma superfície não condutora-reirradiante, já que ambas superfícies estão a um mesmo potencial.

Um procedimento geral deve ser seguido para a formação de um circuito de radiação para um invólucro fechado:

1. Indique o nó de radiosidade para cada uma das superfícies isotérmicas do invólucro.
2. Conecte os nós de radiosidade com as resistências geométricas se as superfícies trocam radiação entre sí.
3. Localize os nós de corpo negro para todas as superfícies que estão às temperaturas especificadas.
4. Conecte todos os nós de corpo negro aos nós de radiosidade correspondentes usando as resistências características de superfície.

O procedimento geral esboçado acima será aplicado para determinar a taxa de calor transferido entre as superfícies internas que formam um invólucro cônico fechado, como mostrado na Fig. 9-18. As temperaturas das superfícies 1 e 2 estão especificadas enquanto que a superfície 3 é uma parede não condutora-reirradiante. Os passos na formação do circuito estão ilustrados na Fig. 9-19.

As quantidades desconhecidas no circuito de radiação são as radiosidades. Elas são determinadas pelo uso da teoria convencional de circuitos baseada no balanço de energia para cada nó de radiação no sistema. Pode ser mostrado que se obtém um sistema de três equações com três incógnitas, J_1, J_2 e J_3. Estas equações são resolvidas simultaneamente para que se obtenha os valores das radiosidades. A taxa líquida de calor transferido por radiação de uma superfície, ou a taxa de calor transferido entre duas superfícies, pode ser obtida. Para o circuito mostrado na Fig. 9-19, a taxa líquida de calor transferido da superfície 1 é

$$\dot{Q}_1 = \frac{\sigma T_1^4 - J_1}{[(1-\varepsilon_1)/\varepsilon_1 A_1]}$$

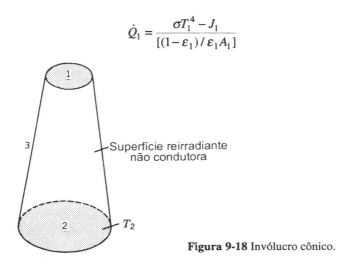

Figura 9-18 Invólucro cônico.

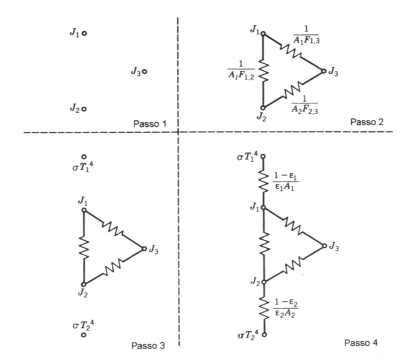

Figura 9-19 Circuito de radiação para invólucro cônico.

380 INTRODUÇÃO ÀS CIÊNCIAS TÉRMICAS

e a quantidade de calor transferido diretamente entre as superfícies 1 e 2 é

$$\dot{Q}_D = \frac{J_1 - J_2}{(1/A_1 F_{1,2})}$$

EXEMPLO 9-9

A tampa do invólucro descrito no Exemplo 9-7 é mantida a uma temperatura uniforme de 250 °C (523,2 K), enquanto que a superfície inferior é mantida a uma temperatura de 60 °C (332,2 K). A superfície que junta os dois discos é não condutora-reirradiante. A emissividade das três superfícies vale 0,6. Determine a taxa de calor transferido por radiação entre a tampa e o fundo e estime a temperatura da superfície não condutora-reirradiante.

SOLUÇÃO

O circuito de radiação para a determinação do calor transferido por radiação entre as superfícies do invólucro está mostrado na Fig. E9-9a. Os valores dos fatores de forma podem ser obtidos do cálculo já realizado para o Exemplo 9-7. Os valores da resistência para o circuito são

$$\frac{1-\varepsilon_1}{\varepsilon_1 A_1} = \frac{1-0,6}{0,6(7,854 \times 10^{-3})} = 84,88 \ \ 1/m^2$$

$$\frac{1-\varepsilon_2}{\varepsilon_2 A_2} = \frac{1-0,6}{0,6(7,854 \times 10^{-3})} = 84,88 \ 1/m^2$$

$$\frac{1}{A_1 F_{1,3}} = \frac{1}{A_2 F_{2,3}} = \frac{1}{(7,854 \times 10^{-3})(0,62)} = 205,4 \ 1/m^2$$

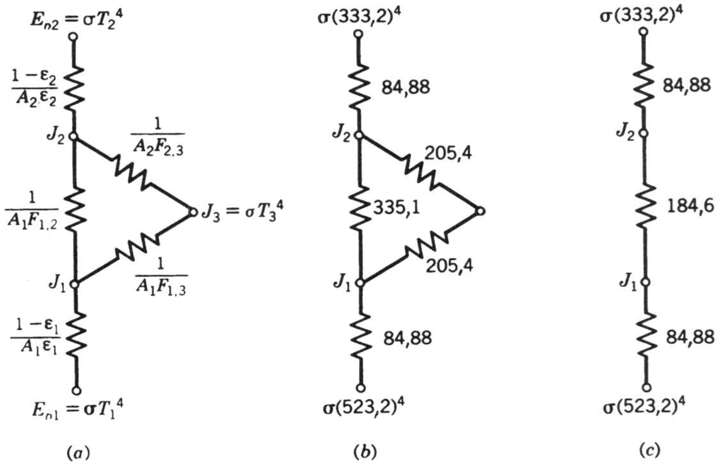

(a)   (b)   (c)

Figura E9-9 Circuito de radiação.

CAPÍTULO 9 - TRANSFERÊNCIA DE CALOR POR RADIAÇÃO TÉRMICA **381**

Os valores das resistências estão mostrados na Fig. E9-9*b*. O circuito obtido usando uma resistência equivalente para as resistências conectadas em paralelo está mostrado na Fig. E9-9c. A resistência equivalente é

$$R_e = \frac{410,8(335,1)}{410,8+335,1} = 184,6 \ \ 1/m^2$$

A taxa de calor transferido entre as superfícies da tampa e o fundo é determinado usando

$$\dot{Q} = \frac{E_{n1} - E_{n2}}{\sum R}$$

A soma das resistências entre as duas superfícies é

$$\sum R = 84,88 + 184,6 + 84,88 = 354,4 \ 1/m^2$$

A taxa de calor transferido é

$$\dot{Q} = \frac{5,67 \times 10^{-8}[(523,2)^4 - (333,2)^4]}{354,4} = 10,02 \ W$$

As radiosidades, J_1 e J_2, podem ser determinadas por

$$\dot{Q} = \frac{E_{n1} - J_1}{[(1-\varepsilon_1)/\varepsilon_1 A_1]}$$

ou

$$10,2 = \frac{5,67 \times 10^{-8}(523,2)^4 - J_1}{84,4}$$

$$J_1 = 3.398 \ W/m^2$$

e

$$\dot{Q} = \frac{J_2 - E_{n2}}{[(1-\varepsilon_2)/\varepsilon_2 A_2]}$$

o que dá $J_2 = 1.549$ W/m^2. O valor de J_3, que é igual a σT_3^4 , é obtido usando

$$\frac{J_1 - J_2}{(1/A_1 F_{1,3}) + (1/A_2 F_{2,3})} = \frac{J_1 - \sigma T_3^4}{(1/A_1 F_{1,3})}$$

382 INTRODUÇÃO ÀS CIÊNCIAS TÉRMICAS

Tabela 9-3 Comparação dos circuitos para cálculos de transferência de calor

Descrição física	Elétrica	Condução térmica da rede	Radiação térmica da rede
Potencial Motriz	Tensão V	Temperatura T	Poder emissivo do corpo negro $E_n = \sigma T^4$
Resistência ao fluxo de energia	R	Placa $\dfrac{L}{kA}$	Características da superfície
		Cilindro $\dfrac{\ln \dfrac{r_e}{r_i}}{2\pi kL}$	$\dfrac{1-\varepsilon}{A\varepsilon}$
		Convecção $\dfrac{1}{hA}$	geometria
fluxo de energia	i	$\dot{Q}$	$\dot{Q}$
Energia fornecida	i_e	$\dot{q}_e'' A$	$\dot{q}_e'' A$
Relações	$i = \dfrac{\Delta V}{\sum R}$	$\dot{Q} = \dfrac{\Delta T}{\sum R}$	Fluxo líquido de calor da superfície i $\dfrac{E_{ni} - J_i}{\dfrac{1-\varepsilon_i}{A_i \varepsilon_i}}$ Taxa direta de transferência de calor entre as superfícies i e j $\dfrac{J_i - J_j}{\dfrac{1}{A_i F_{i,j}}}$

o que resulta em

$$T_3 = 457,0 \text{ K } (183,8 \text{ °C})$$

COMENTÁRIO

Uma parte da taxa total de calor transferido entre a tampa e o fundo acontece diretamente entre as duas superfícies, enquanto que o restante do calor é trocado com a superfície não condutora-reirradiante antes de alcançar a tampa ou o fundo.

A taxa de transferência direta é

$$\dot{Q}_D = \frac{J_1 - J_2}{(1 / A_1 F_{1,2})} = \frac{3.398 - 1.549}{335,1} = 5,518 \text{ W}$$

CAPÍTULO 9 - TRANSFERÊNCIA DE CALOR POR RADIAÇÃO TÉRMICA **383**

E a indireta é

$$\dot{Q}_{ID} = \frac{J_1 - J_2}{(1/A_1 F_{1,3}) + (1/A_2 F_{2,3})} = \frac{3.398 - 1.549}{205,4 + 205,4} = 4.501 \text{ W}$$

Dois circuitos diferentes foram apresentados para o cálculo da taxa de transferência de calor. O primeiro foi usado para condução unidimensional em regime permanente, enquanto que acabamos de desenvolver um circuito que pode ser utilizado para calcular a taxa de transferência de calor por radiação entre superfícies cinzentas isotérmicas, as quais formam um invólucro fechado. As características importantes de cada um destes circuitos estão resumidos na Tabela 9-3. Uma vez que o potencial que origina o fluxo de energia difere, os dois circuitos *não* podem ser combinados. A única quantia que é comum a ambos os circuitos é a taxa de transferência de calor $\dot{Q}$

BIBLIOGRAFIA

1. Siegel, R., e Howell, J. R., *Thermal Radiation Heat Transfer*, 2a. ed., Hemisphere Publishing Corporation, Washington, EUA, 1981.
2. Sparrow, E. M., e Cess, R. D., *Radiation Heat Transfer*, Brooks/Cole Publishing Company, Belmont, Calif., EUA, 1966.
3. Hottel, H. C., e Sarofim, A. F., *Radiative Transfer*, McGraw-Hill, Nova York, EUA, 1967.
4. Plank, M., *The Teory of Heat Radiation*, Dover, Nova York, EUA, 1959.
5. Incropera, F. P., e DeWitt, D. P., *Fundamentals of Heat and Mass Transfer*, 3a. ed., Wiley, Nova York, EUA, 1990.

(nota do tradutor: o livro da referência 5 está disponível em português)

PROBLEMAS

9-1 Um corpo irradiador ideal, corpo negro, é mantido a uma temperatura de 400 °C. Determine:
(a) A taxa total de energia emitida pelo corpo.
(b) A fração de energia que ocorre entre os comprimentos de onda 0,5 e 3,5 μm.
9-2E Um fio de níquel-cromo é usado em um aquecedor por radiação. A temperatura do fio vale 2.000 °F. Determine:
(a) A taxa total de energia emitida pelo fio assumindo que ele se comporta como um corpo negro em Btu/h ft^2.
(b) A fração desta energia que cai na região infravermelha $1 < \lambda < 100$ μm.
9-3 A superfície de um corpo irradiador ideal, corpo negro, é mantida a uma temperatura uniforme de 15 °C. Determine:
(a) A taxa total de energia emitida pelo corpo.
(b) O comprimento de onda na qual a emissão monocromática máxima ocorre.
(c) A taxa de energia monocromática máxima emitida pelo corpo.
9-4 A transmissividade do vidro comum vale 1 na região $0,2 < \lambda < 3$ μm e zero fora dessa faixa. A transmissividade do vidro escuro vale 1 na região $0,5 < \lambda < 1$ μm e zero fora dessa faixa. Calcule e compare a taxa de energia transmitida através de ambos os tipos de vidro se a fonte da radiação for um corpo negro à temperatura de
(a) 1.000 °C. (b) 200 °F.

9-5E Um filamento de tungstênio de uma lâmpada pode ser considerado com sendo um corpo negro a 4.100 °F. Determine a porcentagem de energia emitida que está dentro da região visível (0,4 < λ < 0,7 μm).

9-6 O sol é considerado como um corpo negro que irradia a 5.800 K. Qual porção dessa energia está na faixa ultravioleta, visível e infravermelha?

9-7 A radiação solar tem aproximadamente a mesma distribuição espectral que a de um corpo negro a 5.800 K. As janelas de uma casa podem ser fabricadas de vidro comum ou de vidro escuro. As transmissividades espectrais dos dois vidros estão mostradas na Fig. P9-7. Estime o aumento na quantidade de energia, em watts por metro quadrado, que é bloqueada pelo vidro escuro.

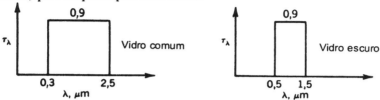

Figura P9-7 Características de radiação de vidros.

9-8 A absortividade de uma superfície esmaltada está mostrada na Fig. P9-8. Determine a taxa total de energia absorvida pela superfície por unidade de área e a absortividade média da radiação incidente se a radiação é proveniente de um corpo negro a
(a) 5.800 K
(b) 20 °C

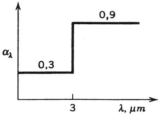
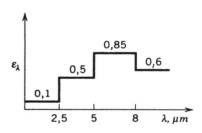

Figura P9-8 Absortividade de uma superfície branca. **Figura P9-10** Emissividade de um tijolo refratário.

9-9 Um corpo cinzento tem uma emissividade 0,6. Desenhe num gráfico a distribuição espectral da radiação emitida, taxa de energia monocromática emitida, pelo corpo cinzento se o corpo está a uma temperatura de:
(a) 300 K
(b) 500 K

9-10E A emissividade espectral de um tijolo refratário de barro é dado na Fig. P9-10. Determine a emissividade média da sua superfície quando ele está a 2.200 °F.

9-11 A superfície de absorção de um coletor solar, considerada como uma superfície cinzenta, tem propriedades de radiação como mostradas na Fig. P9-11. A transmissividade da superfície vale zero para todos os comprimentos de onda. Determine:
(a) A absortividade média assumindo que o sol é um corpo negro a 5.800 K.
(b) A emissividade média para a superfície quando ela está a uma temperatura de 130 °C.

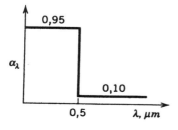

Figura P9-11 Absortividade do coletor solar.

CAPÍTULO 9 - ESCOAMENTO EXTERNO - EFEITOS VISCOSOS E TÉRMICOS 385

9-12 Uma superfície de emissividade 0,3 está a uma temperatura uniforme de 90 °C. A transmissividade da superfície vale 0. Radiação incide sobre a superfície na taxa de 600 W/m². Determine a taxa de radiação térmica que deixa a superfície (radiosidade).

9-13E Plantas de tomate plantadas em um jardim (veja Exemplo 9-2E) encontram uma noite clara sem vento com uma temperatura de fundo do céu de 260 K. A temperatura do ar é 50 °F, e o coeficiente de transferência de calor vale 0,25 Btu/h ft².°C. A emissividade das folhas vale 0,7. Determine a temperatura das superfícies superiores das folhas sob condições de equilíbrio térmico.

9-14 Em um dia de verão um estudante decide tomar "banho de sol" no gramado entre as aulas. A temperatura do ar é 25 °C sob uma leve brisa de ar, o que resulta em um coeficiente de transferência de calor de 5 W/m².°C. A radiação solar incidente no estudante vale 600 W/m², e a temperatura efetiva do céu é de 260 K. A absortividade da pele vale 0,62 para a radiação solar enquanto que a absortividade média da pele para todos os comprimentos de onda vale 0,97. Determine a taxa de transferência de calor que deve ser removida por unidade de área da pele para manter a temperatura superficial da pele em 37 °C.

9-15 O coletor solar mostrado na Fig. P9-15 é usado para aquecer água. A temperatura da água que entra no coletor vale 20 °C com uma vazão mássica de 0,01 kg/s por unidade de área do coletor. Estime a temperatura da água que deixa o coletor para as condições mostradas no esquema. A absortividade do material de cobertura do coletor vale 0,95 para a radiação solar, e seu valor médio é 0,1 para todo o espectro de comprimentos de onda.

Figura P9-15 Coletor solar.   **Figura P9-16** Coletor solar.

9-16E Um painel solar com uma área superficial de 10 ft² fornece 1.584 Btu/h para aquecer água. A absortividade do painel do coletor para a radiação solar vale 0,95 enquanto que a absortividade para o espectro total vale 0,1. As condições térmicas do coletor estão mostradas na Fig. P9-16. Estime a temperatura da superfície do coletor.

9-17 Duas superfícies paralelas muito grandes são mantidas a temperaturas uniformes de 300 e 20 °C, respectivamente. A superfície de maior temperatura é um corpo negro e a emissividade da outra superfície vale 0,1. Determine a quantidade de radiação, radiosidade, que deixa a superfície de menor temperatura e a taxa líquida de transferência de calor por radiação entre as duas superfícies.

9-18 Um espaço cheio de ar é deixado entre as paredes de uma casa como mostrado na Fig. P9-18. Desde que o espaço tem apenas 9 cm de espessura, as duas paredes podem ser consideradas como placas infinitas. O lado da parede de tijolo voltado para o espaço tem uma temperatura de 35 °C no verão, enquanto que a superfície do alumínio, folha de alumínio polido, está a 18 °C. Determine a taxa de transferência de calor por radiação através do espaço.

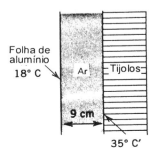

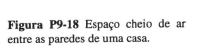

Figura P9-18 Espaço cheio de ar entre as paredes de uma casa.

9-19 Uma universidade tem um certo número de linhas de vapor localizadas sob algumas calçadas. Em uma determinada noite, alguns alunos de engenharia tiveram uma discussão a respeito da taxa de transferência de calor da superfície de uma calçada. Os seguintes dados foram obtidos numa noite de verão (sem vento):

temperatura do ar	-10 °C
temperatura da calçada	3 °C
temperatura efetiva do céu	230 K
emissividade da calçada	0,9

A largura da calçada é de 2 m. Determine a taxa de transferência de calor por metro quadrado de calçada na noite em que os dados foram obtidos.

9-20E O elemento principal de uma garrafa térmica é um frasco de vidro evacuado como mostrado na Fig. P9-20. Limonada fria foi colocada na garrafa para um picnic em um dia de verão quente. Inicialmente, a temperatura interna da superfície da garrafa era de 38 °F enquanto que a temperatura externa era de 80 °F. Ambas as superfícies do frasco são espelhadas, com emissividade de 0,25. Desde que o raio externo da garrafa é grande comparado com a espessura da região evacuada, as duas paredes podem ser consideradas com sendo placas paralelas isotérmicas. A garrafa tem um área interna de 140 in.^{2}, estime a taxa de transferência de calor para a limonada no momento em que ela é colocada na garrafa.

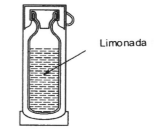

Figura P9-20 Garrafa termostática

9-21 Determine o fator de forma $F_{1,2}$ para as seguintes superfícies:

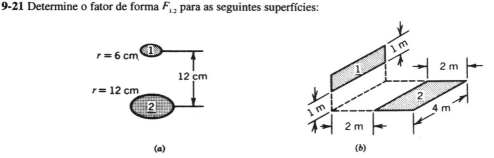

Figura P9-21 Superfícies.

9-22 Determine o fator de forma $F_{1,3}$ para uma superfície formada por um cubo de 1 m de lado. Todas superfícies verticais são representadas pela superfície 3.

9-23E Uma cavidade cilíndrica tem 1,5 in. de diâmetro e 0,5 in. de profundidade. Determine a fração de radiação que deixa a lateral do furo, A_2 e atinge o fundo, A_1. Isto é, encontre $F_{2,1}$ para o furo da Fig. P9-23.

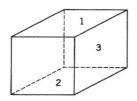

Figura P9-22 Cubo.

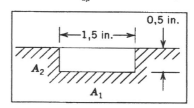

Figura P9-23 Cavidade cilíndrica.

9-24 Calcule o fator de forma de radiação $F_{1,2}$ para os dois discos planos coaxiais mostrados na Fig. P9-24.

9-25 Duas placas paralelas muito grandes, Fig. P9-25, medindo 2 x 2 m, são mantidas às temperaturas uniformes de 200 e 15 °C, respectivamente. O ar que envolve as placas está a 15 °C. Assuma que toda a

energia radiante que deixa cada placa atinge a outra (fator de forma unitário). A emissividade de cada placa vale 0,8. Determine:
(a) A taxa líquida de calor transferida por radiação.
(b) A quantidade de calor perdida pela placa quente devido à convecção natural.
(c) A quantidade total de calor perdida pela placa quente.

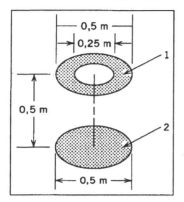

Figura P9-24 Discos coaxiais, um com um furo.

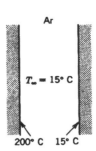

Figura P9-25 Placas paralelas infinitas.

9-26 Dois discos paralelos e iguais, de 50 cm de diâmetro, estão localizados em oposição a 25 cm de distância. Calcule a taxa de transferência de calor por radiação entre os dois discos se a vizinhança está a uma temperatura de 15 °C. Os dois discos estão mantidos a 200 e 60 °C e a suas emissividades valem 0,8.

9-27 Um tubo de vapor horizontal isolado está suspenso em uma passagem de serviço em um edifício. A temperatura do ar e das paredes da passagem vale 40 °C. A superfície do tubo isolado tem uma emissividade de 0,93. Foi sugerido que uma redução significativa da perda de calor pode ser obtida instalando uma camada de folha de alumínio (emissividade 0,07) ao redor da tubulação isolada. A superfície externa do isolamento, que tem um diâmetro de 25 cm, está a uma temperatura de 100 °C. Considere a área da passagem de serviço muito maior que a área do tubo isolado. Determine o seguinte:
(a) O coeficiente de transferência de calor por radiação para a superfície isolada com e sem o alumínio.
(b) A taxa de transferência de calor por convecção natural por metro de tubo.
(c) A taxa total de transferência de calor por metro de tubo considerando os dois efeitos anteriores.

9-28E Um termômetro de mercúrio, instalado em um fogão de convecção forçada, foi utilizado para verificar o funcionamento do controle de temperatura do fogão e indicou uma temperatura de 250 °C. As superfícies das paredes internas do fogão foram mantidas a 200 °F. O coeficiente de convecção de calor para o termômetro valia 2,5 Btu/hr ft^2.°F. A emissividade do bulbo do termômetro era de 0,98 e as das paredes do fogão valia 0,90. Determine a temperatura do ar em circulação no fogão.

9-29 Um quarto de 6 x 4 m e 2,5 m de altura é aquecido por um aquecedor elétrico embutido no teto que mantém a temperatura do teto a uma temperatura de 32 °C. As paredes e o piso estão a 15 °C. As paredes e o teto são recobertas de gesso e o piso é feito de madeira (carvalho). Determine o seguinte:
(a) O circuito apropriado de radiação térmica.
(b) A taxa de transferência de calor por radiação entre o teto e as paredes e chão.

9-30 Um piso de ático, Fig. P9-30, está isolado termicamente com uma manta de fibra de vidro de 15 cm de espessura e densidade de 16 kg/m^3. Numa noite de inverno o ar do ático se encontra a - 10 °C enquanto que a superfície interna do telhado está a - 20 °C. O isolamento tem uma cobertura de folha de alumínio de emissividade de 0,07. O coeficiente de convecção de calor entre o ar e o alumínio vale 2 W/m^2.°C, e a temperatura da superfície do isolamento junto ao piso do ático vale 16 °C.
Pede-se:
(a) A temperatura da cobertura de alumínio.
(b) A taxa de transferência de calor através do isolamento.

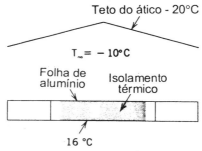

Figura P9-30 Ático.

9-31 Duas superfícies refratárias retangulares de cor branca, medindo 1 x 4 m, estão localizadas diretamente em oposição e distantes de 1m. Elas estão conectadas por paredes refratárias vermelhas que podem ser consideradas como não condutoras-reirradiantes. Se as duas superfícies brancas estiverem a 1000 °C e 500 °C, determine:
(a) A troca de calor direta de radiação entre as duas superfícies retangulares refratárias brancas.
(b) A taxa total de troca de calor por radiação entre as duas superfícies retangulares.

9-32 Dois tubos de água em paralelo, um transportando água fria e outro água quente, estão envolvidos por um duto de isolamento (não condutor-reirradiante), como mostrado na Fig. P9-32. Ambos os tubos têm um diâmetro externo de 5 cm e uma emissividade de 0,8. A temperatura da superfície do tubo de água quente vale 90 °C e a do tubo frio vale 10 °C. O fator de forma de radiação entre os dois tubos de água vale 0,28. O perímetro do duto de isolamento é de 0,5 m e sua emissividade vale 0,9. Determine:
(a) A taxa de transferência de calor por radiação entre os dois tubos por unidade de comprimento.
(b) A temperatura da superfície das paredes do duto de isolamento.

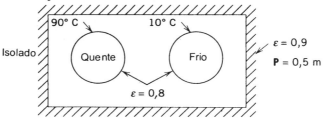

Figura P9-32 Dois tubos de água em um duto.

9-33 Um volume fechado retangular é mostrado na Fig. P9-33. A superfície 1 está a uma temperatura uniforme de 200 °C e a superfície 2 está a uma temperatura uniforme de 50 °C. Todas as demais superfícies são não condutoras-reirradiantes, $\varepsilon_1 = 0,80$ e $\varepsilon_2 = 0,40$. Pede-se:
(a) Esquematize o circuito de radiação apropriado.
(b) Estime a temperatura das superfícies não condutoras-reirradiantes.
(c) Determine a troca "direta" de calor por radiação entre as superfícies 1 e 2.
(d) Determine a transferência líquida ou total de calor entre as superfíces 1 e 2.

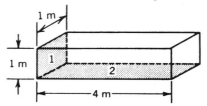

Figura P9-33 Volume fechado retangular.

CAPÍTULO 9 - ESCOAMENTO EXTERNO - EFEITOS VISCOSOS E TÉRMICOS **389**

9-34 Uma placa quadrada de latão oxidada de 20 cm de lado, a uma temperatura uniforme de 300 °C, está localizada paralelamente e em oposição a uma placa quadrada de cobre oxidado de 20 cm de lado a uma temperatura uniforme de 20 °C. Um escudo muito fino de alumínio altamente polido é inserido entre as duas placas. As duas placas e o escudo estão envolvidos por paredes não condutoras-reirradiantes. Os espaços entre as placas e o escudo se encontra em vácuo. Determine a taxa total de troca de calor e estime a temperatura do escudo.

Apêndice A

A. Propriedades Termodinâmicas e Termofísicas das Substâncias – Sistema Internacional

A-1   Propriedades da Água[2]
          A-1.1 Saturação Líquido-Vapor: Tabela de Temperatura
          A-1.2 Saturação Líquido-Vapor: Tabela de Pressão
          A-1.3 Vapor Superaquecido
A-2   Propriedades do Refrigerante R-12
          A-2.1 Saturação Líquido-Vapor: Tabela de Temperatura
          A-2.2 Vapor Superaquecido
A-3   Diagrama Generalizado de Compressibilidade[1]
A-4   Equações de Estado
A-5   Calores Específicos de Diversos Gases Ideais[1]
A-6   Diagrama Temperatura-Entropia para a Água[2]
A-7   Propriedades de Diversos Gases Ideais[1]
A-8   Propriedades Termofísicas do Ar[3]
A-9   Propriedades Termofísicas da Água Saturada[3]
A-10   Propriedades Termofísicas de Óleo[4]
A-11   Propriedades Termofísicas de Vários Líquidos Comuns[5]
A-12   Viscosidade Dinâmica de Vários Fluidos Comuns como Função da Temperatura[5]
A-13   Viscosidade Cinemática de Vários Fluidos Comuns (Pressão Atmosférica) como Função da Temperatura[5]
A-14   Propriedades Termofísicas de Materiais Sólidos Metálicos[4]
A-15   Propriedades Termofísicas de Materiais Não-Metálicos
          A-15.1 Propriedades Termofísicas de Materiais Comuns[4]
          A-15.2 Propriedades Termofísicas de Materiais Estruturais de Construção[4]
          A-15.3 Propriedades Termofísicas de Materiais de Isolamento Térmico de Construcão[4]
          A-15.4 Propriedades Termofísicas de Materiais Industriais de Isolamento Térmico[4]

Bibliografia

1. Van Wylen, G. J. e Sonntag, R. E., *Fundamentals of Classical Thermodynamics,* 3ª ed., versão inglês/SI, Wiley, Nova Iorque, 1986.
2. Keenan, J. H., Keyes, F. G., Hill, P. G. e Moore, J. G., *Steam Tables*, Wiley, Nova Iorque, 1969.
3. Chapman, A. J., *Heat Transfer,* 4ª ed., Macmillan, Nova Iorque, 1984.
4. Incropera, F. P. e DeWitt, D. P., *Fundamentals of Heat and Mass Transfer*, 3ª ed., Wiley, Nova Iorque, 1990.
5. Fox, R. W. e McDonald, A. T., *Introduction to Fluid Dynamics*, 3ª ed., Wiley, Nova Iorque, 1985.

(nota do tradutor - os livros das referências 1, 4 e 5 estão disponíveis em português)

Tabela A-1 Propriedades da Água[1]

Tabela A-1 Saturação Líquido-Vapor: Tabela de Temperatura

Temp. T, °C	Pressão P, kPa	Volume específico, m³/kg		Energia interna, kJ/kg			Entalpia, kJ/kg			Entropia, kJ/kg.K		
		líquido sat. v_l	vapor sat. v_v	líquido sat. u_l	Evap. u_{lv}	vapor sat. u_v	líquido sat. h_l	Evap. h_{lv}	vapor sat. h_v	líquido sat. s_l	Evap. s_{lv}	vapor sat. s_v
0,01	0,6113	0,001 000	206,14	,00	2375,3	2375,3	,01	2501,3	2501,4	,0000	9,1562	9,1562
5	0,8721	0,001 000	147,12	20,97	2361,3	2382,3	20,98	2489,6	2510,6	,0761	8,9496	9,0257
10	1,2276	0,001 000	106,38	42,00	2347,2	2389,2	42,01	2477,7	2519,8	,1510	8,7498	8,9008
15	1,7051	0,001 001	77,93	62,99	2333,1	2396,1	62,99	2465,9	2528,9	,2245	8,5569	8,7814
20	2,339	0,001 002	57,79	83,95	2319,0	2402,9	83,96	2454,1	2538,1	,2966	8,3706	8,6672
25	3,169	0,001 003	43,36	104,88	2304,9	2409,8	104,89	2442,3	2547,2	,3674	8,1905	8,5580
30	4,246	0,001 004	32,89	125,78	2290,8	2416,6	125,79	2430,5	2556,3	,4369	8,0164	8,4533
35	5,628	0,001 006	25,22	146,67	2276,7	2423,4	146,68	2418,6	2565,3	,5053	7,8478	8,3531
40	7,384	0,001 008	19,52	167,56	2262,6	2430,1	167,57	2406,7	2574,3	,5725	7,6845	8,2570
45	9,593	0,001 010	15,26	188,44	2248,4	2436,8	188,45	2394,8	2583,2	,6387	7,5261	8,1648
50	12,349	0,001 012	12,03	209,32	2234,2	2443,5	209,33	2382,7	2592,1	,7038	7,3725	8,0763
55	15,758	0,001 015	9,568	230,21	2219,9	2450,1	230,23	2370,7	2600,9	,7679	7,2234	7,9913
60	19,940	0,001 017	7,671	251,11	2205,5	2456,6	251,13	2358,5	2609,6	,8312	7,0784	7,9096
65	25,03	0,001 020	6,197	272,02	2191,1	2463,1	272,06	2346,2	2618,3	,8935	6,9375	7,8310
70	31,19	0,001 023	5,042	292,95	2176,6	2469,6	292,98	2333,8	2626,8	,9549	6,8004	7,7553
75	38,58	0,001 026	4,131	313,90	2162,0	2475,9	313,93	2321,4	2635,3	1,0155	6,6669	7,6824
80	47,39	0,001 029	3,407	334,86	2147,4	2482,2	334,91	2308,8	2643,7	1,0753	6,5369	7,6122
85	57,83	0,001 033	2,828	355,84	2132,6	2488,4	355,90	2296,0	2651,9	1,1343	6,4102	7,5445
90	70,14	0,001 036	2,361	376,85	2117,7	2494,5	376,92	2283,2	2660,1	1,1925	6,2866	7,4791
95	84,55	0,001 040	1,982	397,88	2102,7	2500,6	397,96	2270,2	2668,1	1,2500	6,1659	7,4159

[1] Joseph H. Keenan, Frederick G. Keyes, Philip G. Hill e Joan G. Moore, Steam Tables, Wiley, Nova Iorque, 1969.

Tabela A-1 *Continuação*

Temp.	Pressão	Volume específico, m³/kg		Energia interna, kJ/kg			Entalpia, kJ/kg			Entropia, kJ/kg.K		
		líquido sat.	vapor sat.	líquido sat.	Evap.	vapor sat.	líquido sat.	Evap.	vapor sat.	líquido sat.	Evap.	vapor sat.
T, °C	P,MPa	v_l	v_v	u_l	u_{lv}	u_v	h_l	h_{lv}	h_v	s_l	s_{lv}	s_v
100	0,101 35	0,001 044	1,6729	418,94	2087,6	2506,5	419,04	2257,0	2676,1	1,3069	6,0480	7,3549
105	0,120 82	0,001 048	1,4194	440,02	2072,3	2512,4	440,15	2243,7	2683,8	1,3630	5,9328	7,2958
110	0,143 27	0,001 052	1,2102	461,14	2057,0	2518,1	461,30	2230,2	2691,5	1,4185	5,8202	7,2387
115	0,169 06	0,001 056	1,0366	482,30	2041,4	2523,7	482,48	2216,5	2699,0	1,4734	5,7100	7,1833
120	0,198 53	0,001 060	0,8919	503,50	2025,8	2529,3	503,71	2202,6	2706,3	1,5276	5,6020	7,1296
125	0,2321	0,001 065	0,7706	524,74	2009,9	2534,6	524,99	2188,5	2713,5	1,5813	5,4962	7,0775
130	0,2701	0,001 070	0,6685	546,02	1993,9	2539,9	546,31	2174,2	2720,5	1,6344	5,3925	7,0269
135	0,3130	0,001 075	0,5822	567,35	1977,7	2545,0	567,69	2159,6	2727,3	1,6870	5,2907	6,9777
140	0,3613	0,001 080	0,5089	588,74	1961,3	2550,0	589,13	2144,7	2733,9	1,7391	5,1908	6,9299
145	0,4154	0,001 085	0,4463	610,18	1944,7	2554,9	610,63	2129,6	2740,3	1,7907	5,0926	6,8833
150	0,4758	0,001 091	0,3928	631,68	1927,9	2559,5	632,20	2114,3	2746,5	1,8418	4,9960	6,8379
155	0,5431	0,001 096	0,3468	653,24	1910,8	2564,1	653,84	2098,6	2752,4	1,8925	4,9010	6,7935
160	0,6178	0,001 102	0,3071	674,87	1893,5	2568,4	675,55	2082,6	2758,1	1,9427	4,8075	6,7502
165	0,7005	0,001 108	0,2727	696,56	1876,0	2572,5	697,34	2066,2	2763,5	1,9925	4,7153	6,7078
170	0,7917	0,001 114	0,2428	718,33	1858,1	2576,5	719,21	2049,5	2768,7	2,0419	4,6244	6,6663
175	0,8920	0,001 121	0,2168	740,17	1840,0	2580,2	741,17	2032,4	2773,6	2,0909	4,5347	6,6256
180	1,0021	0,001 127	0,194 05	762,09	1821,6	2583,7	763,22	2015,0	2778,2	2,1396	4,4461	6,5857
185	1,1227	0,001 134	0,174 09	784,10	1802,9	2587,0	785,37	1997,1	2782,4	2,1879	4,3586	6,5465
190	1,2544	0,001 141	0,156 54	806,19	1783,8	2590,0	807,62	1978,8	2786,4	2,2359	4,2720	6,5079
195	1,3978	0,001 149	0,141 05	828,37	1764,4	2592,8	829,98	1960,0	2790,0	2,2835	4,1863	6,4698
200	1,5538	0,001 157	0,127 36	850,65	1744,7	2595,3	852,45	1940,7	2793,2	2,3309	4,1014	6,4323
205	1,7230	0,001 164	0,115 21	873,04	1724,5	2597,5	875,04	1921,0	2796,0	2,3780	4,0172	6,3952
210	1,9062	0,001 173	0,104 41	895,53	1703,9	2599,5	897,76	1900,7	2798,5	2,4248	3,9337	6,3585

PROPRIEDADES TERMODINÂMICAS E TERMOFÍSICAS - SISTEMA INTERNACIONAL 393

215	2,104	0,001 181	0,094 79	918,14	1682,9	2601,1	920,62	1879,9	2800,5	2,4714	3,8507	6,3221
220	2,318	0,001 190	0,086 19	940,87	1661,5	2602,4	943,62	1858,5	2802,1	2,5178	3,7683	6,2861
225	2,548	0,001 199	0,078 49	963,73	1639,6	2603,3	966,78	1836,5	2803,3	2,5639	3,6863	6,2503
230	2,795	0,001 209	0,071 58	986,74	1617,2	2603,9	990,12	1813,8	2804,0	2,6099	3,6047	6,2146
235	3,060	0,001 219	0,065 37	1009,89	1594,2	2604,1	1013,62	1790,5	2804,2	2,6558	3,5233	6,1791
240	3,344	0,001 229	0,059 76	1033,21	1570,8	2604,0	1037,32	1766,5	2803,8	2,7015	3,4422	6,1437
245	3,648	0,001 240	0,054 71	1056,71	1546,7	2603,4	1061,23	1741,7	2803,0	2,7472	3,3612	6,1083
250	3,973	0,001 251	0,050 13	1080,39	1522,0	2602,4	1085,36	1716,2	2801,5	2,7927	3,2802	6,0730
255	4,319	0,001 263	0,045 98	1104,28	1496,7	2600,9	1109,73	1689,8	2799,5	2,8383	3,1992	6,0375
260	4,688	0,001 276	0,042 21	1128,39	1470,6	2599,0	1134,37	1662,5	2796,9	2,8838	3,1181	6,0019
265	5,081	0,001 289	0,038 77	1152,74	1443,9	2596,6	1159,28	1634,4	2793,6	2,9294	3,0368	5,9662
270	5,499	0,001 302	0,035 64	1177,36	1416,3	2593,7	1184,51	1605,2	2789,7	2,9751	2,9551	5,9301
275	5,942	0,001 317	0,032 79	1202,25	1387,9	2590,2	1210,07	1574,9	2785,0	3,0208	2,8730	5,8938
280	6,412	0,001 332	0,030 17	1227,46	1358,7	2586,1	1235,99	1543,6	2779,6	3,0668	2,7903	5,8571
285	6,909	0,001 348	0,027 77	1253,00	1328,4	2581,4	1262,31	1511,0	2773,3	3,1130	2,7070	5,8199
290	7,436	0,001 366	0,025 57	1278,92	1297,1	2576,0	1289,07	1477,1	2766,2	3,1594	2,6227	5,7821
295	7,993	0,001 384	0,023 54	1305,2	1264,7	2569,9	1316,3	1441,8	2758,1	3,2062	2,5375	5,7437
300	8,581	0,001 404	0,021 67	1332,0	1231,0	2563,0	1344,0	1404,9	2749,0	3,2534	2,4511	5,7045
305	9,202	0,001 425	0,019 948	1359,3	1195,9	2555,2	1372,4	1366,4	2738,7	3,3010	2,3633	5,6643
310	9,856	0,001 447	0,018 350	1387,1	1159,4	2546,4	1401,3	1326,0	2727,3	3,3493	2,2737	5,6230
315	10,547	0,001 472	0,016 867	1415,5	1121,1	2536,6	1431,0	1283,5	2714,5	3,3982	2,1821	5,5804
320	11,274	0,001 499	0,015 488	1444,6	1080,9	2525,5	1461,5	1238,6	2700,1	3,4480	2,0882	5,5362
330	12,845	0,001 561	0,012 996	1505,3	993,7	2498,9	1525,3	1140,6	2665,9	3,5507	1,8909	5,4417
340	14,586	0,001 638	0,010 797	1570,3	894,3	2464,6	1594,2	1027,9	2622,0	3,6594	1,6763	5,3357
350	16,513	0,001 740	0,008 813	1641,9	776,6	2418,4	1670,6	893,4	2563,9	3,7777	1,4335	5,2112
360	18,651	0,001 893	0,006 945	1725,2	626,3	2351,5	1760,5	720,5	2481,0	3,9147	1,1379	5,0526
370	21,03	0,002 213	0,004 925	1844,0	384,5	2228,5	1890,5	441,6	2332,1	4,1106	0,6865	4,7971
374,14	22,09	0,003 155	0,003 155	2029,6	0	2029,6	2099,3	0	2099,3	4,4298	0	4,4298

394 INTRODUÇÃO ÀS CIÊNCIAS TÉRMICAS

Tabela A-1.2 Saturação Líquido-Vapor: Tabela de Pressão

Pressão P, kPa	Temp. T, °C	Volume específico, m³/kg		Energia interna, kJ/kg			Entalpia, kJ/kg			Entropia, kJ/kg.K		
		líquido sat. v_l	vapor sat. v_v	líquido sat. u_l	Evap. u_{lv}	vapor sat. u_v	líquido sat. h_l	Evap. h_{lv}	vapor sat. h_v	líquido sat. s_l	Evap. s_{lv}	vapor sat. s_v
0,6113	0,01	0,001 000	206,14	,00	2375,3	2375,3	,01	2501,3	2501,4	,0000	9,1562	9,1562
1,0	6,98	0,001 000	129,21	29,30	2355,7	2385,0	29,30	2484,9	2514,2	,1059	8,8697	8,9756
1,5	13,03	0,001 001	87,98	54,71	2338,6	2393,3	54,71	2470,6	2525,3	,1957	8,6322	8,8279
2,0	17,50	0,001 001	67,00	73,48	2326,0	2399,5	73,48	2460,0	2533,5	,2607	8,4629	8,7237
2,5	21,08	0,001 002	54,25	88,48	2315,9	2404,4	88,49	2451,6	2540,0	,3120	8,3311	8,6432
3,0	24,08	0,001 003	45,67	101,04	2307,5	2408,5	101,05	2444,5	2545,5	,3545	8,2231	8,5776
4,0	28,96	0,001 004	34,80	121,45	2293,7	2415,2	121,46	2432,9	2554,4	,4226	8,0520	8,4746
5,0	32,88	0,001 005	28,19	137,81	2282,7	2420,5	137,82	2423,7	2561,5	,4764	7,9187	8,3951
7,5	40,29	0,001 008	19,24	168,78	2261,7	2430,5	168,79	2406,0	2574,8	,5764	7,6750	8,2515
10	45,81	0,001 010	14,67	191,82	2246,1	2437,9	191,83	2392,8	2584,7	,6493	7,5009	8,1502
15	53,97	0,001 014	10,02	225,92	2222,8	2448,7	225,94	2373,1	2599,1	,7549	7,2536	8,0085
20	60,06	0,001 017	7,649	251,38	2205,4	2456,7	251,40	2358,3	2609,7	,8320	7,0766	7,9085
25	64,97	0,001 020	6,204	271,90	2191,2	2463,1	271,93	2346,3	2618,2	,8931	6,9383	7,8314
30	69,10	0,001 022	5,229	289,20	2179,2	2468,4	289,23	2336,1	2625,3	,9439	6,8247	7,7686
40	75,87	0,001 027	3,993	317,53	2159,5	2477,0	317,58	2319,2	2636,8	1,0259	6,6441	7,6700
50	81,33	0,001 030	3,240	340,44	2143,4	2483,9	340,49	2305,4	2645,9	1,0910	6,5029	7,5939
75	91,78	0,001 037	2,217	384,31	2112,4	2496,7	384,39	2278,6	2663,0	1,2130	6,2434	7,4564
MPa												
0,100	99,63	0,001 043	1,6940	417,36	2088,7	2506,1	417,46	2258,0	2675,5	1,3026	6,0568	7,3594
0,125	105,99	0,001 048	1,3749	444,19	2069,3	2513,5	444,32	2241,0	2685,4	1,3740	5,9104	7,2844
0,150	111,37	0,001 053	1,1593	466,94	2052,7	2519,7	467,11	2226,5	2693,6	1,4336	5,7897	7,2233
0,175	116,06	0,001 057	1,0036	486,80	2038,1	2524,9	486,99	2213,6	2700,6	1,4849	5,6868	7,1717
0,200	120,23	0,001 061	0,8857	504,49	2025,0	2529,5	504,70	2201,9	2706,7	1,5301	5,5970	7,1271
0,225	124,00	0,001 064	0,7933	520,47	2013,1	2533,6	520,72	2191,3	2712,1	1,5706	5,5173	7,0878

P	T	v	v	u	u	u	h	h	h	s	s	s
0,250	127,44	0,001 067	0,7187	535,10	2002,1	2537,2	535,37	2181,5	2716,9	1,6072	5,4455	7,0527
0,275	130,60	0,001 070	0,6573	548,59	1991,9	2540,5	548,89	2172,4	2721,3	1,6408	5,3801	7,0209
0,300	133,55	0,001 073	0,6058	561,15	1982,4	2543,6	561,47	2163,8	2725,3	1,6718	5,3201	6,9919
0,325	136,30	0,001 076	0,5620	572,90	1973,5	2546,4	573,25	2155,8	2729,0	1,7006	5,2646	6,9652
0,350	138,88	0,001 079	0,5243	583,95	1965,0	2548,9	584,33	2148,1	2732,4	1,7275	5,2130	6,9405
0,375	141,32	0,001 081	0,4914	594,40	1956,9	2551,3	594,81	2140,8	2735,6	1,7528	5,1647	6,9175
0,40	143,63	0,001 084	0,4625	604,31	1949,3	2553,6	604,74	2133,8	2738,6	1,7766	5,1193	6,8959
0,45	147,93	0,001 088	0,4140	622,77	1934,9	2557,6	623,25	2120,7	2743,9	1,8207	5,0359	6,8565
0,50	151,86	0,001 093	0,3749	639,68	1921,6	2561,2	640,23	2108,5	2748,7	1,8607	4,9606	6,8213
0,55	155,48	0,001 097	0,3427	655,32	1909,2	2564,5	655,93	2097,0	2753,0	1,8973	4,8920	6,7893
0,60	158,85	0,001 101	0,3157	669,90	1897,5	2567,4	670,56	2086,3	2756,8	1,9312	4,8288	6,7600
0,65	162,01	0,001 104	0,2927	683,56	1886,5	2570,1	684,28	2076,0	2760,3	1,9627	4,7703	6,7331
0,70	164,97	0,001 108	0,2729	696,44	1876,1	2572,5	697,22	2066,3	2763,5	1,9922	4,7158	6,7080
0,75	167,78	0,001 112	0,2556	708,64	1866,1	2574,7	709,47	2057,0	2766,4	2,0200	4,6647	6,6847
0,80	170,43	0,001 115	0,2404	720,22	1856,6	2576,8	721,11	2048,0	2769,1	2,0462	4,6166	6,6628
0,85	172,96	0,001 118	0,2270	731,27	1847,4	2578,7	732,22	2039,4	2771,6	2,0710	4,5711	6,6421
0,90	175,38	0,001 121	0,2150	741,83	1838,6	2580,5	742,83	2031,1	2773,9	2,0946	4,5280	6,6226
0,95	177,69	0,001 124	0,2042	751,95	1830,2	2582,1	753,02	2023,1	2776,1	2,1172	4,4869	6,6041
1,00	179,91	0,001 127	0,194 44	761,68	1822,0	2583,6	762,81	2015,3	2778,1	2,1387	4,4478	6,5865
1,10	184,09	0,001 133	0,177 53	780,09	1806,3	2586,4	781,34	2000,4	2781,7	2,1792	4,3744	6,5536
1,20	187,99	0,001 139	0,163 33	797,29	1791,5	2588,8	798,65	1986,2	2784,8	2,2166	4,3067	6,5233
1,30	191,64	0,001 144	0,151 25	813,44	1775,5	2591,0	814,93	1972,7	2787,6	2,2515	4,2438	6,4953
1,40	195,07	0,001 149	0,140 84	828,70	1764,1	2592,8	830,30	1959,7	2790,0	2,2842	4,1850	6,4693
1,50	198,32	0,001 154	0,131 77	843,16	1751,3	2594,5	844,89	1947,3	2792,2	2,3150	4,1298	6,4448
1,75	205,76	0,001 166	0,113 49	876,46	1721,4	2597,8	878,50	1917,9	2796,4	2,3851	4,0044	6,3896
2,00	212,42	0,001 177	0,099 63	906,44	1693,8	2600,3	908,79	1890,7	2799,5	2,4474	3,8935	6,3409
2,25	218,45	0,001 187	0,088 75	933,83	1668,2	2602,0	936,49	1865,2	2801,7	2,5035	3,7937	6,2972
2,5	223,99	0,001 197	0,079 98	959,11	1644,0	2603,1	962,11	1841,0	2803,1	2,5547	3,7028	6,2575
3,0	233,90	0,001 217	0,066 68	1004,78	1599,3	2604,1	1008,42	1795,7	2804,2	2,6457	3,5412	6,1869

Tabela A-1.2 *Continuação*

Pressão Temp.		Volume específico, m³/kg		Energia interna, kJ/kg			Entalpia, kJ/kg			Entropia, kJ/kg.K		
		líquido sat.	vapor sat.	líquido sat.	Evap.	vapor sat.	líquido sat.	Evap.	vapor sat.	líquido sat.	Evap.	vapor sat.
P,MPa	T, ºC	v_l	v_v	u_l	u_{lv}	u_v	h_l	h_{lv}	h_v	s_l	s_{lv}	s_v
3,5	242,60	0,001 235	0,057 07	1045,43	1558,3	2603,7	1049,75	1753,7	2803,4	2,7253	3,4000	6,1253
4	250,40	0,001 252	0,049 78	1082,31	1520,0	2602,3	1087,31	1714,1	2801,4	2,7964	3,2737	6,0701
5	263,99	0,001 286	0,039 44	1147,81	1449,3	2597,1	1154,23	1640,1	2794,3	2,9202	3,0532	5,9734
6	275,64	0,001 319	0,032 44	1205,44	1384,3	2589,7	1213,35	1571,0	2784,3	3,0267	2,8625	5,8892
7	285,88	0,001 351	0,027 37	1257,55	1323,0	2580,5	1267,00	1505,1	2772,1	3,1211	2,6922	5,8133
8	295,06	0,001 384	0,023 52	1305,57	1264,2	2569,8	1316,64	1441,3	2758,0	3,2068	2,5364	5,7432
9	303,40	0,001 418	0,020 48	1350,51	1207,3	2557,8	1363,26	1378,9	2742,1	3,2858	2,3915	5,6772
10	311,06	0,001 452	0,018 026	1393,04	1151,4	2544,4	1407,56	1317,1	2724,7	3,3596	2,2544	5,6141
11	318,15	0,001 489	0,015 987	1433,7	1096,0	2529,8	1450,1	1255,5	2705,6	3,4295	2,1233	5,5527
12	324,75	0,001 527	0,014 263	1473,0	1040,7	2513,7	1491,3	1193,6	2684,9	3,4962	1,9962	5,4924
13	330,93	0,001 567	0,012 780	1511,1	985,0	2496,1	1531,5	1130,7	2662,2	3,5606	1,8718	5,4323
14	336,75	0,001 611	0,011 485	1548,6	928,2	2476,8	1571,1	1066,5	2637,6	3,6232	1,7485	5,3717
15	342,24	0,001 658	0,010 337	1585,6	869,8	2455,5	1610,5	1000,0	2610,5	3,6848	1,6249	5,3098
16	347,44	0,001 711	0,009 306	1622,7	809,0	2431,7	1650,1	930,6	2580,6	3,7461	1,4994	5,2455
17	352,37	0,001 770	0,008 364	1660,2	744,8	2405,0	1690,3	856,9	2547,2	3,8079	1,3698	5,1777
18	357,06	0,001 840	0,007 489	1698,9	675,4	2374,3	1732,0	777,1	2509,1	3,8715	1,2329	5,1044
19	361,54	0,001 924	0,006 657	1739,9	598,1	2338,1	1776,5	688,0	2464,5	3,9388	1,0839	5,0228
20	365,81	0,002 036	0,005 834	1785,6	507,5	2293,0	1826,3	583,4	2409,7	4,0139	0,9130	4,9269
21	369,89	0,002 207	0,004 952	1842,1	388,5	2230,6	1884,4	446,2	2334,6	4,1075	0,6938	4,8013
22	373,80	0,002 742	0,003 568	1961,9	125,2	2087,1	2022,2	143,4	2165,6	4,3110	0,2216	4,5327
22,09	374,14	0,003 155	0,003 155	2029,6	0	2029,6	2099,3	0	2099,3	4,4298	0	4,4298

Tabela A-1.3 Vapor Superaquecido

T	P = 0,010 MPa (45,81)				P = 0,050 MPa (81,33)				P = 0,10 MPa (99,63)			
	v	u	h	s	v	u	h	s	v	u	h	s
Sat.	14,674	2437,9	2584,7	8,1502	3,240	2483,9	2645,9	7,5939	1,6940	2506,1	2675,5	7,3594
50	14,869	2443,9	2592,6	8,1749								
100	17,196	2515,5	2687,5	8,4479	3,418	2511,6	2682,5	7,6947	1,6958	2506,7	2676,2	7,3614
150	19,512	2587,9	2783,0	8,6882	3,889	2585,6	2780,1	7,9401	1,9364	2582,8	2776,4	7,6134
200	21,825	2661,3	2879,5	8,9038	4,356	2659,9	2877,7	8,1580	2,172	2658,1	2875,3	7,8343
250	24,136	2736,0	2977,3	9,1002	4,820	2735,0	2976,0	8,3556	2,406	2733,7	2974,3	8,0333
300	26,445	2812,1	3076,5	9,2813	5,284	2811,3	3075,5	8,5373	2,639	2810,4	3074,3	8,2158
400	31,063	2968,9	3279,6	9,6077	6,209	2968,5	3278,9	8,8642	3,103	2967,9	3278,2	8,5435
500	35,679	3132,3	3489,1	9,8978	7,134	3132,0	3488,7	9,1546	3,565	3131,6	3488,1	8,8342
600	40,295	3302,5	3705,4	10,1608	8,057	3302,2	3705,1	9,4178	4,028	3301,9	3704,7	9,0976
700	44,911	3479,6	3928,7	10,4028	8,981	3479,4	3928,5	9,6599	4,490	3479,2	3928,2	9,3398
800	49,526	3663,8	4159,0	10,6281	9,904	3663,6	4158,9	9,8852	4,952	3663,5	4158,6	9,5652
900	54,141	3855,0	4396,4	10,8396	10,828	3854,9	4396,3	10,0967	5,414	3854,8	4396,1	9,7767
1000	58,757	4053,0	4640,6	11,0393	11,751	4052,9	4640,5	10,2964	5,875	4052,8	4640,3	9,9764
1100	63,372	4257,5	4891,2	11,2287	12,674	4257,4	4891,1	10,4859	6,337	4257,3	4891,0	10,1659
1200	67,987	4467,9	5147,8	11,4091	13,597	4467,8	5147,7	10,6662	6,799	4467,7	5147,6	10,3463
1300	72,602	4683,7	5409,7	11,5811	14,521	4683,6	5409,6	10,8382	7,260	4683,5	5409,5	10,5183

T	P = 0,20 MPa (120,23)				P = 0,30 MPa (133,55)				P = 0,40 MPa (143,63)			
	v	u	h	s	v	u	h	s	v	u	h	s
Sat.	0,8857	2529,5	2706,7	7,1272	0,6058	2543,6	2725,3	6,9919	0,4625	2553,6	2738,6	6,8959
150	0,9596	2576,9	2768,8	7,2795	0,6339	2570,8	2761,0	7,0778	0,4708	2564,5	2752,8	6,9299
200	1,0803	2654,4	2870,5	7,5066	0,7163	2650,7	2865,6	7,3115	0,5342	2646,8	2860,5	7,1706
250	1,1988	2731,2	2971,0	7,7086	0,7964	2728,7	2967,6	7,5166	0,5951	2726,1	2964,2	7,3789
300	1,3162	2808,6	3071,8	7,8926	0,8753	2806,7	3069,3	7,7022	0,6548	2804,8	3066,8	7,5662
400	1,5493	2966,7	3276,6	8,2218	1,0315	2965,6	3275,0	8,0330	0,7726	2964,4	3273,4	7,8985
500	1,7814	3130,8	3487,1	8,5133	1,1867	3130,0	3486,0	8,3251	0,8893	3129,2	3484,9	8,1913
600	2,013	3301,4	3704,0	8,7770	1,3414	3300,8	3703,2	8,5892	1,0055	3300,2	3702,4	8,4558
700	2,244	3478,8	3927,6	9,0194	1,4957	3478,4	3927,1	8,8319	1,1215	3477,9	3926,5	8,6987
800	2,475	3663,1	4158,2	9,2449	1,6499	3662,9	4157,8	9,0576	1,2372	3662,4	4157,3	8,9244
900	2,706	3854,5	4395,8	9,4566	1,8041	3854,2	4395,4	9,2692	1,3529	3853,9	4395,1	9,1362

Tabela A-1.3 *Continuação*

| T | \multicolumn{4}{c}{P = 0,20 MPa (120,23)} | | | | \multicolumn{4}{c}{P = 0,30 MPa (133,55)} | | | | \multicolumn{4}{c}{P = 0,40 MPa (143,63)} | | | |

T	P = 0,20 MPa (120,23) v	u	h	s	P = 0,30 MPa (133,55) v	u	h	s	P = 0,40 MPa (143,63) v	u	h	s
1000	2,937	4052,5	4640,0	9,6563	1,9581	4052,3	4639,7	9,4690	1,4685	4052,0	4639,4	9,3360
1100	3,168	4257,0	4890,7	9,8458	2,1121	4256,8	4890,4	9,6585	1,5840	4256,5	4890,2	9,5256
1200	3,399	4467,5	5147,3	10,0262	2,2661	4467,2	5147,1	9,8389	1,6996	4467,0	5146,8	9,7060
1300	3,630	4683,2	5409,3	10,1982	2,4201	4683,0	5409,0	10,0110	1,8151	4682,8	5408,8	9,8780

T	P = 0,50 MPa (151,86) v	u	h	s	P = 0,60 MPa (158,85) v	u	h	s	P = 0,80 MPa (170,43) v	u	h	s
Sat.	0,3749	2561,2	2748,7	6,8213	0,3157	2567,4	2756,8	6,7600	0,2404	2576,8	2769,1	6,6628
200	0,4249	2642,9	2855,4	7,0592	0,3520	2638,9	2850,1	6,9665	0,2608	2630,6	2839,3	6,8158
250	0,4744	2723,5	2960.7	7,2709	0,3938	2720,9	2957,2	7,1816	0,2931	2715,5	2950,0	7,0384
300	0,5226	2802,9	3064,2	7,4599	0,4344	2801,0	3061,6	7,3724	0,3241	2797,2	3056,5	7,2328
350	0,5701	2882,6	3167,7	7,6329	0,4742	2881,2	3165,7	7,5464	0,3544	2878,2	3161.7	7,4089
400	0,6173	2963,2	3271,9	7.7938	0,5137	2962,1	3270,3	7,7079	0,3843	2959,7	3267,1	7,5716
500	0,7109	3128,4	3483,9	8,0873	0,5920	3127,6	3482,8	8,0021	0,4433	3126,0	3480,6	7,8673
600	0,8041	3299,6	3701,7	8,3522	0,6697	3299,1	3700,9	8,2674	0,5018	3297,9	3699,4	8,1333
700	0,8969	3477,5	3925,9	8,5952	0,7472	3477,0	3925,3	8.5107	0,5601	3476,2	3924,2	8,3770
800	0,9896	3662,1	4156,9	8,8211	0,8245	3661,8	4156,5	8,7367	0,6181	3661,1	4155,6	8,6033
900	1,0822	3853,6	4394,7	9,0329	0,9017	3853,4	4394,4	8,9486	0,6761	3852,8	4393,7	8,8153
1000	1,1747	4051,8	4639,1	9,2328	0,9788	4051,5	4638,8	9,1485	0,7340	4051,0	4638,2	9,0153
1100	1,2672	4256,3	4889,9	9,4224	1,0559	4256,1	4889,6	9,3381	0,7919	4255,6	4889,1	9,2050
1200	1,3596	4466,8	5146,6	9,6029	1,1330	4466,5	5146,3	9,5185	0,8497	4466,1	5145,9	9,3855
1300	1,4521	4682,5	5408,6	9,7749	1,2101	4682,3	5408,3	9,6906	0,9076	4681,8	5407,9	9,5575

T	P = 1,00 MPa (179,91) v	u	h	s	P = 1,20 MPa (187,99) v	u	h	s	P = 1,40 MPa (195,07) v	u	h	s
Sat.	0,194 44	2583,6	2778,1	6.5865	0,163 33	2588,8	2784,8	6,5233	0,140 84	2592,8	2790,0	6,4693
200	0,2060	2621,9	2827,9	6,6940	0,169 30	2612,8	2815,9	6,5898	0,143 02	2603,1	2803,3	6,4975
250	0,2327	2709,9	2942,6	6,9247	0,192 34	2704,2	2935,0	6,8294	0,163 50	2698,3	2927,2	6,7467
300	0,2579	2793,2	3051,2	7,1229	0,2138	2789,2	3045,8	7,0317	0,182 28	2785,2	3040,4	6,9534
350	0,2825	2875,2	3157,7	7,3011	0,2345	2872,2	3153,6	7,2121	0,2003	2869,2	3149,5	7,1360
400	0,3066	2957,3	3263,9	7,4651	0,2548	2954,9	3260,7	7,3774	0.2178	2952,5	3257,5	7,3026
500	0,3541	3124,4	3478,5	7,7622	0,2946	3122,8	3476,3	7,6759	0,2521	3121,1	3474,1	7,6027

Tabelas de vapor d'água superaquecido (continuação das pressões de 1,00; 1,20 e 1,40 MPa; temperaturas em °C; v em m³/kg, u e h em kJ/kg, s em kJ/(kg·K)):

P = 1,00 MPa

T	v	u	h	s
600	0,4011	3296,8	3697,9	8,0290
700	0,4478	3475,3	3923,1	8,2731
800	0,4943	3660,4	4154,7	8,4996
900	0,5407	3852,2	4392,9	8,7118
1000	0,5871	4050,5	4637,6	8,9119
1100	0,6335	4255,1	4888,6	9,1017
1200	0,6798	4465,6	5145,4	9,2822
1300	0,7261	4681,3	5407,4	9,4543

P = 1,20 MPa

T	v	u	h	s
600	0,3339	3296,3	3697,0	7,9435
700	0,3729	3475,0	3922,3	8,1881
800	0,4118	3660,2	4154,1	8,4148
900	0,4505	3852,0	4392,5	8,6272
1000	0,4892	4050,3	4637,3	8,8274
1100	0,5278	4254,9	4888,2	9,0172
1200	0,5665	4465,4	5145,1	9,1977
1300	0,6051	4681,1	5407,1	9,3698

P = 1,40 MPa

T	v	u	h	s
600	0,2860	3294,4	3694,8	7,8710
700	0,3195	3473,6	3920,8	8,1160
800	0,3528	3659,0	4153,0	8,3431
900	0,3861	3851,1	4391,5	8,5556
1000	0,4192	4049,5	4636,4	8,7559
1100	0,4524	4254,1	4887,5	8,9457
1200	0,4855	4464,7	5144,4	9,1262
1300	0,5186	4680,4	5406,5	9,2984

P = 1,60 MPa (201,41)

T	v	u	h	s
Sat.	0,123 80	2596,0	2794,0	6,4218
225	0,132 87	2644,7	2857,3	6,5518
250	0,141 84	2692,3	2919,2	6,6732
300	0,158 62	2781,1	3034,8	6,8844
350	0,174 56	2866,1	3145,4	7,0694
400	0,190 05	2950,1	3254,2	7,2374
500	0,2203	3119,5	3472,0	7,5390
600	0,2500	3293,3	3693,2	7,8080
700	0,2794	3472,7	3919,7	8,0535
800	0,3086	3658,3	4152,1	8,2808
900	0,3377	3850,5	4390,8	8,4935
1000	0,3668	4049,0	4635,8	8,6938
1100	0,3958	4253,7	4887,0	8,8837
1200	0,4248	4464,2	5143,9	9,0643
1300	0,4538	4679,9	5406,0	9,2364

P = 1,80 MPa (207,15)

T	v	u	h	s
Sat.	0,110 42	2598,4	2797,1	6,3794
225	0,116 73	2636,6	2846,7	6,4808
250	0,124 97	2686,0	2911,0	6,6066
300	0,140 21	2776,9	3029,2	6,8226
350	0,154 57	2863,0	3141,2	7,0100
400	0,168 47	2947,7	3250,9	7,1794
500	0,195 50	3117,9	3469,8	7,4825
600	0,2220	3292,1	3691,7	7,7523
700	0,2482	3471,8	3918,5	7,9983
800	0,2742	3657,6	4151,2	8,2258
900	0,3001	3849,9	4390,1	8,4386
1000	0,3260	4048,5	4635,2	8,6391
1100	0,3518	4253,2	4886,4	8,8290
1200	0,3776	4463,7	5143,4	9,0096
1300	0,4034	4679,5	5405,6	9,1818

P = 2,00 MPa (212,42)

T	v	u	h	s
Sat.	0,099 63	2600,3	2799,5	6,3409
225	0,103 77	2628,3	2835,8	6,4147
250	0,111 44	2679,6	2902,5	6,5453
300	0,125 47	2772,6	3023,5	6,7664
350	0,138 57	2859,8	3137,0	6,9563
400	0,151 20	2945,2	3247,6	7,1271
500	0,175 68	3116,2	3467,6	7,4317
600	0,199 60	3290,9	3690,1	7,7024
700	0,2232	3470,9	3917,4	7,9487
800	0,2467	3657,0	4150,3	8,1765
900	0,2700	3849,3	4389,4	8,3895
1000	0,2933	4048,0	4634,6	8,5901
1100	0,3166	4252,7	4885,9	8,7800
1200	0,3398	4463,3	5142,9	8,9607
1300	0,3631	4679,0	5405,1	9,1329

P = 2,50 MPa (223,99)

T	v	u	h	s
Sat.	0,079 98	2603,1	2803,1	6,2575
225	0,080 27	2605,6	2806,3	6,2639
250	0,087 00	2662,6	2880,1	6,4085
300	0,098 90	2761,6	3008,8	6,6438
350	0,109 76	2851,9	3126,3	6,8403
400	0,120 10	2939,1	3239,3	7,0148
450	0,130 14	3025,5	3350,8	7,1746
500	0,139 98	3112,1	3462,1	7,3234
600	0,159 30	3288,0	3686,3	7,5960

P = 3,00 MPa (233,90)

T	v	u	h	s
Sat.	0,066 68	2604,1	2804,2	6,1869
250	0,070 58	2644,0	2855,8	6,2872
300	0,081 14	2750,1	2993,5	6,5390
350	0,090 53	2843,7	3115,3	6,7428
400	0,099 36	2932,8	3230,9	6,9212
450	0,107 87	3020,4	3344,0	7,0834
500	0,116 19	3108,0	3456,5	7,2338
600	0,132 43	3285,0	3682,3	7,5085

P = 3,50 MPa (242,60)

T	v	u	h	s
Sat.	0,057 07	2603,7	2803,4	6,1253
250	0,058 72	2623,7	2829,2	6,1749
300	0,068 42	2738,0	2977,5	6,4461
350	0,076 78	2835,3	3104,0	6,6579
400	0,084 53	2926,4	3222,3	6,8405
450	0,091 96	3015,3	3337,2	7,0052
500	0,099 18	3103,0	3450,9	7,1572
600	0,113 24	3282,1	3678,4	7,4339

Tabela A-1.3 *Continuação*

T	P = 2,50 MPa (223,99)				P = 3,00 MPa (233,90)				P = 3,50 MPa (242,60)			
	v	u	h	s	v	u	h	s	v	u	h	s
700	0,178 32	3468,7	3914,5	7,8435	0,148 38	3466,5	3911,7	7,7571	0,126 99	3464,3	3908.8	7,6837
800	0,197 16	3655,3	4148,2	8,0720	0,164 14	3653,5	4145,9	7,9862	0,140 56	3651,8	4143,7	7,9134
900	0,215 90	3847,9	4387,6	8,2853	0,179 80	3846,5	4385,9	8,1999	0,154 02	3845,0	4384,1	8,1276
1000	0,2346	4046,7	4633,1	8,4861	0,195 41	4045,4	4631,6	8,4009	0,167 43	4044,1	4630,1	8,3288
1100	0,2532	4251,5	4884,6	8,6762	0,210 98	4250,3	4883,3	8,5912	0,180 80	4249,2	4881,9	8,5192
1200	0,2718	4462,1	5141,7	8,8569	0,226 52	4460,9	5140,5	8,7720	0,194 15	4459,8	5139,3	8,7000
1300	0,2905	4677,8	5404,0	9,0291	0,242 06	4676,6	5402,8	8,9442	0,207 49	4675,5	5401,7	8,8723

T	P = 4,0 MPa (250,40)				P = 4,5 MPa (257,49)				P = 5,0 MPa (263,99)			
	v	u	h	s	v	u	h	s	v	u	h	s
Sat.	0,049 78	2602,3	2801,4	6,0701	0,044 06	2600,1	2798,3	6,0198	0,039 44	2597,1	2794,3	5,9734
275	0,054 57	2667,9	2886,2	6,2285	0,047 30	2650,3	2863,2	6,1401	0,041 41	2631,3	2838.2	6,0544
300	0,058 84	2725,3	2960,7	6,3615	0,051 35	2712,0	2943,1	6,2828	0,045 32	2698,0	2924,5	6,2084
350	0,066 45	2826,7	3092,5	6,5821	0,058 40	2817,8	3080,6	6,5131	0,051 94	2808,7	3068,4	6,4493
400	0,073 41	2919,9	3213,6	6,7690	0,064 75	2913,3	3204,7	6,7047	0,057 81	2906,6	3195,7	6,6459
450	0,080 02	3010,2	3330,3	6,9363	0,070 74	3005,0	3323,3	6,8746	0,063 30	2999,7	3316,2	6,8186
500	0,086 43	3099,5	3445,3	7,0901	0,076 51	3095,3	3439,6	7,0301	0,068 57	3091,0	3433,8	6,9759
600	0,098 85	3279,1	3674,4	7,3688	0,087 65	3276,0	3670,5	7,3110	0,078 69	3273,0	3666,5	7,2589
700	0,110 95	3462,1	3905,9	7,6198	0,098 47	3459,9	3903,0	7,5631	0,088 49	3457,6	3900,1	7,5122
800	0,122 87	3650,0	4141,5	7,8502	0,109 11	3648,3	4139,3	7,7942	0,098 11	3646,6	4137,1	7,7440
900	0,134 69	3843,6	4382,3	8,0647	0,119 65	3842,2	4380,6	8,0091	0,107 62	3840,7	4378,8	7,9593
1000	0,146 45	4042,9	4628,7	8,2662	0,130 13	4041,6	4627,2	8,2108	0,117 07	4040,4	4625,7	8,1612
1100	0,158 17	4248,0	4880,6	8,4567	0,140 56	4246,8	4879,3	8,4015	0,126 48	4245,6	4878,0	8,3520
1200	0,169 87	4458,6	5138,1	8,6376	0,150 98	4457,5	5136,9	8,5825	0,135 87	4456,3	5135,7	8,5331
1300	0,181 56	4674,3	5400,5	8,8100	0,161 39	4673,1	5399,4	8,7549	0,145 26	4672,0	5398,2	8,7055

PROPRIEDADES TERMODINÂMICAS E TERMOFÍSICAS - SISTEMA INTERNACIONAL 401

T	P = 6,0 MPa (275,64)				P = 7,0 MPa (285,88)				P = 8,0 MPa (295,06)			
Sat.	0,032 44	2589,7	2784,3	5,8892	0,027 37	2580,5	2772,1	5,8133	0,023 52	2569,8	2758,0	5,7432
300	0,036 16	2667,2	2884,2	6,0674	0,029 47	2632,2	2838,4	5,9305	0,024 26	2590,9	2785,0	5,7906
350	0,042 23	2789,6	3043,0	6,3335	0,035 24	2769,4	3016,0	6,2283	0,029 95	2747,7	2987,3	6,1301
400	0,047 39	2892,9	3177,2	6,5408	0,039 93	2878,6	3158,1	6,4478	0,034 32	2863,8	3138,3	6,3634
450	0,052 14	2988,9	3301,8	6,7193	0,044 16	2978,0	3287,1	6,6327	0,038 17	2966,7	3272,0	6,5551
500	0,056 65	3082,2	3422,2	6,8803	0,048 14	3073,4	3410,3	6,7975	0,041 75	3064,3	3398,3	6,7240
550	0,061 01	3174,6	3540,6	7,0288	0,051 95	3167,2	3530,9	6,9486	0,045 16	3159,8	3521,0	6,8778
600	0,065 25	3266,9	3658,4	7,1677	0,055 65	3260,7	3650,3	7,0894	0,048 45	3254,4	3642,0	7,0206
700	0,073 52	3453,1	3894,2	7,4234	0,062 83	3448,5	3888,3	7,3476	0,054 81	3443,9	3882,4	7,2812
800	0,081 60	3643,1	4132,7	7,6566	0,069 81	3639,5	4128,2	7,5822	0,060 97	3636,0	4123,8	7,5173
900	0,089 58	3837,8	4375,3	7,8727	0,076 69	3835,0	4371,8	7,7991	0,067 02	3832,1	4368,3	7,7351
1000	0,097 49	4037,8	4622,7	8,0751	0,083 50	4035,3	4619,8	8,0020	0,073 01	4032,8	4616,9	7,9384
1100	0,105 36	4243,3	4875,4	8,2661	0,090 27	4240,9	4872,8	8,1933	0,078 96	4238,6	4870,3	8,1300
1200	0,113 21	4454,0	5133,3	8,4474	0,097 03	4451,7	5130,9	8,3747	0,084 89	4449,5	5128,5	8,3115
1300	0,121 06	4669,6	5396,0	8,6199	0,103 77	4667,3	5393,7	8,5473	0,090 80	4665,0	5391,5	8,4842

T	P = 9,0 MPa (303,40)				P = 10,0 MPa (311,06)				P = 12,5 MPa (327,89)			
Sat.	0,020 48	2557,8	2742,1	5,6772	0,018 026	2544,4	2724,7	5,6141	0,013 495	2505,1	2673,8	5,4624
325	0,023 27	2646,6	2856,0	5,8712	0,019 861	2610,4	2809,1	5,7568				
350	0,025 80	2724,4	2956,6	6,0361	0,022 42	2699,2	2923,4	5,9443	0,016 126	2624,5	2826,2	5,7118
400	0,029 93	2848,4	3117,8	6,2854	0,026 41	2832,4	3096,5	6,2120	0,020 00	2789,3	3039,3	6,0417
450	0,033 50	2955,2	3256,6	6,4844	0,029 75	2943,4	3240,9	6,4190	0,022 99	2912,5	3199,8	6,2719
500	0,036 77	3055,2	3386,1	6,6576	0,032 79	3045,8	3373,7	6,5966	0,025 60	3021,7	3341,8	6,4618
550	0,039 87	3152,2	3511,0	6,8142	0,035 64	3144,6	3500,9	6,7561	0,028 01	3125,0	3475,2	6,6290
600	0,042 85	3248,1	3633,7	6,9589	0,038 37	3241,7	3625,3	6,9029	0,030 29	3225,4	3604,0	6,7810
650	0,045 74	3343,6	3755,3	7,0943	0,041 01	3338,2	3748,2	7,0398	0,032 48	3324,4	3730,4	6,9218
700	0,048 57	3439,3	3876,5	7,2221	0,043 58	3434,7	3870,5	7,1687	0,034 60	3422,9	3855,3	7,0536
800	0,054 09	3632,5	4119,3	7,4596	0,048 59	3628,9	4114,8	7,4077	0,038 69	3620,0	4103,6	7,2965
900	0,059 50	3829,2	4364,8	7,6783	0,053 49	3826,3	4361,2	7,6272	0,042 67	3819,1	4352,5	7,5182
1000	0,064 85	4030,3	4614,0	7,8821	0,058 32	4027,8	4611,0	7,8315	0,046 58	4021,6	4603,8	7,7237
1100	0,070 16	4236,3	4867,7	8,0740	0,063 12	4234,0	4865,1	8,0237	0,050 45	4228,2	4858,8	7,9165
1200	0,075 44	4447,2	5126,2	8,2556	0,067 89	4444,9	5123,8	8,2055	0,054 30	4439,3	5118,0	8,0987
1300	0,080 72	4662,7	5389,2	8,4284	0,072 65	4660,5	5387,0	8,3783	0,058 13	4654,8	5381,4	8,2717

Tabela A-1.3 Continuação

T	P = 15,0 MPa (342,24)				P = 17,5 MPa (354,75)				P = 20,0 MPa (365,81)			
	v	u	h	s	v	u	h	s	v	u	h	s
Sat.	0,010 337	2455,5	2610,5	5,3098	0,007 920	2390,2	2528,8	5,1419	0,005 834	2293,0	2409,7	4,9269
350	0,011 470	2520,4	2692,4	5,4421								
400	0,015 649	2740,7	2975,5	5,8811	0,012 447	2685,0	2902,9	5,7213	0,009 942	2619,3	2818,1	5,5540
450	0,018 445	2879,5	3156,2	6,1404	0,015 174	2844,2	3109,7	6,0184	0,012 695	2806,2	3060,1	5,9017
500	0,020 80	2996,6	3308,6	6,3443	0,017 358	2970,3	3274,1	6,2383	0,014 768	2942,9	3238,2	6,1401
550	0,022 93	3104,7	3448,6	6,5199	0,019 288	3083,9	3421,4	6,4230	0,016 555	3062,4	3393,5	6,3348
600	0,024 91	3208,6	3582,3	6,6776	0,021 06	3191,5	3560,1	6,5866	0,018 178	3174,0	3537,6	6,5048
650	0,026 80	3310,3	3712,3	6,8224	0,022 74	3296,0	3693,9	6,7357	0,019 693	3281,4	3675,3	6,6582
700	0,028 61	3410,9	3840,1	6,9572	0,024 34	3398,7	3824,6	6,8736	0,021 13	3386,4	3809,0	6,7993
800	0,032 10	3610,9	4092,4	7,2040	0,027 38	3601,8	4081,1	7,1244	0,023 85	3592,7	4069,7	7,0544
900	0,035 46	3811,9	4343,8	7,4279	0,030 31	3804,7	4335,1	7,3507	0,026 45	3797,5	4326,4	7,2830
1000	0,038 75	4015,4	4596,6	7,6348	0,033 16	4009,3	4589,5	7,5589	0,028 97	4003,1	4582,5	7,4925
1100	0,042 00	4222,6	4852,6	7,8283	0,035 97	4216,9	4846,4	7,7531	0,031 45	4211,3	4840,2	7,6874
1200	0,045 23	4433,8	5112,3	8,0108	0,038 76	4428,3	5106,6	7,9360	0,033 91	4422,8	5101,0	7,8707
1300	0,048 45	4649,1	5376,0	8,1840	0,041 54	4643,5	5370,5	8,1093	0,036 36	4638,0	5365,1	8,0442

T	P = 25,0 MPa				P = 30,0 MPa				P = 35,0 MPa			
	v	u	h	s	v	u	h	s	v	u	h	s
375	0,001 973	1798,7	1848,0	4,0320	0,001 789	1737,8	1791,5	3,9305	0,001 700	1702,9	1762,4	3,8722
400	0,006 004	2430,1	2580,2	5,1418	0,002 790	2067,4	2151,1	4,4728	0,002 100	1914,1	1987,6	4,2126
425	0,007 881	2609,2	2806,3	5,4723	0,005 303	2455,1	2614,2	5,1504	0,003 428	2253,4	2373,4	4,7747
450	0,009 162	2720,7	2949,7	5,6744	0,006 735	2619,3	2821,4	5,4424	0,004 961	2498,7	2672,4	5,1962
500	0,011 123	2884,3	3162,4	5,9592	0,008 678	2820,7	3081,1	5,7905	0,006 927	2751,9	2994,4	5,6282

PROPRIEDADES TERMODINÂMICAS E TERMOFÍSICAS - SISTEMA INTERNACIONAL **403**

T	P = 40,0 MPa				P = 50,0 MPa				P = 60,0 MPa			
	v	u	h	s	v	u	h	s	v	u	h	s
550	0,012 724	3017,5	3335,6	6,1765	0,010 168	2970,3	3275,4	6,0342	0,008 345	2921,0	3213,0	5,9026
600	0,014 137	3137,9	3491,4	6,3602	0,011 446	3100,5	3443,9	6,2331	0,009 527	3062,0	3395,5	6,1179
650	0,015 433	3251,6	3637,4	6,5229	0,012 596	3221,0	3598,9	6,4058	0,010 575	3189,8	3559,9	6,3010
700	0,016 646	3361,3	3777,5	6,6707	0,013 661	3335,8	3745,6	6,5606	0,011 533	3309,8	3713,5	6,4631
800	0,018 912	3574,3	4047,1	6,9345	0,015 623	3555,5	4024,2	6,8332	0,013 278	3536,7	4001,5	6,7450
900	0,021 045	3783,0	4309,1	7,1680	0,017 448	3768,5	4291,9	7,0718	0,014 883	3754,0	4274,9	6,9886
1000	0,023 10	3990,9	4568,5	7,3802	0,019 196	3978,8	4554,7	7,2867	0,016 410	3966,7	4541,1	7,2064
1100	0,025 12	4200,2	4828,2	7,5765	0,020 903	4189,2	4816,3	7,4845	0,017 895	4178,3	4804,6	7,4057
1200	0,027 11	4412,0	5089,9	7,7605	0,022 589	4401,3	5079,0	7,6692	0,019 360	4390,7	5068,3	7,5910
1300	0,029 10	4626,9	5354,4	7,9342	0,024 266	4616,0	5344,0	7,8432	0,020 815	4605,1	5333,6	7,7653

T	P = 40,0 MPa				P = 50,0 MPa				P = 60,0 MPa			
	v	u	h	s	v	u	h	s	v	u	h	s
375	0,001 641	1677,1	1742,8	3,8290	0,001 559	1638,6	1716,6	3,7639	0,001 503	1609,4	1699,5	3,7141
400	0,001 908	1854,6	1930,9	4,1135	0,001 730	1788,1	1874,6	4,0031	0,001 634	1745,4	1843,4	3,9318
425	0,002 532	2096,9	2198,1	4,5029	0,002 007	1959,7	2060,0	4,2734	0,001 817	1892,7	2001,7	4,1626
450	0,003 693	2365,1	2512,8	4,9459	0,002 486	2159,6	2284,0	4,5884	0,002 085	2053,9	2179,0	4,4121
500	0,005 622	2678,4	2903,3	5,4700	0,003 892	2525,5	2720,1	5,1726	0,002 956	2390,6	2567,9	4,9321
550	0,006 984	2869,7	3149,1	5,7785	0,005 118	2763,6	3019,5	5,5485	0,003 956	2658,8	2896,2	5,3441
600	0,008 094	3022,6	3346,4	6,0114	0,006 112	2942,0	3247,6	5,8178	0,004 834	2861,1	3151,2	5,6452
650	0,009 063	3158,0	3520,6	6,2054	0,006 966	3093,5	3441,8	6,0342	0,005 595	3028,8	3364,5	5,8829
700	0,009 941	3283,6	3681,2	6,3750	0,007 727	3230,5	3616,8	6,2189	0,006 272	3177,2	3553,5	6,0824
800	0,011 523	3517,8	3978,7	6,6662	0,009 076	3479,8	3933,6	6,5290	0,007 459	3441,5	3889,1	6,4109
900	0,012 962	3739,4	4257,9	6,9150	0,010 283	3710,3	4224,4	6,7882	0,008 508	3681,0	4191,5	6,6805
1000	0,014 324	3954,6	4527,6	7,1356	0,011 411	3930,5	4501,1	7,0146	0,009 480	3906,4	4475,2	6,9127
1100	0,015 642	4167,4	4793,1	7,3364	0,012 496	4145,7	4770,5	7,2184	0,010 409	4124,1	4748,6	7,1195
1200	0,016 940	4380,1	5057,7	7,5224	0,013 561	4359,1	5037,2	7,4058	0,011 317	4338,2	5017,2	7,3083
1300	0,018 229	4594,3	5323,5	7,6969	0,014 616	4572,8	5303,6	7,5808	0,012 215	4551,4	5284,3	7,4837

Tabela A-2 Propriedades do Refrigerante R-12 (Diclorodifluorometano)

Tabela A-2.1 Saturação Líquido-Vapor: Tabela de Temperatura

Temp. T, °C	Pressão P, MPa	Volume específico, m³/kg			Entalpia, kJ/kg			Entropia, kJ/kg.K		
		líquido sat. v_l	Evap. v_{lv}	vapor sat. v_v	líquido sat. h_l	Evap. h_{lv}	vapor sat. h_v	líquido sat. s_l	Evap. s_{lv}	vapor sat. s_v
−90	0,0028	0,000 608	4,414 937	4,415 545	−43,243	189,618	146,375	−0,2084	1,0352	0,8268
−85	0,0042	0,000 612	3,036 704	3,037 316	−38,968	187,608	148,640	−0,1854	0.9970	0,8116
−80	0,0062	0,000 617	2,137 728	2,138 345	−34,688	185,612	150,924	−0,1630	0,9609	0,7979
−75	0,0088	0,000 622	1,537 030	1,537 651	−30,401	183,625	153,224	−0,1411	0,9266	0,7855
−70	0,0123	0,000 627	1,126 654	1,127 280	−26,103	181,640	155,536	−0,1197	0,8940	0,7744
−65	0,0168	0,000 632	0,840 534	0,841 166	−21,793	179,651	157,857	−0,0987	0,8630	0,7643
−60	0,0226	0,000 637	0,637 274	0,637 910	−17,469	177,653	160,184	−0,0782	0,8334	0,7552
−55	0,0300	0,000 642	0,490 358	0,491 000	−13,129	175,641	162,512	−0,0581	0,8051	0,7470
−50	0,0391	0,000 648	0,382 457	0,383 105	−8,772	173,611	164,840	−0,0384	0,7779	0,7396
−45	0,0504	0,000 654	0,302 029	0,302 682	−4,396	171,558	167,163	−0,0190	0,7519	0,7329
−40	0,0642	0,000 659	0,241 251	0,241 910	−0,000	169,479	169,479	−0,0000	0,7269	0,7269
−35	0,0807	0,000 666	0,194 732	0,195 398	4,416	167,368	171,784	0,0187	0,7027	0,7214
−30	0,1004	0,000 672	0,158 703	0,159 375	8,854	165,222	174,076	0,0371	0,6795	0,7165
−25	0,1237	0,000 679	0,130 487	0,131 166	13,315	163,037	176,352	0,0552	0,6570	0,7121
−20	0,1509	0,000 685	0,108 162	0,108 847	17,800	160,810	178,610	0,0730	0,6352	0,7082

PROPRIEDADES TERMODINÂMICAS E TERMOFÍSICAS - SISTEMA INTERNACIONAL **405**

−15	0,1826	0,000 693	0,090 326	0,091 018	22,312	158,534	180,846	0,0906	0,6141	0,7046
−10	0,2191	0,000 700	0,075 946	0,076 646	26,851	156,207	183,058	0,1079	0,5936	0,7014
−5	0,2610	0,000 708	0,064 255	0,064 963	31,420	153,823	185,243	0,1250	0,5736	0,6986
0	0,3086	0,000 716	0,054 673	0,055 389	36,022	151,376	187,397	0,1418	0,5542	0,6960
5	0,3626	0,000 724	0,046 761	0,047 485	40,659	148,859	189,518	0,1585	0,5351	0,6937
10	0,4233	0,000 733	0,040 180	0,040 914	45,337	146,265	191,602	0,1750	0,5165	0,6916
15	0,4914	0,000 743	0,034 671	0,035 413	50,058	143,586	193,644	0,1914	0,4983	0,6897
20	0,5673	0,000 752	0,030 028	0,030 780	54,828	140,812	195,641	0,2076	0,4803	0,6879
25	0,6516	0,000 763	0,026 091	0,026 854	59,653	137,933	197,586	0,2237	0,4626	0,6863
30	0,7449	0,000 774	0,022 734	0,023 508	64,539	134,936	199,475	0,2397	0,4451	0,6848
35	0,8477	0,000 786	0,019 855	0,020 641	69,494	131,805	201,299	0,2557	0,4277	0,6834
40	0,9607	0,000 798	0,017 373	0,018 171	74,527	128,525	203,051	0,2716	0,4104	0,6820
45	1,0843	0,000 811	0,015 220	0,016 032	79,647	125,074	204,722	0,2875	0,3931	0,6806
50	1,2193	0,000 826	0,013 344	0,014 170	84,868	121,430	206,298	0,3034	0,3758	0,6792
55	1,3663	0,000 841	0,011 701	0,012 542	90,201	117,565	207,766	0,3194	0,3582	0,6777
60	1,5259	0,000 858	0,010 253	0,011 111	95,665	113,443	209,109	0,3355	0,3405	0,6760
65	1,6988	0,000 877	0,008 971	0,009 847	101,279	109,024	210,303	0,3518	0,3224	0,6742
70	1,8858	0,000 897	0,007 828	0,008 725	107,067	104,255	211,321	0,3683	0,3038	0,6721
75	2,0874	0,000 920	0,006 802	0,007 723	113,058	99,068	212,126	0,3851	0,2845	0,6697
80	2,3046	0,000 946	0,005 875	0,006 821	119,291	93,373	212,665	0,4023	0,2644	0,6667
85	2,5380	0,000 976	0,005 029	0,006 005	125,818	87,047	212,865	0,4201	0,2430	0,6631
90	2,7885	0,001 012	0,004 246	0,005 258	132,708	79,907	212,614	0,4385	0,2200	0,6585
95	3,0569	0,001 056	0,003 508	0,004 563	140,068	71,658	211,726	0,4579	0,1946	0,6526
100	3,3440	0,001 113	0,002 790	0,003 903	148,076	61,768	209,843	0,4788	0,1655	0,6444

Fonte: Copyright 1955 e 1956, E. I. du Pont de Nemours and Company, Inc. Impresso com permissão. Adaptado de unidades inglesas.

Tabela A-2.2 Vapor Superaquecido (R-12)

Temp., °C	0,05 MPa			0,10 MPa			0,15 MPa		
	v, m³/kg	h, kJ/kg	s, kJ/kg·K	v, m³/kg	h, kJ/kg	s, kJ/kg·K	v, m³/kg	h, kJ/kg	s, kJ/kg·K
−20,0	0,341 857	181,042	0,7912	0,167 701	179,861	0,7401			
−10,0	0,356 227	186,757	0,8133	0,175 222	185,707	0,7628	0,114 716	184,619	0,7318
0,0	0,370 508	192,567	0,8350	0,182 647	191,628	0,7849	0,119 866	190,660	0,7543
10,0	0,384 716	198,471	0,8562	0,189 994	197,628	0,8064	0,124 932	196,762	0,7763
20,0	0,398 863	204,469	0,8770	0,197 277	203,707	0,8275	0,129 930	202,927	0,7977
30,0	0,412 959	210,557	0,8974	0,204 506	209,866	0,8482	0,134 873	209,160	0,8186
40,0	0,427 012	216,733	0,9175	0,211 691	216,104	0,8684	0,139 768	215,463	0,8390
50,0	0,441 030	222,997	0,9372	0,218 839	222,421	0,8883	0,144 625	221,835	0,8591
60,0	0,455 017	229,344	0,9565	0,225 955	228,815	0,9078	0,149 450	228,277	0,8787
70,0	0,468 978	235,774	0,9755	0,233 044	235,285	0,9269	0,154 247	234,789	0,8980
80,0	0,482 917	242,282	0,9942	0,240 111	241,829	0,9457	0,159 020	241,371	0,9169
90,0	0,496 838	248,868	1,0126	0,247 159	248,446	0,9642	0,163 774	248,020	0,9354

Temp., °C	0,20 MPa			0,25 MPa			0,30 MPa		
	v, m³/kg	h, kJ/kg	s, kJ/kg·K	v, m³/kg	h, kJ/kg	s, kJ/kg·K	v, m³/kg	h, kJ/kg	s, kJ/kg·K
0,0	0,088 608	189,669	0,7320	0,069 752	188,644	0,7139	0,057 150	187,583	0,6984
10,0	0,092 550	195,878	0,7543	0,073 024	194,969	0,7366	0,059 984	194,034	0,7216
20,0	0,096 418	202,135	0,7760	0,076 218	201,322	0,7587	0,062 734	200,490	0,7440
30,0	0,100 228	208,446	0,7972	0,079 350	207,715	0,7801	0,065 418	206,969	0,7658
40,0	0,103 989	214,814	0,8178	0,082 431	214,153	0,8010	0,068 049	213,480	0,7869
50,0	0,107 710	221,243	0,8381	0,085 470	220,642	0,8214	0,070 635	220,030	0,8075
60,0	0,111 397	227,735	0,8578	0,088 474	227,185	0,8413	0,073 185	226,627	0,8276
70,0	0,115 055	234,291	0,8772	0,091 449	233,785	0,8608	0,075 705	233,273	0,8473
80,0	0,118 690	240,910	0,8962	0,094 398	240,443	0,8800	0,078 200	239,971	0,8665
90,0	0,122 304	247,593	0,9149	0,097 327	247,160	0,8987	0,080 673	246,723	0,8853
100,0	0,125 901	254,339	0,9332	0,100 238	253,936	0,9171	0,083 127	253,530	0,9038
110,0	0,129 483	261,147	0,9512	0,103 134	260,770	0,9352	0,085 566	260,391	0,9220

PROPRIEDADES TERMODINÂMICAS E TERMOFÍSICAS - SISTEMA INTERNACIONAL 407

T (°C)	0,40 MPa			0,50 MPa			0,60 MPa		
20,0	0,045 836	198,762	0,7199	0,035 646	196,935	0,6999			
30,0	0,047 971	205,428	0,7423	0,037 464	203,814	0,7230	0,030 422	202,116	0,7063
40,0	0,050 046	212,095	0,7639	0,039 214	210,656	0,7452	0,031 966	209,154	0,7291
50,0	0,052 072	218,779	0,7849	0,040 911	217,484	0,7667	0,033 450	216,141	0,7511
60,0	0,054 059	225,488	0,8054	0,042 565	224,315	0,7875	0,034 887	223,104	0,7723
70,0	0,056 014	232,230	0,8253	0,044 184	231,161	0,8077	0,036 285	230,062	0,7929
80,0	0,057 941	239,012	0,8448	0,045 774	238,031	0,8275	0,037 653	237,027	0,8129
90,0	0,059 846	245,837	0,8638	0,047 340	244,932	0,8467	0,038 995	244,009	0,8324
100,0	0,061 731	252,707	0,8825	0,048 886	251,869	0,8656	0,040 316	251,016	0,8514
110,0	0,063 600	259,624	0,9008	0,050 415	258,845	0,8840	0,041 619	258,053	0,8700
120,0	0,065 455	266,590	0,9187	0,051 929	265,862	0,9021	0,042 907	265,124	0,8882
130,0	0,067 298	273,605	0,9364	0,053 430	272,923	0,9198	0,044 181	272,231	0,9061

T (°C)	0,70 MPa			0,80 MPa			0,90 MPa		
40,0	0,026 761	207,580	0,7148	0,022 830	205,924	0,7016	0,019 744	204,170	0,6982
50,0	0,028 100	214,745	0,7373	0,024 068	213,290	0,7248	0,020 912	211,765	0,7131
60,0	0,029 387	221,854	0,7590	0,025 247	220,558	0,7469	0,022 012	219,212	0,7358
70,0	0,030 632	228,931	0,7799	0,026 380	227,766	0,7682	0,023 062	226,564	0,7575
80,0	0,031 843	235,997	0,8002	0,027 477	234,941	0,7888	0,024 072	233,856	0,7785
90,0	0,033 027	243,066	0,8199	0,028 545	242,101	0,8088	0,025 051	241,113	0,7987
100,0	0,034 189	250,146	0,8392	0,029 588	249,260	0,8283	0,026 005	248,355	0,8184
110,0	0,035 332	257,247	0,8579	0,030 612	256,428	0,8472	0,026 937	255,593	0,8376
120,0	0,036 458	264,374	0,8763	0,031 619	263,613	0,8657	0,027 851	262,839	0,8562
130,0	0,037 572	271,531	0,8943	0,032 612	270,820	0,8838	0,028 751	270,100	0,8745
140,0	0,038 673	278,720	0,9119	0,033 592	278,055	0,9016	0,029 639	277,381	0,8923
150,0	0,039 764	285,946	0,9292	0,034 563	285,320	0,9189	0,030 515	284,687	0,9098

408 INTRODUÇÃO ÀS CIÊNCIAS TÉRMICAS

Tabela A-2.2 Continuação

Temp., °C	1,00 MPa			1,20 MPa			1,40 MPa		
	v, m³/kg	h, kJ/kg	s, kJ/kg·K	v, m³/kg	h, kJ/kg	s, kJ/kg·K	v, m³/kg	h, kJ/kg	s, kJ/kg·K
50,0	0,018 366	210,162	0,7021	0,014 483	206,661	0,6812	0,012 579	211,457	0,6876
60,0	0,019 410	217,810	0,7254	0,015 463	214,805	0,7060	0,013 448	219,822	0,7123
70,0	0,020 397	225,319	0,7476	0,016 368	222,687	0,7293	0,014 247	227,891	0,7355
80,0	0,021 341	232,739	0,7689	0,017 221	230,398	0,7514	0,014 997	235,766	0,7575
90,0	0,022 251	240,101	0,7895	0,018 032	237,995	0,7727	0,015 710	243,512	0,7785
100,0	0,023 133	247,430	0,8094	0,018 812	245,518	0,7931	0,016 393	251,170	0,7988
110,0	0,023 993	254,743	0,8287	0,019 567	252,993	0,8129	0,017 053	258,770	0,8183
120,0	0,024 835	262,053	0,8475	0,020 301	260,441	0,8320	0,017 695	266,334	0,8373
130,0	0,025 661	269,369	0,8659	0,021 018	267,875	0,8507	0,018 321	273,877	0,8558
140,0	0,026 474	276,699	0,8839	0,021 721	275,307	0,8689	0,018 934	281,411	0,8738
150,0	0,027 275	284,047	0,9015	0,022 412	282,745	0,8867	0,019 535	288,946	0,8914
160,0	0,028 068	291,419	0,9187	0,023 093	290,195	0,9041			

Temp., °C	1,60 MPa			1,80 MPa			2,00 MPa		
	v, m³/kg	h, kJ/kg	s, kJ/kg·K	v, m³/kg	h, kJ/kg	s, kJ/kg·K	v, m³/kg	h, kJ/kg	s, kJ/kg·K
70,0	0,011 208	216,650	0,6959	0,009 406	213,049	0,6794	0,008 704	218,859	0,6909
80,0	0,011 984	225,177	0,7204	0,010 187	222,198	0,7057	0,009 406	228,056	0,7166
90,0	0,012 698	233,390	0,7433	0,010 884	230,835	0,7298	0,010 035	236,760	0,7402
100,0	0,013 366	241,397	0,7651	0,011 526	239,155	0,7524	0,010 615	245,154	0,7624
110,0	0,014 000	249,264	0,7859	0,012 126	247,264	0,7739	0,011 159	253,341	0,7835
120,0	0,014 608	257,035	0,8059	0,012 697	255,228	0,7944	0,011 676	261,384	0,8037
130,0	0,015 195	264,742	0,8253	0,013 244	263,094	0,8141	0,012 172	269,327	0,8232
140,0	0,015 765	272,406	0,8440	0,013 772	270,891	0,8332	0,012 651	277,201	0,8420
150,0	0,016 320	280,044	0,8623	0,014 284	278,642	0,8518	0,013 116	285,027	0,8603
160,0	0,016 864	287,669	0,8801	0,014 784	286,364	0,8698	0,013 570	292,822	0,8781
170,0	0,017 398	295,290	0,8975	0,015 272	294,069	0,8874	0,014 013	300,598	0,8955
180,0	0,017 923	302,914	0,9145	0,015 752	301,767	0,9046			

PROPRIEDADES TERMODINÂMICAS E TERMOFÍSICAS - SISTEMA INTERNACIONAL **409**

T	2,50 MPa			3,00 MPa			3,50 MPa		
90,0	0,006 595	219,562	0,6823						
100,0	0,007 264	229,852	0,7103	0,005 231	220,529	0,6770			
110,0	0,007 837	239,271	0,7352	0,005 886	232,068	0,7075	0,004 324	222,121	0,6750
120,0	0,008 351	248,192	0,7582	0,006 419	242,208	0,7336	0,004 959	234,875	0,7078
130,0	0,008 827	256,794	0,7798	0,006 887	251,632	0,7573	0,005 456	245,661	0,7349
140,0	0,009 273	265,180	0,8003	0,007 313	260,620	0,7793	0,005 884	255,524	0,7591
150,0	0,009 697	273,414	0,8200	0,007 709	269,319	0,8001	0,006 270	264,846	0,7814
160,0	0,010 104	281,540	0,8390	0,008 083	277,817	0,8200	0,006 626	273,817	0,8023
170,0	0,010 497	289,589	0,8574	0,008 439	286,171	0,8391	0,006 961	282,545	0,8222
180,0	0,010 879	297,583	0,8752	0,008 782	294,422	0,8575	0,007 279	291,100	0,8413
190,0	0,011 250	305,540	0,8926	0,009 114	302,597	0,8753	0,007 584	299,528	0,8597
200,0	0,011 614	313,472	0,9095	0,009 436	310,718	0,8927	0,007 878	307,864	0,8775

T	4,00 MPa		
120,0	0,003 736	224,863	0,6771
130,0	0,004 325	238,443	0,7111
140,0	0,004 781	249,703	0,7386
150,0	0,005 172	259,904	0,7630
160,0	0,005 522	269,492	0,7854
170,0	0,005 845	278,684	0,8063
180,0	0,006 147	287,602	0,8262
190,0	0,006 434	296,326	0,8453
200,0	0,006 708	304,906	0,8636
210,0	0,006 972	313,380	0,8813
220,0	0,007 228	321,774	0,8985
230,0	0,007 477	330,108	0,9152

410 INTRODUÇÃO ÀS CIÊNCIAS TÉRMICAS

Tabela A-3 Diagrama Generalizado de Compressibilidade[1]

PROPRIEDADES TERMODINÂMICAS E TERMOFÍSICAS - SISTEMA INTERNACIONAL **411**

Tabela A-4 Equações de Estado

Nome da equação	Equação	Constantes *	Comentários
van der Waals	$\left(P + \dfrac{a}{v^2}\right)(v - b) = RT$	$a = \dfrac{27}{64}\dfrac{R^2 T_{CR}^2}{P_{CR}} \qquad b = \dfrac{RT_{CR}}{8P_{CR}}$	falta precisão - interesse histórico
Redlich–Kwong	$P = \dfrac{RT}{v - b} - \dfrac{a}{T^{1/2}v(v - b)}$	$a = 0,4278\,\dfrac{R^2 T_{CR}^{2.5}}{P_{CR}}$ $b = 0,0867\,\dfrac{RT_{CR}}{P_{CR}}$	Boa para altas pressões e temperaturas próximas do ponto crítico.
Beattie–Bridgeman	$P = \dfrac{RT(1 - e)(v + B)}{v^2} - \dfrac{A}{v^2}$	$e = \dfrac{c}{vT^3}$ $A = A_0\left(1 - \dfrac{a}{v}\right)$ $B = B_0\left(1 - \dfrac{b}{v}\right)$	Altamente precisa, mas exige que 5 constantes sejam determinadas de forma experimental.
Virial	$Pv = a + bP + cP^2 + dP^3 + \cdots$	$a, b, c, \ldots$ são funções da temperatura e podem ser obtidos da termodinâmica estatística para cada subst.	Altamente precisa, mas os coeficientes a, b, c, etc dependem da temperatura

* índice CR refere-se ao estado crítico.

412 INTRODUÇÃO ÀS CIÊNCIAS TÉRMICAS

Tabela A-5 Calores Específicos a Pressão Constante para Vários Gases Ideais[1].
$$\bar{c}_p = kJ/kmol \cdot K, \; \theta = T(K)/100$$

Gás		Faixa, K	Erro Máx., %
N_2	$\bar{c}_p = 39{,}060 - 512{,}79\theta^{-1.5} + 1072{,}7\theta^{-2} - 820{,}40\theta^{-3}$	300–3500	0,43
O_2	$\bar{c}_p = 37{,}432 + 0{,}020102\theta^{1.5} - 178{,}570\theta^{-1.5} + 236{,}88\theta^{-2}$	300–3500	0,30
H_2	$\bar{c}_p = 56{,}505 - 702{,}74\theta^{-0.75} + 1165{,}0\theta^{-1} - 560{,}70\theta^{-1.5}$	300–3500	0,60
CO	$\bar{c}_p = 69{,}145 - 0{,}70463\theta^{0.75} - 200{,}77\theta^{-0.5} + 176{,}76\theta^{-0.75}$	300–3500	0,42
OH	$\bar{c}_p = 81{,}546 - 59{,}350\theta^{0.25} + 17{,}329\theta^{0.75} - 4{,}2660\theta$	300–3500	0,43
NO	$\bar{c}_p = 59{,}283 - 1{,}7096\theta^{0.5} - 70{,}613\theta^{-0.5} + 74{,}889\theta^{-1.5}$	300–3500	0,34
H_2O	$\bar{c}_p = 143{,}05 - 183{,}54\theta^{0.25} + 82{,}751\theta^{0.5} - 3{,}6989\theta$	300–3500	0,43
CO_2	$\bar{c}_p = -3{,}7357 + 30{,}529\theta^{0.5} - 4{,}1034\theta + 0{,}024198\theta^2$	300–3500	0,19
NO_2	$\bar{c}_p = 46{,}045 + 216{,}10\theta^{-0.5} - 363{,}66\theta^{-0.75} + 232{,}550\theta^{-2}$	300–3500	0,26
CH_4	$\bar{c}_p = -672{,}87 + 439{,}74\theta^{0.25} - 24{,}875\theta^{0.75} + 323{,}88\theta^{-0.5}$	300–2000	0,15
C_2H_4	$\bar{c}_p = -95{,}395 + 123{,}15\theta^{0.5} - 35{,}641\theta^{0.75} + 182{,}77\theta^{-3}$	300–2000	0,07
C_2H_6	$\bar{c}_p = 6{,}895 + 17{,}26\theta - 0{,}6402\theta^2 + 0{,}00728\theta^3$	300–1500	0,83
C_3H_8	$\bar{c}_p = -4{,}042 + 30{,}46\theta - 1{,}571\theta^2 + 0{,}03171\theta^3$	300–1500	0,40
C_4H_{10}	$\bar{c}_p = 3{,}954 + 37{,}12\theta - 1{,}833\theta^2 + 0{,}03498\theta^3$	300–1500	0,54

Extraído de T. C. Scott e R. E. Sonntag, Univ. of Michigan, não publicado (1971), exceto C_2H_6 e C_3H_{10} obtido de K. A. Kobe, *Petroleum Refiner* 28, Nº 2, 113 (1949).

Tabela A-6 Diagrama Temperatura-Entropia para a Água[2].

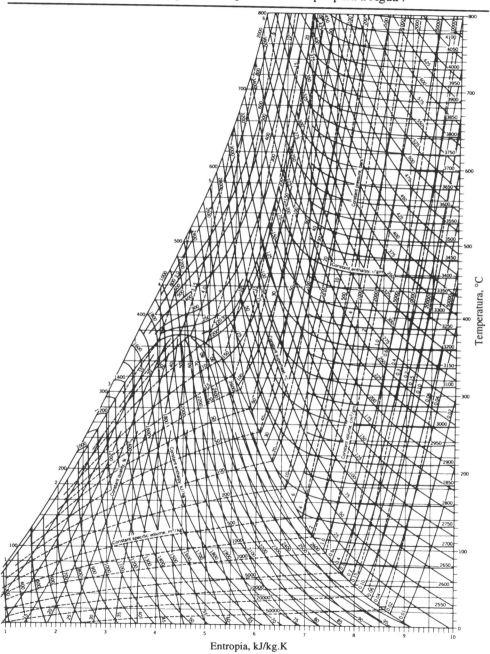

414 INTRODUÇÃO ÀS CIÊNCIAS TÉRMICAS

Tabela A-7 Propriedades de Diversos Gases Ideais.

Gás	Fórmula química	Peso Molecular	R kJ/kg·K	c_p^* kJ/kg·K	c_v kJ/kg·K	γ	Temperatura crítica, T_{CR} K	Pressão crítica, P_{CR} MPa
Ar	—	28,97	0,287 00	1,0035	0,7165	1,400	—	—
Argônio	Ar	39,948	0,208 13	0,5203	0,3122	1,667	151	4,86
Butano	C_4H_{10}	58,124	0,143 04	1,7164	1,5734	1,091	425,2	3,80
Dióxido de carbono	CO_2	44,01	0,188 92	0,8418	0,6529	1,289	304,2	7,39
Monóxido de carbono	CO	28,01	0,296 83	1,0413	0,7445	1,400	133	3,50
Etano	C_2H_6	30,07	0,276 50	1,7662	1,4897	1,186	305,5	4,88
Etileno	C_2H_4	28,054	0,296 37	1,5482	1,2518	1,237	282,4	5,12
Hélio	He	4,003	2,077 03	5,1926	3,1156	1,667	5,3	0,23
Hidrogênio	H_2	2,016	4,124 18	14,2091	10,0849	1,409	33,3	1,30
Metano	CH_4	16,04	0,518 35	2,2537	1,7354	1,299	191,1	4,64
Neônio	Ne	20,183	0,411 95	1,0299	0,6179	1,667	44,5	2,73
Nitrogênio	N_2	28,013	0,296 80	1,0416	0,7448	1,400	126,2	3,39
Octano	C_8H_{18}	114,23	0,072 79	1,7113	1,6385	1,044	—	—
Oxigênio	O_2	31,999	0,259 83	0,9216	0,6618	1,393	154,8	5,08
Propano	C_3H_8	44,097	0,188 55	1,6794	1,4909	1,126	370	4,26

*c_p, c_v e γ obtidos a 300 K.

PROPRIEDADES TERMODINÂMICAS E TERMOFÍSICAS - SISTEMA INTERNACIONAL **415**

Tabela A-8 Propriedades do Ar Seco a Pressão Atmosférica*[3].

T °C	c_p kJ/kg-°C	ρ kg/m³	$\mu \times 10^6$ kg/m-s	$\nu \times 10^6$ m²/s	$k \times 10^3$ W/m-°C	Pr
− 50	1,0064	1,5819	14,63	9,25	20,04	0,735
− 40	1,0060	1,5141	15,17	10,02	20,86	0,731
− 30	1,0058	1,4518	15,69	10,81	21,68	0,728
− 20	1,0057	1,3944	16,20	11,62	22,49	0,724
− 10	1,0056	1,3414	16,71	12,46	23,29	0,721
0	1,0057	1,2923	17,20	13,31	24,08	0,718
10	1,0058	1,2467	17,69	14,19	24,87	0,716
20	1,0061	1,2042	18,17	15,09	25,64	0,713
30	1,0064	1,1644	18,65	16,01	26,38	0,712
40	1,0068	1,1273	19,11	16,96	27,10	0,710
50	1,0074	1,0924	19,57	17,92	27,81	0,709
60	1,0080	1,0596	20,03	18,90	28,52	0,708
70	1,0087	1,0287	20,47	19,90	29,22	0,707
80	1,0095	0,9996	20,92	20,92	29,91	0,706
90	1,0103	0,9721	21,35	21,96	30,59	0,705
100	1,0113	0,9460	21,78	23,02	31,27	0,704
110	1,0123	0,9213	22,20	24,10	31,94	0,704
120	1,0134	0,8979	22,62	25,19	32,61	0,703
130	1,0146	0,8756	23,03	26,31	33,28	0,702
140	1,0159	0,8544	23,44	27,44	33,94	0,702
150	1,0172	0,8342	23,84	28,58	34,59	0,701
160	1,0186	0,8150	24,24	29,75	35,25	0,701
170	1,0201	0,7966	24,63	30,93	35,89	0,700
180	1,0217	0,7790	25,03	32,13	36,54	0,700
190	1,0233	0,7622	25,41	33,34	37,18	0,699
200	1,0250	0,7461	25,79	34,57	37,81	0,699
210	1,0268	0,7306	26,17	35,82	38,45	0,699
220	1,0286	0,7158	26,54	37,08	39,08	0,699
230	1,0305	0,7016	26,91	38,36	39,71	0,698
240	1,0324	0,6879	27,27	39,65	40,33	0,698
250	1,0344	0,6748	27,64	40,96	40,95	0,698
260	1,0365	0,6621	27,99	42,28	41,57	0,698
270	1,0386	0,6499	28,35	43,62	42,18	0,698
280	1,0407	0,6382	28,70	44,97	42,79	0,698
290	1,0429	0,6268	29,05	46,34	43,40	0,698
300	1,0452	0,6159	29,39	47,72	44,01	0,698
310	1,0475	0,6053	29,73	49,12	44,61	0,698
320	1,0499	0,5951	30,07	50,53	45,21	0,698
330	1,0523	0,5853	30,41	51,95	45,84	0,698
340	1,0544	0,5757	30,74	53,39	46,38	0,699

416 INTRODUÇÃO ÀS CIÊNCIAS TÉRMICAS

Tabela A-8 *Continuação*

T °C	c_p kJ/kg-°C	ρ kg/m³	$\mu \times 10^6$ kg/m-s	$\nu \times 10^6$ m²/s	$k \times 10^3$ W/m-°C	Pr
350	1,0568	0,5665	31,07	54,85	46,92	0,700
360	1,0591	0,5575	31,40	56,31	47,47	0,701
370	1,0615	0,5489	31,72	57,79	48,02	0,701
380	1,0639	0,5405	32,04	59,29	48,58	0,702
390	1,0662	0,5323	32,36	60,79	49,15	0,702
400	1,0686	0,5244	32,68	62,31	49,72	0,702
410	1,0710	0,5167	32,99	63,85	50,29	0,703
420	1,0734	0,5093	33,30	65,39	50,86	0,703
430	1,0758	0,5020	33,61	66,95	51,44	0,703
440	1,0782	0,4950	33,92	68,52	52,01	0,703
450	1,0806	0,4882	34,22	70,11	52,59	0,703
460	1,0830	0,4815	34,52	71,70	53,16	0,703
470	1,0854	0,4750	34,82	73,31	53,73	0,703
480	1,0878	0,4687	35,12	74,93	54,31	0,704
490	1,0902	0,4626	35,42	76,57	54,87	0,704
500	1,0926	0,4566	35,71	78,22	55,44	0,704
510	1,0949	0,4508	36,00	79,87	56,01	0,704
520	1,0973	0,4451	36,29	81,54	56,57	0,704
530	1,0996	0,4395	36,58	83,23	57,13	0,704
540	1,1020	0,4341	36,87	84,92	57,68	0,704
550	1,1043	0,4288	37,15	86,63	58,24	0,704
560	1,1066	0,4237	37,43	88,35	58,79	0,705
570	1,1088	0,4187	37,71	90,07	59,33	0,705
580	1,1111	0,4138	37,99	91,82	59,87	0,705
590	1,1133	0,4090	38,27	93,57	60,41	0,705
600	1,1155	0,4043	38,54	95,33	60,94	0,705
610	1,1177	0,3997	38,81	97,11	61,47	0,706
620	1,1198	0,3952	39,09	98,89	62,00	0,706
630	1,1219	0,3908	39,36	100,69	62,52	0,706
640	1,1240	0,3866	39,62	102,50	63,03	0,707
650	1,1260	0,3824	39,89	104,32	63,55	0,707

* ρ calculado a partir da lei dos gases ideias. c_p, μ, ν e k calculados a partir das equações recomendadas em *Thermophisical Properties of Refrigerants*, Nova Iorque, ASHRAE, 1976.

PROPRIEDADES TERMODINÂMICAS E TERMOFÍSICAS - SISTEMA INTERNACIONAL **417**

Tabela A-9 Propriedades do Água Saturada*[3].

T °C	c_p kJ/kg-°C	ρ kg/m³	$\mu \times 10^3$ kg/m-s	$\nu \times 10^6$ m²/s	k W/m-°C	$\alpha \times 10^7$ m²/s	$\beta \times 10^3$ 1/°K	Pr
0	4,218	999,8	1,791	1,792	0,5619	1,332	−0,0853	13,45
5	4,203	1000,0	1,520	1,520	0,5723	1,362	0,0052	11,16
10	4,193	999,8	1,308	1,308	0,5820	1,389	0,0821	9,42
15	4,187	999,2	1,139	1,140	0,5911	1,413	0,148	8,07
20	4,182	998,3	1,003	1,004	0,5996	1,436	0,207	6,99
25	4,180	997,1	0,8908	0,8933	0,6076	1,458	0,259	6,13
30	4,180	995,7	0,7978	0,8012	0,6150	1,478	0,306	5,42
35	4,179	994,1	0,7196	0,7238	0,6221	1,497	0,349	4,83
40	4,179	992,3	0,6531	0,6582	0,6286	1,516	0,389	4,34
45	4,182	990,2	0,5962	0,6021	0,6347	1,533	0,427	3,93
50	4,182	998,0	0,5471	0,5537	0,6405	1,550	0,462	3,57
55	4,184	985,7	0,5043	0,5116	0,6458	1,566	0,496	3,27
60	4,186	983,1	0,4668	0,4748	0,6507	1,581	0,529	3,00
65	4,187	980,5	0,4338	0,4424	0,6553	1,596	0,560	2,77
70	4,191	977,7	0,4044	0,4137	0,6594	1,609	0,590	2,57
75	4,191	974,7	0,3783	0,3881	0,6633	1,624	0,619	2,39
80	4,195	971,6	0,3550	0,3653	0,6668	1,636	0,647	2,23
85	4,201	968,4	0,3339	0,3448	0,6699	1,647	0,675	2,09
90	4,203	965,1	0,3150	0,3264	0,6727	1,659	0,702	1,97
95	4,210	961,7	0,2978	0,3097	0,6753	1,668	0,728	1,86
100	4,215	958,1	0,2822	0,2945	0,6775	1,677	0,755	1,76
120	4,246	942,8	0,2321	0,2461	0,6833	1,707	0,859	1,44
140	4,282	925,9	0,1961	0,2118	0,6845	1,727	0,966	1,23
160	4,339	907,3	0,1695	0,1869	0,6815	1,731	1,084	1,08
180	4,411	886,9	0,1494	0,1684	0,6745	1,724	1,216	0,98
200	4,498	864,7	0,1336	0,1545	0,6634	1,706	1,372	0,91
220	4,608	840,4	0,1210	0,1439	0,6483	1,674	1,563	0,86
240	4,770	813,6	0,1105	0,1358	0,6292	1,622	1,806	0,84
260	4,991	783,9	0,1015	0,1295	0,6059	1,549	2,130	0,84
280	5,294	750,5	0,0934	0,1245	0,5780	1,455	2,589	0,86
300	5,758	712,2	0,0858	0,1205	0,5450	1,329	3,293	0,91
320	6,566	666,9	0,0783	0,1174	0,5063	1,156	4,511	1,02
340	8,234	610,2	0,0702	0,1151	0,4611	0,918	7,170	1,25
360	16,138	526,2	0,0600	0,1139	0,4115	0,485	21,28	2,35

* ρ , c_p, μ, β calculados a partir das equações recomendadas em *ASME Steam Tables*, 3ª ed., Nova Iorque, Am. Soc. Mech. Engrs., 1977. k calculado a partir da equação recomendada por J. Kestin, "Thermal Conductivity of Water and Steam," *Mech. Eng.*, Agosto 1978, p. 47.

418 INTRODUÇÃO ÀS CIÊNCIAS TÉRMICAS

Tabela A-10 Propriedades Termofísicas do Óleo[4].

T K	ρ kg/m³	c_p kJ/kg·°C	$\mu \times 10^2$ N·s/m²	$\nu \times 10^6$ m²/s	$k \times 10^3$ W/m·°C	$\alpha \times 10^7$ m²/s	Pr	$\beta \times 10^3$ K⁻¹
Óleo de motor (sem uso)								
273	899,1	1,796	385	4 280	147	0,910	47.000	0,70
280	895,3	1,827	217	2 430	144	0,880	27 500	0,70
290	890,0	1,868	99,9	1 120	145	0,872	12.900	0,70
300	884,1	1,909	48,6	550	145	0,859	6 400	0,70
310	877,9	1,951	25,3	288	145	0,847	3 400	0,70
320	871,8	1,993	14,1	161	143	0,823	1 965	0,70
330	865,8	2,035	8,36	96,6	141	0,800	1 205	0,70
340	859,9	2,076	5,31	61,7	139	0,779	793	0,70
350	853,9	2,118	3,56	41,7	138	0,763	546	0,70
360	847,8	2,161	2,52	29,7	138	0,753	395	0,70
370	841,8	2,206	1,86	22,0	137	0,738	300	0,70
380	836,0	2,250	1,41	16,9	136	0,723	233	0,70
390	830,6	2,294	1,10	13,3	135	0,709	187	0,70
400	825,1	2,337	0,874	10,6	134	0,695	152	0,70
410	818,9	2,381	0,698	8,52	133	0,682	125	0,70
420	812,1	2,427	0,564	6,94	133	0,675	103	0,70
430	806,5	2,471	0,470	5,83	132	0,662	88	0,70

PROPRIEDADES TERMODINÂMICAS E TERMOFÍSICAS - SISTEMA INTERNACIONAL **419**

Tabela A-11 Propriedades Termofísicas de Vários Líquidos Comuns[5].

Líquido	Densidade relativa a da água
Benzeno	0,879
Tetracloreto de carbono	1,595
Óleo de mamona	0,969
Gasolina	0,72
Glicerina	1,26
Heptano	0,684
Querosene	0,82
Óleo lubrificante	0,88
Mercúrio	13,55
Octano	0,702
Água do mar	1,025
Água doce	1,000

Tabela A-12 Viscosidade Dinâmica de Vários Fluidos Comuns como Função da Temperatura[5]

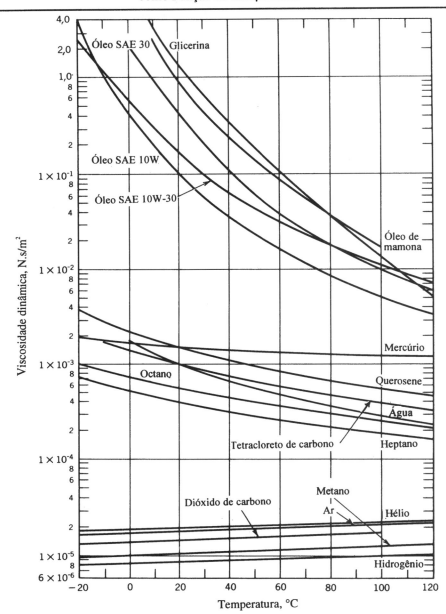

Tabela A-13 Viscosidade Cinemática de Vários Fluidos Comuns (a pressão atmosférica) como Função da Temperatura[5]

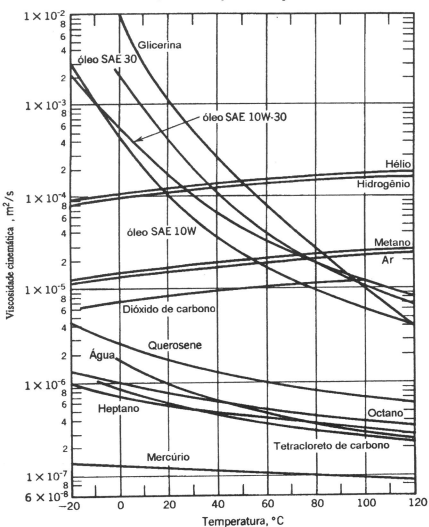

Tabela A-14 Propriedades Termofísicas de Materias Sólidos[4]

Composto	Ponto de fusão, K	Propriedades a 300 K				Propriedades a várias temperaturas, K							
		ρ, kg/m³	c_p, J/kg·°C	k, W/m·°C	$\alpha \times 10^6$, m²/s	k, W/m·°C				c_p, J/kg·°C			
						100	200	400	600	100	200	400	600
Alumínio													
Puro	933	2 702	903	237	97,1	302	237	240	231	482	796	949	1 033
Liga 2024-T6 (4,5% Cu, 1,5% Mg, 0,6% Mn)	775	2.770	875	177	73,0	65	163	186	186	473	787	925	1 042
Liga 195, fundido (4,5% Cu)	—	2 790	883	168	68,2	—	—	174	185	—	—	—	—
Cromo	2 118	7 160	449	93.7	29,1	159	111	90,9	80,7	192	384	484	542
Cobre													
Puro	1 358	8 933	385	401	117	482	413	393	379	252	356	397	417
Bronze comercial (90% Cu, 10% Al)	1 293	8 800	420	52	14	—	42	52	59	—	785	460	545
Bronze fosforoso (89% Cu, 11% Sn)	1 104	8 780	355	54	17	—	41	65	74	—	—	—	—
Latão comercial (70% Cu, 30% Zn)	1 188	8 530	380	110	33,9	75	95	137	149	—	360	395	425
Constantan (55% Cu, 45 Ni)	1 493	8 920	384	23	6,71	17	19	—	—	237	362	—	—
Ferro													
Puro	1 810	7 870	447	80,2	23,1	134	94,0	69,5	54,7	216	384	490	574
Armco (99,75% puro)	—	7 870	447	72,7	20,7	95,6	80,6	65,7	53,1	215	384	490	574

PROPRIEDADES TERMODINÂMICAS E TERMOFÍSICAS - SISTEMA INTERNACIONAL 423

Material												
Aços carbonos												
Carbono (Mn ≤ 1%, Si ≤ 0,1%)	—	7 854	434	60,5	17,7	—	—	56,7	48,0	—	—	487	559
AISI 1010	—	7 832	434	63,9	18,8	—	—	58,7	48,8	—	—	487	559
Carbono - silício (Mn ≤ 1%, 0,1% < Si ≤ 0,6%)	—	7 817	446	51,9	14,9	—	—	49,8	44,0	—	—	501	582
Carbono - manganês - silício (1% < Mn ≤ 1,65%, 0,1% < Si ≤ 0,6%)	—	8 131	434	41,0	11,6	—	—	42,2	39,7	—	—	487	559
Aços - cromo												
½ Cr - ¼ Mo - Si (0,8% C, 0,65% Cr), (0,23% Mo, 0,6% Si)	—	7 822	444	37,7	10,9	—	—	38,2	36,7	—	—	492	575

424 INTRODUÇÃO ÀS CIÊNCIAS TÉRMICAS

Tabela A-14 Continuação

Composto	Ponto de fusão, K	Propriedades a 300 K				Propriedades a várias temperaturas, K							
		ρ, kg/m³	c_p, J/kg·°C	k, W/m·°C	$\alpha \times 10^6$ m²/s	k, W/m·°C 100	200	400	600	c_p, J/kg·°C 100	200	400	600
1 Cr - ½ Mo (0,16% C, 1% Cr, 0,54% Mo, 0,39% Si)	—	7 858	442	42,3	12,2	—	—	42,0	39,1	—	—	492	575
1 Cr - V (0,2% C, 1,02% Cr, 0,15 V)	—	7 836	443	48,9	14,1	—	—	46,8	42,1	—	—	492	575
Aços inoxidáveis													
AISI 302	—	8 055	480	15,1	3,91	—	—	17,3	20,0	—	—	512	559
AISI 304	1 670	7 900	477	14,9	3,95	9,2	12,6	16,6	19,8	272	402	515	557
AISI 316	—	8 238	468	13,4	3,48	—	—	15,2	18,3	—	—	504	550
AISI 347	—	7 978	480	14,2	3,71	—	—	15,8	18,9	—	—	513	559
Chumbo	601	11 340	129	35,3	24,1	39,7	36,7	34,0	31,4	118	125	132	142
Magnésio	923	1 740	1 024	156	87,6	169	159	153	149	649	934	1 074	1 170
Molibdénio	2 894	10 240	251	138	53,7	179	143	134	126	141	224	261	275
Níquel													
Puro	1 728	8 900	444	90,7	23,0	164	107	80,2	65,6	232	383	485	592
Nicromo (80% Ni, 20 % Cr)	1 672	8 400	420	12	3,4	—	—	14	16	—	—	480	525
Inconel X-750 (73% Ni, 15% Cr, 6,7% Fe)	1 665	8 510	439	11,7	3,1	8,7	10,3	13,5	17.0	—	372	473	510
Platina													
Pura	2045	21450	133	71,6	25,1	77,5	72,6	71,8	73,2	100	125	136	141
Liga 60 Pt - 40 Rh (60% Pt, 40% Rh)	1800	16630	162	47	17,4	—	—	52	59	—	—	—	—
Silício	1685	2330	712	148	89,2	884	264	98,9	61,9	259	556	790	867
Prata	1235	10500	235	429	174	444	430	425	412	187	225	239	250
Estanho	505	7310	227	66,6	40,1	85,2	73,3	62,2	—	188	215	243	—
Titânio	1953	4500	522	21,9	9,32	30,5	24,5	20,4	19,4	300	465	551	591
Tungstênio	3660	19300	132	174	68,3	208	186	159	137	87	122	137	142
Urânio	1406	19070	116	27,6	12,5	21,7	25,1	29,6	34,0	94	108	125	146
Zinco	693	7140	389	116	41,8	117	118	111	103	297	367	402	436

PROPRIEDADES TERMODINÂMICAS E TERMOFÍSICAS - SISTEMA INTERNACIONAL **425**

Tabela A-15 Propriedades Termofísicas de Materias Não-Metálicos

Tabela A-15.1 Propriedades Termofísicas de Materias Comuns

Descrição/composição	Temperatura K	Densidade ρ, kg/m³	Condutibilidade térmica k, W/m·°C	Calor específico c_p, J/kg·°C
Asfalto	300	2115	0,062	920
Baquelite	300	1300	1,4	1465
Tijolo, refratário				
Carborundum	872	—	18,5	—
	1672	—	11,0	—
Cromo	473	3010	2,3	835
	823	—	2,5	—
	1173	—	2,0	—
Sílica	478	—	0,25	—
	1145	—	0,30	—
Argila queimada 1600 K	773	2050	1,0	960
	1073	—	1,1	—
	1373	—	1,1	—
Argila queimada 1725 K	773	2325	1,3	960
	1073	—	1,4	—
	1373	—	1,4	—
Argila queimada - comum	478	2645	1,0	960
	922	—	1,5	—
	1478	—	1,8	—
Magnésio	478	—	3,8	1130
	922	—	2,8	—
	1478	—	1,9	—
Argila	300	1460	1,3	880
Carvão, antracito	300	1350	0,26	1260
Concreto	300	2300	1,4	880
Algodão	300	80	0,06	1300
Alimentos				
Banana (75,7% conteúdo de água)	300	980	0,481	3350
Maçã, vermelha (75% conteúdo de água)	300	840	0,513	3600
Bolo, mistura	300	720	0,223	—
Bolo, completamente cozido	300	280	0,121	—
Frango, branco (74,4% conteúdo de água)	233	—	1,49	—
	273	—	0,476	—
	293	—	0,489	—
Vidro				
Placa	300	2500	1,4	750
Pyrex	300	2225	1,4	835
Gelo	273	920	0,188	2040
	253	—	0,203	1945
Couro	300	998	0,013	—
Papel	300	930	0,011	1340
Parafina	300	900	0,020	2890
Rocha				
Granito	300	2630	2,79	775
Calcário	300	2320	2,15	810

426 INTRODUÇÃO ÀS CIÊNCIAS TÉRMICAS

Tabela A-15.1 Continuação

Descrição/composição	Temperatura, K	Densidade ρ, kg/m³	Condutibilidade térmica k, W/m·°C	Calor específico c_p, J/Kg·°C
Mármore	300	2680	2,80	830
Quartzito	300	2640	5,38	1105
Arenito	300	2150	2,90	745
Borracha, vulcanizada				
Macia	300	1100	0,012	2010
Dura	300	1190	0,013	—
Areia	300	1515	0,027	800
Solo	300	2050	0,52	1840
Neve	273	110	0,049	—
	273	500	0,190	—
Teflon	300	2200	0,35	—
	400	—	0,45	—
Tecido, humano				
Pele	300	—	0,37	—
Camada gordurosa (adiposa)	300	—	0,2	—
Músculo	300	—	0,41	—
Madeira, perpendicular à fibra				
Balsa	300	140	0,055	—
Cipreste	300	465	0,097	—
Abeto	300	415	0,11	2720
Carvalho	300	545	0,17	2385
Pinho, amarelo	300	640	0,15	2805
Pinho, branco	300	435	0,11	—
Madeira, radial				
Carvalho	300	545	0,19	2385
Abeto	300	420	0,14	2720

PROPRIEDADES TERMODINÂMICAS E TERMOFÍSICAS - SISTEMA INTERNACIONAL **427**

Tabela A-15.2 Propriedades Termofísicas de Materias Estruturais de Construção[4]

Descrição/composição	Propriedades típicas a 300 K		
	Densidade ρ, kg/m³	condutibilidade térmica k, W/m·°C	Calor específico c_p, J/kg·°C
Placas de construção			
Asbesto	1920	0,58	—
Gesso	800	0,17	—
Madeira compensada	545	0,12	1215
Revestimento, densidade normal	290	0,055	1300
Absorvedor acústico	290	0,058	1340
Placa de madeira	640	0,094	1170
Placa de madeira, alta densidade	1010	0,15	1380
Aglomerado, baixa densidade	590	0,078	1300
Aglomerado, alta densidade	1000	0,170	1300
Madeiras			
Dura (carvalho, bôrdo)	720	0,16	1255
Mole (abeto, pinho)	510	0,12	1380
Alvenaria			
Argamassa	1860	0,72	780
Tijolo, comum	1920	0,72	835
Tijolo, acabamento	2083	1,3	—
Tijolo de argila furado			
uma célula, 10 cm espessura	—	0,52	—
três células, 30 cm espessura	—	0,69	—
Bloco de concreto, três furos ovais			
areia/pedrisco, 20 cm espessura	—	1,0	—
Agregado de cinzas, 20 cm espessura	—	0,67	—
Bloco de concreto, furo retangular			
Dois furos, 20 cm espessura, 16 kg	—	1,1	—
Mesmo com os furos preenchidos	—	0,60	—
Placas de revestimento			
Placa de cimento, agregado de areia	1860	0,72	—
Placa de gesso, agregado de areia	1860	0,22	1085
Placa de gesso, agregado de vermiculite	720	0,25	—

428 INTRODUÇÃO ÀS CIÊNCIAS TÉRMICAS

Tabela A-15.3 Propriedades Termofísicas de Materias de Isolamento Térmico de Construção[4]

Descrição/composição	Propriedades típicas a 300 K		
	Densidade ρ, kg/m³	Condutividade térmica k, W/m·°C	Calor específico c_p, J/kg·°C
Manta			
Fibra de vidro, superfície acabada	16	0,046	—
	28	0,038	—
	40	0,035	—
Fibra de vidro, recoberta, para dutos	32	0,038	835
Placa e cilíndro			
Vidro em forma de células	145	0,058	1000
Fibra de vidro, cola orgânica	105	0,036	795
Polistirene, expandido			
Extrudado (R-12)	55	0,027	1210
Bolinhas moldadas	16	0,040	1210
Placas de fibras minerais, teto	265	0,049	—
Madeira, picotada/colada	350	0,087	1590
Cortiça	120	0,039	1800
Material de preenchimento			
Cortiça, granulada	160	0,045	—
Sílica, pó grosso	350	0,069	—
	400	0,091	—
Sílica, pó fino	200	0,052	—
	275	0,061	—
Fibra de vidro, derretida ou soprada	16	0,043	835
Vermiculite, flocos	80	0,068	835
	160	0,063	1000
Formado/Moldado no lugar			
Granulados de madeira mineral com asbesto/ aglomerantes inorgânicos, pulverizado	190	0,046	—
Massa de cortiça de polivinil acetato, pulverizado ou aplicado	—	0,100	—
Uretano, mistura de duas partes, espuma rígida	70	0,026	1045
Reflectivo			
Folha de alumínio separando separando vidro 10-12 camadas, evacuado para aplicação criogênica (150 °C)	40	0,00016	—
Folha de alumínio vidro laminado, 75-150 camadas, evacuado para aplicação criogênica (150 °C)	120	0,000017	—
Pó de sílica tipico, evacuado	160	0,0017	—

Descrição/composição	Temp. máxima oper., K	Densidade típica, ρ kg/m³	Condutibilidade térmica típica, k (W/m °C) para várias temperaturas (K)													
			200	215	230	240	255	270	285	300	310	365	420	530	645	750
Mantas																
Manta, fibra mineral, reforço	920	96–192									0,038	0,046	0,056	0,078		
metálico	815	40–96									0,035	0,045	0,058	0,088		
Manta, fibra mineral, vidro, fibra fina, aglomerante orgânico	450	10				0,036	0,038	0,040	0,043	0,048	0,052	0,076				
		12				0,035	0,036	0,039	0,042	0,046	0,049	0,069				
		16				0,033	0,035	0,036	0,039	0,042	0,046	0,062				
		24				0,030	0,032	0,033	0,036	0,039	0,040	0,053				
		32				0,029	0,030	0,032	0,033	0,036	0,038	0,048				
		48				0,027	0,029	0,030	0,032	0,033	0,035	0,045				
Manta, fibra alumina-sílica	1530	48												0,071	0,105	0,150
		64												0,059	0,087	0,125
		96												0,052	0,076	0,100
		128												0,049	0,068	0,091
Feltro, semirígido cola orgânica	480	50–125						0,035	0,036	0,038	0,039	0,051	0,063			
	730	50	0,023	0,025	0,026	0,027	0,029	0,030	0,032	0,033	0,035	0,051	0,079			
Feltro, laminado, sem aglomerante	920	120												0,051	0,065	0,087

Tabela A-15.4 *Continuação*

Descrição/composição	Temp. máxima oper., °C	Densidade típica, ρ kg/m³	Condutibilidade térmica típica, k (W/m °C) para várias temperaturas (K)													
			200	215	230	240	255	270	285	300	310	365	420	530	645	750
Blocos, placas e isolantes de tubos																
Folha de asbesto, laminado e corrugado																
quatro camadas	420	190								0,078	0,082	0,098				
seis camadas	420	255								0,071	0,074	0,085				
oito camadas	420	300								0,068	0,071	0,082				
Magnésia, 85%	590	185									0,051	0,055	0,061			
Silicato de cálcio	920	190									0,055	0,059	0,063	0,075	0,089	0,104
Vidro celular	700	145			0,046	0,048	0,051	0,052	0,055	0,058	0,062	0,069	0,079			
Sílica diatômica	1145	345												0,092	0,098	0,104
	1310	385												0,101	0,100	0,115
Polistirene rígido																
Extrudado (R-12)	350	56	0,023	0,023	0,023	0,023	0,023	0,025	0,026	0,027	0,029					
Extrudado (R-12)	350	35	0,023	0,023	0,025	0,025	0,025	0,026	0,027	0,029						
Bolinhas moldadas	350	16	0,026	0,029	0,030	0,033	0,035	0,036	0,038	0,040						
Borracha, rígida	340	70							0,029	0,030	0,032	0,033				
Preenchimento, solto																
Celulose, madeira ou polpa de papel		45								0,038	0,039	0,042				
Perlita, expandida		105	0,036	0,039	0,042	0,043	0,046	0,049	0,051	0,053	0,056					
Vermiculite, expandida		122		0,056	0,058	0,061	0,063	0,065	0,068	0,071						
		80		0,049	0,051	0,055	0,058	0,061	0,063	0,066						

Apêndice B

B. Propriedades Termodinâmicas e Termofísicas das Substâncias – Sistema Inglês de Unidades

B-1   Propriedades da Água[2]
        B-1.1 Saturação Líquido-Vapor: Tabela de Temperatura
        B-1.2 Saturação Líquido-Vapor: Tabela de Pressão
        B-1.3 Vapor Superaquecido
B-2   Propriedades Termofísicas do Ar[3]
B-3   Propriedades Termofísicas da Água Saturada[3]
B-4   Propriedades Termofísicas de Materiais Sólidos Metálicos[4]
B-5   Propriedades Termofísicas de Materiais Não-Metálicos

Bibliografia

1. Van Wylen, G. J. e Sonntag, R. E., *Fundamentals of Classical Thermodynamics,* 3ª ed., versão inglês/SI, Wiley, Nova Iorque, 1986.
2. Keenan, J. H., Keyes, F. G., Hill, P. G. e Moore, J. G., *Steam Tables*, Wiley, Nova Iorque, 1969.
3. Chapman, A. J., *Heat Transfer,* 4ª ed., Macmillan, Nova Iorque, 1984.
4. Incropera, F. P. e DeWitt, D. P., *Fundamentals of Heat and Mass Transfer*, 3ª ed., Wiley, Nova Iorque, 1990.
5. Fox, R. W. e McDonald, A. T., *Introduction to Fluid Dynamics*, 3ª ed., Wiley, Nova Iorque, 1985.

(nota do tradutor - os livros das referências 1, 4 e 5 estão disponíveis em português)

432 INTRODUÇÃO ÀS CIÊNCIAS TÉRMICAS

Tabela B–1 Propriedades da Água¹ – Sistema Inglês

Tabela B–1.1 Saturação Líquido – Vapor: Tabela de Temperatura – Sistema Inglês

Temp. °F T	Pressão lbf/sq. in. P	Volume específico ft³/lbm		Energia Interna Btu/lbm			Entalpia Btu/lbm			Entropia Btu/lbm R		
		Líquido Saturado v_l	Vapor Saturado v_v	Líquido Saturado u_l	Evap. u_{lv}	Vapor Saturado u_v	Líquido Saturado h_l	Evap. h_{lv}	Vapor Saturado h_v	Líquido Saturado s_l	Evap. s_{lv}	Vapor Saturado s_v
32,018	0,088 66	0,016 022	3302	0,00	1021,2	1021,2	0,01	1075,4	1075,4	0,000 00	2,1869	2,1869
35	0,099 92	0,016 021	2948	2,99	1019,2	1022,2	3,00	1073,7	1076,7	0,006 07	2,1704	2,1764
40	0,121 66	0,016 020	2445	8,02	1015,8	1023,9	8,02	1070,9	1078,9	0,016 17	2,1430	2,1592
45	0,147 48	0,016 021	2037	13,04	1012,5	1025,5	13,04	1068,1	1081,1	0,026 18	2,1162	2,1423
50	0,178 03	0,016 024	1704,2	18,06	1009,1	1027,2	18,06	1065,2	1083,3	0,036 07	2,0899	2,1259
60	0,2563	0,016 035	1206,9	28,08	1002,4	1030,4	28,08	1059,6	1087,7	0,055 55	2,0388	2,0943
70	0,3632	0,016 051	867,7	38,09	995,6	1033,7	38,09	1054,0	1092,0	0,074 63	1,9896	2,0642
80	0,5073	0,016 073	632,8	48,08	988,9	1037,0	48,09	1048,3	1096,4	0,093 32	1,9423	2,0356
90	0,6988	0,016 099	467,7	58,07	982,2	1040,2	58,07	1042,7	1100,7	0,111 65	1,8966	2,0083
100	0,9503	0,016 130	350,0	68,04	975,4	1043,5	68,05	1037,0	1105,0	0,129 63	1,8526	1,9822
110	1,2763	0,016 166	265,1	78,02	968,7	1046,7	78,02	1031,3	1109,3	0,147 30	1,8101	1,9574
120	1,6945	0,016 205	203,0	87,99	961,9	1049,9	88,00	1025,5	1113,5	0,164 65	1,7690	1,9336
130	2,225	0,016 247	157,17	97,97	955,1	1053,0	97,98	1019,8	1117,8	0,181 72	1,7292	1,9109
140	2,892	0,016 293	122,88	107,95	948,2	1056,2	107,96	1014,0	1121,9	0,198 51	1,6907	1,8892
150	3,722	0,016 343	96,99	117,95	941,3	1059,3	117,96	1008,1	1126,1	0,215 03	1,6533	1,8684
160	4,745	0,016 395	77,23	127,94	934,4	1062,3	127,96	1002,2	1130,1	0,231 30	1,6171	1,8484
170	5,996	0,016 450	62,02	137,95	927,4	1065,4	137,97	996,2	1134,2	0,247 32	1,5819	1,8293
180	7,515	0,016 509	50,20	147,97	920,4	1068,3	147,99	990,2	1138,2	0,263 11	1,5478	1,8109

190	9,343	0,016 570	40,95	158,00	913,3	1071,3	158,03	984,1	1142,1	0,278 66	1,5146	1,7932
200	11,529	0,016 634	33,63	168,04	906,2	1074,2	168,07	977,9	1145,9	0,294 00	1,4822	1,7762
210	14,125	0,016 702	27,82	178,10	898,9	1077,0	178,14	971,6	1149,7	0,309 13	1,4508	1,7599
212	14,698	0,016 716	26,80	180,11	897,5	1077,6	180,16	970,3	1150,5	0,312 13	1,4446	1,7567
220	17,188	0,016 772	23,15	188,17	891,7	1079,8	188,22	965,3	1153,5	0,324 06	1,4201	1,7441
230	20,78	0,016 845	19,386	198,26	884,3	1082,6	198,32	958,8	1157,1	0,338 80	1,3901	1,7289
240	24,97	0,016 922	16,327	208,36	876,9	1085,3	208,44	952,3	1160,7	0,353 35	1,3609	1,7143
250	29,82	0,017 001	13,826	218,49	869,4	1087,9	218,59	945,6	1164,2	0,367 72	1,3324	1,7001
260	35,42	0,017 084	11,768	228,64	861,8	1090,5	228,76	938,8	1167,6	0,381 93	1,3044	1,6864
270	41,85	0,017 170	10,066	238,82	854,1	1093,0	238,95	932,0	1170,9	0,395 97	1,2771	1,6731
280	49,18	0,017 259	8,650	249,02	846,3	1095,4	249,18	924,9	1174,1	0,409 86	1,2504	1,6602
290	57,53	0,017 352	7,467	259,25	838,5	1097,7	259,44	917,8	1177,2	0,423 60	1,2241	1,6477
300	66,98	0,017 448	6,472	269,52	830,5	1100,0	269,73	910,4	1180,2	0,437 20	1,1984	1,6356
310	77,64	0,017 548	5,632	279,81	822,3	1102,1	280,06	903,0	1183,0	0,450 67	1,1731	1,6238
320	89,60	0,017 652	4,919	290,14	814,1	1104,2	290,43	895,3	1185,8	0,464 00	1,1483	1,6123
330	103,00	0,017 760	4,312	300,51	805,7	1106,2	300,84	887,5	1188,4	0,477 22	1,1238	1,6010
340	117,93	0,017 872	3,792	310,91	797,1	1108,0	311,30	879,5	1190,8	0,490 31	1,0997	1,5901
350	134,53	0,017 988	3,346	321,35	788,4	1109,8	321,80	871,3	1193,1	0,503 29	1,0760	1,5793
360	152,92	0,018 108	2,961	331,84	779,6	1111,4	332,35	862,9	1195,2	0,516 17	1,0526	1,5688
370	173,23	0,018 233	2,628	342,37	770,6	1112,9	342,96	854,2	1197,2	0,528 94	1,0295	1,5585
380	195,60	0,018 363	2,339	352,95	761,4	1114,3	353,62	845,4	1199,0	0,541 63	1,0067	1,5483
390	220,2	0,018 498	2,087	363,58	752,0	1115,6	364,34	836,2	1200,6	0,554 22	0,9841	1,5383
400	247,1	0,018 638	1,8661	374,27	742,4	1116,6	375,12	826,8	1202,0	0,566 72	0,9617	1,5284
410	276,5	0,018 784	1,6726	385,01	732,6	1117,6	385,97	817,2	1203,1	0,579 16	0,9395	1,5187

[1] Joseph H. Keenan, Frederick G. Keyes, Philip G. Hill e Joan G. Moore, Steam Tables, Wiley, Nova Iorque, 1969.

434 INTRODUÇÃO ÀS CIÊNCIAS TÉRMICAS

Tabela B-1.1 *Continuação*

Temp. °F T	Pressão lbf/sq. in. P	Volume específico ft³/lbm		Energia Interna Btu/lbm			Entalpia Btu/lbm			Entropia Btu/lbm R		
		Líquido Saturado v_l	Vapor Saturado v_v	Líquido Saturado u_l	Evap. u_{lv}	Vapor Saturado u_v	Líquido Saturado h_l	Evap. h_{lv}	Vapor Saturado h_v	Líquido Saturado s_l	Evap. s_{lv}	Vapor Saturado s_v
420	308,5	0,018 936	1,5024	395,81	722,5	1118,3	396,89	807,2	1204,1	0,591 52	0,9175	1,5091
430	343,3	0,019 094	1,3521	406,68	712,2	1118,9	407,89	796,9	1204,8	0,603 81	0,8957	1,4995
440	381,2	0,019 260	1,2192	417,62	701,7	1119,3	418,98	786,3	1205,3	0,616 05	0,8740	1,4900
450	422,1	0,019 433	1,1011	428,6	690,9	1119,5	430,2	775,4	1205,6	0,6282	0,8523	1,4806
460	466,3	0,019 614	0,9961	439,7	679,8	1119,6	441,4	764,1	1205,5	0,6404	0,8308	1,4712
470	514,1	0,019 803	0,9025	450,9	668,4	1119,4	452,8	752,4	1205,2	0,6525	0,8093	1,4618
480	565,5	0,020 002	0,8187	462,2	656,7	1118,9	464,3	740,3	1204,6	0,6646	0,7878	1,4524
490	620,7	0,020 211	0,7436	473,6	644,7	1118,3	475,9	727,8	1203,7	0,6767	0,7663	1,4430
500	680,0	0,020 43	0,6761	485,1	632,3	1117,4	487,7	714,8	1202,5	0,6888	0,7448	1,4335
520	811,4	0,020 91	0,5605	508,5	606,2	1114,8	511,7	687,3	1198,9	0,7130	0,7015	1,4145
540	961,5	0,021 45	0,4658	532,6	578,4	1111,0	536,4	657,5	1193,8	0,7374	0,6576	1,3950
560	1131,8	0,022 07	0,3877	557,4	548,4	1105,8	562,0	625,0	1187,0	0,7620	0,6129	1,3749
580	1324,3	0,022 78	0,3225	583,1	515,9	1098,9	588,6	589,3	1178,0	0,7872	0,5668	1,3540
600	1541,0	0,023 63	0,2677	609,9	480,1	1090,0	616,7	549,7	1166,4	0,8130	0,5187	1,3317
620	1784,4	0,024 65	0,2209	638,3	440,2	1078,5	646,4	505,0	1151,4	0,8398	0,4677	1,3075
640	2057,1	0,025 93	0,1805	668,7	394,5	1063,2	678,6	453,4	1131,9	0,8681	0,4122	1,2803
660	2362	0,027 67	0,144 59	702,3	340,0	1042,3	714,4	391,1	1105,5	0,8990	0,3493	1,2483
680	2705	0,030 32	0,111 27	741,7	269,3	1011,0	756,9	309,8	1066,7	0,9350	0,2718	1,2068
700	3090	0,036 66	0,074 38	801,7	145,9	947,7	822,7	167,5	990,2	0,9902	0,1444	1,1346
705,44	3204	0,050 53	0,050 53	872,6	0	872,6	902,5	0	902,5	1,0580	0	1,0580

Tabela B-1.2 Saturação Líquido-Vapor. Tabela de Pressão – Sistema Inglês

Pressão lb/sq. in. P	Temp. °F T	Volume específico ft³/lbm Líquido Saturado v_l	Vapor Saturado v_v	Energia Interna Btu/lbm Líquido Saturado u_l	Evap. u_{lv}	Vapor Saturado u_v	Entalpia Btu/lbm Líquido Saturado h_l	Evap. h_{lv}	Vapor Saturado h_v	Entropia Btu/lbm R Líquido Saturado s_l	Evap. s_{lv}	Vapor Saturado s_v
1,0	101,70	0,016 136	333,6	69,74	974,3	1044,0	69,74	1036,0	1105,8	0,132 66	1,8453	1,9779
2,0	126,04	0,016 230	173,75	94,02	957,8	1051,8	94,02	1022,1	1116,1	0,174 99	1,7448	1,9198
3,0	141,43	0,016 300	118,72	109,38	947,2	1056,6	109,39	1013,1	1122,5	0,200 89	1,6852	1,8861
4,0	152,93	0,016 358	90,64	120,88	939,3	1060,2	120,89	1006,4	1127,3	0,219 83	1,6426	1,8624
5,0	162,21	0,016 407	73,53	130,15	932,9	1063,0	130,17	1000,9	1131,0	0,234 86	1,6093	1,8441
6,0	170,03	0,016 451	61,98	137,98	927,4	1065,4	138,00	996,2	1134,2	0,247 36	1,5819	1,8292
8,0	182,84	0,016 526	47,35	150,81	918,4	1069,2	150,84	988,4	1139,3	0,267 54	1,5383	1,8058
10	193,19	0,016 590	38,42	161,20	911,0	1072,2	161,23	982,1	1143,3	0,283 58	1,5041	1,7877
14,696	211,99	0,016 715	26,80	180,10	897,5	1077,6	180,15	970,4	1150,5	0,312 12	1,4446	1,7567
15	213,03	0,016 723	26,29	181,14	896,8	1077,9	181,19	969,7	1150,9	0,313 67	1,4414	1,7551
20	227,96	0,016 830	20,09	196,19	885,8	1082,0	196,26	960,1	1156,4	0,335 80	1,3962	1,7320
25	240,08	0,016 922	16,306	208,44	876,9	1085,3	208,52	952,2	1160,7	0,353 45	1,3607	1,7142
30	250,34	0,017 004	13,748	218,84	869,2	1088,0	218,93	945,4	1164,3	0,368 21	1,3314	1,6996
35	259,30	0,017 073	11,900	227,93	862,4	1090,3	228,04	939,3	1167,4	0,380 93	1,3064	1,6873
40	267,26	0,017 146	10,501	236,03	856,2	1092,3	236,16	933,8	1170,0	0,392 14	1,2845	1,6767
45	274,46	0,017 209	9,403	243,37	850,7	1094,0	243,51	928,8	1172,3	0,402 18	1,2651	1,6673
50	281,03	0,017 269	8,518	250,08	845,5	1095,6	250,24	924,2	1174,4	0,411 29	1,2476	1,6589
55	287,10	0,017 325	7,789	256,28	840,8	1097,0	256,46	919,9	1176,3	0,419 63	1,2317	1,6513
60	292,73	0,017 378	7,177	262,06	836,3	1098,3	262,25	915,8	1178,0	0,427 33	1,2170	1,6444
65	298,00	0,017 429	6,657	267,46	832,1	1099,5	267,67	911,9	1179,6	0,434 50	1,2035	1,6380
70	302,96	0,017 478	6,209	272,56	828,1	1100,6	272,79	908,3	1181,0	0,441 20	1,1909	1,6321
75	307,63	0,017 524	5,818	277,37	824,3	1101,6	277,61	904,8	1182,4	0,447 49	1,1790	1,6265
80	312,07	0,017 570	5,474	281,95	820,6	1102,6	282,21	901,4	1183,6	0,453 44	1,1679	1,6214
85	316,29	0,017 613	5,170	286,30	817,1	1103,5	286,58	898,1	1184,8	0,459 07	1,1574	1,6165
90	320,31	0,017 655	4,898	290,46	813,8	1104,3	290,76	895,1	1185,9	0,464 42	1,1475	1,6119
95	324,16	0,017 696	4,654	294,45	810,6	1105,0	294,76	892,1	1186,9	0,469 52	1,1380	1,6076
100	327,86	0,017 736	4,434	298,28	807,5	1105,8	298,61	889,2	1187,8	0,474 39	1,1290	1,6034
110	334,82	0,017 813	4,051	305,52	801,6	1107.1	305,88	883,7	1189,6	0,483 55	1,1122	1,5957

436 INTRODUÇÃO ÀS CIÊNCIAS TÉRMICAS

Tabela B-1.2 Continuação

Pressão lb/sq. in P	Temp. °F T	Volume específico ft³/lb_m		Energia Interna Btu/lb_m			Entalpia Btu/lb_m			Entropia Btu/lb_m R		
		Líquido Saturado v_l	Vapor Saturado v_v	Líquido Saturado u_l	Evap. u_{lv}	Vapor Saturado u_v	Líquido Saturado h_l	Evap. h_{lv}	Vapor Saturado h_v	Líquido Saturado s_l	Evap. s_{lv}	Vapor Saturado s_v
120	341,30	0,017 886	3,730	312,27	796,0	1108,3	312,67	878,5	1191,1	0,492 01	1,0966	1,5886
130	347,37	0,017 957	3,457	318,61	790,7	1109,4	319,04	873,5	1192,5	0,499 89	1,0822	1,5821
140	353,08	0,018 024	3,221	324,58	785,7	1110,3	325,05	868,7	1193,8	0,507 27	1,0688	1,5761
150	358,48	0,018 089	3,016	330,24	781,0	1111,2	330,75	864,2	1194,9	0,514 22	1,0562	1,5704
160	363,60	0,018 152	2,836	335,63	776,4	1112,0	336,16	859,8	1196,0	0,520 78	1,0443	1,5651
170	368,47	0,018 214	2,676	340,76	772,0	1112,7	341,33	855,6	1196,9	0,527 00	1,0330	1,5600
180	373,13	0,018 273	2,533	345,68	767,7	1113,4	346,29	851,5	1197,8	0,532 92	1,0223	1,5553
190	377,59	0,018 331	2,405	350,39	763,6	1114,0	351,04	847,5	1198,6	0,538 57	1,0122	1,5507
200	381,86	0,018 387	2,289	354,9	759,6	1114,6	355,6	843,7	1199,3	0,5440	1,0025	1,5464
250	401,04	0,018 653	1,8448	375,4	741,4	1116,7	376,2	825,8	1202,1	0,5680	0,9594	1,5274
300	417,43	0,018 896	1,5442	393,0	725,1	1118,2	394,1	809,8	1203,9	0,5883	0,9232	1,5115
350	431,82	0,019 124	1,3267	408,7	710,3	1119,0	409,9	795,0	1204,9	0,6060	0,8917	1,4978
400	444,70	0,019 340	1,1620	422,8	696,7	1119,5	424,2	781,2	1205,5	0,6218	0,8638	1,4856
450	456,39	0,019 547	1,0326	435,7	683,9	1119,6	437,4	768,2	1205,6	0,6360	0,8385	1,4746
500	467,13	0,019 748	0,9283	447,7	671,7	1119,4	449,5	755,8	1205,3	0,6490	0,8154	1,4645
550	477,07	0,019 943	0,8423	458,9	660,2	1119,1	460,9	743,9	1204,8	0,6611	0,7941	1,4551
600	486,33	0,020 13	0,7702	469,4	649,1	1118,6	471,7	732,4	1204,1	0,6723	0,7742	1,4464
700	503,23	0,020 51	0,6558	488,9	628,2	1117,0	491,5	710,5	1202,0	0,6927	0,7378	1,4305
800	518,36	0,020 87	0,5691	506,6	608,4	1115,0	509,7	689,6	1199,3	0,7110	0,7050	1,4160
900	532,12	0,021 23	0,5009	523,0	589,6	1112,6	526,6	669,5	1196,0	0,7277	0,6750	1,4027
1000	544,75	0,021 59	0,4459	538,4	571,5	1109,9	542,4	650,0	1192,4	0,7432	0,6471	1,3903
1200	567,37	0,022 32	0,3623	566,7	536,8	1103,5	571,7	612,3	1183,9	0,7712	0,5961	1,3673
1400	587,25	0,023 07	0,3016	592,7	503,3	1096,0	598,6	575,5	1174,1	0,7964	0,5497	1,3461
1600	605,06	0,023 86	0,2552	616,9	470,5	1087,4	624,0	538,9	1162,9	0,8196	0,5062	1,3258
1800	621,21	0,024 72	0,2183	640,0	437,6	1077,7	648,3	502,1	1150,4	0,8414	0,4645	1,3060
2000	636,00	0,025 65	0,18813	662,4	404,2	1066,6	671,9	464,4	1136,3	0,8623	0,4238	1,2861
2500	668,31	0,028 60	0,13059	717,7	313,4	1031,0	730,9	360,5	1091,4	0,9131	0,3196	1,2327
3000	695,52	0,034 31	0,08404	783,4	185,4	968,8	802,5	213,0	1015,5	0,9732	0,1843	1,1575
3203,6	705,44	0,050 53	0,05053	872,6	0	872,6	902,5	0	902,5	1,0580	0	1,0580

Tabela B-1.3 Vapor Superaquecido – Sistema Inglês

T	v	u	h	s	v	u	h	s	v	u	h	s
	$P = 1{,}0$ lb$_f$/sq in (101,70)				$P = 5{,}0$ lb$_f$/sq in (162,21)				$P = 10{,}0$ lb$_f$/sq in (193,19)			
Sat	333,6	1044,0	1105,8	1,9779	73,53	1063,0	1131,0	1,8441	38,42	1072,2	1143,3	1,7877
200	392,5	1077,5	1150,1	2,0508	78,15	1076,3	1148,6	1,8715	38,85	1074,7	1146,6	1,7927
240	416,4	1091,2	1168,3	2,0775	83,00	1090,3	1167,1	1,8987	41,32	1089,0	1165,5	1,8205
280	440,3	1105,0	1186,5	2,1028	87,83	1104,3	1185,5	1,9244	43,77	1103,3	1184,3	1,8467
320	464,2	1118,9	1204,8	2,1269	92,64	1118,3	1204,0	1,9487	46,20	1117,6	1203,1	1,8714
360	488,1	1132,9	1223,2	2,1500	97,45	1132,4	1222,6	1,9719	48,62	1131,8	1221,8	1,8948
400	511,9	1147,0	1241,8	2,1720	102,24	1146,6	1241,2	1,9941	51,03	1146,1	1240,5	1,9171
440	535,8	1161,2	1260,4	2,1932	107,03	1160,9	1259,9	2,0154	53,44	1160,5	1259,3	1,9385
500	571,5	1182,8	1288,5	2,2235	114,20	1182,5	1288,2	2,0458	57,04	1182,2	1287,7	1,9690
600	631,1	1219.3	1336,1	2,2706	126,15	1219,1	1335,8	2,0930	63,03	1218,9	1335,5	2,0164
700	690,7	1256.7	1384,5	2,3142	138,08	1256,5	1384,3	2,1367	69,01	1256,3	1384,0	2,0601
800	750,3	1294.9	1433,7	2,3550	150,01	1294,7	1433,5	2,1775	74,98	1294,6	1433,3	2,1009
1000	869,5	1373.9	1534,8	2,4294	173,86	1373,9	1534,7	2,2520	86,91	1373,8	1534,6	2,1755
1200	988,6	1456.7	1639,6	2,4967	197,70	1456,6	1639,5	2,3192	98,84	1456,5	1639,4	2,2428
1400	1107,7	1543.1	1748,1	2,5584	221,54	1543,1	1748,1	2,3810	110,76	1543,0	1748,0	2,3045
	$P = 14{,}696$ lb$_f$/sq in (211,99)				$P = 20$ lb$_f$/sq in (227,96)				$P = 40$ lb$_f$/sq in (267,26)			
Sat	26,80	1077,6	1150,5	1,7567	20,09	1082,0	1156,4	1,7320	10,501	1092,3	1170,0	1,6767
240	28,00	1087,9	1164,0	1,7764	20,47	1086,5	1162,3	1,7405				
280	29,69	1102,4	1183,1	1,8030	21,73	1101,4	1181,8	1,7676	10,711	1097,3	1176,6	1,6857
320	31,36	1116,8	1202,1	1,8280	22,98	1116,0	1201,0	1,7930	11,360	1112,8	1196,9	1,7124
360	33,02	1131,2	1221,0	1,8516	24,21	1130,6	1220,1	1,8168	11,996	1128,0	1216,8	1,7373
400	34,67	1145,6	1239,9	1,8741	25,43	1145,1	1239,2	1,8395	12,623	1143,0	1236,4	1,7606
440	36,31	1160,1	1258,8	1,8956	26,64	1159,6	1258,2	1,8611	13,243	1157,8	1255,8	1,7828
500	38,77	1181,8	1287,3	1,9263	28,46	1181,5	1286,8	1,8919	14,164	1180,1	1284,9	1,8140

T	v	u	h	s	v	u	h	s	v	u	h	s
	P = 14,696 lb$_f$/sq in (211,99)				*P* = 20 lb$_f$/sq in (227,96)				*P* = 40 lb$_f$/sq in (267,26)			
600	42,86	1218,6	1335,2	1,9737	31,47	1218,4	1334,8	1,9395	15,685	1217,3	1333,4	1,8621
700	46,93	1256,1	1383,8	2,0175	34,47	1255,9	1383,5	1,9834	17,196	1255,1	1382,4	1,9063
800	51,00	1294,4	1433,1	2,0584	37,46	1294,3	1432,9	2,0243	18,701	1293,7	1432,1	1,9474
1000	59,13	1373,7	1534,5	2,1330	43,44	1373,5	1534,3	2,0989	21,70	1373,1	1533,8	2,0223
1200	67,25	1456,5	1639,3	2,2003	49,41	1456,4	1639,2	2,1663	24,69	1456,1	1638,9	2,0897
1400	75,36	1543,0	1747,9	2,2621	55,37	1542,9	1747,9	2,2281	27,68	1542,7	1747,6	2,1515
1600	83,47	1633,2	1860,2	2,3194	61,33	1633,2	1860,1	2,2854	30,66	1633,0	1859,9	2,2089
	P = 60 lb$_f$/sq in (292,73)				*P* = 80 lb$_f$/sq in (312,07)				*P* = 100 lb$_f$/sq in (327,86)			
Sat	7,177	1098,3	1178,0	1,6444	5,474	1102,6	1183,6	1,6214	4,434	1105,8	1187,8	1,6034
320	7,485	1109,5	1192,6	1,6634	5,544	1106,0	1188,0	1,6271				
360	7,924	1125,3	1213,3	1,6893	5,886	1122,5	1209,7	1,6541	4,662	1119,7	1205,9	1,6259
400	8,353	1140,8	1233,5	1,7134	6,217	1138,5	1230,6	1,6790	4,934	1136,2	1227,5	1,6517
440	8,775	1156,0	1253,4	1,7360	6,541	1154,2	1251,0	1,7022	5,199	1152,3	1248,5	1,6755
500	9,399	1178,6	1283,0	1,7678	7,017	1177,2	1281,1	1,7346	5,587	1175,7	1279,1	1,7085
600	10,425	1216,3	1332,1	1,8165	7,794	1215,3	1330,7	1,7838	6,216	1214,2	1329,3	1,7582
700	11,440	1254,4	1381,4	1,8609	8,561	1253,6	1380,3	1,8285	6,834	1252,8	1379,2	1,8033
800	12,448	1293,0	1431,2	1,9022	9,321	1292,4	1430,4	1,8700	7,445	1291,8	1429,6	1,8449
1000	14,454	1372,7	1533,2	1,9773	10,831	1372,3	1532,6	1,9453	8,657	1371,9	1532,1	1,9204
1200	16,452	1455,8	1638,5	2,0448	12,333	1455,5	1638,1	2,0130	9,861	1455,2	1637,7	1,9882
1400	18,445	1542,5	1747,3	2,1067	13,830	1542,3	1747,0	2,0749	11,060	1542,0	1746,7	2,0502
1600	20,44	1632,8	1859,7	2,1641	15,324	1632,6	1859,5	2,1323	12,257	1632,4	1859,3	2,1076
1800	22,43	1726,7	1975,7	2,2179	16,818	1726,5	1975,5	2,1861	13,452	1726,4	1975,3	2,1614
2000	24,41	1824,0	2095,1	2,2685	18,310	1823,9	2094,9	2,2367	14,647	1823,7	2094,8	2,2121
	P = 120 lb$_f$/sq in (341,30)				*P* = 140 lb$_f$/sq in (353,08)				*P* = 160 lb$_f$/sq in (363,60)			
Sat	3,730	1108,3	1191,1	1,5886	3,221	1110,3	1193,8	1,5761	2,836	1112,0	1196,0	1,5651
360	3,844	1116,7	1202,0	1,6021	3,259	1113,5	1198,0	1,5812				
400	4,079	1133,8	1224,4	1,6288	3,466	1131,4	1221,2	1,6088	3,007	1128,8	1217,8	1,5911
450	4,360	1154,3	1251,2	1,6590	3,713	1152,4	1248,6	1,6399	3,228	1150,5	1246,1	1,6230

PROPRIEDADES TERMODINÂMICAS E TERMOFÍSICAS - SISTEMA INGLÊS DE UNIDADES **439**

T	P = 180 lb$_f$/sq in (373,13)				P = 200 lb$_f$/sq in (381,86)				P = 225 lb$_f$/sq in (391,87)			
500	4,633	1174,2	1277,1	1,6868	3,952	1172,7	1275,1	1,6682	3,440	1171,2	1273,0	1,6518
550	4,900	1193,8	1302,6	1,7127	4,184	1192,6	1300,9	1,6944	3,646	1191,3	1299,2	1,6784
600	5,164	1213,2	1327,8	1,7371	4,412	1212,1	1326,4	1,7191	3,848	1211,1	1325,0	1,7034
700	5,682	1252,0	1378,2	1,7825	4,860	1251,2	1377,1	1,7648	4,243	1250,4	1376,0	1,7494
800	6,195	1291,2	1428,7	1,8243	5,301	1290,5	1427,9	1,8068	4,631	1289,9	1427,0	1,7916
1000	7,208	1371,5	1531,5	1,9000	6,173	1371,0	1531,0	1,8827	5,397	1370,6	1530,4	1,8677
1200	8,213	1454,9	1637,3	1,9679	7,036	1454,6	1636,9	1,9507	6,154	1454,3	1636,5	1,9358
1400	9,214	1541,8	1746,4	2,0300	7,895	1541,6	1746,1	2,0129	6,906	1541,4	1745,9	1,9980
1600	10,212	1632,3	1859,0	2,0875	8,752	1632,1	1858,8	2,0704	7,656	1631,9	1858,6	2,0556
1800	11,209	1726,2	1975,1	2,1413	9,607	1726,1	1975,0	2,1242	8,405	1725,9	1974,8	2,1094
2000	12,205	1823,6	2094,6	2,1919	10,461	1823,5	2094,5	2,1749	9,153	1823,3	2094,3	2,1601

T	P = 180 lb$_f$/sq in (373,13)				P = 200 lb$_f$/sq in (381,86)				P = 225 lb$_f$/sq in (391,87)			
Sat	2,533	1113,4	1197,8	1,5553	2,289	1114,6	1199,3	1,5464	2,043	1115,8	1200,8	1,5365
400	2,648	1126,2	1214,4	1,5749	2,361	1123,5	1210,8	1,5600	2,073	1119,9	1206,2	1,5427
450	2,850	1148,5	1243,4	1,6078	2,548	1146,4	1240,7	1,5938	2,245	1143,8	1237,3	1,5779
500	3,042	1169,6	1270,9	1,6372	2,724	1168,0	1268,8	1,6239	2,405	1165,9	1266,1	1,6087
550	3,228	1190,0	1297,5	1,6642	2,893	1188,7	1295,7	1,6512	2,558	1187,0	1293,5	1,6366
600	3,409	1210,0	1323,5	1,6893	3,058	1208,9	1322,1	1,6767	2,707	1207,5	1320,2	1,6624
700	3,763	1249,6	1374,9	1,7357	3,379	1248,8	1373,8	1,7234	2,995	1247,7	1372,4	1,7095
800	4,110	1289,3	1426,2	1,7781	3,693	1288,6	1425,3	1,7660	3,276	1287,8	1424,2	1,7523
900	4,453	1329,4	1477,7	1,8175	4,003	1328,9	1477,1	1,8055	3,553	1328,3	1476,2	1,7920
1000	4,793	1370,2	1529,8	1,8545	4,310	1369,8	1529,3	1,8425	3,827	1369,3	1528,6	1,8292
1200	5,467	1454,0	1636,1	1,9227	4,918	1453,7	1635,7	1,9109	4,369	1453,4	1635,3	1,8977
1400	6,137	1541,2	1745,6	1,9849	5,521	1540,9	1745,3	1,9732	4,906	1540,7	1744,9	1,9600

440 INTRODUÇÃO ÀS CIÊNCIAS TÉRMICAS

T	P = 180 lb_f/sq in (373,13)				P = 200 lb_f/sq in (381,86)				P = 225 lb_f/sq in (391,87)			
	v	u	h	s	v	u	h	s	v	u	h	s
1600	6,804	1631,7	1858,4	2,0425	6,123	1631,6	1858,2	2,0308	5,441	1631,3	1857,9	2,0177
1800	7,470	1725,8	1974,6	2,0964	6,722	1725,6	1974,4	2,0847	5,975	1725,4	1974,2	2,0716
2000	8,135	1823,2	2094,2	2,1470	7,321	1823,0	2094,0	2,1354	6,507	1822,9	2093,8	2,1223

T	P = 250 lb_f/sq in (401,04)				P = 275 lb_f/sq in (409,52)				P = 300 lb_f/sq in (417,43)			
	v	u	h	s	v	u	h	s	v	u	h	s
Sat	1,8448	1116,7	1202,1	1.5274	1,6813	1117,5	1203,1	1,5192	1,5442	1118,2	1203,9	1,5115
450	2,002	1141,1	1233,7	1.5632	1,8026	1138,3	1230,0	1,5495	1,6361	1135,4	1226,2	1,5365
500	2,150	1163,8	1263,3	1.5948	1,9407	1161,7	1260,4	1,5820	1,7662	1159,5	1257,5	1,5701
550	2,290	1185,3	1291,3	1.6233	2,071	1183,6	1289,0	1,6110	1,8878	1181,9	1286,7	1,5997
600	2,426	1206,1	1318,3	1.6494	2,196	1204,7	1316,4	1,6376	2,004	1203,2	1314,5	1,6266
650	2,558	1226,5	1344,9	1.6739	2,317	1225,3	1343,2	1,6623	2,117	1224,1	1341,6	1,6516
700	2,688	1246,7	1371,1	1.6970	2,436	1245,7	1369,7	1,6856	2,227	1244,6	1368,3	1,6751
800	2,943	1287,0	1423,2	1.7401	2,670	1286,2	1422,1	1,7289	2,442	1285,4	1421,0	1,7187
900	3,193	1327,6	1475,3	1.7799	2,898	1327,0	1474,5	1,7689	2,653	1326,3	1473,6	1,7589
1000	3,440	1368,7	1527,9	1.8172	3,124	1368,2	1527,2	1,8064	2,860	1367,7	1526,5	1,7964
1200	3,929	1453,0	1634,8	1.8858	3,570	1452,6	1634,3	1,8751	3,270	1452,2	1633,8	1,8653
1400	4,414	1540,4	1744,6	1.9483	4,011	1540,1	1744,2	1,9376	3,675	1539,8	1743,8	1,9279
1600	4,896	1631,1	1857,6	2.0060	4,450	1630,9	1857,3	1,9954	4,078	1630,7	1857,0	1,9857
1800	5,376	1725,2	1974,0	2.0599	4,887	1725,0	1973,7	2,0493	4,479	1724,9	1973,5	2,0396
2000	5,856	1822,7	2093,6	2.1106	5,323	1822,5	2093,4	2,1000	4,879	1822,3	2093,2	2,0904

T	P = 350 lb_f/sq in (431,82)				P = 400 lb_f/sq in (444,70)				P = 450 lb_f/sq in (456,39)			
	v	u	h	s	v	u	h	s	v	u	h	s
Sat	1,3267	1119,0	1204,9	1,4978	1,1620	1119,5	1205,5	1,4856	1,0326	1119,6	1205,6	1,4746
450	1,3733	1129,2	1218,2	1,5125	1,1745	1122,6	1209,6	1,4901				
500	1,4913	1154,9	1251,5	1,5482	1,2843	1150,1	1245,2	1,5282	1,1226	1145,1	1238,5	1,5097
550	1,5998	1178,3	1281,9	1,5790	1,3833	1174,6	1277,0	1,5605	1,2146	1170,7	1271,9	1,5436
600	1,7025	1200,3	1310,6	1,6068	1,4760	1197,3	1306,6	1,5892	1,2996	1194,3	1302,5	1,5732
650	1,8013	1221,6	1338,3	1,6323	1,5645	1219,1	1334,9	1,6153	1,3803	1216,6	1331,5	1,6000
700	1,8975	1242,5	1365,4	1,6562	1,6503	1240,4	1362,5	1,6397	1,4580	1238,2	1359,6	1,6248
800	2,085	1283,8	1418,8	1,7004	1,8163	1282,1	1416,6	1,6844	1,6077	1280,5	1414,4	1,6701

PROPRIEDADES TERMODINÂMICAS E TERMOFÍSICAS - SISTEMA INGLÊS DE UNIDADES

(Continuação — vapor superaquecido. As três colunas superiores correspondem às pressões da página anterior; os valores de cada grupo são v, u, h, s.)

T (°F)	v	u	h	s	v	u	h	s	v	u	h	s
900	2,267	1325,0	1471,8	1,7409	1,9776	1323,7	1470,1	1,7252	1,7524	1322,4	1468,3	1,7113
1000	2,446	1366,6	1525,0	1,7787	2,136	1365,5	1523,6	1,7632	1,8941	1364,4	1522,2	1,7495
1200	2,799	1451,5	1632,8	1,8478	2,446	1450,7	1631,8	1,8327	2,172	1450,0	1630,8	1,8192
1400	3,148	1539,3	1743,1	1,9106	2,752	1538,7	1742,4	1,8956	2,444	1538,1	1741,7	1,8823
1600	3,494	1630,2	1856,5	1,9685	3,055	1629,8	1855,9	1,9535	2,715	1629,3	1855,4	1,9403
1800	3,838	1724,5	1973,1	2,0225	3,357	1724,1	1972,6	2,0076	2,983	1723,7	1972,1	1,9944
2000	4,182	1822,0	2092,8	2,0733	3,658	1821,6	2092,4	2,0584	3,251	1821,3	2092,0	2,0453

T (°F)	$P = 500\ \mathrm{lb_f/sq\,in}$ (467,13)				$P = 600\ \mathrm{lb_f/sq\,in}$ (486,33)				$P = 700\ \mathrm{lb_f/sq\,in}$ (503,23)			
	v	u	h	s	v	u	h	s	v	u	h	s
Sat	0,9283	1119,4	1205,3	1,4645	0,7702	1118,6	1204,1	1,4464	0,6558	1117,0	1202,0	1,4305
500	0,9924	1139,7	1231,5	1,4923	0,7947	1128,0	1216,2	1,4592				
550	1,0792	1166,7	1266,6	1,5279	0,8749	1158,2	1255,4	1,4990	0,7275	1149,0	1243,2	1,4723
600	1,1583	1191,1	1298,3	1,5585	0,9456	1184,5	1289,5	1,5320	0,7929	1177,5	1280,2	1,5081
650	1,2327	1214,0	1328,0	1,5860	1,0109	1208,6	1320,9	1,5609	0,8520	1203,1	1313,4	1,5387
700	1,3040	1236,0	1356,7	1,6112	1,0727	1231,5	1350,6	1,5872	0,9073	1226,9	1344,4	1,5661
800	1,4407	1278,8	1412,1	1,6571	1,1900	1275,4	1407,6	1,6343	1,0109	1272,0	1402,9	1,6145
900	1,5723	1321,0	1466,5	1,6987	1,3021	1318,4	1462,9	1,6766	1,1089	1315,6	1459,3	1,6576
1000	1,7008	1363,3	1520,7	1,7371	1,4108	1361,2	1517,8	1,7155	1,2036	1358,9	1514,9	1,6970
1100	1,8271	1406,0	1575,1	1,7731	1,5173	1404,2	1572,7	1,7519	1,2960	1402,4	1570,2	1,7337
1200	1,9518	1449,2	1629,8	1,8072	1,6222	1447,7	1627,8	1,7861	1,3868	1446,2	1625,8	1,7682
1400	2,198	1537,6	1741,0	1,8704	1,8289	1536,5	1739,5	1,8497	1,5652	1535,3	1738,1	1,8321
1600	2,442	1628,9	1854,8	1,9285	2,033	1628,0	1853,7	1,9080	1,7409	1627,1	1852,6	1,8906
1800	2,684	1723,3	1971,7	1,9827	2,236	1722,6	1970,8	1,9622	1,9152	1721,8	1969,9	1,9449
2000	2,926	1820,9	2091,6	2,0335	2,438	1820,2	2090,8	2,0131	2,0887	1819,5	2090,1	1,9958

442 INTRODUÇÃO ÀS CIÊNCIAS TÉRMICAS

Tabela B-1.3 Continuação

T	P = 800 lb/sq in (518,36)				P = 1000 lb/sq in (544,75)				P = 1250 lb/sq in (572,56)			
	v	u	h	s	v	u	h	s	v	u	h	s
Sat	0,5691	1115,0	1199,3	1,4160	0,4459	1109,9	1192,4	1,3903	0,3454	1101,7	1181,6	1,3619
550	0,6154	1138,8	1229,9	1,4469	0,4534	1114,8	1198,7	1,3966				
600	0,6776	1170,1	1270,4	1,4861	0,5140	1153,7	1248,8	1,4450	0,3786	1129,0	1216,6	1,3954
650	0,7324	1197,2	1305,6	1,5186	0,5637	1184,7	1289,1	1,4822	0,4267	1167,2	1266,0	1,4410
700	0,7829	1222,1	1338,0	1,5471	0,6080	1212,0	1324,6	1,5135	0,4670	1198,4	1306,4	1,4767
750	0,8306	1245,7	1368,6	1,5730	0,6490	1237,2	1357,3	1,5412	0,5030	1226,1	1342,4	1,5070
800	0,8764	1268,5	1398,2	1,5969	0,6878	1261,2	1388,5	1,5664	0,5364	1251,8	1375,8	1,5341
900	0,9640	1312,9	1455,6	1,6408	0,7610	1307,3	1448,1	1,6120	0,5984	1300,0	1438,4	1,5820
1000	1,0482	1356,7	1511,9	1,6807	0,8305	1352,2	1505,9	1,6530	0,6563	1346,4	1498,2	1,6244
1100	1,1300	1400,5	1567,8	1,7178	0,8976	1396,8	1562,9	1,6908	0,7116	1392,0	1556,6	1,6631
1200	1,2102	1444,6	1623,8	1,7526	0,9630	1441,5	1619,7	1,7261	0,7652	1437,5	1614,5	1,6991
1400	1,3674	1534,2	1736,6	1,8167	1,0905	1531,9	1733,7	1,7909	0,8689	1529,0	1730,0	1,7648
1600	1,5218	1626,2	1851,5	1,8754	1,2152	1624,4	1849,3	1,8499	0,9699	1622,2	1846,5	1,8243
1800	1,6749	1721,0	1969,0	1,9298	1,3384	1719,5	1967,2	1,9046	1,0693	1717,6	1965,0	1,8791
2000	1,8271	1818,8	2089,3	1,9808	1,4608	1817,4	2087,7	1,9557	1,1678	1815,7	2085,8	1,9304

T	P = 1500 lb/sq in (596,39)				P = 1750 lb/sq in (617,31)				P = 2000 lb/sq in (636,00)			
	v	u	h	s	v	u	h	s	v	u	h	s
Sat	0,2769	1091,8	1168,7	1,3359	0,2268	1080,2	1153,7	1,3109	0,18813	1066,6	1136,3	1,2861
600	0,2816	1096,6	1174,8	1,3416								
650	0,3329	1147,0	1239,4	1,4012	0,2627	1122,5	1207,6	1,3603	0,2057	1091,1	1167,2	1,3141
700	0,3716	1183,4	1286,6	1,4429	0,3022	1166,7	1264,6	1,4106	0,2487	1147,7	1239,8	1,3782
750	0,4049	1214,1	1326,5	1,4767	0,3341	1201,3	1309,5	1,4485	0,2803	1187,3	1291,1	1,4216
800	0,4350	1241,8	1362,5	1,5058	0,3622	1231,3	1348,6	1,4802	0,3071	1220,1	1333,8	1,4562
850	0,4631	1267,7	1396,2	1,5320	0,3878	1258,8	1384,4	1,5081	0,3312	1249,5	1372,0	1,4860
900	0,4897	1292,5	1428,5	1,5562	0,4119	1284,8	1418,2	1,5334	0,3534	1276,8	1407,6	1,5126
1000	0,5400	1340,4	1490,3	1,6001	0,4569	1334,3	1482,3	1,5789	0,3945	1328,1	1474,1	1,5598
1100	0,5876	1387,2	1550,3	1,6399	0,4990	1382,2	1543,8	1,6197	0,4325	1377,2	1537,2	1,6017
1200	0,6334	1433,5	1609,3	1,6765	0,5392	1429,4	1604,0	1,6571	0,4685	1425,2	1598,6	1,6398
1400	0,7213	1526,1	1726,3	1,7431	0,6158	1523,1	1722,6	1,7245	0,5368	1520,2	1718,8	1,7082
1600	0,8064	1619,9	1843,7	1,8031	0,6896	1617,6	1841,0	1,7850	0,6020	1615,4	1838,2	1,7692

Tabela de continuação (linhas 1800 e 2000 das colunas da página anterior):

T	v	u	h	s	v	u	h	s	v	u	h	s
1800	0,8899	1715,7	1962,7	1,8582	0,7617	1713,9	1960,5	1,8404	0,6656	1712,0	1958,3	1,8249
2000	0,9725	1814,0	2083,9	1,9096	0,8330	1812,3	2082,0	1,8919	0,7284	1810,6	2080,2	1,8765

T	P = 2500 lb$_f$/sq in (668,31)				P = 3000 lb$_f$/sq in (695,52)				P = 3500 lb$_f$/sq in			
	v	u	h	s	v	u	h	s	v	u	h	s
Sat	0,130 59	1031,0	1091,4	1,2327	0,084 04	968,8	1015,5	1,1575				
650									0,024 91	663,5	679,7	0,8630
700	0,168 39	1098,7	1176,6	1,3073	0,097 71	1003,9	1058,1	1,1944	0,030 58	759,5	779,3	0,9506
750	0,2030	1155,2	1249,1	1,3686	0,148 31	1114,7	1197,1	1,3122	0,104 60	1058,4	1126,1	1,2440
800	0,2291	1195,7	1301,7	1,4112	0,175 72	1167,6	1265,2	1,3675	0,136 26	1134,7	1223,0	1,3226
850	0,2513	1229,5	1345,8	1,4456	0,197 31	1207,7	1317,2	1,4080	0,158 18	1183,4	1285,9	1,3716
900	0,2712	1259,9	1385,4	1,4752	0,2160	1241,8	1361,7	1,4414	0,176 25	1222,4	1336,5	1,4096
950	0,2896	1288,2	1422,2	1,5018	0,2328	1272,7	1402,0	1,4705	0,192 14	1256,4	1380,8	1,4416
1000	0,3069	1315,2	1457,2	1,5262	0,2485	1301,7	1439,6	1,4967	0,2066	1287,6	1421,4	1,4699
1100	0,3393	1366,8	1523,8	1,5704	0,2772	1356,2	1510,1	1,5434	0,2328	1345,2	1496,0	1,5193
1200	0,3696	1416,7	1587,7	1,6101	0,3036	1408,0	1576,6	1,5848	0,2566	1399,2	1565,3	1,5624
1400	0,4261	1514,2	1711,3	1,6804	0,3524	1508,1	1703,7	1,6571	0,2997	1501,9	1696,1	1,6368
1600	0,4795	1610,2	1832,6	1,7424	0,3978	1606,3	1827,1	1,7201	0,3395	1601,7	1821,6	1,7010
1800	0,5312	1708,2	1954,0	1,7986	0,4416	1704,5	1949,6	1,7769	0,3776	1700,8	1945,4	1,7583
2000	0,5820	1807,2	2076,4	1,8506	0,4844	1803,9	2072,8	1,8291	0,4147	1800,6	2069,2	1,8108

T	v	u	h	s	v	u	h	s	v	u	h	s
	P = 4000 lb$_f$/sq in				P = 5000 lb$_f$/sq in				P = 6000 lb$_f$/sq in			
650	0,024 47	657,7	675,8	0,8574	0,02377	648,0	670,0	0,8482	0,023 22	640,0	665,8	0,8405
700	0,028 67	742,1	763,4	0,9345	0,02676	721,8	746,6	0,9156	0,025 63	708,1	736,5	0,9028
750	0,063 31	960,7	1007,5	1,1395	0,033 64	821,4	852,6	1,0049	0,029 78	788,6	821,7	0,9746
800	0,105 22	1095,0	1172,9	1,2740	0,059 32	987,2	1042,1	1,1583	0,039 42	896,9	940,7	1,0708
850	0,128 33	1156,5	1251,5	1,3352	0,085 56	1092,7	1171,9	1,2596	0,058 18	1018,8	1083,4	1,1820
900	0,146 22	1201,5	1309,7	1,3789	0,103 85	1155,1	1251,1	1,3190	0,075 88	1102,9	1187,2	1,2599
950	0,161 51	1239,2	1358,8	1,4144	0,118 53	1202,2	1311,9	1,3629	0,090 08	1162,0	1262,0	1,3140
1000	0,175 20	1272,9	1402,6	1,4449	0,131 20	1242,0	1363,4	1,3988	0,102 07	1209,1	1322,4	1,3561
1100	0,199 54	1333,9	1481,6	1,4973	0,153 02	1310,6	1452,2	1,4577	0,122 18	1286,4	1422,1	1,4222
1200	0,2213	1390,1	1553,9	1,5423	0,171 99	1371,6	1530,8	1,5066	0,139 27	1352,7	1507,3	1,4752
1300	0,2414	1443,7	1622,4	1,5823	0,189 18	1428,6	1603,7	1,5493	0,154 53	1413,3	1584,9	1,5206
1400	0,2603	1495,7	1688,4	1,6188	0,205 17	1483,2	1673,0	1,5876	0,168 54	1470,5	1657,6	1,5608
1600	0,2959	1597,1	1816,1	1,6841	0,2348	1587,9	1805,2	1,6551	0,194 20	1578,7	1794,3	1,6307
1800	0,3296	1697,1	1941,1	1,7420	0,2626	1689,8	1932,7	1,7142	0,218 01	1682,4	1924,5	1,6910
2000	0,3625	1797,3	2065,6	1,7948	0,2895	1790,8	2058,6	i,7676	0,240 87	1784,3	2051,7	1,7450

PROPRIEDADES TERMODINÂMICAS E TERMOFÍSICAS - SISTEMA INGLÊS DE UNIDADES **445**

Tabela B-2 Propriedades Termofísicas do Ar – Sistema Inglês[3]

T °F	c_p Btu/lb$_m$-°F	$\rho \times 10^2$ lb$_m$/ft³	$\mu \times 10^2$ lb$_m$/ft-hr	ν ft²/hr	$k \times 10^2$ Btu/hr-ft-°F	Pr
-100	0,2407	11,029	3,230	0,2929	1,045	0,744
-80	0,2405	10,448	3,380	0,3235	1,099	0,739
-60	0,2404	9,925	3,526	0,3552	1,153	0,735
-40	0,2403	9,452	3,669	0,3882	1,206	0,731
-20	0,2402	9,022	3,809	0,4222	1,258	0,727
0	0,2402	8,630	3,947	0,4574	1,310	0,724
20	0,2402	8,270	4,082	0,4936	1,361	0,720
40	0,2402	7,939	4,215	0,5309	1,412	0,717
60	0,2403	7,633	4,345	0,5692	1,462	0,714
80	0,2403	7,350	4,473	0,6086	1,511	0,711
100	0,2405	7,088	4,599	0,6489	1,557	0,710
120	0,2406	6,843	4,723	0,6902	1,602	0,709
140	0,2408	6.615	4,845	0,7324	1,648	0,708
160	0,2409	6,401	4,965	0,7756	1,693	0,707
180	0,2412	6,201	5,083	0,8197	1,737	0,706
200	0,2414	6,013	5,199	0,8647	1,781	0,705
220	0,2417	5,836	5,314	0,9105	1,824	0,704
240	0,2419	5,669	5,427	0,9573	1,867	0,703
260	0,2422	5,512	5,539	1,0049	1,910	0,702
280	0,2426	5,363	5,649	1,0533	1,952	0,702
300	0,2429	5,222	5,757	1,1026	1,995	0,701
320	0,2433	5,088	5,864	1,1527	2,036	0,701
340	0,2437	4,960	5,970	1,2036	2,078	0,700
360	0,2441	4,839	6,075	1,2552	2,119	0,700
380	0,2445	4,724	6,178	1,3077	2,160	0,699
400	0,2450	4,614	6,280	1,3609	2,201	0,699
420	0,2455	4,509	6,380	1,4149	2,242	0,699
440	0,2460	4,409	6,480	1,4697	2,282	0,698
460	0,2465	4,313	6,578	1,5252	2,322	0,698
480	0,2470	4,221	6,676	1,5814	2,362	0,698
500	0,2476	4,133	6,772	1,6384	2,402	0,698
520	0,2481	4,049	6,867	1,6960	2,441	0,698
540	0,2487	3,968	6,961	1,7544	2,480	0,698
560	0,2493	3,890	7,055	1,8134	2,519	0,698
580	0,2499	3,815	7,147	1,8732	2,558	0,698

446 INTRODUÇÃO ÀS CIÊNCIAS TÉRMICAS

Tabela B-2 *Continuação*

T °F	c_p Btu/lb$_m$-°F	$\rho \times 10^2$ lb$_m$/ft^3	$\mu \times 10^2$ lb$_m$/ft-hr	ν ft^2/hr	$k \times 10^2$ Btu/hr-ft-°F	Pr
600	0,2505	3,743	7,238	1,9336	2,597	0,698
620	0,2511	3,674	7,329	1,9948	2,635	0,698
640	0,2517	3,607	7,418	2,0566	2,623	0,699
660	0,2523	3,543	7,507	2,1190	2,707	0,700
680	0,2530	3,481	7,595	2,1821	2,743	0,701
700	0,2536	3,421	7,682	2,2459	2,778	0,701
720	0,2542	3,363	7,768	2,3103	2,814	0,702
740	0,2549	3,307	7,854	2,3753	2,851	0,702
760	0,2555	3,252	7,939	2,4409	2,887	0,702
780	0,2561	3,200	8,023	2,5072	2,924	0,703
800	0,2568	3,149	8,106	2,5741	2,961	0,703
820	0,2574	3,100	8,189	2,6416	2,998	0,703
840	0,2580	3,052	8,270	2,7098	3,035	0,703
860	0,2587	3,006	8,352	2,7785	3,072	0,703
880	0,2593	2,961	8,432	2,8478	3,108	0,703
900	0,2600	2,917	8,512	2,9177	3,145	0,704
920	0,2606	2,875	8,592	2,9882	3,182	0,704
940	0,2612	2,834	8,670	3,0593	3,218	0,704
960	0,2618	2,794	8,748	3,1310	3,254	0,704
980	0,2625	2,755	8,826	3,2032	3,290	0,704
1000	0,2631	2,718	8,903	3,2760	3,326	0,704
1020	0,2637	2,681	8,979	3,3494	3,361	0,704
1040	0,2643	2,645	9,055	3,4234	3,397	0,705
1060	0,2649	2,610	9,130	3,4978	3,432	0,705
1080	0,2655	2,576	9,205	3,5729	3,466	0,705
1100	0,2661	2,543	9,279	3,6485	3,501	0,705
1120	0,2667	2,511	9,353	3,7246	3,535	0,706
1140	0,2672	2,480	9,426	3,8013	3,569	0,706
1160	0,2678	2,449	9,499	3,8785	3,602	0,706
1180	0,2684	2,419	9,571	3,9562	3,635	0,706
1200	0,2689	2,390	9,643	4,0345	3,668	0,707

* ρ calculado a partir da lei dos gases ideias. c_p, μ, ν e k calculados a partir das equações recomendadas em *Thermophisical Properties of Refrigerants*, Nova Iorque, ASHRAE, 1976.

PROPRIEDADES TERMODINÂMICAS E TERMOFÍSICAS - SISTEMA INGLÊS DE UNIDADES 447

Tabela B-3 Propriedades Termofísicas da Água Saturada – Sistema Inglês [*3]

T °F	c_p Btu/lb$_m$-°F	ρ lb$_m$/ft³	μ lb$_m$/ft-hr	$\nu \times 10^2$ ft²/hr	k Btu/hr-ft-°F	$\alpha \times 10^3$ ft²/hr	$\beta \times 10^3$ 1/°R	Pr
32	1,008	62,41	4,333	6,943	0,3247	5,163	− 0,0474	13,45
40	1,004	62,42	3,742	5,994	0,3300	5,264	− 0,0023	11,39
50	1,001	62,41	3,163	5,069	0,3363	5,381	0,0456	9,42
60	1,000	62,37	2,175	4,354	0,3421	5,485	0,0862	7,94
70	0,999	63,31	2,361	3,789	0,3475	5,584	0,121	6,79
80	0,998	62,22	2,075	3,335	0,3525	5,677	0,153	5,88
90	0,998	62,12	1,842	2,965	0,3572	5,762	0,181	5,15
100	0,998	62,00	1,648	2,659	0,3616	5,844	0,206	4,55
110	0,998	61,86	1,486	2,402	0,3656	5,921	0,230	4.06
120	0,998	61,71	1,348	2,185	0,3693	5.994	0,253	3,65
130	0,999	61,55	1,231	2,000	0,3728	6,062	0,274	3,30
140	1,000	61,38	1,129	1,840	0,3760	6,127	0,294	3,00
150	1,000	61.19	1,041	1,701	0,3789	6,190	0,313	2,75
160	1,001	60,99	0,964	1,580	0,3815	6,251	0,331	2,53
170	1,002	60,79	0,896	1,474	0,3839	6,303	0,349	2,34
180	1,003	60,57	0,835	1,379	0,3861	6,356	0,366	2,17
190	1,004	60,34	0,782	1,296	0,3880	6,407	0,383	2,02
200	1,006	60,11	0,734	1,221	0,3897	6,448	0,400	1,89
210	1,007	59,86	0,691	1,154	0,3912	6,487	0,416	1,78
220	1,009	59,61	0,652	1.094	0.3924	6,527	0,432	1,68
230	1,010	59,35	0,617	1,039	0,3934	6,567	0,448	1,58
240	1,012	59,08	0,585	0,990	0,3943	6,592	0,464	1,50
250	1,014	58,80	0,556	0,945	0,3949	6,624	0.480	1,43
260	1,016	58,52	0,529	0,904	0,3953	6,648	0,497	1,36
270	1,019	58.22	0,505	0,867	0,3955	6,667	0,513	1,30
280	1,022	57,92	0,483	0.834	0,3956	6,680	0,530	1,25
290	1,025	57,61	0,462	0,803	0,3954	6,697	0,547	1,20
300	1,027	57,30	0,444	0,774	0,3950	6,711	0,565	1,15
350	1,050	55,59	0,369	0,663	0,3905	6,693	0,663	0.99
400	1,078	53,66	0,316	0.589	0.3816	6,596	0,784	0,89
450	1,125	51,46	0,277	0,538	0,3681	6,360	0,946	0,85
500	1,192	48,94	0,246	0,502	0,3501	6,001	1,183	0,84
550	1,302	45,97	0,219	0,476	0.3269	5,463	1,569	0,87
600	1,516	42,31	0,193	0,457	0,2978	4,643	2,316	0,99

* ρ, c_p, μ, β calculados a partir das equações recomendadas em *ASME Steam Tables*, 3ª ed., Nova Iorque, Am. Soc. Mech. Engrs., 1977. k calculado a partir da equação recomendada por J. Kestin, "Thermal Conductivity of Water and Steam," *Mech. Eng.*, Agosto 1978, p. 47.

448 INTRODUÇÃO ÀS CIÊNCIAS TÉRMICAS

Tabela B-4 Propriedades Termofísicas de Materiais Sólidos Metálicos a 80 °F
Sistema Inglês

Composição	ρ lb_m/ft^3	c_p $Btu/lb_m\ °F$	k $Btu/hr\ ft\ °F$	α ft^2/hr
Alumínio				
Puro	168,7	0,2157	137,0	3,765
Liga 2024-T6	172,9	0,2090	102,3	2,831
Liga 195, fundido	174,2	0,2109	97,1	2,643
Cromo	447,0	0,1072	54,1	1,129
Cobre				
Puro	557,7	0,0920	231,7	4,516
Bronze comercial	549,4	0,1003	30,0	0,544
Bronze fosforoso	548,1	0,0848	31,2	0,671
Latão comercial	532,5	0,0908	63,6	1,315
Constantan	556,9	0,0917	13,3	0,260
Ferro - puro	491,3	0,1068	46,3	0,882
Aços carbonos				
Carbono	490,3	0,1037	35,0	0,688
Carbono - silício	488,0	0,1065	30,0	0,577
Carbono-manganês-silício	507,6	0,1037	23,7	0,450
Cromo (baixo)				
Aços				
1/2Cr-1/4Mo-Si	488,3	0,1060	21,8	0,421
1Cr-1/2Mo	490,6	0,1056	24,4	0,471
1Cr-v	489,2	0,1058	28,3	0,547
Aços inoxidáveis				
AISI 302	502,9	0,1146	8,7	0,151
AISI 304	493,2	0,1139	8,6	0,153
AISI 316	514,3	0,1118	7,7	0,134
AISI 347	498,1	0,1146	8,2	0,144
Chumbo	708,0	0,0308	20,4	0,936
Magnésio	108,6	0,2446	90,1	3,392
Molibidênio	639,3	0,0599	79,7	2,081
Níquel				
Puro	555,6	0,1060	52,4	0,890
Nicromo	524,4	0,1003	6,9	0,131
Inconel X-750	531,3	0,1049	6,8	0,122
Platina				
Pura	1339,1	0,0318	41,4	0,972
Liga 60Pt-40Rh	1038,2	0,0387	27,2	0,677
Silício	145,5	0,1701	85,5	3,455
Prata	655,5	0,0561	247,9	6,741
Estanho	456,4	0,0542	38,5	1,556
Titânio	280,9	0,1247	12,7	0,363
Tungstênio	1204,9	0,0315	100,5	2,648
Urânio	1190,5	0,0277	15,9	0,482
Zinco	445,8	0,0929	67,0	1,618

PROPRIEDADES TERMODINÂMICAS E TERMOFÍSICAS - SISTEMA INGLÊS DE UNIDADES **449**

Tabela B-5 Propriedades Termofísicas de Não - Metálicos a 80 °F –Sistema Inglês

Descrição	ρ lb_m/ft^3	k Btu/hr ft °F	c_p Btu/lb_m °F
M ateriais comuns			
Asfalto	132,0	0,0358	0,2198
Baquelite	81,2	0,8089	0,3499
Argila	91,1	0,7512	0,2102
Concreto	143,6	0,8089	,2102
Algodão	5,0	0,0347	0,3105
Alimento			
Banana (75,7% conteúdo de água)	61,2	0,2779	0,8001
Maçã vermelha (75% conteúdo de água)	52,4	0,2964	0,8598
Bolo, mistura	45,0	0,1288	—
Bolo, completamente cozido	17,5	0,0699	—
Vidro			
Placa	156,1	0,8089	0,1791
Pyrex	138,9	0,8089	0,1994
Gelo a 32 °F	57,4	0,1086	0,4872
Papel	58,1	0,0064	0,3201
Rocha			
Granito	164,2	1,612	0,1851
Calcária	144,8	1,242	0,1935
Mármore	167,3	1,618	0,1982
Arenito	134,2	1,676	0,1780
Borracha, vulcanizada			
Macia	68,7	0,0069	0,480
Dura	74,3	0,0075	—
Areia	94,6	0,0156	0,1911
Solo	128,0	0,3004	0,439
Teflon	137,3	0,2022	—
Madeira, perpendicular à fibra			
Abeto	25,9	0,0636	0,6496
Carvalho	34,0	0,0982	0,5696
Pinho, amarelo	40,0	0,0867	0,6700
Pinho, branco	27,2	0,0636	—
Madeira, radial			
Carvalho	34,0	0,1098	0,5696
Abeto	26,2	0,0809	0,6496
Materiais estruturais de construção			
Gesso ou plcas de gesso	49,9	0,0982	—
Madeira compensada	34,0	0,0693	0,2902
Revestimento	18,1	0,0318	0,3105
Absorvedor acústico	18,1	0,0335	0,3200
Placa de madeira	40,0	0,0543	0,2794
Aglomerado			
baixa densidade	36,8	0,0451	0,3105
alta densidade	62,4	0,0982	0,3105

450 INTRODUÇÃO ÀS CIÊNCIAS TÉRMICAS

Tabela B-5 *Continuação*

Descrição	ρ lb_m/ft^3	k Btu/hr ft °F	c_p Btu/lb$_m$ °F
Aglomerado			
Madeiras			
Dura (carvalho, bôrdo)	44,9	0,0924	0,2997
Mole (abeto, pinho)	31,8	0,0693	0,3296
Alvenaria			
Tijolo, comum	119,9	0,4160	0,199
Bloco de concreto, três células ovais	—	0,5778	—
Bloco de concreto, furo retangular	—	0,6356	—
Placas de revestimento			
Placa de gesso, agregado			
de areira	116,1	0,1271	0,2591
Materiais de isolamento térmico			
Manta e fibra de vidro,			
superfície acabada	0,999	0,0266	
	1,748	0,0220	
	2,497	0,0202	
Placa e cilíndro de fibra de vidro	6,555	0,0208	0,1899
Polistirene, expandido e extrudado (R12)	3,433	0,0156	0,2890
Bolinhas moldadas	0,999	0,0231	0,2890
Placas e fibras minerais, teto	16,54	0,0283	—
Cortiça	7,492	0,0225	0,4299
Material de preenchimento solto			
Cortiça, granulada	9,989	0,0260	—
Sílica diatômica, grossa	21,85	0,0399	—
Sílica diatômica, fina	12,49	0,0300	—
Fibra de vidro, derretida ou soprada	0,999	0,0248	0,1994
Acetato de polivinil			
formado/moldado no lugar	—	0,0578	—
Uretano	4,370	0,0150	0,2496
Folha de alumínio refletiva de separação	2,497	$9,245 \times 10^{-5}$	—
Manta de fibra de vidro macia (-190 °C)			
Folha de alumínio e vidro	7,492	$9,823 \times 10^{-6}$	—
Papel laminado (-190 °C)			
Pó de sílica típico, evacuado	9,989	$9,823 \times 10^{-4}$	

Apêndice C

Teorema de Transporte de Reynolds (TTR)

O estudo da dinâmica dos fluidos requer a determinação das forças, velocidades e pressões que resultam do movimento de um fluido sobre um objeto ou do movimento de um objeto através de um fluido. Um exemplo é a determinação da energia requerida para mover um fluido através de um sistema de tubulações e à taxa na qual o fluido escoa (massa por unidade de tempo). A experiência tem mostrado que na determinação tanto da energia requerida, como da velocidade do fluido, é mais fácil considerar o movimento do fluido através do tubo (um volume de controle fixo no espaço) que tentar descrever uma massa fixa do fluido em movimento através do tubo (um sistema de identidade fixa). É portanto desejável relacionar as leis de conservação do sistema dadas pelas equações 5-1, 5-3, 4-7 e 4-45 com uma forma que seja aplicável a um volume de controle fixo no espaço. O teorema de transporte de Reynolds (TTR) providencia tal relação.

Ao invés de se desenvolver relações independentes sistema/volume de controle para cada uma das leis de conservação, será desenvolvida uma relação geral para uma propriedade arbitrária do fluido. Essa propriedade arbitrária será então usada para representar a massa (M), a quantidade de movimento linear ($M\mathbf{V}$), a energia (E) e a entropia (S) do fluido. A propriedade arbitrária por unidade de massa será denotada por $\varphi = \Phi / M$.

Consideraremos um volume de controle arbitrário de profundidade unitária conforme mostrado pela linha sólida da figura C-1.a. Esse volume de controle é fixo a um sistema inercial de coordenadas . No instante t esse volume de controle contém um sistema formado por fluido cuja propriedade arbitrária de interesse é Φ_{sis}. Quer se dizer com isso que a fronteira do sistema e a fronteira do volume de controle são idênticos no instante t, ou

$$\left[\Phi_{sis}\right]_t = \left[\Phi_{VC}\right]_t = \left[\iiint\limits_{VC} \rho\varphi \, dV\right]_t \tag{C-1}$$

onde

$$\rho = \text{densidade do fluido no volume de controle}$$
$$dV = \text{volume diferencial}$$

A massa do fluido no volume de controle é:

$$M = \iiint\limits_{VC} \rho \, dV$$

Desde que o fluido possui movimento relativo ao volume de controle , no instante $t + \Delta t$ a fronteira envolvendo a propriedade arbitrária do sistema Φ_{sis} e a fronteira do volume de controle (superfície de controle) ja não serão coincidentes. A fronteira envolvendo Φ_{sis} no instante $t + \Delta t$ é mostrada por uma linha tracejada na figura C-1.a e ela envolve um volume que pode ser descrito como a somatória das regiões II e III da figura. Portanto, no instante $t + \Delta t$ a propriedade arbitrária do sistema pode ser expressa como

$$[\Phi_{sis}]_{t+\Delta t} = [\Phi_{II} + \Phi_{III}]_{t+\Delta t} = [\Phi_{VC} - \Phi_I + \Phi_{III}]_{t+\Delta t} \qquad (C-2)$$

já que o volume de controle fixo consiste das regiões I e II e está confinado pela fronteira (superfície de controle) como ilustrado.

A *taxa de variação total* da propriedade arbitrária do sistema Φ_{sis} segue da definição de derivada:

$$\frac{D\Phi_{sis}}{Dt} = \lim_{\Delta t \to 0} \frac{1}{\Delta t}\left\{[\Phi_{sis}]_{t+\Delta t} - [\Phi_{sis}]_t\right\}$$

Deve-se utilizar a derivada total, também denominada derivada substancial, porque a propriedade do sistema pode variar com o tempo e com a posição, considerando que o fluido está em movimento. A taxa de variação da propriedade arbitrária no volume de controle é devida apenas a sua variação com o tempo. Portanto,

$$\frac{\partial \Phi_{CV}}{\partial t} = \lim_{\Delta t \to 0} \frac{1}{\Delta t}\left\{[\Phi_{CV}]_{t+\Delta t} - [\Phi_{CV}]_t\right\}$$

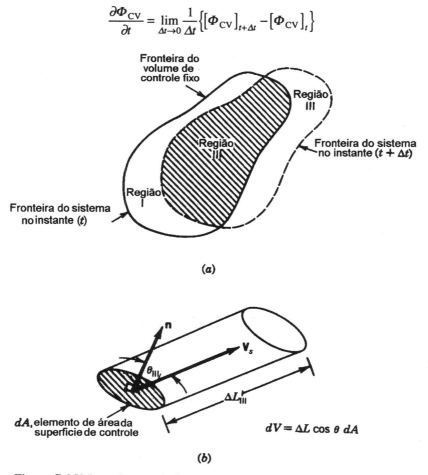

Figura C-1 Volume de controle fixo no espaço. (*a*) Um volume de controle arbitrário fixo no espaço. (*b*) Elemento volumétrico da região 3.

onde se utiliza a derivada parcial com relação ao tempo, já que o volume de controle é fixo no espaço e variará apenas com o tempo. Usando essas definições e tomando o limite da diferença entre C-1 e C-2, com $\Delta t \to 0$ resulta

$$\frac{D\Phi_{sis}}{Dt} = \underbrace{\frac{\partial \Phi_{VC}}{\partial t}}_{\langle 1 \rangle} - \underbrace{\lim_{\Delta t \to 0} \left\{ \frac{[\Phi_I]_{t+\Delta t}}{\Delta t} \right\}}_{\langle 2 \rangle} + \underbrace{\lim_{\Delta t \to 0} \left\{ \frac{[\Phi_{III}]_{t+\Delta t}}{\Delta t} \right\}}_{\langle 3 \rangle} \qquad (C\text{-}3)$$

Fisicamente, os termos do lado direito dessa equação representam

Termo <1>   Taxa de variação no tempo de Φ no volume de controle (VC)
Termo <2>   Fluxo de Φ que é transportado para dentro do volume de controle pela vazão mássica
Termo <3>   Fluxo de Φ que é transportado para fora do volume de controle pela vazão mássica

A equação C-3 relaciona a taxa total de variação de uma propriedade arbitrária de um sistema, Φ_{sis} com a mesma propriedade arbitrária em um volume de controle, Φ_{VC}. Este é o teorema de transporte de Reynolds, porém deve ser dada maior consideração aos termos <1>, <2>, e <3> antes que esses possam ser convenientemente empregados.

A quantidade da propriedade arbitrária no volume de controle em qualquer instante de tempo pode ser escrita como:

$$\Phi_{VC} = \iiint_{VC} \rho\varphi \, dV \qquad (C\text{-}4)$$

de onde o termo <1> resulta

$$\text{Termo } \langle 1 \rangle = \frac{\partial \Phi_{VC}}{\partial t} = \frac{\partial}{\partial t} \left\{ \iiint_{VC} \rho\varphi \, dV \right\} \qquad (C\text{-}5)$$

Se a fronteira do volume de controle for rígida, então seu volume não se modificará com o tempo e

$$\frac{\partial \Phi_{VC}}{\partial t} = \iiint_{VC} \frac{\partial}{\partial t} [\rho\varphi] \, dV \qquad (C\text{-}6)$$

O termo <3> da equação C-3 representa o fluxo de Φ deixando o volume de controle fixo e entrando na região III. Um pequeno elemento de volume da região III, Figura C-1b, tem um comprimento ΔL_{III} na direção da velocidade do fluido $\mathbf{V}_s$. A velocidade está numa direção que faz um ângulo θ_{III} com o elemento diferencial de área dA. O volume do elemento diferencial pode ser escrito como

$$dV_{III} = \Delta L_{III} \cos\theta_{III} \, dA$$

Assim, o termo <3> pode ser escrito como

454 INTRODUÇÃO ÀS CIÊNCIAS TÉRMICAS

$$\text{Termo } \langle 3 \rangle = \lim_{\Delta t \to 0} \left\{ \iiint_{A_{\text{III}}} \rho\varphi \frac{\Delta L_{\text{III}}}{\Delta t} \cos\theta_{\text{III}} \, dA \right\}$$

Substituindo as expressões acima por dV_{III} reduz-se a integral de volume a uma de superfície.

$$\text{Termo } \langle 3 \rangle = \lim_{\Delta t \to 0} \left\{ \iint_{A_{\text{III}}} \rho\varphi \frac{\Delta L_{\text{III}}}{\Delta t} \cos\theta_{\text{III}} \, dA \right\} = \iint_{A_{\text{III}}} \rho\varphi |V_s| \cos\theta_{\text{III}} \, dA \qquad \text{(C-7)}$$

onde A_{III} é a porção da superfície de controle que separa a região II da região III, e V_s é a velocidade do escoamento através de A_{III}.

De maneira similar, o termo <2> pode ser escrito como

$$\text{Termo}\langle 2 \rangle = \iint_{A_{\text{I}}} \rho\varphi |V_e| \cos\theta_{\text{I}} \, dA \qquad \text{(C-8)}$$

onde V_e é a velocidade do escoamento através de A_1.

Define-se um vetor unitário **n**, que é sempre normal à superfície de controle, Fig. C-1.b, e é positivo saindo do volume de controle. A velocidade do escoamento relativa à superfície de controle é **V** e é, em geral, variável sobre a superfície de controle tanto em direção como em magnitude. A diferença entre os termos <3> e <2> é, pela definição de um produto escalar, dado por:

$$\text{Termo}\langle 3 \rangle - \text{termo}\langle 2 \rangle = \iint_{S_{\text{VC}}} \rho\varphi \left[|V_s| \cos\theta_{\text{III}} - |V_e| \cos\theta_{\text{I}} \right] dA = \iint_{S_{\text{VC}}} \rho\varphi [\mathbf{V}.\mathbf{n}] \, dA \qquad \text{(C-9)}$$

A integração é agora uma integral de superfície sobre toda a superfície de controle do volume de controle fixo, a soma das regiões I e III.

Substituindo as equações C-5 e C-9 na equação C-3 resulta a forma integral generalizada do teorema do transporte de Reynolds.

$$\underbrace{\frac{D\Phi_{\text{sis}}}{Dt}}_{\substack{\text{Taxa total} \\ \text{de variação} \\ \text{de } \Phi_{\text{sis}}}} = \underbrace{\frac{\partial}{\partial t} \iiint_{\text{VC}} \rho\varphi \, dV}_{\substack{\text{Taxa temporal} \\ \text{de variação de } \Phi \\ \text{dentro do volume} \\ \text{de controle}}} + \underbrace{\iint_{\text{VC}} \rho\varphi [\mathbf{V}.\mathbf{n}] \, dA}_{\substack{\text{Fluxo líquido} \\ \text{de } \Phi \text{ através da} \\ \text{superfície do volume} \\ \text{de controle}}} \qquad \text{(C-10)}$$

Se o volume de controle for rígido, então, da equação C-6

$$\frac{D\Phi_{\text{sis}}}{Dt} = \iiint_{\text{VC}} \frac{\partial}{\partial t} [\rho\varphi] \, dV + \iint_{S_{\text{VC}}} \rho\varphi [\mathbf{V}.\mathbf{n}] \, dA \qquad \text{(C-11)}$$

Se assumimos o escoamento em regime permanente, o primeiro termo a direita das equações C-10 e C-11 vale zero.

Respostas aos Problemas Selecionados

CAPÍTULO 2

2-2 T_{gelo}=263,2 K = 473,7 R, $T_{água}$ = 298,2 K =536,7 R
      ΔT = 35°C = 35 K = 63°F = 63R

2-4E ρ = 0,7886 lb_m/ft^3

2-6E   (a)P_v = 2,387 psi, P_{abs} = 17,08 psi, (b)P_v = 0,0 psi, P_{abs} = 14,7 psi

2-8E   (a)a altura de Hg é 29,99 in., (b)o mesmo que no ítem (a), (c) a altura da água é 409,6 in.,(d) a altura de Hg é 27,95 in.

2-10   (a)$P_{equil.}$ = 0,117 MPa, (b) $P_{operação}$ = 0,2762 MPa

2-12 F_R = 27,0 N (para cima)

2-14   (a) $W > 0$, $Q = 0$, (b) $W = 0$, $Q = 0$, (c) $W < 0$, $Q < 0$

2-16   (a) $W = 0$, $Q > 0$, (b) $W > 0$, $Q > 0$, (c) $W > 0$, $Q < 0$

2-18   Trabalho

2-20 $W = -0,136$ J

2-22 $W = 1,785$ MJ

2-24   (a) $V = 0,727$ m^3, (b) $P = 299,2$ kPa

2-26E (a) $V_i = 468$ $in.^3$, $V_f = 118,6$ $in.^3$ (b)$T_i = 544$ R

      (c)$W_{1-2} = -789$ ft lb_f (d)$W_{1-2} = -786,5$ ft lb_f

      (e)sim   (f)$Q < 0$

2-28E $W = 86,97$ kJ, (b)$V_i = 0,339$ m^3, $V_f = 0,696$ m^3, $P_f = 153,7$ kPa

2-30 $W = -2$ MJ

2-32E (a)esquema, (b)$W_{admissão} = 73,5$ ft lb_f, $W_{comp} = -74,3$ ft lb_f, $W_{descarga} = -88,3$ ft lb_f,

      (c)$W_{liq} = -89,2$ ft lb_f / ciclo, (d) $W = 0,135$hp

CAPÍTULO 3

3-2   (b) $v = v_f = 0,001050$ m^3 / kg, (d)$v = 0,08812$ m^3 /kg , (h) $v = 0,011123$ m^3 /kg

3-4 $u = 1339,3$ kJ/kg

3-6   (a) superaquecido, (b) saturado $x = 0,0313$, (c) $M = 3,3$ gramas

3-8   (a) $x = 0,00743$, (b)líquido = 27% do volume do tanque

3-10E (a)$W < 0, Q < 0$,(b)$t = 10,7$ min

3-12   (a)$T = -30$ °C, (b) $t = 8,2$ min

3-14   vazão mássica = 0,0192 kg/s

3-16E (a)$Q_{gelo} = -1440$ Btu, (b)$M = 10,14$ lb_m, (c)não

3-18   (a)$T = 120$ °C, (b) a pressão aumentará rapidamente, (c) não

3-20E $T_f = 358,5$ °F, $P_f = 150$ psi, $W = 2,385 \times 10^4$ ft lb_f

3-22   superestimando por 4,9%, subestimando por 0,3% usando o fator de compressibilidade

3-24 $v = 0,00426$ m^3 /kg

456 INTRODUÇÃO ÀS CIÊNCIAS TÉRMICAS

3-26 $c_v = 0,8989$ kJ/kg K, da tabela 4-7 $c_v = 0,7445$ kJ/ kg K

3-28E $M = 13,78$ lb$_m$

3-30   (a)$T_f = 565$ K, (b)$\rho_f/\rho_i = 5,179$, (c)$W = -391,5$ KW, (d) $\dot{W} = -391,5$ kW

3-32   (a)$P_f = 100$ kPa, $T_f = 70,97$ K

         (b) $P_f = 666,7$ kPa, $T_f = 473,2$ K

         (c) $P_f = 1247$ kPa, $T_f = 885$ K

3-34 $T_f = 300,9$ K, $P_f = 102,3$ kPa

CAPÍTULO 4

4-2 $W = -5,60$ J

4-4E   (a)$Q = 1941$ Btu, (b)$Q = 1620$ Btu,(c)$Q = 0$

4-6 $t = 51,46$ s, mistura líquido-vapor $v_f = 0,4434$ m^3/kg, $P_f = 0,1$ MPa, $x_f = 0,262$

4-8   (a)esquema, (b)$_1W_2 = 0$ kJ, $_2W_3 = 349,9$ kJ, $_3W_1 = -252,4$ kJ (c)$W_{liq} = 97,5$ kJ,

         (d)$Q_{,liq} = 97,5$ kJ, (e)$\eta_t = 9,95\%$

4-10 $Q = -34,65$ kJ/kg

4-12   (a)

η	W, kJ/kg	Q, kJ/kg
1,0	-1866	-1866
1,2	-2017	-1413
1,4	-2108	-843
1,67	-2164	0
2,0	-2163	1083

         (c)$1,0 < \eta < 1,67$

         (d)adiabático reversível.

4-14 $\dot{Q}_L = 1,5 \times 10^6$ kW

4-16 $\eta_C = 63,2\%$

4-18   (a) $\dot{W} = .1,26$ kW, (b) atrito (mecânico e do fluido), transferência de calor

4-20E   (a) coef. desemp. da bomba de calor $= 8,078$, (b)EER $= 27,55$, (c) $\dot{W} = 10$kW

4-22   (a) $\dot{W} = 3,667$ kW, 7,58 vezes maior para aquecimento por resistência elétrica

         (b) $\dot{Q}_b = 5,8$ kW, 4,8 vezes maior para aquecimento por resistência elétrica.

4-24   (a)$P, u, h,$ e s aumentam

         (b)não, Δs_{viz} aumentará

4-26   (a)$W = -322,4$ kJ, (b) $I = 0,8575$ kJ/K

4-28   (a)$T = 290,5$ K, (b)$Q = -2146$ kJ

4-30 $\Delta h = 9,9$ kJ/kg

4-32   (a)esquema, (b) $x = 0,923$, (c)$w = 208,3$ kJ/kg

4-34   (a)$Q_H = 1890$ kJ/kg, $Q_L = 1451$ kJ/kg, (b)$W_{liq} = 439$ kJ/kg, $\eta_t = 23,23\%$ a eficiência térmica do   ciclo de Carnot é 23,23%

4-36 $\Delta s_{sis} = 0,6795$ kJ/K, $\Delta s_{viz} = -0,6795$ kJ/kgK

4-38   esquema

RESPOSTAS AOS PROBLEMAS SELECIONADOS **457**

4-40E $\eta_{ca} = 80\%$

CAPÍTULO 5

5-2 $\mathbf{V}_2 = 61,67$ m/s

5-4E (a)$V = 274,2$ gpm, (b) $\dot{m} = 38,05$ lb$_m$/s, $\dot{m} = 1,183$ slugs/s

5-6E (a)$\mathbf{V}_1 = 33,75$ ft/s, (b) $\dot{V}_1 = \dot{V}_2 = 11,9 \times 10^3$ gpm, (c) $\dot{m} = 51,1$ slugs/s

5-8 $\dot{V}_s = 7,783$ m^3/s

5-10E $dh/dt = 62,25 \times 10^{-4}$ ft/s (crescendo)

5-12 $\mathbf{V}_1 = 9,646$ m/s, $\mathbf{V}_2 = 0,1085$ m/s, $\dot{V} = 68,2 \times 10^{-6}$ m^3/s

5-14E $V_{jato} = 72,12$ ft/s

5-16 $R_x = -838,5$ N atuando sobre o volume de controle a esquerda.

5-18E $R_x = -227,4$ lb$_f$ aplicada sobre a placa da esquerda, iguala a força sobre o volume de controle/fluido

5-20E $R = 1033$ lb$_f$, $\theta = -19,53°$ da horizontal e em direção a direita, força resultante sobre o volume de controle

5-22 Força exercida sobre o barco = 406,9 N

5-24 $V_{jato} = 3,484$ m/s

5-26 $\dot{W} = 87,66$ hp

5-28 $V_s = 7,875$ m/s, $P_2 - P_1 = 104,8$ kPa

5-30E $P_i - P_s = 194,7$ psi queda de pressão, $\dot{W} = 1,735$ hp entrada para o óleo

5-32 $\dot{W} = 35,55$ kW removidos da água

5-34 profundidade = 7,6 m

5-36 $P_{abs} = 10,28$ psi

5-38 densidade em relação à água = 2,773

5-40E peso = 319,1 lb$_f$

5-42E $P_1 - P_2 = 261,1$ lb$_f$/ft^2

5-44 $V = 37,26$ m/s

5-46 $\dot{m}_s = 120$ kg/s

5-48 $M = 0,319$ kg

5-50E $\dot{m} = 0,609$ lb$_m$/s

5-52 $\dot{W} = 11,03$ kW

5-54 (a) a entalpia é convertida em energia cinética
(b) a energia cinética é convertida em trabalho mecânico
(c) a energia mecânica é convertida em energia elétrica

5-56 (a) $\mathbf{V}_s = 772,7$ m/s, (b) $\mathbf{V}_s = 753,2$ m/s

5-58 $\dot{W} = 765,1$ kW

5-60 (a)$W = RT_1 \ln(P_1/P_2)$
(b)$W = (P_2 v_2 - P_1 v_1)/(1-\gamma)$

458 INTRODUÇÃO ÀS CIÊNCIAS TÉRMICAS

5-62   (a) a energia do micoondas é convertida em entalpia
       (b) a entalpia é convertida em energia cinética
       (c)a energia do microndas é convertida em energia cinética

5-64 $W = -29,25$ kJ/kg

5-66 P - decresce, T - decresce, $h_{depois} = h_{antes}$
       u - decresce,s - cresce,
       $P_s = 0,1$ MPa, $T_s = -30$ °C, $h_s = 59,65$ kJ/kg
       $u_s = 54,65$ kJ/kg, $s_s = 0,248$ kJ/kg K

5-68E $T_s = 527,8$ R, irreversível, desde que é uma expansão livre, $\Delta S = 5,67$ ft lb$_f$ /R

5-70 $\dot{m}_{água} = 2,567$ kg/s

CAPÍTULO 6

6-2 $\delta^* = \delta/8$

6-4E $v = 20,18 \times 10^{-6}$ ft^2/s, $T = 68$°F

6-6   (a)$D_{f/2}/D_f = 0,707$, (b) $D_{f/2}/D_f = 0,574$

6-8E $D = 0,3535$ lb$_f$

6-10 $D = 0,0972$ lb$_f$

6-12   Medida da velocidade terminal $w_f = g d^2(\rho_s = \rho_f)/18\mu$

6-14   Arrasto total $= 1346$ lb$_f$

6-16 $D_T = 118,8 \times 10^2$ N

6-18E bem aerodinâmico 1,870 hp, pouco aerodinâmico 8,312hp

6-20 $U = 13,33$ m/s

6-22   (a)$\delta = 5,34$ mm, $\delta_T = 5,83$ mm

       (b)$\delta = 0,196$ mm, $\delta_T = 0,125$ mm

       (c)$\delta = 2,84$ mm, $\delta_T = 0,56$ mm

6-24 $\dot{Q}/b =,123,6$ kW/m

6-26   (a) $\bar{h} = 7,83$ W/m^2 °C, (b) $\bar{h} = 7596$ W/m^2 °C

6-28   0 - 0,75 m: $\dot{q}'' = 1424/ x^{1/2}$ W/m^2

       0,75 - 5m: $\dot{q}'' = 5,65 \times 10^3 x^{-0,2}/(1-0,115 x^{-0,1})$W/m^2

6-30 $\dot{q}'' = 17,68$ kW/m^2

6-32E $\dot{Q}/b =3460$ Btu/h ft

6-34 $\dot{Q} = 30,8$ W

6-36E $\dot{Q} = 2152$ Btu/h

6-38 $\dot{Q} = 1,0$ KW

6-40 $\dot{Q} = 4,69$ W

6-42 $\dot{Q}/L = -4,59$ W/m (Perda de calor)

6-44 $\dot{Q} = 11,88$ W

RESPOSTAS AOS PROBLEMAS SELECIONADOS **459**

CAPÍTULO 7

7-2 $Re_1 = 1900$ para o tubo de $d = 20$ cm - laminar, $Re_2 = 3167$, para o tubo de $d = 12$ cm - turbulento

7-4 $V/u_{max} = 0,667$

7-6   aumentado por um fator de 16

7-8 $f = 0,019 \ \Delta P/L = 5,597$ kPa/m

7-10   força = 5,122 N

7-12E $(P_1 - P_2) = 17,77 \ lb_f /ft^2$

7-14E   profundidade da água = 37,90 ft

7-16   (a) V = 13,83 m/s, (b) V = 4,29 m/s

7-18 $h_x = 383,5 \ kW/m^2 \ °C$

7-20E $\dot{Q} = 391 \times 10^3$ Btu/h

7-22 $\dot{q}_p'' = 16,03 \ kW/m^2$

7-24E $T_b = 144,8 \ °F$

7-26 $T_s = 42,35 \ °C$

7-28 $\bar{h} = 44,33 \ W/m^2 \ °C$

7-30E   (a) $\overline{Nu} = 11,19$, (b) Nu = 7,56

7-32 $\dot{Q} = 4,38$ W

7-34 $\bar{h} = 7,71 \ kW/m^2 \ °C$

7-36E $T_{saída} = 62,4 \ °F$

7-38 $\bar{h} = 8,512 \ kW/m^2 \ °C$

7-40 $U_0 = 210,3 \ W/m^2 \ °C$

7-42 $\dot{Q} = 598$ W

7-44   (a) $U_i = 434,6 \ W/m^2 \ °C$, (b) $T_{saída} = 10,77 \ °C$, (c) $A_i = 7,18 \ m^2$

7-46   148 tubos / passe

7-48 $T_{frio} = 58,9 \ °C$, $T_{quente} = 36,3 \ °C$

7-50   (a) 120 tubos / passe, (b) $A = 354 \ m^2$, (c) $T_{frio} = 18,91 \ °C$, (d) L / passe = 14,75 m

CAPÍTULO 8

8-2   Gradiente de temperatura: aço 3,468 °C/m, borracha -1538 °C/m

8-4   (a) unidimensional, (b) bidimensional, (c) unidimensional, (d) bidimensional

8-6E $k = 0,95$ Btu/h ft °F

8-8   projeto 1: 5508%, projeto 2: infinito

8-10   use a manta de 4 cm, $\dot{Q}/L = 48,51$ W/m

8-12   (a) $\dot{q}'' = 60,7 \ W/m^2$, (b) $T_i = 12,73 \ °C$

8-14E   isolação de magnésia no interior, $\dot{Q}/L = 65,69$ Btu/h ft, $T_0 = 114,6 \ °F$

460 INTRODUÇÃO ÀS CIÊNCIAS TÉRMICAS

8-16 $\dot{Q}/L = 385,6$ W/m

8-18E $\dot{q}''' = 169,3 \times 10^3$ Btu/h ft^3

8-20 (a) $\dot{q}'' = 1,136$ kW/m^2, (b) $\dot{q}'' = 47,68$ kW/m^2

8-22E $\dot{Q} = 903,4$ Btu/h

8-24 $\dot{Q}/L = 36,17$ W/m

8-26E $\dot{Q} = 1309$ Btu/h

8-28 $\dot{Q}/L = 91,9$ W/m

8-30 $t = 0,396$ s

8-32 $T = 82,4$ °C

8-34E (a)$T = 234,8$ °F, (b) $\dot{Q} = -6,98$ Btu/h

8-36 $T = 2,88$ °C

8-38 $t = 9,84$ h

8-40 $t = 196,8$ s, $Q_p = -16,120$ kJ/m^2

8-42E verão $t = 404$ s, inverno $t = 253$ s

8-44 $t = 1,9$ s

8-46 Temperatura do centro da barra p/ parâmetros concentrados 37,35 °C, tridimensional 42,36 °C

CAPÍTULO 9

9-2E (a) $E = 62,77 \times 10^3$ Btu/h ft^2, $F_{infravermelho} = 0,993$

9-4 (a)vidro comum $E = 66,6$ kW/m^2, vidro escuro $E = 625$ W/m^2

(b) vidro comum $E = 1,26$ kW/m^2, vidro escuro $E = 0,0$ W/m^2

9-6 ultravioleta $F = 0,1245$, visível $F = 0,3669$, infravermelho $F = 0,5086$

9-8 (a) $\dot{q}'' = 20,07 \times 10^6$ W/m^2, (b) $\dot{q}'' = 376,8$ W/m^2

9-10E $\bar{\varepsilon} = 0,3767$

9-12 $J = 715,8$ W/m^2

9-14 $\dot{q}'' = 54,42$ W/m^2

9-16E $T_p = 118,8$ °F

9-18 $\dot{Q} = -3,936$ W (o calor flui da direita para a esquerda)

9-20E $\dot{Q} = 5,586$ Btu/h

9-22 $F_{1,3} = 0,80$

9-24 $F_{1,2} = 0,173$

9-26 $\dot{Q}_{1,2} = 122$ W

9-28E $T_{ar} = 293,2$ °F

9-30 (a)$T_{folha\ Al} = -8$ °C, (b) $\dot{q}'' = 7,357$ W/m^2

9-32 (a)$\dot{Q}/L = 47,3$ W/m, (b) $T_{duto} = 57,2$ °C

9-34 (a) $\dot{Q}_T = 4,254$ W, (b)$T_{escudo} = 216,2$ °C

Índice Remissivo

Absoluta, escala de temperatura, *veja* Temperatura, escala termodinâmica de
Absortividade, 355
Aderência, princípio da, 107, 175, 234
Adiabática, superfície, 294
Adiabático, processo, 22
Aletas, 305-310
Analogia:
  corrente - transferência de calor, 269-271, 299-302, 382
  quantidade de movimento - transferência de calor, 180, 209, 262
Anemômetro de fio quente, 178
Arquimedes, princípio de, 127
Área:
  frontal, 196
  plataforma, 196
  superfície molhada, 196
Arrasto, *veja* Coeficiente de arrasto
Atmosférica, pressão, 14
Bernoulli, equação de, 121-128
Biot, número de, 320
Bocal, 102, 108-110, 125-126, 148
Bomba, 151, 155-156
  eficiência, 135
Bomba de calor, 72
Caldeira, 156, 159
Carnot, ciclo de, 73-76
Carnot, eficiência de, 74-76
Caldeira, 269
Calor, 20-22
Calor específico:
  pressão constante, 51
  volume constante, 51
Capacidade térmica, 273
Camada limite, 177-181
  hidrodinâmica:
    definição, 177
    espessura, 185
    espessura de deslocamento, 231
    quantidade de movimento, análise, 183-185
    relações, 185

térmica:
  definição, 180
  espessura, 207
Concentrada, análise, 318-321
Condução de calor, 289-340
  condições de contorno, 293-294
  equações:
    coordenadas cartesianas, 295-296
    coordenadas cilíndricas, 296
    geração interna de calor, 295-296, 321
Carga, perda de, *veja* Perda de carga
Carga do fluido:
  definição, 119
  gravitacional, 119
  pressão, 119
  total, 119
  velocidade, 119
Cavitação, 121
Chilton-Colburn, analogia de, 209, 262
Ciclo:
  Carnot, 73-76
  mecânico, 147-148
  Rankine, 154-157
  termodinâmico, 15, 147-148
Ciências térmicas, 1
Cilindro infinito, condução em, 333-334, 337
Cinemática, viscosidade, *veja* Viscosidade
Clausius, desigualdade de, 77
Coeficiente de arrasto, 181, 185
  pressão, 183, 195
  total:
    coeficiente, 196
    definição, 196
    objetos bidimensionais, 197
    objetos tridimensionais, 198
  viscoso (atrito):
    cálculo, 185-187
    definição, 185
Coeficiente de desempenho:
  bomba de calor, 72
  refrigerador, 72
Coeficiente de expansão volumétrica, *veja*,

462 INTRODUÇÃO ÀS CIÊNCIAS TÉRMICAS

Compressibilidade isobárica, coeficiente de
Coeficiente de transferência de calor:
    definição, 11, 205, 249
    externo:
        local, 206
        médio, 206
    interno (dutos e tubos):
        local, 252
        médio, 253, 256
    global, 269-270, 272
Compressibilidade, coeficiente de:
    isobária, 50
    isotérmica, 50
Compressor, 151-153
Condensador, 157, 266
Condução, transferência de calor por, 9-10, 289-340
    regime permanente:
        bidimensional, 310-317
        unidimensional, 296-305
    transitória:
        análise concentrada, 318-321
        cilindro infinito, 333-334, 337
        esfera, 334
        multidimensional, 334, 337-339
        placa infinita, 327-330, 337
        sólido semi-infinito, 323-324, 337

Condutibilidade térmica, 10, 291-292
Constante dos gases:
    particular, 48
    universal, 48
Convecção de calor:
    combinada natural-forçada, 11, 220, 227-228
    forçada, 11, 205-218, 249-262
    natural, 11, 220-225
Conversão de energia, calor em trabalho:
    ciclos, 153-157
    processos, 148-152
Copo, temperatura de, *veja* temperatura de mistura
Corpo cinzento, 357
Corpo negro:
    definição, 12, 354
    distribuição espectral, 350-352
    fração em intervalo de comprimento de

onda, 352-353
    função de radiação, 353
    Planck, lei de, 350
    Wien, lei de deslocamento de, 351
Crítico, ponto, 38
Darcy-Weisbach, fator de atrito de, 241, 243
Densidade, 17
Desigualdade de Clausius, 77
Diâmetro hidráulico, 238
Difusividade térmica, 319
Difusor, 102, 148
Dinâmica, viscosidade, *veja* Viscosidade
Eficiência:
    Carnot, 74-76, 153
    ciclo térmico, 71, 157
    compressão adiabática, 88
    expansão adiabática, 89
Efetiva, temperatura do céu, 362
Efetividade, 273-276
Emissividade, 356-360
    características direcionais, 359-360
    espectro, 358
    normal total, 359-360
Empuxo:
    força, 127, 220
    neutro, 127
Energia, 1, 62, 98, 115-117
    conversão, *veja* Conversão de energia
Energia, conservação de:
    regime permanente, 115-119
    sistema, 98
    unidimensional, 116-117
    volume de controle, 115-119
Energia cinética, 3, 62
Energia interna, 51-52, 63
Energia potencial, 3, 62
Entalpia, 51
Entrada:
    comprimento, 238
    região, 236-238, 254-256
Entropia, 76-87
    definição, 76
    diagrama T-s, 86-87
    efeito na irreversibilidade, 79-80
    princípio de aumento, 81-82
    variação para gás ideal, 85-86
    variação para processo reversível, 77

ÍNDICE REMISSIVO **463**

Equação de estado:
  generalizada, 49
  ideal, 48
Equações de conservação:
  energia, 98, 115-119
  massa, 97, 101-102
  quantidade de movimento, 97, 105-110
Equilíbrio:
  de fase, 37-42
  mecânico, 19
  químico, 19
  térmico, 19
  termodinâmico, 19
Escoamento compressível, 8
Escoamento incompressível, 8, 101
Escoamento interno, 10, 236
  transferência de calor, 10
  balanço de energia, 250-251
  fluxo de calor uniforme, 251-252
  plenamente desenvolvido, 254-258
  região de entrada (desenvolvimento), 254-255
  temperatura de parede uniforme, 252-253
Escoamento, regimes de:
  laminar, 9, 177-180, 238
  turbulento, 9, 177-180, 238
Escoamento plenamente desenvolvido, 238
Esfera:
  condução transitória, 334, 336
  arrasto, 199, 232
  transferência de calor, 217-218, 225, 228
Estado, princípio de, 36
Estado termodinâmico, 16
Estrangulamento, processo de, 162
Evaporador, 266
Externamente reversível:
  ciclo, 73-74
  processo, 73-74
Fator de atrito, 241-242
Fator de compressibilidade, 49
Fatores de forma:
  condução, 311-316
  radiação, 369-373
    reciprocidade,relação de, 370
    somatório, 370
Força:

campo, 26, 106, 175, 181, 220
empuxo, 127, 220
pressão, 107-108, 181
resultante, 108-109
viscosa, 107, 181
volume de controle, 106-110
Forçada, conveção, 11, 220
  dutos, 249-261
  outros objetos, 217-218
  placa plana, 211-217, 228-230
Forma, arrasto de, *veja* Coeficiente de arrasto
Fluido em repouso, 126-127
Fourier, lei da condução de calor de, 9, 290-292
Fourier, número de, 320
Gauss, função erro de, 324-325
Geração interna de calor, 295, 321
Gerador de vapor, *veja* caldeira
Grashof, número de, 220
Gravitacional, aceleração, 3
Ideal, gás, 48-57
  equação de estado, 48
  processo adiabático reversível, 54-56
  variação de energia interna, 52
  variação de entalpia, 53
  variação de entropia, 85-86
Incrustração, fator de, 270, 271
Interna, reversibilidade, 73
Irradiação, 354
Irreversibilidade, 80
  sistema, 80
  volume de controle, 144
Isoentrópico, processo, 78-79
Isolado, sistema, 16
Linha tripla, 41
Líquido comprimido, 38, 47
Líquido saturado, 37
Livre, convecção, *veja* Natural, convecção
Mach, número de, 8
Máquina térmica, 70-71
Massa, conservação de:
  camada limite, 183
  incompressível, 101
  regime permanente, 101
  sistema, 97
  unidimensional, forma, 101
  volume de controle, 101-102

464 INTRODUÇÃO ÀS CIÊNCIAS TÉRMICAS

Mecânica dos fluidos, 1, 4-8
Mistura, temperatura de, 250
Monocromática, radiação, 351
    corpo negro
Moody, diagrama de, 241-242
Não-condutora-reirradiante, superfície,
    378-379
Natural, convecção, 11, 220-226
    outros objetos, 225
    placa plana horizontal, 223-224
    placa plana vertical, 220-222, 224
        laminar, 220-222, 224
        turbulento, 222, 225
Newton, lei de resfriamento de, 11
Newtoniano, fluido, 7, 175, 176
Numéricos, métodos, 317
Nusselt, número de:
    local, 209, 211-212, 217, 222-225
    médio, 209, 212, 217-218, 222-225,
        258, 261
    plenamente desenvolvido, 256, 258,
        261
NUT - número de unidades de
    transferência, 273
NUT - efetividade, método, 273-276
Ondas eletromagnéticas, 349-352
    espectro, 350
    faixa de radiação térmica, 349-350
    faixa visível, 350
Peclet, número de, 256
Perda de carga:
    distribuída,239-243
    localizada, 244-247
    total, 244
Perfeito, gás, *nota de rodapé*, 53
Pistão, motor a, 149
Pitot, tubo de (estático), 129-131
Placa infinita, condução em, 327-330, 337
Politrópico, processo, 56
Ponto triplo, 41
Prandtl, número de, 179
Prandtl, conceito de camada limite de, 183
Pressão:
    absoluta, 17, 107-108
    crítica, 38
    definição, 17
    estagnação, *veja* Pressão total
    estática, 124

    dinâmica, 124
    manométrica, 17, 107-108
    saturação, 37
    total (estagnação), 124-125
Pressão, gradiente de:
    adversa, 192
    definição, 181
    favorável, 192
    zero, 181
Primeira lei da termodinâmica, 3
    ciclo,64
    escoamento interno em um duto, 250
    sistema, 62
    trocador de calor, 272-273
    volume de controle, 115-117
Processo, 18
    quase-estático, 20-24
    reversível, 19
Propriedade,
    extensiva, 16-17
    intensiva, 16-17
Propriedade termodinâmica, 16
    densidade, 17
    diagrama de, 38-42, 86
    pressão, 17
    temperatura, 18
    volume, 17
    volume específico, 17, 40
Pura, substância, 36
Quantidade de movimento, conservação:
    angular, 98
    sistema, 97-98
    unidimensional, forma, 106
    volume de controle, 105-110
Quase-equilíbrio, *veja* Quase-estático
Quase-estático, 20, 24
Radiação, circuito de:
    invólucro, 378-379
    superfícies cinzentas, 374-375
    superfícies paralelas infinitas, 364-367
Radiação, coeficiente de transferência de
    calor por, 377
Radiação, fator de forma de, 369-373
Radiação, transferência de calor por,
    11-12, 349-383
Radiação solar, 362
Radiosidade, 360
Rankine, ciclo de, 154-157

ÍNDICE REMISSIVO **465**

Rayleigh, número de, 221
   modificado, 224
Reaquecimento, 159-160
Reciprocidade, relação de, 370
Refletividade, 355
Refrigeração, ciclo de, 161-162
Regeneração, 158-159
Regeneradores, 267
Regime permanente (RP), 7, 99-100, 145-146
Relação entre calores específicos, 51
Resistência térmica:
   condução, 382
      aleta, 308
      cilindro, 304, 382
      incrustração, 270
      placa plana, 296-298, 382
   convecção, 270, 300, 382
   radiação, 382
      características da superfície, 367, 375, 382
      geométrica, 375, 382
Reversível, processo, 19
Reversível, processo adiabático, 54-55, 78
Reynols, analogia de, 209
Reynolds, número de:
   externo:
      definição, 177
      valor crítico (transição), 177-178
   interno:
      definição, 238
      valor crítico (transição), 238
Reynolds, teorema de transporte de, 96, 451-455
Segunda lei da termodinâmica, 4, 68
   Clausius, enunciado de, 69
   Kelvin-Plank, enunciado de, 69
   sistema, 68, 99
   volume de controle, 143-146
Sistema termodinâmico:
   escolha, 15
   heterogêneo, 16
   homogêneo, 16
   isolado, 16
   processo, 18
   superfície, 15
Sólido semi-infinito, condução em, 323-324, 337

Stanton, número de, 209
Stefan-Boltzman:
   constante, 12, 351
   lei, 12
Stokes, lei para esferas, 232
Sublimação, linha de, 41
Substância simples compressível, 36
Superfície:
   lisa, 185-186
   rugosa:
      definição, 186-187
      influência no arrasto, 187
      influência na perda de carga, 241
T-dS, equações, 83-84
Temperatura:
   Celsius, escala, 12
   crítica, 37
   Fahrenheit, escala, 13
   Kelvin, escala, 12,18
   Rankine, escala, 13
   saturação, 37
   termodinâmica, escala, 12-13, 18
Tensão de cisalhamento, 175-176
Termodinâmica, 1-4
Título, 39
Transferência de calor, correlações de:
   dutos circulares, 255-258, 262
   dutos não-circulares, 260-262
   objetos de formas diversas, 217-218, 225-227
   placa plana, 211-217, 228-230
   propriedades variáveis, 259-262
Transmissividade, 355
Trocadores de calor, 264-276
   classificação:
      por aplicação, 265-268
      por configuração do escoamento, 268-269
      tipos:
         contracorrente, 268,273
         contracorrente de vários passes, 268, 276
         escoamento cruzado, 268, 275
         paralelo, 268, 275
         paralelo, contracorrente, 274
Turbina:
   gás, 151-152
   hidráulica, 149, 151, 156

466 INTRODUÇÃO ÀS CIÊNCIAS TÉRMICAS

Vapor saturado, 38
Velocidade do som, 8
Volume de controle:
    definição, 16, 96
    segunda lei, 143-147
    seleção de um, 96, 134-135
    superfície de um, 16, 96
Volume específico, 17, 40

GRÁFICA PAYM
Tel. [11] 4392-3344
paym@graficapaym.com.br